E N S I N O

IMPRENSA DA UNIVERSIDADE DE COIMBRA
COIMBRA UNIVERSITY PRESS

EDIÇÃO
Imprensa da Universidade de Coimbra
Email: imprensa@uc.pt
URL: http//www.uc.pt/imprensa_uc
Vendas online: http://livrariadaimprensa.uc.pt

COORDENAÇÃO EDITORIAL
Imprensa da Universidade de Coimbra

CONCEÇÃO GRÁFICA
António Barros

INFOGRAFIA
Mickael Silva

PRINT BY
CreateSpace

ISBN
978-989-26-1152-5

ISSN DIGITAL
978-989-26-1153-2

DOI
http://dx.doi.org/10.14195/978-989-26-1153-2

DEPÓSITO LEGAL
409489/16

© MAIO 2016, IMPRENSA DA UNIVERSIDADE DE COIMBRA

PROCESSOS FÍSICOS E MODELOS COMPUTACIONAIS EM ENGENHARIA COSTEIRA

JOSÉ SIMÃO ANTUNES DO CARMO

IMPRENSA DA
UNIVERSIDADE
DE COIMBRA
COIMBRA
UNIVERSITY
PRESS

Há três formas de melhorarmos a nossa sabedoria
[sobre prevenção e gestão de riscos costeiros]
a primeira, por reflexão, que é a mais nobre;
a segunda, por imitação, que é a mais fácil;
a terceira, por experiência, que é a mais amarga.

(Confúcio, sd)

Sumário

Prefácio

As diversas ações que paulatinamente vão contribuindo para exacerbar as vulnerabilidades e riscos cada vez mais presentes na zona costeira portuguesa, e com acentuada aceleração prevista a partir de meados do século XXI, constituem o mote inspirador de vários desenvolvimentos apresentados ao longo desta obra.

Após um breve enquadramento, com identificação de situações de grande fragilidade e risco presentes no trecho da zona costeira portuguesa compreendido entre Espinho e S. Pedro de Moel, continua o capítulo seguinte com uma abordagem dos aspetos genéricos relativos à agitação irregular de curta duração, à formulação matemática da hidrodinâmica, com ênfase em modelos de fechamento da turbulência para resolução das equações de Reynolds, e a desenvolvimentos numéricos básicos no domínio da engenharia costeira.

Seguem-se descrições dos processos de geração das ondas no mar e das transformações que ocorrem numa onda ao propagar-se desde o largo (zona de geração), em profundidades da ordem das centenas de metros, até à costa, com profundidades em geral muito reduzidas, da ordem de poucos metros. São ainda formulados e resolvidos exemplos de aplicação prática, detalhados aspetos numéricos de ferramentas comumente usadas neste domínio, e brevemente descritas algumas das ferramentas mais robustas e usadas na atualidade.

Continua esta obra com um capítulo integralmente dedicado à propagação de ondas, sendo genericamente apresentadas as diferentes teorias da onda e abordada com mais detalhe a teoria geral da onda em condições de água pouco profunda, a qual é usada para o desenvolvimento das diversas aproximações matemáticas que são hoje a base dos modelos mais importantes no âmbito da hidrodinâmica e da dinâmica sedimentar. Complementarmente são apresentadas extensões da teoria da onda em água pouco profunda e descritos alguns dos modelos mais conhecidos e utilizados na atualidade para a previsão das condições de agitação em regiões costeiras, portos e estuários, incluindo a propagação da onda desde condições de água profunda, sobre batimetrias com declives acentuados e na presença de importantes obstáculos.

São em seguida abordados os processos físicos envolvidos e as metodologias comumente usadas na modelação da morfodinâmica costeira, incluindo formulações para o cálculo dos caudais de sedimentos transportados por arrastamento e em suspensão por ação de correntes, ondas e ondas com corrente. São abordadas as formas de fundo geradas pelo escoamento e apresentados modelos conceptuais para a simulação da hidrodinâmica, dos processos de transporte sedimentar e da evolução de fundos móveis.

Numa perspetiva mais aplicada, são seguidamente descritos os processos costeiros básicos, com ênfase nos movimentos transversais e longitudinais que conduzem a alterações dos perfis de praia. São abordados os conceitos de equilíbrio transversal e longitudinal, e são descritas formações típicas. Breves descrições de alguns dos modelos correntemente mais utilizados na modelação do transporte transversal e na modelação da morfologia costeira complementam esta análise.

Metodologias simplificadas para apoio ao projeto de Engenharia são afloradas em seguida, nomeadamente para a identificação de vulnerabilidades e riscos, estimação do comportamento e evolução da linha de costa, avaliação de espraiamentos e possíveis galgamentos de estruturas de proteção, e ainda para a avaliação e classificação do risco de erosão, incluindo uma metodologia para a elaboração de mapas de vulnerabilidades. Seguem-se possíveis soluções complementares de proteções naturais, em particular de praias e dunas, ilustradas com aplicações de campo.

O último capítulo é inteiramente dedicado ao planeamento e à gestão integrada da zona costeira. Tendo como pano de fundo as vulnerabilidades existentes na costa portuguesa, são propostas linhas de orientação baseadas em trabalhos desenvolvidos fundamentalmente no trecho compreendido entre Espinho e São Pedro de Moel. Assim, após um breve enquadramento histórico e identificação de pontos-chave num modelo de governança da zona costeira, são em seguida apresentadas reflexões sobre as causas e consequências dos desequilíbrios existentes, sugeridos procedimentos de gestão colaborativa e discutidas linhas de orientação estratégica.

Completam o livro três anexos dedicados a formulações numéricas de modelos de turbulência 1DV e 2DV de *Zero-*, *Uma-* e *Duas-*Equações (Anexo I), ao desenvolvimento de um método de elementos finitos para a resolução numérica da equação de Helmholtz, incluindo a listagem de um programa computacional completo escrito em linguagem FORTRAN (Anexo II), e ao método WENO-Euler aplicado à resolução da equação de conservação dos sedimentos, utilizada na atualização de batimetrias e cálculo da evolução de fundos móveis (Anexo III).

O autor agradece a apreciação e os comentários oportunos e assertivos formulados por dois revisores anónimos, os quais me foram transmitidos pela Imprensa da Universidade de Coimbra. Reproduzindo parte do conteúdo de uma das revisões, não posso deixar de concordar quando afirma que este trabalho vem "*preencher uma lacuna há muito existente no domínio de Hidráulica Marítima e Engenharia Costeira, devido à inexistência de algum livro académico escrito em língua Portuguesa, adaptado e adequado aos processos e problemas relacionados com esta matéria que ocorrem na costa de Portugal*".

Gostaria ainda de manifestar um agradecimento muito especial a todos os colaboradores e amigos que me apoiaram na compilação, adaptação e/ou reprodução de partes apropriadas de trabalhos devidamente referenciados ao longo do texto.

Por último, à Imprensa da Universidade de Coimbra quero deixar expresso o meu apreço pela oportunidade que me foi concedida para a publicação desta obra.

À Susete, ao Tiago e à Raquel

SIMBOLOGIA

Neste livro é usada a seguinte simbologia

a, $\boldsymbol{a}$	Amplitude da onda (m); amplitude característica (m); extensão (m); parâmetro/variável (---); campo vetorial
a_k, b_k	Coeficientes de um harmónico de ordem k
a_1, a_2, b_1, b_2	Parâmetros adimensionais (---); coeficientes empíricos (modelo FUNWAVE)
A	Semi-excursão de uma partícula de fluido induzida pela onda (m); parâmetro de sedimentação do grão; parâmetro (---)
A_{asy}	Coeficiente de assimetria da onda (---)
A_p	Parâmetro de ajuste (---)
A_{sk}	Coeficiente de enviesamento orbital (---)
A_w	Excursão da onda junto ao fundo ($U_w T/2\pi$) (m)
b	Extensão (m); distância (m); largura (m); parâmetro/variável (---)
B	Parâmetro (---)
c	Velocidade de fase, celeridade, ou velocidade de propagação de uma onda (m/s); parâmetro/variável (---)
c_0	Celeridade, ou velocidade de propagação de uma onda em água profunda (m/s)
c_1, c_2, c_3	Pesos (---)
c_a	Coeficiente de rugosidade global (---)
c_g	Celeridade de grupo (m/s)
c_{g0}	Celeridade de grupo em água profunda (m/s)
c_k	Amplitude do harmónico de ordem k (m)
cn	Função elítica Jacobiana
c_{sk}, c_{sy}	Coeficientes de calibração, da ordem de 10^{-6} a 10^{-5} (---)
c_v	Coeficiente de atrito entre o ar e a água (≈ 0.8 a 3.0×10^{-3}) (---)
c_x, c_y	Velocidades de propagação da onda no espaço geográfico x, y ($c_{g,x}+u$, $c_{g,y}+v$) (m/s)
c_σ, c_θ	Velocidades de propagação nos espaços σ e θ, respetivamente (m/s)
C	Concentração; concentração de sedimentos em volume; constante (---)
C_a, C_b	Concentração de referência (--)
C_D	Coeficiente de atrito (---); constante empírica (---)
C_{eq}	Concentração de equilíbrio dos sedimentos (---)
CI	Cota de inundação referida ao ZH (m)
C_0	Concentração estática (0.63) (---)
C_R	Concentração de referência no fundo (---)
d	Parâmetro/variável (---)
d_*	Diâmetro adimensional de uma partícula (---)
d_n	Diâmetro nominal de uma partícula (m)
d_{tc}	Distância do centro da Terra ao centro de massa do sistema Terra-Lua (m)
d_{tl}	Distância entre os centros da Terra e da Lua (m)

d_{ts}	Distância média entre os centros da Terra e do Sol (m)
d_{16}	Diâmetro da malha do peneiro onde passam 16% de material, em peso (m)
d_{84}	Diâmetro da malha do peneiro onde passam 84% de material, em peso (m)
d_{50}	Diâmetro mediano de uma amostra de sedimentos (m)
D	Diâmetro característico do sedimento (m); matriz de transformação
$D(\theta)$	Função de dispersão, ou distribuição direcional
D_b	Dissipação de energia por rebentação da onda
D_B	Altura média da berma (m)
D_C	Profundidade de fecho (m)
D_f	Dissipação de energia no fundo
D_h	Coeficiente de difusão de sedimentos (m^2/s)
D_m	Difusividade mássica molecular (m^2/s)
DF_q, DF_l	Termos de difusão horizontal (modelo POM)
DF_u, DF_v	Termos de difusão horizontal (modelo POM)
DP_u, DP_v	Gradientes horizontais de pressão (modelo POM)
D_{tx}, D_{ty}, D_{tz}	Componentes da difusividade mássica turbulenta (m^2/s)
e	Propriedade ou grandeza intensiva de um sistema de controlo (valor de E por unidade de massa); parâmetro/variável (---)
E	Propriedade ou grandeza extensiva de um sistema de controlo; energia de uma onda por unidade de largura da crista (j/m)
$E(f)$	Densidade de energia para a frequência f (m^2/Hz)
$E(k)$	Função integral elítica completa de segunda espécie
E_d	Energia total, ou densidade média de energia por unidade de área horizontal (j/m^2)
E_i	Quantidade de sedimentos transportada em cada meio-ciclo da onda
E_{ij}	Termos função da viscosidade turbulenta (modelo RMA2)
E_p, E_c	Energias potencial e cinética de uma onda por unidade de largura da crista (j/m)
E_s	Propriedade ou grandeza extensiva de um sistema de controlo
E_x, E_y	Coeficientes de dispersão local segundo x e y
E_w	Energia da onda (j/m^2)
$E(\sigma,\theta)$	Espetro direcional
f	Frequência (s^{-1}); parâmetro de Coriolis (s^{-1}); grandeza genérica; parâmetro/variável (---)
$f(H)$	Função densidade de probabilidade
f_b	Fração das ondas que rebentam
f_c, f_w	Coeficientes de atrito devidos à corrente e à onda, respetivamente (---)
f_{cw}	Coeficiente de atrito devido à interação onda-corrente (---)
f_{min}, f_{max}	Frequências mínima e máxima admitidas (s^{-1})
f_p	Frequência de pico espetral (s^{-1})
f^n	Função de interpolação
F, $\boldsymbol{F}(x,t)$	Fluxo de energia, ou potência por metro de frente de uma onda (W/m); *fetch* (km); função do volume de fluido (VOF); função, conceito Lagrangeano

F^*, F^*_{ef}	Relações adimensionais do modelo de JONSWAP
F_b, F_{br}, F_{sp}	Vetores (modelo FUNWAVE)
F_{bs}	Vetor (modelo de Smagorinski)
F_{cu}	Força que atua sobre uma partícula de massa unitária (N)
F_{g_uni}	Força gravitacional exercida sobre uma partícula de massa unitária situada à superfície da Terra (N)
F_{g_tl}	Força de atração gravitacional (N)
F_r	Número de Froude (---)
F_{tc}	Força centrífuga resultante da rotação da Terra (N)
F_x, F_y, F_z	Tensões induzidas pelas ondas (N/m^2); forças por unidade de massa (N/kg)
F_w	Fluxo de energia, ou potência por metro de frente de uma onda (W/m)
g	Aceleração da gravidade (m/s^2); grandeza genérica; parâmetro/variável (---)
G	Constante de atração universal (kg^{-1}m^{3}s^{-2})
G_b, G_{br}, G_{sp}	Vetores (modelo FUNWAVE)
G_{bs}	Vetor (modelo de Smagorinski)
h	Profundidade, ou altura da coluna de água ($h_0 - \xi + \varsigma$) (m); parâmetro/variável (---)
$h_{at}(x)$	Altura ativa dos perfis de uma secção transversal (m)
h_b, h_B	Profundidade na rebentação (m); altura média da berma ($h_B = D_b$) (m)
h_c	Profundidade de fecho ($h_c = D_C$) (m)
h_d, h_r, h_{rc}	Alturas da duna e da ruga, respetivamente (m)
h_0	Cota da superfície livre da água em repouso (m); profundidade característica (m)
H, H_{mo}, H^*_{mo}	Altura de onda (m); altura de onda característica ou significativa (m) e altura adimensional da onda (modelo de JONSWAP)
H_0, H_b	Altura da onda em água profunda (m); altura da onda no ponto de rebentação (m)
H_m, $\overline{H}$	Altura média da onda (m); altura média de todas as ondas de um registo (m)
H_d	Altura de onda difratada (m)
H_e	Altura de onda efetiva (m)
H_{max}	Altura da máxima onda num registo (m); altura a partir da qual a onda rebenta (m)
$\overline{H}_{max}$	Altura de onda máxima média (m)
H_{rms}	Raiz quadrada da média dos quadrados das alturas de onda num registo (m)
H_s	Altura significativa da onda (m)
H_z	Altura dos zeros ascendentes (m)
$H_{1/3} = H_s$	Altura média do terço das ondas mais altas, ou altura significativa (m)
$H_{1/10}$	Altura média da onda que é excedida por 10% das ondas, ou ainda, a média das alturas de onda de 10% das ondas maiores (m)
i_v	Gradiente da superfície livre do oceano induzido pelo vento (---)
I, I_L	Intensidade da turbulência (---); taxa de transporte de sedimentos

I_a	Índice de agitação (---)
ICV	Índice de Vulnerabilidade Costeira (---)
IFC	Índice ou Impacto Físico Costeiro (---)
J	Transformação Jacobiana
k	Número de onda ($2\pi/L$) (m^{-1}); parâmetro que determina a forma de uma onda cnoidal ($0 \leq k < 1$); constante de von Kármán
k_c	Taxa local de transferência de massa dos processos de fonte/sumidouro; coeficiente (---)
k_r	Número de onda de ondulações no fundo ($2\pi/\lambda_r$, rugas) (m^{-1}) (---)
k_s	Rugosidade de Nikuradse ($2.5d_{50}$) (m)
k_1, k_2	Coeficientes empíricos de calibração (---)
K	Energia cinética turbulenta por unidade de massa (m^2/s^2); coeficiente de Manning-Strickler ($m^{1/3}s^{-1}$); coeficiente empírico de proporcionalidade (---); coeficiente de transporte sedimentar (---)
$K(k)$	Função integral elítica completa de primeira espécie
K_d	Coeficiente de difração (---)
K_M, K_q, K_V	Coeficientes de mistura vertical (modelo POM)
K_N	Rugosidade equivalente de Nikuradse (m)
K_r	Coeficiente de refração (---)
K_s	Coeficiente de empolamento (---)
K_1, O_1, P_1	Componentes da maré astronómica (luni-solar diurna, lunar principal diurna, solar principal diurna)
K^*	Parâmetro de caracterização de praias (---)
l	Comprimento horizontal característico (m)
l_m	Comprimento de mistura (m)
l_t	Escala de comprimentos (m)
L	Comprimento de onda (m); macro escala da turbulência (m)
L_n	Posição da Linha de Costa após *n* anos resultante da elevação do nível do mar (m)
L_{nc}	Posição da linha de costa após *n* anos (m)
L_{nt}	Posição final da linha de costa, após *n* anos, considerando todas as possíveis retrações (m)
L_0	Posição atual da Linha de Costa (m)
m	Massa (kg)
m_0, m_b	Momento de ordem 0; declive da berma da praia; declive da praia na zona de rebentação
m_l	Massa da Lua (kg)
m_n	Momento de ordem *n*
m_s	Massa do Sol (kg)
m_t	Massa da Terra (kg)
M	Número de parâmetros de influência humana (---)
M_r	Fluxo da quantidade de movimento devido à propagação do "*roller*"
M_s	Massa de um sistema de controlo (kg)
M_2, S_2	Componentes da maré astronómica (lunar principal, solar principal)

n	Número de nós de um elemento; número de eventos por ano; parâmetro (---)
N	Ação da onda ($E(\sigma,\theta)/\sigma$); número de ondas; coeficiente (---); número de parâmetros físicos (---)
N_f	Número de intervalos em frequência (---)
N_i	Funções de interpolação
N_θ	Número de intervalos em direção (---)
N_2, K_2	Componentes da maré astronómica (lunar elítica maior, luni-solar semidiurna)
p	Pressão (N/m^2); porosidade (---)
P	Pressão (N/m^2); potência de uma onda por metro de frente da onda (w/m); fração de um conjunto de ondas; probabilidade de excedência de um evento extremo
$\overline{P}$	Pressão média (N/m^2)
P'	Flutuação turbulenta da pressão (N/m^2)
P_d	Densidade de potência (W/m^2)
P_f	Potência por metro de frente de uma onda (W/m)
P_i	Parâmetro de atraso de fase para um meio ciclo da onda
P_L	Fluxo longitudinal de energia da onda (W/m)
PF_n	Parâmetro físico *n*
PH_m	Parâmetro físico de influência humana *m*
P_ξ, P_η	Gradientes de pressão hidrostática
q^2, q^2l	Grandezas escalares (modelo POM)
q_r	Fluxo do volume do "*roller*" na frente da onda em rebentação
q_{sa}	Caudal sólido por arrastamento, por unidade de largura (m^2/s)
$q_{sa\_dir\_n}$	Volume de sedimentos transportados por arrastamento, por unidade de tempo, sob a ação de ondas e corrente, na direção normal à propagação da onda (m^2/s)
$q_{sa\_dir\_w}$	Volume de sedimentos transportados por arrastamento, por unidade de tempo, sob a ação de ondas e corrente, na direção da onda (m^2/s)
q_{sa_w}	Caudal de sedimentos transportados por ação de ondas (m^2/s)
q_{se}	Caudal sólido de fontes ou sumidouros, por unidade de comprimento da costa (m^2/s)
$\vec{q}_{sk}, \vec{q}_{sy}$	Caudais de sedimentos induzidos pelo enviesamento e pela assimetria da onda, por unidade de largura, respetivamente (m^2/s)
q_{ss}	Caudal sólido em suspensão, por unidade de largura (m^2/s)
q_{ss_w}, q_{ss_n}	Transporte sólido em suspensão, por unidade de largura, nas direções da onda (*w*) e perpendicular (*n*) (m^2/s)
$\vec{q}_{st}$	Volume total de sedimentos transportado, ou caudal sólido total (arrastamento mais suspensão), por unidade de largura (m^2/s)
q_{sx}, q'_{sx}	Caudais sólidos por unidade de largura, segundo x (m^2/s)
q_{sy}, q'_{sy}	Caudais sólidos por unidade de largura, segundo y (m^2/s)
Q_b	Fração das ondas que rebentam (---)
$Q_{in}(x)$	Termos de fonte/sumidouro da equação de continuidade do LITLINE (m^3/s)
Q_l	Caudal transportado longitudinalmente (m^2/s)

$Q_l(x)$	Caudal longitudinal na equação de continuidade do LITLINE (m^3/s)
Q_s, Q_{sl}	Transporte sedimentar longitudinal em volume (m^3/s)
Q_{se}	Caudal de sedimentos de entrada (m^3/s)
r	Rugosidade relativa (A_w/k_s) (m)
r_w	Assimetria da onda
R, R_∞	Coeficiente de reflexão; raio da Terra (m); número do Reynolds (---); retração (m); potencial máximo de retração (m)
R_a	Retração horizontal adicional da Linha de Costa (m)
R_i	Resíduo para a equação i
R_{bx}, R_{by}	Termos relativos à rebentação das ondas
R_{mv}	Estimativa do "*run-up*" da onda - máxima excursão vertical da onda na face da praia (m)
R_m, R_n	Pesos atribuídos aos parâmetro *m*, *n*
$R_s, R_{1\%}, R_{2\%}$	Espraiamento máximo (m)
R_t	Retração provocada por uma tempestade (m)
R_∞	Potencial máximo de retração (m)
s	Densidade (ρ_s/ρ) (---)
S	Sobrelevação da superfície livre (m); submergência (m); sobrelevação do nível médio do mar (m)
S_c	Superfície de controlo
$S(f)$	Função espetral, ou espetro em frequência
S_{xx}, S_{xy}, S_{yy}	Tensões de radiação (j/m^2)
t, t^*	Tempo (s), tempo adimensional (modelo de JONSWAP)
T	Período médio da onda (s)
$\overline{T}$	Período médio de todas as ondas do registo (s)
T_c	Período médio entre picos ($2\pi\sqrt{m_2/m_4}$)
T_s	Duração total de um evento (h, dia)
T_e	Período de onda efetivo (s)
T_E	Período de energia (m_{-1}/m_0)
T_{ji}	Tensor das tensões
T_{max}	Período correspondente à máxima onda no registo (s)
T_{m01}	Período médio ($2\pi\, m_0/m_1$)
T_p, T_p^*	Período de pico da onda (s); período da onda (modelo de JONSWAP) (s)
T_q	Tempo de queda dos sedimentos (s)
T_R	Período de retorno (ano)
T_s	Tempo-resposta para definição do potencial máximo de retração (s); tempo de mobilização dos sedimentos (s)
T_{sd}	Período sideral, ou período de rotação do sistema Terra-Lua (dia)
T_w	Período da onda (s)
T_{wc}, T_{wt}	Meios períodos da crista e da cava de uma onda (diferentes de $T_w/2$) (s)

T_z	Período dos zeros ascendentes (s); período médio dos zeros ascendentes ($2\pi\sqrt{m_0/m_2}$)
$T_{1/3}$	Média dos períodos do terço das ondas mais altas (s)
$T_{1/10}$	Média dos períodos dos 10% das ondas mais altas (s)
u, v, w	Componentes da velocidade segundo *x*, *y* e *z*, respetivamente (m/s)
$\mathbf{u}$	Vetor da velocidade, com componentes (u, v, w) (m/s)
$\vec{u}(t)$	Velocidade total instantânea ($\vec{U}_c + \vec{u}_w(t)$) (m/s)
u_*	Velocidade de atrito (m/s)
u_b	Velocidade do escoamento junto ao fundo (m/s); velocidade no ponto de rebentação da onda (m/s)
u_c, U_c	Velocidade da corrente segundo *x* (m/s)
$u_{cr,c}$	Velocidade crítica para correntes (m/s)
$u_{cr,w}$	Velocidade crítica para ondas (m/s)
u_d, v_d	Componentes da velocidade deficitária segundo *x* e *y*, respetivamente (m/s)
u_f	Velocidade do escoamento junto ao fundo (m/s)
$(u_f)_{cr}$	Velocidade crítica do escoamento junto ao fundo para o início do movimento de sedimentos (m/s)
u^L, v^L	Componentes da velocidade Lagrangeana (m/s)
u^S, u^S	Componentes de Stokes nas direções *x* e *y*, respetivamente (m/s)
$\hat{u}$	Amplitude da velocidade orbital (m/s)
$\hat{u}_w, \hat{v}_w$	Componentes da velocidade orbital da onda no exterior da camada limite (m/s)
u', v', w'	Flutuações turbulentas da velocidade segundo *x*, *y* e *z*, respetivamente (m/s)
$\overline{u_i' u_j'}$	Tensões turbulentas, ou correlações da velocidade (m^2/s^2)
u_ς, u_α	Velocidades à superfície e à profundidade $z_\alpha = -0.535h$, respetivamente (modelo BOUSS-2D) (m/s)
u_ς	Componente orbital da velocidade na superfície livre (m/s)
u_1, v_1	Componentes da velocidade na camada 1 (modelo COULWAVE) (m/s)
u_2, v_2	Componentes da velocidade na camada 2 (modelo COULWAVE) (m/s)
U, V	Número de Ursell (---); componentes da velocidade no exterior da camada limite (m/s); componentes da velocidade total ($u_c \pm u_w$, $v_c \pm v_w$) (m/s)
$\overline{U}, \overline{V}$	Componentes da velocidade média do escoamento segundo *x* e *y*, respetivamente (m/s)
$\vec{U}$	Vetor de velocidade com componentes $(u_w + u_c)$ e $(v_w + v_c)$ (m/s)
$\vec{U}_c, \vec{U}_w$	Vetores de velocidade com componentes (u_c, v_c) e (u_w, v_w), respetivamente (m/s)
U_{cr}	Velocidade crítica da corrente para o início do movimento sólido (m/s)
$U_{cw,net}$	Velocidade média do escoamento devida a ondas mais corrente, incluindo efeitos de assimetria das ondas e atrasos de fase da concentração (m/s)
U_{orb}	Amplitude da velocidade orbital [$\pi H_{rms}/(T_p senh(kh))$] (m/s)
U_{rms}	Velocidade função da velocidade orbital ($\sqrt{2}U_{orb}$) (m/s)
U_v, V_v	Componentes da velocidade do vento (m/s)

$U_w, \hat{U}_w$	Amplitude da velocidade orbital da onda (m/s)
U_λ, U_φ	Componentes da corrente em coordenadas esféricas, segundo λ (longitude) e φ (latitude), respetivamente (m/s)
V, V_{10}	Velocidade da corrente longitudinal (m/s); velocidade do vento (m/s); velocidade do vento medido à altura de 10 m da superfície (m/s)
v_c, V_c	Velocidade da corrente segundo y (m/s); volume de controlo
$\overline{V}_L$	Velocidade de uma corrente longitudinal (m/s)
V_e	Velocidade efetiva do vento com duração t (m/s)
$\overline{V}_{max}$	Velocidade máxima das médias horárias do vento durante um determinado período de tempo (m/s)
V_v, V_z	Velocidade do vento (m/s); velocidade do vento à altura z (m/s)
W_i	Função de ponderação
$W(\boldsymbol{s}-\boldsymbol{x},h)$	Função Kernel do modelo SPH
W_C	Função Kernel *spline*-Cúbica
W_G	Função Kernel Gaussiana
W_q	Velocidade de sedimentação, ou de queda de partículas (m/s)
W_v, W_{10}	Velocidade do vento (modelo RMA2); velocidade do vento medido à altura de 10 m (m/s)
x, y, z	Eixos coordenados
X, Z	Parâmetro (---); coordenadas curvilíneas ortogonais
$\boldsymbol{X}(a,t)$	Posição da parcela a no instante t (transporte Lagrangeano)
y_c	Posição da linha de costa (m)
z_0	Nível de referência (m)
z_δ	Espessura da camada limite (m)
ZH	Zero hidrográfico
α, α_0	Constante de Philips (espetro de JONSWAP); ângulo de entrada de uma onda com a normal à fronteira (°); ângulo da crista da onda com a batimétrica (°); valor do ângulo em água profunda (°); aceleração vertical da superfície livre (m/s^2); coeficiente (---)
α_b	Ângulo da crista da onda com a batimétrica no ponto de rebentação (°); ângulo de incidência (°)
β	Ângulo de saída de uma onda com a normal à fronteira; ângulo de declive do fundo; aceleração vertical junto ao fundo (m/s^2); ângulo entre a superfície média da praia e a horizontal (°); ângulo de inclinação (°); coeficiente (---); parâmetro (---)
β'	Ângulo de um declive imaginário (°)
β_b	Segunda derivada total das cotas da batimetria ($\beta_b = d^2\xi/dt^2$) (m/s^2)
χ	Constante (---)
δ	Declividade (H/L) (---); declividade da onda incidente (H_0/L_0) (---)
δ_{crit}	Declividade crítica (---)
$\delta_{i,j}$	Símbolo de Kronecker (---)
δ_r	Parâmetro da largura de rebentação (---)
δ_{si}	Espessura da camada limite em regime de *sheetflow* (m)

Δt	Intervalo de tempo (s)
Δs, Δx, Δy	Intervalos/incrementos espaciais (m)
ε	Dissipação viscosa (m^2/s^3); parâmetro de não linearidade (a/h_0); largura de banda; energia dissipada na camada limite (m^2/s^3); coeficiente de dissipação; parâmetro; difusividade dos sedimentos; valor de erro
ε_r	Altura relativa (H/h) (---)
ϕ	Ângulo de repouso do material seco (°); ângulo da direção do vento (°)
ϕ'	Ângulo de repouso do material submerso (°)
$\phi(x,y)$	Função potencial bidimensional
φ	Potencial de velocidade; ângulo que a direção das ondas faz com a direção da corrente (°); direção do vento (°); latitude (°)
φ, λ	Coordenadas esféricas, designando φ a latitude e λ a longitude (modelos DELFT2D/3D e ADCIRC)
γ	Peso volúmico da água (N/m^3); coeficiente de reflexão ($0 \le \gamma \le 1$); coeficiente de dissipação (---); parâmetro de elevação do pico (espetro de JONSWAP largo ou estreito); coeficiente; parâmetro de controlo (0 ou 1); índice empírico de rebentação (---); parâmetro (---)
γ_b	Relação entre as profundidades média e total na rebentação (---)
γ_s	Peso volúmico dos sedimentos (N/m^3)
γ_t	Difusividade turbulenta (m^2/s)
Φ	Potencial de velocidade complexo; latitude (°)
Γ	Taxa de transporte efetivo adimensional (---); tempo de vida útil (ano)
η, ξ	Coordenadas cartesianas ortogonais
$\overline{\eta}_{do}$, $\overline{\eta}$	Sobrelevação/*Setup* (m); sobrelevação/*setup* médio devido à onda (m)
$\overline{\eta}_{uo}$	Depressão/*Setdown* (m)
λ_d	Comprimento de onda de dunas (m)
λ_r, λ_{rc}	Comprimento de onda de ondulações no fundo (rugas) (m)
μ	Viscosidade dinâmica ($\text{Pa} \times \text{s}$)
ν	Viscosidade cinemática da água (m^2/s)
ν_h	Viscosidade horizontal (m/s)
ν_t	Viscosidade turbulenta (m^2/s)
Π	Parâmetro adimensional (---)
θ, θ_0	Taxa de retração devida a uma tempestade (---); ângulo (°); ângulo de incidência de um campo de ondas (°); ângulo da crista da onda com a batimétrica (°); valor do ângulo em água profunda (°); ângulo de rotação (°)
θ_c	Tensão de atrito adimensional no fundo, ou parâmetro de Shields (---)
θ_{cr}	Parâmetro crítico de Shields; tensão crítica (---)
θ_{cr_dec}	Tensão crítica corrigida para o início do movimento sólido (Nm^{-2})
$\vec{\theta}_{cw}(t)$	Parâmetro de Shields função do tempo
$\theta_{cw,max}$	Valor máximo do parâmetro de Shields devido à ação de ondas e corrente.
$\theta_{cw,praia}$, $\theta_{cw,mar}$	Tensões de atrito em cada meio período da onda
θ_k	Fase de um harmónico de ordem k
θ_m	Direção média da onda (°); valor máximo do parâmetro de Shields (---)
θ_{min}, θ_{max}	Direções mínima e máxima, respetivamente (°)

θ_t	Transporte função do parâmetro de Shields (---)
ρ	Massa volúmica da água (kg/m^3)
ρ_0	Massa volúmica de referência (kg/m^3)
ρ_s	Massa volúmica dos sedimentos (kg/m^3)
σ	Parâmetro fundamental da água pouco profunda ($h_0/L; h/L; h_0/l_0$); coeficiente que traduz a assimetria do espetro; coordenada vertical (modelos DELFT3D e TELEMAC3D, POM e MECCA); desvio padrão; constante empírica (---)
σ_i	Número de Schmidt, $i = (c, w)$
σ_m	Dispersão da função de distribuição direcional
$\sigma_{c/w}$	Número de Schmidt para onda/corrente
σ_{cw}	Número de Schmidt para escoamentos de ondas com corrente
ς	Elevação da superfície livre (m)
$\tau_{cr} = \theta_{cr}$	Tensão crítica de Shields (N/m^2)
$\tau_{cw,max}$	Tensão máxima de atrito resultante de um escoamento devido a ondas com corrente (N/m^2)
τ_0	Tensão tangencial de atrito (N/m^2)
τ_*, τ_f	Tensão de atrito no fundo (N/m^2)
τ_{bx}, τ_{by}	Tensões de atrito no fundo (N/m^2)
τ_s	Tensão na superfície livre (N/m^2)
τ_{sx}, τ_{sy}	Tensões devidas ao vento (N/m^2)
$\langle\bar{\tau}_x\rangle, \langle\bar{\tau}_y\rangle$	Tensões de atrito médias no período da onda, ao longo da coluna de água (N/m^2)
Ω	Parâmetro de Dean (---); área; domínio; velocidade angular de rotação da Terra (rad/s)
Ω_c, Ω_t	Quantidades de sedimentos transportados e que assentam durante o meio-período da crista da onda
Ω_c', Ω_t'	Quantidades de sedimentos que permanecem em suspensão nos meio-ciclos positivo e negativo da onda, respetivamente
ω	Frequência angular da onda ($2\pi/T$) (s^{-1}); componente da velocidade na direção σ (m/s); vorticidade (s^{-1}); frequência (s^{-1})
ω_{cr}	Parâmetro que caracteriza as rugas
ω_h	Frequência normalizada (---)
ω_i	Parâmetro de controlo, $i = (c, w)$
ω_p	Frequência de pico do espetro
ξ, ξ_0	Parâmetro de Iribarren, ou "surf *similarity parameter*" (---); coordenada; parâmetro de Iribarren ao largo (---); cota topográfica (m); trajetórias das partículas (m)
ξ_{crit}	Parâmetro de Iribarren crítico para a ocorrência de rebentação ou reflexão $2.0 < \xi_{crit} < 2.5$ (---)
ψ	Função de corrente (m^2/s); número de mobilidade (---)
ζ_0	Cota da superfície livre em repouso (m)
∂	Símbolo de derivada parcial
∇	Operador gradiente de um escalar

PARÂMETROS ADIMENSIONAIS

Entre os vários parâmetros adimensionais que surgem ao longo desta obra, relevam-se os seguintes

- Altura relativa, $\varepsilon_r = \dfrac{H}{h}$
- Coeficiente de difração, $K_d = \dfrac{H_d}{H_i}$
- Coeficiente de empolamento, $K_s = \dfrac{H_2}{H_0} = \sqrt{\dfrac{0.5c_0}{n\,c_2}}$
- Coeficiente de reflexão, $R = \dfrac{H_r}{H_i} = \dfrac{H_{reflectida}}{H_{incidente}}$
- Coeficiente de refração, $K_r = \sqrt{\dfrac{b_0}{b_2}} = \sqrt{\dfrac{cos\,\theta_0}{cos\,\theta_2}} = \left(\dfrac{1-sen^2\theta_0}{1-sen^2\theta_2}\right)^{1/4}$
- Critério de rebentação_1, $C_r = \dfrac{H_b}{L_0} = 0.142\,tanh\,(kh)$
- Critério de rebentação_2, $C_r = \dfrac{H_b}{L_b} = \dfrac{E_{p0}}{E_{Pb}} = \dfrac{0.5c_0 H_0^2/8}{c_b H_b^2}$
- Critério de rebentação_3, $C_r = \dfrac{H_b}{h_b} \approx 0.78$
- Declividade da onda, $\delta = \dfrac{H}{L}$
- Índice de agitação, $I_a = \dfrac{H_{i,j}}{H_0}$
- Número de Froude, $F_r = \dfrac{U}{\sqrt{gh}}$
- Número de Reynolds, $R = \dfrac{Hc_0}{\nu}$
- Número de Ursell, $U = \dfrac{\varepsilon}{\sigma^2} = \dfrac{a/h}{(h/L)^2}$, ou $U = \dfrac{H/h}{(h/L)^2}$
- Parâmetro de Dean, $\Omega = \dfrac{H_b}{W_q T}$ (praias)
- Parâmetro de efeitos não-lineares, $\varepsilon = \dfrac{a}{h}$
- Parâmetro de efeitos dispersivos, $\sigma = \dfrac{h}{L}$
- Parâmetro de Iribarren, $\xi = \dfrac{tan\beta}{\sqrt{\delta}} = \dfrac{tan\beta}{\sqrt{H/L}}$
- Parâmetro de largura da rebentação, $\delta_r = \dfrac{2\pi^2 H_b}{gT^2\,tan^2\,\beta}$ (praias)
- Parâmetro de Sunamura, $K^* = \dfrac{\overline{H}_b^2}{g\overline{T}^2 d_{50}}$ (praias)
- Parâmetro $K^* = \dfrac{\overline{H}_b^2}{g\overline{T}^2 d_{50}}$ (praias)
- Parâmetro $\Pi = \dfrac{H}{L}\,coth^3(kh)$ (ondas)

1. Introdução

1.1 Enquadramento

A VISÃO formulada na ***Estratégia Nacional para a Gestão Integrada da Zona Costeira, anexa à Resolução do Conselho de Ministros n.º 82/2009, Diário da República, 1.ª série, número 174/2009***, doravante designada por ENGIZC, *consagra um desenvolvimento da zona costeira balizado por valores como a identidade, a sustentabilidade, o ordenamento e a segurança.*

Assente nestes princípios, a ENGIZC caracteriza as bases em que o desenvolvimento costeiro se deve orientar e identifica as dimensões em que se deve apoiar para a compatibilização dos diversos interesses e concretização das medidas para atingir os objetivos de desenvolvimento sem pôr em causa os equilíbrios existentes. Assume assim a importância de um desenvolvimento harmonioso e sustentável da zona costeira, subordinado à salvaguarda dos recursos naturais existentes e às suas características e valores identitários.

Neste contexto, a ENGIZC aponta os rumos a seguir para as vertentes que considera prioritárias:

i) *Uma zona costeira com identidade própria, apostando nos seus recursos e nos valores únicos naturais e culturais identitários desses territórios;*

ii) *Uma zona costeira sustentável, com salvaguarda e valorização dos seus recursos e valores naturais, patrimoniais e paisagísticos baseada numa gestão que privilegie as opções naturalizadas e adaptativas que melhor se coadunem com uma abordagem integrada das questões sociais, económicas e ambientais;*

iii) *Uma zona costeira bem ordenada, adequando os usos e ocupações às capacidades de carga e de resiliência dos sistemas naturais, bem como à sensibilidade das diferentes áreas, no âmbito de uma visão sistémica e prospetiva do ordenamento e planeamento destas áreas;*

iv) *Uma zona costeira segura e pública, conjugando de forma harmoniosa a utilização e fruição pública e a ocupação humana com a gestão preventiva dos riscos associados, nomeadamente erosivos, especialmente em zonas ameaçadas pela subida do nível médio das águas do mar;*

v) *Uma zona costeira competitiva, como espaço produtivo gerador de riqueza e de emprego centrados na valorização económica dos potenciais marinhos e marítimos, naturais e culturais existentes, nomeadamente através do recurso a iniciativas económicas que incorporem tecnologias com reduzido impacte ambiental e modelos sustentáveis de desenvolvimento económico.*

Para a compatibilização dos diferentes objetivos e concretização das medidas que conduzam a um desenvolvimento harmonioso e sustentável da zona costeira, a ENGIZC centraliza as ações a empreender em torno dos seguintes pilares:

i) ***Formação**, como dimensão fundamental para a concretização dos novos paradigmas e das necessidades emergentes para uma gestão integrada da zona costeira;*

ii) ***Conhecimento científico e técnico**, como dimensão de suporte à decisão e impulsionadora da adoção de novos paradigmas;*

iii) ***Gestão responsável e eficaz****, sustentada no conhecimento adequado dos processos e dos seus impactos, de acordo com o princípio da precaução, na articulação e coresponsabilização intersectorial e no envolvimento das comunidades locais e dos agentes interessados.*

É neste quadro, assumindo como essenciais aquelas mesmas dimensões e pretendendo contribuir para o cumprimento dos mesmos objetivos, que surge este livro. Continua este capítulo com um breve enquadramento dos aspetos que são aprofundados nos capítulos seguintes, não deixando de identificar diversas situações de grande vulnerabilidade e risco presentes no trecho da zona costeira portuguesa entre Espinho e S. Pedro de Moel, decorrentes de uma gestão inadequada, permissiva, ou ausente.

O capítulo 2 aborda aspetos genéricos relativos à agitação irregular de curta duração, à formulação matemática da hidrodinâmica, com ênfase em modelos de fechamento da turbulência para resolução das equações de Reynolds, e a desenvolvimentos numéricos básicos no domínio da engenharia costeira.

O capítulo 3 é dedicado a uma descrição dos processos de geração das ondas no mar, bem como às transformações que ocorrem numa onda ao propagar-se desde o largo (zona de geração), em profundidades da ordem das centenas de metros, até à costa, em condições de profundidades muito reduzidas, da ordem de poucos metros. São ainda formulados e resolvidos exemplos de aplicação prática, detalhados aspetos numéricos de ferramentas comumente usadas neste domínio, e brevemente descritas algumas das ferramentas mais robustas e usadas na atualidade.

O capítulo 4 é integralmente dedicado à propagação de ondas, sendo genericamente apresentadas as diferentes teorias da onda e abordada com mais detalhe a teoria geral da onda em condições de água pouco profunda, sendo esta usada para o desenvolvimento das diferentes aproximações matemáticas que são hoje a base dos modelos mais importantes no âmbito da hidrodinâmica e da dinâmica sedimentar. Complementarmente são apresentadas extensões da teoria da onda em água pouco profunda e descritos alguns dos modelos mais conhecidos e utilizados hoje em dia para a previsão das condições de agitação em regiões costeiras, portos e estuários, incluindo a propagação da onda desde condições de águas profundas, sobre batimetrias com declives acentuados e na presença de importantes obstáculos.

O capítulo 5 é dedicado aos processos físicos e à modelação da morfodinâmica costeira. São descritas diversas abordagens para o cálculo dos caudais de sedimentos transportados por arrastamento e em suspensão por ação de correntes, ondas e ondas com corrente. São abordadas as formas de fundo geradas pelo escoamento e apresentados modelos concetuais para a simulação da hidrodinâmica, dos processos de transporte sedimentar e da evolução de fundos móveis.

No capítulo 6 são descritos os processos costeiros básicos, com ênfase nos movimentos transversais e longitudinais que conduzem a alterações dos perfis de praia. São abordados os conceitos de equilíbrio transversal e longitudinal, e descritas algumas formações típicas. Uma boa parte deste capítulo é ainda dedicada a breves descrições de alguns dos modelos correntemente utilizados na modelação do transporte transversal e na modelação da morfologia costeira.

No capítulo 7 são apresentadas metodologias simplificadas para a identificação de vulnerabilidades e riscos, evolução da linha de costa, avaliação de espraiamentos e possíveis galgamentos de estruturas de proteção, e ainda para a avaliação e classificação do risco de erosão, incluindo a elaboração de mapas de vulnerabilidades. Termina este capítulo com possíveis soluções complementares de proteções naturais, em particular de praias e dunas, ilustradas com algumas aplicações de campo.

Por ultimo, o capítulo 8 é dedicado ao planeamento e à gestão integrada da zona costeira, sendo identificadas/propostas linhas de orientação tendo como pano de fundo as vulnerabilidades existentes e trabalhos desenvolvidos fundamentalmente no trecho compreendido entre Espinho e São Pedro de Moel. Após identificação de pontos-chave num modelo de governança da zona costeira, são em seguida apresentadas reflexões sobre as causas e consequências dos desequilíbrios existentes, sugeridos procedimentos de gestão colaborativa e discutidas linhas de orientação estratégica.

Complementam o livro três anexos dedicados a formulações numéricas de modelos de turbulência 1DV e 2DV de *Zero-*, *Uma-* e *Duas*-Equações (Anexo I), ao desenvolvimento de um método de elementos finitos para a resolução numérica da equação de Helmholtz, incluindo a listagem de um programa computacional completo escrito em linguagem FORTRAN (Anexo II), e ao método WENO-Euler aplicado à resolução da equação de conservação dos sedimentos, utilizada na atualização de batimetrias e cálculo da evolução de fundos móveis (Anexo III).

1.2 Zonas Costeiras

A zona costeira é um lugar fascinante – constituindo a interface entre a terra e o mar. Estes dois ambientes são muito diferentes; contudo, entre eles existe uma reduzida zona de sobreposição onde se identifica a marca de água que estabelece uma fronteira clara entre as vidas terrestre e marinha.

Muitas características e subdivisões da zona costeira são difíceis de definir porque a variabilidade temporal, ou as mudanças graduais entre as características, obscurece fronteiras precisas. Na verdade, a complexidade da maioria das zonas costeiras axiomaticamente indica mudança. Compreender os processos e os produtos de interações em ambientes costeiros raramente é simples, sendo muitas vezes vantajoso adotar uma abordagem holística ou sistémica para resolver os problemas (Carter, 1993).

A nomenclatura não é padronizada, e vários autores descrevem as mesmas características usando diferentes nomes. Essa ambiguidade é especialmente evidente na terminologia usada e nas subzonas consideradas no domínio litoral. Na ausência de um padrão de nomenclatura amplamente aceite, os engenheiros e investigadores costeiros fazem acompanhar os seus relatórios e publicações com diagramas e definições, de modo a assegurar que os leitores irão entender completamente os termos usados nos documentos produzidos.

Neste livro é adotado o conceito de zona costeira e os correspondentes limites físicos tal como são apresentados na *Estratégia Nacional para a Gestão Integrada da Zona Costeira* (ENGIZC), acima identificada. Aquele documento é muito claro em relação às reais dificuldades em gerir um espaço com as características da zona costeira; com efeito, a ENGIZC refere: "Há consenso no que respeita à complexidade da zona costeira (dos processos atuantes e das respostas dos sistemas), à sua sensibilidade, ao seu dinamismo, à sua importância económica e ecológica, à ocorrência de conflitos entre utilização e equilíbrio natural, à pressão antrópica aí exercida ou à necessidade de promover o seu uso sustentável. O mesmo não se verifica, no entanto, em relação ao estabelecimento dos seus limites físicos, não só porque estes limites dependem do objetivo e do contexto em que são estabelecidos, mas também porque as realidades físicas e biofísicas são muito distintas em termos espaciais. Efetivamente, a dinâmica destas áreas de transição é quase sempre incompatível com a imposição de limites rígidos, qualquer que seja a sua ordem de grandeza. Não existe, até ao momento, uma definição de zona costeira proposta pela Comissão Europeia. Em muitos países, o limite considerado no âmbito da GIZC tem, para o lado de terra, a largura de 1 a 3 km e, para o lado do mar, a largura que corresponde às águas territoriais."

Mais adiante, a ENGIZC estabelece os seguintes limites físicos: "Zona costeira é a porção de território influenciada direta e indiretamente, em termos biofísicos, pelo mar (ondas, marés, ventos, biota ou salinidade) e que tem, para o lado de terra, a largura de 2 km medida a partir da linha da máxima preia-mar de águas vivas equinociais (LMPMAVE) e se estende, para o lado do mar, até ao limite das águas territoriais (12 milhas náuticas), incluindo o leito."

Complementarmente, aquele mesmo documento adota ainda os seguintes conceitos (Figura 1.1):

i) ***Litoral*** *– termo geral que descreve as porções de território que são influenciadas direta e indiretamente pela proximidade do mar;*

ii) ***Orla costeira*** *– porção do território onde o mar, coadjuvado pela ação eólica, exerce diretamente a sua ação e que se estende, a partir da margem até 500 m, para o lado de terra e até à batimétrica dos 30 m (englobando a profundidade de fecho) para o lado do mar;*

iii) ***Linha de costa*** *– fronteira entre a terra e o mar, assumindo-se como referencial a linha da máxima preia-mar de águas vivas equinociais (LMPMAVE).*

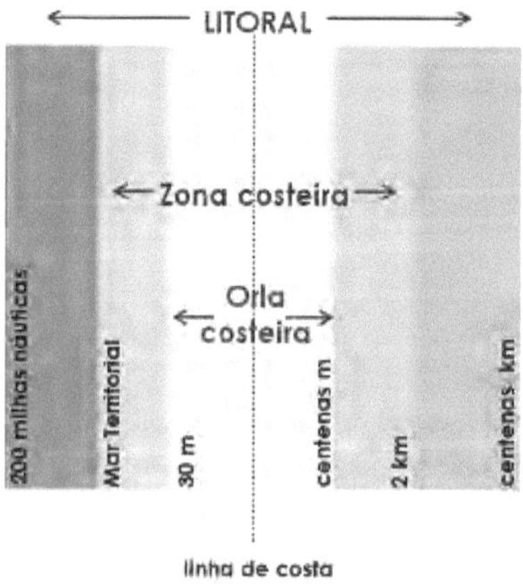

Figura 1.1 - Conceito de Zona Costeira (limites) (ENGIZC, 2009).

No âmbito da morfodinâmica costeira é comumente utilizada a terminologia esquematicamente ilustrada na Figura 1.2. Neste contexto, a zona costeira divide-se em três subzonas: a costa, o litoral e a plataforma continental. A costa inclui a duna, cordão ou sistema dunar; o litoral compreende a praia emersa e a praia submersa, e a plataforma continental desenvolve-se para lá da profundidade de fecho, ou seja, para além da secção em que deixam de ocorrer alterações morfodinâmicas significativas. A praia emersa, por sua vez, engloba a alta praia, a média praia e a baixa praia, incluindo nesta a zona entre-marés, ou zona de espalho (ou *surf zone*), e a zona de espraio. Por último, a praia submersa compreende a zona de empolamento e a zona de rebentação das ondas.

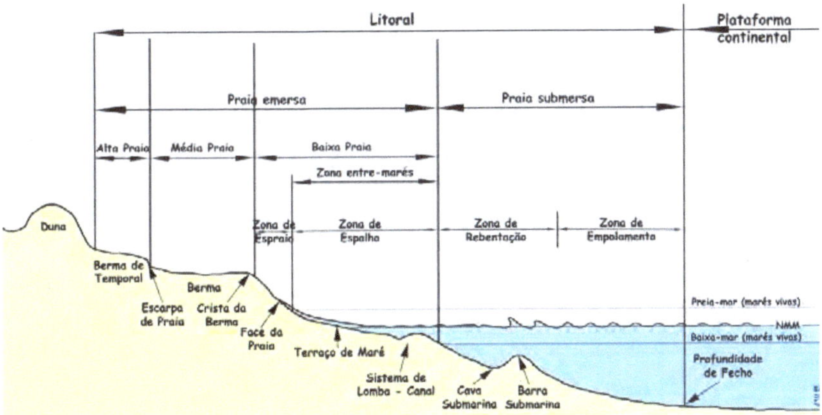

Figura 1.2 – Terminologia usada na zona costeira (http://www.aprh.pt/rgci/glossario/praia.html, acedida em setembro de 2015).

As praias são compostas por materiais - sedimentos - principalmente fornecidos pela erosão de falésias e por rios que drenam terrenos aluvionares. Outras fontes de materiais, como fragmentos de conchas e restos de organismos microscópicos que vivem nas águas costeiras, são menos comuns. As praias em ilhas vulcânicas são frequentemente compostas por fragmentos escuros da lava basáltica que compõem as ilhas, ou por detritos grosseiros de recifes de corais que se desenvolvem em torno de ilhas em baixas latitudes. Assim, em todo o mundo, há praias formadas por restos de corais, praias maioritariamente constituídas por areias de quartzo, praias constituídas por fragmentos de rocha, praias formadas de material vulcânico preto (ou até mesmo verde), praias compostas por fragmentos de conchas e até mesmo praias artificiais com grandes quantidades de materiais de sucata descarregados na praia (Thurman e Trujillo, 1999).

Em geral, são característicos das zonas de média praia e baixa praia sedimentos constituídos por areia e cascalho; encontram-se lamas de origem fluvial na plataforma e são frequentes areias e lamas misturadas na zona da praia submersa (zona de transição para a plataforma continental). Em geral, os sedimentos do leito vão-se tornando sucessivamente mais finos desde a alta praia até ao mar, sendo transportados ao longo da média praia e da baixa praia por correntes de fundo que se dirigem para o mar - correntes rápidas e correntes induzidas por tempestades. Por vezes, encontram-se na praia submersa vestígios de sedimentos de granulometria relativamente grosseira.

Em termos hidrodinâmicos, é na praia submersa que as ondas sofrem as maiores transformações ao propagarem-se desde águas profundas, ao largo, em direção à costa.

Em condições frequentes/normais de agitação, o transporte de sedimentos processa-se principalmente na zona de rebentação e na baixa praia, por ação de correntes litorais induzidas pelas ondas. Os fenómenos de transporte de sedimentos realizam-se tanto na direção longitudinal (paralelo à costa) como na direção transversal (em perfil). Para os fenómenos de transporte longitudinal contribuem fundamentalmente as correntes longitudinais geradas na zona da rebentação, por ondas de incidência oblíqua. Têm grande relevância para os fenómenos de transporte transversal as ocorrências de tempestades.

1.3 Recursos Costeiros

Ao longo da história, o mar sempre teve uma grande influência no desenvolvimento da zona costeira e sobre as pessoas que aí vivem e/ou que a visitam regularmente, influência essa que se mantém até hoje.

Muitos meios de subsistência continuam a depender direta ou indiretamente do mar: recursos importantes como alimentos, petróleo e gás, são aí recolhidos; continuamos dependentes do mar para o transporte de pessoas e bens, e a costa permanece como o destino de férias preferido para muita gente. Neste âmbito, o turismo nacional ocupa um espaço muito significativo em termos de fluxos de turistas e geração de rendimento.

Contudo, o aumento de fluxos turísticos para a zona costeira, especialmente sob a forma de turismo de massas, está associado a novas preocupações quanto às suas repercussões potencialmente negativas para o desenvolvimento regional, em qualquer dos pontos de vista ambiental, económico e social.

Os recifes de corais saudáveis sustentam as economias locais e nacionais de muitos países, através da pesca, proteção costeira e turismo. Apesar destes benefícios, estima-se que 58 por cento dos recifes de coral no mundo estejam ameaçados por atividades humanas (Bryant *et al.*, 1998). As comunidades científicas ainda não possuem muitos dados, mesmo básicos, sobre a localização, a extensão espacial e a saúde dos recifes existentes. Por todo o mundo, estão em curso grandes esforços para atualizar e melhorar o mapeamento da informação sobre os recifes de coral.

Os estuários são corpos de água biologicamente produtivos. São ecossistemas muito diversos que suportam uma grande variedade de flora e fauna aquáticas, constituindo-se como importantes locais de desova e reprodução para muitas espécies de peixes costeiros e invertebrados. Esta diversidade biológica é reforçada pela presença de gradientes de salinidade. Contudo, a presença de sedimentos finos em camadas relativamente espessas aumenta o potencial de problemas ambientais, reduzindo a penetração da luz e da produção primária.

Por outro lado, os estuários suportam a pesca comercial, recreativa e de marisco. Muitos estuários são valiosos para a náutica de recreio e banhos, e são apreciados os seus recursos estéticos.

Ao mesmo tempo, muitos estuários contêm importantes portos comerciais, portos de abrigo, e canais de navegação. Muitos dos portos marítimos do mundo estão localizados em estuários e o pronto acesso requer a manutenção dos canais de navegação. Várias indústrias, cuja presença aumenta muitas vezes o risco para esses ecossistemas frágeis, também tendem a ser localizadas em portos marítimos. Muitos estuários conduzem águas residuais municipais e industriais para o mar, nem sempre com o tratamento mais adequado. Os vários usos de um estuário dão frequentemente lugar a conflitos, reclamações e encargos com a qualidade da água.

É inquestionável a importância ecológica, económica, sociocultural e estratégica que a orla litoral e as águas costeiras, em particular os estuários, assumem para o ordenamento do território português. As fortes pressões a que os múltiplos recursos da zona costeira têm sido submetidos, em grande parte devido ao aumento da concentração de atividades e de população, têm vindo a revelar a elevada vulnerabilidade desta interface entre a terra e o mar. São várias as situações de conflito de usos do solo e de utilizações que afetam o domínio hídrico. No essencial, estas ocorrências ou ações afetam fortemente os ecossistemas litorais, alteram os equilíbrios morfodinâmicos pré-existentes e contribuem para a destruição irreversível de proteções costeiras naturais.

Constituindo hoje um importante recurso, e com elevado potencial de crescimento, o litoral pode ser encarado como uma promissora fonte de energia e, simultaneamente, como um local adequado para instalações de produção e reserva de energia (locais de extração de petróleo e gás, terminais ou refinarias e centrais térmicas e nucleares). Em particular, as águas costeiras podem ser utilizadas para refrigeração.

A conversão da energia cinética das correntes oceânicas em energia elétrica utilizável na indústria e pela população tem despertado desde há muito um grande interesse entre as comunidades técnica e científica. Estima-se que a potência (energia por unidade de tempo) das correntes do oceano é de cerca de cinco milhões de megawatts, embora nem toda essa energia esteja disponível. Com efeito, a extração de energia apenas é rentável em algumas zonas, onde as correntes se concentram em faixas ou corredores de elevada velocidade e onde ocorre o transporte de grandes volumes de água para a periferia das bacias oceânicas, através de estreitos ou de passagens apertadas entre ilhas, ou outras formas terrestres com idênticas características.

A potência de uma corrente oceânica depende assim da velocidade da corrente e do volume total ou massa de água transportada por unidade de tempo, sendo esta quantidade, o chamado transporte de massa, normalmente expressa em milhões de m^3 de água transportada por segundo (Charlier e Justus, 1993). Por conseguinte, sendo a potência de uma corrente oceânica proporcional à massa transportada e ao produto do quadrado da velocidade, ambos devem ser representativos da secção transversal da corrente num local específico, usando-se normalmente a velocidade média na secção.

As correntes superficiais no oceano desenvolvem-se devido ao atrito entre o mar e o vento que sopra à sua superfície. Apenas cerca de dois por cento da energia do vento é transferida para a superfície do mar. Por exemplo, um vento de 50 nós[1] irá criar uma corrente com 1 nó. Os ventos alísios que sopram de Sul no Hemisfério Sul e de Nordeste no Hemisfério Norte são os principais geradores do sistema de correntes superficiais oceânicas. Estes ventos colocam assim em movimento as massas de água entre os trópicos. Os ventos alísios são os responsáveis pelo desenvolvimento das correntes equatoriais que viajam ao longo do Equador em todo o mundo,

[1] Um nó é uma milha náutica por hora. Uma milha náutica é equivalente a 1.15 milhas terrestres, ou 1.85 quilómetros.

como mostra a Figura 1.3, adaptada de Thurman e Trujillo (1999). São as chamadas correntes equatoriais de Norte ou de Sul, dependendo da sua posição a Norte ou a Sul do Equador.

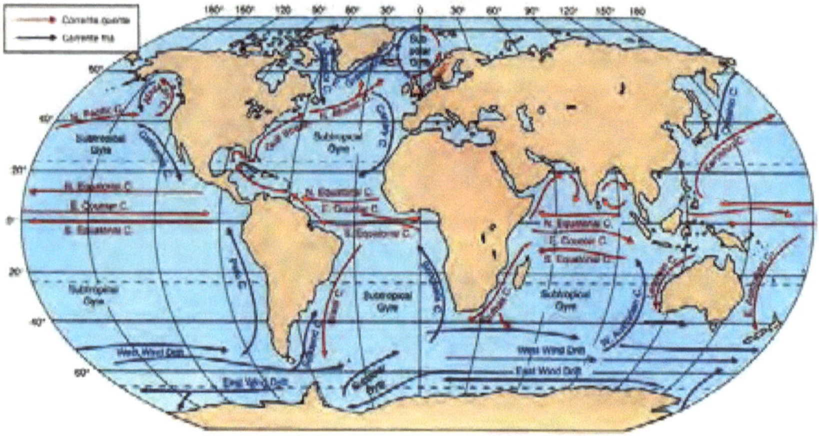

Figura 1.3 - Principais correntes oceânicas de superfície devidas ao vento (adaptada de Thurman e Trujillo, 1999).

Tal como a energia produzida a partir de correntes, também a energia das ondas é limpa, segura e amiga do ambiente. Estima-se que o limite prático para a energia das ondas é de cerca de um décimo da energia renovável, ou seja, cerca de 500 000 MW. Numa base mundial, ignorando a eficiência dos dispositivos de conversão, as ondas do mar poderão, teoricamente, fornecer cerca de 4×10^{12} kWh (Charlier e Justus, 1993). A extração de energia das ondas é mais eficiente do que a recolha direta de energia a partir do vento, pois as ondas são uma forma concentrada de energia eólica.

Com a aproximação da onda à costa ocorre refração, ou seja, com a profundidade a diminuir uniformemente em direção à costa e uma aproximação oblíqua das ondas, estas encurvam de forma que se aproximam da costa numa direção tal que as suas cristas se movem paralelamente à batimetria ao entrarem em águas pouco profundas. O efeito de refração pode ser usado para focar ou concentrar a energia das ondas, e tem vindo a desempenhar um papel em constante expansão na atual linha de conversão de energia das ondas. Contudo, em águas pouco profundas, devido ao empolamento e ao atrito no fundo, a quantidade de energia disponível é reduzida.

A energia transportada (por crista da onda), e eventualmente dissipada, pelas ondas em alto mar pode ser aproximadamente expressa por (1.1)

$$E \approx 0.96\rho H^2 T \text{ (kW/m)} \tag{1.1}$$

em que H é a altura da onda, em metros, e T é o período médio, em segundos. Para quantificar a energia disponível nas ondas, é usual utilizar-se como medida, a densidade média de energia por unidade horizontal de área (E_d), que resulta da soma do valor médio da densidade de energia cinética (E_c), com o valor médio da densidade de energia potencial (E_p), que contribuem com igual peso, obtendo-se

$$E_d = E_c + E_p = \rho g \frac{a^2}{2} = \rho g \frac{H^2}{8} \text{ (j/m}^2\text{)} \tag{1.2}$$

A densidade de energia por período de onda é a densidade de potência (P_d) e pode ser calculada dividindo a densidade de energia pelo período da onda

$$P_d = \frac{E_d}{T} = \rho g \frac{a^2}{2T} = \rho g \frac{H^2}{8T} \text{ (W/m}^2\text{)} \tag{1.3}$$

A potência por metro de frente da onda (P_f), ou fluxo de energia, pode ser calculada pelo produto da densidade da energia pela velocidade de grupo. Para uma onda em águas profundas ($c_g = c_0/2 = g/\omega/2$) obtém-se

$$P_f = E_d c_g = \rho g^2 \frac{a^2}{4\omega} = \rho g^2 \frac{H^2}{16\omega} \text{ (W/m)} \tag{1.4}$$

É óbvio que para estimar a quantidade potencial deste recurso devem ser conhecidas as características anuais e sazonais das ondas irregulares. Os correspondentes dados estatísticos fornecem uma função de densidade de probabilidade conjunta para a altura e o período da onda, e daí os expectáveis valores de energia das ondas. Os conceitos fundamentais de agitação irregular são abordados no capítulo 2.

Enquanto as correntes, as ondas e as marés oferecem mais oportunidades para a geração de energia na costa, há outras fontes com possibilidades, incluindo a eólica *offshore*, biomassa, gradientes de salinidade, ou osmótica, e gradientes de temperatura, ou térmica, do oceano.

A maior parte da energia solar que atinge a Terra é recebido pelos oceanos. As plantas marinhas podem ser usadas como fonte de combustível sob a forma de metano ou hidrocarbonetos líquidos. A conversão de biomassa pode ser baseada em culturas próximas da costa ou em plantas marinhas cultivadas em climas temperados.

Em conformidade com Charlier e Justus (1993), o potencial de energia a partir do contacto de água doce com água salgada pode comparar-se ao de uma queda de água, ou de uma barragem, com 250 m de altura.

1.4 Processos costeiros

A ação das ondas e das correntes nas zonas litorais dos oceanos é em geral muito intensa, dando origem a movimentos quase-permanentes dos materiais de fundo aí depositados.

A variabilidade das características das ondas e das correntes traduz-se em significativas alterações na capacidade de transporte do escoamento, o que, em consequência, conduz a modificações mais ou menos irregulares dos fundos e da geometria da costa.

O precário equilíbrio dinâmico das zonas costeiras, sendo afetado pelas mudanças cíclicas dos regimes de onda e da corrente, é ainda fragilizado por perturbações ligadas à atividade humana local (construções e regularizações costeiras) e longínqua (extrações de sedimentos e obras de regularização fluvial), privando as zonas marítimas das correspondentes contribuições sedimentares.

Nesta conformidade, o conhecimento das características do escoamento associado às ondas e às correntes, e a sua dependência relativamente à batimetria e à geometria da costa, são de primordial importância no dimensionamento de obras marítimas, na previsão das consequentes modificações introduzidas na agitação marítima e ainda no transporte e deposição de sedimentos (Antunes do Carmo e Marques, 2003).

1.4.1 Processos morfodinâmicos

Até finais da década de 70 foi prática corrente o recurso a modelos matemáticos do tipo linear para simular o efeito da refração produzida pela variação da profundidade na direção de propagação da crista da onda e o efeito da difração produzido pelo gradiente da amplitude ao longo da crista. No entanto, e porque se baseiam na teoria linear, esses modelos não devem ser utilizados em condições de água pouco profunda, nomeadamente em regiões costeiras e estuarinas.

Ainda nesse período, a previsão da evolução de uma praia era estabelecida empiricamente, a partir da experiência de casos similares ou recorrendo a modelação física em laboratório. Os métodos empíricos baseados em observações objetivas e em comparações com casos similares têm o mérito de serem simples e representativos, mas não permitem fazer previsões quantitativas. Os modelos físicos em laboratório permitem fazer estudos em condições bem controladas, mas colocam vários problemas ao nível das leis de semelhança, para além de serem muito dispendiosos.

Com um conhecimento teórico mais profundo dos fenómenos envolvidos e uma utilização mais eficiente dos métodos numéricos a par com o grande avanço e divulgação dos computadores, em especial a partir do início da década de 80, tanto em rapidez de processamento como em armazenamento de grande volume de informação, tornou-se possível o recurso a modelos matemáticos mais complexos e, por conseguinte, menos limitativos.

O estudo dos processos morfodinâmicos que ocorrem em regiões costeiras e estuarinas recorrendo a métodos numéricos, para a resolução espacial das equações, baseados em diferenças finitas, em elementos finitos ou ainda em volumes finitos, é hoje em dia uma prática generalizada e com resultados satisfatórios.

Grande parte das Universidades e Institutos de investigação portugueses possuem já as ferramentas e os conhecimentos científicos indispensáveis para, em conjunto com as instituições responsáveis pelo planeamento e gestão dos diferentes espaços da zona costeira, procederem a uma programação e hierarquização das atividades e intervenções necessárias, privilegiando fundamentalmente uma atitude preventiva como forma de antecipar a resolução dos problemas, por oposição à gestão casuística e por norma reativa que tem caracterizado a generalidade das intervenções na zona costeira portuguesa.

1.4.2 Agentes desequilibradores da linha de costa

As configurações das zonas arenosas da linha de costa portuguesa são, em geral, caracterizadas por extensas praias contínuas de fundo móvel, essencialmente determinadas pela relação dinâmica entre: *i*) o padrão de agitação incidente, principal agente modelador e responsável pela capacidade de transporte dos sedimentos, e *ii*) as características e disponibilidades de areias existentes na zona e das que a ela afluem transportadas fundamentalmente por ação das correntes litorais.

Grandes volumes de areia são transportados ao longo da costa, em parte pela maré, mas principalmente pela ação das ondas na sequência de processos físicos de refração e rebentação, essencialmente. Este processo de transporte é conhecido como deriva longitudinal e ocorre sempre que as ondas atingem uma praia com um certo ângulo. Na costa Oeste portuguesa os ventos predominantes são de Noroeste, pelo que o transporte de sedimentos dominante ocorre de Norte para Sul.

Mesmo ao longo de um ano, a maioria das praias pode mudar drasticamente a sua aparência por efeito do transporte transversal de sedimentos. Em calmas prolongadas a areia tende a acumular-se na parte superior da praia, mas quando surgem as tempestades em invernos mais rigorosos, a areia é muitas vezes levada pelas ondas e lançada no mar profundo ou em regiões próximas mas abaixo do nível de baixa-mar. Este ciclo aparentemente anual pode resultar em praias subindo e descendo um metro ou mais em cada ano. Uma explicação mais detalhada da morfologia de uma praia é apresentada no capítulo 6.

O vento também pode ter um efeito dramático sobre a costa. De tempos a tempos as dunas tornam-se instáveis e o vento achata-as, transportando grandes quantidades de areia para o interior, podendo ou não ser retida pela paisagem envolvente, e para o mar, acabando por se perder em quantidades apreciáveis para zonas mais profundas.

Presentemente verifica-se uma tendência generalizada e continuada de recuo da linha de costa portuguesa em cerca de dois terços da sua extensão. Esta tendência é fundamentalmente atribuída a três fatores: *i*) à subida do nível médio das águas do mar; *ii*) ao enfraquecimento irreversível das principais fontes aluvionares exteriores às zonas costeiras, em consequência de regularizações fluviais, alterações no aproveitamento dos solos e extrações de areias para a construção, e *iii*) a intervenção humana, alterando pontualmente o padrão de agitação local e/ou os trânsitos sedimentares. Também a frequência e características meteorológicas extremas que se têm vindo a observar e que, segundo vários estudos, tenderão a agravar-se no futuro, é um fenómeno preocupante, pois são já hoje bem conhecidas as consequências gravosas deste fenómeno em alguns troços da costa portuguesa.

A subida do nível médio das águas do mar será porventura o fator que menos contribui para a erosão costeira na atualidade (estima-se que não ultrapasse os cerca de 10% a 15% na costa ocidental portuguesa). Contudo, importa ter presente que este fenómeno tenderá a intensificar-se a médio prazo (poucas dezenas de anos), e os seus feitos terão intensidades diferentes consoante as especificidades das zonas costeiras. Este fenómeno é uma consequência inevitável das alterações climáticas globais, cujos efeitos são genericamente conhecidos e conduzirão a aumentos: (*i*) de alturas e velocidades de propagação das ondas, incluindo marés; *ii*) da salinidade de estuários e lagunas; (*iii*) de inundações; (*iv*) da dinâmica sedimentar, e *v*) da erosão costeira. Aumentarão em consequência os prismas de maré (massas de água que são movimentadas em cada ciclo) e as correntes em baías e estuários. Estas alterações conduzirão, por outro lado, a intrusões salinas e contaminação de aquíferos, e a importantes impactos biológicos sobre *habitats* costeiros.

Não há consenso entre os investigadores que se dedicam a esta temática quanto ao estabelecimento de uma relação direta entre o aumento da temperatura e o incremento da emissão de gases com efeito de estufa. Com efeito, como referem vários autores, indicadores razoavelmente fiáveis demonstram a existência de variações naturais da mesma ordem de grandeza relacionadas, por exemplo, com variações na órbita da Terra ou com a atividade vulcânica. Menos incertezas existem, porém, sobre os efeitos de um aumento generalizado da temperatura que, segundo vários investigadores, apontam para valores na ordem de 1.5° C a 4.5° C até ao ano 2100 (ASCE Task Committee, 1992; Kattenberg *et al.*, 1996, in Houghton, 1997), ou ainda ligeiramente superiores segundo o IPCC_Climate Change (2014).

Por efeito de expansão térmica, um aumento global da temperatura conduz necessariamente a uma subida do nível médio das águas do mar. Estudos conduzidos por Gornitz *et al.* (1982) (in ASCE Task Committee, 1992), mostram que um aumento da temperatura de 0.4° C num século terá conduzido a uma subida do nível médio de cerca de 5 cm. Os efeitos adicionais de degelo das calotes polares e as alterações nos padrões globais da circulação oceânica contribuirão para a elevação do nível médio do mar que, segundo vários estudos, se situará no intervalo entre cerca 0.5 m a possivelmente mais de 1.0 m até ao ano 2100, com estimativas entre 0.30 m a 0.95 m segundo o IPCC_Climate Change, 2014).

Para além da destruição de proteções naturais devido à elevação do nível médio do mar, também os processos erosivos e as consequentes modificações da linha de costa serão fortemente incrementados pela ação de ondas e correntes mais intensas.

De entre as diversas ações de origem antrópica responsáveis por situações de erosão na costa portuguesa, a que urge pôr termo, ou mitigar os seus efeitos, existem duas que se apresentam como viáveis, técnica e economicamente. Se, como seria desejável, a transposição dos grandes volumes de sedimentos retidos nos aproveitamentos hidráulicos construídos em meio hídrico fluvial parece ser de difícil resolução, pelo menos a curto prazo, já uma redução significativa dos montantes de areia extraídos no meio hídrico e a utilização dos volumes dragados por razões de navegação na alimentação de praias situadas a sotamar parecem vias que poderão e deverão ser implementadas a curto prazo. Naturalmente que outras ações deverão ser igualmente equacionadas, como sejam (Veloso-Gomes e Taveira-Pinto, 1997): *i*) proceder a operações de transposição artificial (*by-pass*) das areias de barlamar para sotamar (Norte para Sul) nas zonas portuárias onde existem extensos quebramares; *ii*) encontrar fontes alternativas de sedimentos para alimentações de praias recorrendo a depósitos submarinos, e *iii*) não autorizar a implantação de novos quebramares extensos para possíveis novos portos de pesca ou de recreio, os quais, a serem construídos, deverão ser inseridos nas instalações portuárias existentes.

Ainda a nível local, a intervenção humana é com certeza o principal fator responsável pelas alterações na configuração da linha de costa e provavelmente também o principal responsável por parte do seu recuo generalizado e continuado em consequência do efeito cumulativo do conjunto dessas intervenções, isto devido à alteração do padrão de agitação local e à alteração temporária do trânsito sedimentar, que em geral se deverá traduzir em alguma perda de areias para maiores profundidades. Segundo Ramos (1997) perante a tendência generalizada e continuada de recuo de grande parte da linha de costa portuguesa, uma atitude passiva, de "não intervenção", conduzirá à diminuição ou desaparecimento de praias semi-encaixadas em costas de areia e rocha e a recuos de grande dimensão em costas arenosas extensas.

Por conseguinte, importa refletir sobre os tipos e formas de intervenção, de modo a não acelerar ainda mais o precário equilíbrio existente.

Sempre que possível, uma vez identificado um problema ou após a ocorrência de um acidente, dever-se-á ter uma atitude pró-natureza, isto é, intervir no sentido de auxiliar a natureza a procurar uma nova situação de equilíbrio. Por conseguinte, deverão excluir-se quaisquer formas de intervenção que contrariem a tendência natural para o estabelecimento de uma configuração dinamicamente estável. Uma atitude contrária conduzirá inevitavelmente, mais cedo ou mais tarde, a ruturas e prejuízos acrescidos com perdas de bens instalados a coberto de uma falsa sensação de segurança.

1.4.3 Destruição de *habitats* costeiros

As descargas de efluentes domésticos e industriais diretamente para o mar sem qualquer tratamento, ou com um nível de tratamento inadequado, contaminando ou poluindo as águas com utilizações balneares, bem como os recursos marítimos costeiros, têm evidentemente consideráveis impactos ambientais.

Efetivamente, as alterações dos fatores ambientais dão, com frequência, origem a alterações qualitativas nos ecossistemas estabelecidos (e.g. composição específica, biodiversidade). Por exemplo, tem sido observado que a eutrofização bentónica em estuários e lagoas costeiras pode determinar a substituição dos produtores primários, passando as comunidades, anteriormente caracterizadas pela dominância de macrófitas, plantas plurianuais com raízes e de crescimentos mais lento, a ser dominadas por algas verdes, de crescimento rápido e com uma dinâmica anual (Marques *et al.*, 1997).

De facto, o enriquecimento da coluna de água em nutrientes parece favorecer as estratégias adaptativas das macroalgas em detrimento de plantas macrófitas (Hartog, 1994). No caso dos sistemas costeiros marinhos, nomeadamente em situações de poluição orgânica ou de descargas excessivas de nutrientes, têm sido igualmente observadas alterações a nível da biomassa e da composição das comunidades algais (Lavery *et al.*, 1991).

Uma tal alteração ao nível dos produtores primários poderá, com frequência, determinar a ocorrência de alterações da composição específica a outros níveis da cadeia trófica (e.g. composição da macrofauna), as quais, ao longo do tempo, conduzirão ao desenvolvimento de uma estrutura trófica diferente da anterior (Marques *et al.*, 1997).

1.4.4 Processos dominantes na coluna de água

Nas zonas litorais dos oceanos e nas plataformas continentais o movimento do vento provoca ondas de superfície de alta frequência e correntes de baixa frequência.

Para além da ação do vento, as correntes também podem ser geradas pela maré, por efeito de estratificação, etc. O escoamento associado às ondas e a correntes permite distinguir uma camada de superfície e uma camada limite de fundo. Entre estas duas camadas, o escoamento pode ser razoavelmente descrito por uma massa de água quase irrotacional e não viscosa. A imagem global do escoamento sobre a plataforma continental e os diversos processos na camada limite de fundo são ilustrados na Figura 1.4.

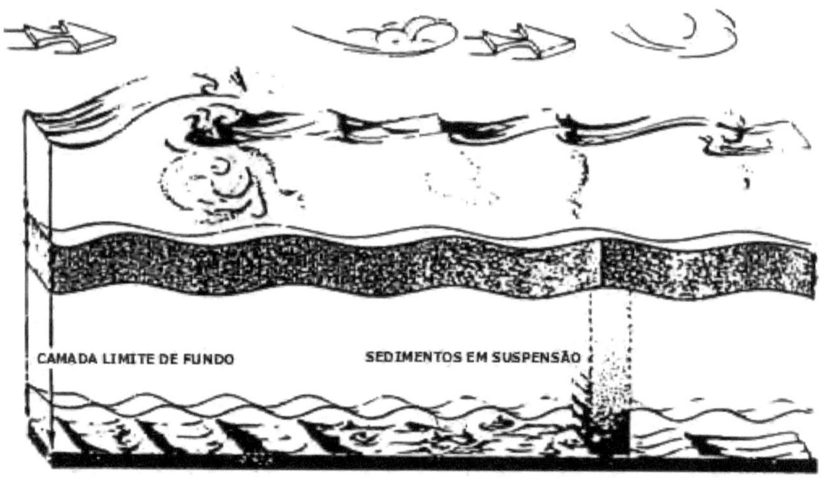

Figura 1.4 - Processos que afetam a camada limite gerada pelo vento sobre a plataforma continental (Grant e Madsen, 1986).

A camada limite de fundo é caracterizada por uma tensão de atrito importante, capaz de colocar os sedimentos em movimento, a qual terá lugar quando o fundo móvel procura ajustar a sua forma inicial a fim de resistir melhor às forças provocadas pelo escoamento.

Deste modo, podem dinguir-se qualitativamente três formas de fundo diferentes consoante a zona é dominada pela onda, pela corrente, ou ambas, e envolvendo ou não produtos biológicos.

A causa da existência de duas escalas de tempo características completamente diferentes, uma muito reduzida para a onda e outra muito grande para a corrente (por exemplo, o período da onda é da ordem da dezena de segundos, enquanto o período da corrente de maré em regime semidiurno é igual a 12.42 horas), as escalas verticais das duas camadas limite correspondentes são igualmente muito diferentes: a espessura da camada limite turbulenta devida a uma corrente isolada é da ordem de uma vintena de metros, enquanto a espessura da camada limite turbulenta associada à onda é da ordem de 20 centímetros para uma onda forte (Temperville e Thanh, 1990).

Em geral, a camada limite de fundo é a zona de mistura turbulenta para a massa de água, a quantidade de movimento e o escalar passivo; esta camada também é a interface onde ocorrem trocas de partículas e de produtos químicos e biológicos entre o fundo marinho e a massa de água.

A dissipação de energia ocorre essencialmente nesta camada, desempenhando por isso um papel essencial no balanço da quantidade de movimento (Grant e Madsen, 1986).

1.5 Vulnerabilidade Costeira

O litoral é um ambiente extremamente dinâmico. Em consequência do aquecimento climático global, prevê-se uma subida do nível médio do mar, por um lado, por expansão da coluna de água e, por outro, pelo descongelamento da água dos glaciares e das calotas polares.

Em resultado de vários estudos de investigação para a avaliação das prováveis alterações litorais num futuro próximo, enfrentamos hoje algumas escolhas difíceis na gestão dessas mudanças, sendo necessário tomar decisões bem informadas, que resistam ao teste do tempo. Em geral, os estudos realizados também destacam algumas questões fundamentais que têm de ser resolvidas para atender às necessidades da sociedade, no presente e no futuro, para enfrentar as mudanças no litoral.

A essas mudanças previsíveis devem adicionar-se as situações económicas, sociais e ambientais de muitos espaços da zona costeira, nomeadamente estuários, pois têm vindo a enfrentar mudanças dramáticas nas últimas décadas em consequência de ações antrópicas, sendo de crer que assim continuarão nos próximos anos devido à crescente pressão humana sobre o litoral. Em particular, a costa atlântica portuguesa encontra-se atualmente bastante fragilizada e a necessitar de urgentes medidas reparadoras que, em simultâneo, satisfaçam os requisitos essenciais de proteção, salvaguardem as fontes de atração turística e promovam o seu desenvolvimento sustentável.

Considera-se que, nas últimas décadas, terão sido fundamentalmente os grandes volumes de areias extraídos dos sistemas fluviais e das zonas portuárias que conduziram ao défice sedimentar generalizado que hoje se manifesta ao longo de grande parte da costa portuguesa. Terão igualmente contribuído para este balanço negativo muitas das obras de regularização fluvial, de que se destacam as grandes barragens construídas essencialmente a partir de meados do século passado, bem como a implementação de estruturas portuárias e de outras obras com finalidades de proteção local.

São então necessárias novas estratégias para o desenvolvimento de uma estrutura de uso multifuncional, que tenha em conta os múltiplos objetivos de desenvolvimento sustentável. Para suportar esse desenvolvimento é necessária uma análise integrada de novas fontes de informação. Além disso, deve haver oportunidade para a realização de cenários de planeamento durante o processo de decisão e para o desenvolvimento de novos instrumentos que auxiliem os gestores na tomada de decisão, em busca de soluções otimizadas para os problemas existentes.

Devem ser desenvolvidas ferramentas inovadoras, que integrem diferentes abordagens, permitindo difundir e comunicar informações essenciais a um público não científico e deste modo reforçar a colaboração entre os gestores da zona costeira e a comunidade científica; neste âmbito destacam-se:

- Sistemas de apoio à decisão baseados em computador, como instrumentos conceptuais para avaliar e otimizar a sustentabilidade de diferentes espaços da zona costeira e gerir os ecossistemas estuarinos;
- Testar e otimizar tais instrumentos, por investigações empíricas realizadas a diferentes escalas, em sistemas de destino selecionados;

- Identificar a adequação e otimizar o projeto com base em conjuntos de indicadores que representem a sustentabilidade de diferentes práticas de usos costeiros e estuarinos;
- Implementar conceitos holísticos, procedimentos analíticos, técnicas de modelação de ecossistemas integrados e instrumentos ecológico-económicos na gestão costeira;
- Obter e difundir recomendações para o ambiente e o desenvolvimento sustentável dos sistemas costeiros, por comparação de diferentes usos em diferentes condições regionais;
- Comparar, selecionar e otimizar a eficiência de diferentes ecossistemas baseados em conceitos como indicadores e orientadores ecológicos, utilizáveis como funções objetivo no desenvolvimento de modelos ecológicos dinâmicos e análises de custo-benefício;
- Testar, por meio de aplicação a diferentes sistemas costeiros, a adaptabilidade dos conceitos de proteção estrutural de um ecossistema como a sua saúde, a integridade ecológica e a funcionalidade ecológica.

Para atingir estes objetivos, propõe-se a integração de diferentes disciplinas, incluindo análises teóricas, medições empíricas, modelações computacionais, técnicas de otimização e considerações económico-ecológicas. Metodologias e ferramentas adequadas são propostas e discutidas em diferentes capítulos, ao longo deste livro.

1.5.1 O litoral centro da zona costeira portuguesa

Verifica-se que a erosão costeira assume aspetos preocupantes na generalidade do litoral português, sendo particularmente gravosa em mais de 30% da sua extensão (Figura 1.5, Dias, 2003).

Todavia, importa não esquecer que a erosão costeira é um fenómeno natural que sempre existiu e tem ajudado ao longo dos tempos a modelar a orla costeira portuguesa, juntamente com outros fenómenos associados ao mar. A erosão costeira resulta da combinação de diversos fatores, naturais e antrópicos, que atuam a diferentes escalas.

Figura 1.5 - Erosão costeira - recuo médio anual da linha de costa, em Portugal (adaptada de Dias, 2003).

Os principais fatores naturais responsáveis pela erosão costeira e consequente recuo da linha de costa são: (1) os efeitos de alterações climáticas globais, já bem patentes na atualidade, conduzindo a situações de tempestades sucessivamente mais frequentes e devastadoras, como se demonstra na secção 1.5.2, e (2) os efeitos de expansão térmica, que não tendo hoje uma expressão muito significativa espera-se que um aumento global da temperatura tenha como consequência uma subida do nível médio das águas do mar, agravado ainda com os efeitos adicionais do degelo das calotes polares e alterações nos padrões globais da circulação oceânica. Estes fatores assumem ainda maior destaque quando associados a um mar tão energético como o da costa ocidental portuguesa.

O precário equilíbrio dinâmico das zonas costeiras é ainda fragilizado pela elevada concentração populacional, sendo fácil constatar que a generalidade do litoral português tem vindo a ser intensivamente ocupado.

Torna-se evidente que a maior parte dos problemas existentes na zona costeira estão, de algum modo, direta ou indiretamente ligados à progressiva ocupação urbana desta zona, tendo como consequência uma forte degradação de muitas das estruturas naturais existentes.

Simultaneamente, verifica-se que diversas atividades e intervenções de origem antrópica (como a construção de barragens, a explorações de inertes fluviais, as ações de dragagem portuárias, etc.) têm vindo a perturbar fortemente o sistema, nomeadamente através de uma significativa redução do abastecimento sedimentar. Concomitantemente, estas ações ameaçam a capacidade que as zonas costeiras tiveram outrora de se adaptarem aos efeitos gerados pelas alterações climáticas, conduzindo inevitavelmente a uma acentuada erosão costeira e ao consequente recuo da linha de costa.

Outro fator a considerar, igualmente preocupante, prende-se com as construções de engenharia pesada, nomeadamente as que são implantadas para efeitos de proteção local. Ora, a zona costeira portuguesa encontra-se hoje em dia num processo de forte artificialização, sendo as estruturas fixas (esporões, quebramares, paredões, etc.) constantes ao longo do litoral. Esta tentativa de travar as investidas do mar face à costa com o objetivo de proteger bens humanos, e desse modo pretender estático o que é, por natureza, profundamente dinâmico, com a consequente perda de potencialidades intrínsecas às zonas costeiras, deve ser condenada à partida (Dias, 2003). Pelo contrário, devem procurar-se soluções alternativas que tenham mais em conta todo o equilíbrio ambiental destas zonas, tão importantes do nosso território.

O litoral da região centro de Portugal (atual RH4) é exemplo de um espaço considerado crítico, sendo ameaçado por problemas extremamente graves de erosão costeira, com perdas de território e prejuízos para os *habitats* naturais e a atividade humana, colocando mesmo em risco importantes aglomerados urbanos costeiros. É inquestionável a riqueza desta região em termos de recursos; no entanto, as fortes pressões a que têm sido submetidos, em grande parte devido ao aumento da concentração e atividades da população, têm vindo a revelar a elevada vulnerabilidade desta zona da costa portuguesa.

São particularmente vulneráveis os trechos entre Espinho e Esmoriz, este na fronteira da região Norte com a região Centro; entre Esmoriz e a Torreira, no extremo Norte do litoral da região Centro; entre a Costa Nova e a Praia de Mira; entre a Figueira da Foz e Leirosa e, mais a Sul, as praias de Pedrógão e Vieira de Leiria, e a localidade de S. Pedro de Moel. O primeiro trecho é relativamente curto, os dois trechos seguintes têm extensões aproximadas de 18 km e o último, entre a Figueira da Foz e Leirosa, tem cerca de 15 km.

Nestes trechos encontram-se vários aglomerados que apresentam elevada vulnerabilidade e um risco efetivo face aos avanços do mar: Espinho, Esmoriz, Cortegaça e Furadouro, nos concelhos de Espinho e Ovar; Costa Nova, no concelho de Ílhavo; Praia da Vagueira, no concelho de Vagos, e Praia de Mira, no concelho de Mira. Embora em menor escala, também as localidades da Cova Gala, Lavos e Leirosa, no concelho da Figueira da Foz, se encontram já bastante ameaçadas.

Considerando apenas os dois trechos Esmoriz-Torreira e Costa Nova-Praia de Mira, registaram-se nos últimos 50 anos perdas de cerca de 450 ha de território, que passaram a integrar o leito do mar, ou seja, o correspondente a uma média anual de 9 ha. Mais preocupante ainda é o facto de esta média ter aumentado para mais do dobro nos últimos 18 anos, desde 1995 (Lopes, 2003).

Levantamentos efetuados em meados da década passada, no troço Esmoriz-Torreira, identificaram avanços do mar superiores a 100 m num só ano.

Estimativas de volumes de terrenos perdidos para o mar nos trechos Esmoriz-Torreira e Costa Nova-Praia de Mira indiciam que, nos anos de 1995 a 2003, se perderam cerca de 9 milhões de m^3 de sedimentos, ou seja uma média de 1.10 milhões de m^3/ano, tendendo esta média a aumentar.

Este fenómeno erosivo tem vindo a migrar de Norte para Sul, com graves problemas para as povoações da Vagueira e Praia de Mira. Entre a Vagueira e o Areão registaram-se avanços do mar, nos últimos 20 anos, de mais de 200 m em extensões superiores de 3 km, vindo este avanço a ser progressivamente mais acentuado nos últimos anos (Lopes, 2003).

Mais a Sul, também a zona da Leirosa apresenta uma grande vulnerabilidade; a duna frontal que se desenvolve desde a Leirosa até quase à foz da ribeira do Extremal, numa extensão de cerca de 1800 m, está praticamente destruída, evidenciando recuos superiores a 50 m nos últimos 16 anos.

A praia de Pedrógão e a própria localidade encontram-se igualmente bastante ameaçadas, com investidas do mar a atingirem a marginal, com frequentes inundações e a acumulação de significativas quantidades de areia nas zonas mais baixas, numa extensão de mais de 2 km.

Ainda mais a Sul, a ação erosiva do mar sobre as falésias de São Pedro do Sul afigura-se igualmente preocupante. Se não se proteger a base da arriba da ação permanente da agitação marítima, colocar-se-á em risco, a curto/médio prazo, o aglomerado de São Pedro de Moel, em particular as construções mais ribeirinhas.

A generalidade das intervenções implementadas nestes trechos, nas últimas décadas, tiveram por objetivo proteger alguns dos aglomerados populacionais existentes. Foram no passado obras de engenharia necessárias e eficazes com o simples objetivo de proteção, mas não permitirão manter a atual linha de costa e dar garantias de sustentabilidade a médio-longo prazo. É imperativo que se equacionem formas de relocalização das populações residentes em algumas daquelas localidades, pois tal tornar-se-á inevitável dentro de poucas décadas.

A Tabela 1.1 propõe uma síntese da erosão que se verifica na região centro da zona costeira portuguesa, entre a Praia de Mira e São Pedro de Moel (CEDRU, 2011).

Muitas das atuais situação de grande vulnerabilidade e risco foram já identificadas em estudos de caracterização realizados em 2003 (Lopes, 2003). O trabalho então realizado descreve diversas situações, bem documentadas com fotografias suficientemente representativas e esclarecedoras. A título de exemplo, apresentam-se fotografias bem demonstrativas da precária situação em que, já naquela altura, se encontravam a praia e a localidade do Furadouro (Figura 1.6).

Tabela 1.1 - Síntese relativa à erosão costeira na região centro, entre a Praia de Mira e São Pedro de Moel, nos últimos 5 anos (CEDRU, 2011).

Trecho costeiro	Estado
Mira	É visível um acentuado recuo da linha de costa, e um grande risco costeiro na Praia de Mira. Forte erosão do cordão dunar frontal onde se localizam arribas talhadas na duna frontal, corredores eólicos e galgamentos oceânicos.
Mira - Palheiro	Verifica-se o desaparecimento do sistema de dunas embrionárias. Existem também neste local arribas talhadas que definem o cordão dunar frontal.
Palheiro - Tocha	Áreas em erosão acentuada com risco pontual na Tocha. A estabilização dos processos erosivos devido à acumulação induzida pelo Cabo Mondego. Neste trecho é visível também o desaparecimento do sistema de dunas embrionárias.
Tocha - Quiaios	Sistema de dunas embrionárias fortemente ameaçado, e corredores eólicos.
Quiaios - Cabo Mondego	Áreas em erosão associadas a recuo da linha de costa. Estabilização dos processos erosivos devido à acumulação de sedimentos induzida pelo Cabo Mondego. É visível também um sistema de dunas embrionárias ameaçado e corredores eólicos.
Cabo Mondego - Buarcos	Erosão acentuada a Sul do Cabo Mondego. Verifica-se uma perda de praia arenosa e uma exposição do substrato rochoso.
Buarcos - Figueira da Foz	Acreção (aumento do volume e da largura da praia).
Cova da Gala - Costa de Lavos	Muitas áreas em erosão, com recuos muito significativos. Existem também áreas de acreção na dependência da influência de estruturas de engenharia costeira, existindo risco em grande parte das zonas ocupadas, com especial atenção para Gala e Lavos. Erosão do cordão dunar frontal, arribas talhadas na duna em grande parte do setor e corredores eólicos.
Costa de Lavos - Leirosa	Costa em erosão, com recuo importante. Risco elevado na Leirosa. Erosão do cordão dunar frontal. São visíveis arribas talhadas na duna, corredores eólicos e galgamentos oceânicos.
Leirosa - Osso da Baleia	Visível uma erosão muito forte do cordão dunar frontal. Existência de uma escarpa de erosão talhada na duna, em grande parte do setor. Corredores eólicos e diminuição efetiva da largura da praia.
Osso da Baleia - Pedrógão	Erosão do cordão dunar frontal em grande parte do setor. São visíveis corredores eólicos e uma diminuição efetiva da largura da praia.
Pedrógão - Vieira	Erosão reduzida, embora se reconheça a existência de dois locais onde ocorre erosão devido a retenção da deriva por estruturas naturais (Pedrógão) ou artificiais (Vieira de Leiria). Perda efetiva do volume de sedimentos na praia, expondo o substrato rochoso, a Sul do promontório de Pedrógão. Risco nas zonas ocupadas em Pedrógão e Vieira.
Vieira - São Pedro de Moel	Degradação do cordão dunar frontal. Existem corredores eólicos e alguns deles associados a galgamentos oceânicos.
São Pedro de Moel	Costa rochosa com arribas em erosão. Existem riscos acentuados em alguns casos pontuais, associados a ocupações junto dos topos das arribas. Forte erosão junto à base das arribas que limitam a praia semiencastrada de São Pedro de Moel. Verifica-se uma perda efetiva de praia emersa, que por vezes exibe o substrato rochoso, contribuindo para este facto as condições de agitação marítima.

a) Praia e marginal do Furadouro (Lopes, 2003).

b) Localidade do Furadouro (Lopes, 2003).

Figura 1.6 - Fotografias da praia e localidade do Furadouro obtidas em fevereiro de 2003 (Lopes, 2003).

Mais recentemente, Lopes (2010) revelou a grande fragilidade de vários sistemas ao longo do trecho compreendido entre Espinho e São Pedro de Moel. As figuras que se seguem (Figuras 1.7 a 1.16) são suficientemente esclarecedoras das situações de elevada precaridade em que se encontram alguns trechos e várias localidades, constituindo motivo de grande preocupação.

Figura 1.7 - Trecho e localidades de Esmoriz e Cortegaça (Lopes, 2010).

Figura 1.8 - Trecho e localidade do Furadouro (Lopes, 2010).

Figura 1.9 - Localidade da Vagueira (Lopes, 2010).

Figura 1.10 - Localidade da Praia de Mira (Lopes, 2010).

Figura 1.11 - Marginal de Buarcos - Figueira da Foz (inverno de 2001, Antunes do Carmo).

Figura 1.12 - Marginal de Buarcos - Figueira da Foz (Lopes, 2010).

Figura 1.13 - Trecho e localidade da Costa de Lavos (Lopes, 2010).

Figura 1.14 - Trecho e localidade da Leirosa (Lopes, 2010).

Figura 1.15 - Praia e localidade de Pedrógão (Lopes, 2010).

Figura 1.16 - Praia e localidade de Vieira de Leiria (Lopes, 2010).

Estudos mais abrangentes, extensivos a toda a costa continental, apontam para uma afetação da zona costeira em cerca de 25% por intensos fenómenos de erosão, com acentuado recuo da linha de costa. Estima-se a existência de um risco potencial de perda de território em cerca de 67% da orla costeira.

1.5.2 As alterações climáticas e os instrumentos de gestão

O recuo da linha de costa tem sérias consequências em termos económicos e sociais. As situações de perigo de destruição, ou pelo menos de danificação, de construções situadas na zona costeira têm vindo a agravar-se e são cada vez mais frequentes.

Tradicionalmente, têm-se registado na costa portuguesa períodos de acalmia no mar que, em termos médios, terão uma duração de 4-5 anos, seguidos de períodos de temporais de intensidade variável, colocando em perigo pessoas e bens em vários trechos costeiros, normalmente em áreas já reconhecidas como críticas do ponto de vista da erosão. A intensidade destes fenómenos tem vindo a sofrer um agravamento nos últimos anos, o que, para além de causas de origem antrópica, provavelmente não deixará de estar relacionado com alterações climáticas.

Nos meses de janeiro e fevereiro de 2014 verificaram-se várias ocorrências de fenómenos extremos associados a temporais, tendo-se observado a conjugação de diversos fatores, nomeadamente valores elevados da altura de onda significativa acompanhados de períodos de ondas longas, que causaram forte destruição nas zonas críticas de risco.

A ocorrência mais recente foi registada em fevereiro de 2014. Durante a noite de 8 para 9 de fevereiro de 2014, um sistema de baixa pressão cruzou o Atlântico Norte entre a costa leste dos EUA e as ilhas dos Açores, baixou 29 mbar (hPa) em 24 horas e chegou à costa Oeste da Península Ibérica com 981 hPa, na tarde de 9 de fevereiro. A Figura 1.17 mostra uma posição do centro desta tempestade na aproximação à Península Ibérica, tendo os ventos atingido os 134 km/h, situando-se na posição 12 da escala de Beaufort. Este furacão foi batizado com o nome de STEPHANIE.

Figura 1.17 - Posição do centro do furacão STEPHANIE, com ventos de 134 km/h e pressão no centro com cerca de 981 mbar (http://en.wikipedia.org/wiki/2010_Atlantic_hurricane_season).

Este fenómeno de baixa pressão provocou uma precipitação intensa, especialmente nas regiões a Oeste de Portugal continental, e um forte vento de Oeste durante a tarde e a noite de 9 de fevereiro, com rajadas muito fortes, chegando a atingir 134 km/h no Cabo da Roca. As boias do Instituto Hidrográfico (IH) localizadas em Leixões e Sines, na costa Oeste portuguesa, registaram ondas com 8 metros de altura significativa (SWH), atingindo máximos de 12.5 metros de altura ($H_{máx}$) em Leixões e de 17 metros em Sines, com um período médio de 10 segundos. Fenómenos deste tipo são relativamente frequentes no Atlântico Norte e tendem a aumentar em número (Figura 1.18), em intensidade e em raio de ação (Figura 1.19).

Os gráficos da Figura 1.18 mostram a distribuição das tempestades e furacões nos anos de 1851 a 1930 (gráfico superior) e de 1930 a 2010 (gráfico inferior). As tabelas da Figura 1.19 identificam os dez furacões de maior intensidade (tabela da esquerda) e os cinco furacões com maior raio de ação (tabela da direita) ocorridos no Atlântico Norte desde o início do século 20 (http://en.wikipedia.org/wiki/List_of_Atlantic_hurricane_records).

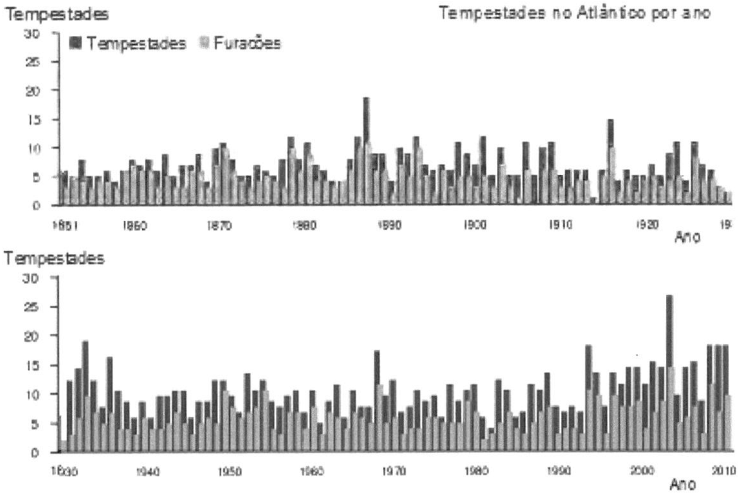

Figura 1.18 - Distribuição anual do número de tempestades e furacões registados no Atlântico Norte, no período 1851-2012 (http://en.wikipedia.org/wiki/List_of_Atlantic_hurricane_records).

Entre as ocorrências mais recentes regista-se o furacão OTTO, no período de 6 a 10 de outubro de 2010, o qual originou elevados prejuízos na costa portuguesa. A Figura 1.20 mostra uma imagem deste furacão obtida em plena atividade no Atlântico Norte. Esta tempestade teve origem numa grande área de distúrbios meteorológicos associados a ondas tropicais desenvolvidas a leste das Pequenas Antilhas, em 30 de setembro de 2010. Por vários dias, evoluiu como depressão subtropical para Oeste-Noroeste, localizando-se em 6 de outubro a 435 km a Norte-Noroeste de San Juan. Em 8 de outubro a tempestade intensificou-se, tendo atingido o estatuto de furacão (OTTO) pouco depois, com ventos de 140 km/h e uma pressão no centro (olho) de 976 mbar.

Furacões de maior intensidade registados no Atlântico Norte				
Rank	Furacão	Ano	Pressão	
			(mbar)	(inHg)
1	Wilma	2005	882	26.05
2	Gilbert	1988	888	26.23
3	"Labor Day"	1935	892	26.34
4	Rita	2005	895	26.43
5	Allen	1980	899	26.55
6	Camille	1969	900	26.58
7	Katrina	2005	902	26.64
8	Mitch	1998	905	26.73
	Dean	2007	905	26.73
10	"Cuba"	1924	910	26.88
	Ivan	2004	910	26.88

Furacões com maior raio de ação registados no Atlântico Norte			
Tempestade	Ano	Diâmetro	
		(mi)	(km)
Sandy	2012	945	1 520
Igor	2010	920	1 480
Olga	2001	865	1 390
Lili	1996	805	1 295
Karl	2004	780	1 255

Figura 1.19 – Tempestades e furacões de maior intensidade (tabela da esquerda) e com maior raio de ação (tabela da direita) registados no Atlântico Norte desde o início do século 20 (http://en.wikipedia.org/wiki/List_of_Atlantic_hurricane_records).

Figura 1.20 – Posição do centro do furacão OTTO, com ventos de 140 km/h e pressão no centro com cerca de 976 mbar (http://en.wikipedia.org/wiki/2010_Atlantic_hurricane_season).

A Figura 1.21 mostra uma sucessão de imagens com a evolução da tempestade registada com intervalos de 12 horas, às 30 h, 42 h, 54 h e 66 h (http://www.stormsurf.com/).

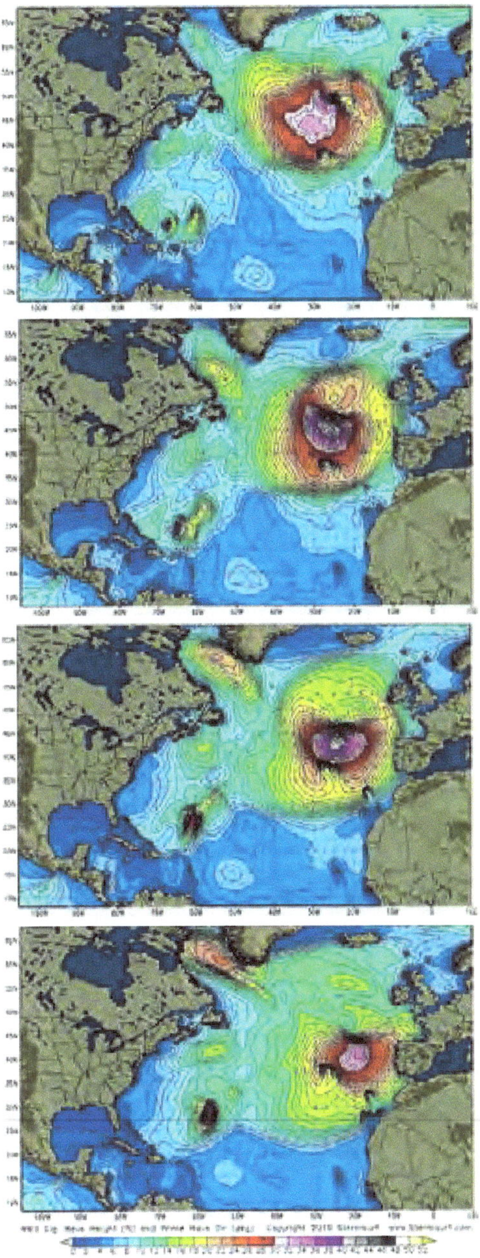

Figura 1.21 - Evolução da tempestade que ocorreu em outubro de 2010 (http://www.stormsurf.com/).

Mais recente ainda foi a sucessão de três ocorrências em menos de quatro meses, de 25 de outubro de 2013 a 10 de fevereiro de 2014. A tempestade St. JUDE ou CHRISTIAN (http://magicseaweed.com/news/European-Storm-Call/5726/) registada em 26-28 de outubro de 2013 deu origem a ondas na Nazaré que terão atingido alturas na ordem dos 30 m. A Figura 1.22 mostra a localização deste fenómeno em 27 de outubro de 2013.

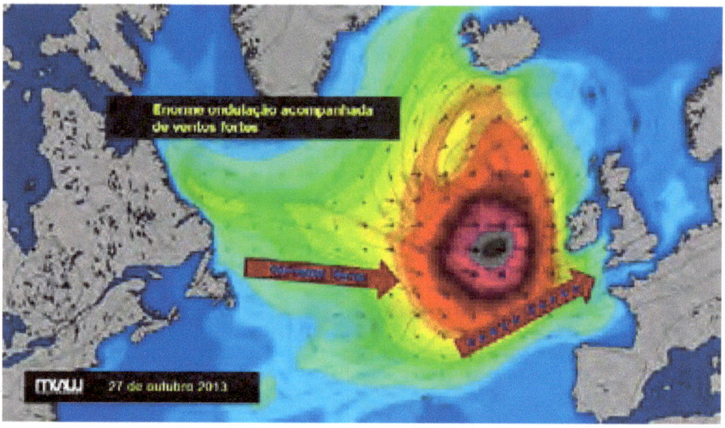

Figura 1.22 - Localizações do centro da tempestade St. JUDE ou CHRISTIAN ocorrida em 26-28 de outubro de 2013 (http://magicseaweed.com/news/European-Storm-Call/5726/).

No período de 6 a 8 de janeiro de 2014 ocorreu a tempestade HÉRCULES (http://magicseaweed.com/news/Atlantic-Code-Red-Incoming/5954/), cujos ventos atingiram velocidades de 120 km/h e a pressão no centro/olho da tempestade baixou até aos 975 mbar, tendo provocado grande destruição, particularmente a Norte da costa portuguesa.

Como relatava o jornal Público *online*, na sua edição de 8 de janeiro de 2014: "As imagens de ondas 'gigantes' a galgarem areais rumo às ruas em várias cidades impressionam... Na segunda-feira, os ondógrafos de Leixões e Sines mediram a passagem de ondas de 13.5 e 15 metros, respetivamente..., algumas tinham períodos superiores a 25 segundos". A Figura 1.23 mostra a localização deste fenómeno em 7 de janeiro de 2014.

Um mês depois (de 08 a 10 de fevereiro de 2014) ocorreu a tempestade STEPHANIE (http://magicseaweed.com/news/Atlantic-Code-Red-Incoming/5954/), cujos ventos atingiram velocidades de 134 km/h e a pressão no centro/olho da tempestade baixou até aos 981 mbar, tendo provocado grande destruição, com prejuízos ainda mais avultados que os registados com a tempestade HÉRCULES, particularmente a Norte da costa portuguesa. A Figura 1.24 é bem demonstrativa da dimensão deste fenómeno.

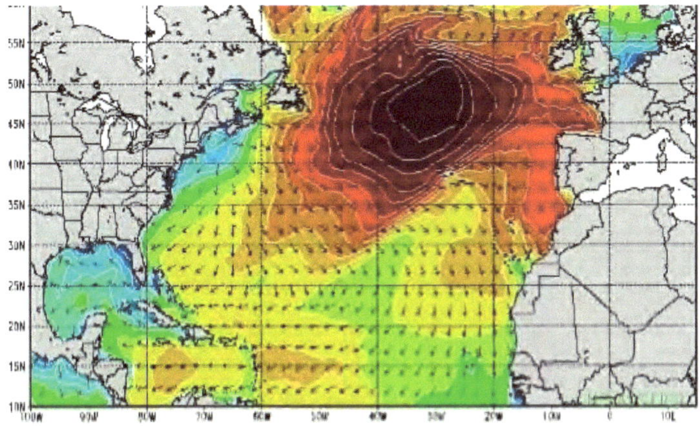

Figura 1.23 - Localização do centro da tempestade HÉRCULES, em 7 de janeiro de 2014.

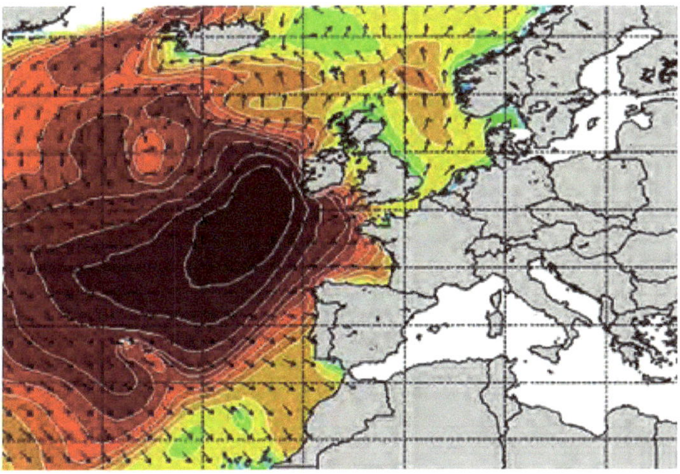

Figura 1.24 - Tempestade STEPHANIE ocorrida em 08 a 10 de fevereiro de 2014.

Pelo exposto, parece ser claro que a frequência com que estes fenómenos ocorrem tende a aumentar (Figura 1.18). Também a severidade das tempestades parece evoluir no mesmo sentido. Estas tendências deverão acentuar-se ainda mais com o previsível aquecimento global e o consequente aumento do nível médio do mar, que, segundo vários estudos, poderá ultrapassar os 0.50 m em várias zonas do globo até ao final do século 21.

Face à importância da zona costeira no contexto nacional, responsável pela geração de aproximadamente 85% do produto interno bruto, e tendo consciência da gravidade destes fenómenos, Portugal tem vindo a produzir alguns diplomas e iniciativas legislativas, em particular ao longo dos últimos 20 anos, com o objetivo de conter, ou pelo menos de mitigar, os efeitos mais devastadores daquelas ocorrências.

Em termos de ordenamento dos diferentes usos e atividades da zona costeira, de gestão, prevenção do risco e conservação dos valores naturais, destacam-se os POOC (Planos de Ordenamento da Orla Costeira), através do Decreto-Lei nº 309/93, de 2 de setembro. Os primeiros POOC foram desenvolvidos fundamentalmente entre 1999 e 2001, estando atualmente em fase final de preparação uma versão revista dos POOC de 1ª geração.

Mais recentemente, foi elaborada a ENGIZC, aprovada pela RCM nº 82/2009, de 8 de setembro, faltando, contudo, a efetiva aplicação dos princípios que a norteiam.

Também a União Europeia tem desenvolvido uma política para estas zonas, que numa primeira fase culminou com a aprovação de uma recomendação aos Estados-Membros (Recomendação 2002/413/CE, do Parlamento Europeu e do Conselho, de 30 de maio de 2002), estando atualmente em fase de preparação uma Diretiva relativa a este mesmo tema.

2. Caracterização e Modelação da Agitação Marítima

2.1 Generalidades

Quando se observa a superfície do mar, podem ser vistas ondas de diversos tamanhos movendo-se em diferentes direções. Como mostrado na Figura 2.1, essa realidade produz um complexo padrão de ondas que muda constantemente (Thurman e Trujillo, 1999).

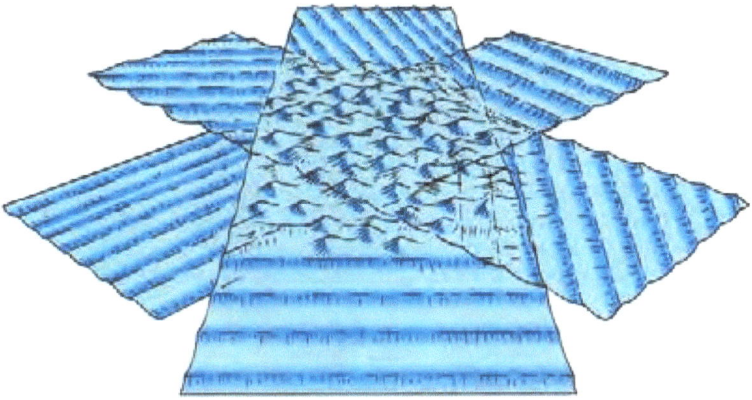

Figura 2.1 - Superfície irregular resultante da sobreposição de ondas (adaptada de Thurman e Trujillo, 1999).

As ondas formam-se quando a superfície da água é perturbada, por exemplo, pelo vento, por sismos ou por forças gravitacionais planetárias. Assim, podemos identificar na superfície do mar ondas com períodos de onda muito curtos (na ordem de 0.10 segundo, conhecidas como ondas capilares) ondas de maré, *tsunamis* e seichas (oscilações em corpos hídricos confinados ou semiconfinados), onde os períodos de onda são expressos em minutos ou horas. As ondas geradas pelo vento, que representam a maior parte da energia total disponível nas ondas, têm períodos de 1 a 30 segundos e alturas que raramente são superiores a 10 m e, fundamentalmente, da ordem de 1 m, particularmente em condições de águas profundas. Como pode ser observado na Figura 2.2, a maior parte da energia existente nas ondas oceânicas concentra-se nas ondas devidas ao vento (Thurman e Trujillo, 1999).

Por ação do vento, e durante a ação deste, energia e quantidade de movimento são transferidos para a massa de água e transmitidos na direção da força de impulsão. Uma parte da energia das ondas é dispersa por efeitos de inércia, convecção e radiação, mas uma quantidade considerável é transportada pelas ondas até águas pouco profundas, características da zona costeira.

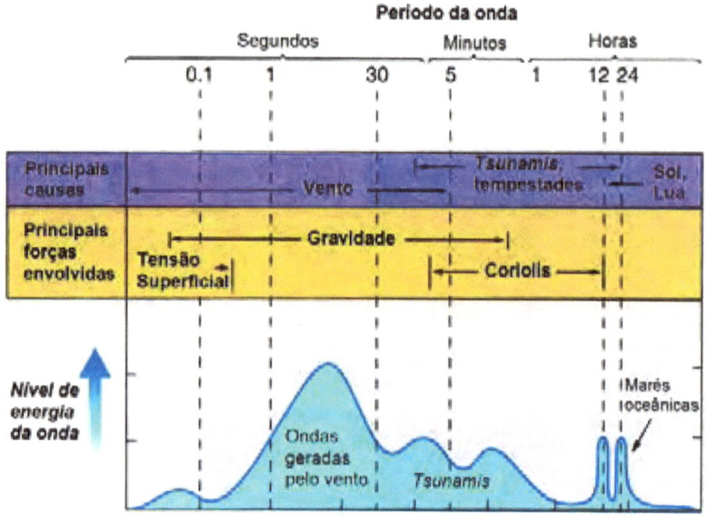

Figura 2.2 - Distribuição da energia pelas ondas oceânicas (adaptada de Thurman e Trujillo, 1999).

Desde longa data têm sido propostos modelos paramétricos para descrever a distribuição em frequência da energia das ondas. Em particular, têm sido derivadas formas espetrais baseadas em longos registos de campos de ondas e dependentes de fatores como a duração do vento, a distância, ou *fetch*, sobre a qual o vento atua, e a profundidade da massa de água.

Assim, surgiu em 1959 o espetro proposto por Bretschneider, tendo a correspondente forma sido basicamente retomada por Pierson-Moskowitz em 1964. Ambos os espetros são válidos para águas profundas e estados de mar completamente desenvolvidos. Posteriormente, surgiu o espetro de JONSWAP (Hasselmann *et al.*, 1973), baseado numa extensa análise de dados obtidos no âmbito de um projeto que decorreu no mar do Norte (***J****oint* ***N****orth* ***S****ea* ***Wa****ve Observation* ***P****roject*). Este espetro corresponde a uma forma modificada do espetro de Pierson-Moskowitz para ter em conta condições de *fetch* limitado; apresenta a seguinte forma (2.1)

$$S(f)=\frac{\alpha g^2}{(2\pi)^4 f^5}\,exp\left[-\frac{5}{4}\left(\frac{f}{f_p}\right)^{-4}\right]\gamma^{exp\left[-\frac{(f/f_p-1)^2}{2\sigma^2}\right]} \tag{2.1}$$

em que $S(f)$ representa o valor da energia do espetro, função da frequência f, α é a constante de Philips [$\alpha \approx 0.076(gF/V_{10}^2)^{-0.22}$], f_p é a frequência de pico espetral, $\gamma \approx 3.3$ (em média) é um parâmetro de elevação do pico e σ é um coeficiente que traduz a assimetria do espetro.

Em termos de altura significativa da onda, H_s, o espetro de JONSWAP escreve-se (Carter, 1993)

$$S(f)=\frac{\alpha_s H_s^2}{T_p^4 f^5}exp\left[-\frac{5}{4}(T_p f)^{-4}\right]\gamma^{exp\left[-\frac{(T_p f-1)^2}{2\sigma^2}\right]} \quad (m^2/Hz) \tag{2.2}$$

ou em termos da velocidade do vento, V_{10} (Nwogu e Demirbilek, 2001)

$$S(f)=\frac{\alpha_v g^2}{(2\pi)^4 f^5}exp\left[-\frac{5}{4}\left(\frac{f}{f_p}\right)^{-4}\right]\gamma^a \quad (m^2/Hz) \tag{2.3}$$

com

$$\alpha_v=0.076\left(\frac{V_{10}^2}{gF}\right)^{0.22},\ f_p=3.5\left(\frac{V_{10}^2}{gF}\right)^{1/3},\ a=exp\left[-\frac{(f-f_p)^2}{2\sigma^2 f_p^2}\right] \text{ e } \begin{cases}\sigma=0.07 \text{ para } f\le f_p\\ \sigma=0.09 \text{ para } f\ge f_p\end{cases}$$

em que F é o *fetch*, γ é um parâmetro que se relaciona com a dispersão em frequência (espetro largo ou estreito), com valores entre $1\sim 7$ (média 3.3), V_{10} é a velocidade efetiva do vento, medida 10 m acima do nível médio do mar.

O espetro de JONSWAP reduz-se ao espetro de Bretschneider quando $\gamma=1.0$. A consideração de um fator na forma espetral (2.3), função da frequência e da profundidade, permite estender o espetro de JONSWAP até profundidades finitas. Um espetro que contempla estas condições, conhecido por TMA (Hughes, 1984), é dado em termos da densidade de energia, $E(f)$ (m^2/Hz), para a frequência f, por (2.4)

$$E(f)=\frac{\alpha g^2}{(2\pi)^4 f^5}exp\left\{-\frac{5}{4}\left(\frac{f}{f_p}\right)^{-4}+(ln\gamma)exp\left[\frac{-(f-f_p)^2}{2\sigma^2 f_p^2}\right]\right\}\phi(f,h) \tag{2.4}$$

em que α é a constante de Philips e o fator $\phi(f,h)$, que incorpora o efeito da profundidade da água h, é calculado por (2.5)

$$\phi(f,h)=\begin{cases}0.5\omega_h^2 & \text{se } \omega_h<1\\ 1-0.5(2-\omega_h)^2 & \text{se } 1\le\omega_h\le 2\\ 1 & \text{se } \omega_h>2\end{cases} \tag{2.5}$$

sendo $\omega_h=2\pi f\sqrt{h/g}$ a frequência normalizada.

O espetro bidimensional $S_T(f,\theta)$ é obtido por $S_T(f,\theta)=S(f)D(\theta)$, em que $S(f)$ é o espetro em frequência e $D(\theta)$ é uma função de dispersão em direção. Segundo Borgman (1985), a função de distribuição direcional pode ser calculada por (2.6)

$$D(\theta)=\frac{1}{2\pi}+\frac{1}{\pi}\sum_{j=1}^{J}exp\left[-\frac{(j\sigma_m)^2}{2}\right]cos[j(\theta-\theta_m)] \tag{2.6}$$

em que θ_m é a direção média da onda e J é o número de termos do somatório, com valores na ordem de 40 a 50; o parâmetro σ_m, que representa a dispersão da função de distribuição direcional, toma os valores 10° ou 30°, consoante se pretenda um espetro estreito ou largo, respetivamente.

Para a decomposição do espetro direcional divide-se o domínio (f,θ) num conjunto de N_f intervalos em frequência e N_θ intervalos em direção, aos quais está associada uma altura de onda, H_i, uma direção, θ_i, e um período, T_i. O número total de componentes espetrais, N, é dado por $N = N_f \times N_\theta$. Para o cálculo dos valores das frequências, f_i, e das direções, θ_j, poderão usar-se as seguintes expressões

» para o cálculo de f_i: $\int_{f_{min}}^{f_i} S(f)df = \left(\frac{m_0}{N_f}\right)\left(i-\frac{1}{2}\right) \quad \forall i = 1,\ldots,N_f \quad \text{para } f_i \in [f_{min}, f_{max}]$

» para o cálculo de θ_j: $\int_{\theta_{min}}^{\theta_j} D(\theta)d\theta = \left(\frac{1}{N_\theta}\right)\left(j-\frac{1}{2}\right) \quad \forall j = 1,\ldots,N_\theta \quad \text{para } \theta_j \in [\theta_{min}, \theta_{max}]$

com $m_n = \int_0^\infty f^n S(f)df$, obtendo-se com $n = 0$ (m_0) o momento de ordem zero do espetro, que representa a energia total da onda; f_{min} e f_{max} são as frequências mínima e máxima admitidas, respetivamente; θ_{min} e θ_{max} são as direções mínima e máxima admitidas, respetivamente.

Para o cálculo dos valores f_i e θ_j poder-se-á usar um esquema numérico baseado na regra de Simpson.

Como as ondas geradas numa determinada área do oceano se movimentam em direção às margens, onde a velocidade do vento diminui, eventualmente as ondas propagam-se nessas zonas com velocidade superior à do vento. Quando tal acontece, o grau de declividade da onda diminui tornando-se ondas de crista longa, vulgarmente designadas por *ondulação* (ou *swell* na literatura anglo-saxónica). Este fenómeno (*swell*) descreve ondas simétricas uniformes que viajaram para zonas exteriores à sua área de formação.

A *ondulação* propaga-se com reduzidas trocas ou transformações energéticas ao longo de grandes extensões da superfície do oceano, transportando a energia para zonas distantes da sua área de formação pelo vento. Por conseguinte, as ondas propagam-se em zonas costeiras, porventura distantes da área onde foram geradas, incluindo zonas onde a ação do vento poderá ser muito reduzida. As ondas com maiores comprimentos de onda viajam mais rapidamente, sendo seguidas por outras de menor comprimento de onda, constituindo conjuntos designados por trens de ondas lentas, ou grupos de ondas, conforme mostrado na Figura 2.3.

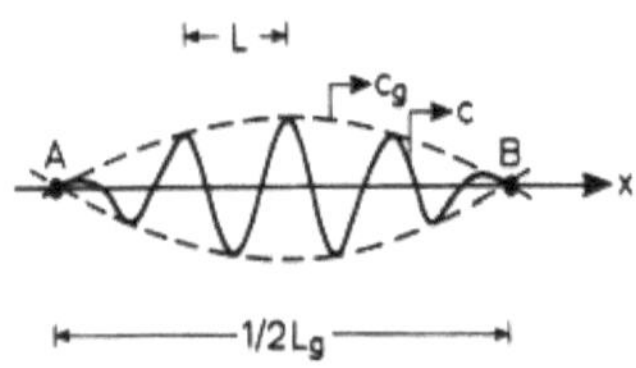

Figura 2.3 - Características de um grupo de ondas (adaptada de Fredsøe e Deigaard, 1995).

Esta progressão ilustra o princípio de dispersão da onda, o que se traduz numa ordenação das ondas pelo seu comprimento de onda. O conceito de velocidade de grupo pode ser descrito considerando a interação de duas ondas sinusoidais movendo-se na mesma direção com ligeiras diferenças de comprimentos de onda e períodos. Estas condições estão representadas na Figura 2.4, sendo a equação da superfície livre dada por (2.7)

$$\varsigma = \varsigma_1 + \varsigma_2 = \frac{H}{2} cos\left(\frac{2\pi}{L_1}x - \frac{2\pi}{T_1}t\right) + \frac{H}{2} cos\left(\frac{2\pi}{L_2}x - \frac{2\pi}{T_2}t\right) \tag{2.7}$$

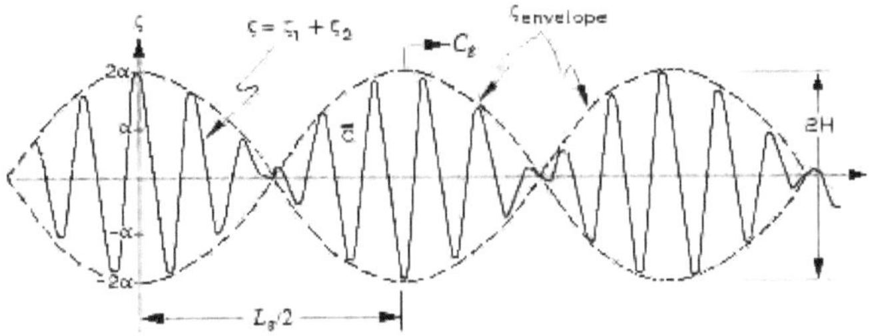

Figura 2.4 - Características de um grupo de ondas formado pela adição de duas funções sinusoidais com diferentes períodos e comprimentos de onda.

Dado que foram assumidos comprimentos de onda com ligeiras diferenças, L_1 e L_2, para alguns valores de x e em alguns momentos as duas ondas vão estar em fase e a altura resultante será 2H. Como se observa na Figura 2.4, estas ondas viajam em grupos, sendo a equação da superfície resultante ($\varsigma_{envelope}$) descrita pela equação (2.8)

$$\varsigma_{envelope} = \pm H \, cos\left[\pi\left(\frac{L_2 - L_1}{L_1 L_2}\right)x - \pi\left(\frac{T_2 - T_1}{T_1 T_2}\right)t\right] \tag{2.8}$$

Um grupo de ondas ao percorrer uma zona oceânica tende a formar um trem de ondas de crista longa (*swell wave train*) que se movimenta através da superfície com apenas metade da velocidade de uma onda individual do grupo. Progressivamente, a onda principal vai desaparecendo. No entanto, no grupo permanece sempre o mesmo número de ondas. Por conseguinte, com o desaparecimento da onda principal, uma nova onda irá substituí-la vinda da parte de trás do grupo.

A maioria das ondas geradas numa área do oceano, ao largo, por ventos suficientemente fortes, eventualmente tempestades, move-se na superfície do oceano como ondas longas (*swell*). Geralmente, as ondas libertam a sua energia ao longo das margens continentais, nas chamadas zonas de rebentação (*surf zones*).

Em águas profundas, as ondas não interferem com os fundos oceânicos. Em condições de mar aberto e grandes profundidades, onde a altura da coluna de água é bastante superior à base de interferência das ondas, a agitação à superfície resulta da propagação de todas as ondas geradas por ventos com diferentes características (*fetch*, duração, intensidade e direção), revelando superfícies como a mostrada na Figura 2.1. Nestas regiões, a velocidade de propagação, ou celeridade, das ondas individuais está relacionada com o comprimento de onda (L_0) e com o período (T), de acordo com a seguinte expressão (2.9)

$$c_0 = L_0/T = gT/(2\pi) \approx 1.56\,T \tag{2.9}$$

em que g é a aceleração da gravidade. Como as ondas longas (*swell*) em águas profundas se movem em direção às margens continentais sobre profundidades gradualmente mais reduzidas, estas poderão eventualmente encontrar profundidades inferiores a metade de seu comprimento de onda propagando-se então em condições de transição, ou águas intermédias.

As ondas em zonas de transição têm comprimentos de onda superiores a duas vezes a profundidade da água, mas inferiores a 20 vezes. A velocidade de propagação dessas ondas é parcialmente controlada pelo comprimento de onda e parcialmente função da profundidade da água. A velocidade das ondas em zonas de transição é assim função do período (T), do número de onda ($k = 2\pi/L$) e da profundidade (h), em conformidade com a equação (2.10)

$$c = \frac{gT}{2\pi} \tanh(kh) \tag{2.10}$$

Em águas de transição, a *envelope* mostrada nas Figuras 2.3 e 2.4 move-se segundo a direção x com a velocidade c_g, dada por (2.11)

$$c_g = c + k\frac{dc}{dk} = \frac{c}{2}\left[1 + \frac{2kh}{senh(2kh)}\right] \tag{2.11}$$

As ondas ao moverem-se em águas cuja profundidade é inferior a 1/20 do comprimento de onda ($L/20$) são classificadas como ondas em água pouco profunda, ou ondas longas. Neste caso, como também já acontece em águas intermédias, ou de transição, as ondas sentem o fundo, ou seja, o movimento orbital da onda interfere com o fundo do oceano. A velocidade de uma onda em condições de água pouco profunda é apenas função da profundidade (h), em conformidade com a seguinte equação (2.12)

$$c = \sqrt{gh} \tag{2.12}$$

Neste caso, a celeridade, ou velocidade de propagação da onda, e a celeridade de grupo são iguais, isto é, c_g=c. Consoante as características físicas da plataforma continental responsável pelas transformações das ondas geradas pelo vento ao propagarem-se em direção à costa, assim são estas descritas por diferentes desenvolvimentos teóricos. Em águas profundas, a teoria das ondas de pequena amplitude (teoria linear), que constitui a primeira ordem de aproximação da teoria de Stokes, concorda razoavelmente. Em águas de transição as ondas deixam de ser simétricas, com as cristas a tornarem-se mais elevadas e pontiagudas, podendo ser descritas por aproximações de ordens superiores da teoria de Stokes. Para condições de águas menos profundas (com $0.05 < h/L < 0.10$) devem ser utilizadas outras abordagens teóricas não-lineares, como a teoria da onda cnoidal de Korteweg e de Vries (1895), entre outras. Em águas muito pouco profundas (com

$h/L < 0.05$) deverá ser utilizada a teoria da onda solitária desenvolvida por Boussinesq (1872), Serre (1953), Green e Naghdi (1976), entre outros. A Figura 2.5, adaptada de Le Méhauté (1976) (http://en.wikipedia.org/wiki/Stokes_wave), mostra a aplicabilidade das diferentes teorias da onda.

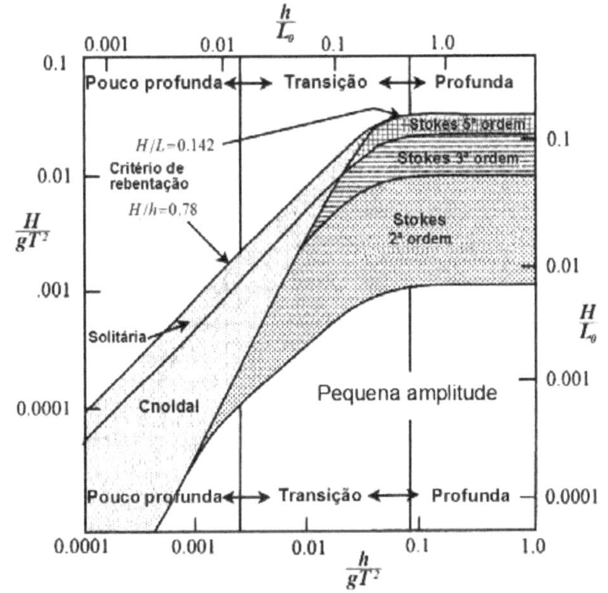

Figura 2.5 - Aplicabilidade das várias teorias da onda (adaptada de Lee Méhauté, 1976; Kamphuis, 2002).

Definindo o parâmetro adimensional Π em função da altura de onda (H) e do comprimento de onda (L), obtém-se (2.13)

$$\Pi = (H/L)coth^3(2\pi h/L) = (H/L)coth^3(kh) \tag{2.13}$$

donde resultam as seguintes igualdades para o parâmetro Π (Massel, 1989):

- se $h/L > 1/2 \implies kh > \pi$ (condições de água profunda), pela equação (2.13) obtém-se $\Pi = H/L$, igualdade esta que traduz a declividade da onda.
- se $h/L \leq 1/20$ (condições de água pouco profunda), o parâmetro Π toma a forma (2.14)

$$\Pi = (2\pi)^{-3}(H/h)(L/h)^2 = (2\pi)^{-3}U \tag{2.14}$$

sendo U o parâmetro ou número de Ursell, dado por $U = (H/h)(L/h)^2$.

Em mar profundo, o comprimento de onda é normalmente muito inferior à profundidade local, sendo aplicável a teoria linear [pequenos valores de $kH/(2\pi)$]. Contudo, em muitas aplicações, nomeadamente nas zonas costeiras, o comprimento de onda é superior, ou mesmo muito superior à profundidade local, sendo então aplicáveis teorias não-lineares. As seguintes aproximações para os parâmetros Π, dado por (2.13), e U, dado por (2.14), podem ser consideradas:

- ondas curtas quando $\Pi \leq 0.3$ ou $U \leq 75$;
- ondas longas quando $\Pi > 0.3$ ou $U > 75$.

As ondas transformam-se à medida que se propagam do largo para águas pouco profundas. Uma vez em águas pouco profundas, há muitas mudanças físicas que ocorrem numa onda antes de rebentar. Em profundidades intermédias (ou de transição) há interferências com o movimento das partículas da água na base da onda, pelo que a velocidade desta diminui. Diminuindo a velocidade de uma onda, a que se segue, que ainda está em movimento e a uma velocidade superior, pois sofre menos interferências, aproxima-se da onda que está a ser retardada, reduzindo-se deste modo o comprimento de onda. Estas mudanças alteram a distribuição da energia da onda, que permanece a mesma por unidade de comprimento da crista, manifestando-se necessariamente de alguma forma, e daí o aumento da altura da onda. As cristas ficam mais estreitas e bicudas e as cavas mais longas e achatadas. Esta transformação da onda é designada por *empolamento*.

Seja a progressão de uma onda em águas intermédias e pouco profundas, com dois pontos (1 e 2) localizados no mesmo raio, ou linha de progressão da onda; o princípio de conservação da energia por unidade de comprimento da crista de onda, seja *S*, conduz à seguinte igualdade (2.15)

$$E_1 c_{g1} S = E_2 c_{g2} S \text{, ou } E_2 / E_1 = c_{g1} / c_{g2} \tag{2.15}$$

Por outro lado, sendo a energia proporcional ao quadrado da altura de onda, *H*, podemos escrever (2.16)

$$\frac{E_2}{E_1} = \frac{c_{g1}}{c_{g2}} = \frac{H_2^2}{H_1^2} \tag{2.16}$$

ou seja, em águas de transição e pouco profundas tanto a energia da onda como o quadrado da altura de onda são inversamente proporcionais à velocidade de grupo, sendo que, como se mostra no capítulo 4, em condições de água pouco profunda $c_g = c$.

A combinação do aumento da altura da onda (*H*) com a diminuição do comprimento de onda (*L*) causa um aumento da declividade (*H*/*L*) da onda. Além disso, ocorre dissipação de energia devido ao atrito no fundo. Se partes de uma única crista da onda se estão movimentando em diferentes profundidades da água, as secções em águas mais profundas movem-se mais rapidamente por unidade de tempo e, portanto, a onda vai mudar de direção, ou *refrata*. Por conseguinte, a *refração* é a reorientação gradual das ondas que se propagam com um ângulo em relação ao declive do fundo, ou contra uma corrente.

Como se detalha na secção 3.2, a análise e interpretação dos padrões de refração é muitas vezes realizada através do recurso a ortogonais, ou raios de onda. Trata-se de linhas desenhadas com ângulos retos relativamente às cristas das ondas; por conseguinte, são linhas que indicam o sentido de transmissão da energia.

Em determinadas situações, tais como quando as ondas passam uma pequena ilha, e também em pilares e esporões, ocorre um fenómeno dito de *difração*, que é uma transferência lateral de energia ao longo da crista da onda, como igualmente se desenvolve na secção 3.2.

As ondas incidentes podem ser refletidas por praias, falésias, baixios submarinos, barras e sulcos, molhes, diques, etc. As ondas refletidas podem ter as mesmas dimensões das ondas incidentes, e se a onda se propagar exatamente na direção oposta então pode desenvolver-se uma onda estacionária. As ondas estacionárias resultam em consequência da sobreposição de duas ondas do mesmo comprimento de onda movendo-se em direções opostas, não resultando em qualquer movimento líquido. Em bacias confinadas, as ondas estacionárias são conhecidos como seixas (*seiches* em linguagem anglo-saxónica).

Uma onda parcialmente estacionária, ou *clapotis*, ocorre quando a onda incidente e a onda refletida não têm direções rigorosamente opostas. Quando as ondas se aproximam da costa com um certo ângulo ocorre reflexão da energia das ondas com um ângulo igual ao ângulo com que as ondas se aproximam da margem. Este é um fenómeno importante, que poderá ser muito inconveniente em portos, principalmente para os navios que se deslocam ao longo do canal de acesso, ou mesmo quando descarregam ou carregam no cais comercial. Esta ocorrência era frequente no porto da Figueira da Foz antes das obras de dragagem, rebaixamento dos fundos e prolongamento do molhe Norte realizadas em finais da década passada, como se mostra na Figura 2.6.

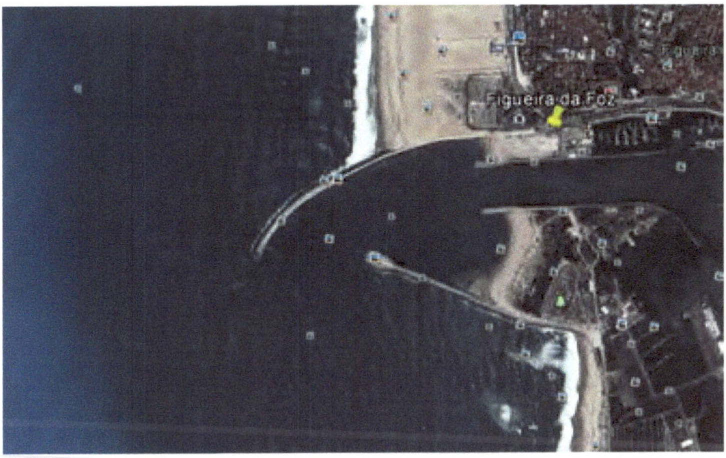

Figura 2.6 - Molhes na embocadura do rio Mondego, Figueira da Foz, após o prolongamento do molhe Norte (superior), concluído em 2010 (adaptada do Google Earth, setembro de 2015).

Antes das obras de beneficiação, este porto encontrava-se apenas protegido da agitação frequente de Noroeste e de agitação menos frequente, mas igualmente indesejável, de Sudoeste por meio de dois molhes rugosos, os quais delimitam o porto exterior; contudo, encontrava-se bastante exposto a alguma agitação de Oeste, tendo o prolongamento do molhe Norte resolvido globalmente este problema. Um canal delimitado fundamentalmente por duas paredes inclinadas e pouco rugosas (quase lisas) estabelece a ligação do porto exterior para o porto interior, onde está localizado o cais comercial.

O porto tem 2 250 m de comprimento e 400 m de largura, em termos médios. Antes das obras de beneficiação, a profundidade média do canal de acesso era de aproximadamente 7 m, sendo de cerca de 12 m a profundidade em toda a bacia do porto exterior.

Um modelo matemático apropriado, com base em equações do tipo Serre cuja formulação matemática é apresentada na secção 4.8.2 [equações (4.179)], foi utilizado para avaliar a situação e procurar soluções para os problemas existentes (Antunes do Carmo *et al.*, 1993a). O domínio foi modelado utilizando uma malha retangular com 27 000 pontos e espaçamentos irregulares em ambas as direções. Perspetivas da superfície livre obtidas em diferentes instantes para condições de onda frequentes e menos frequentes, mas igualmente possíveis, são mostradas na Figura 2.7.

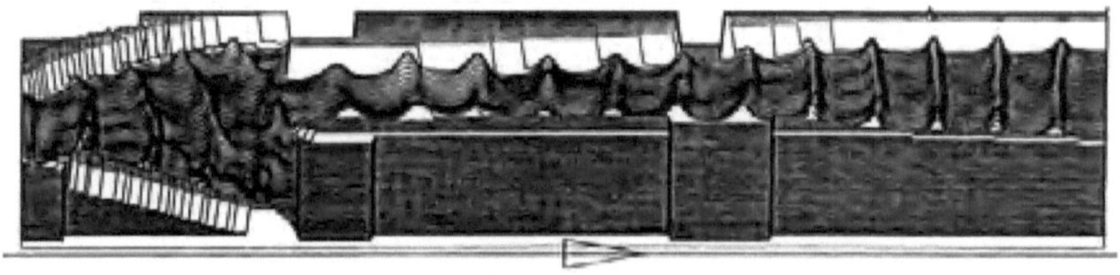

a) Altura da maré, 3.35 m (ZH); altura média da onda, H = 3.9 m; período da onda, T = 15 s e rumo, θ = 283°. Superfície livre obtida aos 269.1 segundos após o início da entrada da agitação (Antunes do Carmo *et al.*, 1993a).

b) Altura da maré, 2.65 m (ZH); altura média da onda, H = 4.8 m; período da onda, T = 17.5 s e rumo, θ = 258.2°. Superfície livre obtida aos 360 segundo após o início da entrada da agitação (Antunes do Carmo *et al.*, 1993a).

Figura 2.7 - Porto da Figueira da Foz: vistas em perspetiva da superfície livre, com diferentes regimes de agitação (fora de escala).

A superfície livre mostrado na Figura 2.7 a), correspondente a condições de onda frequentes, revela alguma decomposição da onda no porto exterior e o aparecimento de uma onda parcialmente estacionária próximo da entrada do canal de acesso. A vista em perspetiva da superfície livre mostrada na Figura 2.7 b), para condições de onda menos frequentes, mas igualmente possíveis, revela uma forte agitação e decomposição generalizada da onda no porto exterior, seguindo-se outros fenómenos característicos de águas pouco profundas no canal de acesso, como o empolamento e a reflexão sobre as paredes laterais.

Em consequência, as ondas oblíquas são evidentes, as quais estavam na origem de um fenómeno muito inconveniente, e que ocorria com estas condições de agitação, conhecido localmente como "*mareta*".

2.2 Conceitos fundamentais da agitação irregular

A metodologia utilizada para a caracterização de um estado de agitação e análise no tempo é função do período de análise (duração do registo). Os conceitos que se desenvolvem seguidamente são úteis para registos relativamente curtos (ordens de, no máximo, poucas dezenas de minutos).

Para registos longos (com durações horárias, diárias, ou até mensais), a análise comporta outros tipos de distribuições (Normal, Log-Normal, Gumbel e Weibull) e estatísticas que poderão ser consultadas em Kamphuis (2002), capítulo 4. Com base nos resultados da aplicação de cada uma daquelas distribuições obtêm-se as relações necessárias para a determinação das alturas de onda correspondentes a diferentes períodos de retorno.

Na natureza a agitação é irregular. Um registo da variação da superfície livre com o tempo pode ser o seguinte (Figura 2.8), em que $\varsigma = 0$ corresponde à situação de repouso.

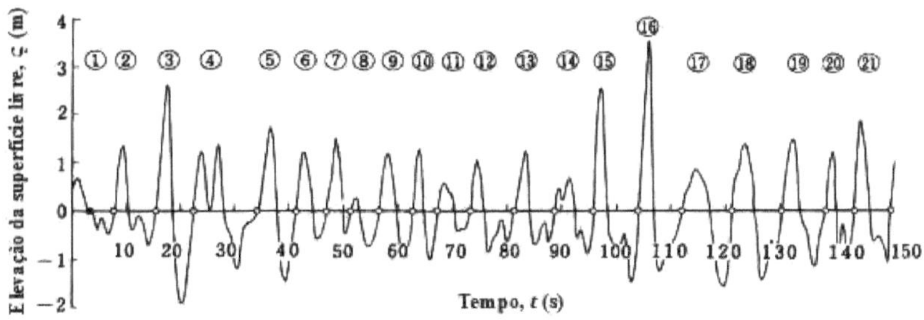

Figura 2.8 - Exemplo de um registo da agitação [adaptada de Goda (1985), *in* Antunes do Carmo e Sancho (2007)].

Este registo permite definir as seguintes variáveis principais:

- T_z : período dos zeros ascendentes;
- H_z: altura dos zeros ascendentes.

Para o efeito, faz-se a contagem das ondas usando o conceito de zero ascendente. Medem-se as alturas, *H*, e os correspondentes períodos, *T*, e ordenam-se por ordem decrescente das suas alturas, como mostrado na Tabela 2.1 [Goda (1985), *in* Antunes do Carmo e Sancho (2007)].

Tabela 2.1 - Alturas de onda e períodos do registo anterior (adaptada de Goda, 1985).

Número da onda	Altura da onda, H (m)	Período da onda, T (s)	Número de ordem, m
1	0.54	4.20	21
2	2.05	8.00	12
3	4.52	6.90	2
4	2.58	11.90	8
5	3.20	7.30	4
6	1.87	5.40	17
7	1.90	4.40	16
8	1.00	5.20	20
9	2.05	6.30	13
10	2.37	4.30	10
11	1.03	6.10	19
12	1.95	8.00	15
13	1.97	7.60	14
14	1.62	7.00	18
15	4.08	8.20	3
16	4.89	8.00	1
17	2.43	9.00	9
18	2.83	9.20	7
19	2.94	7.90	6
20	2.23	5.30	11
21	2.98	6.90	5

Com base nos dados apresentados na Tabela 2.1, podem definir-se as seguintes grandezas:

- H_{max} : altura da máxima onda no registo;
- T_{max} : período correspondente à máxima onda no registo;
- $H_{1/10}$: altura média da onda que é excedida por 10% das ondas, ou, ainda, a média das alturas de onda de 10% das ondas mais altas;
- $T_{1/10}$: média dos períodos de 10% das ondas mais altas;
- $H_{1/3} = H_s$: *altura significativa* ou altura média do terço das ondas mais altas;
- $T_{1/3}$: média dos períodos do terço das ondas mais altas;
- $\overline{H}$: altura média de todas as ondas do registo;
- $\overline{T}$: período médio de todas as ondas do registo;
- H_{rms} : raiz quadrada da média dos quadrados das alturas de onda num registo, $H_{rms} = \sqrt{\frac{1}{N}\sum_{i=1}^{N} H_i^2}$.

De acordo com a teoria estatística, a probabilidade de se encontrar uma onda com altura igual ou superior a uma determinada altura $\hat{H}$ é dada por (2.17)

$$P\left(H > \hat{H}\right) = \frac{n}{N} \tag{2.17}$$

em que n é o número de ondas maiores que $\hat{H}$. É de notar que $P\left(H \leq \hat{H}\right) = 1 - n/N$.

Ainda em conformidade com a teoria estatística, Longuet-Higgins (1952) mostrou que a probabilidade da altura de uma onda ser maior ou igual à altura de uma onda arbitrária $\hat{H}$ é dada por (2.18)

$$P\left(H \geq \hat{H}\right) = e^{-\left(\hat{H}/H_{rms}\right)^2} \tag{2.18}$$

que é a chamada distribuição de Rayleigh. Tendo presentes (2.17) e (2.18), deve notar-se que

$$\frac{n}{N} = e^{-\left(\hat{H}/H_{rms}\right)^2} \tag{2.19}$$

donde $\hat{H} = H_{rms}\sqrt{ln\left(N/n\right)}$, ou, ainda, a altura que é excedida por pN ondas é dada por $\hat{H} = H_{rms}\sqrt{ln\left(1/p\right)}$, sendo p uma dada fração do conjunto de N ondas.

Demonstra-se teoricamente, e a prática confirma com alguma confiança, que a altura de zero ascendente de um estado de mar completamente desenvolvido, H_z (ou simplesmente H), para um número elevado de ondas num registo, obedece à distribuição de Rayleigh. Ou seja, a função densidade de probabilidade, $f\left(H\right)$, é dada através da distribuição de probabilidade de Rayleigh $P\left(H < \hat{H}\right)$ (Dean e Dalrymple, 1984)

$$\begin{aligned} f(H) &= \frac{d}{dH}\left[p\left(H \leq \hat{H}\right)\right] = \frac{d}{d\hat{H}}\left[1 - e^{-\left(\hat{H}/H_{rms}\right)^2}\right] \\ &= -e^{-\left(\hat{H}/H_{rms}\right)^2} \times ln\, e \times \frac{d}{d\hat{H}}\left[-\left(\hat{H}/H_{rms}\right)^2\right] \\ &= \frac{2H}{H_{rms}^2} e^{-\left(\hat{H}/H_{rms}\right)^2} \end{aligned} \tag{2.20}$$

Da distribuição $f\left(H\right)$ (2.20) resulta ainda que se podem relacionar várias alturas $H_{x\%}$ com H_{rms} e $\overline{H}$, tais como (2.21)

$$\begin{aligned} H_s &= H_{1/3} = \sqrt{2}\, H_{rms} = 1.60\overline{H} \\ H_{1/10} &= 1.27 H_{1/3} = 1.80 H_{rms} = 2.03\overline{H} \\ H_{1/100} &= 1.68 H_{1/3} \end{aligned} \tag{2.21}$$

A Figura 2.9 representa um histograma de alturas de onda, correspondente a 52 registos com 5111 ondas [Goda (1985), *in* Antunes do Carmo e Sancho (2007)].

O histograma é um dos métodos mais usados para apresentar informação, sendo especialmente usado quando se pretende analisar um grande volume de informação. Agrupando os dados em células, ou colunas, evidencia-se a frequência de ocorrências e a dispersão entre os valores superiores e inferiores.

A distribuição de frequência é uma ferramenta estatística muito útil para a apresentação de um grupo de factos ou elementos numerosos numa forma em que se torne mais evidente a tendência central e a dispersão. Ou seja, a forma do histograma permite obter informação útil sobre a distribuição, ou mistura de distribuições com diferentes médias, analisando as medidas de tendência central (média, mediana e moda) e as medidas de dispersão (amplitude, desvio padrão, desvio médio e variância).

O histograma de alturas de onda representado na Figura 2.9 mostra uma distribuição unimodal, com diferentes valores das medidas de tendência central e tendência positiva; por conseguinte, afastado da distribuição normal (não simétrica) e típico da distribuição de Rayleigh.

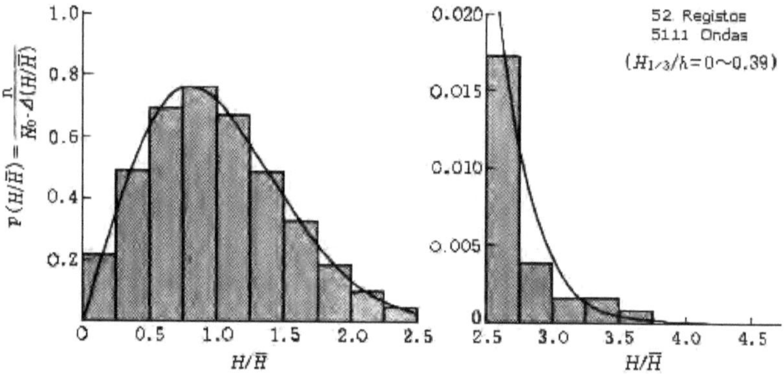

Figura 2.9 - Histograma adimensional de alturas de onda [adaptada de Goda (1985), *in* Antunes do Carmo e Sancho (2007)].

Note-se que a altura de onda máxima de um registo, H_{max}, não pode ser estimada pela distribuição de Rayleigh. Na prática, este valor depende da duração do registo (e do número de ondas nele contido, N). Assim a altura de onda máxima mais provável é calculada por (2.22)

$$H_{max} \approx 0.76\sqrt{ln\,N}\,H_{1/3} \tag{2.22}$$

sendo a altura de onda máxima média obtida por (2.23)

$$\overline{H}_{max} \approx 0.76\,H_{1/3}\left\{\sqrt{ln\,N} + \frac{0.2886}{\sqrt{ln\,N}}\right\} \tag{2.23}$$

Importa ainda referir que um estado de agitação irregular pode ser concebido como a soma de inúmeras ondas regulares (monocromáticas), com alturas e períodos distintos, desfasados de um certo valor.

Na Figura 2.10 representa-se um sinal complexo (último gráfico) que resultou da soma de cinco funções regulares (sinusoidais) com diferentes períodos e alturas de onda. Este sinal irregular, ou frequentemente ainda mais complexo, é um registo típico obtido em condições de água pouco profunda, nas proximidades da linha de costa.

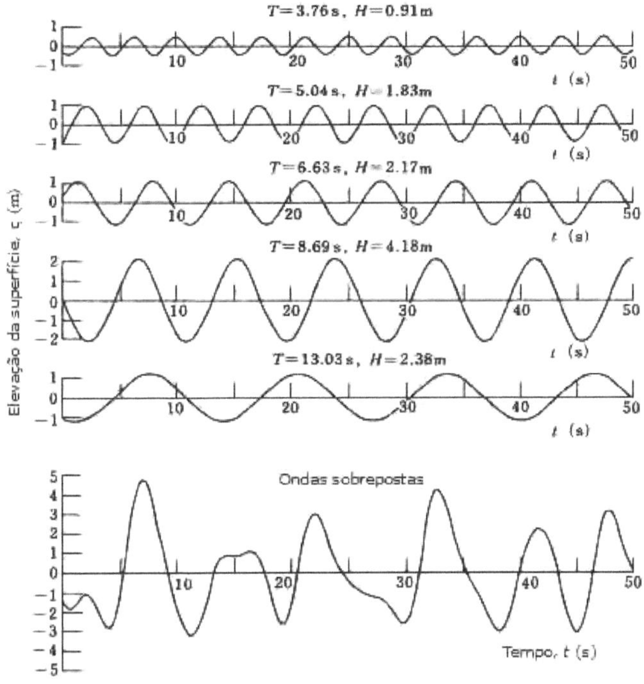

Figura 2.10 - Sinal de onda irregular resultante da sobreposição de ondas sinusoidais (lineares) com diferentes períodos e alturas [adaptada de Goda (1985), *in* Antunes do Carmo e Sancho (2007)].

2.3 Escoamentos laminar e turbulento

Em termos teóricos, qualquer escoamento de um fluido Newtoniano poderá ser caracterizado pelas equações de Navier-Stokes. Estas equações, quando escritas sob a forma adimensional, incluem um parâmetro adimensional: o número de Reynolds. Coloca-se naturalmente a questão de saber se as soluções exatas ou numéricas que se obtêm a partir das equações de Navier-Stokes têm ou não concordância com a realidade, qualquer que seja o valor do número de Reynolds.

A experiência mostra que as soluções exatas e outras soluções das equações de Navier-Stokes, baseadas em hipóteses simplificativas compatíveis com as condições de fronteira e com as características macroscópicas do escoamento, são válidas para valores do número de Reynolds inferiores a determinados valores limite. Para valores superiores, este tipo de soluções deixa de ser válido e a estrutura do escoamento sofre uma alteração significativa e dramática: o escoamento instabiliza-se e ocorre uma forma de "catástrofe" matemática e física. A solução real ou verdadeira passa a ser outra muito mais complexa e irregular. Diz-se que o escoamento passou do regime laminar para o turbulento. O campo de velocidades passa a ser caótico e as trajetórias entrecruzam-se. O escoamento local tende a ser tridimensional e variável.

Este fenómeno de instabilidade manifesta-se em outras situações e para outros tipos de equações da Engenharia e da Ciência. A análise e a sistematização dos eventuais pontos de instabilidade ou de soluções múltiplas decorrentes de equações que caracterizam estes fenómenos é o objetivo da moderna "teoria matemática das catástrofes" (Betâmio de Almeida, 1987).

2.3.1 Equações de Navier-Stokes

Designam-se por equações de Navier-Stokes as equações diferenciais do balanço da quantidade de movimento aplicadas nas seguintes condições:

a) Fluido Newtoniano

b) Fluido homogéneo

No caso das aplicações em Engenharia Costeira, a condição de incompressibilidade é perfeitamente aceitável em grande número de casos; por conseguinte, poder-se-á considerar em geral, para aplicações neste domínio, uma terceira condição: Fluido incompressível.

Recorrendo à técnica do volume de controlo e a uma propriedade ou grandeza extensiva de um sistema de controlo (seja E_s) deduz-se a seguinte expressão (2.24), válida para volume de controlo fixo, conhecida como teorema de transporte de Reynolds

$$\frac{dE_s}{dt} = \underbrace{\int_{V_c} \frac{\partial}{\partial t}(e\rho)\,dV}_{\text{BALANÇO LOCAL}} + \underbrace{\int_{S_c} e\rho\left(\bar{v}.\bar{n}\right)dS}_{\substack{\text{BALANÇO DE FLUXO} \\ \left(\text{Fluxo através de toda a sup.} \\ \text{de controlo no instante } t.\right)}} \tag{2.24}$$

em que ρ é a massa volúmica, e é o valor de E por unidade de massa (propriedade intensiva), V_c é o volume de controlo, e S_c é a superfície de controlo.

Considerando em seguida como grandeza extensiva a massa de um sistema de controlo $[M_s]$, a expressão (2.24) permite obter a equação de continuidade, ou de conservação da massa.

De igual modo, considerando como grandeza extensiva a quantidade de movimento linear do sistema de controlo $[(Mv)_s]$ e atendendo à lei de Newton $\Sigma\vec{F}_i = M\vec{a}$ num referencial inercial, isto é $\Sigma\vec{F}_{is} = \left[\left(M\vec{v}\right)_s\right]_t$, e às forças de interesse atuantes sobre o volume de controlo, obtém-se a equação de conservação da quantidade de movimento.

As equações assim deduzidas correspondem à forma integral das equações fundamentais.

Fazendo uso do teorema de Gauss, as equações obtidas na forma integral permitem deduzir as equações fundamentais da Mecânica dos Fluidos para fluidos compressíveis na forma diferencial; estas equações escrevem-se

$$\begin{aligned} &\rho_t + (\rho u)_x + (\rho v)_y + (\rho w)_z = 0 \\ &(\rho u)_t + (\rho u^2)_x + (\rho v u)_y + (\rho w u)_z = (T_{11})_x + (T_{21})_y + (T_{31})_z + \rho g_1 \\ &(\rho v)_t + (\rho u v)_x + (\rho v^2)_y + (\rho w v)_z = (T_{12})_x + (T_{22})_y + (T_{32})_z + \rho g_2 \\ &(\rho w)_t + (\rho u w)_x + (\rho v w)_y + (\rho w^2)_z = (T_{13})_x + (T_{23})_y + (T_{33})_z + \rho g_3 \end{aligned} \tag{2.25}$$

significando os índices x, y, z e t derivadas parciais, g_i representa as componentes de g segundo (x, y, z) e T_{ji} é o tensor das tensões, com $T_{ij} = T_{ji}$ (tensor simétrico). Assumindo a condição de Stokes, as nove componentes deste tensor são dadas por (2.26)

$$\begin{aligned} &T_{11} = \sigma_{xx} = -P + 2\mu u_x - (2/3)\mu \, div\, \vec{v} \\ &T_{22} = \sigma_{yy} = -P + 2\mu v_y - (2/3)\mu \, div\, \vec{v} \\ &T_{33} = \sigma_{zz} = -P + 2\mu w_z - (2/3)\mu \, div\, \vec{v} \\ &T_{12} = T_{21} = \zeta_{xy} = \mu (v_x + u_y) \\ &T_{13} = T_{31} = \zeta_{xz} = \mu (w_x + u_z) \\ &T_{23} = T_{32} = \zeta_{yz} = \mu (v_z + w_y) \end{aligned} \tag{2.26}$$

em que P *é a pressão*, μ é a viscosidade dinâmica e $div\, \vec{v} = u_x + v_y + w_z$. A condição de incompressibilidade traduz-se por $d\rho/dt = div\, \vec{v} = 0$.

2.3.2 Equações de Reynolds

De acordo com Hinze (1975), "a turbulência é uma condição irregular de escoamento no qual as várias quantidades mostram variações aleatórias no espaço e no tempo, de tal modo que distintos valores médios podem ser obtidos". Presentemente, o principal esforço na Mecânica de Fluidos Computacional, no domínio da turbulência, concentra-se nas equações de Navier-Stokes com média no tempo (equações de Reynolds).

As equações de Reynolds são derivadas por decomposição das variáveis dependentes das equações de conservação num termo correspondente à média no tempo e num termo correspondente à flutuação, conforme (2.27), seguindo-se a obtenção do valor médio no tempo de cada equação

$$u = \bar{u} + u' \; ; \; v = \bar{v} + v' \; ; \; w = \bar{w} + w' \; ; \; P = \bar{P} + P' \tag{2.27}$$

Seja f uma grandeza genérica; por definição, os valores médios são dados por (2.28)

$$\bar{f} = \frac{1}{\Delta t}\int_{t_0}^{t_0+\Delta t} f\, dt \tag{2.28}$$

em que Δt é um intervalo de tempo grande comparado com o período das flutuações aleatórias associadas à turbulência, mas pequeno relativamente à escala de tempo do escoamento médio ou macroscópico.

No caso de duas grandezas genéricas f e g, são válidas as seguintes relações (2.29) e (2.30)

$$\overline{f'} = \frac{1}{\Delta t}\int_{t_0}^{t_0+\Delta t} f'\, dt = 0 \tag{2.29}$$

$$\overline{\bar{f}\, g'} = 0\ ;\ \overline{\bar{f}\, g} = \bar{f}\,\bar{g}\ ;\ \overline{f + g} = \bar{f} + \bar{g} \tag{2.30}$$

Considerando fluidos incompressíveis, substituindo as variáveis dependentes das equações de Navier-Stkes (2.25) pelas decomposições (2.27) e tendo em conta as relações (2.28) a (2.30), obtêm-se as seguintes equações de Reynolds (2.31) e (2.32)

» Equação de continuidade, ou de conservação da massa

$$\bar{u}_x + \bar{v}_y + \bar{w}_z = 0 \quad \text{e} \quad u'_x + v'_y + w'_z = 0 \tag{2.31}$$

» Componentes da equação de conservação da quantidade de movimento

$$\begin{aligned}
&(\rho\bar{u})_t + (\rho\bar{u}\bar{u})_x + (\rho\bar{v}\bar{u})_y + (\rho\bar{w}\bar{u})_z = \\
&\qquad - \bar{P}_x + (\bar{T}_{11})_x + (\bar{T}_{21})_y + (\bar{T}_{31})_z + \rho g_x \\
&\qquad - (\overline{\rho u'u'})_x - (\overline{\rho v'u'})_y - (\overline{\rho w'u'})_z \\
&(\rho\bar{v})_t + (\rho\bar{u}\bar{v})_x + (\rho\bar{v}\bar{v})_y + (\rho\bar{w}\bar{v})_z = \\
&\qquad - \bar{P}_y + (\bar{T}_{12})_x + (\bar{T}_{22})_y + (\bar{T}_{32})_z + \rho g_y \\
&\qquad - (\overline{\rho u'v'})_x - (\overline{\rho v'v'})_y - (\overline{\rho w'v'})_z \\
&(\rho\bar{w})_t + (\rho\bar{u}\bar{w})_x + (\rho\bar{v}\bar{w})_y + (\rho\bar{w}\bar{w})_z = \\
&\qquad - \bar{P}_z + (\bar{T}_{13})_x + (\bar{T}_{23})_y + (\bar{T}_{33})_z + \rho g_z \\
&\qquad - (\overline{\rho u'w'})_x - (\overline{\rho v'w'})_y - (\overline{\rho w'w'})_z
\end{aligned} \tag{2.32}$$

em que

$$\begin{aligned}
&(\bar{T}_{11})_x = 2\mu u_{xx};\ (\bar{T}_{21})_y = \mu(v_x + u_y)_y;\ (\bar{T}_{31})_z = \mu(w_x + u_z)_z \\
&(\bar{T}_{12})_x = \mu(u_y + v_x)_x;\ (\bar{T}_{22})_y = 2\mu v_{yy};\ (\bar{T}_{32})_z = \mu(w_y + v_z)_z \\
&(\bar{T}_{13})_x = \mu(u_z + w_x)_x;\ (\bar{T}_{23})_y = \mu(v_z + w_y)_y;\ (\bar{T}_{33})_z = 2\mu w_{zz}
\end{aligned} \tag{2.33}$$

e $\overline{u'_i u'_j}$ $(i,j=1,2,3;\ u'_1,u'_2,u'_3=u',v',w')$ é o tensor de inércia turbulenta, com nove termos ou componentes. Este tensor é igualmente simétrico, ou seja, introduz seis incógnitas adicionais exigindo assim a procura de seis novas equações para "fechar o problema". As várias aproximações para estas equações são tratadas com detalhe na secção 2.3.3, dedicada à turbulência.

As tensões de Reynolds transmitem ao escoamento médio a influência da turbulência, ou seja, os detalhes da turbulência vão aparecer no escoamento médio por via das tensões aparentes. Matematicamente as tensões totais são a soma das tensões de tipo newtoniano (reais) com as tensões de Reynolds (aparentes). A energia cinética turbulenta, por unidade de massa, é dada por (2.34)

$$K=\frac{1}{2}\left(\overline{u'u'}+\overline{v'v'}+\overline{w'w'}\right)=\frac{1}{2}\overline{u_i'u_i'} \qquad (2.34)$$

A intensidade da turbulência é definida como a relação entre a raiz quadrada da média dos quadrados das flutuações turbulentas da velocidade e a raiz quadrada dos quadrados das componentes da velocidade média do escoamento

$$I=\frac{\sqrt{\frac{1}{3}\left(\overline{u'^2}+\overline{v'^2}+\overline{w'^2}\right)}}{\sqrt{\overline{u}^2+\overline{v}^2+\overline{w}^2}}=\frac{\sqrt{\frac{2}{3}K}}{\sqrt{\overline{u}^2+\overline{v}^2+\overline{w}^2}} \qquad (2.35)$$

As equações de Reynolds fizeram surgir novas variáveis e o número de equações é insuficiente para resolver o problema do fechamento ("*closure problem*"). Por conseguinte, terão de ser consideradas hipóteses simplificativas e/ou modelos traduzidos em equações adicionais.

2.3.3 Turbulência

Para resolver numericamente as equações de Reynolds é necessário juntar equações adicionais ou "modelos de turbulência" que possibilitam a determinação das tensões aparentes e os fluxos de calor aparentes resultantes da turbulência.

A - Modelo de fechamento da turbulência de 1ª ordem (Hipótese de Boussinesq)

De acordo com a hipótese de Boussinesq (Boussinesq, 1877), as tensões turbulentas $\overline{u_i' u_j'}$, ou *correlações de velocidade*, neste caso da velocidade na direção *i* com a velocidade na direção *j*, são modeladas em termos dos gradientes das velocidades médias do escoamento, escrevendo-se de forma compacta (2.36)

$$-\overline{u'_i u'_j}=\nu_t\left(\partial_j\overline{u}_i+\partial_i\overline{u}_j\right)-\frac{2}{3}\left(\nu_t\partial_k\overline{u}_k+K\right)\delta_{ij}\ ;\ i,j,k=1,2,3 \qquad (2.36)$$

em que $\delta_{i,j}$ é o símbolo de Kronecker e v_t é a viscosidade turbulenta, a qual não é uma propriedade do fluido mas sim uma propriedade do escoamento. Por extenso, a equação (2.36) é equivalente às seguintes nove componentes (2.37)

$$
\begin{gathered}
-\overline{u'u'}=2\nu_t\bar{u}_x-\frac{2}{3}\left[\nu_t\left(\bar{u}_x+\bar{v}_y+\bar{w}_z\right)+K\right];\ -\overline{v'u'}=\nu_t\left(\bar{v}_x+\bar{u}_y\right);\\
-\overline{w'u'}=\nu_t\left(\bar{w}_x+\bar{u}_z\right)\\
-\overline{u'v'}=\nu_t\left(\bar{u}_y+\bar{v}_x\right);\ -\overline{v'v'}=2\nu_t\bar{v}_y-\frac{2}{3}\left[\nu_t\left(\bar{u}_x+\bar{v}_y+\bar{w}_z\right)+K\right];\\
-\overline{w'v'}=\nu_t\left(\bar{w}_y+\bar{v}_z\right)\\
-\overline{u'w'}=\nu_t\left(\bar{u}_z+\bar{w}_x\right);\ -\overline{v'w'}=\nu_t\left(\bar{v}_z+\bar{w}_y\right);\\
-\overline{w'w'}=2\nu_t\bar{w}_z-\frac{2}{3}\left[\nu_t\left(\bar{u}_x+\bar{v}_y+\bar{w}_z\right)+K\right]
\end{gathered}
\tag{2.37}
$$

Em geral, um modelo de turbulência é usado para determinar a distribuição da viscosidade turbulenta no campo do escoamento relacionando as correlações turbulentas com valores médios das variáveis dependentes.

Como primeira ordem de fechamento da turbulência (ou *modelo de zero-equações*), a viscosidade turbulenta ν_t é obtida através da teoria de Prandtl (1925), por analogia com a teoria cinética, segundo a qual cada flutuação turbulenta pode ser relacionada com uma escala do comprimento l_m, designado por *comprimento de mistura*, e um gradiente da velocidade, conforme a expressão (2.38)

$$
\nu_t=l_m^2\left|\left(u_i\right)_z\right|=l_m^2\sqrt{\left(u_z\right)^2+\left(v_z\right)^2}
\tag{2.38}
$$

Para a escala do comprimento l_m têm sido propostas várias formulações. Uma das mais correntes é dada por $l_m=kz\sqrt{1-z/z_\delta}$, onde $k\approx 0.41$ é a constante de von Kármán e z_δ é a espessura da camada limite.

B – Modelo de fechamento da turbulência de 2ª ordem

Partindo das equações de Navier-Stokes e Reynolds, através de um adequado processo de subtração das equações do movimento para valores médios e instantâneos e de simples operações matemáticas (White, 1991; Antunes do Carmo, 2012), é possível obter uma relação cuja média temporal conduz à seguinte equação (2.39) para o transporte das tensões turbulentas $\overline{u_i' u_j'}$

$$
\begin{aligned}
&\frac{\partial}{\partial t}\left(\overline{u_i' u_j'}\right)+\bar{u}_k\frac{\partial}{\partial x_k}\left(\overline{u_i' u_j'}\right)\\
&=-\overline{u_i' u_k'}\frac{\partial \bar{u}_j}{\partial x_k}-\overline{u_j' u_k'}\frac{\partial \bar{u}_i}{\partial x_k}+\overline{\frac{P'}{\rho}\left(\frac{\partial u_i'}{\partial x_j}+\frac{\partial u_j'}{\partial x_i}\right)}\\
&-\frac{\partial}{\partial x_k}\left[\overline{u_i' u_j' u_k'}+\overline{\frac{P'}{\rho}\left(\delta_{ik}u_j'+\delta_{jk}u_i'\right)}-\nu\frac{\partial}{\partial x_k}\left(\overline{u_i' u_j'}\right)\right]\\
&-2\nu\overline{\frac{\partial u_i'}{\partial x_k}\frac{\partial u_j'}{\partial x_k}}
\end{aligned}
\tag{2.39}
$$

A equação (2.39) não é resolúvel tal como se apresenta, pois contém um termo de correlação tripla, termos dissipativos e correlações de pressão-velocidade que exigem hipóteses simplificativas complementares. Diferentes aproximações para estes termos têm conduzido a outros tantos modelos mais ou menos sofisticados, envolvendo conjuntos de parâmetros e constantes cujos valores são frequentemente calibrados em função de condições específicas de aplicação. Algumas aproximações e simplificações são apresentadas em White (1991) e Antunes do Carmo (2012).

Considerando um escoamento fundamentalmente bidimensional, com x na direção do escoamento e y na direção normal, de tal modo que

$$\bar{u} >> \bar{v} \quad \text{e} \quad \partial/\partial x << \partial/\partial y \tag{2.40}$$

bem como

$$\bar{w} = 0 \quad \text{e} \quad \partial/\partial z = 0 \tag{2.41}$$

a equação (2.39) reduz-se a (2.42) (White, 1991)

$$\begin{aligned} \frac{\partial \overline{u'v'}}{\partial t} + \bar{u}\frac{\partial \overline{u'v'}}{\partial x} + \bar{v}\frac{\partial \overline{u'v'}}{\partial y} \approx 2\overline{u'v'}\frac{\partial \bar{u}}{\partial y} + \overline{\frac{P'}{\rho}\left(\frac{\partial u'}{\partial y} + \frac{\partial v'}{\partial x}\right)} \\ - \frac{\partial}{\partial y}\left[\overline{u'v'^2} + \frac{\overline{P'u'}}{\rho}\right] + \nu\frac{\partial^2 \overline{u'v'}}{\partial y^2} - 2\nu\overline{\frac{\partial u'}{\partial y}\frac{\partial v'}{\partial x}} \end{aligned} \tag{2.42}$$

a qual contém novas correlações turbulentas que são simuladas considerando hipóteses complementares.

Nesta conformidade, tendo presentes as hipóteses simplificativas a que obriga e o grau de complexidade que envolve a resolução das equações constituintes, sem que tal esforço computacional corresponda a uma melhoria significativa dos resultados, não tem havido um grande investimento em modelos de fechamento da turbulência de 2ª ordem. No entanto, com Kline *et al.* (1982), Rodi (1984) e outros investigadores mais recentes, estes modelos têm vindo a merecer alguns desenvolvimentos.

Contudo, na atualidade, mantém-se a hipótese de Boussinesq (modelo de fechamento de 1ª ordem) como a principal referência no cálculo das componentes do tensor da inércia turbulenta. O grande investimento tem sido fundamentalmente no desenvolvimento de modelos de turbulência, ou seja, no desenvolvimento de modelos para o cálculo da distribuição da viscosidade turbulenta, ν_t, no seio do escoamento.

- **Modelos de turbulência**

Os modelos de turbulência são, em geral, classificados consoante o número de equações diferenciais adicionais que usam. Daí que o modelo traduzido pela equação (2.38) seja designado por modelo de zero-equações.

Os modelos mais sofisticados recorrem a equações diferenciais para descrever o comportamento da energia cinética turbulenta, K, e de outra propriedade do escoamento, normalmente, a dissipação viscosa, ε, as flutuações da vorticidade, ω, ou ainda a macro escala da turbulência, L.

Quando se recorre a uma equação diferencial para K e a uma equação algébrica para descrever o comportamento da outra variável, o modelo é dito de uma-equação. Quando ambas as propriedades são descritas por equações diferenciais, o modelo é dito de duas-equações.

- ***Modelos 1DV de Zero-, Uma- e Duas-Equações na camada limite***

Assumindo condições simplificadas do escoamento e da camada limite, nomeadamente

- ondas de pequena amplitude;
- amplitude da velocidade máxima da onda muito inferior à celeridade $\left(\hat{U}_w << \sqrt{gh}\right)$;
- pequena espessura da camada limite, ou seja $z_\delta << L/2\pi$;
- rugosidade equivalente de Nikuradse no fundo muito inferior à espessura da camada limite, ou seja $k_N << z_\delta$;
- equilíbrio local da turbulência, segundo a qual a energia cinética turbulenta é equivalente à dissipação viscosa,

é legítimo, nestas condições

- considerar que o escoamento se desenvolve fundamentalmente na horizontal ($u, v, w = 0$);
- desprezar os termos de transporte convectivo e de difusão horizontal;
- simplificar as equações de transporte turbulento, nomeadamente as variações temporais e os termos de difusão das correlações da velocidade.

Assumindo estas hipóteses, obtêm-se as seguintes equações (2.43) e (2.44) para a descrição do escoamento (Antunes do Carmo, 2012)

$$\frac{\partial u}{\partial t} = -\frac{1}{\rho_0}\frac{\partial P}{\partial x} + \frac{\partial}{\partial z}\left(\overline{u'w'}\right) \tag{2.43}$$

$$\frac{\partial v}{\partial t} = -\frac{1}{\rho_0}\frac{\partial P}{\partial y} + \frac{\partial}{\partial z}\left(\overline{v'w'}\right) \tag{2.44}$$

» Modelo de *Zero*-Equações, ou de comprimento de mistura

A distribuição da viscosidade turbulenta é descrita por (2.45)

$$\nu_t = l_m^2\sqrt{\left(u_z\right)^2 + \left(v_z\right)^2} \tag{2.45}$$

sendo o comprimento de mistura, l_m, dependente do tipo de problema ou do escoamento em análise; indicam-se alguns exemplos

» $l_m = k\sqrt[4]{0.08\,z}$, $k \approx 0.4$.

» $l_m = 0.09 z_\delta$, z_δ é a espessura da camada limite.

» $l_m = k z \sqrt{1 - z/z_\delta}$, $k \approx 0.4$ e z_δ é a espessura da camada limite.

» $l_m = k z_w \left(1 - e^{z_w^+/A}\right)$, $A \approx 26$, z_w é a distância à parede, $z_w^+ = (z_w u_*)/\nu$, u_* é a velocidade de atrito.

A influência da estratificação em l_m pode ser tida em consideração através de

$$(l_{me}/l_m)^2 = (1 + \beta Ri)^n \text{, com } \beta \approx (10, 14) \text{ e } n \approx (-0.5, -1.5)$$

onde $Ri = -\left[(g/\rho)\rho_z\right] / \left[(u_z)^2 + (v_z)^2\right]$ é o número de Richardson.

Definindo o comprimento de mistura por $l_m = k z \sqrt{1 - z/z_\delta}$, e uma vez que $\vec{\nu}_t(z) = l_m^2 \dfrac{\partial \vec{u}}{\partial z}$, as equações para as varáveis u e v do escoamento, respetivamente (2.43) e (2.44), escrevem-se

$$\frac{\partial u}{\partial t} = -\frac{1}{\rho_0}\frac{\partial P}{\partial x} + \frac{\partial}{\partial z}\left(l_m^2 \left|\frac{\partial u}{\partial z}\right| \frac{\partial u}{\partial z}\right) \tag{2.46}$$

$$\frac{\partial v}{\partial t} = -\frac{1}{\rho_0}\frac{\partial P}{\partial y} + \frac{\partial}{\partial z}\left(l_m^2 \left|\frac{\partial v}{\partial z}\right| \frac{\partial v}{\partial z}\right) \tag{2.47}$$

Assumindo agora em (2.46) e (2.47) que

$$-\frac{1}{\rho_0}\frac{\partial P}{\partial x} = \frac{\partial U}{\partial t} \quad \text{e} \quad -\frac{1}{\rho_0}\frac{\partial P}{\partial y} = \frac{\partial V}{\partial t} \tag{2.48}$$

em que U e V são as componentes da velocidade no exterior da camada limite, e definindo as componentes da velocidade deficitária (u_d, v_d) por (2.49)

$$u_d(z,t) = u(z,t) - U(t) \quad \text{e} \quad v_d(z,t) = v(z,t) - V(t) \tag{2.49}$$

de (2.46) e (2.47) obtêm-se as equações (2.50) e (2.51) (Antunes do Carmo, 2012)

$$\frac{\partial u_d}{\partial t} = \frac{\partial}{\partial z}\left(l_m^2 \left|\frac{\partial u_d}{\partial z}\right| \frac{\partial u_d}{\partial z}\right) \tag{2.50}$$

$$\frac{\partial v_d}{\partial t} = \frac{\partial}{\partial z}\left(l_m^2 \left|\frac{\partial v_d}{\partial z}\right| \frac{\partial v_d}{\partial z}\right) \tag{2.51}$$

Estas equações [(2.50) e (2.51)] são não-lineares e não têm solução analítica, pelo que terão de ser resolvidas numericamente.

No **Anexo I** é apresentado um método de discretização das derivadas por volumes finitos para a resolução numérica de ambas as equações (2.50) e (2.51).

» Modelos de *Uma*-Equação

Num modelo de *Uma*-Equação é introduzida uma equação adicional, correspondente ao transporte de energia cinética turbulenta K , do tipo (2.52)

$$\underbrace{\frac{\partial K}{\partial t} + \overline{u}_i \frac{\partial K}{\partial x_i}}_{\text{transporte por convecção}} = \underbrace{-\frac{\partial}{\partial x_i}\left[\overline{u_i'\left(\frac{u_j'u_j'}{2}+\frac{P'}{\rho}\right)}\right]}_{\text{transporte por difusão convectiva}} \underbrace{-\overline{u_i'u_j'}\frac{\partial \overline{u}_j}{\partial x_i}}_{\text{produção}} + \underbrace{\frac{\partial}{\partial x_i}\left[\overline{\nu u_j'\left(\frac{\partial u_i'}{\partial x_j}+\frac{\partial u_j'}{\partial x_i}\right)}\right]}_{\text{trabalho realizado pelas tensões viscosas}} \underbrace{-\nu\overline{\frac{\partial u_j'}{\partial x_i}\left(\frac{\partial u_i'}{\partial x_j}+\frac{\partial u_j'}{\partial x_i}\right)}}_{\text{dissipação viscosa}} \qquad (2.52)$$

Esta equação para a energia cinética turbulenta, K, é obtida a partir das equações de Reynolds para um fluido incompressível. Na prática, a equação (2.52) é resolvida assumindo várias hipóteses simplificativas. O segundo termo de transporte por difusão convectiva é, em geral, considerado proporcional a $\partial K/\partial x_i$ por uma igualdade do tipo (2.53)

$$\overline{\left[u_i'\left(\frac{u_j'u_j'}{2}+\frac{P'}{\rho}\right)\right]} = \frac{\nu_t}{\sigma_k}\frac{\partial K}{\partial x_i} \qquad (2.53)$$

sendo σ_k uma constante da difusão empírica $(\sigma_k \cong 1.0)$. O trabalho realizado pelas tensões viscosas é, em geral, simulado por (2.54)

$$\nu_t\left(\frac{\partial \overline{u}_i}{\partial x_j}+\frac{\partial \overline{u}_j}{\partial x_i}\right)\frac{\partial \overline{u}_j}{\partial x_i} \qquad (2.54)$$

O termo de dissipação viscosa, também designado por ε , é, em geral, modelado do seguinte modo (2.55)

$$\varepsilon = C_D\frac{K^{3/2}}{L} \qquad (2.55)$$

em que L é a macro escala da turbulência e C_D é mais uma constante empírica $(\cong 0.164 \text{ se } L = l_m)$.

Em resultado das hipóteses assumidas para o escoamento e das simplificações enunciadas para o cálculo da energia cinética turbulenta, K, resulta o seguinte modelo 1DV de *Uma*-Equação para a descrição do escoamento na camada limite, incluindo o cálculo da concentração de sedimentos, C, usando para o efeito uma equação igualmente simplificada, em conformidade com as hipóteses descritas (Antunes do Carmo, 2012)

$$\frac{\partial u}{\partial t} = -\frac{1}{\rho_0}\frac{\partial P}{\partial x}+\frac{\partial}{\partial z}\left(\nu_t\frac{\partial u}{\partial z}\right) \qquad (2.56)$$

$$\frac{\partial v}{\partial t} = -\frac{1}{\rho_0}\frac{\partial P}{\partial y} + \frac{\partial}{\partial z}\left(\nu_t \frac{\partial v}{\partial z}\right) \tag{2.57}$$

$$\begin{aligned}\frac{\partial K}{\partial t} &= \nu_t\left[\left(\frac{\partial u}{\partial z}\right)^2 + \left(\frac{\partial v}{\partial z}\right)^2\right] - \frac{\sqrt{2K}}{4L}K \\ &+ 0.30\frac{\partial}{\partial z}\left(\sqrt{2K}L\frac{\partial K}{\partial z}\right) + \frac{g}{\rho_0}\gamma_t\frac{\partial \rho}{\partial z}\end{aligned} \tag{2.58}$$

$$L = f(k, z, K) \tag{2.59}$$

$$\frac{\partial C}{\partial t} = \frac{\partial (w_q C)}{\partial z} + \frac{\partial}{\partial z}\left(\gamma_t \frac{\partial C}{\partial z}\right) \tag{2.60}$$

em que

$$\nu_t = \frac{\sqrt{2K}L}{4}\frac{1 - 16.444\,\Omega}{(1 - 19.778\,\Omega)(1 - \Omega)}$$

$$\gamma_t = \frac{4}{3}\nu_t\frac{1 - \Omega}{1 - 16.444\,\Omega}$$

$$\Omega = \frac{4}{3}\frac{g}{\rho_0}\frac{\partial \rho}{\partial z}\frac{L^2}{2K}$$

$$\rho = \rho_0 + (\rho_s - \rho_0)C$$

Paro o cálculo da macro escala da turbulência, L, é usada uma equação analítica do tipo das apresentadas para o comprimento de mistura, l_m, no caso de um modelo de *Uma-Equação*, ou uma equação diferencial de transporte no caso de um modelo de *Duas*-Equações, cuja formulação é a seguinte (Temperville e Huynh Thanh, 1990; Antunes do Carmo, 1995; Antunes do Carmo, 2012)

$$\begin{aligned}\underbrace{\frac{\partial L}{\partial t}}_{\substack{variação\\local}} &= \underbrace{-0.35\frac{\nu_t}{2K}\left[\left(\frac{\partial u}{\partial z}\right)^2 + \left(\frac{\partial v}{\partial z}\right)^2\right]L}_{produção} + \underbrace{0.075\sqrt{2K}}_{dissipação} \\ &\underbrace{+ 0.30\frac{\partial}{\partial z}\left(\sqrt{2K}L\frac{\partial L}{\partial z}\right) - \frac{0.375}{\sqrt{2K}}\left[\frac{\partial}{\partial z}\left(\sqrt{2K}L\right)\right]^2}_{difusão} \\ &\underbrace{+ 0.80\frac{L}{2K}\frac{g}{\rho_0}\gamma_t\frac{\partial \rho}{\partial z}}_{impulsão}\end{aligned} \tag{2.61}$$

em que $\gamma_t = (4/3)\nu_t$ é a difusividade turbulenta.

➤ ***Condições de fronteira para os modelos 1DV de Uma- e Duas-Equações***

» ***Na fronteira inferior da camada limite***, em $z = z_0 = k_N/30$

- $u(z_0) = v(z_0) = 0$; $\partial K/\partial z = 0$; $L(z_0) = \alpha z_0$, com $\alpha = 0.67$ (constante empírica).

- Em regime hidraulicamente rugoso, o nível z_0 é considerado igual a $k_N/30$, em que $k_N = 2.5\,d_{50}$ é a rugosidade equivalente de Nikuradse de um fundo de areia com diâmetro d_{50}. Em regime transitório k_N e z_0 são calculados segundo Sleath (1984) (Tran-Thu e Temperville, 1994).
- Para a concentração de referência no fundo, C_b, pode ser usada a seguinte relação: $C = C_b \approx 0.63$, ou $C = C(\psi)$, em que $\psi = \tau_b(t)/(\rho(s-1)gd)$.

» ***Na fronteira superior da camada limite***, em $z = z_\delta$

Assumindo que a velocidade instantânea $\vec{U}(t)$ é conhecida no nível $z = z_\delta$, fora da camada limite, as condições de fronteira são:

- $\vec{u}(z_\delta) = \vec{U}(t)$, $\vec{U}(t)$ pode incluir a componente da corrente U_c, bem como a componente oscilatória da onda;
- $K(z_\delta) = 0$ (onda pura), ou $\partial K/\partial z|_{z_\delta} = 0$ (combinação de onda e corrente);
- $L(z_\delta) = 0$ (onda pura), ou $L(z_\delta) = \alpha z_\delta$ (combinação de onda e corrente);
- Dependendo do problema, a condição $\partial L/\partial z|_{z_\delta} = 0$ pode se adequada;
- $C(z_\delta) = 0$ (onda pura), ou $w_q C + \gamma_t\,\partial C/\partial t|_{z_b} = 0$ (combinação de onda e corrente).

➢ ***Condições iniciais***, em $t = 0$

Os valores iniciais para *u*, *v*, *K* e *L* são a solução para os valores iniciais do campo de correntes (U_c, V_c).

➢ ***Estimativa da espessura da camada limite***, z_δ

Em primeira aproximação, uma estimativa geral para z_δ pode ser obtida por (2.62)

$$z_\delta = \frac{|\vec{U}_c|\,h + |\hat{U}_w|\,z_{\delta w}}{|\vec{U}_c| + |\hat{U}_w|} \Rightarrow z_\delta = \frac{|\vec{U}_c|\,h + 0.246\,k_N\,(\hat{a}/k_N)^{0.81}|\hat{U}_w|}{|\vec{U}_c| + |\hat{U}_w|} \qquad (2.62)$$

Face às hipóteses assumidas, a solução de um modelo pontual de camada limite turbulenta oscilatória, como os modelos de *Zero-*, *Uma-* e *Duas-*Equações acima descritos, é por definição periódica, com o período de oscilação T. Nesta conformidade, poder-se-á argumentar que a aplicabilidade de um modelo desta natureza é limitada, pois deverá restringir-se à análise de funções sinusoidais puras.

Todavia, atendendo a que qualquer sinal obtido em condições reais poderá sempre decompor-se em valor médio (constante) mais um somatório de funções sinusoidais, é então possível recorrer a modelos pontuais de camada limite turbulenta oscilatória para analisar um sinal real.

Com efeito, seja um registo discreto de n pontos equidistantes de Δt num dado intervalo de tempo T. A decomposição deste sinal discreto em série de *Fourier* é representável através da seguinte expressão (2.63) [com $(i-1)\Delta t$, $i = 1,2,\cdots,n$] (Antunes do Carmo, 1995)

$$S(t_i) = S_0 + \sum_{k=1}^{m}\left\{a_k \cos\left[\frac{2k\pi}{n}(i-1)\right] + b_k sen\left[\frac{2k\pi}{n}(i-1)\right]\right\} \tag{2.63}$$

em que

$$S_0 = \frac{1}{n}\sum_{i=1}^{n} S(t_i)$$

$$a_k = \frac{2}{n}\sum_{i=1}^{n} S(t_i)\cos\left[\frac{2k\pi}{n}(i-1)\right]$$

$$b_k = \frac{2}{n}\sum_{i=1}^{n} S(t_i) sen\left[\frac{2k\pi}{n}(i-1)\right]$$

A expressão (2.63) poderá ainda escrever-se na seguinte forma equivalente (2.64)

$$S(t_i) = S_0 + \sum_{k=1}^{m} c_k \cos\left[\frac{2k\pi}{n}(i-1) - \theta_k\right] \tag{2.64}$$

em que $c_k = \sqrt{a_k^2 + b_k^2}$ e θ_k representam, respetivamente, a amplitude e a fase do harmónico de ordem k.

No **Anexo I** é apresentado um método de discretização das derivadas por volumes finitos para a resolução numérica do sistema constituído pelas equações (2.56) a (2.60) e (2.61).

• Modelo 2DV de *Uma*-Equação

Sobre fundos móveis, a interação do escoamento com o transporte de sedimentos cria uma grande variedade de formas de fundo, tais como ondulações, dunas, antidunas ou outras formas irregulares, e obstáculos. A presença destas formas causa, em geral, separação do escoamento e recirculação, o que pode alterar a resistência global ao escoamento e, consequentemente, pode afetar o transporte de sedimentos no interior da massa de água e provocar erosões no fundo.

Uma descrição detalhada do escoamento sobre um fundo com rugas, ou outras formas, é assim de enorme importância, visto que a distribuição da pressão e o atrito no fundo determinam a resistência total ao escoamento e o volume de sedimentos transportado.

Sobre formas de fundo, uma versão 1DV da camada limite turbulenta é incapaz de descrever os principais processos que ocorrem na camada limite que se desenvolve imediatamente acima da superfície do fundo. Consequentemente, teremos de recorrer a um modelo de camada limite turbulenta 2DV.

Considerando um escoamento médio bidimensional não-estratificado no plano vertical $(u, v = 0, w)$, serão apenas diferentes de zero, ou estarão presentes, derivadas segundo x e z. O problema físico é descrito na Figura 2.11, sob a ação de uma onda. Sabendo-se que o comprimento de onda é sempre superior ao comprimento das ondulações, isto é, $L >> \lambda_r$ podemos restringir o domínio de cálculo a λ_r em vez de investigar todo o domínio sobre o comprimento de onda, L.

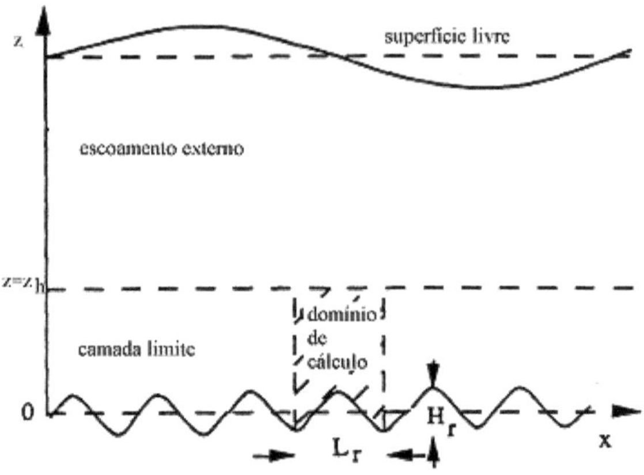

Figura 2.11 - Esquema do sistema físico (adaptada de Huynh-Thanh e Temperville, 1991).

As equações básicas do modelo são derivadas a partir das equações fundamentais de Reynolds (Rodi, 1984). A fim de simplificar a resolução numérica das equações faz-se uso da função de corrente (ψ) e da vorticidade (ω), em vez das componentes u e v da velocidade, e de uma transformação do domínio físico em retangular.

Considerando que apenas duas variáveis espaciais independentes estão envolvidas no escoamento, no plano x-z, isto é, um escoamento com apenas componentes da velocidade $u(x,z,t)$ e $w(x,z,t)$, as equações do movimento restringem-se à equação de continuidade e às duas componentes das equações de Reynolds. Partindo deste pressuposto, obtêm-se as duas componentes de conservação da quantidade de movimento (2.65) e (2.66)

$$\frac{\partial u}{\partial t}+u\frac{\partial u}{\partial x}+w\frac{\partial u}{\partial z}=-\frac{1}{\rho}\frac{\partial p}{\partial x}+\frac{\partial}{\partial x}\left(-\overline{u'^2}\right)+\frac{\partial}{\partial z}\left(-\overline{u'\,w'}\right) \tag{2.65}$$

$$\frac{\partial w}{\partial t}+u\frac{\partial w}{\partial x}+w\frac{\partial w}{\partial z}=-\frac{1}{\rho}\frac{\partial p}{\partial z}+\frac{\partial}{\partial x}\left(-\overline{u'\,w'}\right)+\frac{\partial}{\partial z}\left(-\overline{w'^2}\right) \tag{2.66}$$

Substituindo em (2.65) e (2.66) as aproximações (2.67)

$$-\overline{u'^2}=2\nu_t\frac{\partial u}{\partial x};\quad -\overline{u'\,w'}=\nu_t\left(\frac{\partial u}{\partial z}+\frac{\partial w}{\partial x}\right);\quad -\overline{w'^2}=2\nu_t\frac{\partial w}{\partial z} \tag{2.67}$$

resultam as seguintes equações (2.68) e (2.69)

$$\begin{aligned}\frac{\partial u}{\partial t}+u\frac{\partial u}{\partial x}+w\frac{\partial u}{\partial z}&=-\frac{1}{\rho}\frac{\partial p}{\partial x}\\&+2\frac{\partial}{\partial x}\left(\nu_t\frac{\partial u}{\partial x}\right)+\frac{\partial}{\partial z}\left[\nu_t\left(\frac{\partial u}{\partial z}+\frac{\partial w}{\partial x}\right)\right]\end{aligned} \tag{2.68}$$

$$\frac{\partial w}{\partial t}+u\frac{\partial w}{\partial x}+w\frac{\partial w}{\partial z}=-\frac{1}{\rho}\frac{\partial p}{\partial z}$$
$$+\frac{\partial}{\partial x}\left[\nu_t\left(\frac{\partial u}{\partial z}+\frac{\partial w}{\partial x}\right)\right]+2\frac{\partial}{\partial z}\left(\nu_t\frac{\partial w}{\partial z}\right) \tag{2.69}$$

Sendo desconhecido o gradiente de pressão devido às formas de fundo, este termo pode agora ser eliminado a partir das equações (2.68) e (2.69) por diferenciação cruzada, obtendo-se o seguinte resultado (2.70)

$$\frac{\partial}{\partial t}\left(\frac{\partial u}{\partial z}-\frac{\partial w}{\partial x}\right)+u\frac{\partial}{\partial x}\left(\frac{\partial u}{\partial z}-\frac{\partial w}{\partial x}\right)+w\frac{\partial}{\partial z}\left(\frac{\partial u}{\partial z}-\frac{\partial w}{\partial x}\right)=$$
$$-\frac{\partial^2}{\partial x^2}\left[\nu_t\left(\frac{\partial u}{\partial z}+\frac{\partial w}{\partial x}\right)\right]+2\frac{\partial^2}{\partial x\partial z}\left[\nu_t\left(\frac{\partial u}{\partial x}-\frac{\partial w}{\partial z}\right)\right] \tag{2.70}$$
$$+\frac{\partial^2}{\partial z^2}\left[\nu_t\left(\frac{\partial u}{\partial z}+\frac{\partial w}{\partial x}\right)\right]$$

Por definição, são válidas as seguintes relações (2.71)

$$u=\frac{\partial\psi}{\partial z};\quad w=-\frac{\partial\psi}{\partial x};\quad \omega=\frac{\partial u}{\partial z}-\frac{\partial w}{\partial x} \tag{2.71}$$

Inserindo as variáveis função de corrente (ψ) e vorticidade (ω) na equação (2.70) obtém-se a seguinte equação (2.72) para a vorticidade (Huynh-Thanh, 1990; Tran-Thu, 1995; Antunes do Carmo, 2012)

$$\frac{\partial\omega}{\partial t}-\frac{\partial(\psi,\omega)}{\partial(x,z)}=\nabla^2(\nu_t\omega)$$
$$-2\left(\frac{\partial^2\nu_t}{\partial x^2}\frac{\partial^2\psi}{\partial z^2}-2\frac{\partial^2\nu_t}{\partial x\partial z}\frac{\partial^2\psi}{\partial x\partial z}+\frac{\partial^2\nu_t}{\partial z^2}\frac{\partial^2\psi}{\partial x^2}\right) \tag{2.72}$$

em que $\frac{\partial(\psi,\omega)}{\partial(x,z)}=\frac{\partial\psi}{\partial x}\frac{\partial\omega}{\partial z}-\frac{\partial\psi}{\partial z}\frac{\partial\omega}{\partial x}$, $\nabla^2=\frac{\partial^2}{\partial x^2}+\frac{\partial^2}{\partial z^2}$ e ν_t é a viscosidade turbulenta.

Uma equação para a função de corrente é obtida a partir das definições (2.71) substituindo u e v em ω, obtendo-se (2.73)

$$\nabla^2\psi=\omega \tag{2.73}$$

a qual é conhecida por equação de Poisson.

A equação para a energia cinética turbulenta, K, é obtida através da seguinte equação bidimensional mais geral, no plano vertical (Antunes do Carmo, 2012)

$$\frac{\partial K}{\partial t}+u\frac{\partial K}{\partial x}+w\frac{\partial K}{\partial z}=\nu_t\left[2\left(\frac{\partial u}{\partial x}\right)^2+\left(\frac{\partial u}{\partial z}+\frac{\partial w}{\partial x}\right)^2+2\left(\frac{\partial w}{\partial z}\right)^2\right]$$
$$-\frac{K\sqrt{2K}}{4L}+0.30\frac{\partial}{\partial x}\left(\sqrt{2K}L\frac{\partial K}{\partial x}\right)+0.30\frac{\partial}{\partial z}\left(\sqrt{2K}L\frac{\partial K}{\partial z}\right) \quad (2.74)$$

Inserindo a função de corrente, ψ , na equação (2.74) obtém-se a seguinte equação final (2.75) para K

$$\underbrace{\frac{\partial K}{\partial t}-\frac{\partial(\psi,K)}{\partial(x,z)}}_{advecção}=\underbrace{\nu_t\left[4\left(\frac{\partial^2\psi}{\partial x\partial z}\right)^2+\left(\frac{\partial^2\psi}{\partial z^2}-\frac{\partial^2\psi}{\partial x^2}\right)^2\right]}_{produção}$$
$$\underbrace{+0.80\frac{\partial}{\partial x}\left(\nu_t\frac{\partial K}{\partial x}\right)}_{difusão}\underbrace{+0.80\frac{\partial}{\partial z}\left(\nu_t\frac{\partial K}{\partial z}\right)-\frac{2}{3}\nu_t\frac{K}{L^2}}_{dissipação} \quad (2.75)$$

Para descrever a distribuição espaço-temporal da concentração de sedimentos em suspensão sobre um fundo com rugas é incluída uma equação para o cálculo da concentração, considerando os termos de advecção e difusão em ambas as direções x e z, escrevendo-se (2.76)

$$\frac{\partial C}{\partial t}+\frac{\partial}{\partial x}(uC)+\frac{\partial}{\partial z}\left[(w-w_q)C\right]=\frac{\partial}{\partial x}\left(\gamma_t\frac{\partial C}{\partial x}\right)+\frac{\partial}{\partial z}\left(\gamma_t\frac{\partial C}{\partial z}\right) \quad (2.76)$$

A fim de simplificar a resolução numérica das equações, bem como a descrição das condições de fronteira na superfície das ondulações no fundo, o domínio físico com coordenadas (x, z) é transformado num domínio retangular (domínio computacional) com coordenadas curvilíneas ortogonais (X, Z) (Figura 2.12), utilizando as seguintes transformações (2.77) (Sato *et al.*, 1984; Huynh-Thanh, 1990; Tran-Thu, 1995; Silva, 2001; Antunes do Carmo, 2012)

$$x=X-\sum_{n=1}^{N}a_n\,exp\left(-n\frac{2\pi}{L_r}Z\right)sen\left(n\frac{2\pi}{L_r}X-\theta_n\right)$$
$$z=Z+\sum_{n=1}^{N}a_n\,exp\left(-n\frac{2\pi}{L_r}Z\right)cos\left(n\frac{2\pi}{L_r}X-\theta_n\right) \quad (2.77)$$

em que N, a_n e θ_n são coeficientes a serem determinados de tal modo que a curva $Z=0$ represente a ruga real. Esta transformação verifica as seguintes condições (2.78)

$$\frac{\partial x}{\partial X}=\frac{\partial z}{\partial Z}\,;\quad \frac{\partial x}{\partial Z}=-\frac{\partial z}{\partial X} \quad (2.78)$$

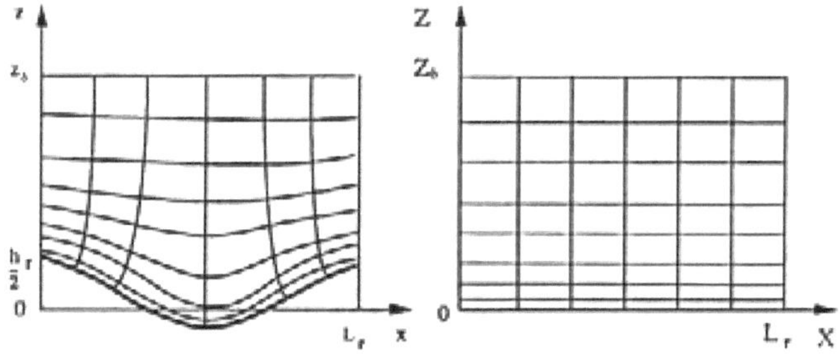

Figura 2.12 - Domínios físico e computacional. Transformação de coordenadas $(x,z)\rightarrow(X,Z)$.

O Jacobiano da transformação é definido por (2.79)

$$J = \frac{\partial(X,Z)}{\partial(x,z)} = \frac{\partial X}{\partial x}\frac{\partial Z}{\partial z} - \frac{\partial X}{\partial z}\frac{\partial Z}{\partial x} = \left(\frac{\partial X}{\partial x}\right)^2 + \left(\frac{\partial X}{\partial z}\right)^2 \tag{2.79}$$

sendo calculado a partir da transformação inversa do Jacobiano J_0 $\left(J = J_0^{-1}\right)$. Depois de realizada a transformação de coordenadas $(x,z)\rightarrow(X,Z)$, as equações acima (2.72), (2.73), (2.75) e (2.76) são reescritas a seguir, acrescidas da equação algébrica para o cálculo da viscosidade turbulenta ν_t, tal como são resolvidas de forma iterativa, como se demonstra no **Anexo I**.

$$\begin{aligned}\frac{\partial \omega}{\partial t} - J\frac{\partial(\psi,\omega)}{\partial(X,Z)} &= J\nabla^2_{XZ}(\nu_t\omega)\\ &- 2\left(\frac{\partial^2\nu_t}{\partial z^2}\frac{\partial^2\psi}{\partial x^2} - 2\frac{\partial^2\nu_t}{\partial x\partial z}\frac{\partial^2\psi}{\partial x\partial z} + \frac{\partial^2\nu_t}{\partial x^2}\frac{\partial^2\psi}{\partial z^2}\right)\end{aligned} \tag{2.80}$$

$$J\nabla^2_{XZ}\psi = \omega \tag{2.81}$$

$$\nu_t = \frac{3}{8}\sqrt{2K}L \tag{2.82}$$

sendo usada uma equação algébrica para L, $L = 0.67\,Z\sqrt{1 - Z/z_\delta}$.

$$\frac{\partial K}{\partial t} - J\frac{\partial(\psi,K)}{\partial(x,z)} = 0.80\,J\left[\frac{\partial}{\partial X}\left(\nu_t\frac{\partial K}{\partial X}\right) + \frac{\partial}{\partial Z}\left(\nu_t\frac{\partial K}{\partial Z}\right)\right] - \frac{2}{3}\nu_t\frac{K}{L^2} + P \tag{2.83}$$

em que $P = \nu_t\left[4\left(\frac{\partial^2\psi}{\partial x\partial z}\right)^2 + \left(\frac{\partial^2\psi}{\partial z^2} - \frac{\partial^2\psi}{\partial x^2}\right)^2\right]$ representa a produção de K.

$$\begin{aligned}&\frac{\partial C}{\partial t} + J\frac{\partial}{\partial X}\left[\left(\frac{\partial\psi}{\partial Z} + w_s\frac{\partial x}{\partial Z}\right)C - \gamma_t\frac{\partial C}{\partial X}\right]\\ &\quad - J\frac{\partial}{\partial Z}\left[\left(\frac{\partial\psi}{\partial X} + w_s\frac{\partial x}{\partial X}\right)C + \gamma_t\frac{\partial C}{\partial Z}\right] = 0\end{aligned} \tag{2.84}$$

➢ ***Condições de fronteira para o modelo 2DV***

» ***Na fronteira inferior da camada limite***, em $z = z_0 = k_N/30$

- condições para a função de corrente: $\partial\psi/\partial X = \partial\psi/\partial Z = 0$; $\psi = 0$
- condição para a energia cinética turbulenta: $\partial K/\partial Z = 0$
- condição para a vorticidade: $\omega_0 = 2J\psi_1/(Z_1 - Z_0)^2$, onde Ψ_1 é o valor da função de corrente à altura Z_1. O valor de ω_0 pode ser igualmente obtido a partir dos valores no instante precedente, através de $\omega = J\nabla^2_{XZ}\psi = J\,\partial^2\psi/\partial Z^2$.

» ***Na fronteira superior da camada limite***, em $z = z_\delta$

- condição para a função de corrente: $\partial\psi/\partial Z = U(t)$, onde $U(t) = U_c + U_w \, sin\left(\frac{2\pi}{T}t\right)$, ou $\psi(z_\delta, t) = Q(t)$ se o escoamento for conhecido no nível $z = z_\delta$.
- condição para a energia cinética turbulenta: $K = 0$ para uma corrente pura, ou $\partial K/\partial Z = 0$ para um escoamento combinado de onda com corrente.
- condição para a vorticidade: $\omega = 0$, se for assumido escoamento irrotacional acima da camada limite.

» ***Nas fronteiras laterais***, em $X = 0$ e $X = L$

É assumida uma condição espacialmente periódica para todas as variáveis (ψ, ω e K).

➢ ***Condições iniciais***

O modelo é inicializado com uma corrente (regime permanente) não nula; com a corrente U_c, se existir, ou uma velocidade igual à da onda no primeiro passo de tempo se $U_c = 0$.

No **Anexo I** é apresentado um método de discretização das derivadas por volumes finitos para a resolução numérica do sistema constituído pelas equações (2.80) a (2.84).

• **Modelos de *Duas*-Equações**

Os modelos ditos de *Duas*-Equações calculam as componentes turbulentas resolvendo duas equações diferenciais, ou mais exatamente, resolvem uma segunda equação diferencial para além da equação para a energia cinética turbulenta, K, em geral para ε, ω ou L.

Um modelo de fechamento da turbulência de *Duas*-Equações frequentemente usado é o modelo $K - \varepsilon$, cujas equações de transporte se escrevem (White, 1991)

$$\begin{aligned}\frac{\partial K}{\partial t} + \bar{u}_j \frac{\partial K}{\partial x_j} &= \frac{\partial}{\partial x_j}\left(\frac{\nu_t}{\sigma_K}\frac{\partial K}{\partial x_j}\right) \\ &+ \nu_t \frac{\partial \bar{u}_i}{\partial x_j}\left(\frac{\partial \bar{u}_i}{\partial x_j} + \frac{\partial \bar{u}_j}{\partial x_i}\right) - \varepsilon \; ; \; i,j = 1,2,3\end{aligned} \tag{2.85}$$

$$\frac{\partial \varepsilon}{\partial t}+\bar{u}_j \frac{\partial \varepsilon}{\partial x_j}=\frac{\partial}{\partial x_j}\left(\frac{\nu_t}{\sigma_\varepsilon}\frac{\partial \varepsilon}{\partial x_j}\right)$$
$$+C_{1\varepsilon}\nu_t \frac{\varepsilon}{K}\frac{\partial \bar{u}_i}{\partial x_j}\left(\frac{\partial \bar{u}_i}{\partial x_j}+\frac{\partial \bar{u}_j}{\partial x_i}\right)-C_{2\varepsilon}\frac{\varepsilon^2}{K};\ i,j=1,2,3 \tag{2.86}$$

em que: $\sigma_K=1.0$; $\sigma_\varepsilon=1.31$; $C_{1\varepsilon}=1.44$, e $C_{2\varepsilon}=1.92$. Neste modelo, a viscosidade turbulenta é calculada por $\nu_t=C_\mu K^2/\varepsilon$, com $C_\mu=0.09$.

Para aplicações a duas dimensões no plano horizontal (x, y), em condições de água pouco profunda e podendo assumir-se uma distribuição praticamente homogénea da turbulência na direção vertical e com pouca influência do atrito de fundo na produção de turbulência, obtém-se uma versão bidimensional do modelo $K-\varepsilon$, com valores médios das variáveis segundo a vertical, escrevendo-se (Cea *et al.*, 2007)

$$\frac{\partial hK}{\partial t}+\frac{\partial \bar{u}_j hK}{\partial x_j}=\frac{\partial}{\partial x_j}\left[\left(\nu+\frac{\nu_t}{\sigma_K}\right)h\frac{\partial K}{\partial x_j}\right]+hP_k+hP_{kv}-h\varepsilon \tag{2.87}$$

$$\frac{\partial h\varepsilon}{\partial t}+\frac{\partial \bar{u}_j h\varepsilon}{\partial x_j}=\frac{\partial}{\partial x_j}\left[\left(\nu+\frac{\nu_t}{\sigma_\varepsilon}\right)h\frac{\partial \varepsilon}{\partial x_j}\right]+C_{1\varepsilon}h\frac{\varepsilon}{K}P_k+hP_{\varepsilon v}-C_{2\varepsilon}h\frac{\varepsilon^2}{K} \tag{2.88}$$

com $\nu_t=C_\mu\left(K^2/\varepsilon\right)$, $P_k=2\nu_t S_{ij}S_{ij}$, $P_{kv}=C_k\left(\mu_*^3/h\right)$ e $P_{\varepsilon v}=C_\varepsilon\left(\mu_*^4/h^2\right)$, em que $S_{ij}=\frac{1}{2}\left(\partial\bar{u}_i/\partial x_j+\partial\bar{u}_j/\partial x_i\right)$, $C_k=\left(1/C_f^{1/2}\right)$, $C_\varepsilon=3.6C_{2\varepsilon}\left(C_\mu^{1/2}/C_f^{3/4}\right)$ e $C_f=u_*/|\bar{u}|^2$, sendo u_* a velocidade de atrito no fundo.

Os termos de correlação da velocidade $\overline{u_i'u_j'}$ são, neste caso, equações bidimensionais de Reynolds, calculados por (2.89) (Rodi, 1980; Cea *et al.*, 2007)

$$\overline{u'v'}=-\frac{K}{\varepsilon}\frac{(1-c_2)}{c_{11}}\left(\overline{u'^2}\frac{\partial \bar{v}}{\partial x}+\overline{v'^2}\frac{\partial \bar{u}}{\partial y}\right) \tag{2.89}$$

com

$$\overline{u'^2}=\frac{2}{3}K-\frac{K}{\varepsilon}\frac{(1-c_2)}{c_{11}}\left(\frac{4}{3}\overline{u'^2}\frac{\partial \bar{u}}{\partial x}+\frac{4}{3}\overline{v'u'}\frac{\partial \bar{u}}{\partial y}-\frac{2}{3}\overline{v'^2}\frac{\partial \bar{v}}{\partial y}-\frac{2}{3}\overline{v'u'}\frac{\partial \bar{v}}{\partial x}\right)$$

$$\overline{v'^2}=\frac{2}{3}K-\frac{K}{\varepsilon}\frac{(1-c_2)}{c_{11}}\left(\frac{4}{3}\overline{v'^2}\frac{\partial \bar{v}}{\partial y}+\frac{4}{3}\overline{u'v'}\frac{\partial \bar{v}}{\partial x}-\frac{2}{3}\overline{u'^2}\frac{\partial \bar{u}}{\partial x}-\frac{2}{3}\overline{u'v'}\frac{\partial \bar{u}}{\partial y}\right)$$

As constantes têm os valores: $c_1=1.8$, $c_2=0.6$ e $c_{11}=c_1+\frac{P_k}{\varepsilon}-1$, sendo o termo de produção, P_k, dado por $P_k=-\overline{u'^2}\frac{\partial \bar{u}}{\partial x}-\overline{u'v'}\left(\frac{\partial \bar{u}}{\partial y}+\frac{\partial \bar{v}}{\partial x}\right)-\overline{v'^2}\frac{\partial \bar{v}}{\partial y}$.

De referir que as equações para K e ε não são válidas na vizinhança de paredes; por conseguinte, nestas regiões têm que ser aplicadas condições de fronteira internas para integração das equações.

Um outro modelo de fechamento da turbulência de *Duas*-Equações igualmente bem conhecido e frequentemente usado é o modelo $K-\omega$, que resolve as seguintes equações de transporte (2.90) - (2.91) (Wilcox, 2008)

$$
\begin{aligned}
\frac{\partial K}{\partial t}+\bar{u}_j\frac{\partial K}{\partial x_j} &= \frac{\partial}{\partial x_j}\left[\left(\nu_l+C_{1K}\nu_t\right)\frac{\partial K}{\partial x_j}\right] \\
&+\nu_t\frac{\partial \bar{u}_i}{\partial x_j}\left(\frac{\partial \bar{u}_i}{\partial x_j}+\frac{\partial \bar{u}_j}{\partial x_i}\right)-C_{2K}K\omega;\ i,j=1,2,3
\end{aligned}
\tag{2.90}
$$

$$
\begin{aligned}
\frac{\partial \omega}{\partial t}+\bar{u}_j\frac{\partial \omega}{\partial x_j} &= \frac{\partial}{\partial x_j}\left[\left(\nu_l+C_{1\omega}\nu_t\right)\frac{\partial \omega}{\partial x_j}\right] \\
&+C_{2\omega}\nu_t\frac{\omega}{K}\frac{\partial \bar{u}_i}{\partial x_j}\left(\frac{\partial \bar{u}_i}{\partial x_j}+\frac{\partial \bar{u}_j}{\partial x_i}\right)-C_{3\omega}\omega^2;\ i,j=1,2,3
\end{aligned}
\tag{2.91}
$$

em que $C_{1K}=0.50$, $C_{2K}=0.09$, $C_{1\omega}=0.50$, $C_{2\omega}=5/9$ e $C_{3\omega}=3/40$. A viscosidade turbulenta é, neste modelo, calculada por $\nu_t=K/\omega$.

Um terceiro modelo de fechamento da turbulência de *Duas*-Equações, igualmente corrente, resolve duas equações de transporte simplificadas para a energia cinética turbulenta, K, e para a macro escala da turbulência, L; as correspondentes equações escrevem-se

$$
\begin{aligned}
\frac{\partial K}{\partial t}+u\frac{\partial K}{\partial x}+v\frac{\partial K}{\partial y} &= \nu_t\left[\left(\frac{\partial u}{\partial z}\right)^2+\left(\frac{\partial v}{\partial z}\right)^2\right] \\
&+0.3\frac{\partial}{\partial z}\left(\sqrt{2K}L\frac{\partial K}{\partial z}\right)-\frac{K\sqrt{2K}}{4L}
\end{aligned}
\tag{2.92}
$$

$$
\begin{aligned}
\frac{\partial L}{\partial t}+u\frac{\partial L}{\partial x}+v\frac{\partial L}{\partial y} &= 0.175\frac{\nu_t}{K}\left[\left(\frac{\partial u}{\partial z}\right)^2+\left(\frac{\partial v}{\partial z}\right)^2\right]L+0.075\sqrt{2K} \\
&-\frac{0.375\sqrt{2}}{\sqrt{K}}\left[\frac{\partial\left(\sqrt{K}L\right)}{\partial z}\right]^2+0.3\frac{\partial}{\partial z}\left(\sqrt{2K}L\frac{\partial L}{\partial z}\right)
\end{aligned}
\tag{2.93}
$$

A viscosidade turbulenta é, neste caso, calculada por $\nu_t=\sqrt{2K}L/4$.

2.4 Modelos computacionais

Tal como para a dedução das equações fundamentais da Mecânica dos Fluidos, podem utilizar-se diferentes metodologias para a obtenção de equações válidas em condições de água pouco profunda. Uma via corrente consiste em partir das equações fundamentais, através de integração segundo a vertical, considerando hipóteses mais ou menos simplificativas. Assumindo, desde logo, que se trata de um fluido incompressível, a massa volúmica é considerada constante ($d\rho/dt=0$).

Nesta conformidade, e atendendo a que $\vec{g} = -grad(gh)$, ou seja, com diferente notação, $\rho g_i = -\nabla(\rho g h)$, as equações fundamentais (2.25), com as tensões descritas por (2.26) e para fluidos incompressíveis ($div\,\vec{v} = 0$), escrevem-se

A - Equação de conservação da massa

$$u_x + v_y + w_z = 0 \tag{2.94}$$

B - Equação de balanço da quantidade de movimento

$$\begin{aligned} u_t + (u^2)_x + (vu)_y + (wu)_z &= -(1/\rho)P_x - gh_x + \nu(u_{xx} + u_{yy} + u_{zz}) \\ v_t + (uv)_x + (v^2)_y + (wv)_z &= -(1/\rho)P_y - gh_y + \nu(v_{xx} + v_{yy} + v_{zz}) \\ w_t + (uw)_x + (vw)_y + (w^2)_z &= -(1/\rho)P_z - gh_z + \nu(w_{xx} + w_{yy} + w_{zz}) \end{aligned} \tag{2.95}$$

2.4.1 Formulação matemática de um modelo 2DH

Sejam as seguintes condições de fronteira

» na superfície livre

$$p = 0 \quad \text{em} \quad z = \xi + h$$

representando ξ a superfície do fundo e $\xi + h$ a superfície livre, a partir do plano de referência (eixo dos x) (Figura 2.13)

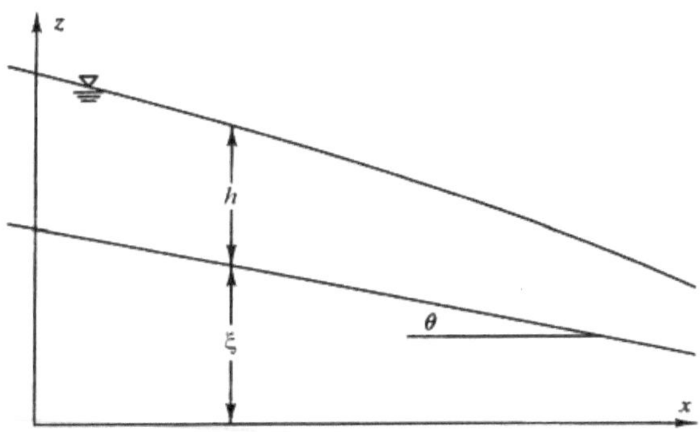

Figura 2.13 - Notações (adaptada de Slingerland *et al.*, 1994).

A equação que define a superfície livre é

$$S(x, y, z, t) = \xi + h(x, y, t) - z = 0 \tag{2.96}$$

A derivada substancial desta equação, que determina que as partículas situadas na superfície livre aí permanecem, escreve-se

$$\frac{dS}{dt}=\frac{\partial h}{\partial t}+\bar{u}\frac{\partial}{\partial x}(\xi+h)+\bar{v}\frac{\partial}{\partial y}(\xi+h)-\bar{w}=0,\ \text{em}\ \ z=\xi+h \tag{2.97}$$

» no fundo admite-se a condição de impermeabilidade

$$u_f\frac{\partial \xi}{\partial x}+v_f\frac{\partial \xi}{\partial y}=w_f,\ \text{em}\ \ z=\xi \tag{2.98}$$

em que u_f, v_f e w_f representam as três componentes da velocidade avaliadas no fundo.

A - *Equação de conservação da massa*

$$\int_{\xi}^{\xi+h}\frac{\partial v_i}{\partial x_i}dz=\int_{\xi}^{\xi+h}\left(\frac{\partial u}{\partial x}+\frac{\partial v}{\partial y}+\frac{\partial w}{\partial z}\right)dz=0 \tag{2.99}$$

Tendo em atenção o teorema de Leibniz,

$$\frac{\partial}{\partial t}\int_{a(y,t)}^{b(y,t)}f(x,y,t)dx=\int_{a(y,t)}^{b(y,t)}\frac{\partial f}{\partial t}dx-f(a,y,t)\frac{\partial a}{\partial t}+f(b,y,t)\frac{\partial b}{\partial t} \tag{2.100}$$

o primeiro termo do 2º membro de (2.99) escreve-se

$$\int_{\xi}^{\xi+h}\frac{\partial u}{\partial x}dz=\frac{\partial}{\partial x}\int_{\xi}^{\xi+h}u\,dz-\bar{u}\frac{\partial}{\partial x}(\xi+h)+u_f\frac{\partial \xi}{\partial x} \tag{2.101}$$

obtendo-se, de igual modo, para o 2º termo do 2º membro de (2.99),

$$\int_{\xi}^{\xi+h}\frac{\partial v}{\partial y}dz=\frac{\partial}{\partial y}\int_{\xi}^{\xi+h}v\,dz-\bar{v}\frac{\partial}{\partial y}(\xi+h)+v_f\frac{\partial \xi}{\partial y} \tag{2.102}$$

Os integrais em (2.101) e (2.102) são resolvidos considerando valores médios da velocidade, sejam

$$\bar{u}=\frac{1}{h}\int_{\xi}^{\xi+h}u\,dz\quad \text{e}\quad \bar{v}=\frac{1}{h}\int_{\xi}^{\xi+h}v\,dz \tag{2.103}$$

Substituindo agora (2.101), (2.102) e (2.103) em (2.99) obtém-se (2.104)

$$\begin{aligned}&\frac{\partial}{\partial x}(\bar{u}h)+\frac{\partial}{\partial y}(\bar{v}h)-\bar{u}\frac{\partial}{\partial x}(\xi+h)\\&\quad+u_f\frac{\partial \xi}{\partial x}-\bar{v}\frac{\partial}{\partial y}(\xi+h)+v_f\frac{\partial \xi}{\partial y}+\bar{w}-w_f=0\end{aligned} \tag{2.104}$$

donde, aplicando as condições de fronteira (2.97) e (2.98), resulta (2.105)

$$\frac{\partial h}{\partial t}+\frac{\partial}{\partial x}(\bar{u}h)+\frac{\partial}{\partial y}(\bar{v}h)=0 \tag{2.105}$$

B - *Equação de balanço da quantidade de movimento*

Não consideraremos, em primeira aproximação, o termo relativo às tensões viscosas ($\nu lap\bar{u}$) nas equações (2.95). Nesta conformidade, agrupando termos, com $\hat{p} = P + \rho g h$, podemos escrever a seguinte equação (2.106) segundo a direção x

$$\int_{\xi}^{\xi+h} \left[\frac{\partial u}{\partial t} + \frac{\partial u^2}{\partial x} + \frac{\partial (vu)}{\partial y} + \frac{\partial (wu)}{\partial z} + \frac{1}{\rho}\frac{\partial \hat{p}}{\partial x} \right] dz = 0 \qquad (2.106)$$

Para o 1º termo de (2.106) obtém-se (2.107)

$$\int_{\xi}^{\xi+h} \frac{\partial u}{\partial t} dz = \frac{\partial}{\partial t} \int_{\xi}^{\xi+h} u\, dz - \bar{u}\frac{\partial h}{\partial t} = \frac{\partial}{\partial t}(\bar{u}h) - \bar{u}\frac{\partial h}{\partial t} \qquad (2.107)$$

O segundo termo de (2.106) escreve-se

$$\int_{\xi}^{\xi+h} \frac{\partial u^2}{\partial x} dz = \frac{\partial}{\partial x} \int_{\xi}^{\xi+h} u^2\, dz - \bar{u}^2 \frac{\partial (\xi + h)}{\partial x} + u_f^2 \frac{\partial \xi}{\partial x} \qquad (2.108)$$

Para o terceiro termo de (2.106) resulta (2.109)

$$\int_{\xi}^{\xi+h} \frac{\partial}{\partial y}(vu) dz = \frac{\partial}{\partial y} \int_{\xi}^{\xi+h} vu\, dz - \overline{u}\overline{v} \frac{\partial (\xi + h)}{\partial y} + u_f v_f \frac{\partial \xi}{\partial y} \qquad (2.109)$$

O termo da derivada vertical escreve-se

$$\int_{\xi}^{\xi+h} \frac{\partial}{\partial z}(wu) dz = \overline{w}\,\overline{u} - w_f u_f \qquad (2.110)$$

Finalmente, para o termo da pressão, com $\hat{p} = \rho g(\xi + h - z)$ (pressão hidrostática), obtém-se segundo x

$$\int_{\xi}^{\xi+h} \frac{\partial \hat{p}}{\partial x} dz = \rho g \int_{\xi}^{\xi+h} \frac{\partial}{\partial x}(\xi + h - z) dz = \rho g h \left(\frac{\partial \xi}{\partial x} + \frac{\partial h}{\partial x} \right) \qquad (2.111)$$

Substituindo (2.107) a (2.111) em (2.106), e com iguais desenvolvimentos segundo y, resultam as seguintes componentes da equação de conservação da quantidade de movimento (2.112) e (2.113)

$$\frac{\partial (h\bar{u})}{\partial t} + \frac{\partial}{\partial x}(h\bar{u}^2) + \frac{\partial}{\partial y}(h\bar{v}\bar{u}) + gh\frac{\partial \xi}{\partial x} + gh\frac{\partial h}{\partial x} = 0 \qquad (2.112)$$

$$\frac{\partial (h\bar{v})}{\partial t} + \frac{\partial}{\partial x}(h\bar{u}\bar{v}) + \frac{\partial}{\partial y}(h\bar{v}^2) + gh\frac{\partial \xi}{\partial y} + gh\frac{\partial h}{\partial y} = 0 \qquad (2.113)$$

Assumindo agora que o termo de atrito pode ser aproximado por uma equação empírica do tipo Manning-Strickler, como é usual embora esta aproximação seja rigorosamente válida apenas para escoamentos permanentes e uniformes, resulta o seguinte sistema final de três equações a três incógnitas (2.114)

$$\frac{\partial h}{\partial t}+\frac{\partial}{\partial x}(\bar{u}h)+\frac{\partial}{\partial y}(\bar{v}h)=0$$

$$\frac{\partial(h\bar{u})}{\partial t}+\frac{\partial}{\partial x}(h\bar{u}^2)+\frac{\partial}{\partial y}(h\bar{v}\bar{u})$$
$$+gh\frac{\partial \xi}{\partial x}+gh\frac{\partial h}{\partial x}+\frac{gh\sqrt{\bar{u}^2+\bar{v}^2}\,\bar{u}}{K^2h^{4/3}}=0 \qquad (2.114)$$

$$\frac{\partial(h\bar{v})}{\partial t}+\frac{\partial}{\partial x}(h\bar{u}\bar{v})+\frac{\partial}{\partial y}(h\bar{v}^2)$$
$$+gh\frac{\partial \xi}{\partial y}+gh\frac{\partial h}{\partial y}+\frac{gh\sqrt{\bar{u}^2+\bar{v}^2}\,\bar{v}}{K^2h^{4/3}}=0$$

em que $K=1/n_k$, representando n_k o coeficiente de rugosidade de Manning-Strickler. K tem unidades $m^{1/3}s^{-1}$ e valores correntes entre cerca de 30 e 60.

2.4.2 Formulação numérica de um modelo 2DH

O sistema de equações (2.114), vulgarmente conhecidas por equações de Saint-Venant, ou "*Shallow-water equations*", não tem solução analítica. Na prática, este sistema de equações é resolvido recorrendo a métodos numéricos, fundamentalmente de diferenças finitas e de elementos finitos, e utilizando, em ambos os casos, esquemas implícitos e/ou explícitos. De entre os vários métodos numéricos possíveis, descreve-se em seguida a aplicação de um método explícito de diferenças finitas. Trata-se de um método muito simplificado, desenvolvido em 1988 por Koutitas (Slingerland *et al.*, 1994).

Para a aplicação deste método reescrevem-se as equações (2.114) na seguinte forma equivalente (2.115), não considerando a barra sobre as componentes médias da velocidade, com $h=h_0+\varsigma$, representando $h_0=h_0(x,y)$ a profundidade em repouso e $\varsigma=\varsigma(x,y,t)$ a variação da superfície livre. Complementarmente, considera-se nas equações (2.115) a aceleração de Coriolis, dada por $C_x=2\Omega sen\varphi v h\rho dxdy$, ou por $C_x=fvh\rho dxdy$, e $C_y=fuh\rho dxdy$, com o parâmetro de Coriolis $f=2\Omega sen\varphi$, sendo $\Omega=7.29\times10^{-5}\ rads^{-1}$ a velocidade angular de rotação da Terra e φ o ângulo da latitude. Com a simbologia apresentada na Figura 2.14, as equações finais de conservação da massa e da quantidade de movimento escrevem-se

$$\frac{\partial \varsigma}{\partial t}+\frac{\partial}{\partial x}(uh)+\frac{\partial}{\partial y}(vh)=0$$

$$\frac{\partial u}{\partial t}+u\frac{\partial u}{\partial x}+v\frac{\partial u}{\partial y}+g\frac{\partial \varsigma}{\partial x}+\frac{g\sqrt{u^2+v^2}\,u}{K^2h^{1/3}}-fv=0 \qquad (2.115)$$

$$\frac{\partial v}{\partial t}+u\frac{\partial v}{\partial x}+v\frac{\partial v}{\partial y}+g\frac{\partial \varsigma}{\partial y}+\frac{g\sqrt{u^2+v^2}\,v}{K^2h^{1/3}}+fu=0$$

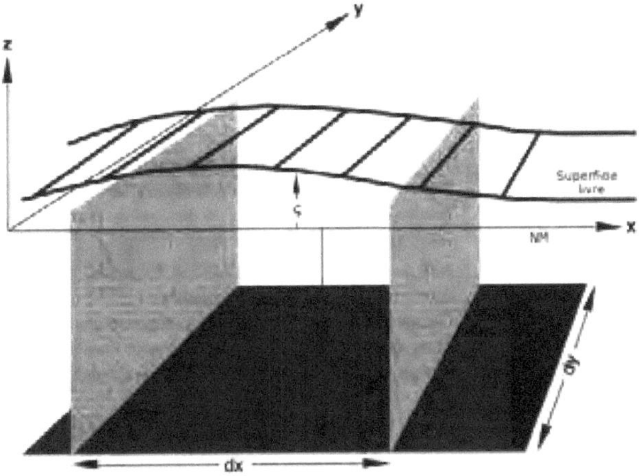

Figura 2.14 - Simbologia usada no modelo numérico 2DH (adaptada de Slingerland *et al.*, 1994).

Considerando a discretização do domínio com uma malha retangular, com espaçamento constante em cada direção, mas não necessariamente igual em ambas as direções, isto é, pode verificar-se $\Delta x \neq \Delta y$, como representado na Figura 2.15, um possível esquema explícito de diferenças finitas para a resolução numérica do sistema de três equações (2.115), cujas variáveis são ς, u e v, tem a seguinte forma (2.116)

$$
\begin{aligned}
u_{ij}^{n+1} = u_{ij}^{n} &- \frac{\Delta t}{8\Delta x}\left[\left(u_{i+1j}^{n} + u_{ij}^{n}\right)^2 - \left(u_{ij}^{n} + u_{i-1j}^{n}\right)^2\right] \\
&- \frac{\Delta t}{2\Delta y}\bar{\bar{v}}_{ij}^{n}\left(u_{ij+1}^{n} - u_{ij-1}^{n}\right) - \frac{g\Delta t}{\Delta x}\left(\varsigma_{ij}^{n+1/2} - \varsigma_{i-1j}^{n+1/2}\right) \\
&- \frac{g\,\Delta t\sqrt{\bar{\bar{u}}_{ij}^{n\,2} + \bar{\bar{v}}_{ij}^{n\,2}}\,u_{ij}^{n}}{K^2\left[\left(h_{ij} + h_{i-1j}\right)/2\right]^{1/3}} + \Delta t\, f\,\bar{\bar{v}}_{ij}^{n}
\end{aligned}
$$

$$
\begin{aligned}
v_{ij}^{n+1} = v_{ij}^{n} &- \frac{\Delta t}{8\Delta y}\left[\left(v_{ij+1}^{n} + v_{ij}^{n}\right)^2 - \left(v_{ij}^{n} + v_{ij-1}^{n}\right)^2\right] \\
&- \frac{\Delta t}{2\Delta x}\bar{\bar{u}}_{ij}^{n}\left(v_{i+1j}^{n} - v_{i-1j}^{n}\right) - \frac{g\Delta t}{\Delta y}\left(\varsigma_{ij}^{n+1/2} - \varsigma_{ij-1}^{n+1/2}\right) \\
&- \frac{g\,\Delta t\sqrt{\bar{\bar{u}}_{ij}^{n\,2} + \bar{\bar{v}}_{ij}^{n\,2}}\,v_{ij}^{n}}{K^2\left[\left(h_{ij} + h_{ij-1}\right)/2\right]^{1/3}} - \Delta t\, f\,\bar{\bar{u}}_{ij}^{n}
\end{aligned}
\qquad (2.116)
$$

$$
\begin{aligned}
\varsigma_{ij}^{n+3/2} = \varsigma_{ij}^{n+1/2} &- \frac{\Delta t}{2\Delta x}\left[u_{i+1j}^{n+1}\left(h_{ij} + h_{i+1j}\right) - u_{ij}^{n+1}\left(h_{ij} + h_{i-1j}\right)\right] \\
&- \frac{\Delta t}{2\Delta y}\left[v_{ij+1}^{n+1}\left(h_{ij} + h_{ij+1}\right) - v_{ij}^{n+1}\left(h_{ij} + h_{ij-1}\right)\right]
\end{aligned}
$$

com $\bar{\bar{u}}_{ij}^{n} = \left(u_{ij}^{n} + u_{ij-1}^{n} + u_{i+1j}^{n} + u_{i+1j-1}^{n}\right)/4$ e $\bar{\bar{v}}_{ij}^{n} = \left(v_{ij}^{n} + v_{i-1j}^{n} + v_{ij+1}^{n} + v_{i-1j+1}^{n}\right)/4$.

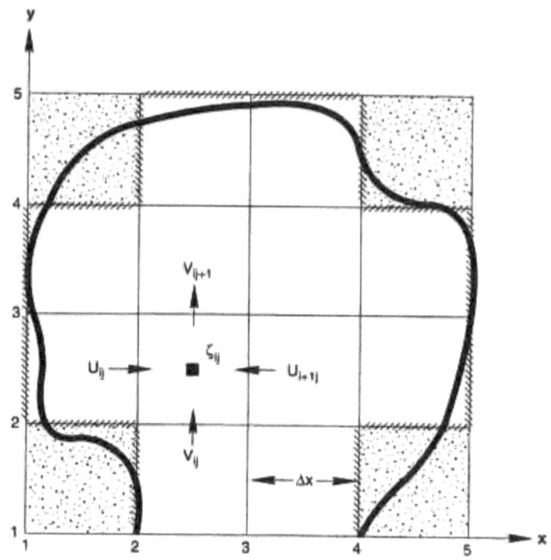

Figura 2.15 - Discretização do domínio com uma malha retangular para o modelo 2DH (2.115) (adaptada de Slingerland *et al.*, 1994).

Tratando-se de um método explícito, a garantia de convergência para a solução e preservação da estabilidade numérica obrigam à utilização de malhas apertadas (Δx e Δy da ordem de grandeza da profundidade, ou inferior) e ao cumprimento da condição de *Courant-Friedrichs-Lewy*, ou seja

$$\Delta t \le \frac{min(\Delta x, \Delta y)}{max\left(\sqrt{g\,h}\right)} \tag{2.117}$$

➢ *Condições de fronteira*

Em fronteiras sólidas são nulas as componentes normais da velocidade, ou seja

- fronteira segundo x –> $u_{ij} = 0$
- fronteira segundo y –> $v_{ij} = 0$

Em fronteiras abertas, a variação da superfície livre pode ser estimada por (radiação)

$$\frac{\partial \varsigma_r}{\partial t} + c\frac{\partial \varsigma_r}{\partial n} = 0 \tag{2.118}$$

sendo c a celeridade das ondas em condições de água pouco profunda e n o vetor unitário normal à fronteira, apontando para o exterior. A corresponde velocidade normal à fronteira pode ser estimada por (2.119)

$$u_n = \varsigma_r \sqrt{\frac{g}{h}} \tag{2.119}$$

Para uma malha composta por elementos triangulares, a qual permite aproximar o domínio computacional a formas mais complexas, podem ser obtidas as seguintes formulações (2.120) para as derivadas espaciais de uma função f [genericamente ς, h, u ou v do sistema (2.115)] com comportamento linear sobre o elemento

$$\frac{\partial f}{\partial x} = \frac{1}{|D|}\begin{vmatrix} 1 & f_1 & y_1 \\ 1 & f_2 & y_2 \\ 1 & f_3 & y_3 \end{vmatrix} \text{ e } \frac{\partial f}{\partial y} = \frac{1}{|D|}\begin{vmatrix} 1 & x_1 & f_1 \\ 1 & x_2 & f_2 \\ 1 & x_3 & f_3 \end{vmatrix} \tag{2.120}$$

com $|D| = \begin{vmatrix} 1 & x_1 & y_1 \\ 1 & x_2 & y_2 \\ 1 & x_3 & y_3 \end{vmatrix}$.

em que f_i, x_i e y_i representam os valores da função e as coordenadas do vértice i do elemento, as quais são numeradas no sentido contrário ao avanço dos ponteiros do relógio.

Sendo todo o domínio computacional composto por elementos triangulares, a derivada da função f, para um ponto genérico P da malha computacional, pode ser aproximada por (2.121)

$$\left(\frac{\partial f}{\partial x}\right)_P = \frac{1}{2A}\sum_e\left(\sum_i b_i f_i\right) \tag{2.121}$$

em que A é a área de todos os elementos situados em torno do ponto P, os seja $A = \sum_e A_e$; $\sum_i$ representa a soma de valores nos três vértices do elemento e, sendo $b_i = y_j - y_k$ (com i, j, k numerados no sentido oposto ao dos ponteiros do relógio).

3. Processos de Geração e Transformação de Ondas

3.1 Geração de ondas

3.1.1 Ação do vento

Tipicamente ocorrem centros de baixas pressões quando o ar aquece, tornando-se menos denso sobe na atmosfera; pelo contrário, quando o ar arrefece torna-se mais denso e desce em direção à superfície terrestre, correspondendo a um centro de altas pressões. A existência de centros de baixas e altas pressões na atmosfera dá origem a movimentos, ou percursos, do vento com as configurações representadas na Figura 3.1 (Thurman e Trujillo, 1999). O efeito de rotação da Terra afeta a circulação atmosférica global, produzindo ventos com direções e sentidos opostos nos Hemisférios Norte e Sul, como igualmente se mostra na Figura 3.1. Os ventos mais próximos do Equador são designados por alísios, enquanto os ventos entre os Trópicos e os Círculos Polares são predominantemente de Oeste.

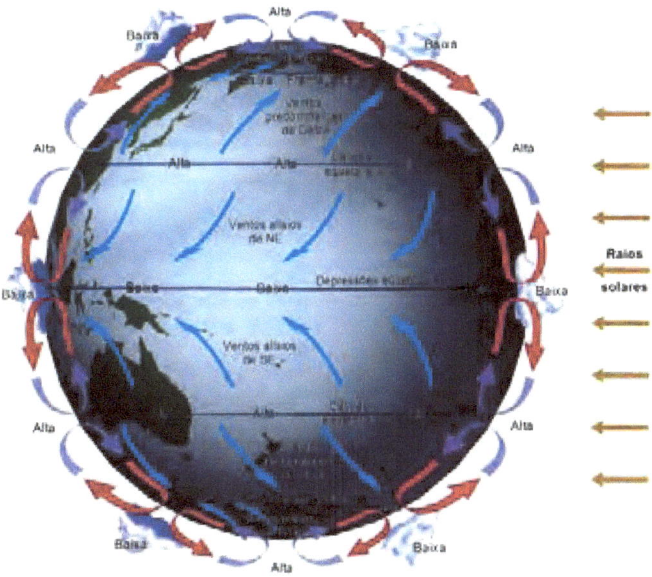

Figura 3.1 - Representação esquemática da circulação atmosférica e dos *percursos* do vento (adaptada de Thurman e Trujillo, 1999).

Estes movimentos, que ocorrem à superfície da Terra, dão origem a correntes globais oceânicas. A Figura 3.2 representa esquematicamente os ventos dominantes à superfície e os dois "giros" principais que se formam no oceano Atlântico. A Figura 1.3 (capítulo 1) identifica as correntes oceânicas de superfície predominantes, cuja configuração é devida aos principais intervenientes no processo: (1) circulação atmosférica; (2) efeito de rotação da Terra, e (3) existência de oceanos e continentes.

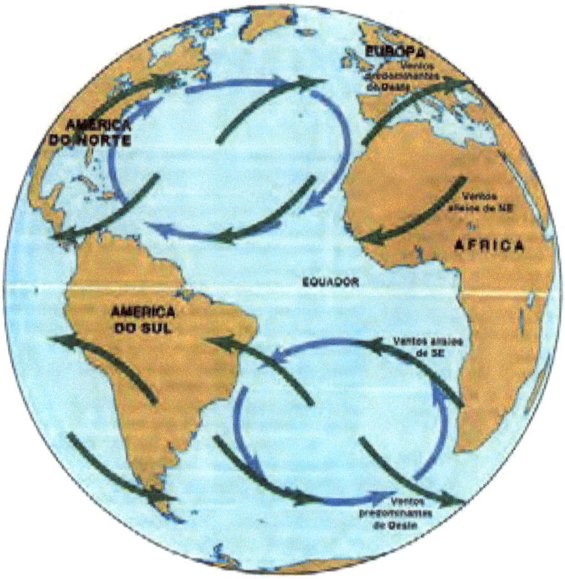

Figura 3.2 - Representação esquemática dos ventos dominantes e dos principais "giros" de superfície que se formam no oceano Atlântico (adaptada de Thurman e Trujillo, 1999).

Os ventos numa fase inicial, soprando com baixa intensidade à superfície e/ou atuando numa extensão reduzida, dão origem a correntes de superfície. Aumentando a velocidade do vento, e sendo suficiente a extensão de atuação à superfície, poderão formar-se rugas e, numa fase seguinte, continuando a aumentar a energia do vento transferida para aquelas formações, dar origem a ondas com maior ou menor amplitude e comprimento de onda, dependendo fundamentalmente da ação do vento e do estado de mar. Uma vez formadas as ondas, estas autoalimentam-se com ventos idênticos aos que lhes deram origem, isto é, por efeitos de altas e baixas pressões que ocorrem antes e depois da crista, respetivamente, um vento com as mesmas características que conduziu à formação de uma onda tem sobre esta um efeito de amplificação da crista.

Como foi observado no capítulo anterior, a generalidade dos métodos de previsão/geração de ondas pelo vento resultam de análises de dados empíricos que relacionam a velocidade do vento, V, o *fetch*, F (distância de atuação do vento ao longo de uma superfície aberta), a duração do vento, t, e a profundidade do meio, h.

Os modelos paramétricos são de uso frequente, destacando-se na atualidade os modelos SMB (Bretschneider, 1970) e JONSWAP (Hasselmann *et al.*, 1973; CERC, 1984). Por ser mais recente e recomendado pelo *U.S. Corps of Engineers*, desenvolve-se em seguida o modelo de JONSWAP para condições de água profunda, tais que $h/L > 0.50$. Este modelo é aplicável para a atuação de um vento com velocidade constante ao longo de um tempo t, utilizando para o efeito as seguintes relações adimensionais (3.1) (Kamphuis, 2002)

$$F^* = \frac{gF}{V^2};\ H^*_{mo} = \frac{gH_{mo}}{V^2};\ T^*_p = \frac{gT_p}{V};\ t^* = \frac{gt}{V} \text{ e } h^* = \frac{gh}{V^2} \tag{3.1}$$

em que $V = V_{10}$ é a velocidade do vento medida a 10 *m* acima da superfície, F é o *fetch*, e H_{mo} e T_p representam a altura da onda e o período de pico característicos.

Para registos de ventos medidos a alturas diferentes de 10 *m* acima da superfície, seja V_z à altura *z*, assume-se uma distribuição logarítmica da velocidade e determina-se o valor da velocidade a 10 *m*, seja V_{10}, usando a seguinte expressão (3.2)

$$\frac{V_{10}}{V_z} = \left(\frac{10}{z}\right)^{1/7} \tag{3.2}$$

Normalmente as velocidades são registadas por anemómetros como velocidades médias horárias. Para estimar as condições de *onda equivalente* correspondentes à ação de um vento com variações periódicas (normalmente horárias) da velocidade durante um tempo de atuação *t*, sem ter em conta os efeitos aditivos para a onda da energia gerada nos intervalos de tempo precedentes, recorre-se ao conceito de *velocidade efetiva do vento* usando a seguinte expressão (3.3), para durações *t* inferiores a 10 *h* (CERC, 1984)

$$V_e = (1 - 0.15 \log t)\overline{V}_{max} \tag{3.3}$$

em que V_e é a *velocidade efetiva do vento* com duração *t* e $\overline{V}_{max}$ é a velocidade máxima das médias horárias do vento durante o tempo *t*. Outras correções poderão ser consideradas, em particular a que resulta da transposição para o mar de um registo de ventos medido em terra, como normalmente acontece, devendo nesse caso o registo medido ser multiplicado por um coeficiente superior à unidade para ventos inferiores a 15 m/s, e ligeiramente inferior à unidade para ventos superiores a 15 m/s (Kamphuis, 2002). As relações do modelo de JONSWAP escrevem-se

$$H^*_{mo} = 0.0016(F^*)^{1/2} \qquad T^*_p = 0.286(F^*)^{1/3} \tag{3.4}$$

$$t^* = 68.8(F^*)^{2/3} \qquad F^*_{ef} = (t^*/68.8)^{3/2} \tag{3.5}$$

As ondas geradas em água profunda podem ser de *fetch* limitado, de duração limitada ou com mar completamente desenvolvido. No caso de as ondas serem limitadas pelo *fetch* (pequeno *fetch*), os parâmetros H_{mo} e T_p podem ser calculados diretamente pelas expressões (3.4). No caso de um *fetch* elevado (mar aberto), poderão ser utilizadas as mesmas expressões (3.4), mas a duração do vento poderá limitar a dimensão das ondas, devendo então usar-se as expressões (3.5).

Se $F^* < F^*_{ef}$, as ondas são de *fetch* limitado e os resultados obtidos pelas equações (3.4) são corretos; se $F^* > F^*_{ef}$, então as ondas são de duração limitada e os valores a utilizar são os obtidos pelas equações (3.5). Finalmente, para um *fetch* elevado e uma grande duração do vento, são verificadas as condições de mar completamente desenvolvido, dadas por (3.6)

$$H^*_{mo} = 0.243$$

$$T^*_p = 8.130 \quad e \quad t^* = 71.500 \tag{3.6}$$

Isto é, os valores estabelecidos em (3.6) correspondem a valores limite a adotar caso estes sejam excedidos nos cálculos anteriores. O procedimento de cálculo dos valores de H_{mo} e T_p foram traduzidos e publicados em nomogramas, como o apresentado na Figura 3.3 (Lakhan e Trenhaile, 1989).

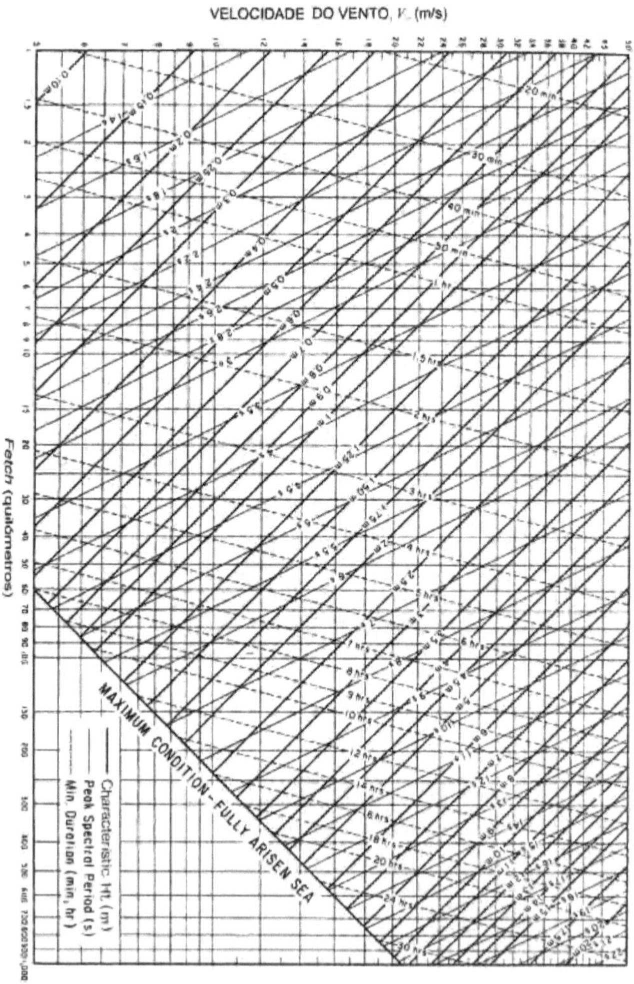

Figura 3.3 - Nomograma de previsão de ondas geradas por ventos em condições de água profunda (CERC, 1984; Lakhan e Trenhaile, 1989).

Para aplicações em que é essencial identificar as condições de onda máxima, é possível aplicar o método de JONSWAP usando o conceito de *velocidade efetiva do vento* e aplicar o método diversas vezes para diferentes valores de t. Contudo, é preferível combinar os períodos de igual velocidade do vento, normalmente as velocidades médias horárias, na fase de crescimento da onda.

Para o efeito, o método básico descrito por JONSWAP é repetido para cada segmento (ou cada hora) como se ilustra na Figura 3.4 (Kamphuis, 2002). No primeiro período usam-se F, V_1 e t_1 (em que o índice 1 designa o primeiro período, ou primeiro paço temporal) para calcular $H_{mo,1}$ e $T_{p,1}$ no final do primeiro período. Calcula-se em seguida $H^*_{mo,2}$ usando $H_{mo,1}$ e V_2

$$H^*_{mo,2} = \frac{gH_{mo,1}}{V_2^2} \tag{3.7}$$

Seguidamente, as equações (3.4) e (3.5) são combinadas para obter $(t'_2)^*$, dado por (3.8)

$$(t'_2)^* = 368\,000\left(H^*_{mo,2}\right)^{4/3} \tag{3.8}$$

Obtém-se em seguida t'_2 usando as equações (3.1). Adiciona-se t'_2 a t_2 para obter uma duração efetiva $t_{2,ef}$ dos primeiros dois períodos após o vento com a velocidade V_2. Prossegue-se com o cálculo de $H_{mo,2}$ e $T_{p,2}$. Como mostra a Figura 3.4, este procedimento é repetido para cada período/segmento até que sejam atingidas as condições de onda máxima, ou o número máximo de períodos de vento. A aplicação deste método assume que a direção do vento se mantém constante.

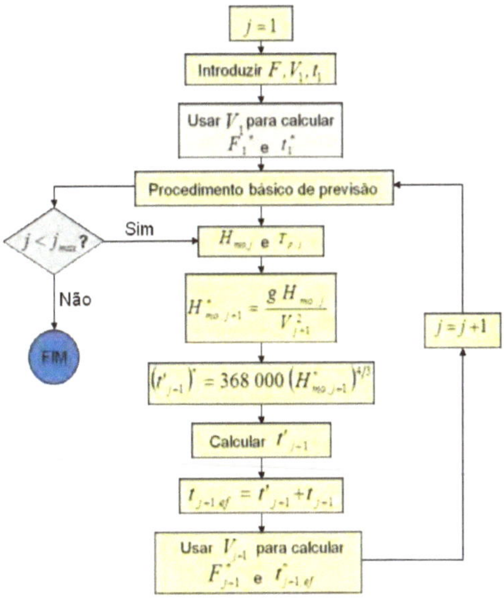

Figura 3.4 - Modelo de previsão de ondas por JONSWAP adaptado para diferentes séries de condições de entrada (adaptada de Kamphuis, 2002).

Para previsões de longo prazo (registos longos) o esquema representado na Figura 3.4 pode ser igualmente utilizado. Dada a grande incerteza associada aos valores de F, T e h, e à direção do vento, e também porque o próprio método, sendo empírico, contém um elevado grau de incerteza, todos os resultados obtidos devem ser considerados como aproximados. Para aplicações correntes, é essencial que o modelo de JONSWAP, assim como qualquer modelo paramétrico, seja calibrado com dados observados. O tipo e características da onda gerada são naturalmente função das características do meio e do vento que lhe deram origem. Para se ter uma ideia aproximada da relação causa-efeito, apresenta-se em seguida, na Tabela 3.1, a Escala de Beaufort e o correspondente estado de mar.

Tabela 3.1 - Escala de ventos (Beaufort) e correspondente estado do mar.

Força do vento		**Velocidade do vento**		**Efeitos**	**Estado de Mar**	
Escala	***Designação***	***(m/s)***	***(nós)***	***No mar***	***Designação***	***Vaga (m)***
0	Calma	0.0-0.2	< 1.0	Espelhado ou estanhado.	Estanhado	0
1	Aragem	0.3-1.5	1.0-3.0	Rugas na água em forma de escamas, sem cristas de espuma.	Chão	0.00-0.10
2	Fraco	1.6-3.3	4.0-6.0	Pequenas vagas curtas mas marcadas; cristas de espuma transparente.	Encrespado	0.20-0.35
3	Bonançoso	3.4-5.4	7.0-10.0	Pequenas vagas cujas cristas começam a rebentar. Algumas cristas brancas.	Encrespado Pequena vaga	0.35-0.50 0.50-1.00
4	Moderado	5.5-7.9	11.0-16.0	Pequenas vagas com tendência para aumentarem de comprimento. Numerosas cristas brancas.	Pequena vaga Cavado	1.00-1.25 1.25-1.50
5	Fresco	8.0-10.7	17.0-21.0	Vaga moderada. Há cristas brancas em todas as direções. Alguns borrifos.	Cavado	1.50-2.50
6	Muito Fresco	10.8-13.8	22.0-27.0	Começam a formar-se vagas grandes. Aumenta o número de cristas brancas.	Grosso	2.50-4.00
7	Forte	13.9-17.1	28.0-33.0	A espuma branca das vagas que rebentam começa a fazer traços.	Alteroso	4.00-5.50
8	Muito Forte	17.2-20.7	34.0-40.0	Vagas de grande comprimento. A espuma das cristas é arrastada pelo vento originando riscos muito bem marcados.	Alteroso Tempestuoso	5.50-6.00 6.00-7.50
9	Tempestuoso	20.8-24.4	41.0-47.0	Vagas muito altas, começando a enrolar. Os borrifos afetam a visibilidade.	Tempestuoso Encapelado	7.50-9.00 9.00-10.0
10	Temporal	24.5-28.4	48.0-55.0	Vagas muito altas ficando o mar todo branco pela abundância de espuma.	Encapelado	10.0-12.0
11	Temporal Desfeito	28.5-32.7	56.0-63.0	Vagas excecionalmente altas. Visibilidade muito reduzida.	Encapelado Excecional	12.0-14.0 14.0-16.0
12	Furacão	32.7 ou mais	64 ou mais	As vagas atingem alturas destemidas. A visibilidade é seriamente afetada.	Excecional	> 16.0

Para determinadas condições de vento e *fetch*, as alturas das ondas serão menores e os períodos mais curtos se a geração ocorrer em águas de transição ou pouco profundas em vez de águas profundas (CERC, 1984). Em águas pouco profundas, os efeitos do atrito e da percolação no fundo irão determinar reduções na altura e no período das ondas. Em conformidade com o CERC, as equações a utilizar para a obtenção da altura H_{rms} e do período de pico, T_p, em condições de águas de transição e pouco profundas são

$$H_{rms} = 0.200\frac{V_E^2}{g}tanh\left[0.530\times(h*)^{3/4}\right]tanh\frac{0.00565\times(F^*)^{1/2}}{tanh\left[0.530\times(h*)^{3/4}\right]} \quad (3.9)$$

$$T_p = 7.540\frac{V_E}{g}tanh\left[0.833\times(h*)^{3/8}\right]tanh\frac{0.0379\times(F^*)^{1/3}}{tanh\left[0.833\times(h*)^{3/8}\right]} \quad (3.10)$$

em que $V_E = 0.71\times V_{10}^{1.23}$ é um fator de tensão do vento, a ser usado por causa da relação não linear entre a tensão e a velocidade do vento, enquanto $h^* = \frac{gh}{V_E^2}$ e $F^* = \frac{gF}{V_E^2}$ são a profundidade e o *fetch* adimensionais, respetivamente.

3.1.2 Ação dos astros

O conhecimento da maré é de relevante importância em todas as atividades que se desenvolvem na zona costeira (pesca, turismo, lazer, etc.). Além disso, as marés interferem com as condições de navegação e manobra das embarcações, alteram e condicionam a dinâmica sedimentar (evolução da linha de costa) e têm uma ação decisiva na qualidade da água em regiões costeiras e estuarinas. O conhecimento das marés é ainda de grande importância para o dimensionamento de estruturas portuárias, na construção de frentes marginais, na implementação de obras de proteção, etc.

As marés são geradas em consequência da ação combinada da gravidade e dos movimentos entre a Terra, a Lua e o Sol, fundamentalmente. Com o objetivo de permitir compreender os ritmos diários do oceano, apresenta-se em seguida uma breve introdução aos movimentos e forças que interagem entre estes três corpos celestes: Terra, Lua e Sol.

É do conhecimento comum que a Lua roda em torno da Terra e o conjunto Terra-Lua roda em torno do Sol. Estes movimentos de rotação designam-se por órbitas, ilustrando a figura seguinte (Figura 3.5) quatro posições características da Terra (solstícios de verão e inverno e equinócios de primavera e outono) na sua órbita elítica em torno do Sol, correspondentes ao início das estações do ano.

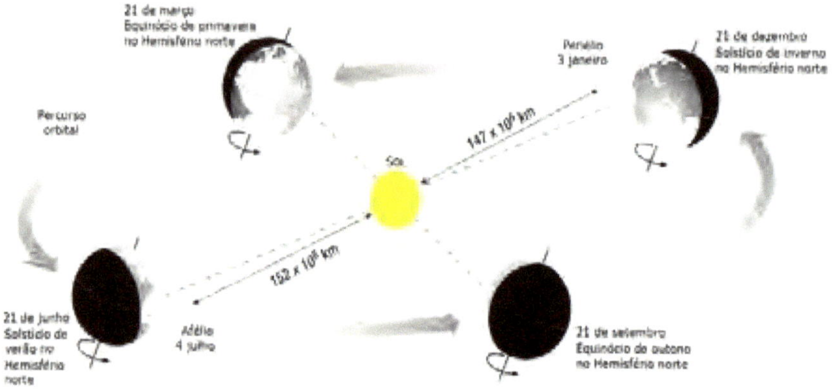

Figura 3.5 - Órbita elítica do conjunto Terra-Lua em torno do sol (fora de escala), ilustrando as quatro posições correspondentes às estações do ano: solstícios de verão e inverno e equinócios de primavera e outono.

Por sua vez, a Figura 3.6 mostra os percursos mensais e anual da Lua em torno da Terra e do centro de massa do sistema Terra-Lua em torno do Sol.

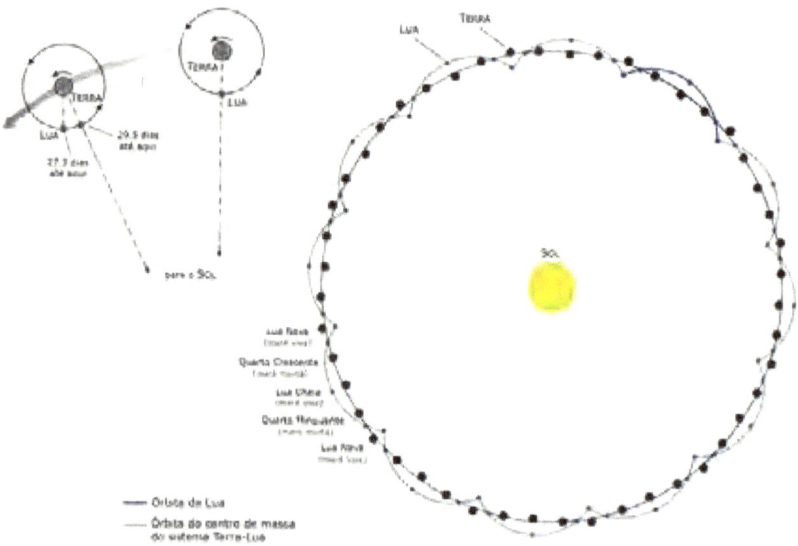

Figura 3.6 - Diagrama (fora de escala), ilustrando os percursos mensal e anual da Lua relativamente à Terra e ao Sol.

• ***Mecanismos de geração da maré***

Assumem-se as seguintes hipóteses simplificativas:

- A Lua e o Sol são os principais astros contribuintes;
- Os astros são considerados esféricos e as órbitas circulares;
- A Litosfera é indeformável devido à ação da maré;
- A camada de água à superfície tem altura uniforme e uma espessura considerável, mas muito inferior ao raio da Terra;
- A água desta camada é um meio ideal; por conseguinte, com atrito, inércia e viscosidade desprezáveis.

Por outro lado, vamos assumir que as ações da Lua e do Sol são independentes; por conseguinte, podemos estudar isoladamente os efeitos de cada corpo sobre a Terra.

Começando por considerar o sistema Terra – Lua, ilustra-se na Figura 3.7 como atua a força de atração entre a Terra e a Lua, ou seja

» A força decresce com o aumento da distância;

» A força é dirigida para o centro de massa da Lua.

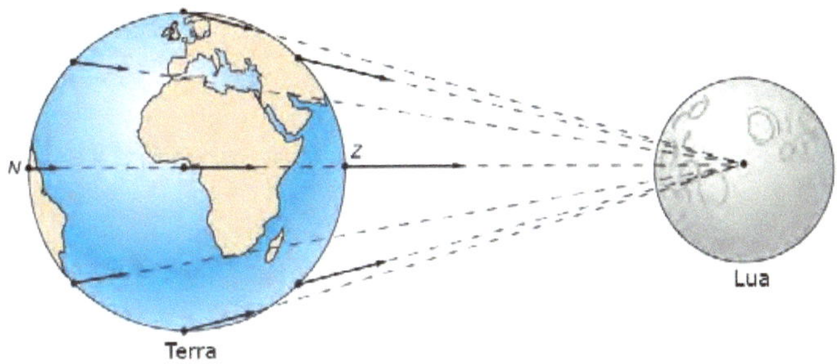

Figura 3.7 – Forças gravitacionais na Terra exercidas pela Lua (adaptada de *Anonim_web, 2015*)

A expressão que traduz os efeitos de atração destes dois corpos é a conhecida lei de atração gravitacional (3.11)

$$F_{g\_tl} = \frac{G \times m_t \times m_l}{d_{tl}^2} \quad \text{(N, sistema SI)} \tag{3.11}$$

em que

$G\,(\text{constante de atração universal}) = 6.67 \times 10^{-11}\ \text{kg}^{-1}\text{m}^3\text{s}^{-2}$ (sistema SI)

m_t (massa da Terra) $= 5.97 \times 10^{24}$ kg (sistema SI)

m_l (massa da Lua) $= 7.35 \times 10^{22}$ kg (sistema SI)

d_{tl} (distância entre os centros da Terra e da Lua) $= 38.44 \times 10^{7}$ m (sistema SI)

Entende-se por período sideral, o período de rotação do sistema Terra – Lua, com a representação esquemática ilustrada na Figura 3.8, representando CM o centro de massa do sistema.

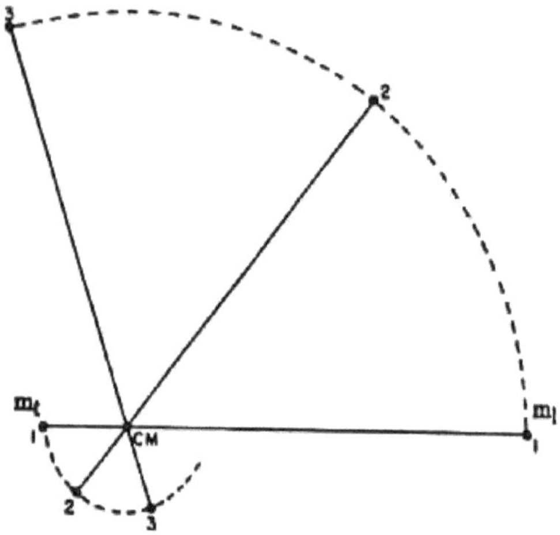

Figura 3.8 - Representação esquemática do sistema Terra - Lua.

A posição do centro de massa do sistema (CM) é tal que a força resultante da rotação da Terra, com a massa m_t, à distância d_{tc} do seu centro ao centro de massa do sistema, é dada por (3.12)

$$F_{tc} = m_t \times d_{tc} \times \left(\frac{2\pi}{T_{sd}} \right)^2 \quad \text{(N, sistema SI)} \tag{3.12}$$

em que T_{sd} é o período de rotação do sistema, ou período sideral. Atendendo a que

$$d_{tc} \times (m_t + m_l) = d_{tl} \times m_l \tag{3.13}$$

obtém-se para d_{tc} o valor $d_{tc} \cong 46.75 \times 10^{5}$ m. Por outro lado, como o sistema está em equilíbrio, terá de verificar-se a condição $F_{tc} = F_{g\_tl}$, vindo para o período sideral, $T_{sd} = 27.3$ dias.

Devido ao movimento de translação do sistema Terra – Lua em torno do Sol, que implica uma rotação adicional, como ilustrado no canto superior esquerdo da Figura 3.6, o período real que medeia a ocorrência de, por exemplo, duas Luas Novas é $T_{sd} \approx 29$ dias 12 h e 22 min.

Vejamos agora quais são as forças que atuam e mantêm em equilíbrio o sistema Terra - Lua – Sol. Começando pelo sistema Terra – Lua, assumem-se, em primeira aproximação, que os dois astros não possuem rotação sobre si mesmos. Nesta conformidade, verifica-se que

» As órbitas de todas as partículas que os constituem serão circulares e terão todas o mesmo raio;

» Para qualquer ponto da Terra é constante a força necessária para assegurar o movimento de rotação.

No seu movimento orbital, a força devida à Lua que atua sobre uma partícula de massa unitária situada à superfície da Terra escreve-se

$$F_{cu} = 1 \times d_{tc} \times \left(\frac{2\pi}{T_{sd}} \right)^2 = \frac{G \times 1 \times m_l}{d_{tl}^2} \quad (3.14)$$

sendo a correspondente representação ilustrada na Figura 3.9, segundo o plano definido pelas órbitas descritas pelos centros dos dois astros.

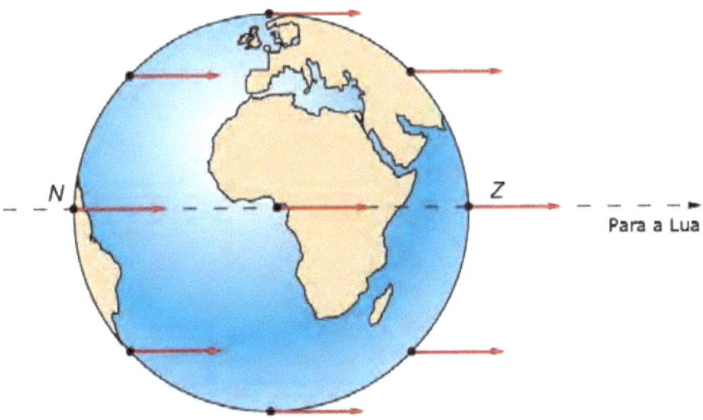

Figura 3.9 - Distribuição das forças contrípetas devidas à Lua em partículas de massa unitária localizadas à superfície da Terra (adaptada de *Anonim_web, 2015*).

Por conseguinte, a força centrípeta é a mesma em qualquer ponto na superfície da Terra. As forças gravitacionais são variáveis nos diferentes pontos da superfície da Terra, como representado na Figura 3.7, com valores dados pela seguinte expressão (3.15), função do ângulo φ representado na Figura 3.10.

$$F_{g\_uni} = \frac{G \times 1 \times m_l}{d_{tl}^2 + r_t^2 - 2 \times d_{tl} \times r_t \times \cos\varphi} \quad \text{(N, sistema SI)} \quad (3.15)$$

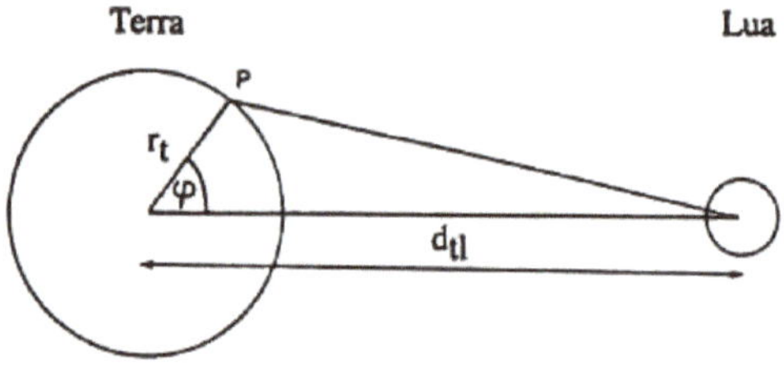

Figura 3.10 - Representação esquemática da posição relativa de um ponto genérico (P) situado na superfície terrestre face à Lua.

A Figura 3.11 mostra a distribuição das forças resultantes originadas pela sobreposição dos dois sistemas (diferença entre forças gravitacionais e forças centrípetas). Como se verifica, as forças resultantes têm sentido oposto à direção da Lua na face da Terra oposta à Lua e dirigem-se para a Lua no lado da Terra voltado para a Lua.

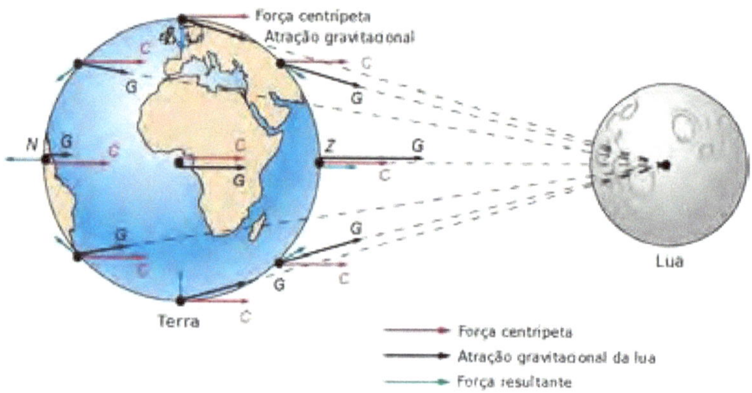

Figura 3.11 - Distribuição das forças resultantes originadas pelos dois sistemas (diferença entre forças gravitacionais e forças centrípetas) (adaptada de *Anonim_web, 2015*).

Como mostra a Figura 3.12, as forças geradoras de maré são as componentes horizontais das forças resultantes, sendo maximizadas ao longo de uma linha a 45° relativamente ao equador, entre o zénite e o nadir.

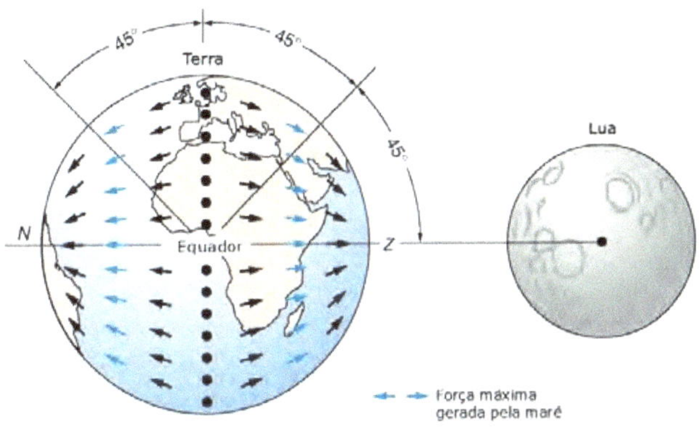

Figura 3.12 - Forças geradoras de maré (adaptada de *Anonim_web, 2015*).

Para o sistema Terra - Sol a correspondente distribuição é idêntica, embora o valor das forças resultantes seja apenas cerca de 46 % do valor das correspondentes forças envolvidas no sistema Terra – Lua, pois embora o Sol tenha muito maior massa encontra-se muito mais distante. Com efeito, têm-se para o Sol

$m_s\,(\text{massa do Sol}) = 1.99 \times 10^{30}$ kg (sistema SI)

$d_{ts}\,(\text{distância média entre os centros da Terra e do Sol}) = 14.96 \times 10^{10}$ m (sistema SI)

As forças geradoras de maré produzem duas elevações (bojos), como mostra a Figura 3.13

» Afastando-se da Lua na face da Terra mais afastada da Lua;

» Aproximando-se da Lua na face da Terra mais próxima da Lua.

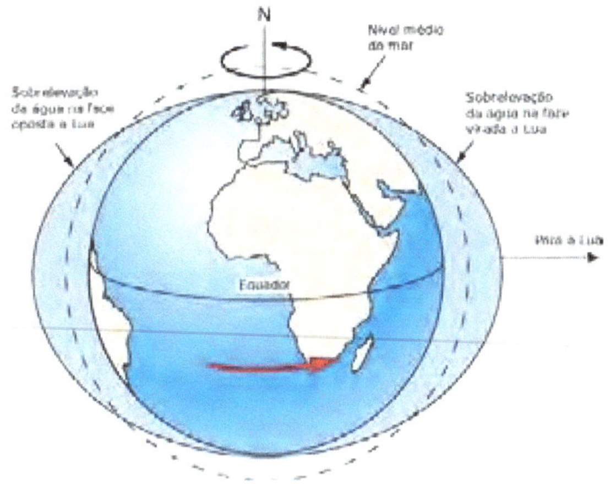

Figura 3.13 - Sobrelevações produzidas pelas forças geradoras de maré (adaptada de *Anonim_web, 2015*).

É a conjugação destas sobrelevações com o efeito de rotação da Terra que origina as marés de águas vivas (*spring tides*) e as marés mortas (*neap tides*). As elevações da maré seguem a Lua quando esta roda em torno da Terra.

É o efeito de rotação da Terra em torno do seu eixo, quando sujeita às ações da Lua e do Sol, que dá origem às duas componentes ditas semidiurnas principais: M_2 = Semidiurna Lunar Principal, e S_2 = Semidiurna Solar Principal.

O ciclo da maré mensal é de aproximadamente 29.5 dias, alternando entre marés vivas e marés mortas sensivelmente em cada 7 dias. As correspondentes configurações (alinhamento no caso de marés vivas e ângulo a 90 º no caso de marés mortas) são mostradas na Figura 3.14.

Devido a este efeito conjunto da Lua e do Sol sobre a Terra, a correspondente componente de maré é designada por semimensal lunar.

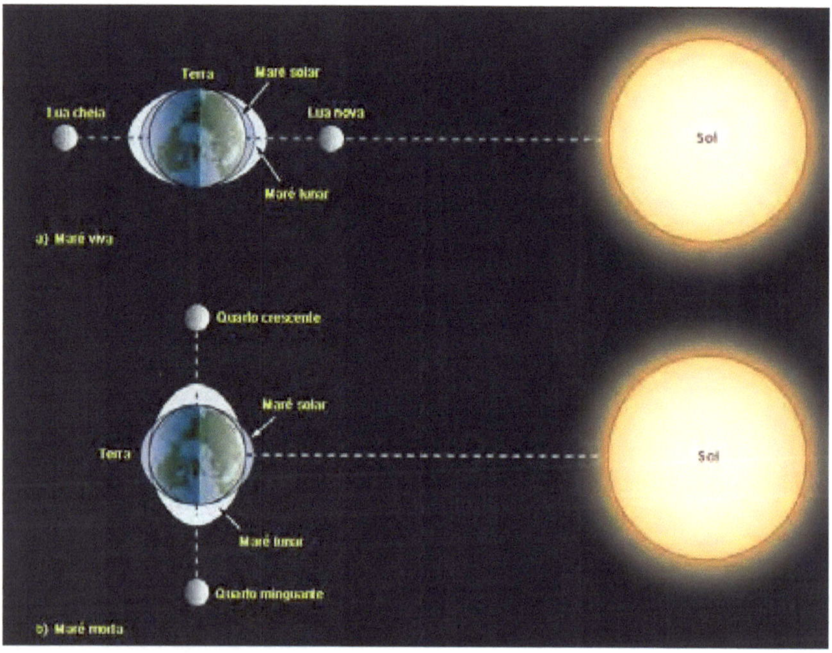

Figura 3.14 - Posições relativas da Sol-Terra-Lua em cada ciclo mensal da maré (adaptada de *Anonim_web, 2015*).

A inclinação do eixo de rotação da Terra face ao plano que contém as órbitas descritas pelos centros da Terra e da Lua designa-se por declinação da Lua. Como mostra a Figura 3.15, o centro das elevações da maré (declinação) pode atingir um máximo de 28.5° em relação ao equador.

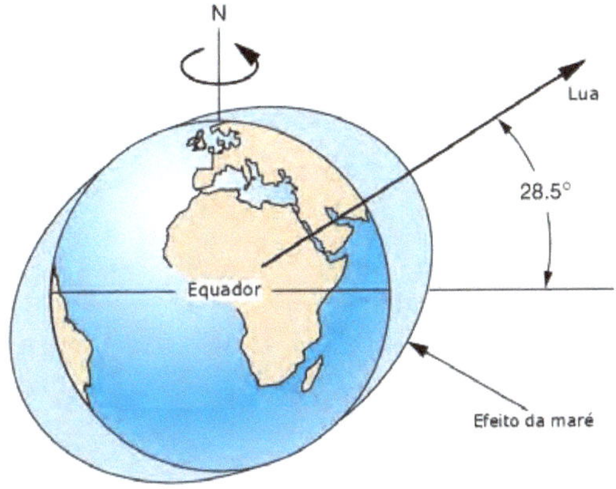

Figura 3.15 - Forma qualitativa da deformada da superfície livre considerando o efeito da declinação da Lua (adaptada de *Anonim_web, 2015*).

O efeito da declinação da Lua dá origem às chamadas componentes diurnas da maré.

O facto de as órbitas serem elíticas obriga a ligeiras correções nas amplitudes, particularmente em determinadas posições relativas. Como mostra a Figura 3.16, as amplitudes de maré são maiores quando

» A Lua está no perigeu

» A Terra está no periélio

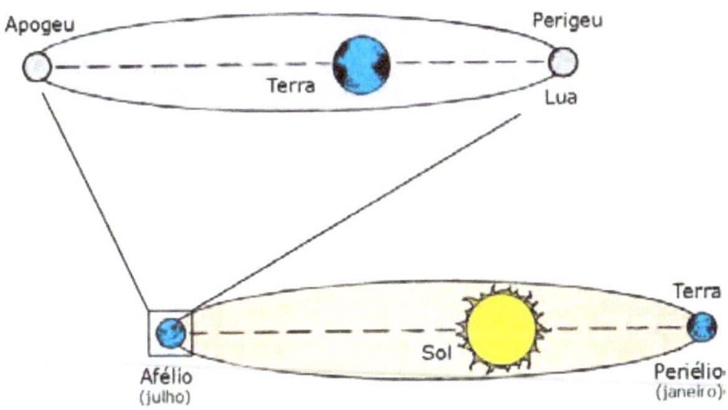

Figura 3.16 - Efeito das órbitas elíticas (adaptada de *Anonim_web, 2015*).

Pelo exposto, facilmente se conclui que as influências astrais diferem muito ao longo da superfície terrestre. A esta diversidade acresce a heterogeneidade da superfície (continentes e oceanos com diferentes características físicas, volumes e profundidades), pelo que, tipicamente, se obtêm registos de marés mais ou menos complexos como os que se observam na Figura 3.17 (adaptada de *Anonim_web, 2015*).

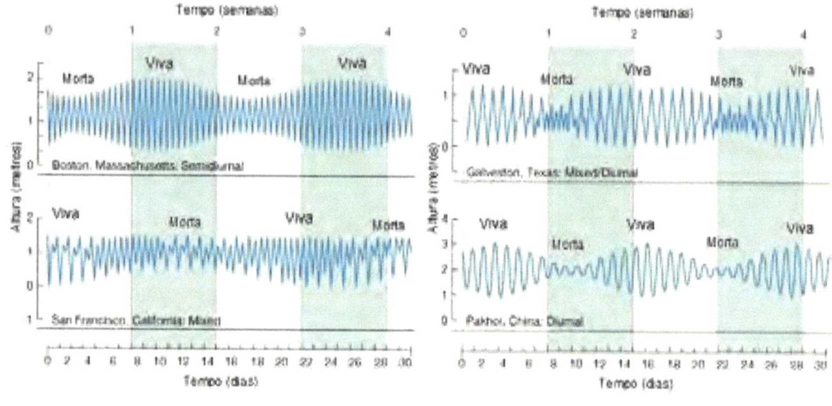

Figura 3.17 - Registos mensais de marés em diferentes pontos do globo (adaptada de *Anonim_web, 2015*).

Vem a propósito a referência a um fenómeno relativamente frequente designado por "sobrelevação do nível do mar" (*storm surge*) de índole meteorológica, ou seja, uma elevação do nível marinho, acima do que é imposto pela maré, causado por baixas pressões atmosféricas. A Figura 3.18 mostra este efeito sobreposto a um registo de maré obtido em Viana do Castelo, em dezembro de 1978 (Dias, 2014).

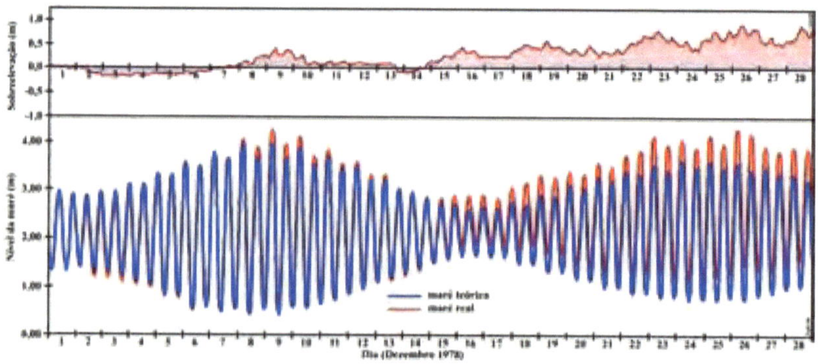

Figura 3.18 - Previsão da maré e maregrama obtido no marégrafo de Viana do Castelo em dezembro de 1978. Na parte superior está representada a sobrelevação do nível do mar que então se verificou (adaptada de Dias, 2014).

Uma sobrelevação do nível do mar pode ter várias origens, sendo este fenómeno independente da maré astronómica. Uma explicação clara para esta ocorrência é dada por Dias (2014) "*Como o nível marinho é uma superfície livre de equilíbrio, responde às variações da pressão atmosférica como se fosse um barómetro de mercúrio: sobe quando há baixas pressões e desce quando a região é atingida por altas pressões. Teoricamente, uma descida de um milibar (um hectopascal) na pressão atmosférica provoca uma subida de 10 mm no nível marinho*".

Por ter muito a ver com as ocorrências recentemente registadas na costa Portuguesa, nos passados dias 6 a 8 de janeiro (tempestade Hércules) e de 8 a 10 de fevereiro (tempestade Stephanie), ambas de 2014, reproduz-se um pequeno excerto de Dias (2014) "*Normalmente, associados a baixas pressões verificam-se ventos fortes. A força tangencial destes ventos sobre a superfície marinha provoca um transporte de massa, do que resulta, com frequência, um excesso de água junto à costa (empilhamento) e, consequentemente, sobrelevação do nível marinho*".

- **Outras componentes**

» ***Componente mensal lunar***

Resulta do ângulo de declinação de Lua, que no decurso de um período sideral passa por dois valores extremos e simétricos a Norte e a Sul do Equador terrestre.

» ***Componente anual solar***

Resulta da variação do ângulo de declinação do Sol: este varia entre 23.5^{O} em junho e -23.5^{O} em dezembro.

» ***Componente lunar com período de 18.6 anos***

Resulta da variação do ângulo de declinação de Lua no decurso de um período de 18.6 anos, de 18.3º a 18.6º.

A complexa variação relativa das posições dos três astros dá origem a outras componentes semidiurnas, diurnas, mensais, semianuais, anuais e outras de maior período, embora de menor importância. Foram já identificadas mais de 400 componentes de maré.

A Tabela 3.2 contém as características dos sete principais constituintes da maré, e as amplitudes dos seis primeiros, registados no porto de Leixões, em 2005, e em Cascais, em 2007.

Tabela 3.2 - Principais constituintes da maré astronómica e amplitudes registadas no Porto de Leixões, em 2005, e em Cascais, em 2007.

Componente	Símbolo	Período (horas solares)	Amplitude (m)	
			Leixões, 2005	Cascais, 2007
Lunar Principal	M_2	12.421	1.054	0.991
Solar Principal	S_2	12.000	0.365	0.346
Lunar elítica maior	N_2	12.658	---	0.212
Luni-solar semidiurna	K_2	11.967	0.104	0.098
Luni-solar diurna	K_1	23.935	0.070	0.069
Lunar principal diurna	O_1	25.819	0.060	0.061
Solar Principal diurna	P_1	24.066	---	---

O resultado de todas as interações astrais é, só por si, muito complexo, mas é ainda agravado por outros agentes e ações de diferente natureza, pelo que se registam elevadas irregularidades na superfície livre do oceano, com variações espaciais e temporais igualmente muito acentuadas. O sinal da Figura 3.19 pretende evidenciar a complexidade inerente a um registo curto da superfície livre do mar quando obtido em condições de águas intermédias a pouco profundas.

Figura 3.19 – Exemplo de um possível registo da forma da onda (adaptada de Dean e Dalrymple, 1984).

3.1.3 *Tsunamis*

Um *tsunami* é um trem de ondas, ou uma série de ondas, geradas numa massa de água por uma perturbação que desloca verticalmente a coluna de água. Os *tsunamis* podem ser gerados por sismos em regiões costeiras e oceânicas, deslizamentos de taludes submersos, erupções vulcânicas, explosões ou ainda por impactos de corpos cósmicos, como meteoritos. São ondas com características muito particulares que as distingue claramente das ondas de maré e das ondas geradas pelo vento.

Associa-se normalmente a geração de um *tsunami* à ocorrência de um sismo. Embora esta associação seja provida de fundamento, não corresponde inteiramente à verdade. Com efeito, um *tsunami* pode ser causado por um movimento numa falha ou por um deslocamento da crosta terrestre ao longo de uma fratura. Este movimento causa um sismo e pode também provocar uma alteração do equilíbrio da massa de água situada sobre o fundo perturbado e consequentemente gerar uma perturbação na superfície livre do oceano. Todavia, nem todos os tipos de movimentos são suscetíveis de gerar *tsunamis*.

Apenas um deslocamento vertical provoca desequilíbrios na coluna de água situada sobre a falha ou zona de fratura, dando origem à procura de um novo equilíbrio. Por conseguinte, os movimentos lateral e horizontal igualmente associados às transformações da crosta terrestre, e frequentemente causadores de sismos, geralmente não produzem *tsunamis*, pois não provocam alterações significativas na coluna de água.

Outras fontes igualmente geradoras de *tsunamis* são erupções vulcânicas, explosões nucleares e *avalanches* ou deslocamentos de taludes submersos produzidos em zonas de fratura ou falhas ativas. Os *tsunamis* resultam assim, fundamentalmente, em consequência de descargas de energia libertada na crosta terrestre, ao longo do fundo oceânico, que é sucessivamente transferida em energia potencial ao longo da coluna de água situada acima da área fonte e convertida na propagação horizontal da perturbação assim gerada na superfície livre do oceano.

Tipicamente, os *tsunamis* são gerados a profundidades da ordem dos 3 000 m a 5 000 m e possuem comprimentos de onda da ordem dos 200 km. Uma onda com estas características propaga-se pelo oceano em condições ditas de água pouco profunda. Ainda em conformidade com a teoria da onda em água pouco profunda, a velocidade de propagação de um *tsunami* é dada por $c = \sqrt{gh}$, sendo g a aceleração da gravidade ($g = 9.805$ ms^{-2}) e h a profundidade local. Deste modo, considerando uma profundidade média $h = 4000$ m, ter-se-á $c \approx 198\,\text{ms}^{-1} > 700\,\text{kmh}^{-1}$.

Ao largo, na zona de geração, os *tsunamis* são caracterizados por alturas típicas da ordem de 1.0 m. Por conseguinte, estas ondas não são verdadeiramente observáveis antes de atingirem as proximidades da costa, a distâncias na ordem da dezena de quilómetros; mesmo a esta distância, devido ao efeito de esfericidade da Terra, só são observáveis a partir da costa ondas com alturas da ordem de 8 *m*, ou superiores.

Devido ao efeito de redução da profundidade na plataforma continental, a velocidade de propagação de um *tsunami* diminui consideravelmente junto à costa; em consequência, a altura deste é significativamente empolada para muito mais do dobro da altura ao largo, atingindo frequentemente alturas na ordem da dezena de metros ou mais, conduzindo em geral à rebentação. Durante o seu percurso, o fluxo de energia de um *tsunami* mantém-se sensivelmente constante, sendo a conservação deste fluxo o resultado de um equilíbrio entre a velocidade de propagação e a altura da onda. Uma redução de qualquer destas variáveis implica um aumento da outra, o que, no caso de um *tsunami*, se traduz no aumento da sua altura ao propagar-se sobre profundidades decrescentes.

Mostra-se na secção 4.7 que um sistema de equações do tipo Boussinesq, expandido a importantes variações temporais do fundo, constitui um modelo matemático adequado para a reprodução deste fenómeno. Por agora, reproduzem-se apenas os resultados de um exemplo teórico de libertação de energia resultante do deslizamento de um talude submerso situado a cerca de 250 metros de profundidade e a 30 *km* da linha de costa, apresentado em Antunes do Carmo (2000).

A consequente transferência da energia libertada em energia potencial ao longo da coluna de água provoca, à superfície livre do domínio considerado, uma perturbação que se propaga em sentidos opostos, sendo particularmente importante a onda que se dirige no sentido da costa, neste caso a cerca de 30 km de distância.

Apresentam-se nas Figuras 3.20 e 3.21 as condições iniciais e os resultados obtidos em duas sondas numéricas. A primeira imagem da Figura 3.20 mostra as configurações iniciais do fundo e da superfície livre; a segunda imagem representa a configuração final do fundo, que é atingida vinte segundos após o início do deslizamento do talude submerso, e a configuração da superfície livre três minutos após o início da perturbação.

Os resultados apresentados na Figura 3.21 mostram os instantes de chegada e a passagem do trem de ondas em dois pontos localizados a 20 km e a 10 km da linha de costa, respetivamente.

Entre outros aspetos, importa salientar a modificação do trem de ondas, em particular o significativo empolamento da onda principal.

Os instantes de chegada da onda principal a 10 km e a 20 km de distância do local de deslizamento do talude submerso são aproximadamente 230 s e 500 s, respetivamente (Figura 3.21).

Por conseguinte, realça-se o facto de estarmos já nas proximidades da linha de costa e, em qualquer dos intervalos, a onda ter percorrido 10 km em menos de 5 minutos.

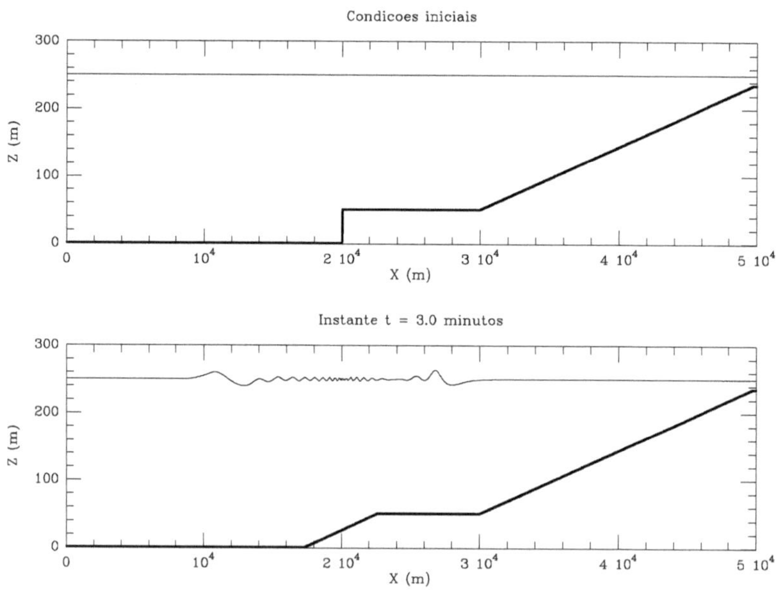

Figura 3.20 – Configurações iniciais do fundo (traço carregado) e da superfície livre, e configuração da superfície livre obtida três minutos após o início de um deslizamento submerso.

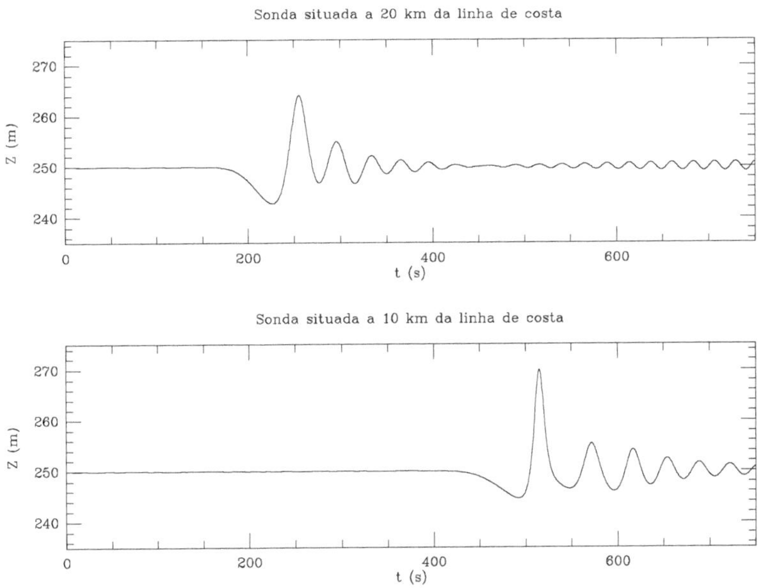

Figura 3.21 - Sondas localizadas a 10 km e a 20 km do local de deslizamento de um talude submerso, na direção da costa (ou a 20 km e a 10 km da linha de costa, respetivamente).

As diferenças de tempos de propagação da onda nos primeiros 10 km (distância à primeira sonda) e nos segundos 10 km (distância entre as duas sondas) demonstram a redução da velocidade de propagação da onda ao aproximar-se da costa (sobre profundidades decrescentes). Com efeito, as correspondentes velocidades de propagação em ambos os intervalos são $c_1 = 43.5$ ms^{-1} ≈ 156.5 kmh^{-1} e $c_2 = 37.0$ ms$^{-1} \approx 133.3$ kmh^{-1}, respetivamente.

Importa, por outro lado, verificar que a onda se propaga sobre profundidades de 200 m nos primeiros 10 km, o que corresponde a uma velocidade teórica de propagação $c = \sqrt{gh} = 44.3$ ms^{-1} ≈ 159.4 kmh^{-1}, bastante próxima da velocidade c_1 obtida numericamente.

Importa ainda sublinhar que o principal fator que determina as dimensões iniciais de um *tsunami* é a amplitude de deformação do fundo oceânico. Outros fatores igualmente relevantes são: a batimetria, a configuração da linha de costa, a velocidade de deformação do fundo, a profundidade na zona de geração e a eficiência com que a energia libertada é transferida para a coluna de água. Por conseguinte, todos estes fatores conjugados darão origem a diferentes configurações do trem de ondas produzido.

3.2 Processos de transformação da onda

As ondas progressivas em água profunda são energia em movimento, a qual é transmitida por meio de um movimento oscilatório através da matéria. As partículas simplesmente oscilam em círculo transmitindo energia de uma partícula para outra.

Como mostra a Figura 3.22, o movimento orbital das partículas de água nas ondas estende-se até uma profundidade igual a meio comprimento de onda, medido a partir do nível da água em repouso.

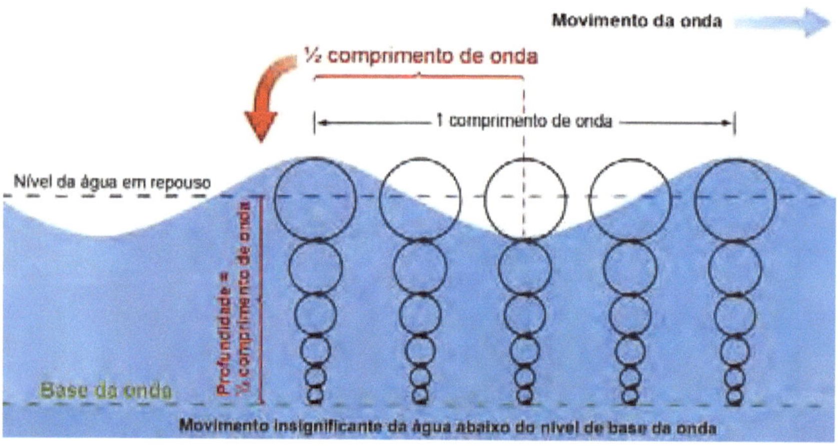

Figura 3.22 - Movimento orbital nas ondas (adaptada de Thurman e Trujillo, 1999).

Se a profundidade da água (h) for superior a meio comprimento de onda ($h > L/2$), diz-se que as ondas se propagam em condições de água profunda. Nestas condições a onda não sente o fundo, pelo que a celeridade (c), ou velocidade de propagação, é apenas função das características da onda: comprimento de onda e período (T), sendo dada por $c = (gT)/(2\pi) \approx 1.56T$.

Em condições de água pouco profunda ($h < L/20$), a celeridade é apenas função da profundidade, $c = \sqrt{gh}$. Como se desenvolve na secção 4.2, na zona de transição ($0.05 < h/L < 0.50$), a celeridade é controlada parcialmente pelo comprimento de onda e parcialmente pela profundidade, dando origem a transformações significativas da onda.

Entende-se por *transformação da onda* o que acontece à onda ao propagar-se desde águas profundas (ao largo, com $h/L > 0.50$) até águas pouco profundas (junto à costa, em que $h/L < 0.05$). Este fenómeno é descrito por duas equações: a *equação de propagação da onda* [$\nabla \times \vec{\boldsymbol{k}} = 0$, em que $\vec{\boldsymbol{k}}$ é o vetor número de onda] e a *equação de conservação do fluxo de energia* [$\nabla \cdot (E\vec{c}_g) = 0$, em que $\vec{c}_g$ é a celeridade de grupo].

Os processos envolvidos na transformação da onda ocorrem em águas intermédias e águas pouco profundas. Em condições reais há sempre alguma interdependência entre os diversos processos; contudo, em primeira aproximação, e para melhor compreensão dos fenómenos envolvidos, estes são normalmente individualizados e identificados como: empolamento, refração, difração, reflexão, rebentação, *setup* (sobrelevação devida à onda, ou empilhamento) e *setdown* (abaixamento devido à onda), espraiamento e refluxo. Alguns destes fenómenos são identificados na Figura 3.23 (Coelho, 2005).

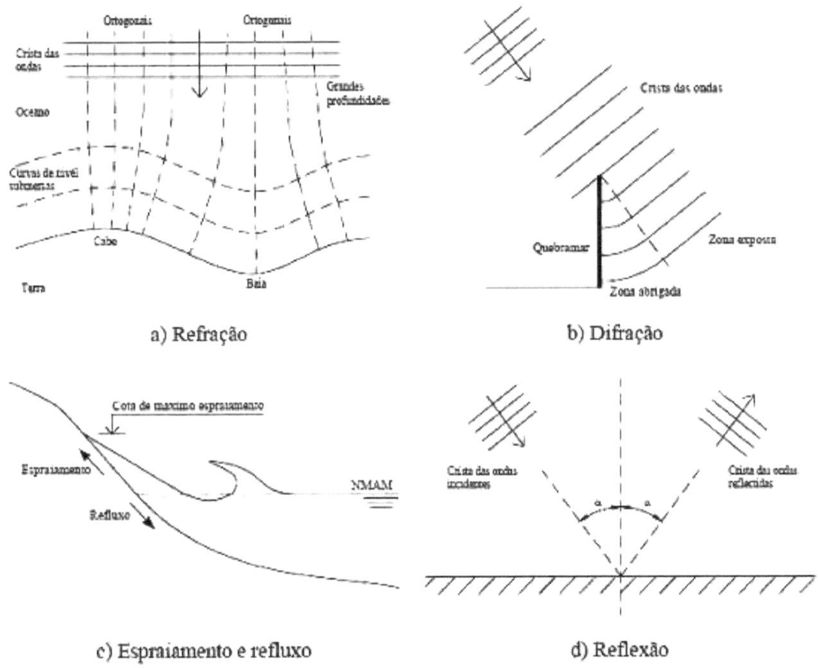

Figura 3.23 - Representação esquemática de fenómenos envolvidos na transformação da onda (adaptada de Coelho, 2005).

Segue-se o estudo individualizado de cada um dos processos. Na Figura 3.24 esquematiza-se a propagação de uma onda sinusoidal em águas de profundidade variável, decrescente, e aproximação oblíqua.

Definem-se *ortogonais* ou *raios de onda* as linhas perpendiculares às cristas (e à frente de onda). Estas linhas indicam assim a direção de propagação local da onda.

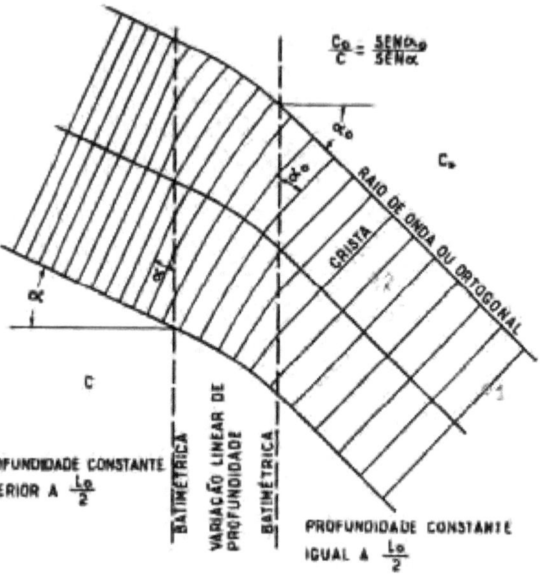

Figura 3.24 - Representação esquemática da propagação de uma onda sinusoidal simples [adaptada de Abecasis *et al.* (1957), *in* Antunes do Carmo e Sancho (2007)].

3.2.1 Empolamento

Assumindo que não existe dissipação de energia nem reflexão da onda e que esta se propaga com direção constante, então o fluxo de energia entre duas ortogonais é constante. Nesta conformidade, resulta que o fluxo de energia entre as cristas 1 e 2 (Figura 3.24) é constante e dado por (3.16)

$$F_1 = F_2 \Rightarrow \frac{1}{8}\rho g H_1^2 c_{g1} = \frac{1}{8}\rho g H_2^2 c_{g2} \qquad (3.16)$$

em que $c_g = nc$ é a celeridade de grupo, vindo

$$\frac{H_2}{H_1} = \sqrt{\frac{c_{g1}}{c_{g2}}} \qquad (3.17)$$

Seja agora o caso particular de uma onda que se propaga perpendicularmente à linha de costa, ou seja, com as cristas paralelas às batimétricas, e estas paralelas entre si, como mostra a Figura 3.25.

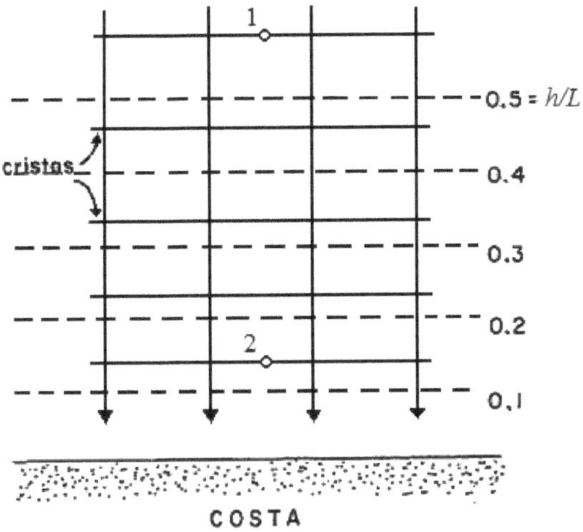

Figura 3.25 - Propagação de uma onda sinusoidal simples perpendicularmente às batimétricas, paralelas entre si, sobre profundidades decrescentes.

Tomando o ponto 1 em "águas profundas" (subíndice 0) e o ponto 2 em condições de águas menos profundas ("águas de transição"), como igualmente se mostra na Figura 3.25, têm-se (3.18) e (3.19)

$$\frac{H_2}{H_0} = \sqrt{\frac{c_{g0}}{c_{g2}}} = \sqrt{\frac{0.5c_0}{n\,c_2}} = K_s \tag{3.18}$$

$$K_s = \frac{1}{\sqrt{2n\,tanh(kh)}} = \frac{cosh(kh)}{\sqrt{kh + senh(kh)cosh(kh)}} \tag{3.19}$$

sendo K_s *o coeficiente de empolamento*, o qual traduz unicamente o efeito de diminuição da profundidade.

3.2.2 Refração

O fenómeno da *refração* manifesta-se em consequência da redução da celeridade da onda quando a mesma se propaga de águas profundas para zonas de menor profundidade com incidência oblíqua (Figura 3.26).

Para uma crista de onda em diferentes profundidades, os troços da crista em que a profundidade é menor deslocam-se mais lentamente que os troços em que a profundidade é maior e, assim, a crista tende a encurvar-se adaptando-se à morfologia do fundo. Na teoria da refração admite-se que a variação do fundo é relativamente suave. Seja o caso particular da batimetria paralela representada na Figura 3.27.

Figura 3.26 - Refração de ondas na costa Oeste portuguesa (trecho a Sul do porto de Aveiro).

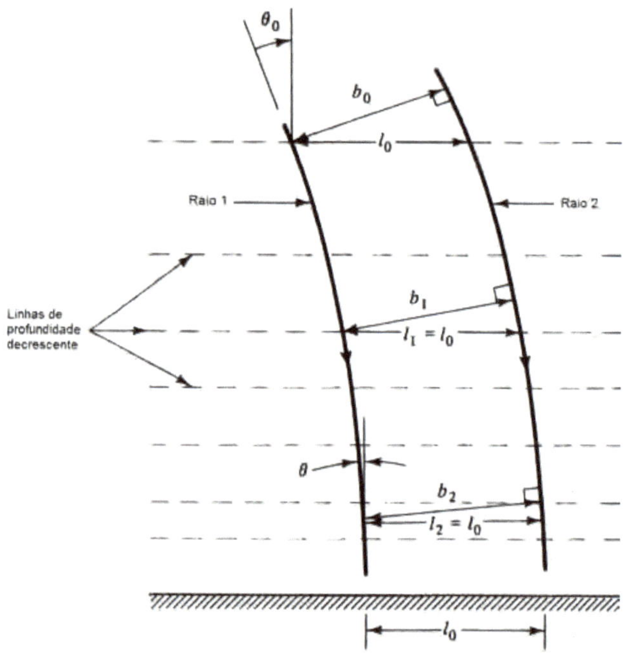

Figura 3.27 - Refração de uma onda sinusoidal simples (adaptada de Dean e Dalrymple, 1984).

Admitindo que não existe reflexão da onda nem dissipação de energia, obtêm-se sucessivamente

$$b_0\, E_0\, c_{g0} = b_1\, E_1\, c_{g1} = b_2\, E_2\, c_{g2} \tag{3.20}$$

donde

$$\frac{H_2}{H_1} = \sqrt{\frac{c_{g1}}{c_{g2}}}\sqrt{\frac{b_1}{b_2}} \tag{3.21}$$

ou ainda

$$H_2 = H_0\sqrt{\frac{c_{g0}}{c_{g2}}}\sqrt{\frac{b_0}{b_2}} \Rightarrow H_2 = H_0 K_s K_r \tag{3.22}$$

em que K_s é o *coeficiente de empolamento* e K_r é o *coeficiente de refração*, dado por (3.23)

$$K_r = \sqrt{\frac{b_0}{b_2}} \tag{3.23}$$

Por outro lado, a refração obedece à lei de Snell, que relaciona a direção de propagação da onda com a celeridade de fase (velocidade da onda), escrevendo-se (3.24)

$$\frac{sen\,\theta}{c} = \frac{sen\,\theta_0}{c_0} = \text{constante} \tag{3.24}$$

sendo $b_0 = l_0\, cos\,\theta_0$ e $b_2 = l_0\, cos\,\theta_2$, resulta (3.25)

$$K_r = \sqrt{\frac{b_0}{b_2}} = \sqrt{\frac{cos\,\theta_0}{cos\,\theta_2}} = \left(\frac{1 - sen^2\theta_0}{1 - sen^2\theta_2}\right)^{1/4} \tag{3.25}$$

cujo valor é sempre inferior à unidade, ou seja, o espaçamento entre duas ortogonais aumenta sempre à medida que a onda se refrata.

Como se observa na Figura 3.28, a aplicação da teoria da refração pode dar origem à formação de *cáusticas*, ou seja "curvas que separam áreas perturbadas de outras não perturbadas, devidas ao cruzamento de sucessivos raios de onda".

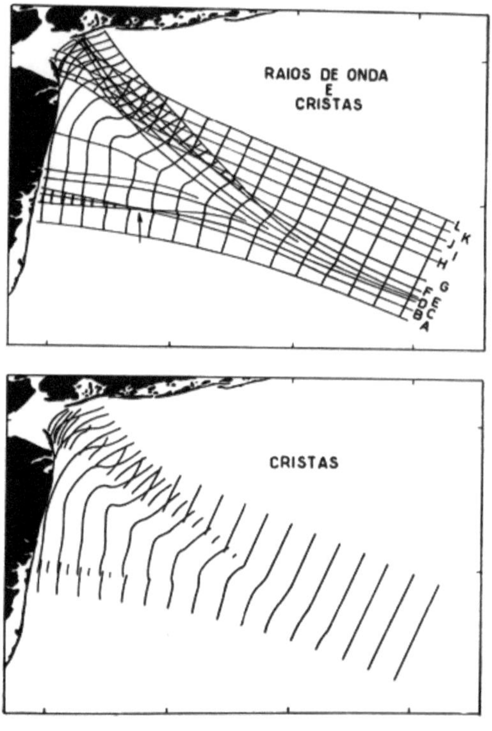

Figura 3.28 - Cruzamento de ortogonais [adaptada de Abecasis *et al.* (1957), *in* Antunes do Carmo e Sancho (2007)].

A refração é responsável pela concentração de energia em cabos submarinos, baixios e promontórios, e pela dispersão de energia em baías ou vales submarinos (Figuras 3.29 e 3.30).

Para a realização de estudos de refração recorre-se a modelos numéricos baseados no método das ortogonais (equação do raio de onda) e à resolução da equação de Berkhoff por diferenças finitas, para estudos conjuntos de refração-difração. Mais detalhes sobre estes modelos são apresentados na secção 3.3.

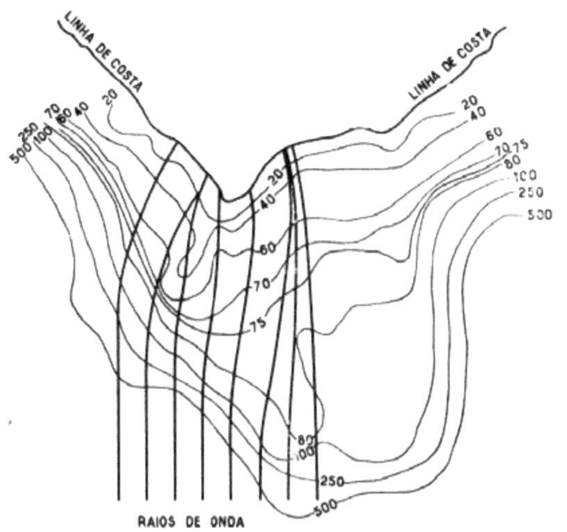

Figura 3.29 - Concentração de energia sobre um cabo submarino [adaptada de Abecasis *et al.* (1957), *in* Antunes do Carmo e Sancho (2007)].

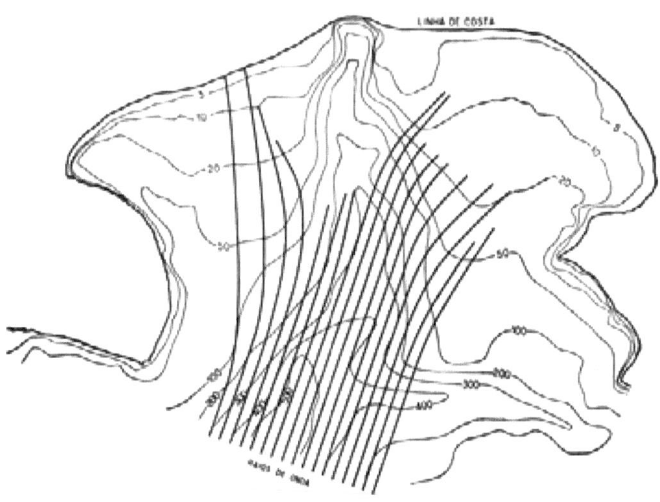

Figura 3.30 - Dispersão de energia sobre um vale submarino [adaptada de Abecasis *et al.* (1957), *in* Antunes do Carmo e Sancho (2007)].

Para ter em conta a totalidade dos fenómenos de transformação da onda que ocorrem em condições de água intermédia e pouco profunda recorre-se a modelos de equações não-lineares derivados da teoria da água pouco profunda, que se desenvolve na secção 4.5.

A Figura 3.31 mostra resultados da aplicação de um modelo deste tipo à simulação do comportamento de uma onda em torno e sobre um quebramar submerso, correntemente designado por recife artificial multifuncional. Nesta figura estão representados campos médios da velocidade à profundidade de $0.531h$ abaixo da superfície livre para uma onda à entrada do domínio com altura H = 1.5 m e período T = 9 s, e condições de nível médio da maré (2.0 m acima do zero hidrográfico) e maré baixa (com 1.0 m acima do zero hidrográfico). A estrutura submersa tem idênticas dimensões, variando apenas no ângulo, que é de 60° em ambas as estruturas da esquerda e de 45° nas duas da direita.

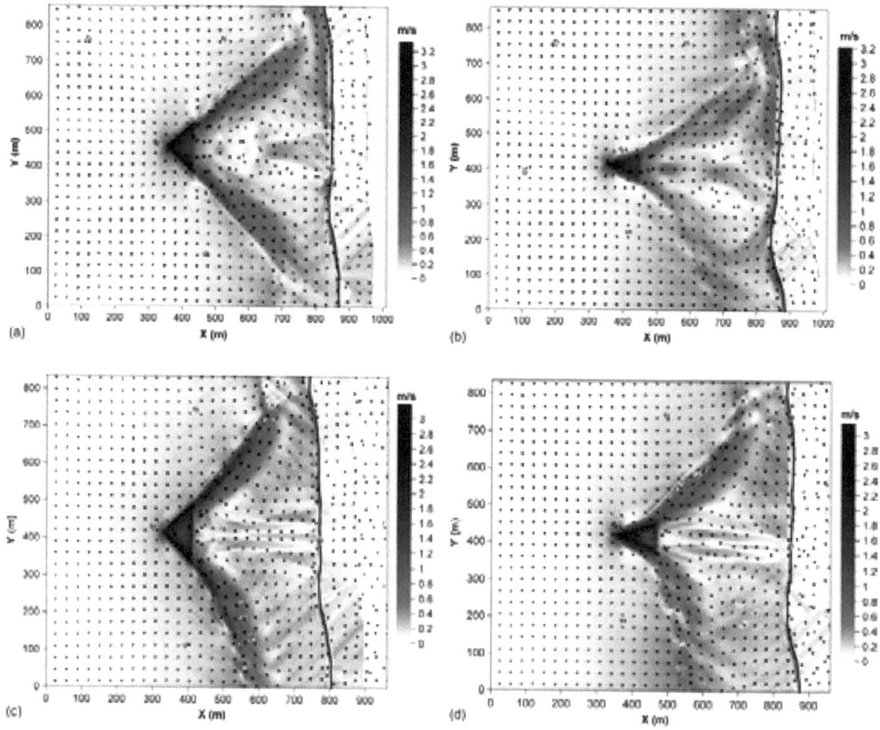

Figura 3.31 - Campos médios da velocidade, à profundidade de $0.531h$ abaixo da superfície livre, em torno e sobre uma estrutura submersa em forma de V, com ângulos de 60° à esquerda e de 45° à direita, para uma onda à entrada do domínio com H = 1.5 m e T = 9 s e condições de nível médio da maré (+2 m ZH acima) e maré baixa (+1 m ZH abaixo) (adaptada de Mendonça *et al.*, 2012a).

Exemplo-tipo de cálculo dos coeficientes de empolamento e refração

Seja uma onda em condições de água profunda com as seguintes características: $\boldsymbol{H_0}$ = 3.0 m, $\boldsymbol{T}$ = 8.0 s e $\boldsymbol{\alpha_0}$ = 30° (ângulo da crista da onda com a batimétrica). Calcular a altura de onda $\boldsymbol{H}$ e o ângulo $\boldsymbol{\alpha}$ às profundidades de 10 m e 4 m.

Expressões a utilizar

$$c_0 = \frac{gT}{2\pi} = \sqrt{\frac{gL_0}{2\pi}} \qquad c = \frac{gT}{2\pi}\, tanh\left(\frac{2\pi h}{L}\right)$$

$$L = cT = \frac{gT^2}{2\pi}\, tanh\left(\frac{2\pi h}{L}\right) \qquad n = \frac{1}{2}\left(1 + \frac{2kh}{senh(2kh)}\right)$$

$$k = \frac{2\pi}{L} \qquad K_s = \frac{H}{H_0} = \sqrt{\frac{0.5\,c_0}{n\,c}}$$

$$\frac{sen\alpha}{sen\alpha_0} = \frac{c}{c_0} = \frac{L}{L_0} \qquad K_r = \sqrt{\frac{b_0}{b}} = \sqrt{\frac{cos\alpha_0}{cos\alpha}}$$

$$sen\alpha = \frac{sen\alpha_0}{c_0}c = \frac{sen\alpha_0}{L_0}L \Rightarrow \alpha \qquad H = H_0 K_s K_r$$

Passos (para cada profundidade h)

1. Calcula-se a celeridade c_0
2. Calcula-se o comprimento de onda L
3. Calculam-se o parâmetro n e a celeridade de grupo $c_g = n\,c$
4. Calcula-se o coeficiente K_s
5. Calcula-se o ângulo $\boldsymbol{\alpha}$
6. Calcula-se o coeficiente K_r
7. Calcula-se a altura da onda H

Obtêm-se

a) Para $h = 10\ m$: $\boldsymbol{H}$ = 2.69 m e $\boldsymbol{\alpha}$ = 20.78°

b) Para $h = 4\ m$: $\boldsymbol{H}$ = 3.02 m e $\boldsymbol{\alpha}$ = 13.90°

3.2.3 Difração

A *difração* da onda corresponde a um fluxo de energia resultante de uma distribuição espacial não uniforme da altura de onda. O principal efeito da difração consiste num transporte de energia ao longo das cristas, no sentido das zonas em que a altura de onda é menor.

O fenómeno da difração pode ser ilustrado do seguinte modo: considere-se um conjunto de ondas propagando-se na direção de um quebramar, com profundidade constante. Como se mostra na Figura 3.32, podem identificar-se três zonas distintas:

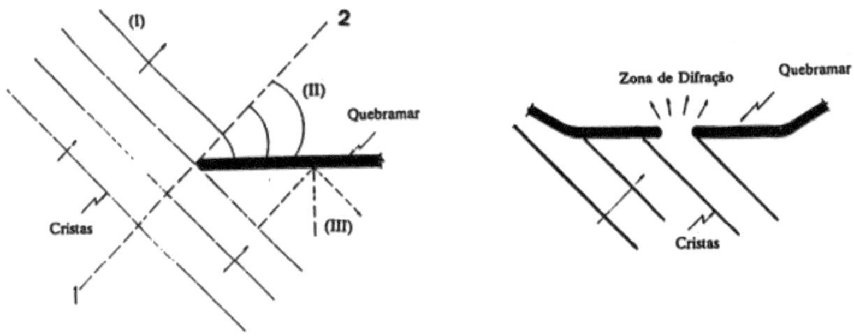

Figura 3.32 - Fenómeno da difração de ondas [adaptada de Veloso-Gomes (1996), *in* Antunes do Carmo e Sancho (2007)].

I - Zona não perturbada pela existência do quebramar: as ondas propagam-se normalmente;

II - Zona de abrigo do quebramar, em que as cristas das ondas assumem uma configuração aproximadamente circular. As ondas da zona I transmitem energia para a zona de abrigo II através do fenómeno de *difração*, isto é, através da transmissão "lateral" (segundo as cristas) de energia;

III - Esta zona é caracterizada pela sobreposição da onda incidente com a onda (parcial ou totalmente) refletida pelo quebramar.

Uma outra situação comum é a difração de ondas através da abertura entre dois quebramares ou barreiras naturais, como mostra a Figura 3.33.

Figura 3.33 - Difração de ondas à entrada da baía de São Martinho (adaptada de Antunes do Carmo e Sancho, 2007).

O fenómeno da difração ocorre também, como é natural, em zonas onde a profundidade não se mantém constante. Sobre fundo horizontal, este fenómeno é regido pela *equação de Helmholtz*, a qual se obtém introduzindo o conceito de função potencial (3.26)

$$\varphi(x,y,z,t) = \phi(x,y)\frac{cosh\left[k(h+z)\right]}{cosh(kh)}cos(kx-\omega t) \tag{3.26}$$

Esta equação satisfaz as condições matemáticas $u = -\varphi_x$ e $v = -\varphi_y$, que substituídas na equação da continuidade, $u_x + v_y = 0$, conduzem à equação de Laplace (3.27)

$$\nabla^2\varphi = \varphi_{xx} + \varphi_{yy} = 0 \tag{3.27}$$

Em termos da função potencial bidimensional $\phi(x,y)$ e de um termo adicional, $k^2\phi$, que mais adiante se discutirá, obtém-se a conhecida *equação de Helmholtz* (3.28)

$$\phi_{xx} + \phi_{yy} + k^2\phi = 0 \tag{3.28}$$

em que $k = \omega/\sqrt{gh}$. A solução da equação (3.28) depende das condições de fronteira, específicas de cada problema. Na prática, encontram-se já representadas graficamente soluções da *equação de Helmholtz* para diferentes geometrias. Nestes gráficos são representados os coeficientes de difração, K_d, dados por (3.29)

$$K_d = \frac{H_d}{H_i} \tag{3.29}$$

em que H_d é a altura de onda difratada e H_i é a altura de onda incidente.

As Figuras 3.34 e 3.35 mostram distribuições dos coeficientes de difração em torno de quebramares com incidência frontal e oblíqua, respetivamente.

Os quebramares destacados são estruturas que têm fundamentalmente por objetivo a redução da energia da agitação incidente sobre a linha de costa adjacente, funcionando como barreiras à normal propagação da onda em direção à costa, refletindo-a ou obrigando-a a contornar estas estruturas. Porém, como aquelas figuras demonstram, o fenómeno da difração impede a total eliminação da agitação na área protegida.

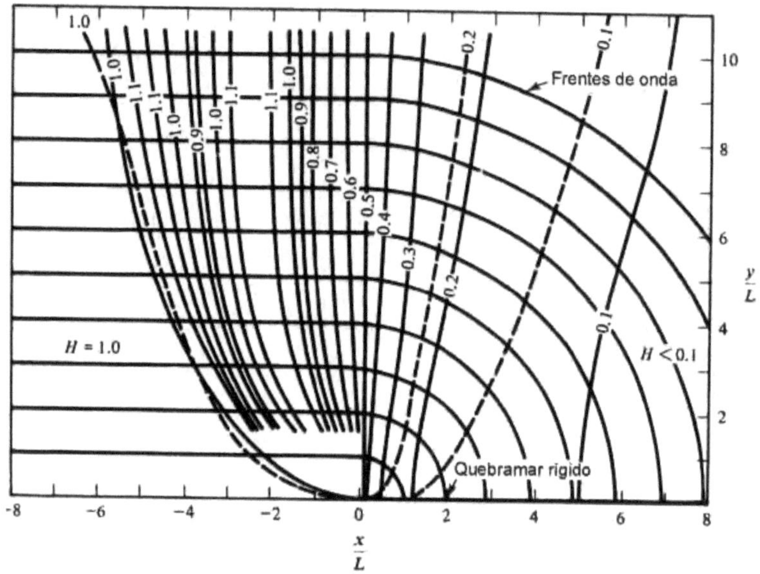

Figura 3.34 - Difração de ondas em torno de um quebramar. Solução exata (—) e aproximada (---) para incidência frontal (adaptada de Dean e Dalrymple, 1984).

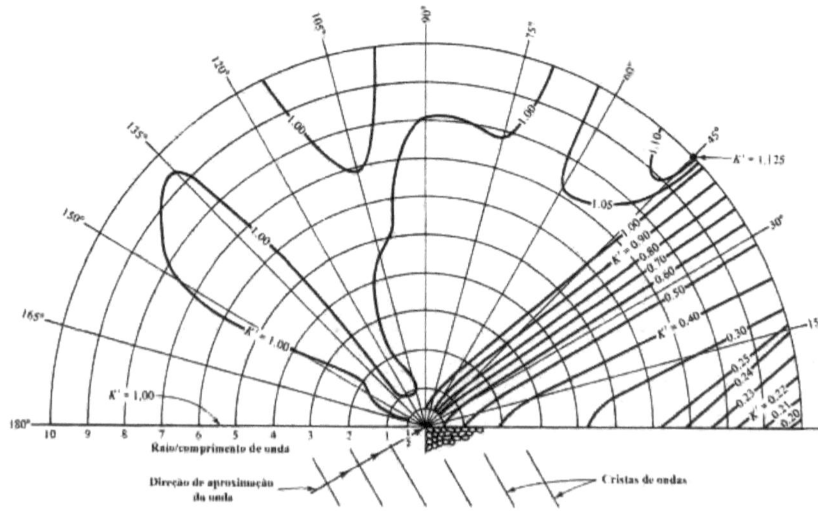

Figura 3.35 - Difração de ondas em torno de um quebramar para incidência oblíqua (30°) [adaptada de Dean e Dalrymple, 1984).

A Figura 3.36 mostra uma perspetiva da difração produzida nas proximidades de um quebramar elevado destinado a proteger uma zona balnear de condições de mar mais energéticas (Antunes do Carmo, 1995). Os resultados representados nesta figura foram obtidos com um modelo do tipo Boussinesq, cujas formulações matemática e numérica são discutidas no capítulo 4.

Figura 3.36 - Perspetiva da superfície livre (vista do mar), nas proximidades de um quebramar elevado destinado a proteger uma zona balnear (Antunes do Carmo, 1995).

Na realidade, os fenómenos de refração e difração ocorrem naturalmente em combinação, dando origem aos modelos de refração-difração, como se desenvolve na secção 3.3.1. Quando o empolamento, a refração e a difração ocorrem em simultâneo, a altura da onda é calculada por (3.30)

$$H = H_0 K_s K_r K_d \tag{3.30}$$

3.2.4 Reflexão

A *reflexão* de ondas de superfície num fluido obedece às mesmas leis que a reflexão de ondas noutros meios contínuos (ex.: luz). Em teoria linear da onda, a reflexão é entendida como a soma de duas (ou mais) ondas, de igual período, que se propagam em direções opostas.

A reflexão poderá ser total ou parcial, formando nodos (ou *quase*-nodos) e ventres (ou *quase*-ventres) (Figura 3.37). Na reflexão total o movimento das partículas é sensivelmente retilíneo, confundindo-se as trajetórias com as linhas de corrente.

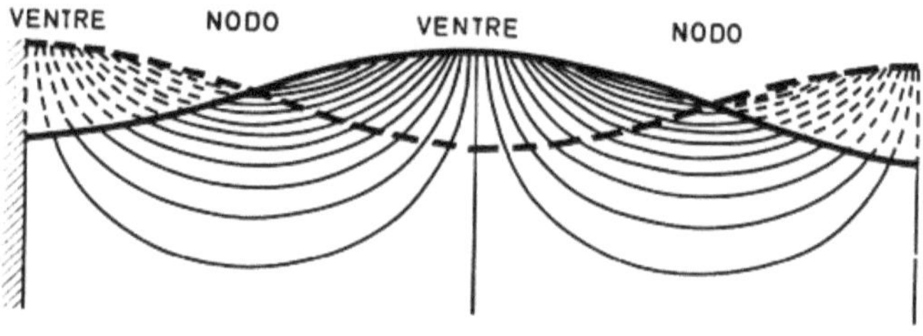

Figura 3.37 - Linhas de corrente na reflexão completa ("*clapotis total*") em teoria linear [adaptada de Antunes do Carmo e Sancho (2007)].

Se as ondas incidirem obliquamente sobre uma superfície refletora a onda refletida terá igual ângulo, como mostra a Figura 3.38.

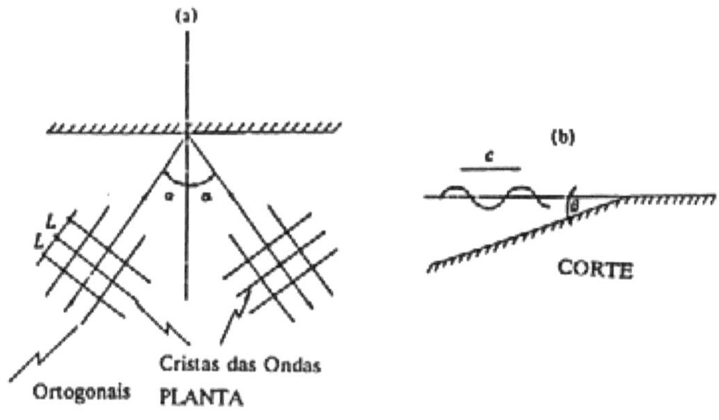

Figura 3.38 - Reflexão de ondas oblíquas [adaptada de Veloso-Gomes (1996), *in* Antunes do Carmo e Sancho (2007)].

Define-se o *coeficiente de reflexão, R,* dado por (3.31)

$$R = \frac{H_r}{H_i} = \frac{H_{reflectida}}{H_{incidente}} \tag{3.31}$$

Por *índice de agitação*, I_a, entende-se a relação entre a altura da onda medida em cada ponto (i, j) do domínio, $H_{i,j}$, e a altura da onda à entrada do domínio, H_0, isto é

$$I_a = \frac{H_{i,j}}{H_0} \tag{3.32}$$

Estes conceitos têm diferentes significados físicos, embora por vezes se confundam. Em geral, os coeficientes de reflexão são representados como mostra a Figura 3.39, enquanto os índices de agitação são normalmente representados por manchas mais ou menos carregadas, ou com diferentes tonalidades de uma ou mais cores.

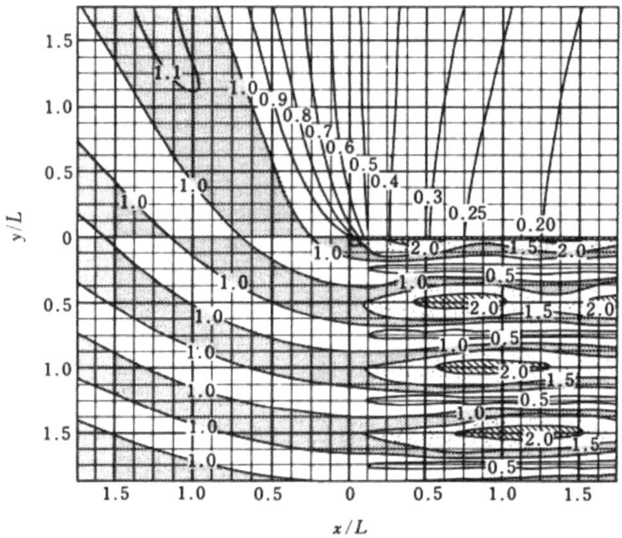

Figura 3.39 - Coeficientes de reflexão para ondas com incidência normal [adaptada de Goda (1985), *in* Antunes do Carmo e Sancho (2007)].

O *coeficiente de reflexão* depende da estrutura/praia refletora, sendo os principais fatores

- ângulo de inclinação, β;
- rugosidade da superfície;
- porosidade;

e ainda das características da onda

- declividade ($\delta = H/L$);
- altura relativa ($\varepsilon_r = H/h$).

A Figura 3.40 traduz a variação do *coeficiente de reflexão*, R, com a inclinação e declividade de superfícies com paramentos lisos.

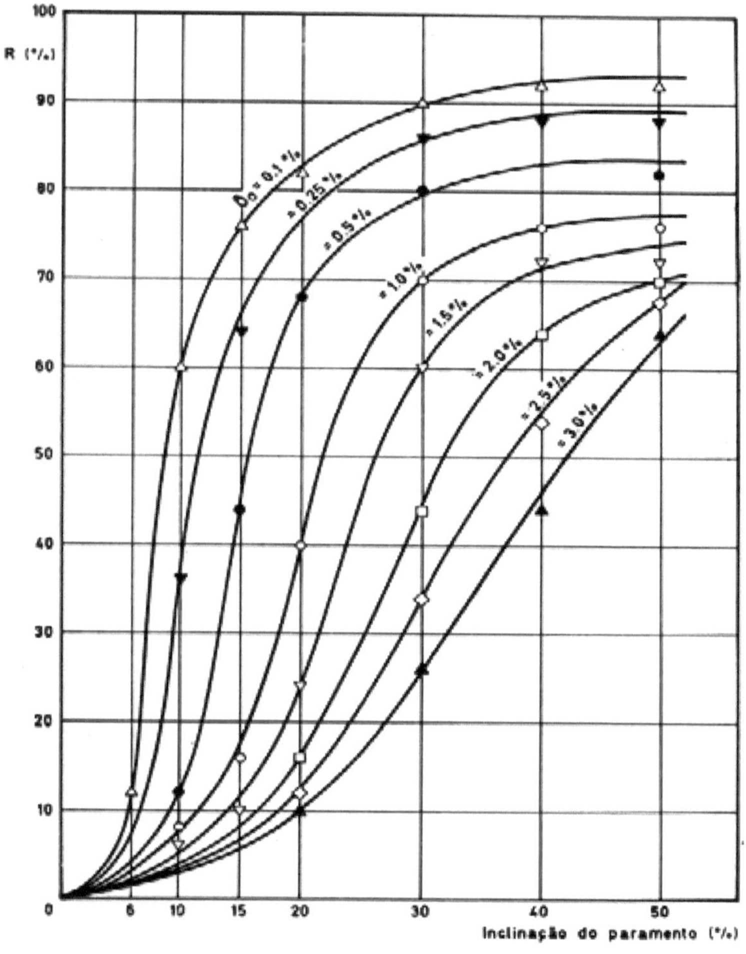

Figura 3.40 - Variação de R com a inclinação e declividade (paramentos lisos) [adaptada de Antunes do Carmo e Sancho (2007)].

O parâmetro que melhor caracteriza o efeito conjunto da inclinação do fundo e da declividade da onda é a relação entre estes dois parâmetros, definida como o *Número de Iribarren* ("*surf similarity parameter*"), dado por (3.33)

$$\xi = \frac{\tan\beta}{\sqrt{\delta}} = \frac{\tan\beta}{\sqrt{H/L}} \tag{3.33}$$

A *reflexão* ocorre para valores de ξ superiores a um valor crítico: $2.0 < \xi_{crit.} < 2.5$.

- $\xi < \xi_{crit.}$ $\Longrightarrow$ ocorre rebentação da onda sobre o talude; a dissipação de energia é intensa e a reflexão é pequena;
- $\xi > \xi_{crit.}$ $\Longrightarrow$ não ocorre rebentação e a dissipação de energia depende apenas da rugosidade/porosidade do obstáculo; grande parte da energia é refletida.

Por conseguinte, para um valor fixo da inclinação do talude, ao *Número de Iribarren crítico* $\xi_{crit.}$ corresponde uma declividade crítica $\delta_{crit.}$, que separa duas situações possíveis

- $\delta < \delta_{crit.}$ $\Longrightarrow$ a onda não rebenta sobre o talude;
- $\delta > \delta_{crit.}$ $\Longrightarrow$ a onda rebenta sobre o talude.

De igual modo, para determinada onda incidente (determinada declividade) ocorre reflexão (sem rebentação) quando $\beta > \beta_{crit.}$, e ocorre rebentação quando $\beta < \beta_{crit.}$.

A superfície representada na Figura 3.41 foi obtida por simulação da propagação de ondas relativamente frequentes no estuário do Tejo; traduz o efeito conjunto da reflexão-difração que ocorre na aproximação e em torno do farol do Bugio. Um outro fenómeno que igualmente se manifesta é a rebentação, que se aborda na secção 3.2.5.

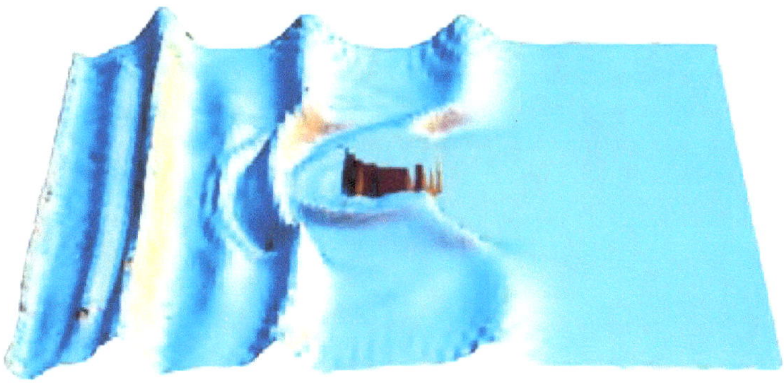

Figura 3.41 – Perspetiva da superfície livre obtida por simulação em torno do farol do Bugio, situado no estuário do Tejo.

3.2.5 Rebentação

A *rebentação* de ondas junto à costa ocorre devido à redução da profundidade. Segundo a teoria linear, a propagação de ondas em profundidades gradualmente decrescentes dá origem ao empolamento: ocorre previamente uma diminuição de H até um mínimo ($\approx 0.9 H_0$), para depois dar origem ao crescimento contínuo de H. Do ponto de vista energético, se o fluxo de energia for constante, $F = (1/8)\rho g H_1^2 c_g$, a diminuição da velocidade de grupo, c_g, implica um aumento de H.

Do ponto de vista físico, poder-se-á argumentar que a energia que é distribuída sobre uma grande profundidade ao largo passa a ser distribuída sobre uma pequena profundidade.

O aumento de H implica que a teoria da onda de pequena amplitude deixe de ser válida. Implica ainda que a onda atinge uma declividade limite ($H/L_0 \approx 0.142$) a partir da qual instabiliza e rebenta. Por conseguinte, pode ocorrer rebentação por excesso de declividade da onda e por diminuição da profundidade.

Muitas propriedades na zona de *surf* parecem ser governadas pelo *parâmetro de Iribarren* ao largo ("*similarity parameter*") (ξ_0), o qual, à semelhança de (3.33), é definido por (3.34)

$$\xi_0 = (H_0/L_0)^{-1/2} \tan\beta \quad (3.34)$$

em que β é o ângulo de declive do fundo e H_0/L_0 é a declividade da onda incidente, com parâmetros referidos a águas profundas.

A seguinte classificação da rebentação em quatro categorias é geralmente aceite

$\xi_0 \leq 0.40$ (rebentação progressiva "*spilling*")

$0.40 < \xi_0 \leq 2.00$ (rebentação mergulhante "*plunging*")

$2.00 < \xi_0 \leq 3.30$ (rebentação colapsante "*collapsing*")

$\xi_0 > 3.30$ (rebentação de fundo "*surging*")

A rebentação progressiva ("*spilling*") ocorre predominantemente em praias de areia plana, ou com um declive ligeiro; a onda rebenta de forma contínua, com a crista a "rolar" sobre a cava precedente. Em seus estados finais, a onda em rebentação progressiva pode evoluir para um ressalto hidráulico móvel ou um ressalto ondulatório.

A rebentação mergulhando ("*plunging*") ocorre de forma súbita, quando a crista se dobra em voluta e cai para a frente; ocorre em praias de declive intermédio.

A rebentação colapsante ou enrolada ("*collapsing*") ocorre em praias com declives importantes (ângulos de declive da ordem de 11° a 15°), sendo $\xi_0 > 2.0$; a parte inferior da face frontal da onda assume uma posição próxima da vertical, enrolando como uma onda mergulhante pouco desenvolvida, em direção ao fundo e sem atingir o ponto de elevação máxima da onda.

A rebentação de fundo ("*surging*") ocorre muito próximo da costa em praias de declive muito acentuado, quando a crista não chega a rebentar, pois a frente da mesma espraia-se sobre o talude; a face frontal e a crista da onda permanecem relativamente suaves e a onda desliza sobre a praia, apenas com ligeira produção de espuma e bolhas. A Figura 3.42 mostra os quatro tipos de rebentação.

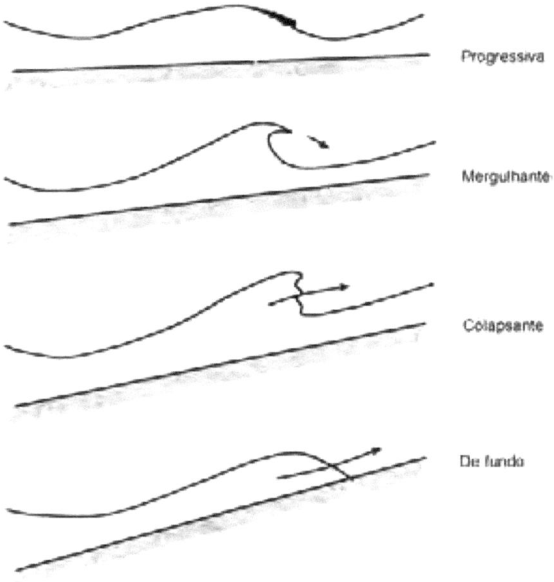

Figura 3.42 - Tipos de rebentação (adaptada de Kamphuis, 2002).

As praias são classificadas como *dissipativas*, *intermédias* e *refletivas*, sendo normalmente designadas por praias refletivas aquelas em que predominam os tipos de rebentação colapsante e de fundo.

Existem vários critérios para a determinação do *início da rebentação*

» A velocidade das partículas da crista excede a velocidade de propagação (celeridade) da onda;

» A superfície livre na zona frontal da crista assume a posição *quase*-vertical.

Estes critérios são empíricos e teoricamente traduzidos em expressões de fácil utilização, essencialmente de dois tipos

- declividade limite, $H_b/L = \cdots$;
- altura de onda relativa limite, $H_b/h_b = \cdots$

ou por combinações destes dois critérios.

Os critérios mais simples e frequentemente usados são

- $H_b/L_0 = 0.142\, tanh(kh)$;
- $H_b/h_b = 0.78$.

Em Carter (1993) podem ser encontradas relações para H_b expressas em termos dos parâmetros ao largo (H_0, L_0 e c_0), traduzindo a conservação da energia durante o empolamento; uma destas relações escreve-se

$$H_b^2 = \frac{0.4 \times (H_0 n_b L_0)^{-0.33}}{H_0} \tag{3.35}$$

com $n_b \approx 1$, ou estabelecendo uma proporcionalidade entre as energias potencial ao largo (E_{p0}) e na rebentação (E_{Pb}) obtém-se (3.36)

$$\frac{H_b}{L_b} = \frac{E_{p0}}{E_{Pb}} = \frac{0.5 c_0 H_0^2/8}{c_b H_b^2} \tag{3.36}$$

Outro critério corrente, recomendado pelo *Shore Protection Manual* (com $m = tan\beta$), é dado por (3.37) (Weggel, 1972)

$$\frac{H_b}{h_b} = \frac{1}{0.64\left(1 + e^{-19.5m}\right)} + 4.46\left(1 - e^{-19m}\right)\frac{H_b}{T^2} \tag{3.37}$$

Após o início da rebentação, a onda propaga-se pela zona de *surf*, ou zona de espalho, como um ressalto hidráulico móvel (*bore*).

A rebentação de ondas é ainda o fenómeno responsável pela geração das correntes litorais e pela modificação do nível médio da superfície livre (formação de sobrelevação positiva, *wave setup*, e negativa, *wave setdown*), como se desenvolve na secção seguinte.

A superfície representada na Figura 3.43 traduz o efeito conjunto da refração-rebentação que ocorre aquando da aproximação oblíqua da onda a uma praia com uma velocidade $\vec{c}$ e fazendo a crista da onda um ângulo α (*peel angle*) com a linha de rebentação, ângulo definido pelos vetores $\vec{V}_p$ (velocidade ao longo da crista da onda) e $\vec{V}_s$ (velocidade ao longo da linha de rebentação) identificados na Figura 3.43.

Figura 3.43 - Ilustração do vetor celeridade da onda, $\vec{c}$, velocidade ao longo da crista da onda, $\vec{V}_p$, velocidade ao longo da linha de rebentação, $\vec{V}_s$, e "*peel angle*" α (Mendonça *et al.*, 2012).

Exemplo-tipo de cálculo dos coeficientes de empolamento, refração e rebentação

Seja uma onda com as características indicadas no exemplo de cálculo dos coeficientes de empolamento e refração ($\boldsymbol{H_0}$= 3.0 m, $\boldsymbol{T}$ = 8.0 s e $\boldsymbol{\alpha_0}$= 30°). Assumindo batimétricas paralelas, pretende-se determinar a que profundidade $\boldsymbol{h_b}$ rebenta esta onda, bem como a sua altura $\boldsymbol{H_b}$, o período $\boldsymbol{T_b}$ e o ângulo $\boldsymbol{\alpha_b}$ da onda com a batimétrica no ponto de rebentação.

Expressões a utilizar

$$c_0 = \frac{gT}{2\pi} = \sqrt{\frac{gL_0}{2\pi}} \qquad c = \frac{gT}{2\pi} tanh\left(\frac{2\pi h}{L}\right)$$

$$L = cT = \frac{gT^2}{2\pi} tanh\left(\frac{2\pi h}{L}\right) \qquad n = \frac{1}{2}\left(1 + \frac{2kh}{senh(2kh)}\right)$$

$$k = \frac{2\pi}{L} \qquad K_s = \frac{H}{H_0} = \sqrt{\frac{0.5\,c_0}{n\,c}}$$

$$\frac{sen\,\alpha}{sen\,\alpha_0} = \frac{c}{c_0} = \frac{L}{L_0} \qquad K_r = \sqrt{\frac{b_0}{b}} = \sqrt{\frac{cos\alpha_0}{cos\alpha}}$$

$$H_b / L = 0.142\ tanh(kh) \qquad H_b / h_b = 0.78$$

$$sen\alpha = \frac{sen\alpha_0}{c_0} c = \frac{sen\alpha_0}{L_0} L \Rightarrow \alpha \qquad H_b = H_0 K_s K_r$$

Passos (para uma profundidade h_{reb} estimada, por exemplo $h_{reb}=L_0/5$ ou $h_{reb} = 2.5H_0$)

1. Calcula-se a celeridade c_0
2. Calcula-se o comprimento de onda L
3. Calculam-se o parâmetro n e a celeridade de grupo $c_g = nc$
4. Calcula-se o coeficiente K_s
5. Calcula-se o ângulo $\boldsymbol{\alpha_b}$
6. Calcula-se o coeficiente K_r
7. Calcula-se a altura da onda H_b, por $H_b = H_0 K_s K_r$
8. Calcula-se h_b, por $h_b = 1.28 H_b$
9. Comparam-se h_{reb} (estimado) com h_b calculado
10. Se ABS(h_{reb} - h_b) > ε faz-se $h_{reb} = h_{reb} - dh$ e volta-se ao ponto 2.
11. O processo iterativo continuará até que a condição anterior (passo 10) seja satisfeita.

Obtêm-se

$\boldsymbol{H}_b = 3.03$ m e $\boldsymbol{h}_b = 3.88$ m

$c_b = 5.91$ m/s e $\boldsymbol{\alpha}_b = 13.71°$

Seja agora uma onda em condições de água profunda com as seguintes características: $\boldsymbol{H}_0 = 5.0$ m; $\boldsymbol{T} = 8.5$ s e $\boldsymbol{\alpha}_0 = 45°$ (ângulo da crista da onda com a batimétrica). Assumindo batimétricas paralelas, calcular a altura de onda $\boldsymbol{H}_b$, a profundidade $\boldsymbol{h}_b$, a celeridade c_b, o ângulo $\boldsymbol{\alpha}_b$ desta onda com a batimétrica no ponto de rebentação e o valor do critério de rebentação, dado por $\frac{H_b}{L_b} = \frac{0.5c_0 H_0^2/8}{c_b H_b^2}$.

Obtêm-se

$\boldsymbol{H}_b = 4.46$ m e $\boldsymbol{h}_b = 5.71$ m

$c_b = 7.08$ m/s e $\boldsymbol{\alpha}_b = 22.19°$

$H_b/L_b = 0.147$

3.2.6 Sobrelevação (*setup*) e depressão (*setdown*)

Por ação do vento, a superfície livre do mar não é horizontal, sendo caracterizada por uma linha da superfície livre ascendente, traduzindo-se numa elevação do nível médio (*setup*), ou descendente, correspondendo a uma depressão (*setdown*), consoante a ação na fronteira é a favor do vento ou contra o vento, respetivamente. O gradiente da superfície livre do oceano induzido pelo vento pode ser simplificadamente estimado por (3.38) (CIRIA, 1996)

$$i_v = c_v(\rho_{ar}/\rho)V^2/(gh) \tag{3.38}$$

em que ρ_{ar} e ρ são as massas volúmicas do ar (1.21 kgm^{-3}) e da água do mar (1030 kgm^{-3}); V é a velocidade efetiva do vento, h é a profundidade e c_v é um coeficiente de atrito entre o ar e a água ($\approx 0.8\times10^{-3}$ a 3.0×10^{-3}). Deste modo, pode estimar-se o *setup máximo* resultante da ação do vento por $\eta_{uv} = i_v F/2$, em que F é o *fetch*.

Um modelo útil para a obtenção de primeiras estimativas de sobrelevações da superfície livre, S, em zonas costeiras e em lagos, devidas à atuação de um vento com determinada direção ϕ e velocidade V, é dado por (3.39)

$$\frac{dS}{dx} = \frac{\zeta\times(V\cos\phi)^2}{gh} \tag{3.39}$$

em que $\zeta = 3.2\times10^{-6}$, $h_i = (h_0 + S)_i$ e ϕ é o ângulo entre a direção do vento e o eixo dos x. O modelo (3.39) não tem solução analítica na generalidade das aplicações reais; por conseguinte, deverá ser resolvido recorrendo a um método numérico adequado. Em geral, uma aproximação obtida com o método de Euler simples (explícito) é satisfatória; contudo, obter-se-á uma melhor aproximação usando o método de Euler melhorado com base na regra dos trapézios, traduzida pelo seguinte esquema (3.40), igualmente explícito

$$S_{i+1} = S_i + \frac{\Delta x}{2}\left[f(x_i, S_i) + f(x_{i+1}, S_i + \Delta x f(x_i, S_i))\right] \tag{3.40}$$

com $f(x,S) = \dfrac{3.2\times10^{-6}\times(V\cos\phi)^2}{g(h_0+S)}$ e $\Delta x = x_{i+1} - x_i$, obtendo-se, para cada ponto $i+1$ da malha de cálculo, $h_{i+1} = h_{0i+1} + S_{i+1}$.

Idêntico processo (sobrelevação/*setup*) ocorre por ação da onda, observando-se uma elevação da superfície livre da água acima do nível de repouso, causada pela dissipação de energia em consequência da rebentação das ondas incidentes. Antes de iniciado o processo de sobrelevação/*setup*, ocorre um abaixamento do nível da superfície livre em repouso (depressão/*setdown*), definindo o início da zona de rebentação da onda. Em primeira aproximação, os valores da sobrelevação/*setup* e da depressão/*setdown* devidos à onda podem ser obtidos por, com $h \approx h_0$ para simplificação de escrita

- Sobrelevação/*setup* (experimental), $\overline{\eta}_{uo} \approx 0.20(h_b - h) + \overline{\eta}_b$ (Figura 3.44)

  Considerando hipóteses físicas simplificativas, é possível deduzir a seguinte expressão (3.41) para a sobrelevação/*setup* $\overline{\eta}_{uo}$

$$\overline{\eta}_{uo} \approx \left(\frac{3}{8\gamma^2}\right)(h_b - h) + \overline{\eta}_{do}, \text{ com } \gamma \approx 0.78 \tag{3.41}$$

  Um resultado analítico para a sobrelevação ou *setup máximo* é dado por $\overline{\eta}_{uo\_max} = 0.3\gamma_{br}H_b$, ou, com $\gamma_{br} \approx H_b/h_b$, $\overline{\eta}_{uo\_max} \approx 0.3H_b^2/h_b$ (CIRIA, 1996).

- Depressão/*setdown*, $\overline{\eta}_{do} = -\dfrac{kH_b^2}{8\,senh(2kh)}$, expressão esta que resulta de considerações analíticas, assumindo que o fluxo da quantidade de movimento S_{xx} deve ser equilibrado por uma força igual e oposta, obtendo-se (3.42)

$$\frac{dS_{xx}}{dx} = -\rho g(h + \overline{\eta})\frac{d\overline{\eta}}{dx} \tag{3.42}$$

  em que $S_{xx} = E[2kh/senh(2kh) + 1/2]$ e $\overline{\eta}$ é a diferença entre o nível médio da superfície livre e o nível da água em repouso. Por integração obtém-se a expressão apresentada para o $\overline{\eta}_{do}$.

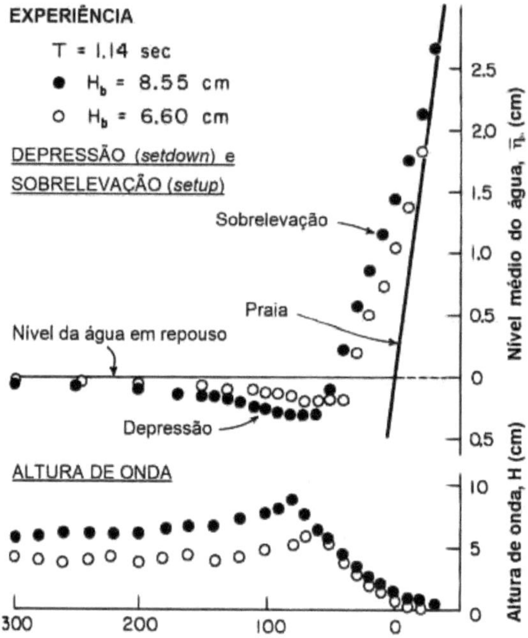

Figura 3.44 – Sobrelevação (*setup*) e depressão (*setdown*) medidas em ensaios de laboratório [adaptada de Komar (1998), em Antunes do Carmo e Sancho (2007)].

Uma expressão semi-empírica para o cálculo da velocidade média da corrente longitudinal é apresentada em Carter (1993)

$$\overline{V_L} = 1.18\sqrt{gH_b}\ sen\,\alpha\, cos\,\alpha \qquad (3.43)$$

em que α é o ângulo de aproximação da onda.

Uma equação de uso frequente, e igualmente semi-empírica, para o cálculo de $\overline{V_L}$ tem a seguinte forma (3.44)

$$\overline{V_L} = 1.35\, H_b\sqrt{g/h_b}\ sen\,\alpha_b\, cos\,\alpha_b \qquad (3.44)$$

Em praias de declive constante ou variando monotonicamente (sem barras longitudinais), com agitação irregular, a velocidade máxima da corrente longitudinal pode ser obtida pela seguinte expressão (3.45), igualmente semi-empírica

$$V_{LM} = 1.0\sqrt{gH_{s,b}}\ sen\,\alpha_b\, cos\,\alpha_b \qquad (3.45)$$

Exemplo-tipo de cálculo das alturas de depressão (*setdown*) e sobrelevação (*setup*), e da velocidade da corrente longitudinal junto à margem

Possíveis expressões a utilizar

Setdown: $\overline{\eta}_{do} = -\dfrac{k H_b^2}{8\, senh(2kh)}$, com $k = \dfrac{2\pi}{L}$, $\dfrac{H_b}{h_b} = 0.78$ e $L = \dfrac{gT^2}{2\pi} tanh\left(\dfrac{2\pi h}{L}\right)$

Setup: $\overline{\eta}_{uo} \approx C_\eta (h_b - h_l) + \overline{\eta}_d$, com $C_\eta \approx 0.15$ a 0.20 e $h_l \approx 0$

$$\overline{V}_L = 1.35\, H_b \sqrt{g/h_b}\; sen\,\alpha_b\, cos\alpha_b \quad \text{e} \quad sen\alpha_b = \frac{sen\alpha_0}{L_0} L \Rightarrow \alpha_b$$

Seja uma onda em condições de água profunda, com período $\boldsymbol{T} = 8.5$ s e altura $\boldsymbol{H}_0 = 5.0$ m, que se aproxima da margem perpendicularmente à linha de costa (crista da onda paralela à linha de costa).

a) Assumindo batimétricas paralelas, estimar a depressão (*setdown*) no ponto de rebentação e a sobrelevação (*setup*) na linha de costa;

b) Continuando a assumir batimétricas paralelas, se a mesma onda se aproximar de condições de água profunda com um ângulo $\boldsymbol{\alpha}_0 = 45^\circ$ (ângulo da crista da onda com a batimétrica), estimar a depressão (*setdown*) e a corrente longitudinal média junto à margem.

Obtêm-se

a) Depressão (*setdown*) = -0.19 m e sobrelevação (*setup*) = 1.09 m

b) Depressão (*setdown*) = -0.17 m e $\overline{V}_l = 2.62$ m/s

3.2.7 Espraiamento e refluxo

Designa-se por *espraiamento* a cota máxima atingida por uma onda marítima, medida na vertical. O *refluxo* refere-se à fase da oscilação descendente em que a onda atinge a cota mínima.

O fenómeno de espraiamento depende largamente das características das ondas devidas ao vento, mas também das ondas longas (de baixa frequência) existentes na zona costeira (ondas de berma, grupos de ondas, etc.).

A Figura 3.45 esquematiza a processo e os fatores que contribuem para a ocorrência deste fenómeno.

Na fase de espraiamento e refluxo podem ocorrer velocidades no fluido muito elevadas, que podem provocar a erosão dos fundos na zona de espraiamento (quer sobre praias naturais, quer sobre estruturas costeiras, com maior ou menor proteção dos seus taludes).

O refluxo é um dos principais fenómenos responsáveis pela queda de blocos dos mantos de estruturas marítimas (quebramares, esporões, molhes, paredões).

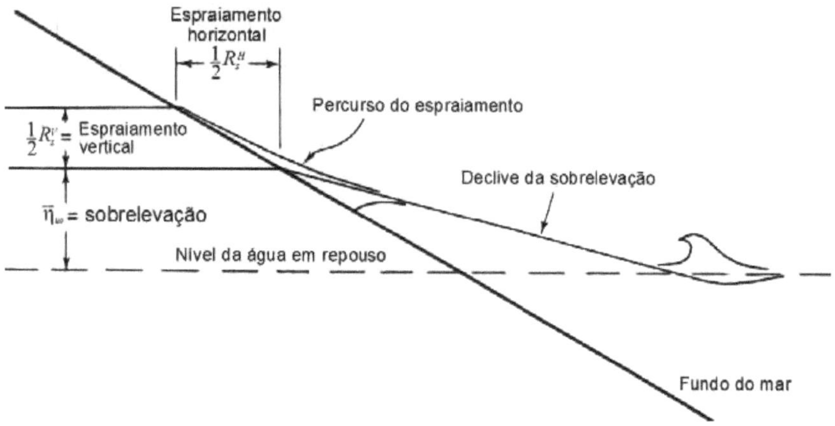

Figura 3.45 - Fatores que afetam o espraiamento e o refluxo (*swash*, *run-up*, *run-down*) [adaptada de Komar (1998), em Antunes do Carmo e Sancho (2007)].

Em praias naturais, o espraiamento máximo (representado como o espraiamento que é excedido somente por 2% das ondas, em agitação irregular) é da ordem de (Guza e Thornton, 1982)

$$R_s \approx 0.7\, H_{s,0} \tag{3.46}$$

ou ainda, em função do *Número de Iribarren*

$$R_{2\%} \approx 0.45\, H_{s,0} \frac{m}{\sqrt{H_{s,0}/L_0}} \tag{3.47}$$

3.3 Modelos computacionais e aplicações

3.3.1 Modelos lineares de refração-difração

Um modelo simples para simular os fenómenos de empolamento e refração, mas sem ter em conta a difração e o atrito de fundo, baseia-se na definição dos raios de onda - linhas ortogonais às cristas.

Uma onda ao incidir obliquamente em relação ao alinhamento e declive da plataforma costeira, em condições de águas intermédia e pouco profunda, irá sofrer uma rotação, seja $d\theta$. A velocidade de fase na zona menos profunda é mais reduzida, retardando, por conseguinte, parte da frente de onda relativamente à restante frente que se encontra em águas mais profundas. A rotação sofrida por unidade de tempo é igual ao gradiente da velocidade ao longo da frente de onda, isto é

$$\frac{d\theta}{dt} = \frac{dc}{dn} \tag{3.48}$$

representando n o alinhamento da frente de onda, ou normal ao raio de onda. Por definição, $dt = ds/c$, donde

$$\frac{d\theta}{ds} = \frac{1}{c}\frac{dc}{dn} \tag{3.49}$$

Em coordenadas cartesiana (x, y) a equação (3.49) escreve-se na forma equivalente (3.50)

$$\frac{d\theta}{ds} = \frac{1}{c}\left(\frac{\partial c}{\partial x} sen\theta - \frac{\partial c}{\partial y} cos\theta\right) \tag{3.50}$$

Por outro lado, as coordenadas (x, y) são dadas por (3.51)

$$\frac{dx}{dt} = c\,cos\theta \; ; \; \frac{dy}{dt} = c\,sen\theta \tag{3.51}$$

As equações (3.50) e (3.51) constituem um modelo adequado para calcular o percurso de um raio de onda num campo com velocidade de fase variável $c(x, y)$. Aquelas equações, (3.50) e (3.51), não têm solução analítica, devendo ser resolvidas numericamente recorrendo, em geral, a um método de diferenças finitas. Slingerland *et al.* (1994) sugerem o seguinte esquema (3.52)

$$\theta^{n+1} = \theta^n + \Delta s\left[\frac{1}{c^n}\left(\frac{\partial c^n}{\partial x} sen\theta^n - \frac{\partial c^n}{\partial y} cos\theta^n\right)\right] \tag{3.52}$$

em que $\Delta s = \Delta t c^n$, designando n o número do nó ao longo do raio de onda. As derivadas espaciais de c são aproximadas por (3.53)

$$\frac{\partial c}{\partial x} = \frac{c_{i+1,j} - c_{i-1,j}}{\Delta x_i + \Delta x_{i-1}} \quad \text{e} \quad \frac{\partial c}{\partial y} = \frac{c_{i,j+1} - c_{i,j-1}}{\Delta y_j + \Delta y_{j-1}} \tag{3.53}$$

Para a localização de θ^{n+1}, calculam-se as coordenadas x e y do nó $n+1$ através de (3.54) e (3.55), respetivamente.

$$x^{n+1} = x^n + \Delta s\,cos\left(\frac{\theta^n + \theta^{n+1}}{2}\right) \tag{3.54}$$

$$y^{n+1} = y^n + \Delta s\,sen\left(\frac{\theta^n + \theta^{n+1}}{2}\right) \tag{3.55}$$

Como em geral a localização do nó n não coincidirá com um nó da malha de diferenças finitas, os valore de c e dos seus gradientes terão de ser interpolados. Slingerland *et al.* (1994) sugerem o uso da seguinte função (3.56)

$$f^n = f_{i,j}(\xi - 1)(\eta - 1) - f_{i+1,j}\,\xi(\eta - 1) + f_{i+1,j+1}\,\xi\eta - f_{i,j+1}\,\eta(\xi - 1) \tag{3.56}$$

em que ξ e η têm o significado apresentado na Figura 3.46.

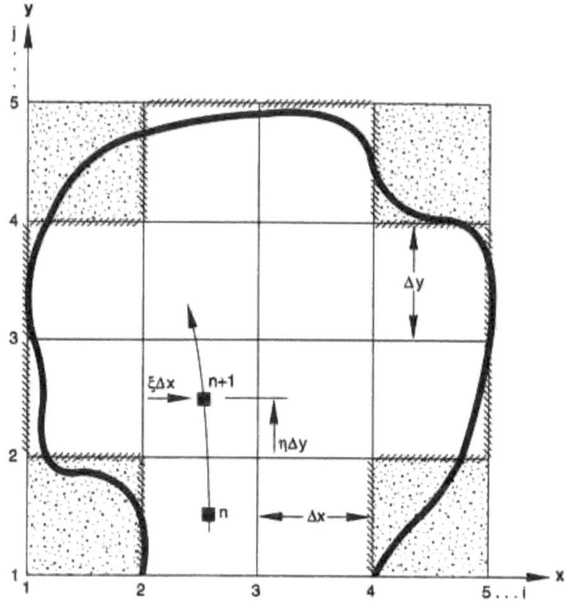

Figura 3.46 - Grelha de diferenças finitas para o modelo de refração da onda (Slingerland *et al.*, 1994).

Um modelo mais completo, que permite simular a ocorrência simultânea dos fenómenos de refração e difração, é traduzido por uma equação correntemente designada por "*equação da onda sobre fundos com declives suaves*", ou "*mild slope wave equation*", também conhecida por *equação de Berkhoff*.

A "*mild slope wave equation*" pode ser obtida a partir de considerações energéticas. Com efeito, a hipótese de fluido perfeito permite descrever o escoamento por um potencial de velocidade complexo, Φ, dado por (3.57)

$$\Phi(x,y,z,t) = \widehat{\phi} e^{-i\omega t} \frac{cosh[k(h+z)]}{senh(kh)} \tag{3.57}$$

que deve satisfazer a equação de Laplace $\nabla^2\Phi = 0$, como resulta da combinação de irrotacionalidade (a qual assegura que $\vec{u} = -\nabla\Phi$) com a equação de continuidade, $div\,\vec{u} = 0$.

Na equação (3.57), a quantidade $\widehat{\phi} = \widehat{\phi}(x,y)$ é uma função potencial bidimensional. Considerando a amplitude da onda, a, dada por (3.58)

$$a(x,y) = \frac{i\omega}{g}\widehat{\phi}(x,y) \tag{3.58}$$

a condição dinâmica na superfície livre (z = 0) permite obter a seguinte relação (3.59) entre a função potencial e a elevação da superfície livre, ς

$$\varsigma(x,y,t) = -\frac{1}{g}\frac{\partial\phi}{\partial t} = a(x,y)e^{-i\omega t} \tag{3.59}$$

em que $\phi = \phi(x,y,t) = \hat{\phi}(x,y)e^{-i\omega t}$. Por definição, relativamente à superfície livre em repouso, as energias potencial e cinética do movimento da onda, por unidade de área horizontal, são dadas por (3.60) e (3.61), respetivamente (Antunes do Carmo, 1995)

$$E_p = \int_0^{\varsigma}\rho g z\, dz = -\frac{\rho}{g}e^{-2i\omega t}\frac{1}{2}\omega^2\hat{\phi}^2 \tag{3.60}$$

$$E_c = \int_{-h}^{0}\frac{1}{2}\rho(\nabla_3\Phi)^2\, dz = \frac{\rho}{g}e^{-2i\omega t}\frac{1}{2}\left[cc_g(\nabla\hat{\phi})^2 + \frac{1}{2}\left(1-\frac{2kh}{senh(2kh)}\right)\omega^2\hat{\phi}^2\right] \tag{3.61}$$

em que $\nabla_3 = [(\partial/\partial x)i, (\partial/\partial y)j, (\partial/\partial z)k]$ é o operador gradiente tridimensional, $\nabla = [(\partial/\partial x)i, (\partial/\partial y)j]$ é o operador gradiente bidimensional horizontal, c é a celeridade de fase, c_g é a celeridade de grupo.

Somando as energias potencial e cinética dadas pelas equações (3.60) e (3.61) obtém-se a seguinte equação (3.62) para a energia total do movimento da onda por unidade de área

$$E = \frac{\rho}{g}e^{-2i\omega t}\frac{1}{2}\left[cc_g(\nabla\hat{\phi})^2 - \frac{c_g\omega^2}{c}\hat{\phi}^2\right] \tag{3.62}$$

Considerando agora um domínio de cálculo com uma área horizontal Ω, para a energia do movimento da onda nesta área resulta (3.63)

$$E_\Omega = \frac{\rho}{g}e^{-2i\omega t}\int_\Omega\frac{1}{2}\left[cc_g(\nabla\hat{\phi})^2 - \frac{c_g\omega^2}{c}\hat{\phi}^2\right]dx\,dy \tag{3.63}$$

Aplicando o teorema de Green à equação (3.63) e atendendo a que o movimento da onda é estacionário na área Ω, E_Ω deverá ser igualmente estacionária, anulando-se a variação δE_Ω, ou seja

$$\delta E_\Omega = \frac{\rho}{g}e^{-2i\omega t}\left\{-\int_\Omega\delta\hat{\phi}\left[\nabla.(cc_g\nabla\hat{\phi}) + \frac{c_g\omega^2}{c}\hat{\phi}\right]dx\,dy + \int_{\partial\Omega}cc_g\delta\hat{\phi}\frac{\partial\hat{\phi}}{\partial n_\Omega}ds\right\} = 0 \tag{3.64}$$

Por outro lado, admitindo que as fronteiras são totalmente reflexivas, ou que se situam no '*infinito*', permitindo ignorá-las, anula-se o integral de linha da equação (3.64), resultando (3.65)

$$\int_\Omega\delta\hat{\phi}\left[\nabla.(cc_g\nabla\hat{\phi}) + \frac{c_g\omega^2}{c}\hat{\phi}\right]dx\,dy = 0 \tag{3.65}$$

igualdade esta que deverá verificar-se qualquer que seja $\delta\widehat{\phi}$; por conseguinte, a expressão entre parêntesis retos da equação (3.65) deverá anular-se em todos os pontos da área Ω, obtendo-se a seguinte equação (3.66) às derivadas parciais de segunda ordem do tipo elítico, conhecida por "*mild slope wave equation*" (MSWE)

$$\nabla.\left(cc_g \nabla\widehat{\phi}\right)+\frac{c_g}{c}\omega^2\widehat{\phi}=0 \tag{3.66}$$

em que as quantidades ω^2, cc_g e c_g/c são dadas por (3.67)

$$\begin{aligned}
&\omega^2 = gk\,tanh(kh)\\
&cc_g = \frac{g}{k}tanh(kh)\frac{1}{2}\left[1+\frac{2kh}{senh(2kh)}\right]\\
&\frac{c_g}{c} = \frac{1}{2}\left[1+\frac{2kh}{senh(2kh)}\right]
\end{aligned} \tag{3.67}$$

referindo-se *k* e *h* aos seus valores locais, permitindo deste modo a aplicação da MSWE a variações suaves da profundidade (Berkhoff, 1972).

Em condições de água pouco profunda ($kh << 1$), a equação (3.66) (MSWE) reduz-se a (3.68)

$$\nabla.\left(h\nabla\widehat{\phi}\right)+\frac{\omega^2}{g}\widehat{\phi}=0 \tag{3.68}$$

Se, além disso, h = constante, a equação (3.66) reduz-se à bem conhecida *equação de Helmholtz* (3.28), atrás apresentada, ou com $\phi = \widehat{\phi}(x,y)e^{-i\omega t}$

$$\nabla^2\widehat{\phi}+k^2\widehat{\phi}=0 \tag{3.69}$$

em que $k = \omega/\sqrt{gh}$. Em anexo (**Anexo II**) é apresentada uma breve introdução ao método dos elementos finitos e oferecido um programa computacional completo que utiliza o método dos resíduos pesados de Galerkin para resolução da *equação de Helmholtz* (3.69).

Utilizando um método de elementos finitos idêntico ao apresentado em Anexo, resumem-se em seguida os desenvolvimentos essenciais para a resolução numérica da equação (3.66). Esta equação pode ser expressa em termos da elevação da superfície livre, ς. Assim, considerando a igualdade (3.59) e desenvolvendo o operador ∇ obtém-se (3.70)

$$\frac{\partial}{\partial x}\left(cc_g\frac{\partial\varsigma}{\partial x}\right)+\frac{\partial}{\partial y}\left(cc_g\frac{\partial\varsigma}{\partial y}\right)+\frac{c_g}{c}\omega^2\varsigma=0 \tag{3.70}$$

A equação (3.70) é correntemente resolvida por um método de elementos finitos, sendo a variável ς aproximada dentro de um elemento genérico por (3.71)

$$\varsigma \approx \hat{\varsigma} = \sum_{i=1}^{n}\varsigma_i N_i \tag{3.71}$$

em que n é o número de nós do elemento; ς_i são os valores nodais da aproximação $\hat{\varsigma}$, e $N_i(x_j, y_j)$ são as funções de interpolação, com valor unitário se $i = j$ e nulo se $i \neq j$, sendo (x_j, y_j) as coordenadas (x, y) do nó j.

Considerando o método de Galerkin, os resíduos são ortogonalizados em relação a um conjunto de funções de ponderação que coincidem com as funções de interpolação. Após ortogonalização do resíduo resultante da aplicação do método à equação (3.70) e recorrendo em seguida ao teorema de Green para baixar a ordem das derivadas de 2ª ordem, obtém-se a seguinte equação (3.72)

$$\begin{aligned}\int_{\Delta^e}\left[cc_g\left(\frac{\partial N_i}{\partial x}\frac{\partial N_j}{\partial x}+\frac{\partial N_i}{\partial y}\frac{\partial N_j}{\partial y}\right)-\frac{c_g}{c}\omega^2 N_i N_j\right]\varsigma_j\, d\Delta^e & \\ -\int_{\Gamma^e} cc_g\frac{\partial\varsigma}{\partial n}N_i\, d\Gamma^e = 0 & \quad ; \; i,j = 1,\ldots,n\end{aligned} \tag{3.72}$$

O integral de linha representa os lados Γ^e que constituem fronteiras externas do domínio, as quais podem ser de dois tipos: *essenciais* (ou de Dirichlet) e *naturais* (ou de Newman). É uma condição essencial a especificação da superfície livre ς_i e são condições naturais quando fazem intervir o gradiente normal da velocidade.

Uma condição de radiação/reflexão (total ou parcial) é expressa por (3.73)

$$\frac{\partial\varsigma}{\partial n} = ik(1-\gamma)\varsigma \tag{3.73}$$

em que γ representa um coeficiente de reflexão ($0 \le \gamma \le 1$)

Para a entrada de uma onda que faça um ângulo α com a normal à fronteira é utilizada a condição (3.74)

$$\frac{\partial\varsigma_E}{\partial n} = -ik\cos\alpha\,\varsigma_E \tag{3.74}$$

De igual modo, para fazer sair do domínio uma onda que faça um ângulo β com a normal à fronteira usa-se (3.75)

$$\frac{\partial\varsigma_S}{\partial n} = ik\cos\beta\,\varsigma_S \tag{3.75}$$

Nesta conformidade, a elevação da superfície livre devida às condições (3.74) e (3.75) resulta da sobreposição das respetivas elevações ($\varsigma = \varsigma_E + \varsigma_S$), donde

$$\frac{\partial\varsigma}{\partial n} - ik\cos\beta\,\varsigma = -ik(\cos\alpha + \cos\beta)\varsigma_E \tag{3.76}$$

Em termos matriciais a equação (3.72) escreve-se .

$$[A]\{\varsigma\} = \{B\} \tag{3.77}$$

Substituindo a condição de geração-radiação (3.76) na equação (3.72), resultam os seguintes elementos da matriz A (3.78) e do vetor B (3.79)

$$a_{i,j} = \int_{\Delta^e} \left[cc_g \left(\frac{\partial N_i}{\partial x}\frac{\partial N_j}{\partial x} + \frac{\partial N_i}{\partial y}\frac{\partial N_j}{\partial y} \right) - \frac{c_g}{c}\omega^2 N_i N_j \right] d\Delta^e \; ; \; i,j = 1,\ldots,n \qquad (3.78)$$
$$- \int_{\Gamma^e} \left(cc_g i\, k cos\beta N_i N_j \right) \varsigma_j \, d\Gamma^e = 0$$

$$b_i = -\int_{\Gamma^e} \left[cc_g i k (\cos\alpha + \cos\beta) N_i \right] \varsigma_E \, d\Gamma^e \; ; \; i = 1,\ldots,n \qquad (3.79)$$

Uma vez conhecida a elevação da superfície livre (valores de ς) em todos os pontos do domínio, calcula-se o campo de velocidades (u, v) através das seguintes relações (3.80)

$$u = -i\frac{g}{\omega}\frac{\partial \varsigma}{\partial x} \quad \text{e} \quad v = -i\frac{g}{\omega}\frac{\partial \varsigma}{\partial y} \qquad (3.80)$$

3.3.2 Modelos para variações suaves da profundidade e interação onda-corrente

Outros modelos mais completos, com capacidade para reproduzir os efeitos combinados da refração, difração, reflexão e dissipação, em condições de águas profundas e intermédias, são apresentados em Antunes do Carmo (1995).

A necessidade de conhecer os fenómenos que ocorrem na zona costeira, que transformam uma onda na sua progressão em águas intermédia e pouco profunda, conduziu ao aparecimento de diversos modelos computacionais para a resolução da equação de Berkhoff (3.70). São particularmente conhecidos o modelo REFDIF, com sucessivas versões desenvolvidas por Kirby (1984), Kirby e Dalrymple (1985), Kirby, (1986a) e Kirby (1986b), entre outros, e atualmente suportado pelo National Ocean Partnership Program (NOPP), e o modelo DREAMS, implementado por Fortes (1993) e com diversas aplicações desde aquela data (Fortes, 2002; Fortes *et al.* (2004); Silva *et al.*, 2012). Entre as aplicações mais recentes, destaca-se a propagação para o interior do porto de Ponta Delgada, Açores, da agitação marítima que foi obtida pelo modelo SWAN (descrito mais adiante) desde água profunda até à proximidade do porto (Silva *et al.*, 2012).

O modelo DREAMS resolve a equação (3.70) por um método de elementos finitos, como descrito acima, recorrendo a um programa auxiliar (GMALHA) para geração da malha e interpolação da batimetria, usando em geral elementos triangulares.

O modelo REFDIF tem em conta efeitos de interação onda-corrente, pelo que resolve uma versão modificada da equação (3.70), incluindo uma correção da não-linearidade (Kirby, 1984). Este modelo utiliza um método de diferenças finitas implícito de Crank-Nicolson em coordenadas cartesianas e, mais recentemente, em coordenadas curvilíneas, para resolver ama aproximação mais completa da equação parabólica (Kirby,1986b).

Uma versão espetral deste modelo encontra-se igualmente disponível gratuitamente através do endereço web http://www.uedel.edu/kirby/programs/refdif/refdif.html.

Os modelos de raios de onda, ou planos de refração, e de Bekhoff acima descritos foram aplicados ao estudo da dinâmica dos sedimentos em redor do Forte de São Lourenço do Bugio, também conhecido como Forte de São Lourenço da Cabeça Seca ou simplesmente Forte do Bugio, localizado a meio das águas da foz do rio Tejo, Lisboa, sob a ação conjunta de ondas e de correntes de maré.

- ***Seleção das características de agitação***

De entre as informações disponíveis sobre o clima de agitação marítima na zona do Bugio, foi selecionado um conjunto reduzido de ondas com características que de alguma forma podem ser consideradas representativas em termos de dinâmica sedimentar. Para o efeito, foi utilizada a informação contida no histograma do regime de agitação observada no ponto P representado na Figura 3.47 (*in* LNEC, 1997) e posteriormente relacionada com as características ao largo.

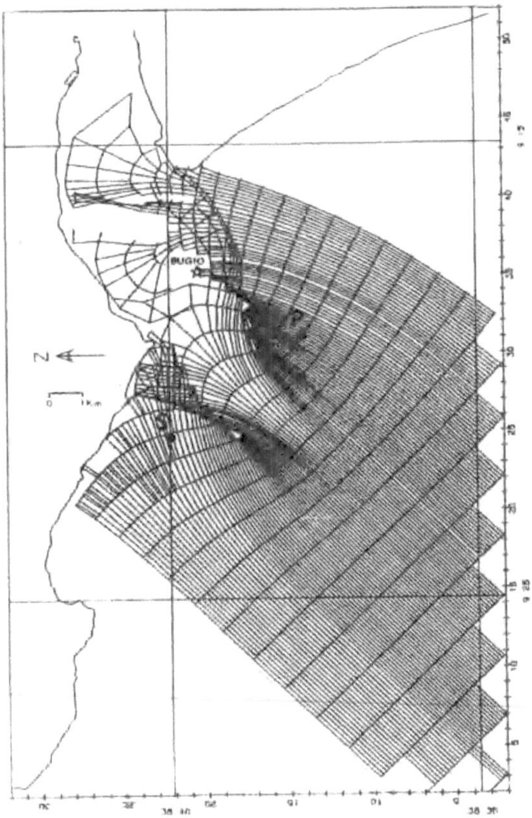

Figura 3.47 - Plano de refração para uma onda monocromática com período T = 12 s e rumo ao largo de 225° (LNEC, 1997; Seabra Santos *et al.*, 1997; Antunes do Carmo e Seabra Santos, 1999).

Esta transferência de informação teve por base a análise das características da agitação nos pontos P e S (Figura 3.47), dela tendo resultado duas ondas: *Onda* 1 – onda de grande amplitude, representativa da agitação dominante em termos de dinâmica sedimentar, com rumos de Sudoeste e período T = 12 s; *Onda* 2 – onda de pequena amplitude, representativa da agitação frequente, com rumos ao largo de quadrantes de oeste e período T = 8 s (Seabra Santos *et al.*, 1997).

No essencial, estas ondas foram selecionadas de modo a tentar representar, por um lado, os grandes movimentos associados a situações de maior dinamismo e, por outro, verificar se a agitação de fraca intensidade era suficiente para realimentar a praia projetada. A *Onda* 1 é representativa de uma gama de rumos variando, no ponto P, entre 215° e 230°, e de uma gama de alturas variando no mesmo ponto entre cerca de 3.0 m a 4.0 m. Importa realçar que para efeitos de avaliação dos efeitos da agitação nas proximidades do Forte, a altura da onda terá de ser necessariamente limitada a esta gama de valores, pois para alturas superiores ocorre a rebentação da onda antes de atingir a zona de estudo. A *Onda* 2 é representativa de uma agitação que, no ponto P, tem rumos que variam entre 275° e 290° e amplitudes situadas no intervalo de 1.0 m a 2.0 m.

Tendo presentes as relações entre as características da agitação marítima ao largo, no ponto P e no ponto S (LNEC, 1997), verifica-se uma relação de alturas entre o ponto P e o largo de aproximadamente 1.12, para uma onda com período de 12 s e rumo local de cerca de 215°, vindo para a altura da *Onda* 1 ao largo cerca de 3.0 m; uma onda com altura de 1.5 m a 1.75 m no ponto P terá uma altura ao largo de 2.0 m e no ponto S cerca de 0.80 m a 0.85 m. Em resumo, a análise anterior permitiu selecionar as duas ondas seguintes.

Onda 1		**Onda 2**	
- Altura (ao largo)	3. 0 m	- Altura (ao largo)	2.0 m
- Período	12 s	- Período	8 s
- Rumo	225°	- Rumo	287.5°

- ***Seleção das características da maré***

Foram consideradas uma maré viva e uma maré média, a primeira associada com uma onda de tempestade é representativa da situação extrema de transporte sedimentar; a segunda está associada com ondas frequentes, correspondendo a uma situação de menor dinamismo. Foram selecionadas as seguintes situações

Caso 1: Máxima enchente de mare viva com *Onda* 1;
Caso 2: Máxima enchente de maré média com *Onda* 2;
Caso 3: Máxima vazante de maré viva com *Onda* 1;
Caso 4: Máxima vazante de maré média com *Onda* 2.

A fim de validar a semelhança dinâmica de um modelo físico, implementado pelo LNEC, foram realizadas outras simulações, nomeadamente a análise de diferentes granulometrias para efeitos de alimentação artificial da praia.

- ***Casos de estudo***

Descrevem-se seguidamente os dois primeiros casos e apresentam-se algumas figuras com os resultados obtidos. A avaliação da dinâmica sedimentar na zona do Bugio envolveu estudos hidrodinâmicos de propagação de ondas e análises morfodinâmicas em redor do Forte, pelo que será objeto de análise e discussão detalhada nos capítulos seguintes, até à formulação da proposta de solução que foi apresentada.

» ***Análise do Caso 1***

Como resultado da aplicação do modelo baseado no método das ortogonais (equação do raio de onda) obteve-se para a *Onda* 1 o Plano de Refração apresentado na Figura 3.47. A análise deste Plano de Refração revela uma rotação pronunciada da onda desde o largo até à proximidade do Forte do Bugio. Deste modo, obtiveram-se as seguintes condições a utilizar na fronteira de entrada do domínio para aplicação do modelo não-linear WACUP (como referido acima e descrito no capítulo 4, secção 4.8 - Modelos computacionais e aplicações).

Altura da onda	3.5 m
Período	12 s
Rumo	180°

» ***Análise do Caso 2***

A análise do Plano de Refração correspondente a esta situação revela uma instabilidade das ortogonais, como consequência de variações marcantes na profundidade. Foi então decidido reter resultados até ao ponto de **S** (Figura 3.47), onde a onda tem as seguintes características

Altura da onda	1.5 m
Período	8 s
Rumo	280°

Entre o ponto **S** e o Forte do Bugio foi utilizado um modelo que resolve a equação de Berkhoff para propagar aquele sinal da onda como condição na fronteira de entrada. A Figura 3.48 mostra os resultados do modelo para a altura da onda e a correspondente fase.

Como resultado desta análise, foram registadas as seguintes características da onda na proximidade do Forte do Bugio, as quais serão igualmente usadas como condições na fronteira do domínio de aplicação de um modelo to tipo Boussinesq

Altura da onda	0.80 m
Período	8 s
Rumo	290°

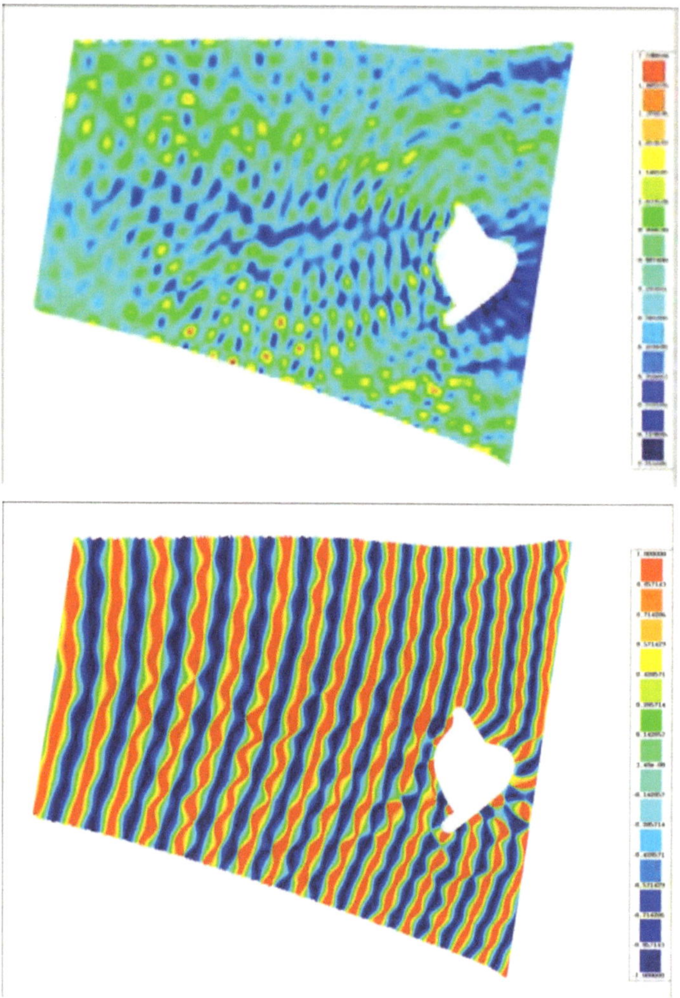

Figura 3.48 - Alturas de onda (acima) e correspondentes resultados das fases obtidos com o modelo de Berkhoff (Seabra Santos *et al.*, 1997; Antunes do Carmo e Seabra Santos, 2002).

Tendo em conta as condições de fronteira determinadas para os casos 1 e 2 e os campos estacionários de correntes (comparativamente com a escala de tempos da simulação das ondas) obtidos por um modelo de escoamento médio baseado nas equações de Saint-Vennant (ou *shallow water equations*), a modelação da evolução das ondas na vizinhança do Forte do Bugio foi efetuada com recurso ao modelo não-linear WACUP – WAve and CUrrent Processes, baseado na teoria da onda em água pouco profunda, desenvolvido com base nas equações de Boussinesq.

Como se verá no capítulo 4, secções 4.6 e 4.8, este modelo permite representar a propagação, reflexão total ou parcial, refração, difração, empolamento, atrito e rebentação das ondas, bem como a interação entre estas e os campos de velocidades associados a correntes estacionárias num domínio com profundidade variável e fronteiras de Dirichlet, Newman ou mistas (Seabra Santos *et al.*, 1997).

A versão mais completa do modelo WACUP permite simular as fases líquida e sólida, usando a formulação de Bailard para determinar o caudal sólido total (em suspensão e por arrastamento). No capítulo 5 é apresentada uma descrição detalhada da fase sólida do modelo WACUP e a sua aplicação na vizinhança do Forte do Bugio.

3.3.3 Breve descrição de alguns modelos de uso corrente

Na prática, e sobretudo para grandes áreas, da ordem de uma ou mais dezenas de quilómetros quadrados, são frequentemente usados modelos computacionais que resolvem versões bidimensionais no plano horizontal (2DH), alguns do quais de acesso livre. Em geral, as equações são resolvidas numericamente recorrendo a métodos de elementos finitos, a métodos de diferenças finitas ou a volumes finitos, com as equações formuladas em coordenadas cartesianas e/ou em coordenadas curvilíneas ortogonais no plano horizontal, para melhor adaptação a geometrias mais ou menos complexas. Segue-se uma breve descrição de alguns dos modelos mais comuns na atualidade.

- O RMA2 é um modelo computacional cuja origem remonta a meados dos anos 70, na *Resources Management Associate*, com sucessivos desenvolvimentos posteriores na Universidade da Califórnia e, mais recentemente, no *U. S. Army Corps of Engineers, Waterways Experiment Station* (WES). Usa um método de elementos finitos para resolver as equações de Reynolds num domínio bidimensional no plano horizontal, assumindo um fluido verticalmente homogéneo e as acelerações verticais são desprezadas. Simula situações de cobre-descobre, tem em conta a força de Coriolis e aceita uma grande variedade de condições de fronteira. É adequado para a propagação de ondas geradas pelo vento e a evolução de tempestades.
- O TELEMAC2D/3D foi originalmente desenvolvido pelo ©EDF - *Laboratoire National d'Hydraulique et Environnement* da companhia *Electricité de France* (EDF-LNHE), sendo atualmente suportado e comercializado por um consórcio formado pela EDF-LNHE e o HR Wallingford. Os diferentes modelos que constituem a estrutura TELEMAC são atualmente de acesso livre a partir do endereço http://www.opentelemac.org/, hospedado no HR Wallingford.
- O ADCIRC (Advanced Circulatiom Multi-dimensional Hydrodynamic Model) é outro modelo de acesso livre desenvolvido e mantido na *University of North Carolina* (Luettich e Westerink, 2004). Utiliza um método de elementos finitos para resolver as equações integradas na vertical (versões 2DH ou *quase*-3D), sendo adequado para simular a propagação das ondas de maré, a propagação da agitação devida ao vento, a evolução de tempestades e inundações e o transporte de substâncias. É ainda adequado para efetuar estudos de viabilidade de dragagens e outras operações costeiras e portuárias.

- O MIKE 21 foi desenvolvido e é suportado pelo DHI *Water and Environment in Denmark* (DHI, 2013). Usa um esquema de volumes finitos para resolver as equações de Navier-Stokes integradas na vertical (a equação da continuidade e as componentes da equação de conservação da quantidade de movimento no plano horizontal). Permite a adoção de diferentes níveis de resolução espacial, que vão desde uma resolução mais grosseira, apropriada para áreas mais afastadas, até uma resolução mais fina, usada nas áreas de maior interesse. É assim um modelo que se adapta bem para aplicações em ambientes oceânicos, costeiros e estuarinos; contudo, trata-se de um modelo comercial.

- O DELFT2D/3D foi desenvolvido pela Universidade de Delft e é mantido e comercializado pela *Deltares Systems*. Usa o método de diferenças finitas para resolver as equações gerais integradas na vertical, em versões 2DH ou *quase*-3D. É constituído por um conjunto de módulos de elevada complexidade, devido ao grande número de processos físicos que permite simular e à diversidade de métodos e opções numéricas implementadas. Como se observa na Figura 3.49, dois dos módulos, o DELFT3D-FLOW e o DELFT3D-SWAN, podem ser executados de forma independente ou comunicando entre si de forma integrada, partilhando resultados intermédios durante a simulação (Deltares, 2011).

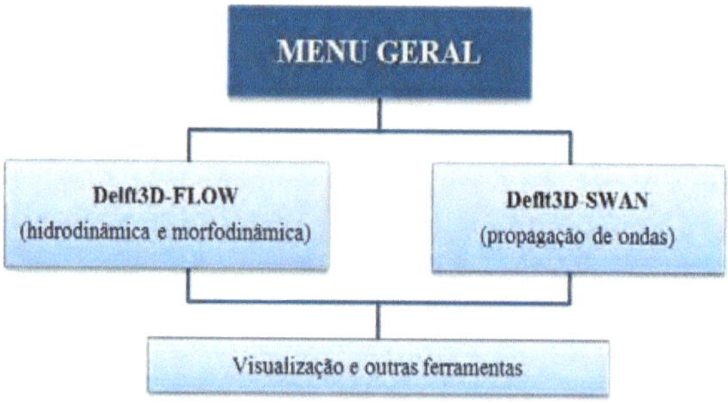

Figura 3.49 - Módulos do DELFT3D (adaptada de Deltares, 2011).

O módulo DELFT3D-FLOW considera formulações matemáticas que permitem simular vários fenómenos físicos, nomeadamente a força de Coriolis, variações de massa volúmica da água, correntes de maré, correntes induzidas pelo vento e gradientes de pressão. Permite realizar simulações de escoamentos em rios, lagos e albufeiras, propagar *tsunamis* e ondas de cheia, elaborar mapas de inundação, analisar os processos morfodinâmicos em sistemas fluviais e costeiros, avaliar o transporte de poluentes dissolvidos e simular a evolução da temperatura e de gradientes de salinidade. Relativamente ao transporte de sedimentos e à morfologia, este modelo simula o transporte por arrastamento e o transporte em suspensão de sedimentos não-coesivos e coesivos. Por sua vez, o módulo DELFT3D-SWAN tem em conta outros processos físicos, nomeadamente a geração de ondas por ação do vento, a dissipação de energia resultante do empolamento, do atrito no fundo e da rebentação, e ainda os fenómenos resultantes de interações não-lineares onda-corrente.

- O SWASH é um modelo computacional que foi desenvolvido e é suportado pelo *SWASH team* (2012) da Universidade de Tecnologia de Delft, Faculdade de Engenharia Civil e Geociências, Holanda. O SWASH (*Simulating WAves till SHore*) é aplicável na simulação de fenómenos costeiros de pequena escala, como as ondas ao aproximarem-se de uma praia, a penetração das ondas num porto, as ondas de cheia num rio, a intrusão salina num estuário, e em grande escala do oceano, na plataforma continental e na simulação de sistemas costeiros impulsionados por Coriolis e por forças meteorológicas para simular a propagação de maremotos e tempestades. É um modelo de acesso livre a partir do endereço http://swash.sourceforge.net/, incluindo pré- e pós-processamento numa plataforma amigável.
- O CCHE2D é um modelo hidrodinâmico que resolve as equações por um método de elementos finitos para a simulação de escoamentos turbulentos, o transporte de sedimentos e a evolução morfológica de fundos móveis. Foi desenvolvido e é mantido pelo *National Center for Computational Hydroscience and Engineering* (NCCHE), *the University of Mississippi School of Engineering*. Inclui módulos de pré- e pós-processamento numa plataforma amigável. Estão disponíveis versões beta a partir do endereço http://www.ncche.olemiss.edu/sw_download.
- O IBER foi desenvolvido e é mantido pela Universidade Politécnica da Catalunha, Barcelona, e pela Universidade da Corunha, através do *Centro de Estudos Hidrográficos* (CEDEX), do *Instituto Flumen*, do *Grupo de Ingeniería del Agua y del Medio Ambiente* e do *Centro Internacional de Métodos Numéricos en Ingeniería*. Trata-se de um modelo para aplicações em sistemas fluviais, cobrindo a hidrodinâmica dos rios, a simulação de roturas de barragens, a avaliação de zonas de inundação, o cálculo do transporte de sedimentos e a propagação de ondas em estuários. Inclui vários modelos de turbulência, com diferentes graus de complexidade, que são usados no cálculo das tensões do modelo hidrodinâmico. A versão mais recente do IBER inclui um modelo parabólico, um modelo de comprimento de mistura e o modelo $k-\varepsilon$. O módulo sedimentar contém modelos para o cálculo do transporte de sedimentos por arrastamento e as equações de transporte da carga em suspensão. O IBER é de acesso livre, podendo ser descarregado após registo, a partir do endereço http://www.iberaula.com/.

Em geral, os modelos que usam métodos de elementos finitos incluem opções de tipos de elementos, metodologias de otimização da malha e interpolação da batimetria para os nós da malha, como o RMA2, o TELEMAC2D/3D, o ADCIRC, o CCHE2D e o IBER. Detalham-se seguidamente especificidades características de alguns dos modelos acima referidos.

M1 - Modelo **RMA2**

O modelo computacional 2DH RMA2 resolve um sistema de equações do tipo Saint-Venant, embora com termos adicionais para a obtenção de soluções mais realistas. As equações de conservação da massa e da quantidade de movimento resolvidas pelo RMA2 podem ser obtidas por integração das equações fundamentais segundo a vertical, mas tendo neste caso em consideração a ação do vento à superfície, com velocidade W_v e direção φ, a força de Coriolis (parâmetro $f = 2h\Omega sen\Phi$) e termos função da viscosidade turbulenta (coeficiente E). As equações são resolvidas por um método de elementos finitos, permitindo aplicações em domínios com características e geometrias muito diferentes, como sejam rios, lagos, estuários e zonas costeiras, e com condições de cobre e descobre. As equações resolvidas pelo RMA2 escrevem-se (Donnell, 2006)

$$
\begin{aligned}
&\frac{\partial h}{\partial t}+\frac{\partial (hu)}{\partial x}+\frac{\partial (hv)}{\partial y}=0\\
&h\frac{\partial u}{\partial t}+hu\frac{\partial u}{\partial x}+hv\frac{\partial u}{\partial y}-\frac{h}{\rho}\left(E_{xx}\frac{\partial^2 u}{\partial x^2}+E_{xy}\frac{\partial^2 u}{\partial y^2}\right)\\
&\quad+gh\frac{\partial(\xi+h)}{\partial x}+\frac{g\sqrt{u^2+v^2}\,u}{K^2h^{1/3}}-\zeta W_v^2\cos\varphi-2h\Omega sen\Phi v=0\\
&h\frac{\partial v}{\partial t}+hu\frac{\partial v}{\partial x}+hv\frac{\partial v}{\partial y}-\frac{h}{\rho}\left(E_{yx}\frac{\partial^2 v}{\partial x^2}+E_{yy}\frac{\partial^2 v}{\partial y^2}\right)\\
&\quad+gh\frac{\partial(\xi+h)}{\partial y}+\frac{g\sqrt{u^2+v^2}\,v}{K^2h^{1/3}}-\zeta W_v^2 sen\varphi+2h\Omega sen\Phi u=0
\end{aligned}
\qquad (3.81)
$$

Os termos de origem viscosa, que multiplicam as funções E_{xx}, E_{xy}, E_{yx} e E_{yy} no sistema (3.81), incluem termos relativos à viscosidade molecular e termos relativos à viscosidade de origem turbulenta, através das flutuações da velocidade u' e v', tendo estes, em geral, ordens de grandeza muito superiores aos primeiros.

Por conseguinte, os termos de origem viscosa envolvem correlações da velocidade cujo cálculo, em rigor, exige o recurso a um modelo de turbulência; contudo, no RMA2 estes termos são calculados usando uma metodologia simplificada.

M2 - Modelo **Delft2D/3D-FLOW**

O Delft2D/3D suporta dois sistemas de coordenadas: cartesianas (ξ,η) e esféricas (λ,φ), representando λ a longitude e φ a latitude. Este é um programa computacional multidimensional (2D e 3D) composto por diversos módulos, nomeadamente o FLOW para simulações da hidrodinâmica e fenómenos de transporte, o SED para o transporte de sedimentos coesivos e não-coesivos, o WAVE para a propagação de ondas curtas, o WAQ para análises de qualidade da água e o ECO para modelação ecológica.

O modelo numérico Delft2D/3D-FLOW é baseado em diferenças finitas e malhas curvilíneas para resolver as equações formuladas em coordenadas cartesianas e/ou em coordenadas esféricas, assumindo-se que a malha é ortogonal e bem estruturada. Em coordenadas esféricas, com $\xi=\lambda$ e $\eta=\varphi$, as equações de conservação da massa e da quantidade de movimento para as direções ξ e η na versão bidimensional (2DH), isto é, para velocidades médias em profundidade, escrevem-se

$$
\begin{aligned}
&\frac{\partial\varsigma}{\partial t}+\frac{1}{\sqrt{G_{\xi\xi}}\sqrt{G_{\eta\eta}}}\frac{\partial\left[(h_0+\varsigma)\bar{u}\sqrt{G_{\eta\eta}}\right]}{\partial\xi}\\
&\quad+\frac{1}{\sqrt{G_{\xi\xi}}\sqrt{G_{\eta\eta}}}\frac{\partial\left[(h_0+\varsigma)\bar{v}\sqrt{G_{\xi\xi}}\right]}{\partial\eta}=Q
\end{aligned}
$$

$$\frac{\partial \bar{u}}{\partial t}+\frac{\bar{u}}{\sqrt{G_{\xi\xi}}}\frac{\partial \bar{u}}{\partial \xi}+\frac{\bar{v}}{\sqrt{G_{\eta\eta}}}\frac{\partial \bar{u}}{\partial \eta}+\frac{\bar{u}\bar{v}}{\sqrt{G_{\xi\xi}}\sqrt{G_{\eta\eta}}}\frac{\partial \sqrt{G_{\xi\xi}}}{\partial \eta}$$
$$-\frac{\bar{v}^2}{\sqrt{G_{\xi\xi}}\sqrt{G_{\eta\eta}}}\frac{\partial \sqrt{G_{\eta\eta}}}{\partial \xi}-f\bar{v}=-\frac{1}{\rho_0\sqrt{G_{\xi\xi}}}P_\xi \qquad (3.82)$$
$$-\frac{g\sqrt{\bar{u}^2+\bar{v}^2}\,\bar{u}}{C^2(h_0+\varsigma)}+F_\xi+F_{s\xi}+M_\xi$$

$$\frac{\partial \bar{v}}{\partial t}+\frac{\bar{u}}{\sqrt{G_{\xi\xi}}}\frac{\partial \bar{v}}{\partial \xi}+\frac{\bar{v}}{\sqrt{G_{\eta\eta}}}\frac{\partial \bar{v}}{\partial \eta}+\frac{\bar{u}\bar{v}}{\sqrt{G_{\xi\xi}}\sqrt{G_{\eta\eta}}}\frac{\partial \sqrt{G_{\eta\eta}}}{\partial \xi}$$
$$-\frac{\bar{u}^2}{\sqrt{G_{\xi\xi}}\sqrt{G_{\eta\eta}}}\frac{\partial \sqrt{G_{\xi\xi}}}{\partial \eta}+f\bar{u}=-\frac{1}{\rho_0\sqrt{G_{\eta\eta}}}P_\eta$$
$$-\frac{g\sqrt{\bar{u}^2+\bar{v}^2}\,\bar{v}}{C^2(h_0+\varsigma)}+F_\eta+F_{s\eta}+M_\eta$$

em que u é a velocidade na direção x ou ξ, v é a velocidade na direção y ou η, Q representa as contribuições, por unidade de área, devidas a descargas e a fenómenos de precipitação (P) e evapotranspiração (E), ν_V é um coeficiente de viscosidade turbulenta vertical, $h=h_0+\varsigma$, sendo h_0 a profundidade abaixo do plano de referência ($z=0$) e ς a elevação da superfície livre relativamente ao plano de referência. $\sqrt{G_{\xi\xi}}=R\cos\varphi$ e $\sqrt{G_{\eta\eta}}=R$, sendo $R=6378.137\,km$ o raio da Terra.

As variações de massa volúmica são negligenciadas, exceto nos termos de pressão baroclínica, P_ξ e P_η (gradientes de pressão hidrostática nas direções ξ e η, respetivamente). Os fluxos turbulentos da quantidade de movimento, F_ξ e F_η, nas direções ξ e η, respetivamente, representam o desequilíbrio horizontal das tensões de Reynolds. M_ξ e M_η representam as contribuições de impulsos externos devidas a fontes ou sumidouros, nas direções ξ e η, respetivamente (forças externas induzidas por estruturas hidráulicas, descargas, etc.). $F_{s\xi}$ e $F_{s\xi}$ são correções a introduzir no modelo bidimensional (2DH) para ter em conta o efeito do movimento espiral (Deltares, 2011).

M3 - Modelo **ADCIRC**

O ADCIRC resolve equações bidimensionais no plano horizontal e *quase*-3D, usando coordenadas cartesianas ou esféricas. Em coordenadas esféricas (λ,φ,z), as equações de continuidade e de conservação da quantidade de movimento resolvidas pelo modelo ADCIRC escrevem-se (Luettich *et al.*, 1992; Luettich e Westerink, 2004)

$$\frac{\partial \varsigma}{\partial t}+\frac{1}{R\cos\varphi}\frac{\partial (uh)}{\partial \lambda}+\frac{1}{R\cos\varphi}\frac{\partial (hv\cos\varphi)}{\partial \varphi}=0$$

$$\frac{\partial u}{\partial t}+\frac{u}{R\cos\varphi}\frac{\partial u}{\partial \lambda}+\frac{v}{R}\frac{\partial u}{\partial \varphi}-fv-\frac{uv\,sen\varphi}{R\cos\varphi}$$
$$=-\frac{g}{R\cos\varphi}\frac{\partial[\varsigma+P_s/(g\rho_0)-\alpha\eta]}{\partial\lambda}+\frac{\tau_{sx}}{\rho_0 h}-\frac{\tau_{bx}}{\rho_0 h} \tag{3.83}$$
$$\frac{\partial v}{\partial t}+\frac{u}{R\cos\varphi}\frac{\partial v}{\partial \lambda}+\frac{v}{R}\frac{\partial v}{\partial \varphi}+fu-\frac{uv\,sen\varphi}{R\cos\varphi}$$
$$=-\frac{g}{R\cos\varphi}\frac{\partial[\varsigma+P_s/(g\rho_0)-\alpha\eta]}{\partial\lambda}+\frac{\tau_{sy}}{\rho_0 h}-\frac{\tau_{by}}{\rho_0 h}$$

em que ς é a elevação da superfície livre, λ e φ são a longitude (positiva para Este de Greenwich) e a latitude (positiva a Norte do Equador), u e v são as velocidades médias horizontais, h é a profundidade total, f é o parâmetro de Coriolis, R é o raio da Terra, ρ_0 é a massa volúmica de referência, g é a aceleração gravitacional, α é um fator de elasticidade terrestre, P_s é a pressão atmosférica à superfície do mar, η é o 'equilíbrio newtoniano do potencial das marés', τ_{sx} e τ_{sy} são as tensões impostas à superfície nas direções x e y, respetivamente, e τ_{bx} e τ_{by} são as componentes das tensões no fundo segundo x e y, respetivamente.

Segundo Reid (1990), o 'equilíbrio newtoniano do potencial das marés', η, é calculado por (3.84)

$$\eta(\lambda,\varphi,t)=\sum_{n,j}C_{jn}f_{jn}(t_0)L_j(\varphi)cos\left[\frac{2\pi(t-t_0)}{T_{jn}}+j\lambda+\upsilon_{jn}(t_0)\right] \tag{3.84}$$

em que C_{jn} é a constante que caracteriza a amplitude do constituinte n do tipo j de maré; f_{jn} é um fator nodal função do tempo; υ_{jn} é um argumento astronómico função do tempo; $j=0,1,2$ tipo de maré ($j=0$ - declinacional, $j=1$ - diurna, $j=2$ - semidiurna); $L_0=3sen^2(\varphi)-1$, $L_1=sen(2\varphi)$, $L_2=cos^2(\varphi)$, T_{jn} é o período do constituinte n da espécie j, t é o tempo e t_0 é o tempo de referência.

M4 - Modelo **SWASH**

O SWASH é um modelo numérico adequado para a simulação de escoamentos variáveis, irrotacionais, com superfície livre. Este modelo utiliza diferentes métodos de diferenças finitas para resolver o sistema de equações (3.85) (Bogaard, 2012)

$$\frac{\partial u}{\partial t}+u\frac{\partial u}{\partial x}+v\frac{\partial u}{\partial y}+w\frac{\partial u}{\partial z}+\frac{g}{\rho_0}\frac{\partial\varsigma}{\partial x}$$
$$+\frac{1}{\rho_0}\frac{\partial q}{\partial x}+\frac{\tau_b}{h}=\frac{1}{h}\left(\frac{\partial h\tau_{xx}}{\partial x}+\frac{\partial h\tau_{xy}}{\partial y}+\frac{\partial h\tau_{xz}}{\partial z}\right)$$
$$\frac{\partial v}{\partial t}+u\frac{\partial v}{\partial x}+v\frac{\partial v}{\partial y}+w\frac{\partial v}{\partial z}+\frac{g}{\rho_0}\frac{\partial\varsigma}{\partial y}$$
$$+\frac{1}{\rho_0}\frac{\partial q}{\partial y}+\frac{\tau_b}{h}=\frac{1}{h}\left(\frac{\partial h\tau_{yx}}{\partial x}+\frac{\partial h\tau_{yy}}{\partial y}+\frac{\partial h\tau_{yz}}{\partial z}\right) \tag{3.85}$$

$$\frac{\partial w}{\partial t}+u\frac{\partial w}{\partial x}+v\frac{\partial w}{\partial y}+w\frac{\partial w}{\partial z}+\frac{1}{\rho_0}\frac{\partial q}{\partial z}=\frac{1}{h}\left(\frac{\partial h\tau_{zz}}{\partial z}\right)$$

$$\frac{\partial \varsigma}{\partial t}+\frac{\partial u}{\partial x}+\frac{\partial v}{\partial y}+\frac{\partial w}{\partial z}=0$$

As equações (3.85) são integradas na vertical (modelo 2DH) ou resolvidas por camadas, com discretização vertical por diferenças centradas ou opcionalmente por diferentes métodos com discretização *upwind* (modelo *quase*-3D). As tensões turbulentas horizontais são desprezadas, ou opcionalmente são resolvidas por um modelo do tipo Smagorinsky para mistura horizontal, enquanto as tensões turbulentas verticais são resolvidas por um modelo *standard* $k-\varepsilon$. Outras rotinas e opções têm vindo a ser integradas neste modelo, nomeadamente para resolução da turbulência (modelo $k-\varepsilon$ não-linear) e diferentes métodos numéricos, em particular esquemas de alta resolução (Bogaard, 2012).

M5 - Modelo **CCHE2D**

O modelo CCHE2D formula as equações em coordenadas cartesianas, as quais se escrevem

$$\begin{aligned}
&\frac{\partial \varsigma}{\partial t}+\frac{\partial (hu)}{\partial x}+\frac{\partial (hv)}{\partial y}=0\\
&\frac{\partial u}{\partial t}+u\frac{\partial u}{\partial x}+v\frac{\partial u}{\partial y}+g\frac{\partial \varsigma}{\partial x}\\
&\qquad -\frac{1}{h}\left[\frac{\partial (h\tau_{x,x})}{\partial x}+\frac{\partial (h\tau_{x,y})}{\partial y}\right]+\frac{\tau_{b,x}}{\rho h}-f_{cor}v=0\\
&\frac{\partial v}{\partial t}+u\frac{\partial v}{\partial x}+v\frac{\partial v}{\partial y}+g\frac{\partial \varsigma}{\partial y}\\
&\qquad -\frac{1}{h}\left[\frac{\partial (h\tau_{y,x})}{\partial x}+\frac{\partial (h\tau_{y,y})}{\partial y}\right]+\frac{\tau_{b,y}}{\rho h}+f_{cor}u=0
\end{aligned} \tag{3.86}$$

em que h é a profundidade, u e v são as velocidades horizontais médias em profundidade, g é a aceleração da gravidade, ς é a elevação da superfície livre, ρ é a massa volúmica da água, f_{cor} é o parâmetro de Coriolis, $\tau_{x,x}$, $\tau_{x,y}$, $\tau_{y,x}$ e $\tau_{y,y}$ são as tensões de Reynolds integradas na profundidade, e $\tau_{b,x}$ e $\tau_{b,y}$ são as tensões de atrito no fundo.

M6 - Modelo **IBER**

Tal como o RMA2 e o CCHE2D, também o IBER formula as equações em coordenadas cartesianas, escrevendo-se (3.87)

$$\frac{\partial h}{\partial t}+\frac{\partial (hu)}{\partial x}+\frac{\partial (hv)}{\partial y}=M_s$$

$$\frac{\partial(hu)}{\partial t}+\frac{\partial(hu^2)}{\partial x}+\frac{\partial(huv)}{\partial y}+gh\frac{\partial\varsigma}{\partial x}-\frac{\tau_{s,x}}{\rho}+\frac{\tau_{b,x}}{\rho}$$
$$+\frac{\rho}{g}\frac{h^2}{2}\frac{\partial\rho}{\partial x}-\frac{\partial(h\tau_{xx}^e)}{\partial x}-\frac{\partial(h\tau_{xy}^e)}{\partial y}-2\Omega sen\Phi v=M_x \tag{3.87}$$
$$\frac{\partial(hv)}{\partial t}+\frac{\partial(huv)}{\partial x}+\frac{\partial(hv^2)}{\partial y}+gh\frac{\partial\varsigma}{\partial y}-\frac{\tau_{s,y}}{\rho}+\frac{\tau_{b,y}}{\rho}$$
$$+\frac{\rho}{g}\frac{h^2}{2}\frac{\partial\rho}{\partial y}-\frac{\partial(h\tau_{yx}^e)}{\partial x}-\frac{\partial(h\tau_{yy}^e)}{\partial y}+2\Omega sen\Phi u=M_y$$

em que h é a profundidade, u e v são as velocidades horizontais médias em profundidade, g é a aceleração da gravidade, ς é a elevação da superfície livre, τ_s é a tensão de atrito à superfície devida ao vento, τ_b é a tensão de atrito no fundo, ρ é a massa volúmica da água, Ω é a velocidade angular de rotação da Terra, Φ é a latitude da área de estudo, τ_{xx}^e, $\tau_{xy}^e=\tau_{yx}^e$ e τ_{yy}^e são as tensões tangenciais horizontais efetivas, M_s, M_x e M_y são, respetivamente, os termos de fonte e da quantidade de movimento, os quais são usados no modelo para simular precipitação, infiltração e drenagem.

A generalidade dos modelos referidos acima tem incorporadas opções de modelos para fechamento da turbulência de zero-, uma- e/ou duas-equações. Alguns deles têm incorporadas interfaces gráficas muito 'amigáveis' de pré-processamento, nomeadamente para geração da malha e construção dos ficheiros de dados, e de pós-processamento para visualização de resultados. São particularmente 'amigáveis' e de fácil utilização as interfaces incorporadas nos modelos TELEMAC2D/3D, DELFT2D/3D, CCHE2D e IBER. Em alguns modelos computacionais as interfaces de pré e pós-processamento comunicam com o módulo de cálculo de forma integrada, como o IBER; noutros, porém, são utilizados programas de geração de malhas independentes, embora dedicados, isto é, constituem módulos que podem ser executados de forma independente. São exemplos destes: o RMA2, que utiliza o programa GFGEN, o CCHE2D, que utiliza o malhador CCHE_MESH, e o DELFT2D/3D, que usa a ferramenta DELFT3D-RGFGRID para a geração de malhas computacionais, e o DELFT3D-QUICKIN para interpolação da batimetria para os pontos da malha gerada no domínio computacional.

M7 - Modelo **TELEMAC2D - SMS**

Uma ferramenta frequentemente utilizada por vários modelos para a preparação de dados, geração de malhas e representação de campos escalares e vetoriais é o SMS - *Surface Molelling System*. A título de exemplo, mostram-se na Figura 3.50 dados de pré-processamento e resultados de pós-processamento, obtidos com o modelo TELEMAC2D, de uma aplicação desenvolvida para a foz do rio Douro, sendo que a malha de elementos finitos foi gerada pelo SMS (Pinho, 2000; Pinho *et al.*, 2001a).

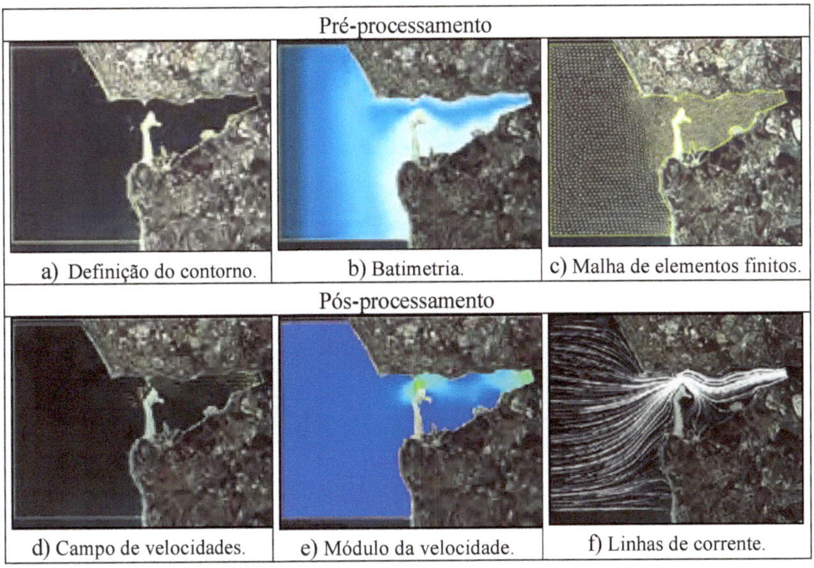

Figura 3.50 - Pré- e pós-processamento - modelo TELEMAC2D, com a malha de elementos finitos gerada pelo programa *SMS* (Pinho, 2000; Pinho *et al.*, 2001a).

Os resultados apresentados na Figura 3.50 foram obtidos com o TELEMAC2D. O TELEMAC é um sistema de *software* projetado para estudar os processos ambientais em escoamentos variáveis com superfície livre. É aplicável no mar profundo, ao largo, e em domínios costeiras, em estuários, lagoas e rios. Os seus principais campos de aplicação são a hidrodinâmica, propagação de ondas, dinâmica sedimentar e qualidade da água.

Todos os modelos computacionais do sistema TELEMAC são baseados numa biblioteca comum de métodos numéricos de resolução por elementos finitos. A discretização espacial dos domínios bidimensionais é baseada em malhas de elementos triangulares com vários tamanhos e formas. Os domínios tridimensionais são discretizados por malhas ou grelhas de elementos prismáticos. Integram o pacote TELEMAC vários módulos de pré- e pós-processamento, para além dos módulos de simulação. Estes módulos de pré- e pós-processadores permitem a criação ou "montagem" rápida e fácil de modelos, bem como a apresentação e análise de resultados.

O sistema TELEMAC expandiu-se e evoluiu consideravelmente na última década, tanto em termos de potencialidades como as formulações matemáticas dos modelos que o constituem e a eficiência dos métodos numéricos utilizados. Na génese da estrutura computacional TELEMAC está um módulo hidrodinâmico que resolve as equações clássicas de Saint-Venant escritas em coordenadas cartesianas e esféricas (para grandes domínios), incluindo a força de Coriolis, tensões de atrito no fundo e à superfície (devidas à pressão atmosférica e ao vento), efeitos de cobre-descobre e várias alternativas para resolução das componentes turbulentas, nomeadamente um modelo de turbulência do tipo $K - \varepsilon$ [equações (2.87) - (2.88)]. Inclui ainda as influências da temperatura e de gradientes de salinidade, bem como uma formulação Lagrangeana para o transporte de partículas.

De igual modo, tal como a geração de dados para o TELEMAC2D, bem como a visualização dos correspondentes resultados, também a Figura 3.51 apresenta dados de pré-processamento e resultados de pós-processamento obtidos com o programa SMS para uma simulação hidrodinâmica efetuada com o modelo RMA2 para o estuário do rio Cávado (Pinho, 2000; Pinho *et al.*, 2001a).

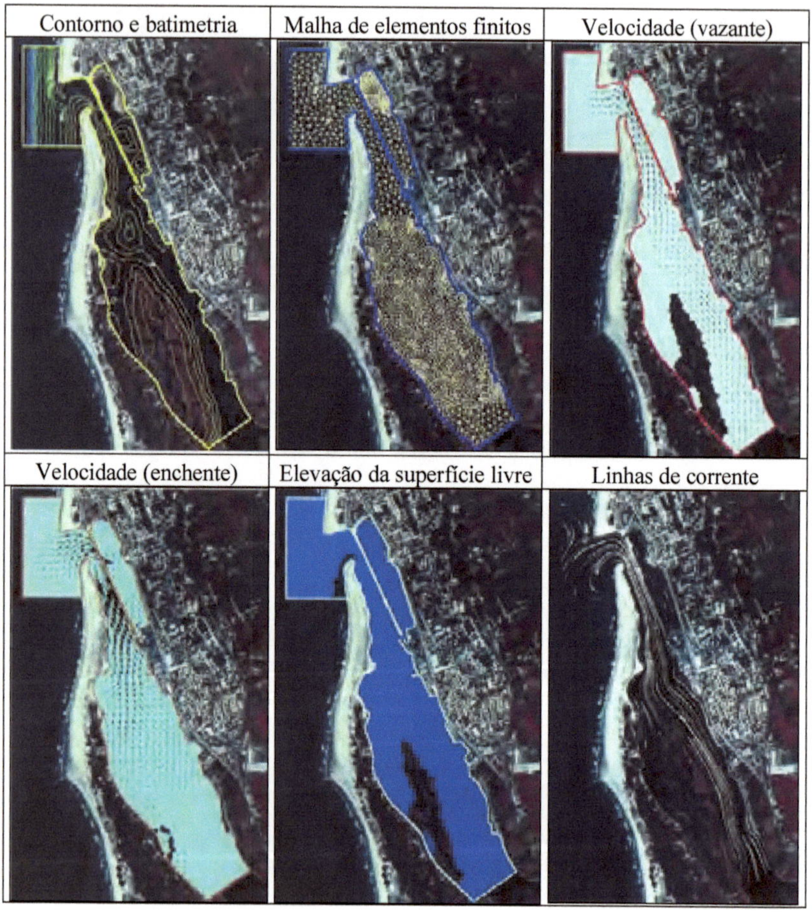

Figura 3.51 – Pré- e pós-processamento - modelo RMA2: definição do contorno e batimetria, malha de elementos finitos, resultados de velocidades, elevação da superfície livre e linhas de corrente na zona de jusante do estuário do Rio Cávado (Pinho, 2000; Pinho *et al.*, 2001a).

Aplicações dos modelos DELFT2D e CCHE2D são apresentadas nas Figuras 3.52 e 3.53, respetivamente. Trata-se em ambos os casos de aplicações ao estuário do rio Mondego. No primeiro caso, Figura 3.52, pretenderam-se avaliar as consequências para a ilha da Morraceira da ocorrência de uma tempestade relativamente frequente em simultâneo com um possível aumento de 0.50 m do atual nível médio do mar (NMM).

A ilha da Morraceira foi identificada como uma zona húmida de importância internacional, segundo o inventário de 1987, embora não tenha sido classificada formalmente. Para além de constituir um ecossistema de elevada produtividade biológica, também funciona como importante área de alimentação, descanso, abrigo e reprodução de inúmeras espécies, como é o caso das aves migradoras. As atividades humanas exercidas neste local são de reduzido impacto ambiental (como a pesca tradicional e as salinas), sendo um setor muito próximo do seu "*estado natural*" (Santos *et al.*, 2012a).

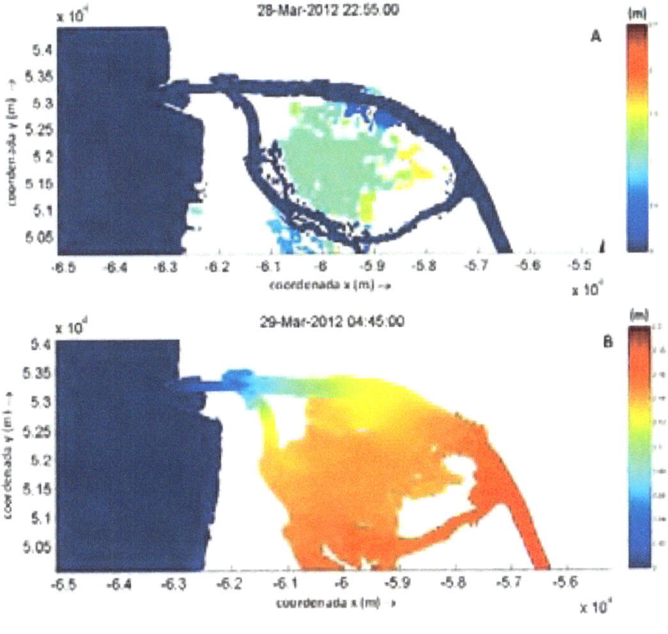

Figura 3.52 - Variação do nível de água para uma situação de baixa-mar (A) e de preia-mar (B), considerando uma subida de 0.50 m do atual NMM. Escala de alturas de água (m) à direita e sistema de coordenadas Datum73 (Santos *et al.*, 2012a).

No segundo caso, Figura 3.53, pretenderam-se analisar os impactos no transporte de sedimentos e na qualidade da água do braço Sul do estuário, e na hidrodinâmica do braço Norte, em particular a eventual redução da capacidade de transporte do escoamento neste braço, em resultado da abertura total ou parcial do braço Sul a montante do estuário.

a) Malha adotada.

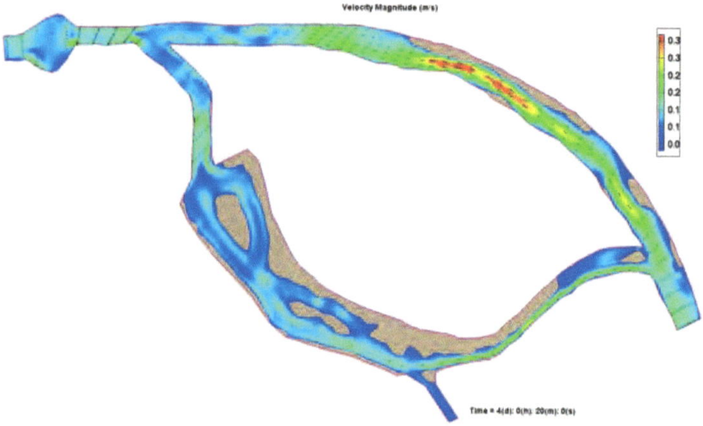

b) Escoamento com abertura parcial a montante (à direita) do braço Sul.

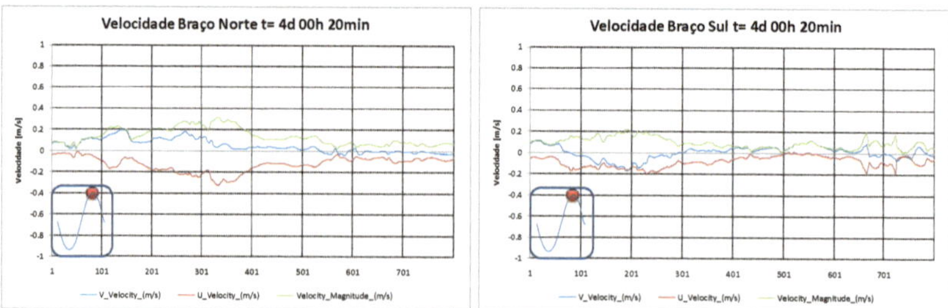

c) Registos da velocidade instantânea ao longo das linhas de talvegue em ambos os braços do estuário.

Figura 3.53 - Abertura parcial do braço Sul a montante do estuário do rio Mondego: a) Malha gerado pelo CCHE_MESH; b) Campo de velocidades num instante do escoamento; c) Registos da velocidade instantânea em ambos os braços do estuário.

3.3.4 Breve descrição de alguns modelos 2.5DH, ou *quase*-3D

Os modelos mais completos resolvem as equações fundamentais num sistema de eixos tridimensional (x, y, z), sem simplificações adicionais para o cálculo da componente w da velocidade, segundo z. A pressão efetiva é assim o resultado de efeitos hidrostáticos e dinâmicos do escoamento. Por modelos 2.5DH, ou *quase*-3D, entendem-se as versões dos modelos que embora resolvendo as equações num sistema de eixos tridimensional, assumem a hipótese da hidrostaticidade; por conseguinte, simplificam a equação segundo z para o cálculo da componente w da velocidade do escoamento.

Alguns dos modelo descritos na secção 3.3.3 também resolvem versões 2.5DH, ou *quase*-3D, das equações, como são os casos do ADCIRC, o TELEMAC2D/3D, o DELFT2D/3D e o SWASH. Em geral, no âmbito da Engenharia Costeira, continuam a assumir o fluido incompressível, mas resolvem a componente vertical da velocidade (w), embora considerem a pressão hidrostática. Entre os modelos 2.5DH, igualmente correntes, encontram-se o POM ("*Princeton Ocean Model*"), com diferentes versões, incluindo o MECCA ("*Model for Estuarine and Coastal Circulation Assessment*").

M8 - Modelo **POM**

Partindo das equações (2.95), considerando algumas hipóteses simplificativas, nomeadamente a hipótese da hidrostaticidade, e reescrevendo as equações em coordenadas verticais z para a coordenada *sigma* (σ), com

$$\sigma = \frac{z - \varsigma}{h_0 + \varsigma} \qquad (3.88)$$

procede-se à transformação das equações do sistema de coordenadas (x, y, z, t) para um sistema de coordenadas ($\bar{x}$, $\bar{y}$, σ, $\bar{t}$), onde $x = \bar{x}$, $y = \bar{y}$ e $t = \bar{t}$ (Figura 3.54).

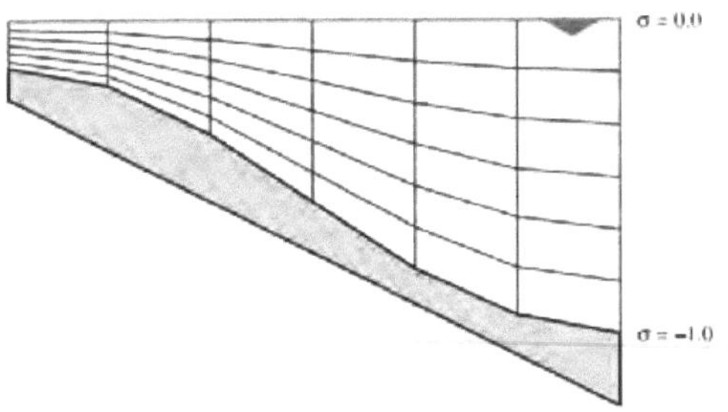

a) Malha de coordenadas sigma-σ.

Figura 3.54 - Exemplo de uma malha vertical, composta por seis camadas-σ iguais, em a), e definição das variáveis σ, ς, h e z, em b).

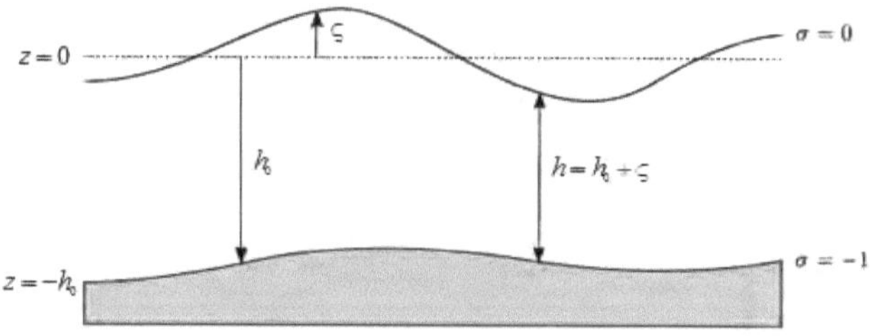

b) Definição de variáveis.

Figura 3.54 - Exemplo de uma malha vertical, composta por seis camadas-σ iguais, em a), e definição das variáveis σ, ς, h e z, em b) (continuação).

Assim, considerando uma varável dependente genérica $\bar{\phi}$, as derivadas da variável ϕ estão relacionadas nos dois sistemas pelas expressões (3.89)

$$\begin{aligned}
\frac{\partial\bar{\phi}}{\partial x} &= \frac{\partial\bar{\phi}}{\partial\bar{x}} - \frac{\partial\bar{\phi}}{\partial\sigma}\left(\frac{\sigma}{h}\frac{\partial h}{\partial\bar{x}} + \frac{1}{h}\frac{\partial\varsigma}{\partial\bar{x}}\right) \\
\frac{\partial\bar{\phi}}{\partial y} &= \frac{\partial\bar{\phi}}{\partial\bar{y}} - \frac{\partial\bar{\phi}}{\partial\sigma}\left(\frac{\sigma}{h}\frac{\partial h}{\partial\bar{y}} + \frac{1}{h}\frac{\partial\varsigma}{\partial\bar{y}}\right) \\
\frac{\partial\bar{\phi}}{\partial z} &= \frac{1}{h}\frac{\partial\bar{\phi}}{\partial\sigma} \\
\frac{\partial\bar{\phi}}{\partial t} &= \frac{\partial\bar{\phi}}{\partial\bar{t}} - \frac{\partial\bar{\phi}}{\partial\sigma}\left(\frac{\sigma}{h}\frac{\partial h}{\partial\bar{t}} + \frac{1}{h}\frac{\partial\varsigma}{\partial\bar{t}}\right)
\end{aligned} \tag{3.89}$$

em que h é a profundidade total da coluna de água, incluindo, portanto, a elevação da superfície livre ς. Deste modo, não considerando a barra sobre as coordenadas x, y e t, para maior clareza, as equações de conservação da massa e da quantidade de movimento, bem como da energia cinética turbulenta e da macro escala da turbulência, resolvidas pelo POM escrevem-se (Pinho, 2000)

$$\begin{aligned}
&\frac{\partial\varsigma}{\partial t} + \frac{\partial(hu)}{\partial x} + \frac{\partial(hv)}{\partial y} + \frac{\partial\omega}{\partial\sigma} = 0 \\
&\frac{\partial(hu)}{\partial t} + \frac{\partial(huu)}{\partial x} + \frac{\partial(hvu)}{\partial y} + \frac{\partial(\omega u)}{\partial\sigma} \\
&\qquad - fhv = -DP_u + \frac{\partial}{\partial\sigma}\left(\frac{K_M}{h}\frac{\partial u}{\partial\sigma}\right) + DF_u \\
&\frac{\partial(hv)}{\partial t} + \frac{\partial(huv)}{\partial x} + \frac{\partial(hvv)}{\partial y} + \frac{\partial(\omega v)}{\partial\sigma} \\
&\qquad + fhu = -DP_v + \frac{\partial}{\partial\sigma}\left(\frac{K_M}{h}\frac{\partial v}{\partial\sigma}\right) + DF_v
\end{aligned} \tag{3.90}$$

$$\frac{\partial(hq^2)}{\partial t}+\frac{\partial(huq^2)}{\partial x}+\frac{\partial(hvq^2)}{\partial y}+\frac{\partial(\omega q^2)}{\partial \sigma}=\frac{\partial}{\partial \sigma}\left(\frac{K_q}{h}\frac{\partial q^2}{\partial \sigma}\right)$$

$$+\frac{2K_M}{h}\left[\left(\frac{\partial u}{\partial \sigma}\right)^2+\left(\frac{\partial v}{\partial \sigma}\right)^2\right]-2\frac{hq^3}{B_1 l}+2K_V\frac{g}{\rho}\frac{\partial \rho}{\partial \sigma}+DF_q$$

$$\frac{\partial(hq^2 l)}{\partial t}+\frac{\partial(huq^2 l)}{\partial x}+\frac{\partial(hvq^2 l)}{\partial y}+\frac{\partial(\omega q^2 l)}{\partial \sigma}=\frac{\partial}{\partial \sigma}\left[\frac{K_q}{h}\frac{\partial(q^2 l)}{\partial \sigma}\right]$$

$$+K_M E_1\frac{l}{h}\left[\left(\frac{\partial u}{\partial \sigma}\right)^2+\left(\frac{\partial v}{\partial \sigma}\right)^2\right]-\frac{hq^3}{B_1}\left[1+E_2\left(\frac{l}{kL}\right)^2\right]$$

$$+K_V E_3 l\frac{g}{\rho}\frac{\partial \rho}{\partial \sigma}+DF_l$$

onde DP_u e DP_v representam os gradientes horizontais de pressão. DF_u, DF_v, DF_q *e* DF_l representam os termos de difusão horizontal para a quantidade de movimento e para as grandezas escalares q^2 e $q^2 l$, respetivamente.

Salienta-se que a componente da velocidade ω que consta nas equações anteriores representa uma velocidade vertical transformada; fisicamente, ω é a componente da velocidade normal às superfícies *sigma* (σ). A transformada para a componente vertical da velocidade em coordenadas cartesianas escreve-se (Mellor, 1998)

$$w=\omega+\sigma\frac{\partial h}{\partial t}+\frac{\partial \varsigma}{\partial t}+u\left(\sigma\frac{\partial h}{\partial x}+\frac{\partial \varsigma}{\partial x}\right)+v\left(\sigma\frac{\partial h}{\partial y}+\frac{\partial \varsigma}{\partial y}\right) \quad (3.91)$$

a qual simplifica tanto as equações anteriores (3.90) como as condições de fronteira a satisfazer na superfície livre e no fundo, pois $\omega=0$ para $\sigma=0$ ou $\sigma=-1$.

Os termos DF_u, DF_v, DF_q e DF_l são simplificadamente resolvidos no modelo POM por (3.92)

$$DP_u=gh\frac{\partial \varsigma}{\partial x}+\frac{gh^2}{\rho_0}\int_\sigma^0\left[\frac{\partial \rho}{\partial x}-\frac{\sigma}{h}\frac{\partial h}{\partial x}\frac{\partial \rho}{\partial \sigma}\right]d\sigma$$

$$DP_v=gh\frac{\partial \varsigma}{\partial y}+\frac{gh^2}{\rho_0}\int_\sigma^0\left[\frac{\partial \rho}{\partial y}-\frac{\sigma}{h}\frac{\partial h}{\partial y}\frac{\partial \rho}{\partial \sigma}\right]d\sigma$$

$$DF_u=\frac{\partial}{\partial x}\left(2h_0 A_M\frac{\partial u}{\partial x}\right)+\frac{\partial}{\partial y}\left[h_0 A_M\left(\frac{\partial u}{\partial y}+\frac{\partial v}{\partial x}\right)\right] \quad (3.92)$$

$$DF_v=\frac{\partial}{\partial x}\left[h_0 A_M\left(\frac{\partial u}{\partial y}+\frac{\partial v}{\partial x}\right)\right]+\frac{\partial}{\partial y}\left(2h_0 A_M\frac{\partial v}{\partial y}\right)$$

Os coeficientes de difusão turbulenta horizontais A_M são calculados a partir da fórmula de *Smagorinsky* (3.93)

$$A_M = C\Delta x\Delta y\sqrt{\left(\frac{\partial u}{\partial x}\right)^2 + 0.5\left(\frac{\partial v}{\partial x}+\frac{\partial u}{\partial y}\right)^2 + \left(\frac{\partial v}{\partial y}\right)^2} \qquad (3.93)$$

com C a variar entre 0.10 e 0.20. Os coeficientes de mistura vertical K_M, K_V e K_q escrevem-se

$$K_M = qlS_M\,;\; K_V = qlS_H\,;\; K_V = qlS_q \qquad (3.94)$$

em que S_M, S_H e S_q são relações de estabilidade determinadas analiticamente (Pinho, 2000). $L^{-1} = z^{-1} + (h+z)^{-1}$, $k \approx 0.4$ e B_1, E_1, E_2 e E_3 são constantes empíricas.

O método numérico de resolução temporal na direção horizontal é explícito, enquanto na direção vertical é implícito. Assim, é possível a utilização de resoluções elevadas junto das fronteiras na direção vertical sem qualquer restrição em termos de passo de tempo. O algoritmo de cálculo numérico utiliza uma separação de modos. O *modo externo* corresponde a um modelo bidimensional, integrado na vertical, com o passo de tempo limitado pela condição de estabilidade de *Courant-Friedrichs-Lewy* (CFD), sendo utilizado no cálculo da elevação da superfície livre e das componentes horizontais da velocidade média na vertical. Trata-se, por conseguinte, de um modelo 2DH, sendo resolvidas as seguintes equações de conservação da massa e da quantidade de movimento (3.95)

$$\begin{aligned}
&\frac{\partial \varsigma}{\partial t} + \frac{\partial}{\partial x}(uh) + \frac{\partial}{\partial y}(vh) + \frac{\partial w}{\partial \sigma} = 0 \\
&\frac{\partial}{\partial t}(hu) + \frac{\partial (huu)}{\partial x} + \frac{\partial (hvu)}{\partial y} + \frac{\partial}{\partial \sigma}(wu) \\
&\qquad - fhv = -HP_u + \frac{\partial}{\partial \sigma}\left(\frac{K_M}{h}\frac{\partial u}{\partial \sigma}\right) + HF_u \\
&\frac{\partial}{\partial t}(hv) + \frac{\partial (huv)}{\partial x} + \frac{\partial (hvv)}{\partial x} + \frac{\partial}{\partial \sigma}(wv) \\
&\qquad + fhu = -HP_v + \frac{\partial}{\partial \sigma}\left(\frac{K_M}{h}\frac{\partial v}{\partial \sigma}\right) + HF_v
\end{aligned} \qquad (3.95)$$

As quantidades HP_u, HP_v, HF_u e HF_v incluem os termos de pressão e dispersão. No *modo interno* são calculadas as componentes tridimensionais das variáveis, sendo mais exigente em termos computacionais, pois o método de resolução é implícito, embora com um passo de tempo menos restritivo do que o utilizado mo modo externo.

Aplicações do modelo POM, com resolução do modo externo por um método de elementos finitos (POM_UMH), podem ser encontradas em Pinho (2000) e Pinho *et al.* (2001a,b). A Figura 3.55 apresenta os campos de velocidades resultantes da ação do vento na superfície da ria de Arosa, Espanha, com diferentes direções e em três profundidades (Pinho *et al.* 2001b). Aplicações do modelo POM_UMH na simulação da evolução de manchas de hidrocarbonetos descarregados no meio marinho podem ser encontradas em Pinho *et al.* (2002), Pinho *et al.* (2004) e Antunes do Carmo *et al.* (2010).

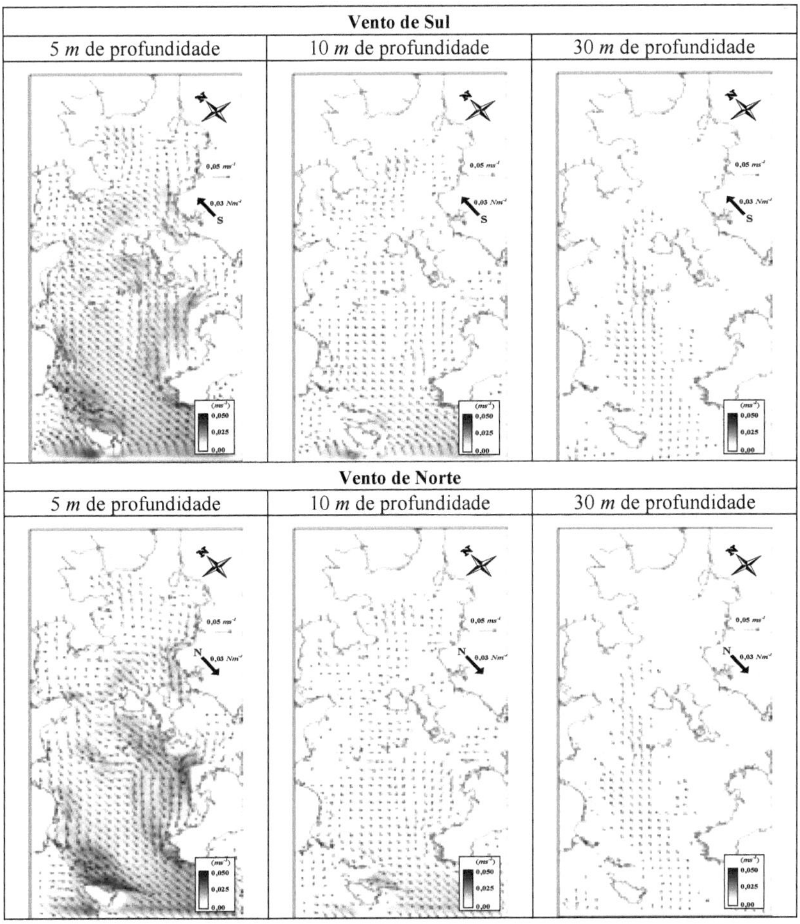

Figura 3.55 - Resultados do modelo *quase*-3D POM_UMH aplicado à Ria de Arosa, Espanha: campos da velocidade resultantes da ação do vento em diferentes profundidades da coluna de água considerada homogénea (Pinho *et al.*, 2001b).

M9 – Modelo **MECCA**

Uma versão simplificada das equações (3.90) é resolvida pelo modelo MECCA (Berthet, 1996; Antunes do Carmo e Carreiras, 2002), sendo as equações escritas na seguinte forma (3.96)

$$\frac{\partial u}{\partial x}+\frac{\partial v}{\partial y}+\frac{\partial w}{\partial z}=0$$

$$
\begin{aligned}
&\frac{\partial u}{\partial t}+\frac{\partial (uu)}{\partial x}+\frac{\partial (uv)}{\partial y}+\frac{\partial (uw)}{\partial z}=-\frac{1}{\rho}\frac{\partial P}{\partial x}+fv+\\
&\quad+2\frac{\partial}{\partial x}\left(\upsilon_h\frac{\partial u}{\partial x}\right)+\frac{\partial}{\partial y}\left[\upsilon_h\left(\frac{\partial u}{\partial y}+\frac{\partial v}{\partial x}\right)\right]+\frac{\partial}{\partial z}\left(\upsilon_v\frac{\partial u}{\partial z}\right)\\
&\frac{\partial v}{\partial t}+\frac{\partial (vu)}{\partial x}+\frac{\partial (vv)}{\partial y}+\frac{\partial (vw)}{\partial z}=-\frac{1}{\rho}\frac{\partial P}{\partial y}-fu+\\
&\quad+\frac{\partial}{\partial x}\left[\upsilon_h\left(\frac{\partial u}{\partial y}+\frac{\partial v}{\partial x}\right)\right]+2\frac{\partial}{\partial y}\left[\upsilon_h\frac{\partial v}{\partial y}\right]+\frac{\partial}{\partial z}\left(\upsilon_v\frac{\partial v}{\partial z}\right)\\
&\frac{\partial P}{\partial z}+\rho g=0
\end{aligned}
\qquad (3.96)
$$

Tal como no modelo POM, a relação entre a componente da velocidade normal às superfícies *sigma* σ, ω, e a componente vertical da velocidade, w, no sistema de eixos cartesianos é dada por (3.91), a qual resulta da transformação para o sistema de coordenadas (x, y, z) da componente da velocidade ω.

As componentes da viscosidade turbulenta υ_h e υ_v são calculadas por $\upsilon_h=\upsilon_{h0}+C_h\Delta x\Delta y\left\{2\left[(u_x)^2+(u_y+v_x)^2+(v_y)^2\right]\right\}^{1/2}$, com $\upsilon_{h0}\approx 0.01$ e $C_h\approx 1.0$ m^2/s, e $\upsilon_v=\frac{\sqrt{2KL}}{4}\frac{1-16.44\delta}{(1-19.78\delta)(1-\delta)}$, com $\delta=\frac{4gL^2}{3\rho_0 q^2}\frac{\partial\rho}{\partial z}$ e $q^2=2K$, sendo K e L a energia cinética turbulenta e a macro escala da turbulência calculadas pelo modelo $K-L$ [equações (2.92) - (2.93)].

As Figuras 3.56 a 3.58 mostram o domínio e resultados de uma aplicação deste modelo (Antunes do Carmo e Carreiras, 2002). O modelo MECCA foi aplicado à simulação de um escoamento, partindo de condições estacionárias, num domínio retangular com um esporão instalado (Figura 3.56). Foram consideradas uma profundidade média da água de 10 m e uma velocidade média do escoamento na fronteira de entrada de 0.50 m/s. O esporão tem secção retangular, com 150 metros de comprimento por 10 metros de largura.

Foi adotada uma grelha regular, com $\Delta x=\Delta y=10.0\,\text{m}$; por conseguinte, a malha horizontal continha 50 células segunda a largura do domínio por 200 células em comprimento (direção do escoamento). Segundo a vertical foram consideradas 20 camadas.

Na fronteira de entrada foi introduzido um perfil com velocidade média de 0.50 m/s, variando desde 0.40 m/s no fundo até 0.60 m/s na superfície livre. Foi considerada uma condição natural (ou de Newman) na fronteira de saída. O incremento temporal de simulação foi $\Delta t=0.10\,\text{s}$ e a simulação decorreu durante um período de cálculo de 45 minutos.

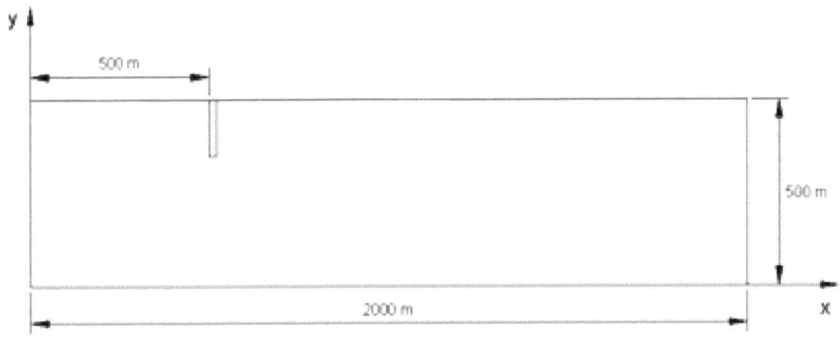

Figura 3.56 - Esporão: Domínio computacional.

A Figura 3.57 mostra o campo vetorial da velocidade num plano horizontal, em z = 0.50 m acima do fundo. A Figura 3.58 mostra o campo vetorial da velocidade numa secção, segundo x-z ao longo do escoamento, relativamente próxima da cabeça do esporão, em y = 430 m. Em geral, os resultados obtidos comparam favoravelmente com outros resultados numéricos e dados experimentais descritos na literatura, por exemplo em Ouillon and Dartus (1997).

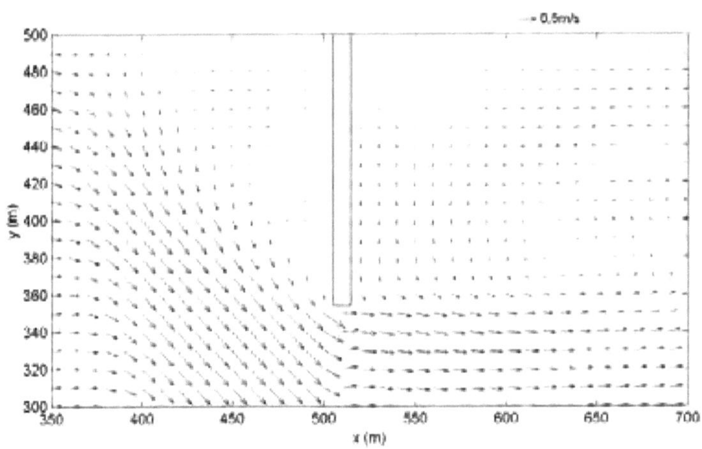

Figura 3.57 - Esporão: Distribuição da velocidade numa secção horizontal próxima do fundo, em z = 0.50 m (Antunes do Carmo e Carreiras, 2002).

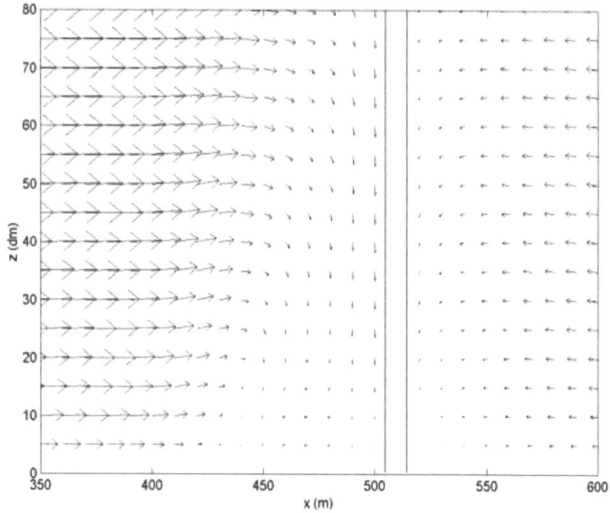

Figura 3.58 - Esporão: Distribuição da velocidade simulada numa secção vertical do escoamento (segundo *x*-*z*), em $y = 430$ m (Antunes do Carmo e Carreiras, 2002).

Idêntico sistema de coordenadas *sigma* (σ) é adotado nos modelos DELFT3D e TELEMAC3D. Tal como na versão bidimensional (2DH), também no DELFT3D as equações são resolvidas num sistema de coordenadas curvilíneas, escrevendo-se (3.97)

$$
\begin{gathered}
\frac{\partial \varsigma}{\partial t}+\frac{1}{\sqrt{G_{\xi\xi}}\sqrt{G_{\eta\eta}}}\frac{\partial\left[\left(h_0+\varsigma\right)\bar{u}\sqrt{G_{\eta\eta}}\right]}{\partial \xi} \\
+\frac{1}{\sqrt{G_{\xi\xi}}\sqrt{G_{\eta\eta}}}\frac{\partial\left[\left(h_0+\varsigma\right)\bar{v}\sqrt{G_{\xi\xi}}\right]}{\partial \eta}=Q \\
\\
\frac{\partial u}{\partial t}+\frac{u}{\sqrt{G_{\xi\xi}}}\frac{\partial u}{\partial \xi}+\frac{v}{\sqrt{G_{\eta\eta}}}\frac{\partial u}{\partial \eta}+\frac{\omega}{h_0+\varsigma}\frac{\partial u}{\partial \sigma} \\
-\frac{v^2}{\sqrt{G_{\xi\xi}}\sqrt{G_{\eta\eta}}}\frac{\partial \sqrt{G_{\eta\eta}}}{\partial \xi}+\frac{uv}{\sqrt{G_{\xi\xi}}\sqrt{G_{\eta\eta}}}\frac{\partial \sqrt{G_{\xi\xi}}}{\partial \eta}-fv \\
=-\frac{1}{\rho_0\sqrt{G_{\xi\xi}}}P_\xi+F_\xi+\frac{1}{\left(h_0+\varsigma\right)^2}\frac{\partial}{\partial \sigma}\left(\nu_v\frac{\partial u}{\partial \sigma}\right)+M_\xi
\end{gathered}
\qquad (3.97)
$$

$$\frac{\partial v}{\partial t}+\frac{u}{\sqrt{G_{\xi\xi}}}\frac{\partial v}{\partial \xi}+\frac{v}{\sqrt{G_{\eta\eta}}}\frac{\partial v}{\partial \eta}+\frac{\omega}{h_0+\varsigma}\frac{\partial v}{\partial \sigma}$$
$$+\frac{uv}{\sqrt{G_{\xi\xi}}\sqrt{G_{\eta\eta}}}\frac{\partial\sqrt{G_{\eta\eta}}}{\partial \xi}-\frac{u^2}{\sqrt{G_{\xi\xi}}\sqrt{G_{\eta\eta}}}\frac{\partial\sqrt{G_{\xi\xi}}}{\partial \eta}+fu$$
$$=-\frac{1}{\rho_0\sqrt{G_{\eta\eta}}}P_\eta+F_\eta+\frac{1}{(h_0+\varsigma)^2}\frac{\partial}{\partial \sigma}\left(\nu_v\frac{\partial v}{\partial \sigma}\right)+M_\eta$$

em que $Q=h_0\int_{-1}^{0}(q_{in}-q_{out})d\sigma+P-E$, sendo q_{in} e q_{out} fontes ou sumidouros locais de água por unidade de volume, e ω é a velocidade na direção σ, no sistema de coordenada σ, dada por (3.88). As restantes variáveis têm os significados já apresentados para a versão 2DH.

A velocidade vertical w no sistema de coordenadas cartesianas não está envolvida nas equações (3.97). Com efeito, o cálculo da componente vertical da velocidade é apenas necessário para efeitos de pós-processamento. A velocidade ω, na direção σ, é calculada pela equação de continuidade (3.98) (Deltares, 2011)

$$\begin{aligned}\frac{\partial\omega}{\partial\sigma}&=h_0(q_{in}-q_{out})-\frac{\partial\varsigma}{\partial t}\\&-\frac{1}{\sqrt{G_{\xi\xi}}\sqrt{G_{\eta\eta}}}\frac{\partial\left[(h_0+\varsigma)u\sqrt{G_{\eta\eta}}\right]}{\partial\xi}-\frac{1}{\sqrt{G_{\xi\xi}}\sqrt{G_{\eta\eta}}}\frac{\partial\left[(h_0+\varsigma)v\sqrt{G_{\xi\xi}}\right]}{\partial\eta}\end{aligned}\tag{3.98}$$

obtendo-se em seguida w através de (3.99)

$$\begin{aligned}w&=\omega+\left(\sigma\frac{\partial h}{\partial t}+\frac{\partial\varsigma}{\partial t}\right)\\&+\frac{1}{\sqrt{G_{\xi\xi}}\sqrt{G_{\eta\eta}}}\left[u\sqrt{G_{\eta\eta}}\left(\sigma\frac{\partial h}{\partial\xi}+\frac{\partial\varsigma}{\partial\xi}\right)+v\sqrt{G_{\xi\xi}}\left(\sigma\frac{\partial h}{\partial\eta}+\frac{\partial\varsigma}{\partial\eta}\right)\right]\end{aligned}\tag{3.99}$$

Considerando a pressão atmosférica e a massa volúmica constantes, os gradientes de pressão hidrostática, P_ξ e P_η, são calculados por (3.100) e (3.101), respetivamente (Deltares, 2011)

$$\frac{1}{\rho_0\sqrt{G_{\xi\xi}}}P_\xi=\frac{g}{\sqrt{G_{\xi\xi}}}\frac{\partial\varsigma}{\partial\xi}+g\frac{h_0+\varsigma}{\rho_0\sqrt{G_{\xi\xi}}}\int_\sigma^0\left(\frac{\partial\rho}{\partial\xi}+\frac{\partial\rho}{\partial\sigma}\frac{\partial\sigma}{\partial\xi}\right)d\sigma'\tag{3.100}$$

$$\frac{1}{\rho_0\sqrt{G_{\eta\eta}}}P_\eta=\frac{g}{\sqrt{G_{\eta\eta}}}\frac{\partial\varsigma}{\partial\eta}+g\frac{h_0+\varsigma}{\rho_0\sqrt{G_{\eta\eta}}}\int_\sigma^0\left(\frac{\partial\rho}{\partial\eta}+\frac{\partial\rho}{\partial\sigma}\frac{\partial\sigma}{\partial\eta}\right)d\sigma'\tag{3.101}$$

Alguns dos modelos acima mencionados contêm módulos que permitem aplicações em domínios da morfodinâmica (capítulos 5 e 6), casos dos programas SED2D (desenvolvido pelo *U.S. Army Corps of Engineers Waterways Experiment Station*), associado ao modelo RMA2, do ADCIRC, DELFT2D/3D, CCHE2D, IBER e MECCA.

4. Propagação de Ondas

4.1 Generalidades

O conhecimento das características dos escoamentos associados a ondas e correntes de superfície, e a sua dependência relativamente à batimetria e à geometria da costa, é de considerável importância no projeto de estruturas correntes no ambiente costeiro, como esporões e quebramares. Tal conhecimento também ajuda na previsão das modificações introduzidas na agitação marítima e no transporte e deposição de sedimentos.

Até finais dos anos 70 eram utilizados modelos quase exclusivamente lineares para a simulação do efeito da refração produzida pela variação da profundidade ao longo da direção de propagação da onda e o efeito da difração produzida pelo gradiente de amplitude ao longo da crista da onda. Na década de 80 surgiram outros modelos, que passaram e ter em conta não só os efeitos de refração e difração, mas também efeitos da resistência no fundo e de interação onda-corrente; modelos desse tipo foram propostos e usados por Berkhoff *et al.* (1982), Kirby e Dalrymple (1983, 1985), Booij (1983), Kirby (1984), Kirby (1986a,b), entre outros. No entanto, dado que se baseiam na teoria linear, a validade de tais modelos é reduzida em condições de águas pouco profundas.

Uma série de fatores tornou possível o emprego de modelos matemáticos cada vez mais sofisticados. Não só o conhecimento teórico dos fenómenos envolvidos evoluiu muito, como também os métodos numéricos passaram a ser utilizados de forma mais eficiente. Os grandes avanços ocorridos na tecnologia dos computadores, especialmente a partir dos anos 80, permitiram melhorar o processamento da informação e o armazenamento de grandes volumes de dados, tornando possível o uso de mais modelos matemáticos, de maior complexidade e com menores restrições.

Nessa fase, as equações de Saint-Venant passaram a ser frequentemente usadas em aplicações práticas. Contudo, como tem sido amplamente demonstrado, em condições de águas pouco profundas e para alguns tipos de ondas, os modelos baseados numa teoria não dispersiva, de que o modelo de Saint-Venant é exemplo, são limitados e não são normalmente capazes de obter resultados satisfatórios durante longos períodos de análise (Seabra Santos, 1985; Seabra Santos *et al.*, 1988).

É hoje genericamente aceite que, para as aplicações práticas, os efeitos combinados de ondas de gravidade em condições de água pouco profunda devem ser considerados. Mais ainda, os processos de refração, difração, empolamento, reflexão e rebentação da onda, além das interações onda-onda e onda-corrente, bem como os fenómenos decorrentes de importantes irregularidades e alterações batimétricas, devem ser considerados na sua integridade.

Na teoria da onda em condições de água pouco profunda é habitual recorrer-se a aproximações resultantes de desenvolvimentos em série em função de dois parâmetros: $\varepsilon = a/h$ e $\sigma = h/L$, em que a, h e L representam uma altura, uma profundidade e um comprimento característicos, em geral a amplitude da onda, a profundidade do escoamento e o comprimento de onda, respetivamente. A importância dos termos não-lineares é traduzida pelo parâmetro ε e a dos termos dispersivos pelo parâmetro σ^2.

Em condições de água pouco profunda assumem grande relevância os termos dispersivos, pelo que apenas modelos de ordem σ^2, ou superior, dos tipos Boussinesq ou Serre, são capazes de reproduzir os efeitos dispersivos e as não-linearidades decorrentes de interações onda-onda e onda-corrente, para além de outros efeitos resultantes de importantes e rápidas alterações das cotas de fundo, de que são exemplos as ocorrências que causam *tsunamis*, bem como as ondas geradas por deslizamentos submersos em albufeiras, ou ainda por deslizamentos de grandes massas de terra que se deslocam para o interior de albufeiras, lagos ou lagunas.

A evolução tecnológica verificada nos últimos anos, tornando possível o uso de facilidades computacionais mais poderosas, e a sofisticação dos sistemas de informação e análise, permitiram melhorar o conhecimento da hidrodinâmica e dos processos morfodinâmicos costeiros com recursos e procedimentos de investigação teórica, experimental e aplicada bem mais sofisticados. Também os métodos numéricos tiveram um grande desenvolvimento, nomeadamente para aplicações no âmbito da engenharia costeira, tornando possível lidar com outro grau de complexidade.

Na secção 4.5 é usada a teoria geral da onda em condições de água pouco profunda para o desenvolvimento das diferentes aproximações matemáticas que são atualmente a base dos modelos mais importantes no âmbito da hidrodinâmica e da dinâmica sedimentar. Nas secções seguintes (secções 4.6 e 4.7) são apresentadas extensões da teoria da onda em água pouco profunda, e na secção 4.8 são descritos os modelos mais conhecidos e utilizados hoje em dia na previsão das condições de agitação em regiões costeiras, portos e estuários, desde condições de águas profundas (ao largo) até condições de água pouco profunda, nomeadamente com declives acentuados e na presença de importantes obstáculos. Termina este capítulo com uma descrição de várias aplicações de campo, sendo demonstrada a capacidade dos modelos atualmente existentes para resolverem a generalidade dos fenómenos que ocorrem em diferentes condições de aplicação.

4.2 Teoria linear da onda

Seja uma onda monocromática, com comprimento de onda L, altura H e período T; a variação da superfície livre com o tempo é uma função sinusoidal representada por ς, com

$$\varsigma = \frac{H}{2} cos\left[2\pi\left(\frac{x}{L} - \frac{t}{T}\right)\right] \qquad (4.1)$$

a qual se propaga com uma velocidade c, dita celeridade da onda, dada por $c = L/T$.

A teoria linear apresenta, em geral, boa concordância em condições de água profunda, assumindo o fluido incompressível e o movimento irrotacional, isto é, verificando-se $rot\,\vec{u} = 0$. Nestas condições, a velocidade $\vec{u}$ pode ser representada como o gradiente de uma função escalar, o potencial de velocidade φ, ou seja, $\vec{u} = \nabla\varphi$.

Este conceito foi já introduzido no capítulo 3 a propósito do fenómeno da difração, equação (3.27), demonstrando-se pela equação de continuidade, $div\,\vec{u} = 0$, que o potencial φ obedece à equação de

Laplace $div(\nabla\varphi) \equiv \nabla^2\varphi = \partial^2\varphi/\partial x^2 + \partial^2\varphi/\partial y^2 + \partial^2\varphi/\partial z^2 = 0$. Retoma-se agora a duas dimensões no plano vertical (x, z), com o potencial φ dado pela expressão (4.2)

$$\varphi = \varphi(x,z,t) = -\frac{H}{2}\frac{g}{\omega}\frac{cosh\,[k(h+z)]}{cosh\,(kh)}sen\,(kx - \omega t) \tag{4.2}$$

o qual se escreve nas duas direções do plano horizontal (x, y)

$$\varphi = \varphi(x,y,z,t) = -\frac{H}{2}\frac{g}{\omega}\frac{cosh[k(h+z)]}{cosh(kh)}sen(k_x x + k_y y - \omega t) \tag{4.3}$$

com $\vec{k} = k_x\vec{e}_x + k_y\vec{e}_y \equiv$ vetor número de onda.

Genericamente, a celeridade, velocidade de fase, ou simplesmente velocidade a que se propaga a onda, c, é dada pela equação (2.10), que aqui se reproduz com diferente notação

$$c = \frac{gT}{2\pi}tanh\left(\frac{2\pi h}{L}\right) \tag{4.4}$$

Definindo o número de onda $k = 2\pi/L$ e a frequência da onda $\omega = 2\pi/T$ resultam as equações (4.5) e (4.6)

$$\varsigma = \frac{H}{2}cos\,[kx - \omega t] \tag{4.5}$$

$$c = \frac{g}{\omega}tanh(kh) \tag{4.6}$$

donde

$$c^2 = \frac{L^2}{T^2} = \frac{g}{k}tanh(kh) \tag{4.7}$$

vindo

$$L = \frac{gT^2}{2\pi}tanh\left(\frac{2\pi h}{L}\right) \tag{4.8}$$

Por outro lado, da relação (4.9)

$$c = \frac{L}{T} = \frac{\omega}{k} = \frac{g}{\omega}tanh(kh) \tag{4.9}$$

obtém-se a equação (4.10)

$$\omega^2 = gk\,tanh(kh) \tag{4.10}$$

sendo esta relação conhecida por ***equação de dispersão da onda***, ou simplesmente ***relação de dispersão***.

Introduzindo a relação de dispersão $\omega^2 = gk\tanh(kh)$ no potencial de velocidade, este pode ser escrito por (4.11)

$$\varphi = -\frac{H}{2} c \frac{\cosh[k(h+z)]}{\operatorname{senh}(kh)} \operatorname{sen}(kx - \omega t) \tag{4.11}$$

As componentes u e w da velocidade do fluido são dadas por (4.12)

$$u = -\frac{\partial \varphi}{\partial x} \; ; \; w = -\frac{\partial \varphi}{\partial z} \tag{4.12}$$

Ou seja, para uma onda progressiva, com

$$a = \frac{H}{2} \; ; \; f_1(z) = \frac{\cosh[k(h+z)]}{\cosh(kh)} ; \; f_2(z) = \frac{\operatorname{senh}[k(h+z)]}{\cosh(kh)} \tag{4.13}$$

a partir de (4.2) resultam as seguintes expressões (4.14) e (4.15) para as componentes u e w da velocidade

$$u = -\frac{\partial \varphi}{\partial x} = \frac{gak}{\omega} \frac{\cosh[k(h+z)]}{\cosh(kh)} \cos(kx - \omega t) = \frac{gak}{\omega} f_1(z) \varsigma \tag{4.14}$$

$$w = -\frac{\partial \varphi}{\partial z} = \frac{gak}{\omega} \frac{\operatorname{senh}[k(h+z)]}{\cosh(kh)} \operatorname{sen}(kx - \omega t) = \frac{gak}{\omega} f_2(z) \operatorname{sen}(kx - \omega t) \tag{4.15}$$

A Figura 4.1 representa os perfis verticais da velocidade, $u(z)$, na crista e na cava da onda.

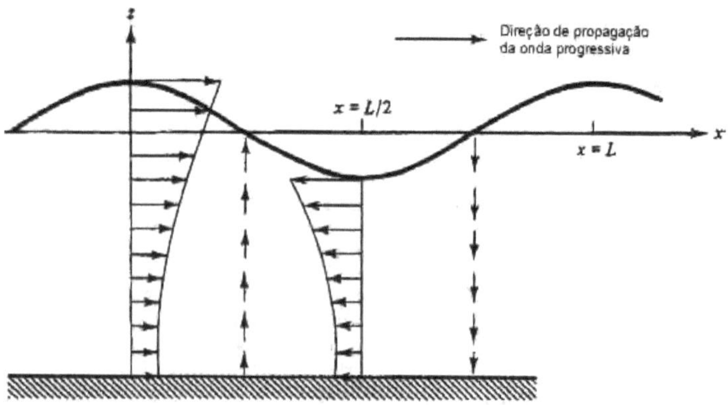

Figura 4.1 - Velocidades das partículas líquidas numa onda progressiva (adaptada de Dean e Dalrymple, 1984).

Para as acelerações totais, Du/Dt e Dw/Dt, dadas por (4.16), tendo em conta que são desprezados os termos não lineares

$$\frac{Du}{Dt} = \frac{\partial u}{\partial t} + \cancel{u\frac{\partial u}{\partial x}} + \cancel{w\frac{\partial u}{\partial z}} \quad \text{e} \quad \frac{Dw}{Dt} = \frac{\partial w}{\partial t} + \cancel{u\frac{\partial w}{\partial x}} + \cancel{w\frac{\partial w}{\partial z}} \tag{4.16}$$

obtêm-se as equações (4.17) e (4.18)

$$\frac{Du}{Dt} = \frac{\partial u}{\partial t} = g\,a\,k\,f_1(z)\,sen\,(kx - \omega t) \tag{4.17}$$

$$\frac{Dw}{Dt} = \frac{\partial w}{\partial t} = -g\,a\,k\,f_2(z)\,cos\,(kx - \omega t) \tag{4.18}$$

Para z = 0 (aproximação de 1ª ordem à superfície) e introduzindo (4.10), resulta $\left.\frac{\partial w}{\partial t}\right|_{z=0} = -\underbrace{a\,\omega^2}_{<<g}\,cos\,(kx - \omega t)$.

➤ ***Trajetórias das partículas***

Por integração das velocidades no tempo, obtêm-se para uma partícula centrada em (x_1, z_1)

- Na horizontal

$$\begin{aligned}\xi(x_1, z_1, t) &= \int u(x_1 + \xi, z_1 + \varsigma)\,dt \\ &= -a\frac{cosh[k(h + z_1)]}{senh(kh)}sen(kx_1 - \omega t)\end{aligned} \tag{4.19}$$

- Na vertical

$$\begin{aligned}\zeta(x_1, z_1, t) &= \int w(x_1 + \xi, z_1 + \varsigma)\,dt \\ &= a\frac{senh[k(h + z_1)]}{senh(kh)}cos(kx_1 - \omega t)\end{aligned} \tag{4.20}$$

donde

$$\left(\frac{\xi}{A}\right)^2 + \left(\frac{\zeta}{B}\right)^2 = 1 \tag{4.21}$$

A expressão (4.21) é a equação de uma elipse, com $A = a\frac{cosh[k(h + z_1)]}{senh(kh)}$ e $B = a\frac{senh[k(h + z_1)]}{senh(kh)}$, ou seja, *as trajetórias são elíticas*, como mostra a Figura 4.2. De assinalar que esta figura mostra ainda um comportamento muito diferente das trajetórias das partículas, consoante o meio (ou a profundidade) em que a onda se propaga.

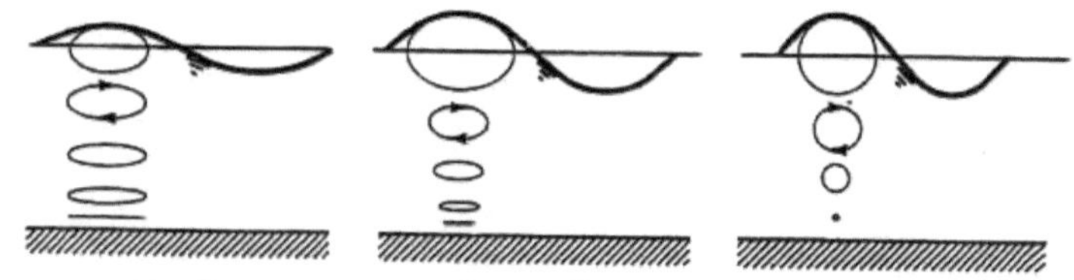

Figura 4.2 - Trajetórias das partículas líquidas em diferentes profundidades relativas de ondas progressivas (adaptada de Dean e Dalrymple, 1984).

As alterações que ocorrem no movimento orbital de uma onda com a aproximação à costa são claramente evidenciadas na Figura 4.3.

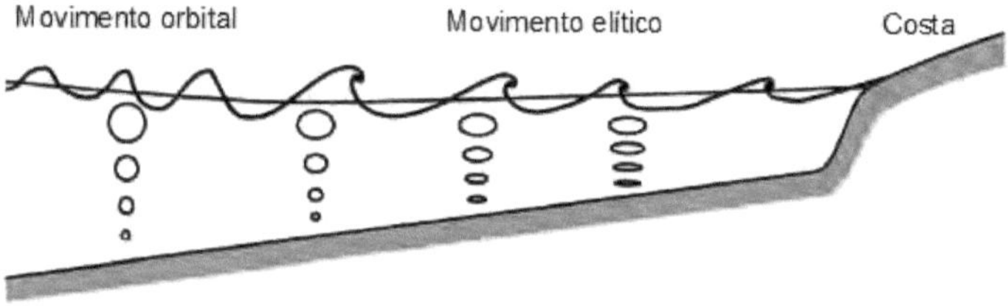

Figura 4.3 - Alteração do movimento orbital com a aproximação das ondas à costa.

O campo de pressões resulta da equação de Bernoulli linearizada, obtendo-se (4.22)

$$p = -\underbrace{\rho g z}_{hidrostática} - \underbrace{\rho \frac{\partial \varphi}{\partial t}}_{dinâmica} = -\rho g z + \rho g K_p \varsigma \tag{4.22}$$

com

$$\begin{aligned} p_{din} &= \rho g a \frac{cosh[k(h+z)]}{cosh(kh)} cos(kx - \omega t) \\ &= \rho g a K_p cos(kx - \omega t) \end{aligned} \tag{4.23}$$

em que $K_p(z) = \frac{cosh[k(h+z)]}{cosh(kh)}$ (fator de resposta em pressão); para z = 0 tem-se $p_{din}|_{z=0} = \rho g \varsigma$.

A Figura 4.4 mostra a importância relativa dos diagramas das pressões hidrostática e dinâmica, em diferentes fases de uma onda progressiva.

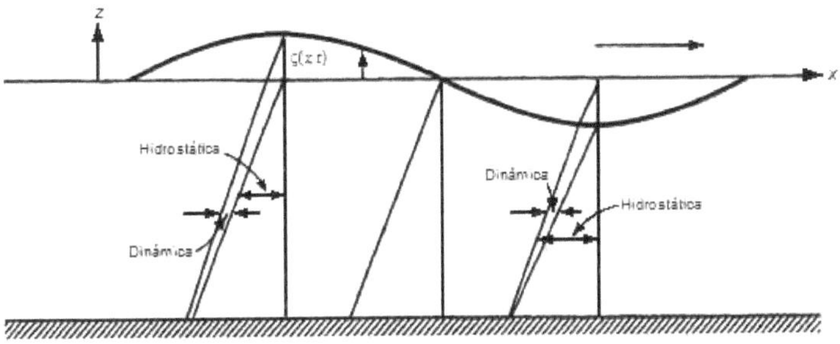

Figura 4.4 - Componentes das pressões hidrostática e dinâmica em diferentes fases de uma onda progressiva (adaptada de Dean e Dalrymple, 1984).

> ***Energia e Fluxo de energia***

A energia cinética total de uma onda por unidade de largura da crista, E_c, é dada por (4.24)

$$E_c = \frac{\gamma}{2g}\int_0^L\int_{-h}^{\varsigma}\left(u^2 + w^2\right)dz\,dx \tag{4.24}$$

donde

$$\begin{aligned} E_c = \frac{\gamma}{2g}\int_0^L\int_{-h}^{\varsigma}&\left\{\left[\frac{gak}{\omega}\frac{\cosh[k(h+z)]}{\cosh(kh)}\cos(kx-\omega t)\right]^2\right.\\ &\left.+\left[\frac{gak}{\omega}\frac{\operatorname{senh}[k(h+z)]}{\cosh(kh)}\operatorname{sen}(kx-\omega t)\right]^2\right\}dz\,dx \end{aligned} \tag{4.25}$$

Tratando-se de ondas de pequena amplitude, integrando até à superfície livre, com $\varsigma \approx 0$, obtém-se (4.26)

$$\begin{aligned} E_c &= \frac{\gamma}{2g}\left[\frac{gak}{\omega}\frac{1}{\cosh(kh)}\right]^2\\ &\times\int_0^L\int_{-h}^{\varsigma=0}\frac{1}{2}\left\{\cosh[2k(h+z)]+\cos[2(kx-\omega t)]\right\}dz\,dx = \frac{\gamma a^2 L}{4} = \frac{\gamma H^2 L}{16} \end{aligned} \tag{4.26}$$

A energia potencial total de uma onda por unidade de largura da crista, E_p, é dada por (4.27)

$$E_p = \int_0^L\int_0^{\varsigma}\gamma\, z\, dz\, dx \tag{4.27}$$

donde

$$E_p = \frac{1}{2}\int_0^L \gamma \varsigma^2 \, dx = \frac{\gamma H^2}{8}\int_0^L \cos^2(kx - \omega t)\, dx = \frac{\gamma H^2 L}{16} \tag{4.28}$$

Por conseguinte, as energias cinética e potencial são iguais. A energia total de uma onda por unidade de largura da crista é assim dada por (4.29)

$$E = \frac{1}{8}\gamma H^2 L \text{ (j/m)} \tag{4.29}$$

ou por unidade de área, retomando o conceito de densidade média de energia por unidade horizontal de área, designado no capítulo 1 por E_d, equação (1.2)

$$E_d = \frac{1}{8}\gamma H^2 \text{ (j/m}^2\text{)} \tag{1.2}$$

com $\gamma = \rho g$. A conservação da energia conduz a que uma redução de L corresponda necessariamente a um aumento de H e vice-versa. O conceito de fluxo de energia, ou potência por metro de frente de uma onda, foi já apresentado no capítulo 1, equação (1.4), retomando-se agora com diferente notação

$$F = E c \underbrace{\frac{1}{2}\left[1 + \frac{2kh}{senh(2kh)}\right]}_{n} = E c n = E c_g \text{ (W/m)} \tag{4.30}$$

em que $c_g = nc$ é a velocidade ou celeridade de grupo = velocidade a que a energia se propaga, sendo n o parâmetro da velocidade de grupo.

- ***CONDIÇÕES-LIMITE***

- Aproximação de água profunda: $h/L > 0.50$ [$tanh(kh) \approx 1$], donde

$$c = c_0 = \frac{gT}{2\pi} = \sqrt{\frac{gL_0}{2\pi}} \tag{2.9}$$

- Em águas de transição: $0.50 > h/L > 0.05$ [$tanh(kh) < 1$], donde

$$c = \frac{gT}{2\pi} tanh(kh) \tag{2.10}$$

- Aproximação de água pouco profunda: $h/L < 0.05$ [$tanh(kh) \approx \frac{2\pi h}{L}$], donde

$$c = \frac{gTh}{L} = \sqrt{gh} \tag{2.12}$$

Por conseguinte

» Em condições de água profunda: $c_g = c_0/2$

» Em condições de água pouco profunda: $c_g = c$

Com $c_g = c_0/2 = gT/(4\pi)$, resulta para o fluxo de energia ao largo $F_0 = \frac{1}{8}\gamma H_0^2 \frac{gT}{4\pi}$. Assumindo que é reduzida a dissipação de energia desde água profunda até próximo do ponto de rebentação, para uma onda que se propaga perpendicularmente à costa em condições de água pouco profunda serão aproximadamente iguais os fluxos de energia ao largo (F_0) e próximo da rebentação (F_b); por conseguinte, verificar-se-á $F_0 \approx F_b$, ou seja

$$\frac{1}{8}\gamma H_0^2 \frac{gT}{4\pi} \approx \frac{1}{8}\gamma H_b^2 \sqrt{gh_b} \tag{4.31}$$

Com $h_b \approx H_b/0.8$ resultam $H_0/H_b \approx \left[4\pi\sqrt{H_0}\sqrt{1.25g}/(gT)\right]^{2/5} = \left(2\sqrt{2.5\pi}\sqrt{H_0/L_0}\right)^{2/5}$, obtendo-se a seguinte relação (4.32) para o cálculo aproximado da altura da onda próximo da rebentação, com $\chi \approx 0.50$

$$\frac{H_b}{H_0} = \chi\left(\frac{L_0}{H_0}\right)^{1/5} \tag{4.32}$$

Com base em resultados laboratoriais, Komar e Gaughan (1972) (*in* Fredsøe e Deigaard, 1995), obtiveram para a constante χ o valor $\chi \approx 0.56$.

4.3 Teoria de Stokes

A teoria linear contém limitações importantes. Em particular, deixa de ser aplicável para valores elevados da declividade, ou seja, esta teoria assume que $ka << 1$. Aumentando esta relação, o que acontece com a aproximação a águas pouco profundas, há necessidade de recorrer a teorias de onda de ordem superior, como a de Stokes. O domínio de aplicação da teoria de Stokes é habitualmente considerado como sendo da ordem de profundidades relativas superiores a 0.10. De acordo com esta teoria, uma aproximação de ordem "*n*" das equações do movimento conduzem à teoria de ordem "*n*" de Stokes. O potencial de velocidades associado a uma aproximação de 2ª ordem é dado por (4.33)

$$\begin{aligned}\varphi = \varphi(x,z,t) = &-\frac{H}{2}\frac{L}{T}\frac{\cosh\left[k(h+z)\right]}{\cosh(kh)}sen(kx-\omega t)\\ &-\frac{3\pi H^2}{16T}\frac{\cosh\left[2k(h+z)\right]}{senh^4(kh)}sen\left[2(kx-\omega t)\right]\end{aligned} \tag{4.33}$$

sendo a elevação da superfície livre expressa por (4.34)

$$\varsigma = \frac{H}{2}\cos(kx-\omega t) + \frac{\pi H^2}{8L}\left\{\frac{\cosh(kh)\left[2+\cosh(2kh)\right]}{senh^3(kh)}\right\}\cos\left[2(kx-\omega t)\right] \tag{4.34}$$

a qual representa a soma de duas sinusoides, a segunda das quais com uma amplitude dependente da declividade (H/L) e com uma velocidade angular dupla da sinusoide fundamental dada pela teoria linear. As componentes u e w da velocidade do fluido são, neste caso, dadas por (4.35) e (4.36)

$$u = -\frac{\partial \varphi}{\partial x} = \frac{\pi H}{T}\frac{\cosh\left[k(h+z)\right]}{\cosh(kh)}\cos(kx-\omega t) + \frac{3}{4}\frac{\pi H}{T}\frac{\pi H}{L}\frac{\cosh\left[2k(h+z)\right]}{\operatorname{senh}^4(kh)}\cos\left[2(kx-\omega t)\right] \tag{4.35}$$

$$w = -\frac{\partial \varphi}{\partial z} = \frac{\pi H}{T}\frac{\operatorname{senh}\left[k(h+z)\right]}{\cosh(kh)}\operatorname{sen}(kx-\omega t) + \frac{3}{4}\frac{\pi H}{T}\frac{\pi H}{L}\frac{\operatorname{senh}\left[2k(h+z)\right]}{\operatorname{senh}^4(kh)}\operatorname{sen}\left[2(kx-\omega t)\right] \tag{4.36}$$

obtendo-se (4.37) e (4.38) para as componentes da aceleração

$$\frac{\partial u}{\partial t} = gk\frac{H}{2}\frac{\cosh\left[k(h+z)\right]}{\cosh(kh)}\operatorname{sen}(kx-\omega t) + \frac{3}{8}H^2\omega^2 k\frac{\cosh\left[2k(h+z)\right]}{\operatorname{senh}^4(kh)}\operatorname{sen}\left[2(kx-\omega t)\right] \tag{4.37}$$

$$\frac{\partial w}{\partial t} = -gk\frac{H}{2}\frac{\operatorname{senh}\left[k(h+z)\right]}{\cosh(kh)}\cos(kx-\omega t) - \frac{3}{8}H^2\omega^2 k\frac{\operatorname{senh}\left[2k(h+z)\right]}{\operatorname{senh}^4(kh)}\cos\left[2(kx-\omega t)\right] \tag{4.38}$$

A pressão em qualquer ponto abaixo da superfície livre escreve-se

$$p = \rho g\frac{H}{2}\frac{\cosh\left[2\pi(h+z)/L\right]}{\cosh(2\pi h/L)}\cos(kx-\omega t) - \rho g z + \frac{3}{8}\rho g\frac{\pi H^2}{L}\frac{\tanh(2\pi h/L)}{\operatorname{senh}^2(2\pi h/L)}\left\{\frac{\cosh\left[4\pi(h+z)/L\right]}{\operatorname{senh}^2(2\pi h/L)} - \frac{1}{3}\right\}\cos\left[2(kx-\omega t)\right] - \frac{1}{8}\rho g\frac{\pi H^2}{L}\frac{\tanh(2\pi h/L)}{\operatorname{senh}^2(2\pi h/L)}\left\{\cosh\left[4\pi(h+z)/L\right]-1\right\} \tag{4.39}$$

O potencial de velocidades de uma onda de Stokes de 3ª ordem é dado por (4.40) (Taveira-Pinto, 2001)

$$\varphi = \frac{c}{k}\left\{F_1\cosh\left[k(h+z)\right]\operatorname{sen}(kx-\omega t) + \frac{F_2}{2}\cosh\left[2k(h+z)\right]\operatorname{sen}\left[2(kx-\omega t)\right] + \frac{F_3}{3}\cosh\left[3k(h+z)\right]\operatorname{sen}\left[3(kx-\omega t)\right]\right\} \tag{4.40}$$

com

$$F_1 = \frac{kH}{2\,senh(kh)} - \left(\frac{kH}{2}\right)^2 \frac{\left[1 + 5cosh^2(kh)\right]cosh^2(kh)}{8\,senh^5(kh)} \tag{4.41}$$

$$F_2 = \frac{3}{4}\left(\frac{kH}{2}\right)^2 \frac{1}{senh^4(kh)} \tag{4.42}$$

$$F_3 = \frac{3}{64}\left(\frac{kH}{2}\right)^3 \frac{11 - 2cosh(2kh)}{senh^7(kh)} \tag{4.43}$$

A elevação da superfície livre pode ser expressa por (4.44)

$$\begin{aligned} \varsigma &= \frac{H}{2}cos(kx - \omega t) \\ &+ \frac{\pi H^2}{4L}\left[\frac{2 + cosh(2kh)}{2senh^3(kh)}\right]cosh(kh)cos\left[2(kx - \omega t)\right] \\ &+ \frac{\pi^2 H^3}{8L^2}\frac{3}{16}\left[\frac{1 + 8cosh^3(kh)}{senh^6(kh)}\right]cos\left[3(kx - \omega t)\right] \end{aligned} \tag{4.44}$$

O comprimento de onda (L) e a celeridade (c) podem ser aproximados por (4.45) e (4.46), respetivamente

$$L = \frac{gT^2}{2\pi}tanh\left\{kh\left[1 + \left(\frac{kH}{2}\right)^2 \frac{8 + cosh(4kh)}{8\,senh^4(kh)}\right]\right\} \tag{4.45}$$

$$c^2 = \frac{g}{k}tanh\left\{kh\left[1 + \left(\frac{kH}{4}\right)^2 \frac{8 + cosh(4kh)}{8\,senh^4(kh)}\right]\right\} \tag{4.46}$$

A complexidade da teoria de Stokes aumenta com a ordem de aproximação das equações. Para a onda de Stokes de ordem superior consulte-se Hsu (1984).

4.4 Teorias da onda cnoidal e solitária

A teoria de Stokes é globalmente válida para águas relativamente profundas, para valores de $h/L > 1/8$. Para águas de transição, com profundidades relativas no intervalo $1/10 > h/L > 1/50$, a teoria cnoidal é satisfatória para a descrição do comportamento de uma onda de amplitude finita, de que são casos-limite a onda de Stokes de 1ª ordem e a onda solitária, consoante o valor de um parâmetro k, que controla o perfil da onda, tende para zero ou para um, respetivamente.

Os limites de aplicação das diferentes teorias são correntemente associados a ordens de grandeza de uma relação entre os parâmetros ε e σ^2, conduzindo a outro adimensional designado por número de Ursell, $U = \varepsilon/\sigma^2 = aL^2/h^3$. Consoante predominem os efeitos dispersivos ($U << 1$, ou $\varepsilon << \sigma^2$), os efeitos não-lineares ($U >> 1$, ou $\varepsilon >> \sigma^2$), ou quando estes dois efeitos se equilibram ($U = O(1)$, ou $\varepsilon \approx \sigma^2$), assim são definidos os domínios de aplicação das diferentes teorias. É justamente o equilíbrio entre estes dois parâmetros adimensionais (ε e σ^2) que garante a estabilidade de uma onda solitária e a sua indeformabilidade, traduzida pela teoria das ondas cnoidais-solitárias (Seabra Santos, 1985).

A variação da superfície livre para uma onda cnoidal pode ser expressa por (4.47) (Wiegel, 1960)

$$\varsigma(x,t) = H\,cn^2\left[2K(k)\left(\frac{x}{L} - \frac{t}{T}\right), k\right] \tag{4.47}$$

com a notação apresentada na Figura 4.5, em que cn é a função elítica Jacobiana associada com a função cosseno, $K(k)$ é a função integral elítica completa de primeira espécie, e k é um parâmetro que determina a forma da onda cnoidal, situando-se no intervalo $0 \le k < 1$. Com k = 1, a função cn^2 reduz-se a uma função cosseno.

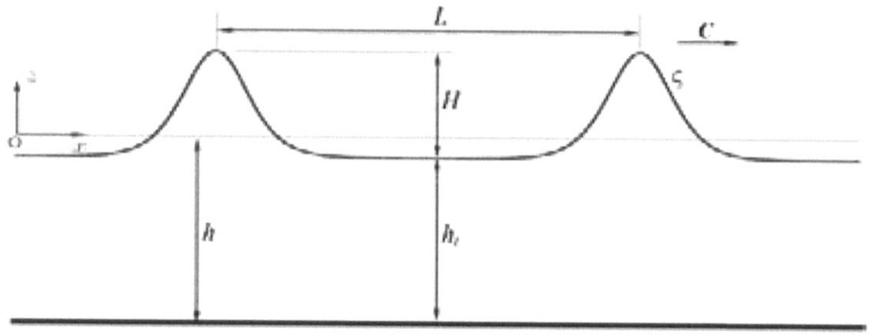

Figura 4.5 - Onda cnoidal num referencial cartesiano: notações (adaptada de Mesquita, 2013).

A altura da cava, h_t, é calculada por (4.48)

$$h_t = h - H + \frac{16h^3}{3L^2}\{K(k)[K(k) - E(k)]\} \tag{4.48}$$

onde $E(k)$ é a função integral elítica completa de segunda espécie, e o perfil obtém-se a partir de (4.49) (Wiegel, 1960)

$$h_s = h_t + \varsigma(x,t) = h_t + Hcn^2\left[2K(k)\left(\frac{x}{L} - \frac{t}{T}\right), k\right] \tag{4.49}$$

Para valores de $0.95 \le k^2 < 1$, a função cn pode ser aproximada pela seguinte série (4.50) (Wiegel, 1960)

$$cn(\overline{u}|k^2) = sec\,h(\overline{u}) - 0.25k'^2\,tanh(\overline{u})\,sec\,h(\overline{u})[senh(\overline{u})cosh(\overline{u}) - (\overline{u})] \tag{4.50}$$

onde $\overline{u}$ é a função integral elítica incompleta de 1ª ordem e $k' = \sqrt{1-k^2}$.

As funções integrais elíticas $K(k)$ e $E(k)$ podem ser aproximadas por (4.51) e (4.52), respetivamente (Lakhan e Trenhaile, 1989)

$$K(k) \approx G + \frac{G-1}{4}k'^2 + \frac{9}{64}\left(G - \frac{7}{6}\right)k'^4 + \frac{25}{256}\left(G - \frac{37}{30}\right)k'^6 + \cdots \tag{4.51}$$

$$E(k) \approx 1 + \frac{1}{2}\left(G - \frac{1}{2}\right)k'^2 + \frac{3}{16}\left(G - \frac{13}{12}\right)k'^4 + \frac{15}{128}\left(G - \frac{6}{5}\right)k'^6 + \cdots \tag{4.52}$$

em que $G = ln\left(\frac{4}{k'}\right)$ e $k' = \sqrt{1-k^2}$.

O comprimento de onda, L, é dado por (4.53)

$$L = \sqrt{\frac{16h^3}{3H}}k\,K(k) \tag{4.53}$$

obtendo-se para a celeridade a expressão (4.54) (Wiegel, 1960)

$$c = \sqrt{gh}\left\{1 + \frac{16h^2}{3L^2}K^2(k)\left[\frac{1}{2} - \frac{E(k)}{K(k)}\right]\right\} \tag{4.54}$$

Deve notar-se que aproximando-se k^2 da unidade, a função $K(k)$ tende para infinito, resultando (4.55)

$$c = \sqrt{gh}\left[1 + \frac{H}{2h}\right] \approx \left[gh\left(1 + \frac{H}{h}\right)\right]^{1/2} \tag{4.55}$$

que é uma aproximação da celeridade da onda solitária.

Para o outro limite, quando $k^2 \to 0$ a celeridade tende para a celeridade da teoria linear, obtendo-se sucessivamente

$$c = \sqrt{gh}\left[1 - \frac{2\pi^2h^2}{3L^2}\right] \approx \left\{gh\left[1 - \frac{4\pi^2h^2}{3L^2}\right]\right\}^{1/2} \approx \left[\frac{gL}{2\pi}tanh\left(\frac{2\pi h}{L}\right)\right]^{1/2} \tag{4.56}$$

O módulo k é assim o parâmetro que controla o perfil da onda; quando k tende para zero, o perfil da onda cnoidal aproxima-se do perfil da onda de Stokes de 1ª ordem; quando k tende para um, o perfil da onda cnoidal tende para o perfil da onda solitária.

Uma onda solitária pode expressar-se por (4.57) e (4.58) (Seabra Santos, 1985; Cienfuegos *et al.*, 2006; Antunes do Carmo, 2013a,b)

$$\varsigma(x,t) = H\,sech^2\left[\sqrt{\frac{3H}{4h^2(h+H)}}(x - ct - x_0)\right] \tag{4.57}$$

$$u = c\left[1 - \frac{h}{h+\varsigma}\right] \tag{4.58}$$

em que h é a profundidade da água em repouso (Figura 4.5), x_0 é a posição inicial da crista, H é a altura da onda, $c = c_0\sqrt{(1+H/h)}$ e $c_0 = \sqrt{gh}$ (g = 9.8).

Para mais detalhe, nomeadamente o desenvolvimento das funções integrais elíticas, consulte-se Wiegel (1964). Uma descrição mais detalhada da teoria cnoidal da onda até à 5ª ordem e sua aplicação a problemas práticos é apresentada em Fenton (1998).

4.5 Teoria da onda em água pouco profunda

Partindo das equações fundamentais da Mecânica dos Fluidos, em variáveis de Euler, relativas ao escoamento irrotacional e tridimensional de um líquido perfeito [equações de Euler, ou equações de Navier-Stokes com as hipóteses de incompressibilidade ($d\rho/dt = div\,\vec{v} = 0$), irrotacionalidade ($rot\,\vec{v} = 0$, ou seja, $u_z = w_x$; $v_z = w_y$; $v_x = u_y$) e líquido perfeito ($\mu = 0$)], considerando condições de fronteira e uma adimensionalização apropriadas, e definindo os parâmetros adimensionais $\varepsilon = a/h_0$ e $\sigma = h_0/l$, em que a, h_0 e l representam uma amplitude, uma profundidade e um comprimento horizontal característicos, as equações fundamentais e as condições de fronteira escrevem-se (Seabra Santos, 1989)

A - Equações fundamentais

$$\begin{aligned}
&u_x + v_y + w_z = 0\\
&\varepsilon u_t + \varepsilon^2 u u_x + \varepsilon^2 v u_y + \varepsilon^2 w u_z = -p_x\\
&\varepsilon v_t + \varepsilon^2 u v_x + \varepsilon^2 v v_y + \varepsilon^2 w v_z = -p_y\\
&\varepsilon\sigma^2 w_t + \varepsilon^2\sigma^2 u w_x + \varepsilon^2\sigma^2 v w_y + \varepsilon^2\sigma^2 w w_z = -p_z - 1\\
&u_z = \sigma^2 w_x\\
&v_z = \sigma^2 w_y\\
&v_x = u_y
\end{aligned} \tag{4.59}$$

B - Condições de fronteira

$$\begin{aligned}
&w = \varsigma_t + \varepsilon u\varsigma_x + \varepsilon v\varsigma_y &&, z = \varepsilon\varsigma\\
&w = (1/\varepsilon)\xi_t + u\xi_x + v\xi_y &&, z = -1 + \xi\\
&p = 0 &&, z = \varepsilon\varsigma
\end{aligned} \tag{4.60}$$

significando os índices x, y, z e t derivadas parciais.

Integrando a primeira das equações (A) entre o fundo e a superfície livre obtém-se a equação de continuidade (4.61)

$$\left[\varsigma-(1/\varepsilon)\xi\right]_t+\left[(1+\varepsilon\varsigma-\xi)\bar{u}\right]_x+\left[(1+\varepsilon\varsigma-\xi)\bar{v}\right]_y=0 \tag{4.61}$$

representando a barra sobre as variáveis o valor médio segundo a vertical.

Admitindo em seguida a hipótese fundamental da água pouco profunda, $\sigma=h_0/l<<1$, e desenvolvendo as variáveis em função do pequeno parâmetro σ^2 obtêm-se, após alguns desenvolvimentos matemáticos, as seguintes equações (4.62) (Seabra Santos, 1989)

$$\begin{aligned} &u^*_t+\varepsilon u^*u^*_x+\varepsilon v^*u^*_y+\varsigma_x\left(1+\varepsilon\sigma^2\Gamma^*\right)=0\\ &v^*_t+\varepsilon u^*v^*_x+\varepsilon v^*v^*_y+\varsigma_y\left(1+\varepsilon\sigma^2\Gamma^*\right)=0 \end{aligned} \tag{4.62}$$

em que

$$\begin{aligned} \Gamma^* = &\left[-(1+z-\xi)\left(\bar{A}_t+\varepsilon\bar{u}\bar{A}_x+\varepsilon\bar{v}\bar{A}_y-\varepsilon\bar{A}^2\right)\right]_{horiz}\\ &+\left[w_{*t}+\varepsilon\bar{u}w_{*x}+\varepsilon\bar{v}w_{*y}\right]_{fundo}+O(\sigma^2) \end{aligned} \tag{4.63}$$

representando os termos do primeiro parêntesis reto a aceleração vertical quando o fundo é horizontal e os termos do segundo parêntesis reto a aceleração vertical junto ao fundo.

Desenvolvendo as expressões (4.62) em segunda aproximação (ordem 2 em σ^2), obtêm-se as seguintes equações do movimento (4.64)

$$\begin{aligned} &\bar{u}_t+\varepsilon\bar{u}\bar{u}_x+\varepsilon\bar{v}\bar{u}_y+\varsigma_x\\ &\quad+\sigma^2\left\{\left[(2/3)(\varepsilon\varsigma-\xi)_x+(1/2)\xi_x\right]P+(1/3)(1+\varepsilon\varsigma-\xi)P_x\right\}\\ &\quad+\sigma^2\left[\varepsilon\varsigma_xQ+(1/2)(1+\varepsilon\varsigma-\xi)Q_x\right]+\sigma^4=0\\ &\bar{v}_t+\varepsilon\bar{u}\bar{v}_x+\varepsilon\bar{v}\bar{v}_y+\varsigma_y\\ &\quad+\sigma^2\left\{\left[(2/3)(\varepsilon\varsigma-\xi)_y+(1/2)\xi_y\right]P+(1/3)(1+\varepsilon\varsigma-\xi)P_y\right\}\\ &\quad+\sigma^2\left[\varepsilon\varsigma_yQ+(1/2)(1+\varepsilon\varsigma-\xi)Q_y\right]+\sigma^4=0\\ &P=(1+\varepsilon\varsigma-\xi)\left(\varepsilon\bar{A}^2-\varepsilon\bar{u}\bar{A}_x-\varepsilon\bar{v}\bar{A}_y-\bar{A}_t\right)\\ &Q=w_t+\varepsilon\bar{u}w_x+\varepsilon\bar{v}w_y\\ &w=(1/\varepsilon)\xi_t+\bar{u}\xi_x+\bar{v}\xi_y\\ &\bar{A}=\bar{u}_x+\bar{v}_y \end{aligned} \tag{4.64}$$

em que a barra sobre as variáveis representa o valor médio segundo a vertical. Em variáveis dimensionais, com fundo fixo ($\xi_t=0$), as equações de conservação da massa e da quantidade do movimento, em segunda aproximação, escrevem-se

$$
\begin{aligned}
& h_t + (h\bar{u})_x + (h\bar{v})_y = 0 \\
& \bar{u}_t + \bar{u}\bar{u}_x + \bar{v}\bar{u}_y + g\varsigma_x + \left[(2/3)h_x + (1/2)\xi_x\right]P \\
& \qquad + (1/3)h P_x + h_x Q + (1/2)h Q_x = 0 \\
& \bar{v}_t + \bar{u}\bar{v}_x + \bar{v}\bar{v}_y + g\varsigma_y + \left[(2/3)h_y + (1/2)\xi_y\right]P \\
& \qquad + (1/3)h P_y + h_y Q + (1/2)h Q_y = 0 \\
& P = h\left(\bar{A}^2 - \bar{u}\bar{A}_x - \bar{v}\bar{A}_y - \bar{A}_t\right) \\
& Q = w_t + \bar{u}w_x + \bar{v}w_y \\
& w = \bar{u}\xi_x + \bar{v}\xi_y \\
& \bar{A} = \bar{u}_x + \bar{v}_y
\end{aligned}
\tag{4.65}
$$

A uma dimensão no plano horizontal, e ainda com fundo fixo, o sistema de equações resultante escreve-se

$$
\begin{aligned}
& h_t + (uh)_x = 0 \\
& hu_t + huu_x + gh\varsigma_x + \left[h^2(P/3 + Q/2)\right]_x + \xi_x h(P/2 + Q) = 0 \\
& P = -h\left(u_{xt} + uu_{xx} - u_x^2\right) \\
& Q = \xi_x(u_t + uu_x) + \xi_{xx}u^2
\end{aligned}
\tag{4.66}
$$

Com fundo fixo e horizontal ($\xi_t = \xi_x = \xi_{xx} = \xi_{xxx} = 0$) este sistema de equações admite a solução analítica (4.57) - (4.58), e que aqui se reproduz com diferente notação

$$
\begin{aligned}
& h(x,t) = h_0 + a\, sech^2\left[K(x - ct - x_0)\right] \\
& u = c\left(1 - h_0/h\right)
\end{aligned}
\tag{4.67}
$$

em que $h_0 = \zeta_0 - \xi$ é a profundidade da água em repouso, x_0 é a posição inicial da crista, a é a amplitude da onda, $K = \sqrt{3a/\left[4h_0^2(h_0 + a)\right]}$, $c = c_0\sqrt{(1 + a/h_0)}$ e $c_0 = \sqrt{gh_0}$.

Assumindo complementarmente a hipótese de ondas de pequena amplitude relativa, com $O(\varepsilon) = O(\sigma^2)$, partindo do sistema (4.64) resultam as equações (4.68) à mesma ordem de aproximação, em variáveis dimensionais

$$
\begin{aligned}
& h_t + (h\bar{u})_x + (h\bar{v})_y = 0 \\
& \bar{u}_t + \bar{u}\bar{u}_x + \bar{v}\bar{u}_y + g\varsigma_x - \left[(1/6)\xi_x\right]P + (1/3)h_0 P_x + (1/2)h_0 Q_x = 0 \\
& \bar{v}_t + \bar{u}\bar{v}_x + \bar{v}\bar{v}_y + g\varsigma_y - \left[(1/6)\xi_y\right]P + (1/3)h_0 P_y + (1/2)h_0 Q_y = 0
\end{aligned}
\tag{4.68}
$$

onde P e Q são dados por $P = -(1 - \xi)(\bar{u}_x + \bar{v}_y)_t$ e $Q = (\bar{u}\xi_x + \bar{v}\xi_y)_t$. As componentes da equação de conservação da quantidade de movimento resultantes escrevem-se

$$\begin{aligned}&\bar{u}_t+\bar{u}\bar{u}_x+\bar{v}\bar{u}_y+g\varsigma_x+(1/6)h_0\xi_x(\bar{u}_x+\bar{v}_y)_t-(1/3)h_0^2(\bar{u}_x+\bar{v}_y)_{xt}\\&\quad+(1/3)h_0\xi_x(\bar{u}_x+\bar{v}_y)_t+(1/2)h_0(\bar{u}\xi_x+\bar{v}\xi_y)_{xt}=0\end{aligned}\tag{4.69}$$

$$\begin{aligned}&\bar{v}_t+\bar{u}\bar{v}_x+\bar{v}\bar{v}_y+g\varsigma_y+(1/6)h_0\xi_y(\bar{u}_x+\bar{v}_y)_t-(1/3)h_0^2(\bar{u}_x+\bar{v}_y)_{yt}\\&\quad+(1/3)h_0\xi_y(\bar{u}_x+\bar{v}_y)_t+(1/2)h_0(\bar{u}\xi_x+\bar{v}\xi_y)_{yt}=0\end{aligned}\tag{4.70}$$

donde, com $\xi_t=0$

$$\begin{aligned}&\bar{u}_t+\bar{u}\bar{u}_x+\bar{v}\bar{u}_y+g\varsigma_x-(1/3)h_0^2(\bar{u}_{xxt}+\bar{v}_{xyt})+(1/6)h_0\xi_x(\bar{u}_{xt}+\bar{v}_{yt})\\&\quad+(1/3)h_0\xi_x(\bar{u}_{xt}+\bar{v}_{yt})+(1/2)h_0(\xi_x\bar{u}_{xt}+\xi_{xx}\bar{u}_t+\xi_y\bar{v}_{xt}+\xi_{xy}\bar{v}_t)=0\end{aligned}\tag{4.71}$$

$$\begin{aligned}&\bar{v}_t+\bar{u}\bar{v}_x+\bar{v}\bar{v}_y+g\varsigma_y-(1/3)h_0^2(\bar{u}_x+\bar{v}_y)_{yt}+(1/6)h_0\xi_y(\bar{u}_x+\bar{v}_y)_t\\&\quad+(1/3)h_0\xi_y(\bar{u}_x+\bar{v}_y)_t+(1/2)h_0(\xi_x\bar{u}_{yt}+\xi_{xy}\bar{u}_t+\xi_y\bar{v}_{yt}+\xi_{yy}\bar{v}_t)=0\end{aligned}\tag{4.72}$$

ou ainda, reescrevendo o sistema completo

$$\begin{aligned}&h_t+(h\bar{u})_x+(h\bar{v})_y=0\\&\bar{u}_t+\bar{u}\bar{u}_x+\bar{v}\bar{u}_y+g\varsigma_x-(1/3)h_0^2(\bar{u}_{xxt}+\bar{v}_{xyt})+h_0\xi_x\bar{u}_{xt}\\&\quad+(1/2)h_0(\xi_{xx}\bar{u}_t+\xi_y\bar{v}_{xt}+\xi_x\bar{v}_{yt}+\xi_{xy}\bar{v}_t)=0\\&\bar{v}_t+\bar{u}\bar{v}_x+\bar{v}\bar{v}_y+g\varsigma_y-(1/3)h_0^2(\bar{u}_{xyt}+\bar{v}_{yyt})+h_0\xi_y\bar{v}_{yt}\\&\quad+(1/2)h_0(\xi_{yy}\bar{v}_t+\xi_y\bar{u}_{xt}+\xi_x\bar{u}_{yt}+\xi_{xy}\bar{u}_t)=0\end{aligned}\tag{4.73}$$

Continuando a simplificar as equações do movimento (4.64), retendo apenas termos até à ordem 1 em σ, ou seja, desprezando os termos de origem dispersiva, aquele sistema de equações escreve-se, em variáveis dimensionais

$$\begin{aligned}&h_t+(h\bar{u})_x+(h\bar{v})_y=0\\&\bar{u}_t+\bar{u}\bar{u}_x+\bar{v}\bar{u}_y+g\varsigma_x=0\\&\bar{v}_t+\bar{u}\bar{v}_x+\bar{v}\bar{v}_y+g\varsigma_y=0\end{aligned}\tag{4.74}$$

As aproximações (4.65), (4.73) e (4.74) são conhecidas como equações de Serre, ou Green & Naghdi, Boussinesq e Saint-Venant, respetivamente, a duas dimensões no plano horizontal (modelos 2DH).

A generalidade dos modelos mais correntemente utilizados hoje em dia para a resolução de problemas na zona costeira, em portos e estuário, seja em versões comerciais ou de acesso livre (embora em geral com limitações), têm associados módulos que resolvem o campo de ondas com versões mais ou menos sofisticadas de equações do tipo Boussinesq. São disso exemplos as estruturas computacionais MIKE, TELEMAC e DELFT, entre outras.

4.6 Interações onda-corrente

4.6.1 Modelo unidimensional no plano horizontal (1DH)

➢ *Formulação matemática*

A uma dimensão no plano horizontal (1DH), deduzem-se as seguintes equações (4.75), em variáveis adimensionais, adequadas para aplicações em condições e meios que exijam ter em consideração: (1) fenómenos de interação onda-corrente; (2) importantes relações entre as velocidades da onda e da corrente, designada por u_c; (3) fundo com irregularidades significativas e importantes variações temporais; (4) efeitos viscosos, e (5) tensões de atrito no fundo e na superfície livre (Antunes do Carmo, 2010)

$$\begin{aligned}
&(\varsigma-\xi/\varepsilon)_t+\left[(1-\xi+\varepsilon\varsigma)\overline{U}\right]_x=0\\
&\overline{U}_t+\varepsilon\overline{U}\,\overline{U}_x+\varsigma_x+\sigma^2\{[(1-\xi)/(2\varepsilon)]\xi_{xtt}+\varsigma_x\xi_{tt}+(\varsigma/2)\xi_{xtt}\\
&\quad-\left[(1-\xi)^2/3\right]\overline{U}_{xxt}+(1-\xi)\xi_x\overline{U}_{xt}+[(1-\xi)\xi/2]\xi_{xx}\overline{U}_t+(1-\xi)(\xi_{xt}\overline{U})_x\\
&\quad+[(1-\xi)/2](\xi_t\overline{U}_x)_x+\left[(1-\xi)^2/3\right](u_c\overline{U}_{xx})_x-[(1-\xi)/2]\xi_x u_c\overline{U}_{xx}\\
&\quad-[(1-\xi)/2](\xi_{xx}u_c\overline{U})_x+[(1-\xi)/2]\xi_x(u_c)_x\overline{U}_x-\left[(1-\xi)^2/3\right][(u_c)_x\overline{U}_x]_x\}\\
&\quad-(\sigma/R)\overline{U}_{xx}-\left[\tau_s(\varepsilon\varsigma)-\tau_f(-1+\xi)\right]/\left[\varepsilon\sigma(1-\xi+\varepsilon\varsigma)\right]=O(\varepsilon\sigma,\sigma^3,\sigma^2/R)
\end{aligned}\qquad(4.75)$$

em que $\overline{U}=u_w+u_c$ e R é o número de Reynolds, dado por $R=Hc_0/\nu$, sendo ν a viscosidade cinemática da água.

Qualquer que seja o valor de ε, conservando apenas os termos de primeira ordem (ordem 1 em σ) no desenvolvimento (4.75) obtêm-se as equações de Saint-Venant expandidas, ou "*Shallow-water equations*" (4.76)

$$\begin{aligned}
&(\varsigma-\xi/\varepsilon)_t+\left[(1-\xi+\varepsilon\varsigma)\overline{U}\right]_x=0\\
&\overline{U}_t+\varepsilon\overline{U}\,\overline{U}_x+\varsigma_x-(\sigma/R)\overline{U}_{xx}-\left[\tau_s(\varepsilon\varsigma)-\tau_f(-1+\xi)\right]/\left[\varepsilon\sigma(1-\xi+\varepsilon\varsigma)\right]\\
&\quad=O(\sigma^2,\sigma^2/R)
\end{aligned}\qquad(4.76)$$

Em variáveis dimensionais, eliminando a barra sobre a variável U para simplificação de escrita, e recordando que ν representa a viscosidade cinemática, aquelas duas aproximações escrevem-se

A - Ordem 1 em σ (Equações de Saint-Venant, ou "*Shallow-water equations*")

$$\begin{aligned}
&h_t+(hU)_x=0\\
&U_t+UU_x+g\varsigma_x-\nu U_{xx}-(\tau_s-\tau_f)/(\rho h)=0
\end{aligned}\qquad(4.77)$$

B - Ordem 2 em σ (σ^2) (onda ± corrente, sobre fundos bastante irregulares e com importantes variações temporais)

$$
\begin{aligned}
& h_t + (hU)_x = 0 \\
& U_t + UU_x + g\varsigma_x + \varsigma_x \xi_{tt} + \left[(h_0 - \xi + \varsigma)/2\right]\xi_{xtt} \\
& \quad - \left[(h_0 - \xi)^2/3\right]U_{xxt} + (h_0 - \xi)\xi_x U_{xt} + \left[(h_0 - \xi)/2\right]\xi_{xx} U_t \\
& \quad + (h_0 - \xi)(\xi_{xt} U)_x + \left[(h_0 - \xi)/2\right](\xi_t U_x)_x + \left[(h_0 - \xi)^2/3\right](u_c U_{xx})_x \\
& \quad - \left[(h_0 - \xi)/2\right]\xi_x u_c U_{xx} - \left[(h_0 - \xi)/2\right](\xi_{xx} u_c U)_x \\
& \quad + \left[(h_0 - \xi)/2\right]\xi_x (u_c)_x U_x - \left[(h_0 - \xi)^2/3\right]\left[(u_c)_x U_x\right]_x \\
& \quad - \nu U_{xx} - (\tau_s - \tau_f)/(\rho h) = 0
\end{aligned}
\tag{4.78}
$$

C - Ordem 2 em σ (σ^2) (só onda, sobre fundos bastante irregulares e com importantes variações temporais)

$$
\begin{aligned}
& h_t + (hU)_x = 0 \\
& U_t + UU_x + g\varsigma_x + \left[(h_0 - \xi)/2\right]\xi_{xtt} + \varsigma_x \xi_{tt} + (\varsigma/2)\xi_{xtt} \\
& \quad - \left[(h_0 - \xi)^2/3\right]U_{xxt} + (h_0 - \xi)\xi_x U_{xt} + \left[(h_0 - \xi)/2\right]\xi_{xx} U_t \\
& \quad + (h_0 - \xi)(\xi_{xt} U)_x + \left[(h_0 - \xi)/2\right](\xi_t U_x)_x - \nu U_{xx} \\
& \quad - \left[(\tau_s - \tau_f)/(\rho h)\right] = 0
\end{aligned}
\tag{4.79}
$$

D - Ordem 2 em σ (σ^2) (só onda, sobre fundos fixos)

$$
\begin{aligned}
& h_t + (hU)_x = 0 \\
& U_t + UU_x + g\varsigma_x - \left[(h_0 - \xi)^2/3\right]U_{xxt} + (h_0 - \xi)\xi_x U_{xt} \\
& \quad + \left[(h_0 - \xi)/2\right]\xi_{xx} U_t - \nu U_{xx} - \left[(\tau_s - \tau_f)/(\rho h)\right] = 0
\end{aligned}
\tag{4.80}
$$

➢ *Formulação numérica*

Seja o sistema de equações **B** à ordem 2 em σ (σ^2) (onda ± corrente, sobre fundos bastante irregulares e com importantes variações temporais). Agrupando os termos que contêm derivadas em tempo da variável U, podemos reescrever o sistema (4.78) na seguinte forma equivalente (4.81)

$$
\begin{aligned}
& h_t + hU_x + U h_x = 0 \\
& r_t = -UU_x - g\left(h+\xi\right)_x - \left(h+\xi\right)_x \xi_{tt} - \left[\left(h_0 - \xi + \varsigma\right)/2\right]\xi_{xtt} \\
& \quad -\left[\left(h_0-\xi\right)/2\right]\left(\xi_{xt}U\right)_x + \left(1/2\right)\left(h_0-\xi\right)_{xx}\xi_t U + \left[\left(h_0-\xi\right)/6\right]\xi_t U_{xx} \\
& \quad + \left(h_0-\xi\right)_x \xi_t U_x - \left[\left(h_0-\xi\right)^2/3\right]\left(u_c U_{xx}\right)_x + \left[\left(h_0-\xi\right)/2\right]\xi_x u_c U_{xx} \\
& \quad + \left[\left(h_0-\xi\right)/2\right]\left(\xi_{xx}u_c U\right)_x - \left[\left(h_0-\xi\right)/2\right]\xi_x\left(u_c\right)_x U_x \\
& \quad + \left[\left(h_0-\xi\right)^2/3\right]\left[\left(u_c\right)_x U_x\right]_x + \nu u_{xx} + \tau_s/\left(\rho h\right) - \tau_f/\left(\rho h\right) \\
& U - \left[\left(h_0-\xi\right)^2/3\right]U_{xx} - \left(h_0-\xi\right)\left(h_0-\xi\right)_x U_x - \left[\left(h_0-\xi\right)/2\right]\left(h_0-\xi\right)_{xx} U = r
\end{aligned}
\tag{4.81}
$$

Facilmente se poderá constatar que derivando a 3ª equação do sistema (4.81) em ordem ao tempo e substituindo-a na 2ª equação resulta o sistema de equações (4.78) adequado à propagação de ondas num meio com corrente ambiente.

Para a obtenção da solução do sistema de equações (4.81) (valores de h e U no instante $t+\Delta t$) é utilizado o seguinte esquema numérico baseado neste último sistema equivalente (4.81) de 3 equações a 3 incógnitas, com $\theta \approx 0.5$.

1 - Previsão de h ($h_p^{t+\Delta t}$) utilizando um esquema semi-implícito para a resolução da 1ª equação, considerando os valores conhecidos de h^t e U^t em todo o domínio.

2 - Previsão de r ($r_p^{t+\Delta t}$), por resolução da 2ª equação, considerando os valores de $h^{t+\theta\Delta t} = \left(1-\theta\right)h^t + \theta h_p^{t+\Delta t}$, U^t e r^t, conhecidos em todo o domínio.

3 - Cálculo da velocidade U no instante $t+\Delta t$ ($U^{t+\Delta t}$), por resolução da 3ª equação, considerando os valores previstos de r ($r_p^{t+\Delta t}$).

4 - Cálculo da altura h no instante $t+\Delta t$ ($h^{t+\Delta t}$), considerando os valores de h^t e $U^{t+\theta\Delta t} = \left(1-\theta\right)U^t + \theta U^{t+\Delta t}$ conhecidos em todo o domínio.

5 - Cálculo da variável r no instante $t+\Delta t$ ($r^{t+\Delta t}$), considerando os valores de r^t, $h^{t+\theta\Delta t} = \left(1-\theta\right)h^t + \theta h^{t+\Delta t}$ e $U^{t+\theta\Delta t} = \left(1-\theta\right)U^t + \theta U^{t+\Delta t}$ conhecidos em todo o domínio.

➢ *Método de resolução por diferenças finitas*

Esquematicamente, a sequência de cálculos para resolução das três equações da transformação (4.81) pode escrever-se na seguinte forma (4.82)

$$
\begin{aligned}
& -\frac{U_i^n}{4\Delta x}h_{i-1}^{n+1} + \left[\frac{1}{\Delta t} + \frac{1}{2}\left(\frac{\partial U}{\partial x}\right)_i^n\right]h_i^{n+1} + \frac{U_i^n}{4\Delta x}h_{i+1}^{n+1} \\
& \qquad = \left[\frac{1}{\Delta t} - \frac{1}{2}\left(\frac{\partial U}{\partial x}\right)_i^n\right]h_i^n - U_i^n\frac{1}{2}\left(\frac{\partial h}{\partial x}\right)_i^n \\
& h_i^{n+\theta} = \left(1-\theta\right)h_i^n + \theta\, h_i^{n+1}
\end{aligned}
$$

$$
\begin{aligned}
r_i^{n+1} = r_i^n &- \left[U_i^n \left(\frac{\partial U}{\partial x} \right)_i \right]^n \Delta t \\
&+ \left[g \frac{\partial \left(h^{n+\theta} + \xi \right)}{\partial x} + \frac{\partial \left(h^{n+\theta} + \xi \right)}{\partial x} \frac{\partial^2 \xi}{\partial t^2} + \frac{h_0 - \xi + \eta}{2} \frac{\partial^3 \xi}{\partial x \partial t^2} \right]_i^n \Delta t \\
&- \left[\frac{(h_0 - \xi)}{2} \frac{\partial}{\partial x} \left(\frac{\partial^2 \xi}{\partial x \partial t} U \right)_i^n - \frac{1}{2} \frac{\partial^2 (h_0 - \xi)}{\partial x^2} \frac{\partial \xi}{\partial t} U - \frac{(h_0 - \xi)}{6} \frac{\partial \xi}{\partial t} \frac{\partial^2 U}{\partial x^2} \right]_i^n \Delta t \\
&+ \left[\frac{\partial (h_0 - \xi)}{\partial x} \frac{\partial \xi}{\partial t} \frac{\partial U}{\partial x} - \frac{(h_0 - \xi)^2}{3} \frac{\partial}{\partial x} \left(u_c \frac{\partial^2 U}{\partial x^2} \right) - \frac{h_0 - \xi}{2} \frac{\partial \xi}{\partial x} u_c \frac{\partial^2 U}{\partial x^2} \right]_i^n \Delta t \\
&+ \left[\frac{h_0 - \xi}{2} \frac{\partial}{\partial x} \left(\frac{\partial^2 \xi}{\partial x^2} u_c U \right) - \frac{h_0 - \xi}{2} \frac{\partial \xi}{\partial x} \frac{\partial u_c}{\partial x} \frac{\partial U}{\partial x} \right]_i^n \Delta t \\
&+ \left[\frac{(h_0 - \xi)^2}{3} \frac{\partial}{\partial x} \left(\frac{\partial u_c}{\partial x} \frac{\partial U}{\partial x} \right) + \nu \left(\frac{\partial^2 U}{\partial x^2} \right) + \frac{\tau_s}{\rho h} - \frac{\tau_f}{\rho h} \right]_i^n \Delta t
\end{aligned}
\tag{4.82}
$$

$$
\begin{aligned}
&\left[-\frac{(h_0 - \xi)^2}{3(\Delta x)^2} + \frac{(h_0 - \xi)}{2\Delta x} \frac{\partial (h_0 - \xi)}{\partial x} \right]_i^n U_{i-1}^{n+1} \\
&\quad + \left[1 + \frac{2(h_0 - \xi)^2}{3(\Delta x)^2} - \frac{h_0 - \xi}{2} \frac{\partial^2 (h_0 - \xi)}{\partial x^2} \right]_i^n U_i^{n+1} \\
&\quad\quad - \left[\frac{(h_0 - \xi)^2}{3(\Delta x)^2} + \frac{(h_0 - \xi)}{2\Delta x} \frac{\partial (h_0 - \xi)}{\partial x} \right]_i^n U_{i+1}^{n+1} = r_i^{n+1}
\end{aligned}
$$

$$
U_i^{n+\theta} = (1 - \theta) U_{i-mh.gn}^n + \theta U_i^{n+1}
$$

Em cada ponto i as derivadas $\partial h / \partial x$, $\partial U / \partial x$ e $\partial (h_0 - \xi) / \partial x$ são aproximadas através dos seguintes esquemas centrados (4.83), (4.84) e (4.85), respetivamente

$$
\left(\frac{\partial h}{\partial x} \right)_i = \frac{h_{i+1} - h_{i-1}}{2\Delta x} \tag{4.83}
$$

$$
\left(\frac{\partial U}{\partial x} \right)_i = \frac{U_{i+1} - U_{i-1}}{2\Delta x} \tag{4.84}
$$

$$
\left[\frac{\partial (h_0 - \xi)}{\partial x} \right]_i = \frac{(h_0 - \xi)_{i+1} - (h_0 - \xi)_{i-1}}{2\Delta x} \tag{4.85}
$$

e as segundas derivadas espaciais $\partial^2 U / \partial x^2$ e $\partial^2 (h_0 - \xi) / \partial x^2$ são estimadas por (4.86) e (4.87), respetivamente

$$
\left(\frac{\partial^2 U}{\partial x^2} \right)_i = \frac{U_{i+1} - 2U_i + U_{i-1}}{(\Delta x)^2} \tag{4.86}
$$

$$\left[\frac{\partial^2(h_0-\xi)}{\partial x^2}\right]_i = \frac{(h_0-\xi)_{i+1} - 2(h_0-\xi)_i + (h_0-\xi)_{i-1}}{(\Delta x)^2} \tag{4.87}$$

As derivadas temporais $\partial h/\partial t$ e $\partial r/\partial t$ são aproximadas por (4.88)

$$\frac{\partial h}{\partial t} = \frac{h_i^{n+1} - h_i^n}{\Delta t}; \quad \frac{\partial r}{\partial t} = \frac{r_i^{n+1} - r_i^n}{\Delta t} \tag{4.88}$$

A equação número **3** do sistema (4.82) é explícita, relativamente à variável r, e os sistemas de equações resultantes para as equações números **1** e **4** (variáveis h e u) são tridiagonais.

➢ *Método de resolução por elementos finitos*

O método dos elementos finitos baseia-se na aproximação de funções contínuas, no presente caso profundidade e velocidade, definidas sobre cada um dos elementos em que é subdividido o domínio. Dado um elemento genérico Δ^e, as funções h e U são aproximadas dentro de cada elemento por (4.89)

$$h \approx \hat{h} = \sum_{i=1}^{n} N_i h_i; \quad U \approx \hat{U} = \sum_{i=1}^{n} N_i U_i \tag{4.89}$$

onde h_i e U_i representam os valores que as funções tomam nos nós dos elementos, sendo n o número de nós de cada elemento e N_i as funções de interpolação. Aplicando o método dos resíduos pesados, constroem-se em primeiro lugar os resíduos R_i por substituição dos valores aproximados das variáveis, valores grafados com acento circunflexo nas equações (4.90)

$$\begin{aligned}
R_1 &= \frac{\partial \hat{h}}{\partial t} + \hat{h}\frac{\partial \hat{U}}{\partial x} + \hat{U}\frac{\partial \hat{h}}{\partial x} \\
R_2 &= \frac{\partial \hat{r}}{\partial t} + \hat{U}\frac{\partial \hat{U}}{\partial x} + g\frac{\partial(\hat{h}+\hat{\xi})}{\partial x} + \frac{\partial(\hat{h}+\hat{\xi})}{\partial x}\frac{\partial^2\hat{\xi}}{\partial t^2} + \frac{h_0-\hat{\xi}+\hat{\eta}}{2}\frac{\partial^3\hat{\xi}}{\partial x\partial t^2} \\
&+ \frac{h_0-\hat{\xi}}{2}\frac{\partial}{\partial x}\left(\frac{\partial^2\hat{\xi}}{\partial x\partial t}\hat{U}\right) - \frac{1}{2}\frac{\partial^2(h_0-\hat{\xi})}{\partial x^2}\frac{\partial\hat{\xi}}{\partial t}\hat{U} - \frac{(h_0-\hat{\xi})}{6}\frac{\partial\hat{\xi}}{\partial t}\frac{\partial^2\hat{U}}{\partial x^2} \\
&- \frac{\partial(h_0-\hat{\xi})}{\partial x}\frac{\partial\hat{\xi}}{\partial t}\frac{\partial\hat{U}}{\partial x} + \frac{(h_0-\hat{\xi})^2}{3}\frac{\partial}{\partial x}\left(\hat{u}_c\frac{\partial^2\hat{U}}{\partial x^2}\right) - \frac{h_0-\hat{\xi}}{2}\frac{\partial\xi}{\partial x}\hat{u}_c\frac{\partial^2\hat{U}}{\partial x^2} \\
&- \frac{h_0-\hat{\xi}}{2}\frac{\partial}{\partial x}\left(\frac{\partial^2\hat{\xi}}{\partial x^2}\hat{u}_c\hat{U}\right) + \frac{h_0-\hat{\xi}}{2}\frac{\partial\hat{\xi}}{\partial x}\frac{\partial\hat{u}_c}{\partial x}\frac{\partial\hat{U}}{\partial x} \\
&- \frac{(h_0-\hat{\xi})^2}{3}\frac{\partial}{\partial x}\left(\frac{\partial\hat{u}_c}{\partial x}\frac{\partial\hat{U}}{\partial x}\right) - \nu\frac{\partial^2\hat{U}}{\partial x^2} - \frac{\hat{\tau}_s}{\rho\hat{h}} + \frac{\hat{\tau}_f}{\rho\hat{h}} \\
R_3 &= \hat{U} - \frac{(h_0-\hat{\xi})^2}{3}\frac{\partial^2\hat{U}}{\partial x^2} - (h_0-\hat{\xi})\frac{\partial(h_0-\hat{\xi})}{\partial x}\frac{\partial\hat{U}}{\partial x} - \frac{h_0-\hat{\xi}}{2}\frac{\partial^2(h_0-\hat{\xi})}{\partial x^2}\hat{U} - \hat{r}
\end{aligned} \tag{4.90}$$

No método dos resíduos pesados utilizado, método de Galerkin, os resíduos são ortogonalizados em relação a um conjunto de funções de ponderação, seja (4.91)

$$\int_{\Delta^e} R_j W_j \, d\Delta^e = 0 \tag{4.91}$$

em que $W_j = N_i \delta\phi_i$, $i = 1,..., n$.

Aplicando o método de Galerkin ao resíduo R_1 resultante da equação da continuidade obtém-se sucessivamente

$$\begin{aligned}
\int_{\Delta^e} R_1 W_1 \, d\Delta^e &= \int_{\Delta^e} R_1 N_i \delta\phi_i \, d\Delta^e \\
&= \int_{\Delta^e} \left(\frac{\partial \hat{h}}{\partial t} + \hat{h}\frac{\partial \hat{U}}{\partial x} + \hat{U}\frac{\partial \hat{h}}{\partial x} \right) N_i \delta\phi_i \, d\Delta^e \\
&= \int_{\Delta^e} N_i \left[\sum_{j=1}^{n} N_j \left(\frac{\partial h_j}{\partial t} \right) + \sum_{k=1}^{n} \left(\frac{\partial N_k}{\partial x} \right) U_k \sum_{j=1}^{n} N_j h_j + \sum_{k=1}^{n} N_k U_k \sum_{j=1}^{n} \left(\frac{\partial N_j}{\partial x} \right) h_j \right] d\Delta^e = 0
\end{aligned} \tag{4.92}$$

Traduzindo para a forma matricial o resultado expresso em (4.92), obtém-se a seguinte equação matricial (4.93)

$$[A]\frac{\partial h}{\partial t} + [B]h = 0 \tag{4.93}$$

com

$$a_{i,j} = \int_{\Delta^e} N_i N_j \, d\Delta^e \; ; \; i,j = 1,\ldots,n$$

$$b_{i,j} = \int_{\Delta^e} N_k U_k N_i \left(\frac{\partial N_j}{\partial x} \right) d\Delta^e + \int_{\Delta^e} \left(\frac{\partial N_k}{\partial x} \right) U_k N_i N_j \, d\Delta^e \; ; \; i,j,k = 1,\ldots,n$$

a qual é resolvida da seguinte forma (4.94)

$$A^t \frac{h^{t+\Delta t} - h^t}{\Delta t} + B^t \left[\theta h^{t+\Delta t} + (1-\theta) h^t \right] = 0 \tag{4.94}$$

ou ainda (4.95)

$$\left(\frac{1}{\theta \Delta t} A^t + B^t \right) h^{t+\Delta t} = \frac{1}{\theta \Delta t} A^t h^t - \frac{1-\theta}{\theta} B^t h^t \tag{4.95}$$

em que $0.5 \le \theta < 1.0$. A matriz resultante, embora não simétrica, é em geral muito esparsa.

A aplicação do método dos resíduos pesados aos resíduos R_2 e R_3 é em tudo análoga, importando apenas referir que as derivadas de 2ª ordem são reduzidas a derivadas de 1ª ordem recorrendo ao teorema de Green (Antunes do Carmo, 2015b).

4.6.2 Modelo bidimensional no plano horizontal (2DH)

De igual modo, por integração segundo a vertical das equações fundamentais da Mecânica dos Fluidos relativamente a um escoamento tridimensional e *quase*-irrotacional de um fluido viscoso e incompressível, considerando efeitos de interação onda-corrente, deduzem-se as seguintes equações em variáveis dimensionais (4.96) (Antunes do Carmo, 1995; Antunes do Carmo e Seabra Santos, 1996)

$$h_t + (hU)_x + (hV)_y = 0$$

$$\begin{aligned} &U_t + UU_x + VU_y + g(h+\xi)_x - \left[(h_0-\xi)^2/3\right](U_{xxt}+V_{xyt}) \\ &\quad -\left[(h_0-\xi)^2/3\right]\left[u_c(U_{xx}+V_{xy})+v_c(U_{xy}+V_{yy})\right]_x \\ &\quad +(h_0-\xi)\left[(1/2)\xi_{tt}+u_c\xi_{xt}+v_c\xi_{yt}\right]_x - \tau_{sx}/(\rho h)+\tau_{fx}/(\rho h)=0 \end{aligned} \qquad (4.96)$$

$$\begin{aligned} &V_t + UV_x + VV_y + g(h+\xi)_y - \left[(h_0-\xi)^2/3\right](U_{xyt}+V_{yyt}) \\ &\quad -\left[(h_0-\xi)^2/3\right]\left[u_c(U_{xx}+V_{xy})+v_c(U_{xy}+V_{yy})\right]_y \\ &\quad +(h_0-\xi)\left[(1/2)\xi_{tt}+u_c\xi_{xt}+v_c\xi_{yt}\right]_y - \tau_{sy}/(\rho h)+\tau_{fy}/(\rho h)=0 \end{aligned}$$

em que $U = u_w + u_c$; $V = v_w + v_c$ e $h = h_0 - \xi + \varsigma$, com ξ e h_0 a representarem as cotas do fundo e a profundidade da coluna de água em repouso relativamente a um referencial fixo.

Os termos $\tau_{sx}/(\rho h)$ e $\tau_{sy}/(\rho h)$ presentes no sistema de equações (4.96) representam tensões na superfície livre (devidas ao vento, por exemplo) e os termos $\tau_{fx}/(\rho h)$ e $\tau_{fy}/(\rho h)$ representam tensões de atrito no fundo, escrevendo-se em primeira aproximação $\tau_{fx}/(\rho h) = [1/(2h)] f_{cw}\sqrt{U^2+V^2}\,U$ e $\tau_{fy}/(\rho h) = [1/(2h)] f_{cw}\sqrt{U^2+V^2}\,V$, em que f_{cw} é o coeficiente de atrito devido à interação onda-corrente. No sistema de equações (4.96) foram desprezados os termos relativos à viscosidade molecular, pois são, entre outros, de ordem de grandeza inferior aos que aí constam.

As equações do sistema (4.96) são discretizadas e resolvidas em Antunes do Carmo (1995) e Antunes do Carmo e Seabra Santos (1996) por um método de elementos finitos, após transformação daquele sistema de três equações num sistema equivalente de cinco equações às incógnitas h, U, V, r e s, resultante do agrupamento das derivadas temporais das componentes U e V da velocidade em duas equações com as novas incógnitas r e s. O método numérico usado para a resolução do sistema de equações é em tudo idêntico ao descrito na secção 4.6.1 para o modelo 1DH, com a construção dos resíduos R_i (por elementos finitos) semelhante a (4.90), apenas agora extensivo a cinco equações.

O sistema de equações (4.96) constitui a base da estrutura computacional WACUP, que inclui módulos para o cálculo de caudais sólidos (sedimentos não-coesivos) e evolução de fundos móveis em condições de águas pouco profunda e intermédia, considerando no sistema (4.96) a extensão apresentada na secção 4.7. Uma aplicação deste modelo é desenvolvida na secção 4.8.

4.7 Extensões da teoria da onda em água pouco profunda

4.7.1 Extensão a condições de água intermédia

Os modelos clássicos do tipo Boussinesq, de que é exemplo o modelo de Peregrine (1967), usam aproximações polinomiais quadráticas para a distribuição vertical da velocidade, o que limita as suas aplicações, nomeadamente porque: i) não descrevem com suficiente rigor os efeitos dispersivos em condições de águas intermédias, e ii) apenas propagam corretamente ondas de baixa amplitude relativa. Estas limitações são consistentes com a hipótese fundamental das equações de Boussinesq (1872), a qual considera que os efeitos dispersivos são da mesma ordem de grandeza dos efeitos não-lineares, ou seja, que $O(\varepsilon) = O(\sigma^2)$, com $\varepsilon = a/h$ e $\sigma = h/L << 1$ (hipótese fundamental da água pouco profunda).

As propriedades dispersivas dos modelos convencionais de Boussinesq têm vindo a ser melhoradas, através da modificação dos termos dispersivos (Madsen e Sorensen, 1992) ou usando uma velocidade de referência a uma altura previamente especificada (Nwogu, 1993). Esta técnica permite obter um sistema de equações cuja relação de dispersão linear pode ser ajustada de modo a que as características dispersivas em águas intermédias resultem muito próximas das da teoria linear da onda. Wei *et al.* (1995) estenderam a aproximação de Nwogu para ondas fortemente não-lineares, desenvolvendo modelos que podem não só ser aplicados em condições de águas intermédias mas também simular a propagação de ondas com elevados efeitos de interação não-linear, isto é, $\varepsilon = O(1)$. Em geral, estes modelos resolvem equações com propriedades de dispersão linear bastante rigorosas até $kh \approx 3$ (Nwogu, 1993).

Recorrendo a um polinómio de quarta ordem, Gobbi *et al.* (2000) desenvolveram um modelo com excelentes propriedades dispersivas até à ordem $kh \approx 6$. O comportamento não-linear foi fielmente conseguido até $kh \approx 3$. Naturalmente que esta melhoria de precisão do modelo em relação às aproximações anteriores foi acompanhada de um significativo esforço computacional.

A aproximação polinomial de quarta ordem comporta resultados com derivadas espaciais de quinta ordem num sistema de equações muito complexo, requerendo um esquema numérico de resolução igualmente bastante complexo. Madsen e Schaffer (1998) e Agnon *et al.* (1999) desenvolveram modelos de equações recorrendo a aproximações polinomiais de ordens ainda mais elevadas.

Usando um esquema numérico de previsão-correção de ordem elevada, previamente utilizado por Wei e Kirby (1995), Lynett e Liu (2002) desenvolveram um código numérico (COULWAVE) com base nas equações do Nwogu, e as melhorias introduzidas por Wei e Kirby, para uma e duas camadas. Um exemplo de aplicação deste modelo é apresentado na secção 4.8.

Embora com características dispersivas *mais modestas*, mas com muito menor esforço computacional, Beji e Nadaoka (1996) e Liu e Sun (2005) introduziram parâmetros que permitem melhorar as características dispersivas da aproximação clássica de Boussinesq e cujos valores resultam da igualdade das relações de dispersão dos correspondentes modelos linearizados com a relação de dispersão linear $\omega^2 = gk\tanh(kh)$.

Todos estes desenvolvimentos têm por objetivo estender a aplicação de modelos de equações do tipo Boussinesq à propagação suficientemente rigorosa de ondas desde águas relativamente profundas até à zona de rebentação.

A metodologia utilizada por Beji e Nadaoka (1996), e seguida por Liu e Sun (2005), parte da aproximação clássica de Boussinesq (1872), válida para o escoamento irrotacional de um fluido viscoso e incompressível, sobre um fundo fixo, a qual se escreve

$$\begin{aligned} & h_t + (hu)_x = 0 \\ & u_t + uu_x + g(h+\xi)_x - \left[(h_0-\xi)^2/3\right]u_{xxt} \\ & \quad + (h_0-\xi)\xi_x u_{xt} + 0.5(h_0-\xi)\xi_{xx}u_t + \tau_b/(\rho h) = 0 \end{aligned} \qquad (4.97)$$

Considerando um parâmetro de dispersão β, com valores a serem determinados com base na igualdade das relações de dispersão, Beji e Nadaoka (1996) procederam à simples adição e subtração dos termos de origem dispersiva contidos na segunda equação do sistema (4.97), escrevendo-se

$$\begin{aligned} & h_t + (hu)_x = 0 \\ & u_t + uu_x + g(h+\xi)_x - (1+\beta)\left[(h_0-\xi)^2/3\right]u_{xxt} + \beta\left[(h_0-\xi)^2/3\right]u_{xxt} \\ & \quad + (1+\beta)(h_0-\xi)\xi_x u_{xt} - \beta(h_0-\xi)\xi_x u_{xt} + 0.5(1+\beta)(h_0-\xi)\xi_{xx}u_t \\ & \quad - 0.5\beta(h_0-\xi)\xi_{xx}u_t + \tau_f/(\rho h) = 0 \end{aligned} \qquad (4.98)$$

Usando a aproximação $u_t = -g\varsigma_x$ para substituição parcial, apenas dos termos proporcionais a β do sistema (4.98), e rearranjando os termos, atendendo a que $\xi_x = -(h_0-\xi)_x$, bem como $\xi_{xx} = -(h_0-\xi)_{xx}$, obtém-se a seguinte aproximação (4.99) com características dispersivas melhoradas, $\beta = 0.20$.

$$\begin{aligned} & h_t + (hu)_x = 0 \\ & u_t + uu_x + g(h+\xi)_x - (1+\beta)\left[(h_0-\xi)^2/3\right]u_{xxt} \\ & \quad - (1+\beta)(h_0-\xi)(h_0-\xi)_x u_{xt} - 0.5(1+\beta)(h_0-\xi)(h_0-\xi)_{xx}u_t \\ & \quad - \beta g\left[(h_0-\xi)^2/3\right]\varsigma_{xxx} - \beta g(h_0-\xi)(h_0-\xi)_x\varsigma_{xx} \\ & \quad - 0.5\beta g(h_0-\xi)(h_0-\xi)_{xx}\varsigma_x + \tau_f/(\rho h) = 0 \end{aligned} \qquad (4.99)$$

Usando idêntica metodologia, mas considerando dois parâmetros de dispersão α e γ, com valores a serem igualmente determinados com base na relação de dispersão do sistema linearizado, por comparação com a relação de dispersão linear $\omega^2 = gk\,tanh(kh)$, Liu e Sun (2005) obtiveram uma nova aproximação das equações de Boussinesq (4.97), a qual pode escrever-se na seguinte forma (4.100)

$$
\begin{aligned}
&h_t + (hu)_x = 0 \\
&u_t + uu_x + g(h+\xi)_x - [(1+\alpha)/2 - (1+\gamma)/6][(h_0 - \xi)^2/3]u_{xxt} \\
&\quad -(1+\alpha)(h_0 - \xi)(h_0 - \xi)_x u_{xt} - 0.5(1+\alpha)(h_0 - \xi)(h_0 - \xi)_{xx} u_t \\
&\quad -(\alpha/2 - \gamma/6) g [(h_0 - \xi)^2/3] \varsigma_{xxx} - \alpha g (h_0 - \xi)(h_0 - \xi)_x \varsigma_{xx} \\
&\quad - 0.5\alpha g (h_0 - \xi)(h_0 - \xi)_{xx} \varsigma_x + \tau_f/(\rho h) = 0
\end{aligned} \tag{4.100}
$$

sendo este novo sistema de equações (4.100) válido até condições próximas de água profunda ($h/L \approx 0.5$, ou $k\pi \approx 3.0$).

Partindo do sistema de equações (4.66), de que resulta (4.101)

$$
\begin{aligned}
&\varsigma_t + (uh)_x = 0 \\
&u_t + uu_x + g\varsigma_x + \left[h_x\xi_x + (\xi_x)^2 + \frac{h}{2}\xi_{xx}\right]u_t - hh_x u_{xt} - \frac{h^2}{3}u_{xxt} \\
&\quad - hh_x uu_{xx} + \frac{h^2}{3}u_x u_{xx} - \frac{h^2}{3}uu_{xxx} + \left[h(u_x)^2 + \xi_{xx}u^2\right]\varsigma_x \\
&\quad + \left[h_x\xi_x + (\xi_x)^2 + \frac{3}{2}h\xi_{xx}\right]uu_x + \frac{h}{2}\xi_{xxx}u^2 = 0
\end{aligned} \tag{4.101}
$$

adicionando e subtraindo termos de origem dispersiva, utilizando a aproximação $u_t = -g\varsigma_x$ e considerando os parâmetros α, β e γ, com $\beta = 1.5\alpha - 0.5\gamma$, obtém-se um novo sistema de equações com características de dispersão lineares melhoradas, permitindo aplicações em profundidades intermédias, até valores de dispersão de frequência da ordem de $\sigma = 0.50$. Considerando a ação de uma pressão na superfície livre, p_s, útil para simular ondas provocadas por embarcações, por exemplo, e tensões de atrito no fundo, as equações resultantes escrevem-se (Antunes do Carmo, 2013a,b)

$$
\begin{aligned}
&h_t + (uh)_x = 0 \\
&u_t + uu_x + g(h+\xi)_x + (1+\alpha)(\Omega u_t - hh_x u_{xt}) - (1+\beta)\frac{h^2}{3}u_{xxt} \\
&\quad + \alpha g \Omega (h+\xi)_x - \alpha g h h_x (h+\xi)_{xx} - \beta g \frac{h^2}{3}(h+\xi)_{xxx} - hh_x uu_{xx} \\
&\quad + \frac{h^2}{3}(u_x u_{xx} - uu_{xxx}) + h(u_x)^2(h+\xi)_x + \xi_{xx}u^2(h+\xi)_x \\
&\quad + (\Omega + h\xi_{xx})uu_x + \frac{h}{2}\xi_{xxx} - (1/\rho)(p_s)_x + \tau_b/(\rho h) = 0
\end{aligned} \tag{4.102}
$$

com $\Omega(x) = h_x\xi_x + 0.5h\xi_{xx} + (\xi_x)^2$, $\beta = 0.20$ e $\alpha \approx 0.1308$.

4.7.2 Extensão a importantes e rápidas variações temporais do fundo

A integração vertical das equações fundamentais da Mecânica dos Fluidos relativas ao escoamento *quase*-irrotacional de um fluido viscoso e incompressível, considerando os efeitos dispersivos da mesma ordem de grandeza dos efeitos não-lineares, isto é, que $O(\varepsilon) = O(\sigma^2)$, permite obter um sistema de equações do tipo Boussinesq, neste caso sem interação com uma corrente, mas válido para fundos bastante irregulares e com importantes e rápidas variações temporais. A duas dimensões no plano horizontal é assim possível obter as seguintes equações (4.103) (Antunes do Carmo *et al.*, 2002), que correspondem a uma extensão das equações apresentadas em Antunes do Carmo *et al.* (1993b).

$$
\begin{aligned}
& h_t + (hu)_x + (hv)_y = 0 \\[6pt]
& u_t + uu_x + vu_y + g\varsigma_x + \varsigma_x\xi_{tt} + 0.5\varsigma\xi_{xtt} + 0.5(h_0 - \xi)\xi_{xtt} \\
& \quad -\left[(h_0-\xi)^2/3\right](u_{xxt} + v_{xyt}) + (h_0-\xi)(\xi_x u_{xt} + 0.5\xi_{xx}u_t \\
& \quad + \xi_{xt}u_x + \xi_{xxt}u + 0.5\xi_x v_{yt} + 0.5\xi_y v_{xt} + 0.5\xi_{xy}v_t \\
& \quad + \xi_{yt}v_x + \xi_{xyt}v) - \nu(u_{xx} + u_{yy}) - (\tau_{sx} - \tau_{bx})/(\rho h) = 0 \\[6pt]
& v_t + uv_x + vv_y + g\varsigma_y + \varsigma_y\xi_{tt} + 0.5\varsigma\xi_{ytt} + 0.5(h_0 - \xi)\xi_{ytt} \\
& \quad -\left[(h_0-\xi)^2/3\right](u_{xyt} + v_{yyt}) + (h_0-\xi)(\xi_y v_{yt} + 0.5\xi_{yy}v_t \\
& \quad + \xi_{yt}v_y + \xi_{yyt}v + 0.5\xi_y u_{xt} + 0.5\xi_x u_{yt} + 0.5\xi_{xy}u_t \\
& \quad + \xi_{xt}u_y + \xi_{xyt}u) - \nu(v_{xx} + v_{yy}) - (\tau_{sy} - \tau_{by})/(\rho h) = 0
\end{aligned}
\qquad (4.103)
$$

em que $h = h_0 - \xi + \varsigma$, representando as variáveis ξ e h_0 cotas do fundo e profundidades em repouso, ambas relativas a um fundo fixo, ς representa as variações da superfície livre, u e v são as componentes do campo de velocidades, e ν é a viscosidade cinemática, assumida constante.

Qualquer dos métodos numéricos já abordados, com base em elementos finitos ou em diferenças finitas, é facilmente aplicável à resolução do sistema de equações (4.103), sendo este particularmente indicado para simular a geração e propagação das ondas geradas por deslizamentos de encostas em albufeiras, bem como a geração e propagação de ondas *tsunami*.

4.8 Modelos computacionais e aplicações

Como apresentado no capítulo anterior, os primeiros modelos numéricos desenvolvidos para simular a propagação e transformação das ondas em zonas abertas, sobre declives muito suaves e desprezando os efeitos da reflexão, resolviam a equação de Helmholtz (3.28), ou a equação elítica para declives suaves (3.66). Uns e outros eram utilizados para a previsão das condições de agitação em regiões costeiras, portos e estuários, mas em condições bastante restritivas, pois estes modelos não traduzem a generalidade dos fenómenos que ocorrem em condições de água pouco profunda, em particular sobre declives acentuados ou na presença de importantes obstáculos.

Entre os modelos que resolvem aquelas equações, destacam-se o REFDIF, desenvolvido e mantido por Kirby e Dalrymple na Universidade de Delaware (Kirby e Dalrymple, 1986a,b); Dalrymple e Kirby,1991), e o DREAMS, desenvolvido e mantido pelo LNEC (Fortes, 1993; Fortes, 2002). Entre os modelos igualmente correntes, para a previsão das condições de agitação em regiões costeiras, destacam-se o modelo espetral de ondas geradas pelo vento, STWAVE, baseado na equação de conservação da ação da onda, e o modelo que resolve a equação para declives suaves, CGWAVE; ambos os modelos foram desenvolvidos e são mantidos pelo *U.S. Army Corps of Engineers*.

Destacam-se ainda os modelos WAM (WAMDI Group, 1988), o WAVEWATCH III (Tolman, 1991, 1999), o TOMAWAC (Benoit *et al.*, 1996) e o SWAN (Booij *et al.*, 1999). Estes modelos resolvem a equação de balanço da ação espetral, sem imposição de quaisquer restrições *a priori* sobre o espetro para o cálculo da evolução do crescimento da onda.

Estes modelos foram desenvolvidos para escalas oceânicas, por conseguinte, para grandes escalas, muito maiores que as escalas costeiras. O WAM e o WAVEWATCH III foram projetados especificamente para aplicações oceânicas, sendo para estas escalas, provavelmente, uma ordem de grandeza mais eficientes que o SWAN. O TOMAWAC simula as mudanças do espetro de ondas geradas pelo vento e a agitação devida a ondas para aplicações nos domínios oceânico, em mares intercontinentais, e até à zona costeira. O SWAN pode ser igualmente executado em grandes escalas (muito maiores que as escalas costeiras), destinando-se principalmente à transição da escala oceânica para escalas costeiras.

Reconhecendo as limitações dos modelos anteriores para aplicações em condições de água pouco profunda, surgem ainda na década de 90 os primeiros modelos numéricos que resolvem equações bidimensionais do tipo Boussinesq para aplicações a escalas com dimensões apreciáveis. São exemplos destes modelos o WACUP, o BOUSS-2D, o FUNWAVE e o COULWAVE.

Nas secções seguintes são abordadas, com algum detalhe, as potencialidades e limitações de alguns destes modelos.

4.8.1 Modelos de águas profundas a profundidades reduzidas, integrados na fase da onda

- ***Representação Espetral das Ondas***

A observação do estado do mar leva a que se conclua que este raramente pode ser representado por simples ondas sinusoidais. A sua irregularidade tanto espacial como temporal mostra que é formado por várias ondas de diferentes amplitudes, comprimentos e períodos. Para melhor representar a superfície do mar, recorre-se à sobreposição de ondas sinusoidais com diferentes frequências e fases. Seja a elevação da superfície do mar considerando apenas a presença de uma onda sinusoidal, a qual é representada por (4.104)

$$\varsigma(x,t) = a\cos(kx - \omega t + \varepsilon) \tag{4.104}$$

em que a representa a amplitude da onda, k o número de onda, ω a sua frequência angular e ε o desfasamento da onda.

Uma melhor aproximação consiste em representar a elevação da superfície do mar por uma sobreposição de harmónicos viajando em diversas direções e com diferentes frequências (Pereira, 2008)

$$\varsigma(x,y,t) = \sum_{i=1}^{N} a_i \cos(k_i x \cos\theta_i + k_i y\, sen\theta_i - \omega_i t + \varepsilon_i) \tag{4.105}$$

Para este estado de mar irregular, e tendo em conta que $E = \rho g H^2/8$, para uma onda sinusoidal, a energia por unidade de área do sistema de ondas é dada por (4.106)

$$E = \frac{1}{8}\rho g \sum_{i=1}^{N} H_i^2 \tag{4.106}$$

Considerando um ponto fixo no espaço, é válida a equação (4.107) em função do tempo

$$\varsigma(t) = \sum_{i=1}^{N} a_i \cos(\omega_n t + \varepsilon_i) \tag{4.107}$$

Nesta conformidade, a energia total da onda, por unidade de área, pode ser obtida por (4.108)

$$E = \frac{1}{2}\rho g \int_{-\infty}^{+\infty} [\varsigma(t)]^2 dt \tag{4.108}$$

A variância de $\varsigma(t)$, ao longo de um período de tempo T, é representada por (4.109)

$$\overline{[\varsigma(t)]^2} = \frac{1}{T}\int_{0}^{T} [\varsigma(t)]^2 dt \tag{4.109}$$

Em termos de energia média por unidade de área podemos escrever (4.110)

$$E = \frac{1}{2\pi}\rho g \int_{-\infty}^{+\infty} \frac{[a(\omega)]^2}{T} d\omega \tag{4.110}$$

A densidade espetral de energia é, por definição, igual a (4.111)

$$S(\omega) = \frac{[a(\omega)]^2}{\pi T} \tag{4.111}$$

O integral da curva definida por $S(\omega)$ fornece a energia total do sistema de ondas

$$E = \frac{1}{2}\rho g \int_{-\infty}^{+\infty} S(\omega) d\omega \tag{4.112}$$

➢ ***Parâmetros do espetro da variância***

A propagação de um sistema de ondas é representada pelo somatório de um elevado número de componentes da onda. Estas componentes são consideradas processos aleatórios e estatisticamente independentes. Assim, pode considerar-se que a elevação da superfície do mar é um processo *Gaussiano*. Por conseguinte, a distribuição de probabilidade da elevação da superfície do mar é dada por (4.113) (Pereira, 2008)

$$p(\varsigma) = \frac{1}{\sqrt{2\pi E}} exp\left(\frac{-\varsigma^2}{2E}\right) \tag{4.113}$$

A frequência de pico, ω_p, é aquela à qual se verifica o máximo do espetro, isto é, o pico do espetro, permitindo calcular o período de pico, dado por (4.114)

$$T_p = \frac{2\pi}{\omega_p} \tag{4.114}$$

A partir do espetro da variância é possível retirar o parâmetro E necessário para a sua caracterização. Este parâmetro corresponde ao momento de ordem 0, m_0, obtido a partir de (4.115), com $n = 0$.

$$m_n = \int_0^\infty \omega^n S(\omega) d\omega \tag{4.115}$$

Outros parâmetros que podem caracterizar o estado do mar são igualmente obtidos a partir do conceito de momento de ordem n do espetro; deste modo, obtêm-se

$$H_{m0} = H_s = 4\sqrt{m_0} \text{ - altura significativa} \tag{4.116}$$

$$T_{m01} = 2\pi \frac{m_0}{m_1} \text{ - período médio (correspondente à frequência média do espetro)} \tag{4.117}$$

$$T_{m02} = T_z = 2\pi \sqrt{\frac{m_0}{m_2}} \text{ - período médio dos zeros ascendentes} \tag{4.118}$$

$$T_c = 2\pi \sqrt{\frac{m_2}{m_4}} \text{ - período médio entre picos} \tag{4.119}$$

Um parâmetro igualmente útil em estudos de possíveis aproveitamentos da energia das ondas relaciona o período de energia $T_E = m_{-1}/m_0$ com o período médio dos zeros ascendentes T_{m02}, através de $T_E = \alpha_e \sqrt{m_0/m_2}$, sendo $\alpha_e \approx 1.18$ para $\gamma = 3.3$ (espetro de JONSWAP).

Pode ainda calcular-se outro parâmetro que permite classificar a irregularidade do estado do mar, a largura de banda, ε, dada por (4.120)

$$\varepsilon = \sqrt{1 - \left(\frac{T_c}{T_z}\right)^2} \tag{4.120}$$

Este valor tem que estar compreendido entre 0 e 1. O limite inferior corresponde a um estado do mar bastante regular, sendo o espetro de banda estreita, enquanto o limite superior diz respeito a ondas muito irregulares, com um espetro de banda larga.

O valor deste parâmetro é bastante importante, visto que alguns dos parâmetros que se calculam através do espetro são aproximações que apenas se podem assumir para espetros de banda estreita. Geralmente, considera-se que um espetro é de banda estreita quando $\varepsilon < 0.6$ (Pereira, 2008).

P1- Modelo ***WW3 – (Wavewatch III)***

O WW3 é um modelo espetral de terceira geração que permite descrever a geração e a propagação de ondas, não assumindo qualquer tipo de restrição na forma do espetro. Este modelo foi projetado especificamente para aplicações oceânicas, sendo, provavelmente, neste meio, uma ordem de grandeza mais eficiente que o SWAN.

Normalmente, as condições na fronteira de águas profundas do domínio do SWAN são definidas pelo WAM, ou pelo WAVEWATCH -III, onde os efeitos de águas pouco profundas não se fazem sentir, evitando assim grandes descontinuidades entre os dois modelos.

O WW3 foi implementado, entre outros, no Instituto Hidrográfico (IH), Portugal, e é utilizado em escalas oceânicas. Para a previsão da agitação marítima no litoral é utilizado o modelo costeiro SWAN. Deste modo, o modelo WW3 é utilizado com dois objetivos: (1) caracterizar a evolução da agitação marítima nas bacias oceânicas, e (2) fornecer as condições de fronteira necessárias para a simulação da agitação marítima em regiões costeiras. Relativamente ao espetro, este é discretizado em 24 direções (o que dá uma resolução angular de 15°) e 25 frequências.

Em termos de formulação matemática, o modelo WAVEWATCH-III resolve a equação de balanço para o espetro $N(k,\theta;\boldsymbol{x},t)$ (4.121)

$$\frac{\partial N}{\partial t}+\frac{\partial}{\partial x}(c_x N)+\frac{\partial}{\partial y}(c_y N)+\frac{\partial}{\partial \sigma}(c_\sigma N)+\frac{\partial}{\partial \theta}(c_\theta N)=\frac{S_{tot}}{\sigma} \tag{4.121}$$

a qual é válida em coordenadas cartesianas. Para aplicações em larga escala, as equações são habitualmente escritas e resolvidas em coordenadas esféricas. Assim, representando λ a longitude e φ a latitude, as equações resolvidas pelo modelo WAVEWATCH-III em coordenadas esféricas escrevem-se (Tolman, 2002)

$$\frac{\partial N}{\partial t}+\frac{1}{\cos\varphi}\frac{\partial}{\partial \varphi}(\dot{\varphi} N\cos\theta)+\frac{\partial}{\partial \lambda}(\dot{\lambda} N)+\frac{\partial}{\partial k}(\dot{k} N)+\frac{\partial}{\partial \theta}(\dot{\theta}_g N)=\frac{S_{tot}}{\sigma} \tag{4.122}$$

com

$$\dot{\varphi}=\frac{c_g\cos\theta+U_\varphi}{R},\quad \dot{\lambda}=\frac{c_g sen\theta+U_\lambda}{R\cos\varphi}\quad \text{e}\quad \dot{\theta}_g=\dot{\theta}-\frac{c_g\tan\varphi\cos\theta}{R}$$

em que R é o raio da terra e (U_φ, U_λ) são as componentes da corrente.

P2 - Modelo **SWAN**

O modelo SWAN (*Simulating Waves Nearshore*) (Booij *et al.*, 1999) destina-se à caracterização da agitação em zonas costeiras (até à zona de rebentação) tendo em conta a existência de correntes e a geração de ondas pelo vento.

O modelo foi desenvolvido na Universidade Técnica de Delft e pode considerar-se a versão para águas intermédias a pouco profundas do modelo WAM. Tal como naquele modelo, também no SWAN todos os processos de geração, dissipação e interações não lineares entre ondas, são representados de forma explícita, sem serem necessárias quaisquer hipóteses iniciais sobre a forma do espetro. Concetualmente, trata-se de uma extensão dos modelos de terceira geração para previsões de estados de agitação em águas pouco profundas.

Uma vez que o modelo WW3 utiliza um esquema de propagação explícito no espaço e em frequência, necessita de uma grelha computacional com espaçamento muito reduzido em zonas de menor profundidade. Devido ao facto de utilizar um esquema de propagação implícito, o SWAN torna-se mais robusto e computacionalmente mais económico, sendo também por isso mais apropriado para zonas de profundidade mais reduzida.

O SWAN é utilizado para obter estimativas do espetro de ondas em áreas costeiras, lagos, e estuários, podendo utilizar campos de vento, batimetria e correntes fornecidos por outros modelos. No SWAN foram implementados os seguintes processos: propagação de ondas no espaço geográfico, refração devida a variações da profundidade e a correntes, empolamento igualmente devido a variações batimétricas ou a correntes, transmissões através de pequenos obstáculos e reflexões devidas a correntes com direções opostas.

Os processos para geração de ondas ou dissipação de energia das ondas representados no SWAN são os seguintes: geração de ondas pelo vento, dissipação por rebentação parcial (*whitecapping*), dissipação devida à rebentação induzida pelo fundo e interações não lineares entre ondas (triplas e quádruplas).

As condições de agitação ao longo dos limites da área de estudo do modelo SWAN são, em geral, obtidas através do modelo oceânico WW3. Para Portugal Continental, o Instituto Hidrográfico analisa diariamente seis áreas distintas. As diferentes previsões são realizadas de forma a evoluir gradualmente de uma resolução menor até às previsões de alta resolução junto à costa.

Os campos de forçamento meteorológico assumem um papel fundamental na previsão das condições oceanográficas a partir de modelos numéricos. Quando se visa a previsão de condições na margem continental portuguesa e oceano próximo, onde a dinâmica é fortemente afetada por efeitos locais do campo de ventos, este papel é ainda mais importante.

O sistema de previsão implantado no Instituto Hidrográfico é forçado por campos meteorológicos, com uma resolução espaço-temporal elevada, obtidos através de colaborações com outras instituições. Para a produção dos campos de agitação marítima com o modelo SWAN são utilizados os campos de ventos diários, disponibilizados pelo Instituto de Meteorologia (IM), resultantes do modelo ALADIN. Este modelo cobre a área da Zona Económica Exclusiva. O IH tem capacidade para rapidamente realizar previsões costeiras de alta resolução em qualquer região coberta pelo WW3.

Por conseguinte, o modelo SWAN tem como principal objetivo resolver a equação de balanço da ação espetral, sem possuir à partida nenhuma restrição em relação à forma do espetro. Neste tipo de modelos (*phase averaged*), a evolução da onda é baseada na formulação Euleriana da equação espetral discreta do balanço de ação da onda. Em termos de formulação matemática, o modelo numérico resolve a equação de conservação de ação da onda (4.121), que aqui se reproduz mais detalhadamente

$$\frac{\partial N}{\partial t}+\frac{\partial}{\partial x}\left(c_x N\right)+\frac{\partial}{\partial y}\left(c_y N\right)+\frac{\partial}{\partial \sigma}\left(c_\sigma N\right)+\frac{\partial}{\partial \theta}\left(c_\theta N\right)=\frac{S_{tot}}{\sigma} \qquad (4.121)$$

em que $N(\sigma,\theta)$ é a ação da onda (o quociente entre o espetro direcional, $E(\sigma,\theta)$, e a frequência relativa, σ; isto é, $N = E(\sigma,\theta)/\sigma$), x e y são as variáveis espaciais e θ é a direção.

O primeiro termo do lado esquerdo da equação representa a variação no tempo da ação da onda num dado local; o segundo e o terceiro termos representam a propagação da ação da onda no espaço geográfico (com velocidades de propagação $c_x = c_{g,x} + u$ e $c_y = c_{g,y} + v$, em que u e v são velocidades associadas a correntes oceânicas), e o quarto termo representa a variação da frequência relativa devida a variações nas correntes e na profundidade (velocidade de propagação c_σ no espaço σ) e transferências de energia entre componentes de ondas. O quinto termo representa a refração induzida pela profundidade ou pela corrente (velocidade de propagação c_θ no espaço θ) e o efeito da difração ou transferência de energia radial (Holthuijsen, 2007).

As expressões para as velocidades de propagação mencionadas são obtidas a partir da teoria linear da onda. O termo $S_{tot} = S(\sigma,\theta)$, no lado direito da equação de conservação da ação da onda, é o termo fonte/sumidouro de energia, representando os efeitos de geração, dissipação e interações não-lineares onda-onda, sendo dado por (4.123)

$$S_{tot} = S_{in} + S_{nl3} + S_{nl4} + S_{ds,w} + S_{ds,b} + S_{ds,br} \tag{4.123}$$

em que S_{in} representa o crescimento da onda por ação do vento, S_{nl3} e S_{nl4} são termos representativos dos fenómenos de interações não lineares triplas e quádruplas, respetivamente, $S_{ds,w}$ representa a dissipação por *whitecapping*, $S_{ds,b}$ traduz a dissipação de energia por atrito de fundo e, finalmente, a rebentação induzida em meios profundos é representada pelo termo $S_{ds,br}$.

Em águas profundas, as interações a quatro ondas dominam a evolução do espetro. Elas são responsáveis pela transferência de energia da frequência de pico para frequências mais baixas (o que causa a mudança do pico do espetro para frequências mais baixas) e para frequências mais altas (onde se dissipa alguma energia por rebentação progressiva).

Em águas muito pouco profundas, as interações a três ondas tomam o lugar das interações a quatro ondas. Elas transferem energia das frequências mais baixas para as mais altas, o que muitas vezes dá origem a um segundo pico nas altas frequências do espetro. No modelo SWAN, as interações a quatro ondas são calculadas utilizando a "*Discrete Interaction Approximation* (DIA)" proposta por Rogers *et al.* (2002), enquanto no cálculo das interações a três ondas se utiliza a "*Lumped Triad Approximation*" de Eldeberky (1996).

A propagação no modelo SWAN, quer no espaço geográfico, quer no espaço espetral, é realizada recorrendo a esquemas numéricos implícitos. Estes esquemas têm a vantagem de serem incondicionalmente estáveis, ao contrário dos esquemas explícitos dos modelos espetrais convencionais, que requerem a utilização de passos temporais muito pequenos.

Com todas as variáveis conhecidas nos pontos (i, j, l, m), $1 \le i \le N_x$; $1 \le j \le N_y$; $1 \le l \le N_\sigma$ e $1 \le m \le N_\theta$, nos espaços x, y, σ e θ, respetivamente, e usando um método de discretização implícito obtém-se a seguinte aproximação algébrica (4.124) da equação (4.121) (SWAN Team, 2006)

$$\frac{N^n - N^{n-1}}{\Delta t} + \left.\frac{[c_x N]_{i+1/2} - [c_x N]_{i-1/2}}{\Delta x}\right|_{j,l,m}^{n} + \left.\frac{[c_x N]_{j+1/2} - [c_x N]_{j-1/2}}{\Delta y}\right|_{i,l,m}^{n}$$
$$+ \left.\frac{[c_\sigma N]_{l+1/2} - [c_\sigma N]_{l-1/2}}{\Delta \sigma}\right|_{i,j,m}^{n} + \left.\frac{[c_\theta N]_{m+1/2} - [c_\theta N]_{m-1/2}}{\Delta \theta}\right|_{i,j,l}^{n} = S_{tot}/\sigma \quad (4.124)$$

em que n representa o instante de cálculo e Δt é o incremento temporal. A equação (4.121) pode ser escrita e é resolvida em coordenadas esféricas, obtendo-se (4.125)

$$\frac{\partial N}{\partial t} + \frac{\partial}{\partial \lambda}(c_\lambda N) + cos^{-1}\varphi \frac{\partial}{\partial \varphi}(c_\varphi \, cos\,\varphi \, N) + \frac{\partial}{\partial \sigma}(c_\sigma N) + \frac{\partial}{\partial \theta}(c_\theta N) = \frac{S_{tot}}{\sigma} \quad (4.125)$$

em que λ é a longitude e φ é a latitude. Tal como na propagação no espaço geográfico, o critério de Courant-Fredrichs-Levy (CFL) também se aplica ao espaço espetral. O parâmetro CFL não deverá exceder a unidade, de modo a seguir-se um critério de estabilidade nas aproximações numéricas efetuadas. Para além da estabilidade, também a precisão dos resultados é um dos critérios que um esquema numérico deve satisfazer. Se por um lado o SWAN utiliza, exclusivamente, um esquema numérico implícito de primeira ordem de diferenças regressivas para a propagação no espaço geográfico, já para o espaço espetral a situação é diferente. A propagação no espaço espetral exige maior rigor, pelo que se adota uma combinação entre um esquema de segunda ordem de diferenças centradas, mais económico em termos de tempo despendido nos cálculos, e um esquema de primeira ordem de diferenças regressivas.

O modelo SWAN tem como principal limitação o facto de não ser viável a sua aplicação a zonas confinadas, como portos, baías ou lagos (SWAN Team, 2010), devido à importância dos fenómenos de reflexão aí presentes e que não são tidos em conta no modelo.

P3 - Modelo **DREAMS**

Para aplicações em zonas confinadas, como é o caso do interior de portos, é mais adequado o modelo DREAMS (Fortes, 1993). Este modelo simula a propagação e deformação de ondas monocromáticas lineares em zonas de fundos com inclinação suave e pode ser aplicado ao estudo, quer da penetração num porto da agitação marítima de período curto, quer da ressonância de uma bacia portuária excitada por ondas de longo período. O modelo numérico resolve a equação elíptica para declives suaves, a qual descreve os efeitos combinados da refração e da difração de ondas lineares harmónicas propagando-se em fundos com inclinação suave; como decorre do capítulo 3, a correspondente formulação matemática escreve-se, com diferente notação

$$\nabla(cc_g \nabla \varsigma) + k^2 cc_g \varsigma = 0 \quad (3.70)$$

em que $c = \frac{\omega}{k} = \sqrt{\frac{g}{k} tanh(kh)}$ e $c_g = \frac{1}{2} c \left[1 + \frac{2kh}{senh(2kh)}\right]$, sendo c a velocidade de fase, c_g a velocidade de grupo, ω a frequência angular e h a profundidade local. A aceleração gravítica é representada por g, sendo ς a elevação da superfície da água e k o número de onda.

A equação (3.70) é resolvida por um método de elementos finitos, tal como formulado no capítulo 3. Por conseguinte, a discretização espacial do domínio é feita com uma malha de elementos finitos, sendo normalmente usados elementos triangulares lineares. O modelo DREAMS não apresenta limitações quanto ao ângulo de incidência da onda na fronteira de entrada do domínio de cálculo, pelo que o mesmo domínio computacional pode ser utilizado para uma larga gama de direções de onda incidente.

As condições de fronteira implementadas no modelo são condições de radiação, de geração e radiação combinadas, e de reflexão parcial ou total. Os dados a fornecer ao modelo são: as características da agitação incidente (período e direção da onda), os coeficientes de reflexão em cada trecho da fronteira do domínio de cálculo e as características da malha de elementos finitos com que foi discretizado o domínio de cálculo. Para a construção da malha há que garantir no mínimo oito a dez pontos por comprimento de onda, por forma a garantir uma solução com precisão suficiente.

O modelo DREAMS calcula índices de agitação (H/H_0), relação entre a altura da onda no ponto de cálculo, H, e a altura de onda incidente, à entrada do domínio de cálculo, H_0, e direções de propagação da onda. O campo de velocidades horizontais à superfície e as cristas das ondas constituem resultados opcionais. Como principais limitações do modelo DREAMS, salientam-se

» O modelo, sendo linear, é de propagação de ondas regulares, pelo que não tem em conta efeitos não-lineares, como a dispersão por amplitude da onda;

» A aplicação do modelo está condicionada a fundos de declive suave, não superiores a 1:3;

» O modelo não tem em conta os efeitos da dissipação de energia por rebentação e atrito no fundo, os efeitos das correntes na propagação das ondas e os galgamentos sobre estruturas portuárias.

Os três modelos descritos (WW3, SWAN e DREAMS) foram utilizados para uma avaliação de possíveis galgamentos de estruturas portuárias no porto de Ponta Delgada, Açores. A metodologia usada consistiu em caracterizar a agitação marítima na zona através de modelos numéricos de propagação de ondas desde o largo até ao interior do porto e calcular os galgamentos gerados por essa agitação em frente a estruturas marítimas aí localizadas (Silva *et al.*, 2012).

A agitação marítima na zona do porto foi caracterizada recorrendo a previsões fornecidas pelo WAVEWATCH-III (WW3) e aos modelos de propagação de ondas SWAN e DREAMS. Para o efeito, foi criada uma malha abrangendo a ilha de S. Miguel, com dimensões de 71 km por 38.5 km e um espaçamento de 500 m em ambas as direções, e outra malha na zona de Ponta Delgada, com dimensões de 22.5 km por 13.2 km e elementos com dimensão de 100 m em ambas as direções, como mostrado na Figura 4.6.

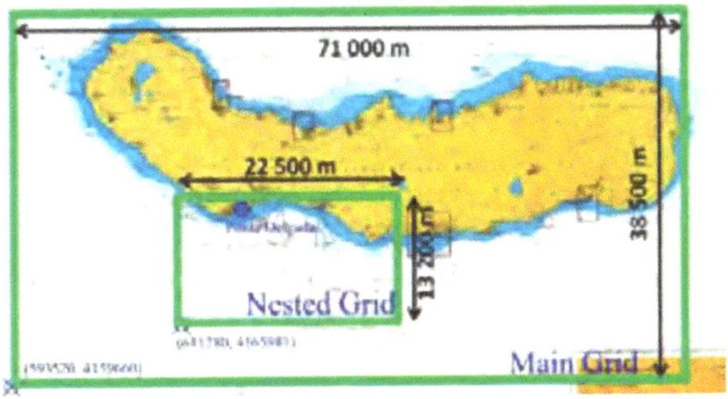

Figura 4.6 - Ilha de S. Miguel com as malhas para aplicação do modelo SWAN (Silva *et al.*, 2012).

Para ter em conta as ondas do largo, que chegam às fronteiras da 1ª malha de cálculo, consideraram-se os parâmetros estimados pelo modelo WW3. Os resultados foram obtidos para a proximidade do porto e para o local onde se situa uma boia-ondógrafo (Ponto P1 da Figura 4.7), a Oeste de Ponta Delgada, com coordenadas (M, P) aproximadas de (612688, 4176198) e a uma profundidade de aproximadamente 100 m.

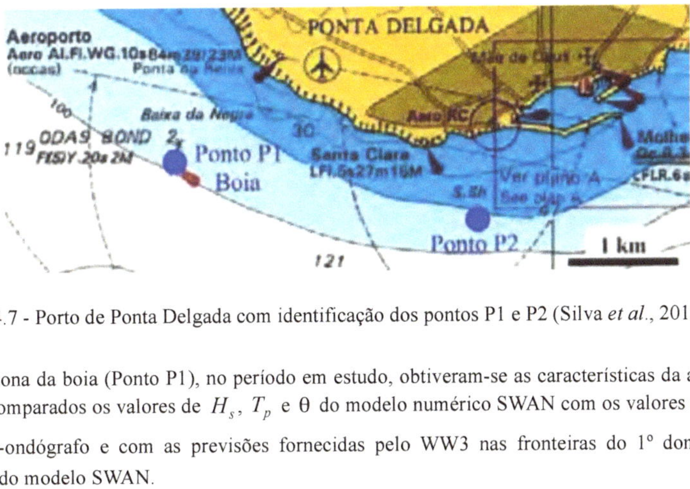

Figura 4.7 - Porto de Ponta Delgada com identificação dos pontos P1 e P2 (Silva *et al.*, 2012).

Para a zona da boia (Ponto P1), no período em estudo, obtiveram-se as características da agitação, sendo comparados os valores de H_s, T_p e θ do modelo numérico SWAN com os valores medidos na boia-ondógrafo e com as previsões fornecidas pelo WW3 nas fronteiras do 1° domínio de cálculo do modelo SWAN.

Na Figura 4.8 são comparados os valores de H_s do modelo numérico SWAN com os valores medidos na boia-ondógrafo e com as previsões fornecidas pelo WW3 nas fronteiras do 1° domínio de cálculo do modelo SWAN.

Para o Ponto P2 obtiveram-se resultados numéricos, com o modelo SWAN, próximos dos valores obtidos para a zona da boia. As simulações realizadas permitiram concluir que, genericamente, em termos da altura significativa e do período de pico, os resultados do modelo numérico SWAN se aproximaram razoavelmente bem dos valores medidos pela boia-ondógrafo.

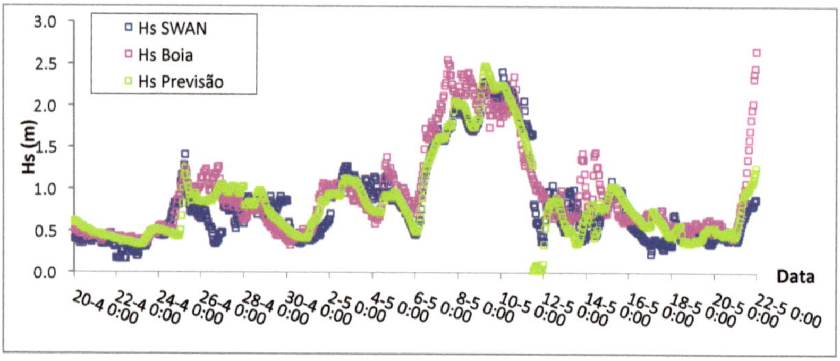

Figura 4.8 - Comparação da altura significativa H_s entre os dados da boia-ondógrafo, os resultados do modelo numérico SWAN e as previsões do modelo WAVEWATCH-III (Silva *et al.*, 2012).

No entanto, como se verifica na Figura 4.9, para o parâmetro da direção verificaram-se diferenças significativas, as quais, segundo um breve estudo estatístico realizado, apresentaram em média 34° de diferença entre os resultados do modelo numérico e os dados medidos *in situ*.

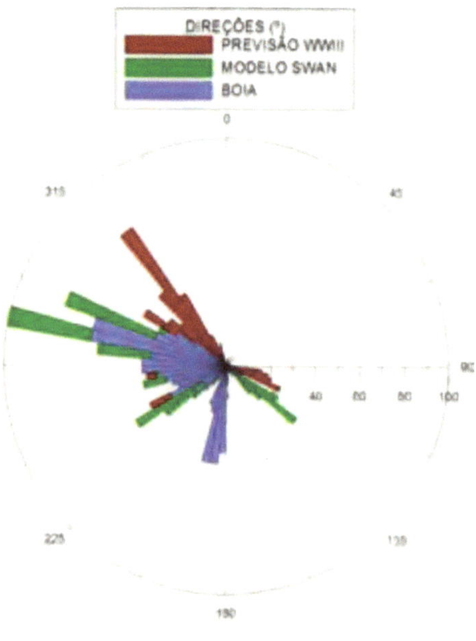

Figura 4.9 - Comparação da direção θ entre os dados da boia-ondógrafo, os resultados do modelo numérico SWAN e as previsões do modelo WW3 (Silva *et al.*, 2012).

Recorreu-se ao modelo DREAMS para propagar a agitação desde a proximidade do porto de Ponta Delgada (Ponto P2) até ao interior do porto. Para o efeito, foi gerada uma malha de elementos finitos com 94568 elementos triangulares de tamanho variável e 48280 nós (Figura 4.10).

Os resultados da agitação obtidos com o modelo DREAMS foram coerentes com o que seria expectável, atingindo uma altura significativa máxima de, aproximadamente, 1.5 m para o nível de 2.4 m (ZH).

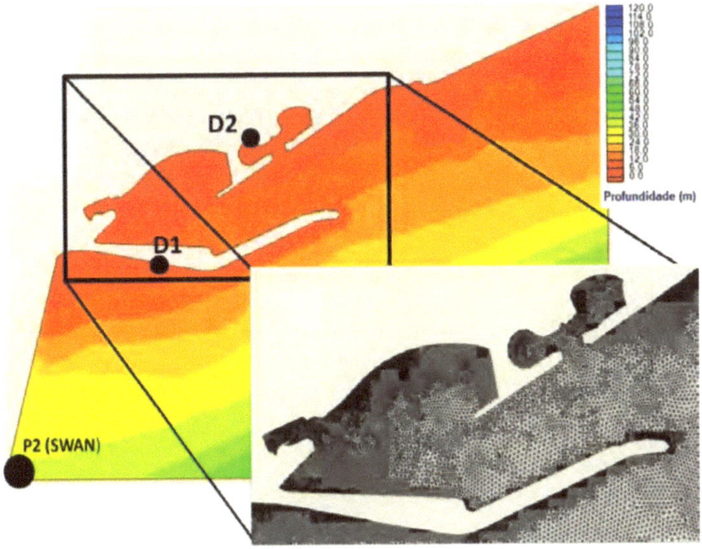

Figura 4.10 - Batimetria do interior do porto, envolvente exterior e pormenor de parte da malha gerada (Silva *et al.*, 2012).

4.8.2 Modelos de água pouco profunda

A - Modelos de tipo Boussinesq

A1 - Modelo **WACUP**

Descreve-se em primeiro lugar uma aplicação do módulo hidrodinâmico do modelo WACUP ao estudo da "Proteção do Forte do Bugio: Dinâmica dos sedimentos sob a ação conjunta das ondas e das correntes de maré". Foi utilizado o seguinte modelo (4.126) para o cálculo do campo estacionário devido à maré (relativamente à escala dos tempos de simulação da onda), sobre o qual a onda se propaga,

$$
\begin{aligned}
&\varsigma_t + (u_c h)_x + (v_c h)_y = 0 \\
&(u_c)_t + u_c (u_c)_x + v_c (u_c)_y + g\varsigma_x \\
&\qquad - \tau_{sx}/(\rho h) + \tau_{fx}/(\rho h) = -\left[(S_{xx})_x + (S_{yx})_y\right]/(\rho h) \\
&(v_c)_t + u_c (v_c)_x + v_c (v_c)_y + g\varsigma_y \\
&\qquad - \tau_{sy}/(\rho h) + \tau_{fy}/(\rho h) = -\left[(S_{xy})_x + (S_{yy})_y\right]/(\rho h)
\end{aligned}
\tag{4.126}
$$

e uma versão simplificada do modelo (4.96) para o cálculo da propagação de ondas, tendo-se omitido os termos relativos às variações temporais das cotas do fundo, os quais são, para as condições de aplicação, de ordem inferior aos restantes termos das equações; contudo, foi considerado um parâmetro γ para ter em conta os efeitos de transição entre águas intermédias e águas pouco profundas e termos R_{bx} e R_{by} relativos à rebentação das ondas. Por conseguinte, o modelo usado para o cálculo da propagação de ondas sobre o campo estacionário, com componentes (u_c , v_c), escreve-se (Antunes do Carmo, 1995; Antunes do Carmo e Seabra Santos, 2002)

$$
\begin{aligned}
&h_t + (Uh)_x + (Vh)_y = 0 \\
&U_t + UU_x + VU_y + g(h+\xi)_x - \gamma\left[(h_0-\xi)^2/3\right](U_{xxt} + V_{xyt}) \\
&\quad - \gamma\left[(h_0-\xi)^2/3\right]\left[u_c(U_{xx} + V_{xy}) + v_c(U_{xy} + V_{yy})\right]_x \\
&\quad - \tau_{sx}/(\rho h) + \tau_{fx}/(\rho h) - R_{bx} = 0 \\
&V_t + UV_x + VV_y + g(h+\xi)_y - \gamma\left[(h_0-\xi)^2/3\right](U_{xyt} + V_{yyt}) \\
&\quad - \gamma\left[(h_0-\xi)^2/3\right]\left[u_c(U_{xx} + V_{xy}) + v_c(U_{xy} + V_{yy})\right]_y \\
&\quad - \tau_{sy}/(\rho h) + \tau_{fy}/(\rho h) - R_{by} = 0
\end{aligned}
\tag{4.127}
$$

As equações de ambos os modelos, (4.126) e (4.127), são resolvidas numericamente por uma formulação de elementos finitos aplicando o método dos resíduos pesados, tal como descrito na secção 4.6.1 para o modelo 1DH, sendo detalhado nas referências Antunes do Carmo (1995), Antunes do Carmo e Seabra Santos (1996) e Antunes do Carmo (2015b) para o modelo 2DH. Esta mesma formulação é ainda desenvolvida no **Anexo 1** para resolução da equação de Helmholtz.

Atendendo ao objetivo do estudo, o domínio de simulação considerado, ou campo próximo, desenvolve-se por uma área de forma quadrangular com 500 m de lado, com a profundidade a variar entre cerca de 2 m e 9 m. De acordo com os resultados apresentados no capítulo 3, na sequência da análise do Plano de Refração, a onda entra no domínio pela fronteira Sul. Consideraram-se fronteiras exteriores totalmente abertas, por conseguinte com saída livre da onda proveniente do domínio, e fronteiras interiores, correspondentes à praia e aos quebra-mares projetados, com um coeficiente de reflexão de cerca de 40%, o que significa que apenas uma pequena quantidade de energia é reenviada para o interior do domínio, cerca de 15%.

➢ ***Análise do Caso 1***

Retoma-se o exemplo de aplicação descrito no capítulo 3 (secção 3.3.2), relativo ao estudo da dinâmica dos sedimentos em redor do Forte de São Lourenço do Bugio, considerando os dados aí obtidos como condições na fronteira do domínio de aplicação do modelo WACUP, com $\gamma = 1.0$.

Uma vez conhecido o campo estacionário devido à máxima enchente de maré viva, utilizando o modelo (4.126), foi este campo de correntes introduzido no modelo de ondas (4.127), sobre o qual se propagou a *onda* 1.

Na Figura 4.11 é mostrada a forma da superfície livre no instante t = 60 s, correspondente à entrada de 5 períodos da onda, tendo todo o domínio sido percorrido por pelo menos uma crista, aproximando-se de uma situação de regime estabelecido.

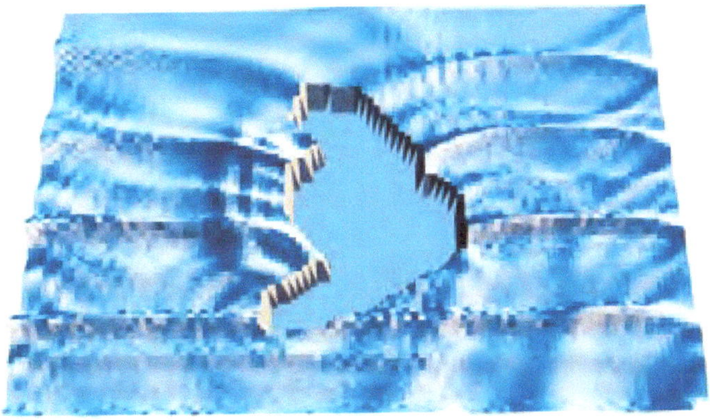

Figura 4.11 - Representação tridimensional da superfície livre no instante t = 60 s, correspondente à interação de uma onda proveniente de Sul, rumo de 180°, tendo uma altura de 3.5 m à entrada do domínio e um período de 12 s, com uma corrente de maré em situação de máxima enchente de maré viva (Antunes do Carmo e Seabra Santos, 2002).

Na Figura 4.11 são visíveis as figuras de decomposição, de refração e de difração da onda. São igualmente dignos de referência: (1) o efeito da cabeça do quebra-mar Sul, produzindo por reflexão parcial uma onda cilíndrica que parte desse ponto e se propaga radialmente; (2) o efeito da praia, semelhante ao anterior, e (3) o efeito da rebentação, que provoca uma diminuição sensível da altura da onda.

A orientação da onda na zona da praia, que é abordada com um ângulo extremamente aberto, bem como a exposição da cabeça do quebramar Sul e as zonas preferenciais de rebentação situadas a Sudeste do Forte permitem antever uma dinâmica sedimentar muito significativa (matéria que é abordada no capítulo 5, secção 5.7).

➢ ***Análise do Caso 2***

Neste caso fez-se entrar no domínio uma onda proveniente de Oeste-Noroeste, com rumo de 290°, uma altura à entrada de 0.8 m e um período de 8 s, a qual é propagada sobre um campo de correntes associado à situação de máxima enchente de maré média. Verifica-se que as correntes têm uma direção predominantemente Sul-Norte, com intensidades que atingem valores bastante inferiores aos da maré viva.

Na Figura 4.12 faz-se a representação tridimensional da superfície livre no instante t = 64 s (equivalente a 8 períodos de propagação); por conseguinte, todo o domínio foi já percorrido por pelo menos um comprimento de onda, tendo-se atingido uma situação de regime praticamente estabelecido. Devido à obliquidade da batimetria à entrada, a onda apresenta de imediato um rumo mais próximo de Norte (300°) e aborda a praia com um rumo semelhante.

Figura 4.12 - Representação tridimensional da superfície livre no instante t = 64 s, correspondente à interação de uma onda proveniente de Oeste, rumo de 290°, tendo uma altura de 0.8 m à entrada do domínio e um período de 8 s, com uma corrente de maré em situação de máxima enchente de maré média (Antunes do Carmo e Seabra Santos, 2002).

Na sombra da obra identificam-se figuras de difração. Em ponto algum a altura da onda parece preocupante. Face aos resultados da hidrodinâmica associada a este caso, não parece haver condições para assegurar uma alimentação natural da praia. Contudo, só com os resultados do módulo de dinâmica sedimentar do modelo WACUP é possível assegurar esta incapacidade, os quais são apresentados no capítulo 5.

A2 - Modelo **BOUSS-2D**

Tendo por base as equações não lineares desenvolvidas por Wei *et al.* (1995), uma forma mais compacta das equações foi desenvolvida por Nwogu (1996), expressando alguns termos não lineares em função da velocidade à superfície, u_ς, em vez da velocidade u_α, à profundidade $z_\alpha = -0.535h$. As equações habitualmente designadas por "*fully nonlinear*" revistas por Nwogu

(1996) constituem a formulação matemática do modelo BOUSS-2D, escrevendo-se (Nwogu e Demirbilek, 2001)

$$\begin{aligned}
&\varsigma_t + \nabla . u_f = 0 \\
&u_{\alpha,t} + g\nabla\varsigma + (u_\varsigma \cdot \nabla)u_\varsigma + w_\varsigma \nabla w_\varsigma + (z_\alpha - \varsigma)\left[\nabla(u_{\alpha,t} \cdot \nabla h) + (\nabla \cdot u_{\alpha,t})\nabla h\right] \\
&+ \frac{1}{2}\left[(z_\alpha + h)^2 - (h+\varsigma)^2\right]\nabla(\nabla \cdot u_{\alpha,t}) - \left[(u_{\alpha,t} \cdot \nabla h) + (h+\varsigma)\nabla \cdot u_{\alpha,t}\right]\nabla\varsigma \\
&+ \left[\nabla(u_{\alpha,t} \cdot \nabla h) + (\nabla \cdot u_{\alpha,t})\nabla h + (z_\alpha + h)\nabla(\nabla \cdot u_\alpha)\right] z_{\alpha,t} = 0
\end{aligned} \tag{4.128}$$

em que z_α é agora função do tempo, com $z_\alpha + h = 0.465(h+\varsigma)$, e o fluxo u_f é dado por (4.129)

$$\begin{aligned}
u_f = (h+\varsigma)\Bigg\{ u_\alpha &+ \left[(z_\alpha + h) - \frac{(h+\varsigma)}{2}\right]\left[\nabla(u_\alpha \cdot \nabla h) + (\nabla \cdot u_\alpha)\nabla h\right] \\
&+ \left[\frac{(z_\alpha + h)^2}{2} - \frac{(h+\varsigma)^2}{6}\right]\nabla(\nabla \cdot u_\alpha)\Bigg\}
\end{aligned} \tag{4.129}$$

As equações (4.128) permitem simular implicitamente os efeitos de interação onda-corrente. As correntes poderão ser introduzidas através de fronteiras, ou especificando explicitamente um campo de correntes.

O modelo BOUSS-2D incorpora um modelo de dissipação de energia devido à rebentação da onda, através da introdução de um termo de viscosidade turbulenta no segundo membro da equação da quantidade de movimento, sendo dado por (4.130) (Nwogu, 1996)

$$F_{reb} = -\frac{1}{h+\varsigma}\nabla\left[\nu_t (h+\varsigma)\nabla \cdot u_\alpha\right] \tag{4.130}$$

em que ν_t é a viscosidade turbulenta, calculada por (4.131)

$$\nu_t = \sqrt{K} l_t \tag{4.131}$$

Para descrever a produção, advecção, difusão e dissipação da energia cinética turbulenta, K, produzida pela rebentação da onda, é usado um modelo de turbulência de uma equação, dado por (4.132) (Nwogu e Demirbilek, 2001)

$$\frac{\partial K}{\partial t} = -u_\varsigma \cdot \nabla K + \sigma\nabla \cdot \nabla(\nu_t K) + B\frac{l_t^2}{\sqrt{C_D}}\left[\left(\frac{\partial u}{\partial z}\right)^2 + \left(\frac{\partial v}{\partial z}\right)^2\right]_{z=\varsigma}^{3/2} - C_D\frac{K^{3/2}}{l_t} \tag{4.132}$$

Assume-se que a rebentação das ondas tem início quando a componente orbital da velocidade na superfície livre, u_ς, excede a velocidade de fase das ondas, c. As constantes C_D e σ têm os valores 0.02 e 0.2, respetivamente. O parâmetro B é introduzido para assegurar que a produção de turbulência ocorre após o processo de rebentação das ondas, isto é

$$B = \begin{cases} 0 & |u_\varsigma| < c \\ 1 & |u_\varsigma| \geq c \end{cases} \tag{4.133}$$

A escala de comprimentos, l_t, é dada pela altura significativa da onda ($l_t = H_s$) para ondas irregulares e pela altura da onda ($l_t = H$) para ondas regulares.

A solução numérica do sistema de equações (4.128) é obtida usando um esquema implícito de Crank-Nicholson, com a primeira estimativa dada por um método de previsão. O resultado final, após cada Δt, é o passo de correção, sendo obtido por um esquema iterativo de Crank-Nicholson e usando o resultado da previsão como estimativa inicial.

Para analisar a melhoria das condições de acesso das embarcações ao cais comercial do porto da Figueira da Foz com o prolongamento do molhe Norte em cerca de 400 m, foi aplicado o modelo BOUSS-2D a ambas as situações: antes e após o prolongamento do molhe. Para visualização dos resultados recorreu-se ao *SMS* (*Surface-water Modeling System*).

A Figura 4.13 a) (molhe Norte sem prolongamento) permite visualizar a influência da agitação na zona de intra-molhes, condicionando deste modo o acesso ao porto e promovendo o assoreamento da área portuária (Santos *et al.*, 2012b). Com o prolongamento do molhe Norte [Figura 4.13 b)] foram melhoradas as condições de acesso ao porto (alturas de ondas inferiores a 0.80 m) e espera-se que seja igualmente favorecida a transposição natural da deriva litoral para sotamar dos molhes.

a) Molhe Norte sem prolongamento. b) Molhe Norte com prolongamento.

Figura 4.13 - Perspetiva qualitativa da altura da onda no domínio modelado, considerando o molhe portuário (a) sem e (b) com prolongamento do molhe Norte (Santos *et al.*, 2012b).

A3 - Modelo **FUNWAVE**

O programa numérico FUNWAVE, apresentado em Kirby *et al.* (1998), resolve numericamente as equações obtidas por Wei e Kirby (1995) e Wei *et al.* (1995), correspondentes respetivamente às integrações verticais das equações de conservação da massa e da quantidade de movimento. A duas dimensões no plano horizontal as equações de conservação escrevem-se (Kirby *et al.*, 1998)

» Equação da continuidade, ou de conservação da massa

$$\varsigma_t + \nabla.\left\{(h+\varsigma)\left[u_\alpha + \left(z_\alpha + \frac{1}{2}(h-\varsigma)\right)\nabla(\nabla.(hu_\alpha)) + \left(\frac{1}{2}z_\alpha^2 - \frac{1}{6}(h^2 - h\varsigma + \varsigma^2)\right)\nabla(\nabla.u_\alpha)\right]\right\} = 0 \tag{4.134}$$

» Equação de conservação da quantidade de movimento

$$\begin{aligned} & u_{\alpha t} + (u_\alpha.\nabla)u_\alpha + g\nabla\varsigma + z_\alpha\left\{\frac{1}{2}z_\alpha\nabla(\nabla.u_{\alpha t}) + \nabla(\nabla.(hu_{\alpha t}))\right\} \\ & + \nabla\left\{\frac{1}{2}(z_\alpha^2 - \varsigma^2)(u_\alpha.\nabla)(\nabla.u_\alpha) + \frac{1}{2}[\nabla.(hu_\alpha) + \varsigma\nabla.u_\alpha]^2\right\} \\ & + \nabla\left\{(z_\alpha - \varsigma)(u_\alpha.\nabla)(\nabla.(hu_\alpha)) - \varsigma\left[\frac{1}{2}\varsigma\nabla.u_{\alpha t} + \nabla.(hu_{\alpha t})\right]\right\} = 0 \end{aligned} \tag{4.135}$$

onde ς é a elevação da superfície livre, h é a profundidade, $u_\alpha = (u,v)$ é o vetor velocidade horizontal à profundidade $z = z_\alpha = -0.531\,h$ e g é a aceleração da gravidade; o índice t indica a derivada parcial relativa ao tempo e $\nabla = (\partial/\partial x, \partial/\partial y)$ é o operador gradiente horizontal.

Para resolver numericamente as equações de conservação da massa (4.134) e da quantidade de movimento (4.135), o modelo FUNWAVE usa um método numérico de diferenças finitas, resolvendo o conjunto de equações dadas por (4.136) até (4.150). No código numérico, o cálculo dessas equações é feito separadamente, correspondendo a cada equação uma subrotina específica (Kirby *et al.*, 1998).

$$\varsigma_t = E(\varsigma,u,v) + \gamma E_2(\varsigma,u,v) + f(x,y,t) \tag{4.136}$$

$$U_t = F(\varsigma,u,v) + [F_1(v)]_t + \gamma[F_2(\varsigma,u,v) + F^t(\varsigma,u_t,v_t)] + F_b + F_{br} + F_{bs} + F_{sp} \tag{4.137}$$

$$V_t = G(\varsigma,u,v) + [G_1(u)]_t + \gamma[G_2(\varsigma,u,v) + G^t(\varsigma,u_t,v_t)] + G_b + G_{br} + G_{bs} + G_{sp} \tag{4.138}$$

em que γ é um parâmetro de controlo, permitindo escolher entre casos totalmente não lineares ($\gamma = 1$) e fracamente não lineares ($\gamma = 0$).

$$\begin{aligned} E = & -\frac{1}{k}\left[(\Lambda u)_x + (\Lambda v)_y\right] \\ & - \left\{a_1 h^3(u_{xx} + v_{xy}) + a_2 h^2\left[(hu)_{xx} + (hv)_{xy}\right]\right\}_x \\ & - \left\{\left[a_1 h^3(u_{xy} + v_{yy}) + a_2 h^2\left[(hu)_{xy} + (hy)_{yy}\right]\right]\right\}_y \end{aligned} \tag{4.139}$$

$$E_2 = -\left\{\left[a_1 h^2 \varsigma + \frac{1}{6}\varsigma\left(h^2 - \varsigma^2\right)\right]\left(u_{xx} + v_{xy}\right)\right\}_x$$
$$-\left\{\left[a_2 h \varsigma - \frac{1}{2}\varsigma(h+\varsigma)\right]\left[(hu)_{xx} + (hv)_{xy}\right]\right\}_x$$
$$-\left\{\left[a_1 h^2 \varsigma + \frac{1}{6}\varsigma\left(h^2 - \varsigma^2\right)\right]\left(u_{xy} + v_{yy}\right)\right\}_y \quad (4.140)$$
$$-\left\{\left[a_2 h \varsigma - \frac{1}{2}\varsigma(h+\varsigma)\right]\left[(hu)_{xy} + (hv)_{yy}\right]\right\}_y$$

$$U = u + h\left[b_1 h u_{xx} + b_2 (hu)_{xx}\right] \quad (4.141)$$

$$V = v + h\left[b_1 h v_{yy} + b_2 (hv)_{yy}\right] \quad (4.142)$$

$$F = -g\varsigma_x - \left(u u_x + v u_y\right) \quad (4.143)$$

$$G = -g\varsigma_y - \left(u v_x + v v_y\right) \quad (4.144)$$

$$F_1 = -h\left[b_1 h v_{xy} + b_2 (hv)_{xy}\right] \quad (4.145)$$

$$G_1 = -h\left[b_1 h u_{xy} + b_2 (hu)_{xy}\right] \quad (4.146)$$

$$F_2 = -\left\{\frac{1}{2}\left(z_\alpha^2 - \varsigma^2\right)\left[u\left(u_x + v_y\right)_x + v\left(u_x + v_y\right)_y\right]\right\}_x$$
$$-\left\{\left(z_\alpha - \varsigma\right)\left[u\left[(hu)_x + (hv)_y\right]_x + v\left[(hu)_x + (hv)_y\right]_y\right]\right\}_x \quad (4.147)$$
$$-\frac{1}{2}\left\{\left[(hu)_x + (hv)_y + \varsigma\left(u_x + v_y\right)\right]^2\right\}_x$$

$$G_2 = -\left\{\frac{1}{2}\left(z_\alpha^2 - \varsigma^2\right)\left[u\left(u_x + v_y\right)_x + v\left(u_x + v_y\right)_y\right]\right\}_y$$
$$-\left\{\left(z_\alpha - \varsigma\right)\left[u\left[(hu)_x + (hv)_y\right]_x + v\left[(hu)_x + (hv)_y\right]_y\right]\right\}_y \quad (4.148)$$
$$-\frac{1}{2}\left\{\left[(hu)_x + (hv)_y + \varsigma\left(u_x + v_y\right)\right]^2\right\}_y$$

$$F' = \left\{\frac{1}{2}\varsigma^2\left[\left(u_t\right)_x + \left(v_t\right)_y\right] + \varsigma\left[\left[h\left(u_t\right)\right]_x + \left[h\left(v_t\right)\right]_y\right]\right\}_x \quad (4.149)$$

$$G' = \left\{\frac{1}{2}\varsigma^2\left[\left(u_t\right)_x + \left(v_t\right)_y\right] + \varsigma\left[\left[h\left(u_t\right)\right]_x + \left[h\left(v_t\right)\right]_y\right]\right\}_y \quad (4.150)$$

sendo a_1, a_2, b_1 e b_2 constantes relacionadas com o parâmetro adimensional $\beta = z_\alpha / h = -0.531$, com $a_1 = \beta^2/2 - 1/6$, $a_2 = \beta + 1/2$, $b_1 = \beta^2/2$ e $b_2 = \beta$.

» Para $\gamma = 0$ o sistema de equações (4.136)-(4.138) reduz-se às equações de Nwogu (1993).

» Para $\gamma = 0$, $a_1 = 0$, $a_2 = 0$, $b_1 = 1/6$ e $b_2 = -1/2$ obtêm-se as equações deduzidas por (Peregrini, 1967).

» Finalmente, com $\gamma = a_1 = a_2 = b_1 = b_2 = 0$ resultam as clássicas equações não lineares de águas pouco profundas.

Os termos Λ e k na equação (4.139) resultam do uso de um fundo permeável (técnica das fendas) para simulação de espraiamento. Na ausência de fundo permeável, $\Lambda = h + \varsigma$ e $k = 1$.

A função $f(x, y, t)$ representa a fonte para geração da onda.

O vetor (F_b, G_b) representa o atrito no fundo, sendo dado por $(F_b, G_b) = \frac{K}{h + \varsigma} u_\alpha |u_\alpha|$

O vetor (F_{br}, G_{br}) representa o modelo de rebentação.

O vetor (F_{bs}, G_{bs}) representa o modelo de Smagorinski para tratar os efeitos resultantes da viscosidade turbulenta.

O vetor (F_{sp}, G_{sp}) representa o modelo de camada esponjosa para absorver a energia da onda nas fronteiras do domínio.

Francisca (2007) modificou o modelo FUNWAVE, implementando um termo de gradiente da pressão ($-\nabla P/\rho$) no 2° membro da equação da quantidade de movimento (4.135) para provocar perturbações na superfície livre, sendo a pressão P dada por uma função não linear.

O modelo FUNWAVE modificado foi aplicado à propagação de ondas geradas por embarcações deslocando-se em canais com secções trapezoidais. Um dos resultados obtidos, considerando um número de Froude $F_r = 1.0$, é apresentado na Figura 4.14. Nesta figura e nas restantes simulações realizadas por Francisca (2007), os padrões de ondas gerados traduzem a generalidade dos fenómenos físicos que se observam com ondas geradas por embarcações.

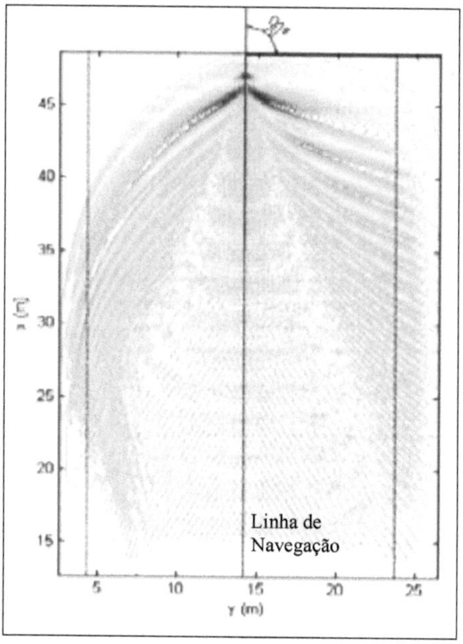

Figura 4.14 - Padrão de ondas de embarcação gerado para $F_r = 1.0$ (Francisca, 2007).

A4 - Modelo **COULWAVE**

➢ *Formulação matemática*

O modelo matemático resolvido pela estrutura computacional COULWAVE (Lynett e Liu, 2002; 2004) utiliza duas funções quadráticas com valores iguais numa interface que divide a coluna de água em duas camadas. Esta aproximação conduz a um sistema de equações sem as derivadas espaciais de ordem mais elevada resultantes do uso de funções polinomiais de ordem superior. Em termos de ς e u_α, a equação de conservação da massa escreve-se

$$\begin{aligned} &\frac{1}{\varepsilon}h_t + \varsigma_t + \nabla.(Hu_\alpha) \\ &\quad - \sigma^2\nabla.\left\{H\left[\left(\frac{1}{6}\left(\varepsilon^2\varsigma^2 - \varepsilon\varsigma h + h^2\right) - \frac{1}{2}z_\alpha^2\right)\nabla(\nabla.u_\alpha)\right.\right. \\ &\quad \left.\left. + \left(\frac{1}{2}(\varepsilon\varsigma - h) - z_\alpha\right)\nabla\left(\nabla.(hu_\alpha) + \frac{h_t}{\varepsilon}\right)\right]\right\} = O(\sigma^4) \end{aligned} \tag{4.151}$$

em que $H = h + \varepsilon\varsigma$.

A equação de conservação da quantidade de movimento, até à $O(\sigma^2)$ escreve-se

$$
\begin{aligned}
& u_{\alpha t}+\varepsilon u_{\alpha}.\nabla u_{\alpha}+\nabla\varsigma+\sigma^{2}\left\{\frac{1}{2}z_{\alpha}^{2}\nabla(\nabla.u_{\alpha t})+z_{\alpha}\nabla\left[\nabla.(hu_{\alpha})_{t}+\frac{h_{tt}}{\varepsilon}\right]\right\} \\
& +\sigma^{2}z_{\alpha t}\left\{z_{\alpha}\nabla(\nabla.u_{\alpha})+\nabla\left[\nabla.(hu_{\alpha})+\frac{h_{t}}{\varepsilon}\right]\right\} \\
& +\varepsilon\sigma^{2}\left\{\left[\nabla.(hu_{\alpha})+\frac{h_{t}}{\varepsilon}\right]\nabla\left[\nabla.(hu_{\alpha})+\frac{h_{t}}{\varepsilon}\right]\right. \\
& -\nabla\left[\varsigma\left(\nabla.(hu_{\alpha})_{t}+\frac{h_{tt}}{\varepsilon}\right)\right]+(u_{\alpha}.\nabla z_{\alpha})\nabla\left[\nabla.(hu_{\alpha})+\frac{h_{t}}{\varepsilon}\right] \\
& \left.+z_{\alpha}\nabla\left[u_{\alpha}.\nabla\left(\nabla.(hu_{\alpha})+\frac{h_{t}}{\varepsilon}\right)\right]+z_{\alpha}(u_{\alpha}.\nabla z_{\alpha})\nabla(\nabla.u_{\alpha})+\frac{z_{\alpha}^{2}}{2}\nabla[u_{\alpha}.\nabla(\nabla.u_{\alpha})]\right\} \\
& +\varepsilon^{2}\sigma^{2}\nabla\left\{-\frac{\varsigma^{2}}{2}\nabla.u_{\alpha t}-\varsigma u_{\alpha}.\nabla\left[\nabla.(hu_{\alpha})+\frac{h_{t}}{\varepsilon}\right]+\varsigma\left[\nabla.(hu_{\alpha})+\frac{h_{t}}{\varepsilon}\right]\nabla.u_{\alpha}\right\} \\
& +\varepsilon^{3}\sigma^{2}\nabla\left\{\frac{\varsigma^{2}}{2}\left[(\nabla.u_{\alpha})^{2}-u_{\alpha}.\nabla(\nabla.u_{\alpha})\right]\right\}=O(\sigma^{4})
\end{aligned}
\tag{4.152}
$$

➢ *Formulação numérica*

No modelo COULWAVE é adotado um algoritmo de diferenças finitas para a resolução das equações, considerando uma ou duas camadas, sendo a estrutura numérica similar às apresentadas em Wei e Kirby (1995) e Wei *et al.* (1995). As diferenças entre o modelo desenvolvido por Lynett e Liu (2002), para o sistema de uma única camada, e o apresentado em Wei *et al.* (1995) resultam da existência de termos adicionais devidos à dependência temporal da profundidade e do tratamento numérico de alguns termos dispersivos não-lineares.

As equações são resolvidas recorrendo a um esquema de previsão-correção de ordem superior. No passo de previsão utiliza o modelo explícito de terceira ordem em tempo de Adams-Bashford e no passo de correção recorre ao modelo implícito de quarta ordem em tempo de Adams-Moulton. O passo de correção implícito utiliza um procedimento iterativo até satisfação de um critério de convergência previamente estabelecido.

Para simplificação das equações do esquema de previsão-correção, as derivadas temporais da velocidade nas equações da quantidade de movimento são agrupadas nas seguintes formas dimensionais (4.153) e (4.154) (Lynett e Liu, 2002)

$$
U=u+\frac{z_{\alpha}^{2}-\varsigma^{2}}{2}u_{xx}+(z_{\alpha}-\varsigma)(hu)_{xx}-\varsigma_{x}\left[\varsigma u_{x}+(hu)_{x}\right] \tag{4.153}
$$

$$
V=v+\frac{z_{\alpha}^{2}-\varsigma^{2}}{2}v_{yy}+(z_{\alpha}-\varsigma)(hv)_{yy}-\varsigma_{y}\left[\varsigma v_{y}+(hv)_{y}\right] \tag{4.154}
$$

em que ς é a variação da superfície livre e z_{α} é o nível $z=z_{\alpha}(x,y,t)$ a que é medida a velocidade u_{α}. Por questões de estabilidade e por serem requeridas menos iterações no processo de convergência, os termos não-lineares de origem $\nabla[\varsigma(\nabla.(hu_{\alpha})_{t}+h_{tt}/\varepsilon)]$ ıu $\nabla[(\varsigma^{2}/2)\nabla.u_{\alpha t}]$ $\nabla[(\varsigma^{2}/2)\nabla.u_{\alpha t}]$ são reescritos nas seguintes formas (4.155) e (4.156)

$$\nabla\left[\varsigma\left(\nabla.(hu_\alpha)_t+\frac{h_{tt}}{\varepsilon}\right)\right]=\nabla\left[\varsigma\left(\nabla.(hu_\alpha)+\frac{h_t}{\varepsilon}\right)\right]_t-\nabla\left[\varsigma_t\left(\nabla.(hu_\alpha)+\frac{h_t}{\varepsilon}\right)\right] \quad (4.155)$$

$$\nabla\left(\frac{\varsigma^2}{2}\nabla.u_{\alpha t}\right)=\nabla\left(\frac{\varsigma^2}{2}\nabla.u_\alpha\right)_t-\nabla(\varsigma\varsigma_t\nabla.u_\alpha) \quad (4.156)$$

em que u_α é o valor da velocidade $u_\alpha(x,y,z_\alpha(x,y,t),t)$ medida ao nível $z=z_\alpha(x,y,t)$, obtendo-se a componente horizontal da velocidade u expressa em termos da velocidade u_α por (4.157)

$$u=u_\alpha-\sigma^2\left\{\frac{z^2-z_\alpha^2}{2}\nabla(\nabla.u_\alpha)+(z-z_\alpha)\nabla\left[\nabla.(hu_\alpha)+\frac{h_t}{\varepsilon}\right]\right\}+O(\sigma^4) \quad (4.157)$$

em que $\sigma=h_0/l_0$ é um parâmetro adimensional, representando h_0 e l_0 escalas características dos comprimentos vertical e horizontal, respetivamente. As equações da etapa de previsão escrevem-se

$$\varsigma_{i,j}^{n+1}=\varsigma_{i,j}^n+\frac{\Delta t}{12}\left(23E_{i,j}^n-16E_{i,j}^{n-1}+5E_{i,j}^{n-2}\right) \quad (4.158)$$

$$U_{i,j}^{n+1}=U_{i,j}^n+\frac{\Delta t}{12}\left(23F_{i,j}^n-16F_{i,j}^{n-1}+5F_{i,j}^{n-2}\right)+2\,(F_1)_{i,j}^n-3\,(F_1)_{i,j}^{n-1}+(F_1)_{i,j}^{n-2} \quad (4.159)$$

$$V_{i,j}^{n+1}=V_{i,j}^n+\frac{\Delta t}{12}\left(23G_{i,j}^n-16G_{i,j}^{n-1}+5G_{i,j}^{n-2}\right)+2\,(G_1)_{i,j}^n-3\,(G_1)_{i,j}^{n-1}+(G_1)_{i,j}^{n-2} \quad (4.160)$$

em que

$$\begin{aligned}E=&-h_t-[(\varsigma+h)u]_x-[(\varsigma+h)v]_y\\&+\left\{(\varsigma+h)\left[\left(\frac{1}{6}(\varsigma^2-\varsigma h+h^2)-\frac{1}{2}z_\alpha^2\right)S_x+\left(\frac{1}{2}(\varsigma-h)-z_\alpha\right)T_x\right]\right\}_x\\&+\left\{(\varsigma+h)\left[\left(\frac{1}{6}(\varsigma^2-\varsigma h+h^2)-\frac{1}{2}z_\alpha^2\right)S_y+\left(\frac{1}{2}(\varsigma-h)-z_\alpha\right)T_y\right]\right\}_y\end{aligned} \quad (4.161)$$

$$\begin{aligned}F=&-\frac{1}{2}\left[(u^2)_x+(v^2)_x\right]-g\varsigma_x-z_\alpha h_{xtt}-z_{\alpha t}h_{xt}\\&+(Eh_t+\varsigma h_{tt})_x-[E(\varsigma S+T)]_x-\left[\frac{1}{2}(z_\alpha^2-\varsigma^2)(uS_x+vS_y)\right]_x\\&-[(z_\alpha-\varsigma)(uT_x+vT_y)]_x-\frac{1}{2}\left[(T+\varsigma S)^2\right]_x\end{aligned} \quad (4.162)$$

$$F_1=\frac{\varsigma^2-z_\alpha^2}{2}v_{xy}-(z_\alpha-\varsigma)(hv)_{xy}+\varsigma_x\left[\varsigma v_y+(hv)_y\right] \quad (4.163)$$

$$G = -\frac{1}{2}\left[(u^2)_y + (v^2)_y\right] - g\varsigma_y - z_\alpha h_{ytt} - z_{\alpha t} h_{yt}$$
$$+ (Eh_t + \varsigma h_{tt})_y - \left[E(\varsigma S + T)\right]_y - \left[\frac{1}{2}(z_\alpha^2 - \varsigma^2)(uS_x + vS_y)\right]_y \tag{4.164}$$
$$- \left[(z_\alpha - \varsigma)(uT_x + vT_y)\right]_y - \frac{1}{2}\left[(T + \varsigma S)^2\right]_y$$

$$G_1 = \frac{\varsigma^2 - z_\alpha^2}{2} u_{xy} - (z_\alpha - \varsigma)(hu)_{xy} + \varsigma_y\left[\varsigma u_x + (hu)_x\right] \tag{4.165}$$

$$S = u_x + v_y \tag{4.166}$$

$$T = h_t + (hu)_x + (hv)_y \tag{4.167}$$

Todas as derivadas espaciais de primeira ordem são calculadas com precisões de 4ª ordem ($\Delta x^4 = \Delta y^4$), as quais requerem cinco pontos para o seu cálculo. As segundas derivadas espaciais são aproximadas por esquemas centrados de três pontos, resultando, por conseguinte, precisões de 2ª ordem para estas derivadas. As expressões implícitas de 4ª ordem da etapa de correção para a superfície livre, ς, e velocidades horizontais, u e v, escrevem-se

$$\varsigma_{i,j}^{n+1} = \varsigma_{i,j}^{n} + \frac{\Delta t}{24}\left(9E_{i,j}^{n+1} + 19E_{i,j}^{n} - 5E_{i,j}^{n-1} + E_{i,j}^{n-2}\right) \tag{4.168}$$

$$U_{i,j}^{n+1} = U_{i,j}^{n} + \frac{\Delta t}{24}\left(9F_{i,j}^{n+1} + 19F_{i,j}^{n} - 5F_{i,j}^{n-1} + F_{i,j}^{n-2}\right) + (F_1)_{i,j}^{n+1} - (F_1)_{i,j}^{n} \tag{4.169}$$

$$V_{i,j}^{n+1} = V_{i,j}^{n} + \frac{\Delta t}{24}\left(9G_{i,j}^{n+1} + 19G_{i,j}^{n} - 5G_{i,j}^{n-1} + G_{i,j}^{n-2}\right) + (G_1)_{i,j}^{n+1} - (G_1)_{i,j}^{n} \tag{4.170}$$

O sistema de equações é resolvido começando pela etapa de previsão, obtendo-se em seguida os valores das variáveis u e v via equações (4.153) e (4.154), respetivamente. Ambas as equações (4.153) e (4.154) resultam em sistemas tridiagonais, após substituição das derivadas por diferenças finitas centradas.

Uma vez previstos os valores das variáveis ς, u e v, o passo seguinte consiste em corrigir os valores previstos destas variáveis recorrendo às expressões (4.168) a (4.170), sendo os valores finais das componentes da velocidade, u e v, calculados recorrendo de novo às equações (4.153) e (4.154), respetivamente. Após cada etapa implícita de correção são reavaliados os erros, de modo a verificar se é ou não necessário continuar o processo iterativo de correção. É utilizado um duplo critério de verificação do erro, o qual consiste em verificar um ou ambos os critérios seguintes de erro local máximo e/ou erro local médio (4.171)

$$max\left|\frac{w^{n+1} - w_*^{n+1}}{w^{n+1}}\right| < \frac{\varepsilon}{100} \quad \text{e/ou} \quad \frac{\sum\left|w^{n+1} - w_*^{n+1}\right|}{\sum\left|w^{n+1}\right|} < \varepsilon \tag{4.171}$$

Nestas expressões, w representa qualquer das variáveis ς, u e v, e w_* representa os valores anteriores destas variáveis no processo iterativo. O valor do erro ε é considerado igual a 10^{-6}.

No caso de duas camadas, com velocidades (u_1, v_1) e (u_2, v_2), é adotado o procedimento que se segue para a resolução da equação da quantidade de movimento segundo *x*. As derivadas temporais de u_1 são agrupadas numa variável U_1, escrevendo-se (4.172) (Lynett e Liu, 2004)

$$\begin{aligned}
&\frac{\partial U_1}{\partial t}+\frac{1}{2}\frac{\partial u_1^2}{\partial x}+\frac{1}{2}\frac{\partial v_1^2}{\partial x}+g\frac{\partial \varsigma}{\partial x} \\
&+\frac{\partial}{\partial t}\left\{(k_1-\varsigma)\left[\eta\left(\frac{\partial^2 u_2}{\partial x^2}+\frac{\partial^2 v_2}{\partial x \partial y}-\frac{\partial^2 v_1}{\partial x \partial y}\right)+\frac{\partial \eta}{\partial x}\left(\frac{\partial u_2}{\partial x}+\frac{\partial v_2}{\partial y}-\frac{\partial v_1}{\partial y}\right)\right.\right. \\
&\left.+\frac{\partial^2(hu_2)}{\partial x^2}+\frac{\partial^2(hv_2)}{\partial x \partial y}+\frac{\partial^2 h}{\partial x \partial t}\right]+\frac{k_1^2-\varsigma^2}{2}\frac{\partial^2 v_1}{\partial x \partial y}-\varsigma\frac{\partial \varsigma}{\partial x}\frac{\partial v_1}{\partial y} \\
&\left.-\frac{\partial \varsigma}{\partial x}\left[\eta\left(\frac{\partial u_2}{\partial x}+\frac{\partial v_2}{\partial y}-\frac{\partial v_1}{\partial y}\right)+\frac{\partial(hu_2)}{\partial x}+\frac{\partial(hv_2)}{\partial y}+\frac{\partial h}{\partial t}\right]\right\} \qquad (4.172) \\
&+\frac{\partial}{\partial x}\left[\frac{\partial \varsigma}{\partial t}(\varsigma S_1+T_1)+\frac{1}{2}(k_1^2-\varsigma^2)\left(u_1\frac{\partial S_1}{\partial x}+v_1\frac{\partial S_1}{\partial y}\right)\right. \\
&\left.+(k_1-\varsigma)\left(u_1\frac{\partial T_1}{\partial x}+v_1\frac{\partial T_1}{\partial y}\right)+\frac{1}{2}(\varsigma S_1+T_1)^2\right]=0
\end{aligned}$$

em que

$$U_1=u_1+\left[\frac{k_1^2-2k_1\eta-\varsigma^2+2\varsigma\eta}{2}\frac{\partial^2 u_1}{\partial x^2}+\left(\eta\frac{\partial \varsigma}{\partial x}+\varsigma\frac{\partial \eta}{\partial x}-k_1\frac{\partial \eta}{\partial x}-\varsigma\frac{\partial \varsigma}{\partial x}\right)\frac{\partial u_1}{\partial x}\right] \qquad (4.173)$$

e com a velocidade segundo *x* na camada inferior (u_2) calculada por (4.174)

$$\begin{aligned}
&u_2+\left\{\frac{k_2^2+\eta^2-2\eta k_1}{2}\frac{\partial^2 u_2}{\partial x^2}+(k_2-k_1)\frac{\partial^2(hu_2)}{\partial x^2}+(\eta-k_1)\frac{\partial \eta}{\partial x}\frac{\partial u_2}{\partial x}\right\} \\
&=u_1+\left\{\frac{(k_1-\eta)^2}{2}\left(\frac{\partial^2 u_1}{\partial x^2}+\frac{\partial^2 v_1}{\partial x \partial y}\right)+(k_1-\eta)\left[\frac{\partial \eta}{\partial x}\left(\frac{\partial v_2}{\partial y}-\frac{\partial u_1}{\partial x}-\frac{\partial v_1}{\partial y}\right)\right]\right. \qquad (4.174) \\
&\left.+\frac{2\eta k_1-k_2^2-\eta^2}{2}\frac{\partial^2 v_2}{\partial x \partial y}+(k_1-k_2)\left[\frac{\partial^2(hv_2)}{\partial x \partial y}+\frac{\partial^2 h}{\partial x \partial t}\right]\right\}
\end{aligned}$$

Nestas expressões, $S_1=\frac{h_1}{h_0}\nabla\cdot u_1$ e $T_1=\eta\frac{h_1}{h_0}(\nabla\cdot u_2-\nabla\cdot u_1)+\nabla\cdot(hu_2)+\frac{1}{\varepsilon_0}\frac{\partial h}{\partial t}$, com $\varepsilon_0=a_0/h_0$, sendo a_0 e h_0 uma amplitude e uma profundidade características; h_1 e h_2 são as espessuras características das camadas superior e inferior, respetivamente; $k_1=-0.127h+0.031\varsigma$; $k_2=-0.618h-0.063\varsigma$ e $\eta=-0.266h-0.001\varsigma$, para aproximações até $O(kh)\approx 5$. Um procedimento idêntico é adotado para o cálculo de v_1 e v_2.

Na prática, para as aplicações correntes, ao primeiro membro da equação de conservação da quantidade de movimento de ambos os modelos (FUNWAVE e COULWAVE) é adicionado o termo R_a, e são subtraídos os termos R_t e R_b, em que $R_a=f(\tau_{sx},\tau_{fx},\tau_{sy},\tau_{fy})$ representa os termos de atrito na superfície livre e no fundo, $R_t = (R_{tx}, R_{ty})$ representa termos de mistura turbulenta e $R_b = (R_{bx}, R_{by})$ representa os efeitos de rebentação da onda, os quais são calculados por (4.175) - (4.176)

$$R_{bx} = \frac{1}{h_0 + \varsigma}\left\{\left[\nu_t\left((h_0 + \varsigma)u_\alpha\right)_x\right]_x + \frac{1}{2}\left[\nu_t\left((h_0 + \varsigma)u_\alpha\right)_y + \nu_t\left((h_0 + \varsigma)v_\alpha\right)_x\right]_y\right\} \quad (4.175)$$

$$R_{by} = \frac{1}{h_0 + \varsigma}\left\{\left[\nu_t\left((h_0 + \varsigma)v_\alpha\right)_y\right]_y + \frac{1}{2}\left[\nu_t\left((h_0 + \varsigma)u_\alpha\right)_y + \nu_t\left((h_0 + \varsigma)v_\alpha\right)_x\right]_x\right\} \quad (4.176)$$

com a viscosidade turbulenta, ν_t, dada por $\nu_t = B\delta_b^2(h_0 + \varsigma)\frac{\partial \varsigma}{\partial t}$, e o comprimento de mistura $\delta_b \approx 1.2$; o parâmetro B, que controla a ocorrência de dissipação da energia, é definido por (4.177)

$$B = \begin{cases} 1 & , \text{ se } \varsigma_t \geq 2\varsigma_t^* \\ \dfrac{\varsigma_t}{\varsigma_t^*} - 1 & , \text{ se } \varsigma_t^* < \varsigma_t < 2\varsigma_t^* \\ 0 & , \text{ se } \varsigma_t \leq \varsigma_t^* \end{cases} \quad (4.177)$$

sendo o início e a paragem do processo de rebentação controlados pelo parâmetro ς_t^*, representado por (4.178)

$$\varsigma_t^* = \begin{cases} \varsigma_t^{(F)} & , \text{ se } t - t_0 \geq T^* \\ \varsigma_t^{(I)} + \dfrac{t - t_0}{T^*}\left(\varsigma_t^{(F)} - \varsigma_t^{(I)}\right) & , \text{ se } 0 \leq t - t_0 < T^* \end{cases} \quad (4.178)$$

com $\varsigma_t^{(I)} = 0.65\sqrt{gh}$, $\varsigma_t^{(F)} = 0.15\sqrt{gh}$ e $T^* = 5\sqrt{h/g}$, T^* é o tempo de transição, t_0 é o instante a que tem início a rebentação e $t - t_0$ é o tempo de duração do processo de rebentação.

Mais detalhes sobre o modelo COULWAVE podem ser consultados em Lynett (2002), Lynett e Liu (2002) e Lynett e Liu (2004). Este modelo (fonte em FORTRAN 90 e versão executável) é disponibilizado em versões série e paralela, e para uma e duas camadas, podendo ser descarregado, após registo, a partir do endereço http://isec.nacse.org/login/login.php.

A introdução de dados no COULWAVE poderá ser efetuada via teclado ou, indiretamente, via ficheiro de dados. Para o efeito são apresentados uma série de parâmetros que determinam várias opções, nomeadamente os modos de leitura e acesso dos dados de entrada, específicos de cada problema. Na Figura 4.15 mostram-se as opções definidas para a introdução de dados de um problema bidimensional (2D *simulation*), que utiliza as equações totalmente não lineares (*Fully Nonlinear Simulation*) e considerando uma única camada (*One-layer model*), para simular a entrada de uma onda sinusoidal com altura de 2 m e comprimento de onda de 107.0 m.

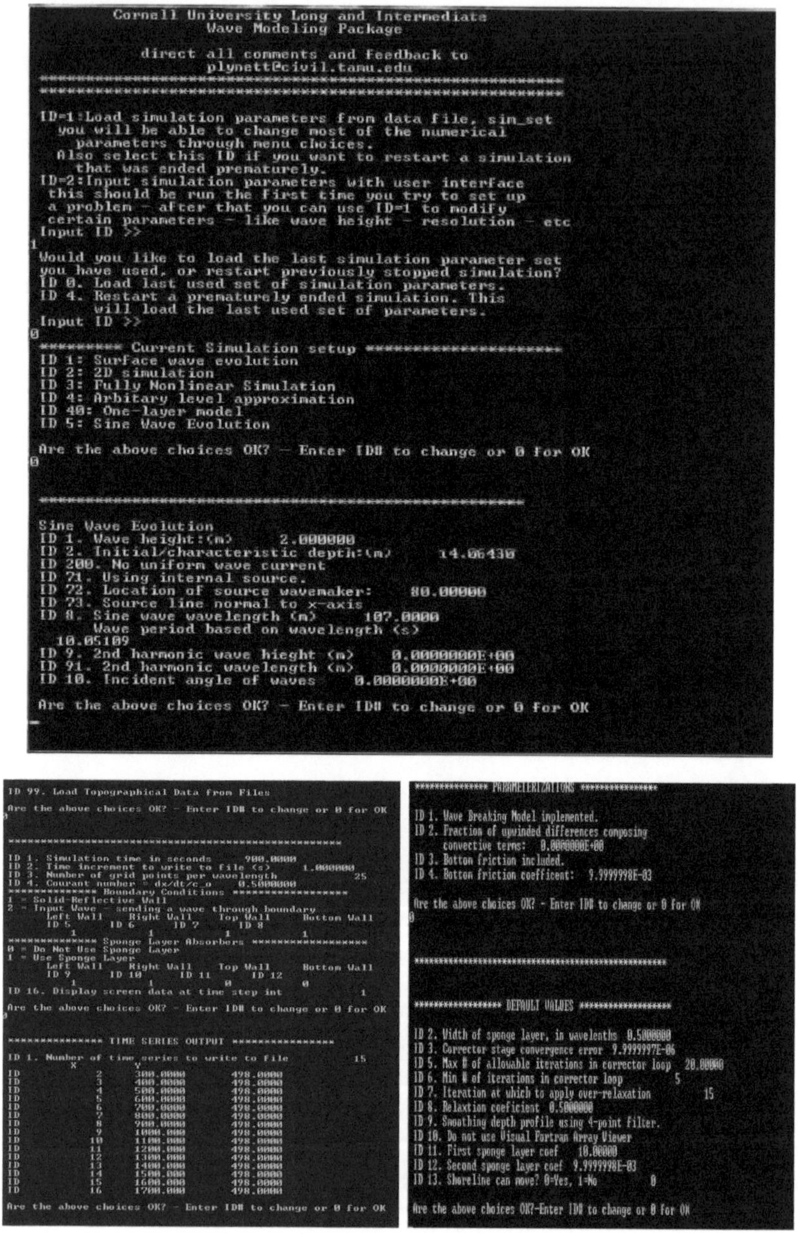

Figura 4.15 - Opções de entrada de dados e parâmetros a fornecer ao modelo COULWAVE.

Foi conduzida uma aplicação do modelo COULWAVE para o estudo da hidrodinâmica da onda em torno de um recife artificial multifuncional (Mendonça *et al.*, 2012a; Mendonça *et al.*, 2012b).

Uma estrutura deste tipo poderá vir a ser instalada na praia da Leirosa, localizada a Sul da Figueira da Foz. Espera-se que a instalação de um recife artificial multifuncional próximo da costa contribua para a proteção do sistema dunar da praia da Leirosa, para a geração de um ecossistema que permita práticas desportivas e de lazer, como mergulho e pesca, e para a geração de ondas com características adequadas à prática de *surf*.

Tendo estes objetivos em mente, foram realizadas simulações numéricas com o modelo COULWAVE para quatro casos de teste, considerando duas geometrias do recife (diferindo no ângulo do recife) e duas condições de ondas incidentes (condição de tempestade e ondulação frequente). As características das simulações efetuadas são apresentadas na Tabela 4.1.

Tabela 4.1 - Principais características das simulações efetuadas.

	Ângulo do recife (°)	Altura da onda, A (m)	Período, T (s)	Pontos da malha por comprimento de onda	Dimensões da malha (m)	Incremento temporal, Δt (s)
C1	45	4.0.	15	60	2.77	0.11999
C2	66	4.0	15	70	2.37	0.10285
C3	45	1.5	9	43	2.14	0.09288
C4	66	1.5	9	43	2.14	0.09288

Os resultados numéricos obtidos pelo modelo são a série histórica de elevação da superfície livre, as duas componentes de velocidade, u e v, e as áreas de rebentação da onda. A comparação entre os resultados obtidos, em termos de alturas da onda e posições da linha de rebentação, permitem avaliar a influência do recife na hidrodinâmica em torno da estrutura e na proximidade da praia.

Para obter uma primeira indicação relacionada com a proteção costeira, são analisadas as correntes médias em torno do recife. Os resultados do modelo correspondem a valores da velocidade obtidos a uma profundidade $z = -0.531h$, ou seja, próximo da cota média da coluna de água. Células divergentes indicam erosão local e células convergentes indicam sedimentação.

A Figura 4.16 mostra o resultado da aplicação do modelo COULWAVE, considerando uma só camada, à análise do comportamento das ondas incidentes sobre a estrutura e em torno do recife (Mendonça *et al.*, 2012b).

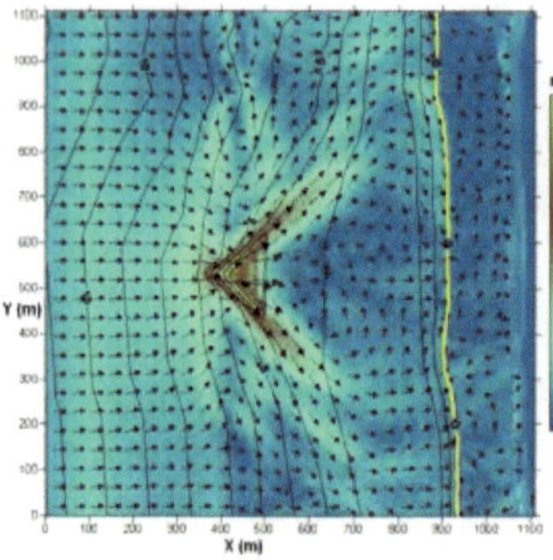

C1 – H=4.0 m, T=15 s, 45°

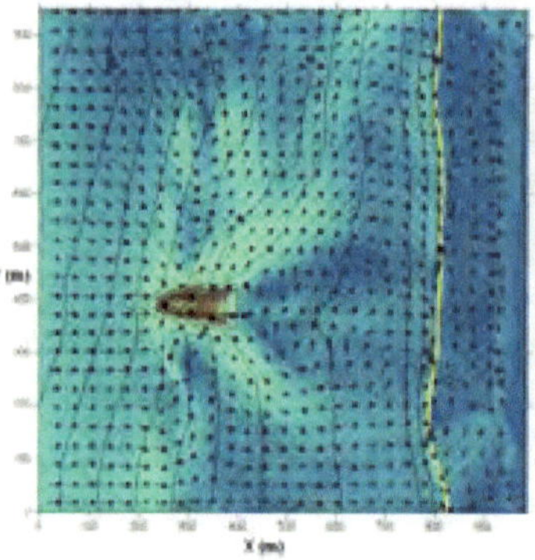

C2 – H=4.0 m, T=15 s, 66°

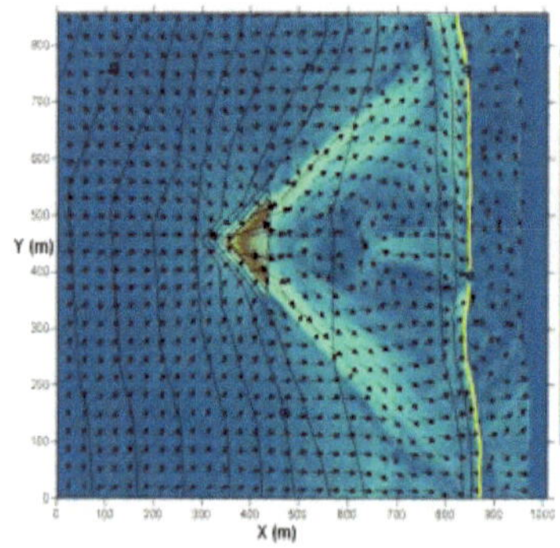

C3 – H=1.5 m, T=9 s, 45°

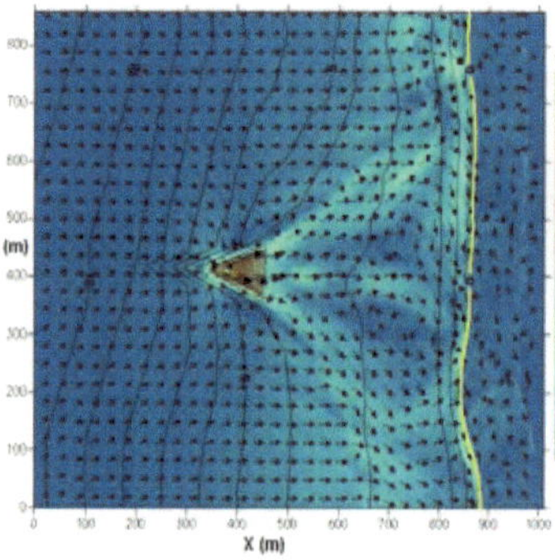

C4 – H=1.5 m, T=9 s, 66°

Figura 4.16 - Campos de velocidades em redor de um recife artificial multifuncional para os casos C1 a C4 identificados na Tabela 4.1 (Mendonça *et al.*, 2012b).

Como se pode observar na Figura 4.16, para todos os casos, as células aparecem convergentes, indicando uma possível sedimentação nas proximidades da linha de costa. Este comportamento sugere que as geometrias escolhidas são vantajosas tanto para efeitos de proteção da costa como para a melhoria das condições de *surf*. Contudo, importa sublinhar a importância de um estudo morfológico complementar, a fim de confirmar estes resultados.

B - Modelos de tipo Serre

Os resultados apresentados na Figura 2.7 foram obtidos com um modelo numérico que resolve um sistema de equações do tipo Serre, cuja formulação matemática se escreve (Antunes do Carmo *et al.*, 1993a)

$$
\begin{aligned}
&h_t + P_x + Q_y = 0 \\
&P_t + (uP)_x + (vP)_y + \{[(g+\beta)/2 + \alpha/3]h^2\}_x \\
&\qquad = -(g+\beta+\alpha/2)h\xi_x - \tau_{fx} + R\,div(h\,grad\,u) \\
&Q_t + (uQ)_x + (vQ)_y + \{[(g+\beta)/2 + \alpha/3]h^2\}_y \\
&\qquad = -(g+\beta+\alpha/2)h\xi_y - \tau_{fy} + R\,div(h\,grad\,v)
\end{aligned}
\tag{4.179}
$$

em que $P = hu$, $Q = hv$, $\alpha = d^2h/dt^2$; $\beta = d^2\xi/dt^2$ e as tensões de atrito no fundo, τ_{fx} e τ_{fy}, são calculadas por (4.180)

$$
\tau_{fx} = g\frac{P\sqrt{P^2+Q^2}}{K^2h^{7/3}}\,;\ \tau_{fy} = g\frac{Q\sqrt{P^2+Q^2}}{K^2h^{7/3}}
\tag{4.180}
$$

As equações (4.179) foram resolvidas em Antunes do Carmo *et al.* (1993a) por um método explícito de diferenças finitas, baseado no esquema centrado de previsão-correção de MacCormack. O modelo desenvolvido é capaz de propagar ondas com alturas apreciáveis, na ordem de 50% da profundidade, e em meios com dimensões significativas, como é o caso da aplicação descrita na secção 2.1 para investigar as condições de agitação que geravam o fenómeno da "*mareta*" no porto da Figueira da Foz.

As equações de tipo Serre expandidas a condições de água intermédia (4.102) foram resolvidas em Antunes do Carmo (2013a,b) por um método centrado implícito de diferenças finitas, após agrupamento dos termos que contêm derivadas temporais da variável u numa terceira equação, escrevendo-se (4.181)

$$
\begin{aligned}
&h_t + (uh)_x = 0 \\
&q_t + \left\{uq - \frac{1}{2}\left[u^2 + (1+2\alpha)h^2(u_x)^2 + (1+2\alpha)(\xi_x)^2u^2 - h\,\xi_x(u^2)_x\right]\right\}_x \\
&\quad + \left[g(1+\alpha\Omega) + \alpha h u\,u_{xx}\right]\eta_x - \alpha g h h_x \eta_{xx} - \beta g\frac{h^2}{3}\eta_{xxx} \\
&\quad - \frac{\alpha}{2}\left[\left(h\,\xi_{xx}u^2\right)_x + h_x\,\xi_{xx}u^2 - h\,\xi_{xx}u\,u_x\right] + \left(\alpha - \frac{\beta}{3}\right)h^2u_xu_{xx} \\
&\quad + \beta\frac{h^2}{3}u\,u_{xxx} - (1/\rho)(p_s)_x + \tau_b/(\rho h) = 0 \\
&\left[1 + (1+\alpha)\Omega\right]u - (1+\alpha)hh_xu_x - (1+\beta)\frac{h^2}{3}u_{xx} = q \\
&\Omega = \xi_x\eta_x + \frac{1}{2}h\,\xi_{xx}
\end{aligned}
\tag{4.181}
$$

A resolução do sistema de três equações diferenciais (4.181) deu origem ao modelo numérico SERIMP, cujas potencialidades são comparadas em Antunes do Carmo (2013a,b) com dados experimentais e resultados de outro modelo numérico que resolve o sistema de equações (4.100), do tipo Boussinesq, igualmente expandidas com características de dispersão melhoradas. Naqueles trabalhos é evidenciado o bom desempenho do modelo SERIMP. A título de exemplo, apresenta-se na Figura 4.18 uma das comparações, que consistiu na propagação e reflexão na parede vertical assinalada de uma onda solitária com amplitude de 0.12 m inicialmente centrada em x = 25 m do domínio mostrado na Figura 4.17.

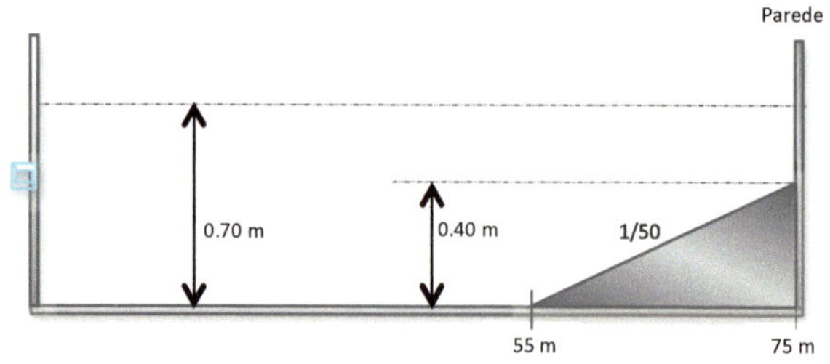

Figura 4.17 - Batimetria para a propagação de uma onda solitária e reflexão numa parede vertical (Antunes do Carmo, 2013a,b).

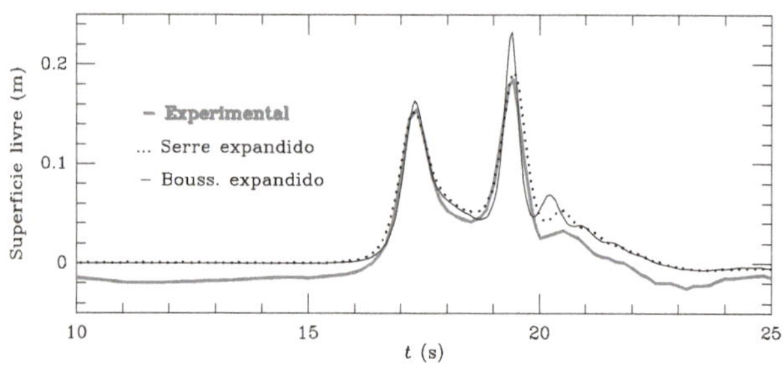

Figura 4.18 - Comparação de dados experimentais da superfície livre com resultados numéricos dos modelos de Boussinesq e Serre expandidos [equações (4.100) e (4.102)] numa sonda localizada em x = 72.75 m (Antunes do Carmo, 2013a,b).

C – Modelos de tipo VOF

A introdução do método MAC (*Marker And Cell*) de Harlow e Welch (1965), com sucessivas aplicações na modelação numérica em problemas complexos de engenharia, deu origem ao desenvolvimento de uma nova família de modelos. O método MAC foi posteriormente melhorado em diversos aspetos. O algoritmo VOF (*Volume-Of-Fluid*), introduzido por Nichols e Hirt (1975), permitiu o cálculo eficiente da evolução da superfície livre de configurações complexas, enquanto a introdução da técnica FAVOR (*Fractional Area-Volume Obstacle Representation*) permitiu a representação de obstáculos de configuração arbitrária numa malha cartesiana (Torrey *et al.*, 1985).

No entanto, segundo Carvalho (2002), esses desenvolvimentos foram baseados em esquemas numéricos não conservativos de baixa ordem. A importância da utilização de esquemas mais precisos e robustos foi posta em evidência por Lemos (1996) em problemas de escoamentos com superfície livre.

O modelo do tipo VOF apresentado em Carvalho (2002) resultou da implementação (1) de esquemas conservativos de alta resolução para o termo de advecção, com base na formulação NVSF ("*Normalized Variable and Space Formulation*") de Darwish e Moukalled (1996), (2) de um algoritmo VOF refinado com base nos trabalhos de Rider e Kothe (1998), (3) da representação de geometrias irregulares com fronteiras curvas através do método FAVOR (Hirt e Sicilian, 1985), (4) da utilização de um método de controlo automático do passo de tempo, e (5) da possibilidade de definir condições de fronteira diferenciadas nas paredes (por ex.: deslizamento livre - "*free-slip*", deslizamento parcial - "*partial-slip*", ou aderência - "*no-slip*").

Os desenvolvimentos implementados no código deram origem a rotinas específicas para o cálculo de propriedades importantes do escoamento, tais como a energia total, a quantidade de movimento total segundo as direções x e z e o volume total de fluido. Essas rotinas permitem detetar o desenvolvimento de instabilidades ou erros numéricos suscetíveis de afetar a conservação da massa, a quantidade de movimento e a energia.

As equações que descrevem o movimento de fluidos incompressíveis no plano x-z, com a configuração da superfície livre descrita usando o método VOF, e a geometria representada usando o método FAVOR, são as seguintes (Carvalho, 2002)

$$\frac{V_F}{\rho c^2}\frac{\partial p}{\partial t}+\frac{\partial A_x u}{\partial x}+\frac{\partial A_z w}{\partial z}=0 \tag{4.182}$$

$$\begin{aligned}\frac{\partial u}{\partial t}+\frac{1}{V_F}\left[uA_x\frac{\partial u}{\partial x}+wA_z\frac{\partial u}{\partial z}\right]&=-\frac{1}{\rho}\frac{\partial p}{\partial x}\\&+\frac{1}{V_F}\left[\frac{\partial}{\partial x}\left(\nu_F A_x\frac{\partial u}{\partial x}\right)+\frac{\partial}{\partial z}\left(\nu_F A_z\frac{\partial w}{\partial x}\right)\right]+f_x+t_x\end{aligned} \tag{4.183}$$

$$\begin{aligned}\frac{\partial w}{\partial t}+\frac{1}{V_F}\left[uA_x\frac{\partial w}{\partial x}+wA_z\frac{\partial w}{\partial z}\right]&=+g_z-\frac{1}{\rho}\frac{\partial p}{\partial z}\\&+\frac{1}{V_F}\left[\frac{\partial}{\partial x}\left(\nu_F A_x\frac{\partial u}{\partial z}\right)+\frac{\partial}{\partial z}\left(\nu_F A_z\frac{\partial w}{\partial z}\right)\right]+f_z+t_z\end{aligned} \tag{4.184}$$

$$\frac{\partial F}{\partial t}+\frac{1}{V_F}\left[\frac{\partial(FA_x u)}{\partial x}+\frac{\partial(FA_z w)}{\partial z}\right]=-F\left(\frac{\partial A_x u}{\partial x}+\frac{\partial A_z w}{\partial z}\right) \tag{4.185}$$

onde (u,w) são as componentes da velocidade segundo as direções x e z, respetivamente, p é a pressão, $F=F(x,z,t)$ é a função do volume de fluido (VOF), ρ é a massa volúmica (constante), ν é o coeficiente de viscosidade cinemática e g_z é a aceleração da gravidade.

No método FAVOR, a geometria, de configuração variável, é representada no domínio computacional através de áreas parciais abertas ao escoamento nas faces dos volumes de controlo $A_i=(A_x,A_z)$, e volumes parciais, V_F, abertos ao escoamento nos centros dos volumes de controlo incluídas nas equações (4.182) - (4.185).

No método VOF, a superfície é representada por meio da função do volume de fluido (VOF), que permite representar a superfície livre com configurações arbitrárias evitando complicações lógicas excessivas. $F = F(x,z,t)$ toma o valor "1" em pontos ocupados pelo fluido e "0" no caso contrário. A média de $F(x,z,t)$ num volume de controlo representa a fração do volume ocupado pelo fluido. Células com $F = 1$ são consideradas "cheias" e células com $F = 0$ são consideradas "vazias". Células com valores de F compreendidos entre "0" e "1", e com pelo menos uma célula adjacente vazia, são consideradas células de superfície. A evolução da superfície livre é descrita pela equação (4.185).

O ciclo computacional que traduz a atualização das variáveis dependentes, velocidade, pressão e função de fluido (u^n, w^n, p^n e F^n) no instante $n\Delta t$ para u^{n+1}, w^{n+1}, p^{n+1} e F^{n+1} no instante seguinte $(n+1)\Delta t$ consiste nos seguintes passos (Carvalho, 2002):

Passo 1: cálculo do campo temporário de velocidades, $\vec{u}^* = (u^*, w^*)$, através da discretização das equações de conservação da quantidade de movimento admitindo o valor da pressão para o nível $(n+1)\Delta t$, p^{n+1}, igual ao valor do nível $n\Delta t$, p^n - os termos de difusão são discretizados usando um método semelhante a diferenças finitas centradas, e o termo de advecção, para evitar instabilidades, é discretizado usando um esquema conservativo de alta resolução baseado no método NVSF ("*Normalized Variable Spacial Formulation*") de Darwish e Moukalled (1996);

Passo 2: cálculo do campo de velocidades para o nível $(n+1)\Delta t$, $\vec{u}^{n+1} = (u^{n+1}, w^{n+1})$ e pressão p^{n+1} usando um esquema iterativo pressão-velocidade de modo a satisfazer a equação de continuidade, ou seja, anulando os divergentes de velocidades $\vec{u}^{n+1}$ com recurso a diferenças finitas e um esquema de relaxação pressão/velocidade em todas as células ocupadas pelo fluido;

Passo 3: atualização da configuração da superfície livre calculando F^{n+1} em todas as células do domínio, de modo a que seja mantida a forma da superfície livre e o volume total de fluido, utilizando o campo de velocidades $\vec{u}^{n+1}$.

Pode ser incorporado um modelo de turbulência do tipo $k-\varepsilon$ e, nesse caso, um **Passo 4** é adicionado para o cálculo das variáveis turbulentas no instante $(n+1)\Delta t$, k^{n+1} e ε^{n+1}, sendo esses valores usados para o cálculo da viscosidade turbulenta $\nu_t = C_\mu k/\varepsilon$. Detalhes do modelo podem ser encontrados em Carvalho (2002).

A Figura 4.19 mostra um resultado da aplicação deste modelo. Trata-se da geração e propagação de uma onda resultante do escorregamento de um talude situado na encosta de uma albufeira. São representados três instantes da propagação de uma onda que foi gerada por um corpo constituído por blocos, com volume de aproximadamente 0.17 m e centro de gravidade situado a uma altura de 0.95 m acima do nível inicial da água, que deslizou ao longo de uma rampa que faz um ângulo de cerca de 31° com a horizontal, tendo penetrado na massa de água inicialmente em repouso, com altura de 0.40 m, e gerado uma onda que galgou a barragem situada à direita. Os resultados da simulação, tanto a velocidade como a altura da onda, concordam razoavelmente com os dados laboratoriais (Carvalho e Antunes do Carmo, 2006).

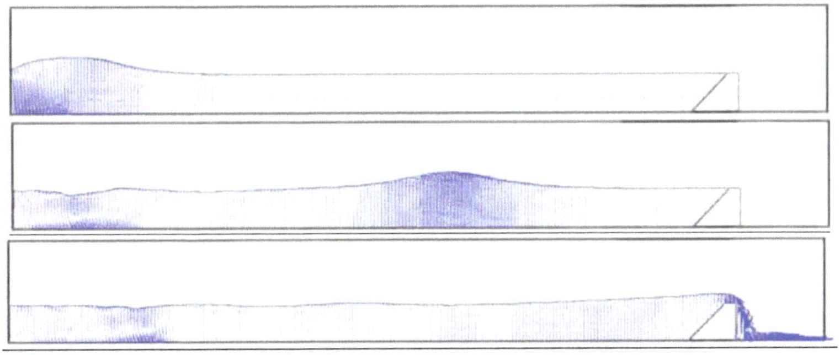

Figura 4.19 - Propagação da onda resultante da penetração de um corpo sólido na massa de água de um canal inicialmente em repouso, com altura de 0.40 m, que deslizou ao longo de uma rampa com um ângulo de aproximadamente 31° com a horizontal.

Entre os modelos numéricos que usam a metodologia VOF, destaca-se o modelo COBRAS ("*Cornell Breaking Wave and Structures*") (Lin, 1998), ou variantes mais recentes como o COBRAS-UC ("*Cornell breaking waves and structures - University of Cantabria*") (Garcia *et al.*, 2004). Trata-se de um modelo numérico bidimensional que resolve as equações 2DV de RANS ("*Reynolds Averaged Navier Stokes*"), com um modelo tridimensional não linear de turbulência $k-\varepsilon$. O COBRAS usa, em alternativa, o método MAC, o qual requer informação da superfície livre ao longo de todo o domínio computacional, ou outro método, dito "Young", que é mais preciso para a definição da superfície livre mas é não conservativo.

Exemplos de aplicação do COBRAS-UC são apresentados em Antunes do Carmo *et al.* (2011a). Trata-se da propagação de uma onda, com período T = 9 s e altura H = 1.50 m ao largo, sobre uma estrutura submersa (recife artificial) com a configuração apresentada na Figura 4.20.

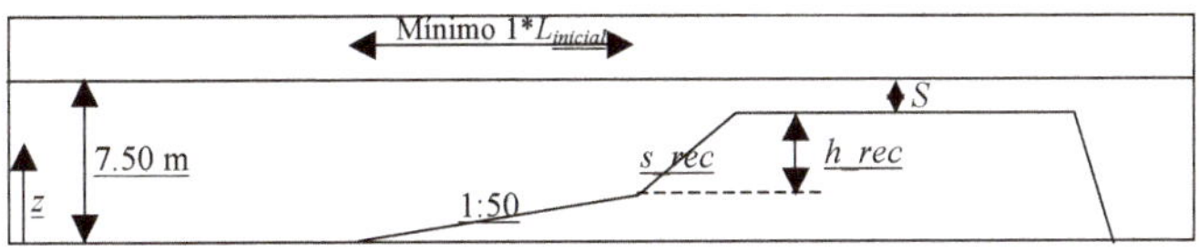

Figura 4.20 - Configuração da estrutura de recife testada (Antunes do Carmo *et al.*, 2011a).

A Figura 4.21 mostra quatro instantes da fase de rebentação daquela onda sobre a estrutura submersa representada na Figura 4.20, com h_rec = 1.90 m e submergência S = 1.50 m.

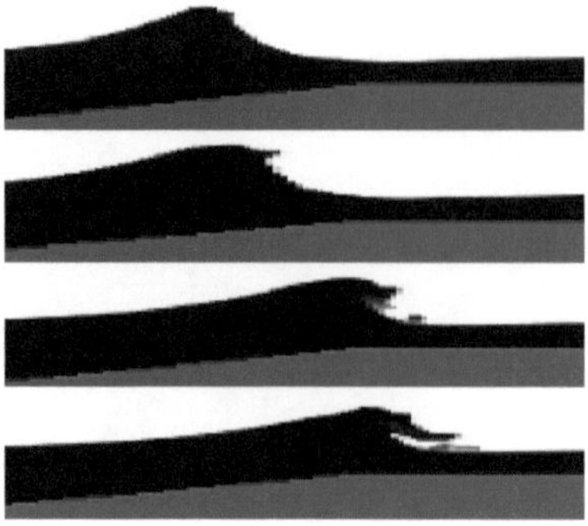

Figura 4.21 - Forma da onda em fase de rebentação sobre um recife com altura h_rec = 1.90 m e submergência S = 1.50 m. Onda incidente com altura H = 1.50 m e período T = 9 s (Antunes do Carmo *et al.*, 2011a).

D – Modelos de tipo SPH

O método computacional SPH (*Smoothed Particle Hydrodynamics*) é uma técnica relativamente recente para a simulação de escoamentos de fluidos. Trata-se de um método Lagrangeano que não necessita de malha (as coordenadas movem-se com o fluido) e a resolução do método pode ser facilmente ajustada às variáveis em estudo, tais como a massa volúmica, a velocidade, etc. O domínio é representado por um conjunto de partículas, cuja dinâmica é determinada de acordo com as equações de balanço (conservação da massa e da quantidade de movimento), escritas na forma Lagrangeana. O método de interpolação em SPH baseia-se no seguinte integral (4.186) sobre todo o domínio Ω

$$f(s,t)=\int_\Omega W(\boldsymbol{s}-\boldsymbol{x},h)f(\boldsymbol{x},t)\,d\Omega \qquad (4.186)$$

em que $d\Omega$ é o elemento de volume que depende das dimensões do problema e $W(\boldsymbol{s}-\boldsymbol{x},h)$ é uma função chamada *Kernel* em SPH. O parâmetro h determina o tamanho do *Kernel*, isto é, o raio de influência em torno de $\boldsymbol{s}$. Em 3D este domínio corresponde a uma esfera de raio nh, onde n depende da definição do *Kernel*. Ainda que h seja uma constante nas aplicações mais simples de SPH, este parâmetro também pode variar no tempo e no espaço. Os integrais são calculados numericamente no domínio discreto, isto é, são obtidos por somatórios das contribuições das partículas que limitam esses domínios, ou seja

$$f(s,t)=\int_\Omega W(\boldsymbol{s}-\boldsymbol{x},h)f(\boldsymbol{x},t)\,d\Omega \approx \sum_j W(\boldsymbol{s}-\boldsymbol{x}_j,h)f_j(\boldsymbol{x},t)\Delta\Omega_j \qquad (4.187)$$

tal que

$$W(\boldsymbol{s}-\boldsymbol{x}_j,h)\Delta\Omega_j = 1 \qquad (4.188)$$

onde $\Delta\Omega_j$ é o volume associado à partícula *j*. Em SPH, a massa m_j da partícula *j* permanece fixa enquanto a massa volúmica ρ_j pode variar.

Na formulação clássica de SPH, assume-se que o fluido é compressível para a resolução das equações de Navier-Stokes. Em geral, substitui-se o volume $\Delta\Omega_j$ por m_j/ρ_j escrevendo-se (4.189)

$$f(s,t) \approx \sum_j \frac{m_j}{\rho_j} W(s - x_j, h) f_j(x,t) \tag{4.189}$$

O procedimento de interpolação é mostrado na Figura 4.22, em que o domínio é limitado pela máxima distância 2*h*, ou seja, no processo de aproximação/interpolação são apenas consideradas as partículas situadas no interior daquele domínio e com pesos função da distância r_{ij}. Basicamente, a função *Kernel* desempenha o mesmo papel das funções de interpolação dos métodos de elementos finitos.

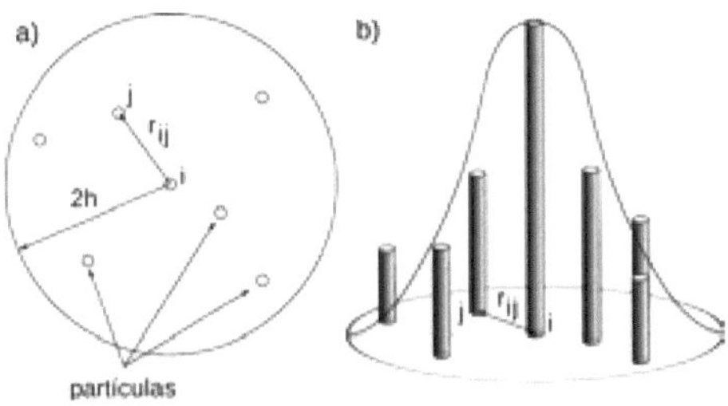

Figura 4.22 - Representação da função *Kernel*: a) partículas dentro do raio de interação 2*h*, e b) respetivo peso de contribuição.

Há uma grande variedade de possíveis funções *Kernel*, sendo frequentemente mais usados o Gaussiano e o *spline*-cúbico, os quais se escrevem (Vasco *et al.*, 2011)

$$W_G\left(|\vec{r}_{ij}|/h\right) = \frac{1}{\sqrt{\pi}} exp\left[-\left(\frac{|\vec{r}_{ij}|}{h}\right)^2\right] \tag{4.190}$$

$$W_C(s) = \frac{\sigma}{h^\upsilon}\begin{cases} 2/3 - s^2 + s^3/2, & \text{se } 0 < s \le 1 \\ (2-s)^3/6 & \text{, se } 1 < s \le 2 \\ 0 & \text{, se } > 2 \end{cases} \tag{4.191}$$

onde os índices G e C significam Gaussiano e *spline*-Cúbico, respetivamente, $\vec{r}$ é o vetor posição, υ é a dimensão do domínio simulado e σ terá os valores $2/3$, $10/(7\pi)$ ou $1/\pi$ consoante o domínio é unidimensional, bidimensional ou tridimensional, respetivamente; a Figura 4.23

mostra os correspondentes gráficos. É também frequente o uso de um *Kernel* quadrático e até mesmo quintuplico. Em geral, a precisão da interpolação SPH aumenta com a ordem dos polinómios usados para definir o *Kernel*, embora tenha como contra partida o aumento do tempo de cálculo, que pode ser significativo (Vasco *et al.*, 2011).

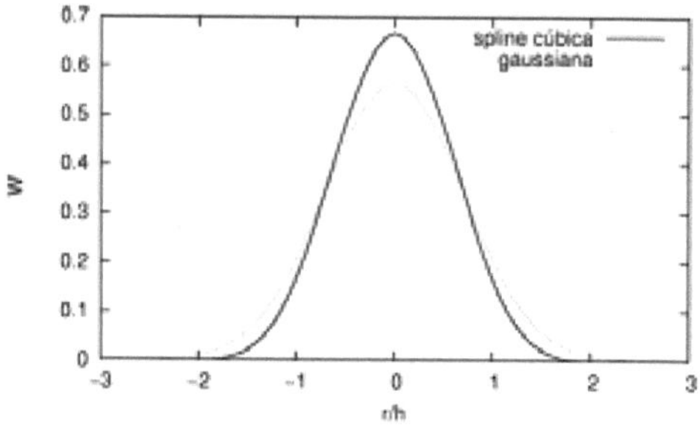

Figura 4.23 - Funções de interpolação dos tipos *spline*-cúbica e gaussiana.

Uma das vantagens mais importantes do SPH é que o *Kernel* é uma função diferenciável. As derivadas desta função podem obter-se por diferenciação ordinária, sem necessidade de usar diferenças finitas e sem qualquer malha. Sendo W uma função diferenciável, se pretendermos aplicar o operador ∇ à função A_i teremos simplesmente que aplicar o operador ∇ à função *Kernel*. Assim, o gradiente da função escalar A da partícula i pode calcular-se como (4.192) (Domínguez *et al.*, 2010)

$$\nabla A_i(s,t) = \sum_j \frac{m_j}{\rho_j} \nabla W(s - x_j, h) A_j \tag{4.192}$$

ou ainda, dado que $\rho \nabla A = \nabla(\rho A) - A \nabla \rho$, através de (4.193)

$$\nabla A_i(s,t) = \sum_j \frac{m_j}{\rho_j} (A_j - A_i) \nabla W(s - x_j, h) \tag{4.193}$$

De igual modo, para o cálculo do divergente de qualquer função vetorial (por exemplo a velocidade u), ter-se-á (4.194)

$$div(\boldsymbol{u}_i) = \sum_j \frac{m_j}{\rho_j} (\boldsymbol{u}_j - \boldsymbol{u}_i) \nabla W(s - \boldsymbol{r}_j, h) \tag{4.194}$$

Seja a equação de conservação da massa em formulação Euleriana (4.195)

$$\frac{\partial \rho}{\partial t} + div(\rho \boldsymbol{u}) = 0 \tag{4.195}$$

Como a massa do fluido associada ao nó i é constante, a equação (4.195) pode escrever-se na forma (4.196)

$$\frac{1}{\rho}\frac{d\rho}{dt} = -div(\boldsymbol{u}) \tag{4.196}$$

donde, multiplicando ambos os membros pelo *Kernel*, resulta (4.197)

$$\int_{\Omega}\frac{1}{\rho}\frac{d\rho}{dt}W(\boldsymbol{s}-\boldsymbol{x},h)d\Omega = -\int_{\Omega}div(\boldsymbol{u})W(\boldsymbol{s}-\boldsymbol{x},h)d\Omega \tag{4.197}$$

ou ainda, por definição de *Kernel*, o 1º membro é $(1/\rho)(d\rho/dt)$ e o 2º membro pode escrever-se, em conformidade com uma propriedade da função divergente (Domínguez *et al.*, 2010)

$$\frac{1}{\rho}\frac{d\rho}{dt} = -\int_{\Omega}\{div[W(\boldsymbol{s}-\boldsymbol{x},h)\boldsymbol{u}] - \boldsymbol{u}\nabla W(\boldsymbol{s}-\boldsymbol{x},h)\}d\Omega \tag{4.198}$$

Usando o teorema de Gauss obtém-se (4.199)

$$\frac{1}{\rho}\frac{d\rho}{dt} = -\int_{\Omega}\boldsymbol{u}\nabla W(\boldsymbol{s}-\boldsymbol{x},h)d\Omega - \int_{s}W(\boldsymbol{s}-\boldsymbol{x},h)\boldsymbol{un}\,dS \tag{4.199}$$

Uma vez que a função *Kernel* decresce muito rapidamente a partir do seu centro, o segundo integral do segundo membro poderá, em geral, ser desprezado (Domínguez *et al.*, 2010). Por outro lado, passando do contínuo ao discreto, obtém-se (4.200)

$$\left(\frac{1}{\rho}\frac{d\rho}{dt}\right)_i = \sum_j \frac{m_j}{\rho_j}\boldsymbol{u}_j\nabla_j W_{ij} \tag{4.200}$$

ou ainda, atendendo a que $\nabla_i W_{ij} = -\nabla_j W_{ij}$

$$\left(\frac{1}{\rho}\frac{d\rho}{dt}\right)_i = -\sum_j \frac{m_j}{\rho_j}\boldsymbol{u}_j\nabla_i W_{ij} \tag{4.201}$$

Por outro lado, atendendo à propriedade $\rho\nabla A = \nabla(\rho A) - A\nabla\rho$ e que o gradiente de uma constante é zero, isto é, $-\sum_j \frac{m_j}{\rho_j}\nabla_i W_{ij} = 0$, obtém-se multiplicando por u_i

$$\left(\frac{d\rho}{dt}\right)_i = \rho_i\sum_j \frac{m_j}{\rho_j}(\boldsymbol{u}_i - \boldsymbol{u}_j)\nabla_i W_{ij} \tag{4.202}$$

Na formulação Lagrangeana, a equação da quantidade de movimento escreve-se

$$\frac{d\boldsymbol{u}}{dt} = -\frac{1}{\rho}\nabla p - \boldsymbol{g} \tag{4.203}$$

podendo considerar-se a seguinte troca de variáveis para simetrizar o gradiente de pressão

$$\frac{\nabla p}{\rho} = \nabla\left(\frac{p}{\rho}\right) + \frac{p}{\rho^2}\nabla\rho \tag{4.204}$$

donde (4.205)

$$\left(\frac{d\boldsymbol{u}}{dt}\right)_i = -\sum_j m_j\left(\frac{p_j}{\rho_j^2} + \frac{p_i}{\rho_i^2}\right)\nabla_i W_{ij} - \boldsymbol{g} \tag{4.205}$$

Para prevenir instabilidades numéricas, é frequentemente usado um termo de viscosidade artificial, Π_{ij}, o qual pode ser simplesmente adicionado à equação (4.205), escrevendo-se (4.206)

$$\left(\frac{d\boldsymbol{u}}{dt}\right)_i = -\sum_j m_j\left(\frac{p_j}{\rho_j^2} + \frac{p_i}{\rho_i^2} + \Pi_{ij}\right)\nabla_i W_{ij} - \boldsymbol{g} \tag{4.206}$$

O termo Π_{ij} pode ser obtido por (4.207) (Domínguez *et al.*, 2010)

$$\Pi_{ij} = \begin{cases} \dfrac{-\alpha\bar{c}_{ij}\mu_{ij}}{\bar{\rho}_{ij}}, & \text{se } \boldsymbol{u}_{ij}\boldsymbol{x}_{ij} < 0 \\ 0, & \text{se } \boldsymbol{u}_{ij}\boldsymbol{x}_{ij} > 0 \end{cases} \tag{4.207}$$

com $\mu_{ij} = (h\boldsymbol{u}_{ij}\boldsymbol{x}_{ij})/(r_{ij}^2 + \eta^2)$, $\boldsymbol{u}_{ij} = \boldsymbol{u}_i - \boldsymbol{u}_j$, $\boldsymbol{x}_{ij} = \boldsymbol{x}_i - \boldsymbol{x}_j$ e $\bar{c}_{ij} = (c_i + c_j)/2$ é a velocidade média do som no fluido. Inclui-se o parâmetro $\eta^2 = 0.01h^2$ para evitar singularidades e α é um parâmetro livre que pode variar em função do problema.

Uma aplicação do modelo SPH é apresentada em Vasco *et al.* (2013), para a simulação do escorregamento de um bloco indeformável ao longo de uma rampa, com um ângulo de inclinação com a horizontal de 30º, gerando uma onda solitária com altura aproximada de 0.04 m a 0.05 m na massa de água contida num canal com altura inicial de 0.15 m (resultados experimentais obtidos por Maciel e Nascimento, 2002). Foi definido um espaçamento correspondendo a um número de partículas total de 8276, distribuídas por fronteiras (1473) e pelo fluido (6803). O comprimento de suavização das partículas foi de $h = 1.5\Delta x$, com a celeridade do som $c = 50$ m/s, resultando num passo de tempo Δt da ordem de 10^{-4} a 10^{-5} s. Como pode ser observado qualitativamente pela Figura 4.24, o modelo numérico reproduz a onda solitária, embora, de acordo com Vasco *et al.* (2013) e como a Figura 4.24 documenta, a altura de onda seja sobrestimada.

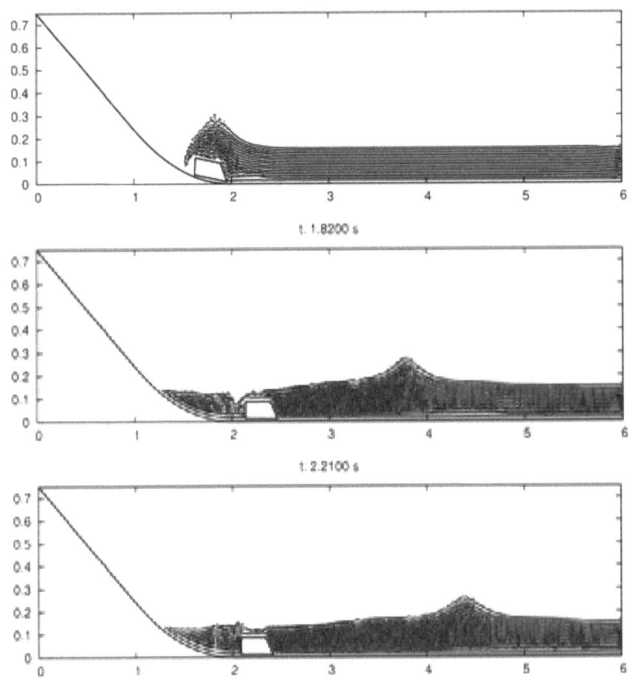

Figura 4.24 - Sequência de imagens da simulação numérica de uma onda gerada pela penetração de um bloco indeformável numa massa de água inicialmente em repouso, com $F_r = 1.5$ (Vasco *et al.*, 2013).

Um exemplo bem demonstrativo das capacidades de um modelo do tipo SPH é a sua aplicação à propagação e rebentação de uma onda ao longo de uma rampa, como se documenta na Figura 4.25. Nesta figura são comparados (qualitativamente) os resultados numéricos da rebentação do tipo mergulhante (*plunging*) de uma onda com imagens fotográficas. Trata-se da propagação e rebentação de uma onda com período $T = 1.4$ s, altura $H = 0.08$ m, ao largo, e altura de água inicial $h = 0.16$ m, numa rampa com declive 1:13.5 (Pelfrene, 2011).

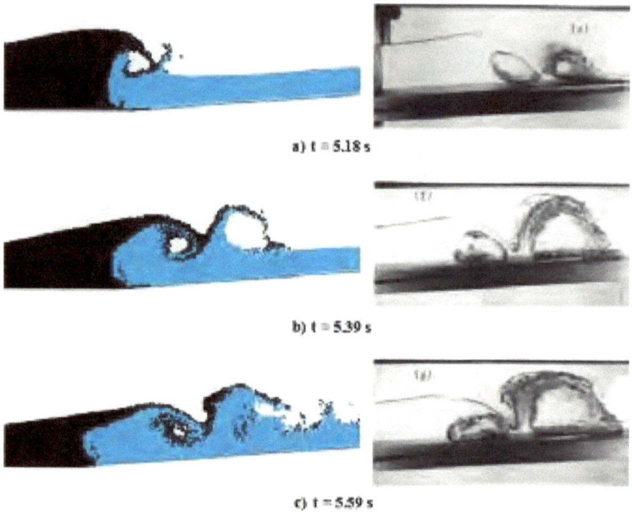

Figura 4.25 - Rebentação mergulhante (*plunging*) de uma onda numa rampa com declive 1:13.5: comparação qualitativa dos resultados de um modelo SPH com imagens fotográficas (Pelfrene, 2011).

5. Processos Físicos e Modelação Morfodinâmica Costeira

5.1 Conceitos básicos

A morfodinâmica costeira é um capítulo da ciência que se interessa pela interação entre os fenómenos físicos constituintes (ondas, correntes, marés e transporte sedimentar) e a topografia de um fundo móvel.

Os aspetos hidrodinâmicos como a formação da onda pelo vento, a sua propagação desde condições de águas profundas até ao litoral, o estudo e propagação da maré e o estudo das correntes litorais foram objeto de análise nos capítulos anteriores. Este capítulo e o seguinte dedicam-se aos aspetos relativos ao transporte de sedimentos e à evolução de fundos móveis por ação dos fenómenos físicos: correntes e ondas.

Em dinâmica sedimentar são intervenientes na generalidade dos processos os seguintes parâmetros: o diâmetro característico do sedimento (D), a velocidade de queda de uma partícula ou de um grupo de partículas (W_q), a massa volúmica (ρ_s) e o peso volúmico (γ_s) da partícula, o diâmetro mediano de uma amostra de sedimentos (d_{50}) - diâmetro dos sedimentos para o qual os elementos com diâmetros inferiores constituem 50% do peso da amostra, a porosidade (p) - relação entre o volume de vazios e o volume total de uma amostra, e o ângulo de repouso do material seco (ϕ) e submerso (ϕ'), para além das características do sedimento depositado.

Surgem ainda com frequência os seguintes parâmetros característicos: o diâmetro nominal da partícula, d_n, definido como diâmetro de uma esfera com o mesmo volume da partícula, e o diâmetro adimensional da partícula, dado por (5.1)

$$d_* = \left[\frac{(s-1)g}{\nu^2}\right]^{1/3} d_{50} \tag{5.1}$$

sendo ν a viscosidade cinemática da água (igual a 10^{-6}m^2/s a 20ºC).

Na literatura encontram-se inúmeras fórmulas para o cálculo da velocidade de sedimentação, ou velocidade queda, de uma partícula ou de um grupo de partículas, W_q. Este parâmetro depende fundamentalmente do tipo de sedimento, da sua forma, da viscosidade do fluido e da concentração; são de uso corrente as seguintes fórmulas empíricas

- Cheng (1997)

$$W_q = \frac{\nu}{d_{50}}\left(\sqrt{25+1.2d_*^2}-5\right)^{1.5} \tag{5.2}$$

- Soulsby (1997)

$$W_q = \frac{\nu}{d_{50}}\left\{\left[10.36^2+1.049(1-C)^{4.7}d_*^3\right]^{0.5}-10.36\right\} \tag{5.3}$$

em que C representa a concentração de sedimentos em volume.

- Ahrens (2000)

$$W_q = \frac{v}{d_{50}} d_*^{1.5} \left(C_1 d_*^{1.5} + C_2 \right) \tag{5.4}$$

onde $C_1 = 0.055 tanh\left[12 d_*^{-1.77} exp\left(-0.0004 d_*^3\right)\right]$ e $C_2 = 1.06 tanh\left[0.016 d_*^{1.5} exp\left(-120/d_*^3\right)\right]$

- Guo (2002)

$$W_q = \frac{v}{d_{50}} d_*^3 \left[24 + \left(\sqrt{3}/2\right) d_*^{3/2}\right]^{-1} \tag{5.5}$$

- She *et al.* (2005)

$$W_q = 1.05 \frac{v}{d_{50}} d_*^{1.5} \left[1 - exp\left(-0.315 d_*^{0.765}\right)\right]^{2.2} \tag{5.6}$$

- Zhiyao *et al.* (2008)

$$W_q = \frac{v}{d_{50}} d_*^3 \left[38.1 + 0.93 d_*^{12/7}\right]^{-7/8} \tag{5.7}$$

A tensão de atrito no fundo, τ_*, é composta por duas parcelas, devidas à corrente e à onda. A componente da tensão de atrito devida à corrente é expressa por (5.8)

$$\tau_c = \frac{1}{2} \rho f_c u_c^2 = \rho C_D u_c^2 \tag{5.8}$$

em que u_c representa a velocidade média da corrente e C_D é o coeficiente de atrito devido à corrente, calculado por (5.9)

$$C_D = \frac{1}{2} f_c = \left\{ \frac{k}{\left[1 + ln\left(z_0/h\right)\right]} \right\}^2 \tag{5.9}$$

em que $k \approx 0.41$ é a constante de von Kármán e $z_0 = k_s/30$, com a rugosidade de Nikuradse dada por $k_s \in (2.0, 2.5) d_{50}$.

A componente da tensão de atrito no fundo devida à onda é expressa por (5.10)

$$\tau_w = \frac{1}{2} \rho f_w U_w^2 \tag{5.10}$$

em que U_w é a amplitude da velocidade orbital da onda acima da camada limite, que, para este efeito, se considera de espessura desprezável, e f_w é o coeficiente de atrito devido à onda, o qual é função do regime de escoamento (hidraulicamente liso ou rugoso).

Definindo a rugosidade relativa $r = A_w / k_s$, com a excursão da onda no fundo dada por $A_w = U_w T / 2\pi$, sendo T o período da onda e $k_s \approx 2.5 d_{50}$ a rugosidade de Nikuradse, encontram-se na bibliografia várias expressões para o coeficiente de atrito f_w, sendo a generalidade delas função do parâmetro r (rugosidade relativa), isto é, $f_w = f(r)$; apresentam-se em seguida algumas das mais representativas.

- Swart (1974)

$$f_w = \begin{cases} exp\left[5.213 \times r^{-0.194} - 5.977\right], & se\, r > 1.57 \\ 0.3 & , se\, r \leq 1.57 \end{cases} \quad (5.11)$$

- Kamphuis (1975)

$$f_w = \frac{1}{4\sqrt{f_w}} + log_{10}\left(\frac{1}{4\sqrt{f_w}}\right) = \frac{4}{3} log_{10}(r) - 0.35 \quad (5.12)$$

- Nielsen (1994)

$$f_w = exp\left[5.50 \times r^{-0.20} - 6.30\right] \quad (5.13)$$

- Tanaka e Thu (1994)

$$f_w = exp\left[5.743 \times r^{-0.10} - 7.53\right] \quad (5.14)$$

- Myrhaug *et al.* (2001)

$$f_w = c(30 \times r)^{-d} \begin{cases} (c,d) = (1.39, 0.52) & , 30 \leq r \leq 366.7 \\ (c,d) = (0.112, 0.25), & r > 366.7 \end{cases} \quad (5.15)$$

- Antunes do Carmo *et al.* (2003)

$$f_w = 0.0014 exp\left(4.584 \times r^{-0.134}\right) + 0.48 \times r^{-1} \quad (5.16)$$

- Soulsby e Clarke (2005)

$$f_w = 1.39 \times r^{-0.52} \quad (5.17)$$

No caso de um escoamento devido à ação combinada de corrente e onda, a tensão de atrito no fundo pode ser obtida, em primeira aproximação, por (5.18) (Antunes do Carmo e Seabra Santos, 2002)

$$\vec{\tau}_{cw} = \frac{1}{2} \rho f_{cw} \left|\vec{U}\right| \vec{U} \quad (5.18)$$

em que $\vec{U} = (U, V)$, $\left|\vec{U}\right| = \sqrt{U^2 + V^2}$, e com o coeficiente de atrito f_{cw} calculado por (5.19)

$$f_{cw} = \frac{|\vec{U}_w|}{|\vec{U}_w| + |\vec{U}_c|} f_w + \frac{|\vec{U}_c|}{|\vec{U}_w| + |\vec{U}_c|} f_c \tag{5.19}$$

com $\vec{U}_w = (u_w, v_w)$ e $\vec{U}_c = (u_c, v_c)$, ou por Madsen e Grant (1976)

$$f_{cw} = X f_c + (1 - X) f_w, \text{ com } X = \frac{|U_c|}{|U_c| + U_w} \tag{5.20}$$

Na generalidade dos processos costeiros, a dinâmica dos sedimentos é simultaneamente influenciada por ondas e correntes. As interações onda-corrente são não-lineares, e tanto a fase da onda como o comprimento de onda são alterados em consequência dos diversos fenómenos que ocorrem na plataforma continental desde o mar profundo até à zona de rebentação, com a consequente geração de correntes adicionais. Em particular, o processo de refração da onda pode ser significativamente influenciado por ação de correntes.

Por conseguinte, para uma correta avaliação do potencial de sedimentos capaz de ser movimentado, é essencial o cálculo da tensão de atrito no fundo devida a qualquer combinação onda-corrente. Em geral, as duas ações (corrente e onda) ocorrem com um certo ângulo, seja φ, verificando-se no caso geral que $\tau_{cw,m} \neq \tau_c$ e $\varphi \neq \varphi_{res}$, em que φ_{res} é o ângulo entre a direção da resultante máxima da tensão de atrito e a direção da corrente média (Figura 5.1).

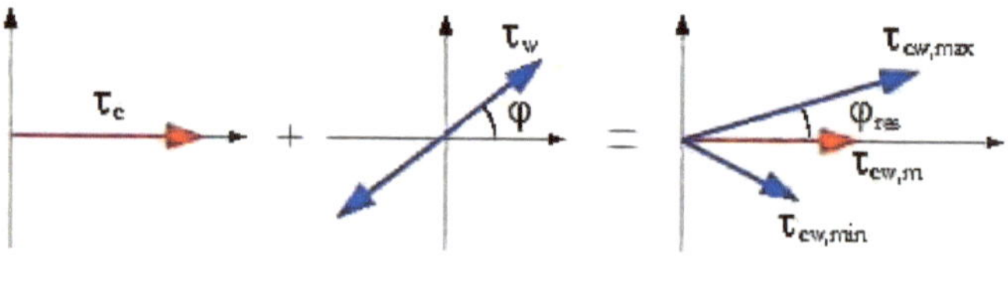

Figura 5.1 - Diagrama esquemático da tensão de atrito no fundo para a interação não-linear entre ondas e correntes (adaptada de Camenen e Larsom, 2007a).

No caso mais geral de um escoamento resultante da combinação de onda com corrente, a tensão máxima de atrito resultante pode ser expressa por (5.21) (Soulsby, 1997)

$$\tau_{cw,max} = |\vec{\tau}_c + \vec{\tau}_w| = \sqrt{\tau_c^2 + \tau_w^2 + 2\tau_c \tau_w |cos\,\varphi|} \tag{5.21}$$

Uma partícula sólida situada no leito é mobilizada pelo escoamento se este induzir uma força suficiente para ultrapassar a resistência natural ao movimento da partícula. Assim, o início do movimento está geralmente associada com o balanço das forças que atuam sobre a partícula. Ocorrerá movimento incipiente se for excedido um determinado valor da relação entre as forças mobilizadoras e as forças estabilizadoras.

A condição crítica para o início do movimento de uma partícula sólida, isolada, de um material não coesivo, localizada sobre um fundo com um ângulo de declive β, submetida à ação da força hidrodinâmica de arrastamento, F_A, da força de sustentação, F_s, e do peso submerso da partícula, W, é traduzida por (5.22)

$$tan\phi = \frac{W\,sen\beta + F_A}{W\,cos\,\beta - F_s} \tag{5.22}$$

sendo ϕ o ângulo de repouso, e com a notação apresentada na Figura 5.2.

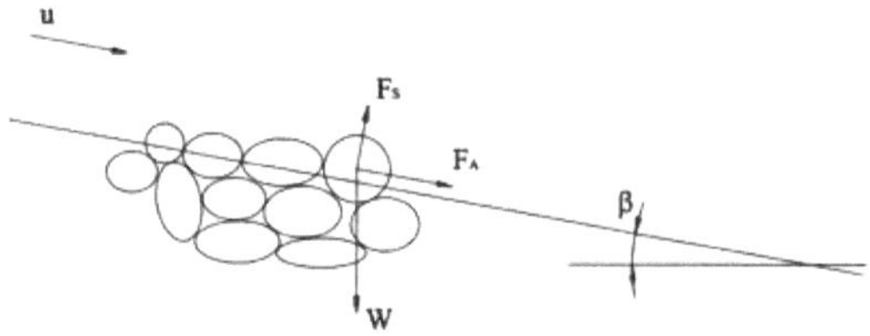

Figura 5.2 - Forças atuantes sobre uma partícula sólida.

As forças de arrastamento e sustentação são dadas, respetivamente, por (5.23)

$$F_A = C_a C_{fa} D^2 \frac{\rho u_f^2}{2};\; F_s = C_s C_{fs} D^2 \frac{\rho u_f^2}{2} \tag{5.23}$$

em que C_a e C_s representam coeficientes de arrastamento e de sustentação, respetivamente; C_{fa} e C_{fs} representam coeficientes de forma; D é o diâmetro característico; ρ é a massa volúmica do fluido e u_f é a velocidade do escoamento junto ao fundo. O peso submerso da partícula é expresso por (5.24)

$$W = C_{fp}(\rho_s - \rho) g\, D^3 \tag{5.24}$$

Substituindo os valores de F_A, F_s e W, dados por (5.23) e (5.24) na equação (5.22) resulta (5.25)

$$\frac{\left(u_f^2\right)_{cr}}{\left(\rho_s/\rho - 1\right)gD} = \frac{2C_{fp}\left(tan\phi\, cos\,\beta - sen\beta\right)}{C_a C_{fa} + C_s C_{fs}\, tan\phi} \tag{5.25}$$

em que $\left(u_f^2\right)_{cr}$ representa a velocidade crítica junto ao fundo, à qual é iniciado o movimento da partícula.

O segundo membro da equação (5.25) depende, assim, das características das partículas (dimensão, forma, uniformidade, distribuição, etc.), das características do escoamento, através dos coeficientes C_a e C_s, da inclinação do fundo e do ângulo de repouso. Nesta conformidade, a utilização prática daquela equação em condições reais é extremamente complexa.

Por outro lado, dada a grande dificuldade em conhecer (medir) com suficiente rigor a velocidade do escoamento junto ao fundo, u_f, e pelo facto de a equação (5.25) ter sido estabelecida para condições ideais, os resultados práticos são, em geral, pouco satisfatórios. Com efeito, tal como definida, a velocidade u_f é extremamente ambígua, não permitindo a sua utilização em condições realistas. Nesta conformidade, impõe-se a introdução de uma nova variável com significado físico perfeitamente claro. Define-se, assim, um novo parâmetro, designado por *velocidade de atrito* u_*, a qual representa uma medida da intensidade das flutuações turbulentas, podendo escrever-se $u_* = \left[\left(\overline{u'w'}\right)^2 + \left(\overline{v'w'}\right)^2\right]^{1/4}$.

A relação entre a velocidade de atrito, u_*, e a tensão tangencial de atrito, τ_0, é dada por (5.26)

$$u_* = \sqrt{\tau_0/\rho} \tag{5.26}$$

Com $u_f = u_*$, equação (5.26), a expressão (5.25) escreve-se

$$\frac{(\tau_0)_{cr}}{(\rho_s - \rho)gD} = \frac{2C_{fp}(tan\,\phi\, cos\,\beta - sen\beta)}{C_a C_{fa} + C_s C_{fs}\, tan\,\phi} \tag{5.27}$$

Os primeiros trabalhos de investigação usando o conceito de velocidade de atrito foram conduzidos por Shields, o qual definiu o número de Reynolds de atrito por $R_* = (u_* D)/\nu$ e construiu o gráfico da curva $\frac{(\tau_0)_{cr}}{(\rho_s - \rho)gD} = f\left(\frac{u_* D}{\nu}\right)$, representado na Figura 5.3, com $D = D_s \cong D_{50}$, conhecido por diagrama de Shields.

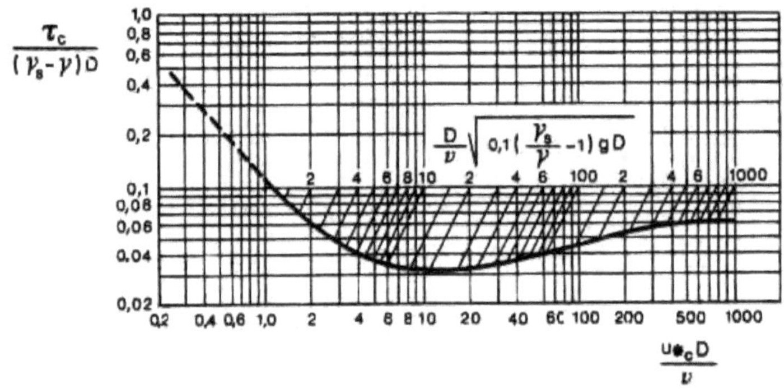

Figura 5.3 - Diagrama de Shields: tensão crítica adimensional (adaptada de Cardoso, 1998; Antunes do Carmo, 2009).

A tensão crítica determinada por Shields para o início do movimento de sedimentos, em condições de fundo horizontal e para valores de $R_* > 70$ (fundo hidraulicamente rugoso), é dada por $\tau_{cr} = \theta_{cr} = c_{0h}(\rho_s - \rho)gd_{50}$, com $c_{0h} \in [0.045, 0.060]$, intervalo este que tem em conta resultados/observações mais recentes.

É do senso comum que um declive do fundo na direção do escoamento reduz a tensão resistente deste, ou seja, aumenta a capacidade de transporte do escoamento, passando-se naturalmente o inverso com um declive negativo, contrário à direção do escoamento. Por conseguinte, o valor da tensão crítica determinada com fundo horizontal (θ_{cr}) deverá ser corrigido de modo a ter em conta o efeito do declive do fundo. Uma formulação geral para o cálculo da tensão crítica para o início do movimento sólido (em Nm^{-2}), de modo a ter em conta o declive do fundo, é dada por (5.28) (Antunes do Carmo, 1995; Antunes do Carmo e Seabra Santos, 2002)

$$\theta_{cr\_dec} = \theta_{cr}\left[cos\beta cos\theta_s\sqrt{1-\frac{tan^2\theta_s}{tan^2\phi}}+\frac{sen\beta}{tan\phi}\right] \quad (5.28)$$

com $tan\,\theta_s = cos\,\beta\, tan\,\theta_n$, sendo β o ângulo de declive do fundo colinear com o escoamento e θ_n o ângulo de declive do fundo perpendicular à direção do escoamento; ϕ é o ângulo de repouso das partículas sólidas.

5.2 Ações e processos dominantes

A areia pode ser transportada por vento, maré e correntes de densidade (transporte relacionado com a corrente), ou pelo próprio movimento oscilante da água (transporte relacionado com a onda). As ondas geralmente agem como um agente de agitação dos sedimentos, enquanto estes são transportados pela corrente média. A onda com capacidade de transporte pode resultar da deformação/decomposição de ondas curtas sob a influência da diminuição da profundidade da água (assimetria de onda). As ondas de baixa frequência que interagem com ondas curtas também podem contribuir para o processo de transporte de sedimentos (transporte relacionado com a onda).

A maré e as correntes geradas pelo vento com velocidades de atrito superiores a 0.30 m/s são capazes de mover sedimentos situados no fundo, mesmo em grandes profundidades. Mesmo que bastante fracas, as correntes cruzadas em combinação com a ação da agitação das ondas são importantes para a evolução da morfologia da média e baixa praia a longo prazo. Super tempestades são capazes de mover sedimentos junto ao fundo em profundidades de água até cerca de 100 m. Assim, a média e baixa praia é uma zona morfodinâmica ativa, embora os processos de evolução do fundo possam ocorrer com bastante lentidão (Van Rijn, 2001).

Em condições de águas em que a ação do atrito é preponderante, na zona da plataforma interna, o processo de transporte geralmente concentra-se numa camada próxima do leito, e ocorre principalmente como transporte por arrastamento em estreita interação com pequenas ondulações do fundo (rugas). O transporte por arrastamento no fundo é dominante em áreas onde as correntes médias são relativamente fracas em comparação com o movimento da onda (pequena relação da velocidade média em profundidade com a velocidade orbital de pico). O transporte *líquido* de sedimentos pelo movimento oscilatório é relativamente reduzido para profundidades superiores a cerca de 10 a 15 m, porque o movimento das ondas tende a ser mais simétrico em águas mais profundas (Van Rijn, 2001).

A suspensão de sedimentos em águas profundas pode ser causada por vórtices gerados por ondulações no fundo (rugas). O transporte de cargas em suspensão tornar-se-á sucessivamente mais importante com a força crescente da maré e das correntes médias devidas ao vento, em consequência da capacidade de mistura turbulenta da corrente média (tensão de atrito na camada limite). Através deste mecanismo, os sedimentos vão-se misturando a partir da camada do fundo para as camadas superiores do escoamento.

Como se evidencia na sequênca de imagens apresentadas na Figura 5.4 (Antunes do Carmo, 1995), os vórtices são gerados em cada meio período de onda e o seu efeito, perfeitamente visível a olho nu, é expresso em grande quantidade de partículas sedimentares que são conduzidas para o seio da massa de água e, em grande parte, transportadas em suspensão para a crista da ruga seguinte. Este é um processo periódico que sofre também um efeito contrário no outro meio período da onda, mantendo os sedimentos permanentemente em movimento, mas com transporte líquido evidente na direção da propagação da onda.

Figura 5.4 - *Nuvem* de sedimentos que resulta em consequência da ação de vórtices gerados entre cristas da ondulação do fundo. Diferentes momentos do mesmo período da onda (Antunes do Carmo, 1995).

Na Figura 5.4 identificam-se o nível inicial da areia (a preto) e uma posição anterior das cristas das ondas geradas no fundo (a azul).

É geralmente assumido que as contribuições mais importantes para o transporte de sedimentos a curto/médio prazo resultam da ação de ondas de grande amplitude, mesmo não sendo muito frequentes, combinada com correntes de maré entre a maré morta e a máxima maré de águas vivas. As correntes fracas e as ondas de baixa amplitude dão uma pequena contribuição, pois o seu potencial para o transporte de sedimentos é reduzido, apesar de serem mais frequentes. As condições extremas parecem ser relativamente menos importantes a longo prazo, uma vez que a sua frequência é demasiado baixa, embora o seu potencial de transporte seja elevado (Hoekstra *et al.*, 1999).

Para avaliar e explicar o comportamento dos bancos de areia e identificar as zonas de potencial erosão e deposição de sedimentos, entre outros fenómenos físicos, em condições normais de agitação e face a ocorrências menos frequentes, recorre-se em geral a *modelos morfodinâmicos*. Estes modelos incluem cálculos hidrodinâmicos (ondas e correntes) e morfológicos (caudais sólidos transportados por arrastamento e em suspensão), sendo estas variáveis combinadas numa equação de conservação dos sedimentos para o cálculo da evolução do fundo móvel.

A simulação morfodinâmica das características morfológicas nas zonas de baixa praia e praia submersa exige basicamente uma correta modelação de

- » níveis de maré e configurações dos níveis da superfície livre induzidos por tempestades;
- » maré, vento e correntes induzidas por ondas;
- » propagação de ondas (incluindo refração, reflexão, empolamento, amortecimento por atrito, e efeitos de rebentação);
- » efeitos de fluxos secundários devidos a interações onda-corrente, efeito de Coriolis, curvatura, etc;
- » componentes de transporte sedimentar relacionadas com a corrente e com a onda.

A experiência de modelação até ao presente é em grande parte baseada na aplicação de modelos bidimensionais (2DH). A aplicação destes modelos nas zonas de média praia, baixa praia e praia submersa mostra que é possível simular com suficiente rigor a propagação da onda. Também os padrões básicos do escoamento resultantes da ação da maré podem ser simulados com razoável precisão. No entanto, a simulação dos efeitos do vento e das interações onda-corrente é bastante mais incerta. Em geral, neste tipo de simulação são ainda desprezados outros efeitos secundários, como as correntes transversais e, com frequência, também as assimetrias da onda, entre outros.

A avaliação da influência dos efeitos de fluxos secundários no sistema morfodinâmico, bem como a análise dos processos de transporte de areia relacionados com a assimetria da onda, e ainda os efeitos espaciais e temporais de atraso relativos às interações fluido-sedimento e à ressuspensão de sedimentos exigem, em rigor, a aplicação de modelos 3D.

5.3 Mecanismos de transporte e métodos de análise

Uma vez colocadas as partículas em movimento, identificam-se, em geral, no ambiente costeiro três modos de transporte dos sedimentos, os quais são esquematicamente representados na Figura 5.5 (adaptada de Camenen e Larson, 2007a).

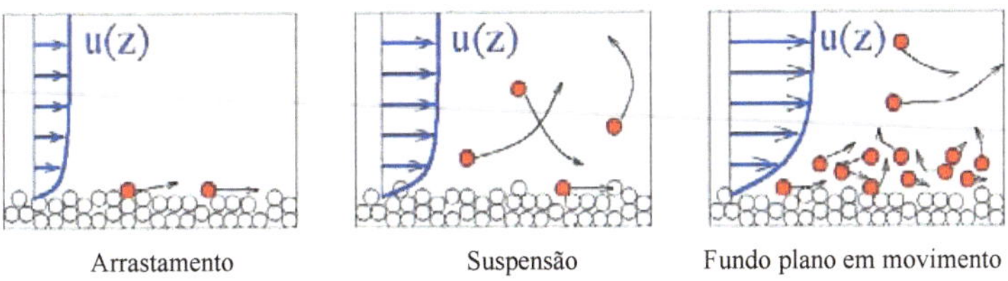

Figura 5.5 - Modos de transporte sedimentar (adaptada de Camenen e Larson, 2007a).

Cada modo de transporte tem características que determinam a quantidade disponível (caudal sólido), a direção do movimento e a consequente resposta morfológica. Estes modos de transporte sedimentar são

» transporte por arrastamento, em que as partículas rolam ou deslizam ao longo do leito numa camada com uma espessura de algumas partículas. Neste modo, a colisão das partículas em movimento com outras partículas em repouso é um mecanismo importante para o início de mais movimento e da eventual modificação dos movimentos existentes;

» transporte em suspensão, quando as partículas são transportadas em suspensão pelo movimento da massa de água situada acima da camada onde predomina o transporte por arrastamento;

» transporte em fundo plano móvel (*sheet flow*), quando as tensões induzidas pelo movimento do fluido excedem um determinado valor, as ondulações do leito tendem a desaparecer e a serem substituídas por uma lâmina fina de partículas em movimento de elevada concentração.

Em qualquer trecho de uma costa estão presentes os dois tipos de transporte de sedimentos: transporte longitudinal e transporte transversal.

O transporte ao longo da costa (transporte longitudinal) é causado principalmente pela ação de ondas oblíquas, correntes de maré e deriva litoral. O transporte longitudinal é o principal fator de evolução da uma costa a longo prazo e, por isso, os períodos de análise não poderão ser limitados; em geral, só terão significado períodos de pelo menos um ano, e mais geralmente períodos de 5 a 10 anos ou mais. Nos prazos mais curtos, o transporte transversal também é importante. De facto, durante um único ciclo de maré, ou de uma tempestade, o efeito das ondas na costa pode dominar as alterações de forma da costa, especialmente de uma praia.

Várias fórmulas de transporte de sedimentos ou modelos para o cálculo da taxa de deriva litoral poderão ser encontrados na literatura. Sem exceção, utilizando esses modelos, deverá ser usado um número significativo de diferentes condições de onda (e, eventualmente, de maré e de correntes de deriva) para avaliar, por exemplo, a taxa efetiva do transporte litoral médio anual para um trecho específico da costa.

De igual modo, também para o cálculo do transporte transversal se têm desenvolvido e poderão ser encontradas diversas fórmulas na bibliografia.

5.3.1 Substâncias conservativas e não conservativas

Os mecanismos de transporte de uma substância são distintos consoante se trate de uma substância conservativa, como é o caso de areias, da salinidade, da temperatura, etc., ou não-conservativa, de que são exemplos os produtos petrolíferos derramados no oceano, o oxigénio dissolvido na água e nutrientes, entre outras. A equação geral de transporte da concentração de uma substância, seja C, escreve-se (Antunes do Carmo, 2009)

$$\frac{\partial C}{\partial t}+u\frac{\partial C}{\partial x}+v\frac{\partial C}{\partial y}+w\frac{\partial C}{\partial z}=D_m\left(\frac{\partial^2 C}{\partial x^2}+\frac{\partial^2 C}{\partial y^2}+\frac{\partial^2 C}{\partial z^2}\right)$$
$$+\frac{\partial}{\partial x}\left(D_{tx}\frac{\partial C}{\partial x}\right)+\frac{\partial}{\partial y}\left(D_{ty}\frac{\partial C}{\partial y}\right)+\frac{\partial}{\partial z}\left(D_{tz}\frac{\partial C}{\partial z}\right)+f(C) \tag{5.29}$$

em que D_m representa a difusividade mássica molecular, que é uma característica do fluido, D_{tx}, D_{ty} e D_{tz} são as componentes da difusividade mássica turbulenta, e $f(C)$ representa o conjunto de parcelas das substâncias produzidas e/ou transformadas através de reações (fontes e sumidouros). Naturalmente que o termo $f(C)$ será nulo no caso de uma substância conservativa.

Na prática, os termos de origem turbulenta são de ordens de grandeza muito superiores aos termos moleculares, pelo que estes são desprezados, ou seja, tem-se $D_t >> D_m$. Por outro lado, sendo o escoamento predominantemente bidimensional no plano horizontal, acima da camada limite e excluindo importantes estratificações térmicas e salinas, as variações horizontais são em geral de ordem de grandeza bastante superiores às variações verticais, pelo que estas são frequentemente desprezadas, ou consideradas simplificadamente, resultando num modelo de advecção-dispersão-reação do tipo (5.30)

$$\frac{\partial C}{\partial t}+u\frac{\partial C}{\partial x}+v\frac{\partial C}{\partial y}=\frac{\partial}{\partial x}\left(D_{tx}\frac{\partial C}{\partial x}\right)+\frac{\partial}{\partial y}\left(D_{ty}\frac{\partial C}{\partial y}\right)+f(C) \tag{5.30}$$

Conhecidas as componentes u e v da velocidade de um escoamento predominantemente bidimensional no plano horizontal (modelo hidrodinâmico 2DH), o modelo traduzido pela equação (5.30) permitirá o cálculo da evolução da concentração de qualquer substância (conservativa ou não-conservativa). Para o efeito, resta-nos ainda conhecer os termos de $f(C)$, no caso de substâncias não-conservativas, e as componentes da difusividade turbulenta, D_{tx} e D_{ty}.

O conhecimento dos termos (fontes e sumidouros) de $f(C)$ que contribuem para aumentar e/ou reduzir a concentração da substância, produto ou variável em análise dependerá sempre das características do meio e da substância. Para o cálculo das componentes da difusividade, D_{tx} e D_{ty}, existem na literatura expressões que permitem obter estimativas, de que são exemplos para D_{tx}

$$D_{tx}\approx 7.25hu_*(u/u_*)^{0.25} \quad \text{ou} \quad D_{tx}\approx 5.93hu_* \tag{5.31}$$

Contudo, tratando-se de quantidades que são funções da velocidade e da turbulência, os seus valores podem variar muito consideravelmente. Em rigor, só com o recurso a medições de campo sistemáticas, usando marcadores químicos e sistemas de amostragem, é que se poderão garantir aproximações satisfatórias.

5.3.2 Transportes Euleriano e Lagrangeano

Os modelos de transporte Lagrangeano, ou semi-Lagrangeano, são muito úteis para simular processos localizados com acentuados gradientes ou na definição de trajetórias e acompanhamento de partículas, ou concentrações de partículas, na massa de água, de que são exemplos

» emissários submarinos;

» dispersão de óleos/hidrocarbonetos;

» trocas entre o oceano profundo e a plataforma continental;

» trocas entre diferentes zonas num estuário;

» cálculo de tempos de residência.

Se o objetivo é descrever o movimento de um fluido num determinado ponto do espaço ao longo do tempo, tal como pode ser visualizado por alguém sentado na margem de um rio a observar a água que passa num dado local fixo, terá de ser usado para o efeito o conceito ou formulação Euleriana.

Na descrição Euleriana do escoamento, as variáveis são representadas em função da posição x e do tempo t; em concreto, o escoamento é descrito pela função $V(x,t)$, a qual traduz a velocidade do escoamento na posição x e no instante t.

Por outro lado, se o objetivo for seguir as moléculas ou parcelas elementares de fluido ao longo do tempo, então terá de ser usada uma formulação Lagrangeana. As parcelas elementares de fluido são designadas por um campo vetorial $\boldsymbol{a}$ independente do tempo, o qual é, em geral, escolhido como sendo o centro de massa das partículas ou parcelas de fluido num determinado instante inicial t_0. Esta opção permite ter em conta as possíveis alterações de forma ao longo do tempo, sendo, por conseguinte, o centro de massa uma boa parametrização da velocidade v. Na formulação Lagrangeana o escoamento é descrito pela função $\boldsymbol{X}(a,t)$, a qual representa a posição da parcela designada por $\boldsymbol{a}$ no instante t. As duas formulações (Eulerina e Larangeana) relacionam-se da seguinte forma (5.32)

$$V[X(a,t),t]=\frac{\partial \boldsymbol{X}}{\partial t}(a,t) \tag{5.32}$$

representando ambos os membros a velocidade da parcela $\boldsymbol{a}$ no instante t.

De igual modo para a aceleração, sejam F_x, F_y e F_z forças por unidade de massa, outras que não forças de pressão, que atuam sobre uma partícula ou parcela de fluido nas correspondentes direções coordenadas. Igualando a aceleração às forças por unidade de massa obtêm-se, segundo as direções coordenadas

$$\frac{\partial^2 x}{\partial t^2}=-\frac{1}{\rho}\frac{\partial p}{\partial x}+F_x;\quad \frac{\partial^2 y}{\partial t^2}=-\frac{1}{\rho}\frac{\partial p}{\partial y}+F_y;\quad \frac{\partial^2 z}{\partial t^2}=-\frac{1}{\rho}\frac{\partial p}{\partial z}+F_z \tag{5.33}$$

As formulações de Lagrange e Euler, para a descrição da cinemática e da dinâmica de um escoamento, relacionam-se pela derivada substancial (também designada por derivada de Lagrange, derivada convectiva, ou ainda derivada material).

Supondo que conhecemos a velocidade v do campo de um escoamento descrito por Euler, e conhecemos também uma função $\boldsymbol{F}(x,t)$ definida para cada posição x e em cada instante t (por exemplo, $\boldsymbol{F}$ poderá ser um campo de forças externo, ou a temperatura; por conseguinte, um vetor ou um escalar), pretendemos calcular a variação total da função F operada por uma parcela específica do fluxo; esta pode ser calculada por (5.34)

$$\frac{DF}{Dt} = \frac{\partial F}{\partial t} + (v.\nabla)F \tag{5.34}$$

em que ∇ designa o gradiente de x, e o operador $v.\nabla$ é aplicado a cada componente de F.

A expressão (5.34) descreve a variação total da função F (conceito Lagrangeano) quando as partículas de fluido se movem através de um campo do escoamento, com velocidade v, como sendo igual à soma da variação local (conceito Euleriano) com a variação por convecção da função F.

As leis de conservação para uma unidade de massa têm a forma Lagrangeana, as quais juntamente com a conservação da massa produzem a conservação Euleriana; pelo contrário, quando a quantidade de uma partícula de fluido pode mudar (como a energia ou a quantidade de movimento) só existe a lei de conservação Euleriana (Falkovich, 2011).

Por esquema semi-Lagrangeano entende-se um método numérico amplamente utilizado em modelos numéricos para o cálculo da evolução de plumas poluentes, descargas de hidrocarbonetos derramados no oceano, previsão do tempo por integração das equações que regem o movimento atmosférico, etc.

Uma descrição Lagrangeana de um sistema (como o oceano ou a atmosfera) centra-se no seguimento das partículas, ou parcelas individuais, ao longo de suas trajetórias, em oposição à descrição Euleriana, que considera o intervalo de variação das variáveis referido a um sistema fixo num determinado ponto do espaço.

Note-se que a equação (5.30) pode escrever-se da seguinte forma (5.35)

$$\frac{DC}{Dt} = \frac{\partial}{\partial x}\left(D_{tx}\frac{\partial C}{\partial x}\right) + \frac{\partial}{\partial y}\left(D_{ty}\frac{\partial C}{\partial y}\right) + f(C) \tag{5.35}$$

ou seja, com o primeiro membro descrito por Lagrange, mantendo-se o segundo membro em conformidade com o conceito Euleriano; trata-se, por conseguinte, de uma formulação semi-Lagrangeana.

Os esquemas semi-Lagrangeanos usam malhas arbitrárias (tal como os esquemas Eulerianos - métodos de diferenças finitas ou de elementos finitos, com malhas estruturadas ou não-estruturadas). Em cada passo temporal é calculada a nova posição espacial da partícula (ou centro de massa de uma substância, ou concentração de partículas), seguindo-se a utilização de um esquema de interpolação para estimar o valor da variável dependente nos nós da malha que envolvem o ponto na nova posição da partícula.

Exemplo de um modelo semi-Lagrangeano foi utilizado no capítulo 3 para a resolução do modelo de simulação dos fenómenos de empolamento e refração, equações (3.50) e (3.51), com utilização do modelo de interpolação traduzido pela função (3.56).

Entre os vários modelos que utilizam métodos Eulerianos-Lagrangeanos encontram-se o modelo hidrodinâmico SELFE — *Semi-implicit Eulerian–Lagrangian finite-element* (Zhang e Baptista, 2008). Trata-se de um modelo de malhas não-estruturadas, desenvolvido para a simulação da circulação baroclínica a diferentes escalas espaciais, desde o rio até ao oceano. O SELFE faz parte de um sistema completo de modelos que inclui ainda módulos de agitação marítima, dinâmica de ecossistemas, contaminação fecal, dinâmica sedimentar e propagação de hidrocarbonetos, entre outros.

Este modelo calcula a elevação da superfície livre e os campos de velocidade, salinidade e temperatura, resolvendo as equações tridimensionais em condições de águas pouco profundas, considerando as aproximações hidrostática e de Boussinesq (ou seja, pressão hidrostática e tensões de Reynolds proporcionais aos gradientes das velocidades médias). O modelo inclui ainda um módulo de transporte que permite simular um conjunto de traçadores genéricos, para além da salinidade e da temperatura. Basicamente, o SELFE resolve as seguintes equações diferenciais (5.36)

$$\begin{aligned}
&\varsigma_t + \nabla \cdot \int_{-h}^{\varsigma} \boldsymbol{u}\, dz = 0 \\
&\nabla \cdot (\boldsymbol{u}) = 0 \\
&\frac{D\boldsymbol{u}}{Dt} = \boldsymbol{f} - g\nabla\varsigma + \frac{\partial}{\partial z}\left(\nu_t \frac{\partial \boldsymbol{u}}{\partial z}\right) \\
&\nu_t \frac{\partial \boldsymbol{u}}{\partial z} = \tau_w, \text{ em } z = \varsigma \\
&\nu_t \frac{\partial \boldsymbol{u}}{\partial z} = \Gamma \boldsymbol{u}_b, \text{ em } z = -h
\end{aligned} \tag{5.36}$$

em que $\boldsymbol{f}$ combina todos os termos explícitos e $\Gamma = C_d|\boldsymbol{u}_b|$, sendo $\boldsymbol{u}_b$ a velocidade junto ao fundo. A viscosidade e a difusividade turbulentas são calculadas por um modelo de turbulência do tipo $K-L$.

O sistema de equações diferenciais é resolvido através de esquemas de elementos finitos e volumes finitos. A todas as equações são aplicados esquemas semi-implícitos, permitindo melhorar a estabilidade e maximizar a eficiência. As equações de continuidade e de conservação da quantidade de movimento são resolvidas em simultâneo, o que permite ultrapassar as condições de estabilidade mais restritivas (e.g., associadas ao número de Courant). Para a resolução dos termos advectivos nas equações de conservação da quantidade de movimento, o SELFE utiliza um método Euleriano-Lagrangeano (ELM). Os termos advectivos nas equações de transporte podem ser resolvidos com métodos ELM, *upwind* em volumes finitos (FVUM) ou *Total Variation Diminishing* (TVD). Para a discretização do domínio de cálculo, o SELFE utiliza malhas triangulares não-estruturadas na direção horizontal e coordenadas híbridas na vertical (coordenadas *S* e coordenadas *Z*) (para mais detalhes, consultar Zhang, 2013). Uma aplicação do modelo SELFE pode ser vista em Fabião *et al.* (2014).

Também o problema hidrodinâmico do impacto de boias tridimensionais na água é investigado por um método explícito de elementos finitos que utiliza um modelo Euleriano-Lagrangeano (ALE)

(Wang e Soares, 2014). O fluido é resolvido através da utilização de uma formulação Euleriana, enquanto a estrutura é discretizada por uma abordagem Lagrangeana e o consequente uso de um algoritmo de acoplamento para obter a interação entre o corpo e o fluido.

Outro modelo computacional que compreende um conjunto de módulos para a simulação da hidrodinâmica e de fenómenos de dispersão (abordagens Euleriana e Lagrangeana), qualidade da água e transporte de sedimentos (coesivos e não coesivos) é o MOHID (Martins *et al.*, 1998). Este modelo pode ser utilizado resolvendo as equações de Saint-Vennant (pressão hidrostática) ou as equações de Boussinesq (pressão não hidrostática).

O módulo de transporte Euleriano do MOHID permite calcular a evolução de uma propriedade caracterizada por um gradiente suave. Resolve explicitamente os termos advectivos e difusivos horizontais e implicitamente os termos advectivos e difusivos verticais, podendo o termo advectivo ser resolvido recorrendo a discretizações por diferenças centradas, *upwind* ou QUICK.

O módulo de transporte Lagrangeano do MOHID possibilita a simulação do movimento de traçadores com determinadas propriedades, usando o campo de velocidades calculado com os módulos hidrodinâmicos 2D ou *quase*-3D deste modelo. Os traçadores podem ser utilizados para simular diversos tipos de fenómenos, como a dispersão de efluentes, o deslocamento de manchas de hidrocarbonetos derramados, a qualidade da água e fenómenos ecológicos com simulação em grandes caixas, entre outros.

Para uma descrição mais completa do modelo computacional MOHID consulte-se http://www.project-easy.info/Biblioteca/Uploads/Tools/Models/Mohid_Description.pdf.

Métodos numéricos de outro tipo, sem necessidade de discretização do domínio, têm vindo a ganhar força nos últimos anos, principalmente pela capacidade em representar fenómenos altamente não-lineares e a naturalidade com a qual tratam descontinuidades. Estes métodos são conhecidos como Métodos de Partículas.

Os Métodos de Partículas podem ser definidos, de uma maneira geral, como métodos numéricos de solução de um problema físico que não necessitam de discretização do domínio a ser simulado (*meshfree*). O domínio é representado por um conjunto de partículas, cuja dinâmica é determinada de acordo com as equações de balanço (conservação da massa e da quantidade de movimento), escritas na forma Lagrangeana. De entre os Métodos de Partículas, destacam-se o SPH (*Smoothed Particle Hydrodynamics)* e o MPS (*Moving Particle Semi-implicit Method*). Os principais aspetos do método SPH foram resumidamente tratados no capítulo 4.

Um exemplo de aplicação de um modelo misto (OLMAR) é apresentado em seguida. Este modelo resolve a hidrodinâmica usando uma formulação Euleriana e utilizando um modelo Lagrangeano para o cálculo da evolução de hidrocarbonetos derramados no meio marinho, tratando-se neste caso de uma substância não-conservativa.

Como a Figura 5.6 documenta, os derrames de hidrocarbonetos no meio marinho constituem um problema muito sério, que frequentemente afeta a costa portuguesa. Esta figura retrata consequências de um acidente com o petroleiro "Aragon" em dezembro de 1989, que afetou a ilha de Porto Santo, Madeira.

Figura 5.6 - Aspeto da praia de Porto Santo em consequência do acidente com o petroleiro "Aragon" em 29 de dezembro de 1989 (Antunes do Carmo e Costa, 2000; Antunes do Carmo *et al.*, 2010).

Entre muitas outras ocorrências com alguma gravidade, merece igualmente destaque o acidente ocorrido em novembro de 2002 com o petroleiro Prestige, que afetou principalmente a Galiza (Figura 5.7).

Figura 5.7 - Aspeto de uma praia da Galiza (Espanha) após o acidente ocorrido com o petroleiro Prestige em novembro de 2002.

Para a simulação da evolução dos produtos derramados (hidrocarbonetos) poderão ser utilizados modelos computacionais *quase*-3D, que resolvem a hidrodinâmica e a equação (5.29), ou uma versão simplificada desta equação, mais concretamente (5.37) (Pinho *et al.*, 2004; Antunes do Carmo *et al.*, 2005)

$$\frac{\partial C}{\partial t} + \frac{\partial (UC)}{\partial x} + \frac{\partial (VC)}{\partial y} = \frac{\partial}{\partial x}\left(E_x \frac{\partial C}{\partial x}\right) + \frac{\partial}{\partial y}\left(E_y \frac{\partial C}{\partial y}\right) - k_c C \qquad (5.37)$$

em que U e V são as componentes da velocidade à superfície (incluindo ondas, correntes e vento), equação (5.38) abaixo, E_x e E_y são os coeficientes de dispersão local segundo x e y, respetivamente, e k_c representa a taxa local de transferência de massa dos processos de fonte/sumidouro.

Com efeito, em geral, devido à falta de dados que garantam resultados mais rigorosos, e à necessidade de uma resposta rápida imediatamente após o acidente, para efeitos de contenção do material derramado, evitando a aproximação à costa, recorre-se frequentemente a modelos computacionais 2DH. Estes modelos são constituídos por módulos hidrodinâmicos para os cálculos de correntes e ondas, módulos para a simulação dos fenómenos de espalhamento e envelhecimento (evaporação, dissolução, dispersão, emulsificação e alterações da viscosidade e da massa volúmica) dos produtos derramados, e um módulo Lagrangeano para o cálculo das sucessivas posições do centro da 'mancha' de hidrocarbonetos.

Formulações para o cálculo dos processos de espalhamento e envelhecimento são apresentadas em Antunes do Carmo e Costa (2000), Pinho *et al.* (2004), Antunes do Carmo *et al.* (2005) e Antunes do Carmo *et al.* (2010).

Aplicando os modelos hidrodinâmicos para a obtenção dos campos de correntes e ondas e tendo acesso às características do vento (velocidade, orientação e duração), obtém-se (5.38) (Antunes do Carmo e Costa, 2000; Antunes do Carmo *et al.*, 2010)

$$\vec{U} = \vec{U}_w + \vec{U}_c + C_v D \vec{U}_v \qquad (5.38)$$

em que as componentes finais da velocidade $\vec{U} \equiv (U, V)$, segundo x e y, resultam da ação de ondas e correntes, com componentes $\vec{U}_w \equiv (U_w, V_w)$ e $\vec{U}_c \equiv (u_c, v_c)$, respetivamente, e as componentes da velocidade do vento $\vec{U}_v \equiv (U_v, V_v)$, sendo C_v um coeficiente, com valores entre 0.030 e 0.036. D é uma matriz de transferência, a qual permite introduzir um ângulo de desvio em função da velocidade do vento, sendo dada por (5.39) (Antunes do Carmo *et al.*, 2010)

$$D = \begin{Bmatrix} cos\theta & sen\theta \\ -sen\theta & cos\theta \end{Bmatrix} \qquad (5.39)$$

com $\theta = 40^o - 8\sqrt[4]{U_w^2 + V_w^2}$ quando $0 \le \left|\vec{U}_v\right| \le 25\,\text{m/s}$ e $\theta = 0$ quando $\left|\vec{U}_v\right| > 25\,\text{m/s}$.

As novas coordenadas do centro de massa da 'mancha' (x, y) no instante $t + \Delta t$ são obtidas por (5.40) (conceito Lagrangeano)

$$x^{t+\Delta t} = x^t + \Delta t\, U$$
$$y^{t+\Delta t} = y^t + \Delta t\, V \qquad (5.40)$$

Para simulação da evolução da mancha de produto derramado no acidente com o petroleiro Prestige foram comparados os resultadas da aplicação das formulações Lagrangeana e Euleriana, considerando em ambos os casos a mesma hidrodinâmica e a ação dos mesmos campos de vento, tendo-se obtido os resultados que se apresentam na Figura 5.8. Em ambas as simulações, foram igualmente considerados os mesmos processos de envelhecimento. No essencial, em termos de geometria (dimensões) e posições relativas da mancha, os resultados são razoavelmente aproximados.

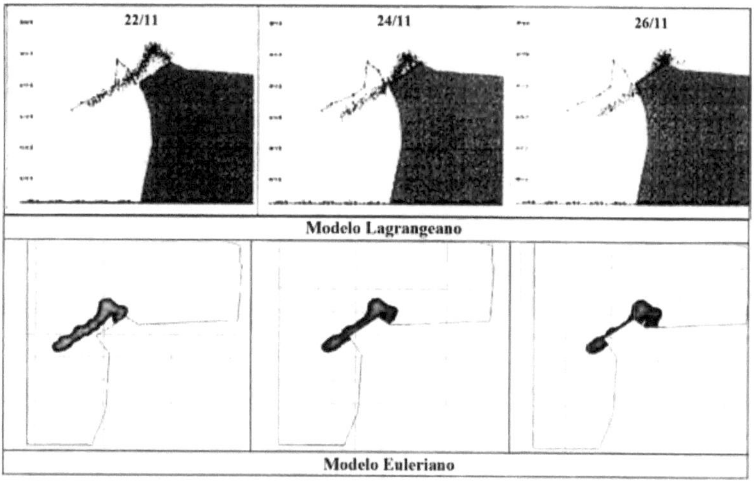

Figura 5.8 - Resultados comparativos das formulações Lagrangeana e Euleriana no cálculo da evolução da mancha poluente em consequência do acidente Prestige (Antunes do Carmo *et al.*, 2005).

Como se descreve no capítulo 4, a formulação Lagrangeana é a base de modelos do tipo SPH, começando a surgir versões, ou módulos, que utilizam esta formulação para o cálculo de caudais sólidos transportados e evoluções de fundos móveis (Zou, 2007; Zanganeh *et al.*, 2012; Jilani e Hashemi, 2013, entre outros).

5.4 Movimentos de sedimentos por ação da corrente, de ondas e de ondas com corrente

O mecanismo de transporte sedimentar sob a ação de um escoamento real (qualquer combinação de correntes com ondas que se propagam em diferentes direções e com diferentes comprimentos de onda) é extremamente complexo, e até ao presente ainda nenhuma das formulações existentes é suficientemente precisa. Até há cerca de duas décadas atrás, a grande aproximação prendia-se desde logo com o emprego num contexto não-estacionário de formulações estabelecidas em condições de regime permanente (Antunes do Carmo, 1995).

Na atualidade assiste-se ao aparecimento de formulações para ondas e ondas com corrente, que procuram ter em conta os diferentes efeitos resultantes da não-linearidade das ondas, ao propagarem-se em condições de água pouco profunda, como o enviesamento (*skewness*) e a assimetria. Estes conceitos são desenvolvidos mais adiante, na secção 5.4.2.

O conceito de tensão crítica para o início do movimento de sedimentos deu origem ao aparecimento de diversas fórmulas para o cálculo do caudal de sedimentos transportados por arrastamento e, posteriormente, para o cálculo do caudal sólido total transportado (arrastamento mais suspensão), em particular na segunda metade do século 20.

5.4.1 Formulações para ondas regulares e ondas com corrente

Entre as várias formulações desenvolvidas para o cálculo do caudal sólido transportado por arrastamento em condições de regime permanente (por ação de correntes) contam-se Meyer-Peter e Müller (1948), Einstein-Brown (*in* Brown, 1950), Yalin (1963), Ackers e White (1973), revista em Ackers (1993), Nielson (1994), Fredsøe e Deigaard (1995), Ribberink (1998), Camenen e Larson (2005), Van Rijn (2008), entre outros. A generalidade das formulações relacionam o caudal sólido com a tensão de atrito adimensional no fundo, ou parâmetro de Shields, θ_c, dada por (5.41)

$$\theta_c = \frac{\tau_c}{(\rho_s - \rho) g d_{50}} = \frac{\frac{1}{2} f_c u_c^2}{(s-1) g d_{50}} \tag{5.41}$$

Pela importância que tiveram, e ainda têm na atualidade, merecem destaque as seguintes fórmulas (5.42) a (5.47) para o cálculo do caudal sólido transportado por arrastamento, q_{sa}

- Meyer-Peter e Müller (1948)

$$q_{sa} = 8\sqrt{(s-1) g d_{50}^3}\,(\theta_c - \theta_{cr})^{3/2} \tag{5.42}$$

- Einstein-Brown (*in* Brown, 1950)

$$q_{sa} = \begin{cases} \dfrac{K\sqrt{(s-1) g d_{50}^3}\, exp(-0.391/\theta_c)}{0.465} & , \ \theta_c < 0.182 \\ 40\, K\sqrt{(s-1) g d_{50}^3}\,\theta_c & , \ \theta_c \geq 0.182 \end{cases} \tag{5.43}$$

$$\text{com } K = \sqrt{\frac{2}{3} + \frac{36}{d_*^3}} - \sqrt{\frac{36}{d_*^3}}$$

- Nielsen (1994)

$$q_{sa} = 12\sqrt{(s-1) g d_{50}^3}\,\theta_c^{0.5}(\theta_c - \theta_{cr}) \tag{5.44}$$

• Fredsøe e Deigaard (1995)

$$q_{sa} = \frac{30}{\pi\mu_d}\sqrt{(s-1)gd_{50}^3}\left(\theta_c - \theta_{cr}\right)\left(\sqrt{\theta_c} - 0.7\sqrt{\theta_{cr}}\right),\ 0.65 \leq \mu_d \leq 1.0 \tag{5.45}$$

• Ribberink (1998)

$$q_{sa} = 11\sqrt{(s-1)gd_{50}^3}\left(\theta_c - \theta_{cr}\right)^{1.65} \tag{5.46}$$

• Camenen e Larson (2005)

$$q_{sa} = 12\sqrt{(s-1)gd_{50}^3}\,\theta_c^{1.5}\, exp\left(-4.5\frac{\theta_{cr}}{\theta_c}\right) \tag{5.47}$$

em que θ_{cr} é o parâmetro crítico de Shields. Outras formulações têm sido desenvolvidas para o cálculo da tensão crítica, θ_{cr}; contam-se, entre outras

• Iwagaki (1956), parametrizada por Antunes do Carmo (1995)

$$\theta_{cr} = \begin{cases} 0.140 & ,\ se\ R^* \leq 2.14 \\ 0.195\left(R^*\right)^{-7/16} & ,\ se\ 2.14 < R^* \leq 54.2 \\ 0.034 & ,\ se\ 54.2 < R^* \leq 162.7 \\ 0.00848\left(R^*\right)^{3/11} & ,\ se\ 162.7 < 20R^* \leq 671.0 \\ 0.050 & ,\ se\ R^* > 671.0 \end{cases} \tag{5.48}$$

com $R^* = \frac{\sqrt{(s-1)g}}{\nu} d_{50}^{3/2}$

• Soulsby (1997)

$$\theta_{cr} = \frac{0.30}{1+1.2d_*} + 0.055\left[1 - exp\left(-0.02d_*\right)\right] \tag{5.49}$$

• Soulsby e Whitehouse (1997)

$$\theta_{cr} = \frac{0.24}{d_*} + 0.055\left[1 - exp\left(-0.02d_*\right)\right] \tag{5.50}$$

A fórmula sugerida por Van Rijn (2008) para o cálculo do transporte sólido por arrastamento (em condições de regime estabilizado, sem ou com ondas) escreve-se

$$q_{sa} = 0.015\rho_s\overline{U}\,h\left(\frac{d_{50}}{h}\right)^{1.2} M_e^{1.5} \tag{5.51}$$

em que $M_e = (u_e - u_{cr})/[(s-1)g d_{50}]^{0.5}$ é um parâmetro de mobilidade, $u_e = \overline{U} + \gamma U_w$ é a velocidade efetiva (com $\gamma = 0.4$ para ondas irregulares e $\gamma = 0.8$ para ondas regulares), $\overline{U}$ é a velocidade média do escoamento, $U_w = \pi H_s / [T_p senh(kh)]$ é a velocidade orbital de pico (baseada na teoria linear), H_s é a altura significativa da onda, T_p é o período de pico da onda, e $u_{cr} = \beta u_{cr,c} + (1-\beta) u_{cr,w}$, com $\beta = \overline{U}/(\overline{U} + U_w)$, $u_{cr,c}$ é a velocidade crítica para correntes e $u_{cr,w}$ é a velocidade crítica para ondas, sendo dadas por

$$u_{cr,c} = \begin{cases} 0.19 d_{50}^{0.10} \log[12h/(3d_{90})], & 0.00005 < d_{50} < 0.0005\text{m} \\ 8.5 d_{50}^{0.60} \log[12h/(3d_{90})], & 0.0005 < d_{50} < 0.002\text{m} \end{cases}$$

$$u_{cr,w} = \begin{cases} 0.24[(s-1)g]^{0.66} d_{50}^{0.33} T_p^{0.33}, & 0.00005 < d_{50} < 0.0005\text{m} \\ 0.95[(s-1)g]^{0.57} d_{50}^{0.43} T_p^{0.14}, & 0.0005 < d_{50} < 0.002\text{m} \end{cases}$$

A concentração de partículas em suspensão na massa líquida resulta da conjugação dos efeitos da turbulência, cujos turbilhões por esta gerados têm tendência a elevar o fluido carregado de sedimentos para o interior da massa líquida, e da força da gravidade, que tende a depositar os sedimentos no fundo.

Em condições de regime permanente ($\partial C/\partial t = 0$), e considerando determinadas hipóteses para a distribuição da viscosidade turbulenta, é possível obter a seguinte solução (5.52) para a equação diferencial simplificada da distribuição vertical da concentração

$$\frac{C(z)}{C_a} = \left(\frac{z_a/h}{1 - z_a/h} \frac{1 - z/h}{z/h} \right)^{\eta}, \text{ com } \eta \approx 1.875 \frac{W_q}{u_*} \tag{5.52}$$

sendo $z_a = k_N/30$ o nível de referência, com $k_N = 2.5 d_{50}$, ao qual é conhecida a concentração de referência, C_a, cujo valor se situará entre 0.25 e 1.0 kg/m^3, tomando-se em geral igual ao valor da concentração estática $C_0 \approx 0.63$ kg/m^3.

Outra solução para a distribuição vertical da concentração em regime permanente, assumindo constante a difusão vertical dos sedimentos ε, escreve-se (5.53)

$$C(z) = C_R \exp\left(-\frac{W_q}{\varepsilon} z \right) \tag{5.53}$$

Assumindo condições simplificadas do escoamento, nomeadamente que o escoamento se desenvolve fundamentalmente na horizontal $(u, v, w = 0)$ e que são desprezáveis os termos de transporte convectivo e de difusão horizontal, tal como assumido para a obtenção do modelo 1DV de camada limite (capítulo 2), a concentração de sedimentos na coluna de água, $C(z)$, poderá ser obtida através da seguinte equação de conservação (5.54)

$$\frac{\partial C}{\partial t} = W_q \frac{\partial (C)}{\partial z} + \frac{\partial}{\partial z} \left(\gamma_t \frac{\partial C}{\partial z} \right) \tag{5.54}$$

em que W_q é a velocidade de queda dos sedimentos e γ_t é a difusividade turbulenta.

De igual modo, assumindo as mesmas hipóteses simplificativas, as distribuições dos perfis das componentes (u,v) da velocidade, em cada ponto, ao longo da coluna de água poderão ser obtidas por (5.55) e (5.56)

$$\frac{\partial u}{\partial t}=-\frac{1}{\rho}\frac{\partial p}{\partial x}+\frac{\partial}{\partial z}\left(\nu_t\frac{\partial u}{\partial z}\right)+\frac{1}{\rho}\frac{\partial\langle\overline{\tau}_x\rangle}{\partial z}=\frac{\partial\hat{u}_w}{\partial t}+\frac{\partial}{\partial z}\left(\nu_t\frac{\partial u}{\partial z}\right)+\frac{1}{\rho}\frac{\partial\langle\overline{\tau}_x\rangle}{\partial z} \tag{5.55}$$

$$\frac{\partial v}{\partial t}=-\frac{1}{\rho}\frac{\partial p}{\partial y}+\frac{\partial}{\partial z}\left(\nu_t\frac{\partial v}{\partial z}\right)+\frac{1}{\rho}\frac{\partial\langle\overline{\tau}_y\rangle}{\partial z}=\frac{\partial\hat{v}_w}{\partial t}+\frac{\partial}{\partial z}\left(\nu_t\frac{\partial v}{\partial z}\right)+\frac{1}{\rho}\frac{\partial\langle\overline{\tau}_y\rangle}{\partial z} \tag{5.56}$$

em que $\langle\overline{\tau}_x\rangle$ e $\langle\overline{\tau}_y\rangle$ são tensões de atrito médias no período da onda ao longo da coluna de água, $\hat{u}_w$ e $\hat{v}_w$ são as componentes da velocidade orbital da onda no exterior da camada limite, e ν_t é a viscosidade turbulenta, podendo ser obtida por um modelo de *Zero-* ou *Uma*-Equações.

Uma vez calculados os perfis da distribuição da concentração de sedimentos, $C(z)$, e da velocidade do escoamento, $u(z)$, obtém-se o caudal sólido em suspensão por unidade de largura, q_{ss}, integrando o produto da concentração $C(z)$ pela velocidade $u(z)$ em toda a profundidade do escoamento, de z_a a h, em conformidade com a equação (5.57)

$$q_{ss,w}=\int_{z_a}^{h}C(z)u(z)\,dz \tag{5.57}$$

ou através de $q_{ss,c}=u_c\int_{z_a}^{h}C(z)\,dz$ no caso de uma corrente u_c, admitindo que esta é uniforme na vertical. Por conseguinte, em primeira aproximação, usando (5.53) no cálculo de $q_{ss,c}$ podemos desprezar a variação vertical da velocidade, obtendo-se a seguinte equação (5.58) (Kraus e Larson, 2001; Camenen e Larson, 2008)

$$q_{ss,c}=u_cC_R\frac{\varepsilon}{W_q}\left[1-exp\left(-\frac{W_qh}{\varepsilon}\right)\right] \tag{5.58}$$

A expressão (5.58) é função dos parâmetros ε e C_R, sendo o primeiro (ε) função da energia dissipada na camada limite devido à ação da corrente, de ondas ou da ação combinada ondas-corrente, através de (5.59)

$$\varepsilon=\left[k_c\left(\frac{D_c}{\rho}\right)^{1/3}+k_w\left(\frac{D_w}{\rho}\right)^{1/3}+k_b\left(\frac{D_b}{\rho}\right)^{1/3}\right]h \tag{5.59}$$

e o segundo parâmetro (concentração de referência, C_R) é função do parâmetro de Shields, escrevendo-se (5.60)

$$C_R = A_{cR}\theta_t \, exp\left(-4.5\frac{\theta_m}{\theta_{cr}}\right) \tag{5.60}$$

em que $A_{cR} = 3.5\times10^{-3} exp(-0.3d_*)$ para a ação de corrente ou de ondas e $A_{cR} = 5\times10^{-4}$ para a ação combinada de ondas-corrente, θ_t é o transporte função do parâmetro de Shields e θ_m é o valor máximo do parâmetro de Shields. No caso de uma corrente isolada $\theta_m = \theta_t = \theta_c$, e no caso de ondas $\theta_m = \theta_{cw,m}$.

Na expressão (5.59), $D_c = \tau_c u_{*c}$ e $k_c = \frac{\sigma_c}{6}k$ são funções da corrente, $D_w = \tau_w u_{*c}$ e $k_w = \frac{\sigma_w}{3\pi}k$ são funções da onda, e $D_b = \frac{1}{h}\frac{dF_w}{dx}$, com $F_w = E_w c_g$, e $k_b = 0.015$ são funções da energia dissipada na rebentação das ondas; $k \approx 0.41$ é a constante de von Kármán e σ_i, com $i = (c, w)$, representa o número de Schmidt.

Uma formulação relativamente semelhante para o cálculo do transporte sólido em suspensão na direção da onda e na direção perpendicular é sugerida por Camenen e Larson (2006, 2007a)

$$\begin{aligned} q_{ss,w} &= U_{cw,net}\frac{C_R\varepsilon}{W_q}\left[1-exp\left(-\frac{W_q h}{\varepsilon}\right)\right] \\ q_{ss,n} &= u_c sen(\varphi)\frac{C_R\varepsilon}{W_q}\left[1-exp\left(-\frac{W_q h}{\varepsilon}\right)\right] \end{aligned} \tag{5.61}$$

em que C_R é a concentração de referência no fundo, W_q é a velocidade de queda dos sedimentos, ε é a difusividade dos sedimentos e $U_{cw,net}$ é a corrente média (com $U_{cw,net} = u_c$ para o escoamento devido a uma corrente). Os subscritos 'w' e 'n' indicam a direção da onda e a direção perpendicular, respetivamente.

A concentração de referência é calculada por (5.62)

$$C_R = 3.5\times10^{-3} exp(-0.3d_*)\theta_{cw,m} exp\left(-4.5\frac{\theta_{cr}}{\theta_{cw}}\right) \tag{5.62}$$

em que $d_* = \sqrt[3]{(s-1)g/\nu^2}\,d_{50}$ é o tamanho adimensional do grão. A difusividade dos sedimentos está relacionada com a dissipação de energia, sendo calculada pela seguinte expressão (5.63)

$$\varepsilon = \sqrt[3]{\frac{k_c^3 D_c + k_w^3 D_w + k_b^3 D_b}{\rho}}\,h \tag{5.63}$$

em que k_b, k_c e k_w são coeficientes, correspondendo k_b a um fator de eficiência e k_c e k_w estão relacionados com o número de Schmidt; D_b, $D_c = \tau_c u_{*c}$ e $D_w = \tau_w u_{*w}$ representam a energia dissipada no processo de rebentação da onda e pelo atrito no fundo devido à corrente e às ondas, respetivamente. Em primeira aproximação, e para ondas monocromáticas, a energia dissipada D_b pode ser estimada por (5.64)

$$D_b = 2tanh(5\xi_\infty)\rho g h \frac{H_w^3}{T_w(4h^2 - H_w^2)} \tag{5.64}$$

em que $\xi_\infty = m/\sqrt{H_{w,\infty}/L_{w,\infty}}$ é o *parâmetro de Iribarren*.

Para ondas irregulares, à expressão (5.64) deverá ser adicionado um coeficiente para ter em conta a percentagem de ondas que rebentam, sendo dado por (5.65)

$$\alpha_b = exp\left[-\left(\frac{\gamma_b h}{H_{rms}}\right)^2\right] \tag{5.65}$$

em que γ_b é a relação entre as profundidades média e total na rebentação.

A difusividade vertical dos sedimentos no caso de uma corrente ou num escoamento devido a ondas sem rebentação, pode ser calculada por (5.66)

$$\varepsilon_{c/w} = k_{c/w}\sqrt[3]{\frac{D_{c/w}}{\rho}}h = \frac{C_w\sigma_{c/w}}{6}ku_{*c/w}h \tag{5.66}$$

onde $\sigma_{c/w}$ é o número de Schmidt, ou a relação entre a difusividade vertical das partículas e a componente vertical da viscosidade turbulenta, ou seja, $\sigma_{c/w} = \varepsilon_v/\nu_{tv}$, $u_{*c/w}$ é a velocidade de atrito devida à corrente ou a ondas, respetivamente, k é a constante de von Kármán e $C_w = 1$ para corrente ou $C_w = 2/\pi$ para ondas.

O número de Schmidt $\sigma_{c/w}$ pode ser calculado por (5.67) (Camenen e Larson, 2008)

$$\sigma_{c/w} = \begin{cases} A_1 + A_2\, sen^2\left(\dfrac{\pi}{2}\dfrac{W_q}{u_{*c/w}}\right) & , se \dfrac{W_q}{u_{*c/w}} \le 1 \\ 1 + (A_1 + A_2 - 1)sen^2\left(\dfrac{\pi}{2}\dfrac{u_{*c/w}}{W_q}\right) & , se \dfrac{W_q}{u_{*c/w}} > 1 \end{cases} \tag{5.67}$$

em que $A_1 = 0.4$, $A_2 = 3.5$ e $u_{*c/w} = u_{*c}$ no caso do escoamento devido a uma corrente e $A_1 = 0.15$, $A_2 = 1.5$ e $u_{*c/w} = u_{*w}$ no caso de um escoamento devido a ondas.

Para escoamentos de ondas com corrente é usado o número de Schmidt, dado por $\sigma_{cw} = X_t\sigma_c + (1 - X_t)\sigma_w$, com $X_t = \dfrac{\theta_c}{\theta_c + \theta_w}$, sendo $\theta_c = \tau_c/[(s-1)gd_{50}]$ o parâmetro de Shields devido à corrente e $\theta_w = \tau_w/[(s-1)gd_{50}]$ o parâmetro de Shields devido às ondas.

Uma vez calculado o número de Schmidt, obtêm-se os coeficientes k_c e k_w por (5.68)

$$k_c \approx 0.4\sigma_c/6\ ;\ k_w \approx 0.4\sigma_w/(3\pi) \tag{5.68}$$

No caso de interações onda-corrente, as equações (5.61) podem ser modificadas para terem em conta o possível transporte sedimentar na direção da onda, obtendo-se (5.69) (Camenen e Larson, 2008)

$$q_{ss\_w} = \left(U_{cw,praia} - U_{cw\_mar}\right)F\left(C_R,\varepsilon\right)$$
$$q_{ss\_n} = U_c sen(\varphi)F\left(C_R,\varepsilon\right) \tag{5.69}$$

em que o subscrito 'w' indica a direção da onda e o subscrito 'n' indica a direção perpendicular, $F(C_R,\varepsilon)\approx C_R\varepsilon/W_q$ e $U_{cw,j}$ é a raiz quadrada da média dos quadrados das componentes da velocidade $u(t)=u_w(t)+U_c\,cos(\varphi)$ no meio período T_{wj} (Figura 5.9), para o qual o subscrito j deve ser substituído por *praia* [$u(t)\geq 0$] ou *mar* [$u(t)<0$], e φ é o ângulo entre as direções da onda e da corrente (Figura 5.10).

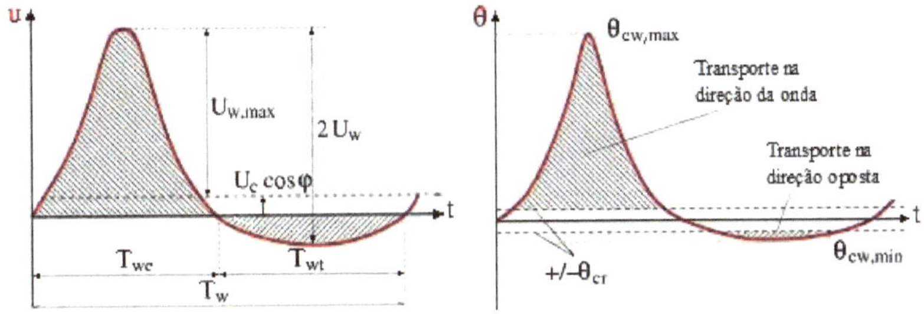

Figura 5.9 - Notação usada em modelos de onda mais corrente (adaptada de Camenen e Larson, 2007a).

A velocidade média do escoamento $U_{cw,net}$ é definida de modo similar ao parâmetro de Shields $\theta_{cw,net}$, de modo a ter em conta o transporte de sedimentos devido à assimetria das ondas, e o atraso de fase da concentração de sedimentos em suspensão devido à presença de rugas, sendo calculada por (5.70)

$$U_{cw,net} = \left(1-\alpha_{af,s}\right)U_{cw,praia} + \left(1+\alpha_{af,s}\right)U_{cw,mar} \tag{5.70}$$

em que $\alpha_{af,s}$ é o coeficiente que descreve os efeitos de atraso de fase na carga em suspensão e $U_{cw,j}$ é o valor da raiz quadrada dos quadrados da velocidade (ondas mais corrente) no meio período T_{wj} (Figura 5.9), com o subscrito $j=(praia,mar)$ indicando a direção de propagação. Os efeitos de atraso de fase devidos às rugas são considerados através do coeficiente $\alpha_{af,s}=\alpha_{s,praia}-\alpha_{s,mar}$, com

$$\alpha_{s,j} = 0.7\left(\frac{U_{cw,j}}{W_q}\right)^{0.5}\left(\frac{h_r}{T_{wj}W_q}\right)^{0.25} exp\left[-0.25\left(\frac{P_{WR_{cr}}}{P_{WR}}\right)^4\right] \tag{5.71}$$

em que $P_{WR} = h_r / d_{50}$ (h_r é a altura da ruga) é um parâmetro de suspensão dos vórtices, cujo valor crítico é atingido por volta de $P_{WR} = 100$.

5.4.2 Efeitos de enviesamento (*skewness*) e assimetria das ondas irregulares

Com base em conceitos energéticos, ou ainda na tensão tangencial, surgiram nos anos 80 e 90 algumas formulações para o cálculo do caudal sólido total que consideram a ação de ondas e/ou a ação conjunta de ondas e correntes, entre as quais se destacam Madsen e Grant (1976), Bailard (1981), Nielsen (1994), Dibajnia e Watanabe (1992), Soulsby (1997), Ribberink (1998) e, mais recentemente, Camenen e Larson (2005, 2007a, 2007b, 2008), Silva *et al.* (2006), Ribberink *et al.* (2010), Abreu (2011), Abreu *et al.* (2013), Van der A *et al.* (2013) e Veen R. (2014), entre outras. De entre estas destacamos, por ordem cronológica, algumas das principais referências.

• Bailard (1981)

$$\begin{aligned} \langle \vec{q}_{st} \rangle = \frac{c_a}{g(s-1)} \Bigg[& \frac{\varepsilon_a}{tan\phi} \left(\left\langle |\vec{U}|^2 \vec{U} \right\rangle - \frac{tan\beta}{tan\phi} \left\langle |\vec{U}|^3 \right\rangle \right) \hat{i} \\ & + \frac{\varepsilon_s}{W_q} \left(\left\langle |\vec{U}|^3 \vec{U} \right\rangle - \frac{\varepsilon_s}{W_q} tan\beta \left\langle |\vec{U}|^5 \right\rangle \right) \hat{i} \Bigg] \end{aligned} \tag{5.72}$$

em que $\langle \cdots \rangle$ representa valores médios dos argumentos, $\vec{q}_{st} = \vec{q}_{sa} + \vec{q}_{ss}$ é o caudal sólido total (arrastamento mais suspensão), $tan\beta = (\partial\xi/\partial s)\hat{i}$, $\vec{U} = (u_w + u_c)\hat{i}$ representa valores médios instantâneos da velocidade do escoamento, sendo u_w a componente oscilatória (onda) e u_c a componente permanente (corrente), $\varepsilon_a \in [0.10, 0.30]$ e $\varepsilon_s \in [0.015, 0.030]$ são coeficientes de eficiência, W_q representa a velocidade de queda das partículas sólidas e c_a é um coeficiente de rugosidade global.

O modelo de Bailard (5.72) tem em conta os efeitos das irregularidades/declives do fundo no cálculo dos caudais sólidos transportados por arrastamento e em suspensão, mas não considera as contribuições do enviesamento (*skewness*) e da assimetria da onda no cálculo do caudal sólido total $\langle q_{st} \rangle$.

Como sublinhado em Dubarbier *et al.* (2015), a generalidade dos modelos usados para estimar a evolução de perfis de praia são ineficientes no que concerne à simulação de formas de fundo e migração de bancos de areia. Segundo Hoefel e Elgar (2003) e Kuriyama (2012), tal pode ser atribuído à ausência do transporte induzido pela não consideração do enviesamento e da assimetria da onda. Estes termos de transporte poderão ser incorporados no modelo de Bailard (5.72) através de dois termos adicionais, expressando aquela equação por (5.73)

$$\vec{q}_{st} = \vec{q}_{sa} + \vec{q}_{ss} + \vec{q}_{sk} + \vec{q}_{sy} \tag{5.73}$$

Os transportes por arrastamento ($\vec{q}_{sa}$) e em suspensão ($\vec{q}_{ss}$) têm as formulações apresentadas no modelo (5.72) e os transportes induzidos pelo enviesamento ($\vec{q}_{sk}$) e pela assimetria da onda ($\vec{q}_{sy}$) poderão ser simplificadamente obtidos por (5.74) e (5.75), respetivamente

$$\langle \vec{q}_{sk} \rangle = c_{sk}\left(T_p U_{orb}^2 A_{sk}\right) \quad (5.74)$$

$$\langle \vec{q}_{sy} \rangle = -c_{sy}\left(T_p U_{orb}^2 A_{asy}\right) \quad (5.75)$$

em que c_{sk} e c_{sy} são coeficientes de calibração, $U_{orb} = \pi H_{rms} / \left[T_p senh(kh)\right]$ é a amplitude da velocidade orbital, e $A_{sk} = \langle u^3 \rangle / \langle u^2 \rangle^{3/2}$ e $A_{asy} = \langle \{H[u(t)]\}^3 \rangle / \langle u^2 \rangle^{3/2}$ são coeficientes adimensionais de enviesamento orbital e assimetria da onda, respetivamente, sendo $H[u(t)]$ a transformada de Hilbert de u. O coeficiente de assimetria poderá ser aproximado por $A_{asy} = \langle a^3 \rangle / a_{rms}^3$, com $a_{rms} = \langle a^2 \rangle^{1/2}$, sendo a aceleração média da onda em cada passo temporal Δt dada por $a = du/dt$, ou seja, a uma dimensão no plano horizontal, segundo x, $a = \partial u/\partial t + u\,\partial u/\partial x = \Delta u/\Delta t + u\,\Delta u/\Delta x$.

Os coeficientes de calibração do modelo, em particular as eficiências ($\varepsilon_a, \varepsilon_s$) dos transportes por arrastamento e em suspensão e os coeficientes (c_{sk}, c_{sy}) requerem uma calibração morfodinâmica específica para cada local. Em primeira aproximação, os coeficientes c_{sk} e c_{sy} são da ordem de 10^{-6} a 10^{-5}, não sendo necessariamente iguais. No entanto, deve notar-se que os efeitos são em grande parte determinados pelos valores destes coeficientes de calibração, os quais são normalmente mantidos constantes. Uma primeira aplicação deste modelo pode ser consultada em Antunes do Carmo (2015a) e Antunes do Carmo (2016).

- Dibajnia e Watanabe (1992)

Seja o esquema e a simbologia representados na Figura 5.10.

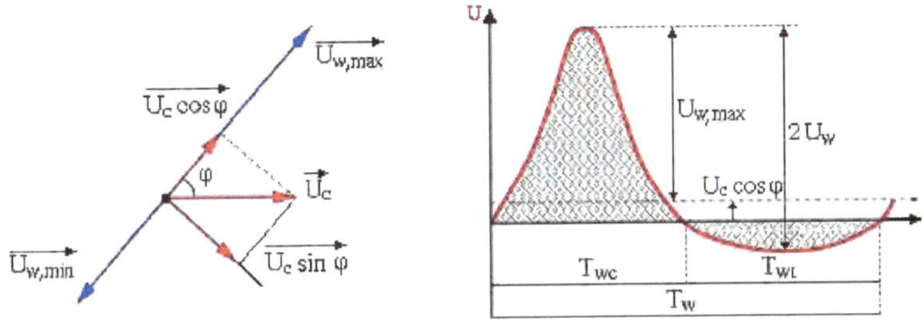

Figura 5.10 - Notação usada no modelo de Dibajnia e Watanabe (1992) (adaptada de Camenen e Larson, 2007a).

Num escoamento devido à ação combinada de ondas e correntes distinguem-se duas partes do perfil da velocidade, com durações T_{wc} e T_{wt}, como mostram as Figuras 5.9 e 5.10, com as correspondentes velocidades u_{wc} e u_{wt} calculadas por (5.76)

$$u_{wi}^2 = \frac{2}{T_{wi}} \int_t^{t+T_{wi}} u^2(t)\,dt + 2U_c^2 sen^2\varphi \tag{5.76}$$

em que i pode ser c ou t, $u(t) = U_c \cos\varphi + u_w(t)$, sendo $u_w(t)$ a velocidade orbital instantânea da onda, e φ o ângulo entre as direções da onda e da corrente (Figura 5.10).

O volume total de sedimentos transportado por unidade de tempo, $\vec{q}_{st}$, é dado por (5.77) (Dibajnia e Watanabe, 1992; Antunes do Carmo *et al.*, 2002)

$$\begin{gathered} \vec{q}_{st} = \alpha \mathrm{W_q} \mathrm{d_{50}} \Gamma^{\beta} \frac{\vec{\Gamma}}{|\Gamma|} \\ \vec{\Gamma} = \frac{\vec{u}_{wc} T_{wc} (\Omega_c^3 + \Omega_t'^3) - \vec{u}_{wt} T_{wt} (\Omega_t^3 + \Omega_c'^3)}{(u_{wc} + u_{wt}) T_w} \end{gathered} \tag{5.77}$$

em que Γ representa a taxa de transporte efetivo adimensional; T_w, T_{wc} e T_{wt} são, respetivamente, o período e os meios-períodos da onda tendo em conta a influência da corrente (Figura 5.10); $\alpha \approx 0.0015$ e $\beta \approx 0.50$ são contantes empíricas (Dibajnia e Watanabe, 1998).

As grandezas Ω_c e Ω_t são, respetivamente, as quantidades de sedimentos transportadas e que assentam durante o meio-período T_{wi} da onda; Ω_c' e Ω_t' são as quantidades de sedimentos que permanecem em suspensão nos meio-ciclos positivo (crista) e negativo (cava), respetivamente.

A não permanência é tida em consideração através de trocas de fluxos de sedimentos entre os dois meio-ciclos devido a um certo atraso das partículas sedimentares.

Este mecanismo é controlado por um parâmetro ω_i $[i = (c,t)]$, que é calculado como a razão entre o tempo de queda dos sedimentos, T_q, e a duração de cada meio período, T_i, obtendo-se (5.78)

$$\omega_i = \frac{T_q}{T_{wi}} = \frac{\Delta s / W_q}{T_{wi}} = \frac{1}{2} \frac{u_{wi}^2}{(s-1)\, g\, T_{wi}\, W_q} \tag{5.78}$$

Se o valor de ω_i for superior a um valor crítico, ω_{cr}, tem lugar um mecanismo de interação. Nesta conformidade, as quantidades Ω_c' e Ω_t' são calculadas como se segue (Silva *et al.*, 2000, Silva, 2001)

$$\begin{aligned} &\text{Se } \omega_i \le \omega_{cr} \quad && \Omega_i = E_i \; ; \; \Omega_i' = 0 \\ &\text{Se } \omega_i > \omega_{cr} \quad && \Omega_i = E_i \left(\frac{\omega_{cr}}{\omega_i} \right) = \omega_{cr} \frac{2 W_q T_{wi}}{d_{50}} \text{ (valor de saturação)} \\ & && \Omega_i' = E_i - \Omega_i = E_i \left(1 - \frac{\omega_{cr}}{\omega_i} \right) \end{aligned} \tag{5.79}$$

O parâmetro E_i representa a quantidade de sedimentos transportada em cada meio-ciclo, sendo calculado por uma das equações (5.80) (Silva *et al.*, 2000; Dibajnia e Watanabe, 1998)

$$E_i = \frac{1}{2}\frac{u_{wi}^2}{(s-1)gd_{50}}, \text{ ou } E_i = \frac{1}{2}\frac{u_{wi}^2}{W_q\sqrt{(s-1)gd_{50}}} \tag{5.80}$$

O parâmetro ω_{cr} caracteriza as rugas, com $\omega_{cr} \approx 1$; contudo, recomendações mais recentes apontam para valores inferiores e ω_{cr} variável em função do parâmetro de Shields, como sugerido por Soulsby (1997)

$$\omega_{cr} = \begin{cases} 0.03 & \text{, se } \theta_{cw,max} \leq 0.2 \\ 1 - 0.97\left[1 - \left(\dfrac{\theta_{cw,max} - 0.2}{0.4}\right)^2\right]^{0.5} & \text{, se } 0.2 < \theta_{cw,max} \leq 0.6 \\ 1.0 & \text{, se } \theta_{cw,max} > 0.6 \end{cases} \tag{5.81}$$

em que $\theta_{cw,max}$ é o valor máximo do parâmetro de Shields devido à ação combinada de ondas e corrente.

- Soulsby (1997)

$$q_{sa\_w\_1/2} = 5.1\sqrt{(s-1)gd_{50}^3}\,(\theta_w - \theta_{cr})^{3/2} \tag{5.82}$$

com o parâmetro crítico de Shields calculado por (5.49), $\theta_{cr} = \dfrac{0.30}{1+1.2d_*} + 0.055\left[1 - exp(-0.02d_*)\right]$.

Uma formulação para o cálculo do caudal sólido total q_{st}, transportado por arrastamento e em suspensão pela ação de ondas e correntes, é ainda apresentada em Soulsby (1997), em Coelho (2005) e Bachtiar (2014); a fórmula proposta para o cálculo de q_{st} escreve-se

$$q_{st} = A_s\overline{U}\left[\left(\overline{U}^2 + \frac{0.018}{C_D}U_{rms}^2\right)^{1/2} - U_{cr}\right]^{2.4}(1 - 1.6\,tan\beta) \tag{5.83}$$

em que $\overline{U} = \frac{1}{h}\int_0^h U(z)dz$ é a velocidade média da corrente, $U_{rms} = \sqrt{2}U_{orb}$, sendo U_{orb} a velocidade orbital, U_{cr} é a velocidade crítica da corrente para início do movimento, e $A_s = A_{sa} + A_{ss}$, com o termo de transporte por arrastamento, A_{sa}, dado por (5.84)

$$A_{sa} = \frac{0.005h\,(d_{50}/h)^{1.2}}{\left[(s-1)gd_{50}\right]^{1.2}} \tag{5.84}$$

e o termo de transporte em suspensão, A_{ss}, por (5.85)

$$A_{ss}=\frac{0.012 d_{50}\, d_*^{-0.6}}{\left[(s-1) g\, d_{50}\right]^{1.2}} \tag{5.85}$$

O coeficiente de atrito C_D é aproximado por (5.9) e o diâmetro adimensional do grão, d_*, por (5.1). β é, neste caso, o ângulo formado entre o leito e a horizontal, sendo positivo se o escoamento sobe sobre o leito.

Para o cálculo da velocidade da corrente crítica, U_{cr}, é adotada uma expressão em função da dimensão média das partículas do fundo, usando-se $U_{cr}=0.19\left(d_{50}\right)^{0.10} log_{10}\left(4h/d_{90}\right)$, se $0.10 \leq d_{50} \leq 0.50$ (mm), ou $U_{cr}=8.5\left(d_{50}\right)^{0.60} log_{10}\left(4h/d_{90}\right)$, se $0.50 \leq d_{50} \leq 2.0$ (mm).

- Ribberink (1998)

O transporte de sedimentos sob a ação de ondas pode ser obtido por (5.86) (Ribberink, 1998)

$$q_{sa\_w}(t)=11\sqrt{(s-1) g d_{50}^3}\left[\left|\theta_w(t)\right|-\theta_{cr}\right]^{1.65} \frac{\vec{\theta}_w(t)}{\left|\theta_w(t)\right|} \tag{5.86}$$

No caso de um escoamento resultante da ação de ondas e corrente, em que a direção de propagação das ondas faz um ângulo φ com a direção da corrente, Ribberink (1998) propõe a seguinte fórmula (5.87), com a simbologia apresentada na Figura 5.9

$$q_{st}(t)=11\sqrt{(s-1) g\, d_{50}^3}\left[\left|\theta_{cw}(t)\right|-\theta_{cr}\right]^{1.65} \frac{\vec{\theta}_{cw}(t)}{\left|\theta_{cw}(t)\right|} \tag{5.87}$$

em que $\vec{\theta}_{cw}(t)=\dfrac{1}{2} \dfrac{f_{cw}|\vec{u}(t)| \vec{u}(t)}{(s-1) g d_{50}}$ é o parâmetro de Shields função do tempo, com a velocidade instantânea $\vec{u}(t)=\vec{U}_c+\vec{u}_w(t)$, sendo o coeficiente de atrito f_{cw} obtido por Madsen e Grant (1976), equação (5.20).

- Camenen e Larson (2005)

Tendo presente a simbologia apresentada na Figura 5.9, definem-se os valores médios instantâneos da tensão de atrito em cada meio-período por (5.88)

$$\begin{aligned}
\theta_{cw,praia} &= \frac{1}{T_{wc}} \int_0^{T_{wc}} \theta_w(t)\, dt \\
\theta_{cw,mar} &= \frac{1}{T_{wt}} \int_{T_{wc}}^{T_w} \theta_w(t)\, dt
\end{aligned} \tag{5.88}$$

em que T_{wc} e T_{wt} são os meios-períodos onde a velocidade instantânea $u_w(t)$ (ou parâmetro instantâneo de Shields) é em direção à praia ($u_w(t) > 0$) ou em direção ao mar ($u_w(t) < 0$), respetivamente, e a tensão de atrito instantânea é dada por (5.89)

$$\theta_w(t) = \frac{\frac{1}{2} f_w |u_w(t)| u_w(t)}{(s-1) g d_{50}} \tag{5.89}$$

O transporte líquido de sedimentos por ação de ondas é expresso por (5.90) (Camenen e Larson, 2005, 2007a)

$$q_{sa\_w} = a\sqrt{(s-1)gd_{50}^3}\sqrt{\theta_{cw,praia} + \theta_{cw,mar}}\,\theta_{w,m}\,exp\left(-b\frac{\theta_{cr}}{\theta_w}\right) \tag{5.90}$$

em que $a = 6$ e $b = 4.5$ são coeficientes, sendo suposto que $\theta_{cw,praia}$ é sempre superior a $\theta_{cw,mar}$ e $\theta_{w,m} = \langle|\theta_w(t)|\rangle$ é o valor temporal médio absoluto do parâmetro instantâneo de Shields.

Expressões para o cálculo dos parâmetros médios de Shields, $\theta_{cw,praia}$ e $\theta_{cw,mar}$, para escoamentos devidos à ação de ondas, são apresentadas em Camenen e Larson (2007a), com

$$\theta_{w,praia} = -\theta_{w,mar} = \langle|\theta_w(t)|\rangle = \frac{1}{4}\frac{f_w U_w^2}{(s-1)g d_{50}} \tag{5.91}$$

onde $\langle|\theta_w(t)|\rangle = \theta_{w,m}$ é o valor absoluto médio temporal do parâmetro instantâneo de Shields, para ondas sinusoidais sem corrente, e por (5.92) - (5.93)

$$\theta_{w,praia} = \frac{1}{2}\frac{f_w}{(s-1)gd_{50}}\frac{U_w^2}{2}\left[1 + r_w^2 + \frac{13}{6}r_w\frac{sen(a_c)}{a_c} + \frac{1}{6}\frac{sen(2a_c)}{2a_c}\right] \tag{5.92}$$

$$\theta_{w,mar} = \frac{1}{2}\frac{f_w}{(s-1)gd_{50}}\frac{U_w^2}{2}\left[-1 - r_w^2 + \frac{13}{6}r_w\frac{sen(a_t)}{a_t} - \frac{1}{6}\frac{sen(2a_t)}{2a_t}\right] \tag{5.93}$$

onde $a_c = \pi T_{wc}/T_w$ e $a_t = \pi T_{wt}/T_w = \pi - a_c$, considerando a aproximação de 2ª ordem de Stokes igualmente sem corrente.

Devido à assimetria das ondas, os valores de T_{wc} e T_{wt} são diferentes de $T_w/2$, e obtidos por (5.94)

$$T_{wc} = \frac{T_w}{\pi}arccos\left(\frac{\sqrt{\Delta U} - 1}{4r_w}\right) \text{ e } T_{wt} = T_w - T_{wc} \tag{5.94}$$

onde a assimetria da onda $r_w \neq 0$ e $\Delta U = 1 + 8r_w^2$.

Considerando agora um escoamento em que a direção de propagação das ondas faz um ângulo φ com a direção da corrente (Figura 5.10), a velocidade instantânea, que é dada por

$u(t)=U_c\cos(\varphi)+u_w(t)$ (ou o parâmetro de Shields instantâneo), terá a direção da praia [$u(t)>0$] ou a direção do mar/largo [$u(t)<0$], respetivamente.

Tendo presente a simbologia apresentada na Figura 5.10, definem-se neste caso as tensões de atrito em cada meio-período por (5.95)

$$\theta_{cw,praia} = \frac{1}{T_{wc}}\int_0^{T_{wc}} \theta_{cw}(t)\,dt$$
$$\theta_{cw,mar} = \frac{1}{T_{wt}}\int_{T_{wc}}^{T_w} \theta_{cw}(t)\,dt \qquad (5.95)$$

O parâmetro de Shields instantâneo escreve-se agora

$$\theta_{cw}(t)=\frac{\frac{1}{2}f_{cw}\left|U_c\cos\varphi+u_w(t)\right|\left[U_c\cos\varphi+u_w(t)\right]}{(s-1)gd_{50}} \qquad (5.96)$$

em que f_{cw} pode ser obtido por Madsen e Grant (1976), equação (5.20).

Para um ângulo arbitrário φ entre as direções da onda e da corrente, os parâmetros médio e máximo de Shields combinados, $\theta_{cw,m}$ e θ_{cw}, respetivamente, são dados por (5.97)

$$\theta_{cw,m} = \sqrt{\theta_c^2+\theta_{w,m}^2+2\theta_{w,m}\theta_c\cos\varphi}$$
$$\theta_{cw} = \sqrt{\theta_c^2+\theta_w^2+2\theta_w\theta_c\cos\varphi} \qquad (5.97)$$

Uma formulação geral para o cálculo do volume de sedimentos transportados por arrastamento, por unidade de tempo, sob a ação de ondas e corrente escreve-se (Camenen e Larson, 2005)

$$q_{sa\_dir\_w} = a_w\sqrt{(s-1)gd_{50}^3}\,\sqrt{\theta_{cw,praia}+\theta_{cw,mar}}\,\theta_{cw,m}\,exp\left(-b\frac{\theta_{cr}}{\theta_{cw}}\right) \qquad (5.98)$$

$$q_{sa\_dir\_n} = a_n\sqrt{(s-1)gd_{50}^3}\,\sqrt{\theta_{cn}}\,\theta_{cw,m}\,exp\left(-b\frac{\theta_{cr}}{\theta_{cw}}\right) \qquad (5.99)$$

em que dir_w e dir_n correspondem à direção da onda e à direção normal à propagação da onda, respetivamente; $\theta_{cn}=\frac{1}{2}\frac{f_c(U_c\,sen\,\varphi)^2}{(s-1)gd_{50}}$; $a_w=6+6Y$, com $Y=\frac{\theta_c}{\theta_c+\theta_w}$; $a_n=12$ e $b=4.5$.

• Silva *et al.* (2006)

Baseados no trabalho de Dibajnia e Watanabe (1992), Silva *et al.* (2006) desenvolveram um modelo prático para o cálculo do transporte total de sedimentos sob a ação de ondas, ou de escoamentos devidos à ação de ondas e corrente.

Tendo presentes as notações apresentadas na Figura 5.10, o volume de sedimentos transportados por unidade de tempo á dado por (5.100) (Silva *et al.*, 2006)

$$q_{st} = 3.2\sqrt{(s-1)gd_{50}^3}\,|\Gamma|^{0.55}\frac{\Gamma}{|\Gamma|} \tag{5.100}$$

com

$$\Gamma = \frac{u_c T_{wc}(\Omega_c^3 + \Omega_t'^3) - u_t T_{wt}(\Omega_t^3 + \Omega_c'^3)}{2(u_c T_{wc} + u_t T_{wt})} \tag{5.101}$$

em que Ω_i e Ω_i' $(i = c,t)$ representam, respetivamente, a quantidade de sedimentos que é arrastada, transportada e que assenta no meio-ciclo i, e a quantidade de sedimentos que se mantém em suspensão no meio-ciclo i e que será transportada no meio-ciclo seguinte.

Os valores de Ω_i e Ω_i' $(i = c,t)$ são calculados a partir das tensões de atrito no fundo através das seguintes expressões (5.102)

$$\begin{aligned} \Omega_i &= (\theta_i - \theta_{cr})\,min\left(1, \frac{\omega_{cr}}{\omega_i}\right) \\ \Omega_i' &= (\theta_i - \theta_{cr})\,max\left(0, 1 - \frac{\omega_{cr}}{\omega_i}\right) \end{aligned} \tag{5.102}$$

em que ω_i, dado por (5.78), é função da relação entre o período de tempo durante o qual as partículas sedimentares se mantêm em suspensão e a duração de cada meio-ciclo. Se ω_i exceder o valor limite, ω_{cr}, parte dos sedimentos transportados durante o meio ciclo i permanece em suspensão, sendo transportados pela velocidade em direção oposta no meio-ciclo seguinte.

- Camenen e Larson (2007a,b)

Camenen e Larson (2007a) modificaram a expressão (5.98) para ter em conta os efeitos de atraso de fase, ou seja, uma vez atingida uma velocidade do escoamento superior à velocidade crítica para o início do movimento de sedimentos, haverá uma diminuição do parâmetro $\theta_{cw,praia}$ e um aumento de $\theta_{cw,mar}$, em conformidade com o valor de $\alpha_{af,b} = \alpha_{praia} - \alpha_{mar}$, sendo α_{praia} e α_{mar} parâmetros segundo a direção de propagação da onda (praia) e em direção oposta à da propagação da onda (mar), respetivamente; a expressão resultante para a componente do transporte por arrastamento na direção da onda escreve-se

$$q_{sa\_dir\_w} = a_w\sqrt{(s-1)gd_{50}^3}\,\frac{\theta_{cw,net}}{\sqrt{|\theta_{cw,net}|}}\theta_{cw,m}\,exp\left(-b\frac{\theta_{cr}}{\theta_{cw}}\right) \tag{5.103}$$

em que $\theta_{cw,net} = (1-\alpha_{af,b})\theta_{cw,praia} + (1+\alpha_{af,b})\theta_{cw,mar}$, com $\alpha_{af,b} = \alpha_{praia} - \alpha_{mar}$, sendo

$$\alpha_{b,j} = \frac{\nu^{0.25} U_{wj}^{0.5}}{W_q T_j^{0.75}} exp\left[-\left(\frac{U_{w,cr,sf}}{U_{cwj}} \right)^2 \right] \tag{5.104}$$

com $U_{w,cr,sf} = 8.35\sqrt{(s-1)g\sqrt{d_{50}\delta_w}}(1+r_w)$, sendo $\delta_w = \sqrt{\nu T_w/\pi}$, $r_w = u_{w,max}/U_w - 1$ ($u_{w,max}$ é a velocidade orbital máxima da onda e U_w é a velocidade orbital da onda), ν é a viscosidade cinemática e o índice j tem o significado de *praia* (para o cálculo de α_{praia}, direção à praia) ou de *mar* (α_{mar}, direção ao mar).

Na zona de rebentação ocorre uma transformação da onda que origina uma mudança no perfil da velocidade, a qual é diferente na zona de rebentação interior e na zona de espraiamento. Devido à forma em dente de serra que assume o perfil da velocidade, tal mudança dá origem a uma assimetria não desprezável no perfil da aceleração. Essa assimetria pode ser definida por um coeficiente $R_{ac} = T_{cu}/T_{cd}$, obtendo-se para um perfil relativamente simples da velocidade da onda $R_{at} = T_{tu}/T_{td} \approx R_{ac}$ (Figura 5.11).

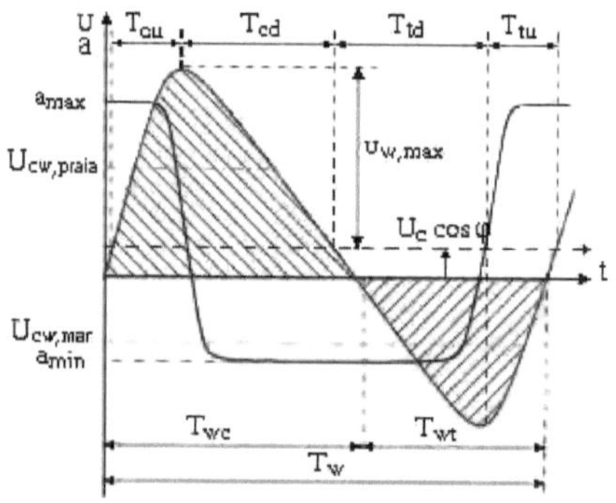

Figura 5.11 - Vista esquemática da variação instantânea da velocidade e da aceleração num período de onda e na direção das ondas (adaptada de Camenen e Larson, 2007b).

Para ter em conta os efeitos de atraso de fase devidos à assimetria da aceleração, Camenen e Larson (2007b) sugerem uma correção da expressão para o cálculo de $\theta_{cw,net}$, passando a escrever-se

$$\theta_{cw,net} = (1-\alpha_{af,b})(1+\alpha_a)\theta_{cw,praia} + (1+\alpha_{af,b})(1-\alpha_a)\theta_{cw,mar} \tag{5.105}$$

em que α_a é um coeficiente função de R_{ac}, dado por (5.106)

$$\alpha_a = \frac{1-R_{ac}}{1+R_{ac}} \tag{5.106}$$

A componente de transporte de sedimentos por arrastamento na direção normal à direção da onda, $q_{s\_dir\_n}$, dada por (5.99), não é afetada por efeitos de atraso de fase.

Tendo presentes as notações apresentadas nas Figuras 5.9 e 5.10, os valores médios instantâneos das tensões de atrito para escoamentos resultantes da ação de ondas com corrente, $\theta_{cw,praia}$ e $\theta_{cw,mar}$, em cada meio período da onda, são definidos por (5.95). Substituindo nesta expressão o parâmetro de Shields instantâneo, dado por (5.96), obtêm-se os seguintes resultados (5.107) e (5.108)

$$\theta_{cw,praia} = \frac{1}{T_{wc}} \int_0^{T_{wc}} \frac{\frac{1}{2} f_{cw} \left[u_w(t) + U_c \cos\varphi\right]^2}{(s-1) g d_{50}} dt \tag{5.107}$$

$$\theta_{cw,mar} = \frac{1}{T_{wt}} \int_{T_{wc}}^{T_w} \frac{\frac{1}{2} f_{cw} \left[u_w(t) + U_c \cos\varphi\right]^2}{(s-1) g d_{50}} dt \tag{5.108}$$

em que $u_w(t)$ é a velocidade orbital da onda instantânea e f_{cw} é o coeficiente de atrito devido à interação onda-corrente, dado por (5.20).

Para as mesmas condições de escoamentos devidas à ação de ondas com corrente, Camenen e Larson (2007a) apresentam expressões para o cálculo dos valores médios instantâneos das tensões de atrito, ou parâmetros médios de Shields, $\theta_{cw,praia}$ e $\theta_{cw,mar}$, considerando a onda sinusoidal e uma aproximação de 2ª ordem de Stokes; para ondas sinusoidais apresentam as expressões (5.109) e (5.110)

$$\theta_{cw,praia} = \frac{1}{2} \frac{f_{cw}}{(s-1) g d_{50}} \left[(U_c \cos\varphi)^2 + \frac{U_w^2}{2} + \frac{3}{2} U_c \cos\varphi \, U_w \frac{sen(a_c)}{a_c} \right] \tag{5.109}$$

$$\theta_{cw,mar} = \frac{1}{2} \frac{f_{cw}}{(s-1) g d_{50}} \left[-(U_c \cos\varphi)^2 - \frac{U_w^2}{2} + \frac{3}{2} U_c \cos\varphi \, U_w \frac{sen(a_t)}{a_t} \right] \tag{5.110}$$

com T_{wc} e T_{wt} dados por (5.111)

$$T_{wc} = \frac{T_w}{\pi} \arccos(-r_0) \text{ e } T_{wt} = T_w - T_{wc} \tag{5.111}$$

onde $r_0 = U_c \cos\varphi / U_w$ e $T_{wc} = T_w$ se $r_0 \geq 1$ e $T_{wc} = 0$ se $r_0 \leq -1$.

Para a aproximação de 2ª ordem de Stokes com corrente, isto é, com a velocidade da onda dada por $u_w = U_w\left[\cos(\omega t) + r_w \cos(2\omega t)\right]$, em que r_w é a assimetria da onda, Camenen e Larson (2007a) obtêm (5.112) e (5.113)

$$\begin{aligned} \theta_{cw,praia} = \frac{1}{2} \frac{f_{cw}}{(s-1) g d_{50}} \Bigg\{ & \left[U_c \cos(\varphi)\right]^2 \\ & + \frac{U_w^2}{2} \left[1 + r_w^2 + \frac{13}{6} r_w \frac{sen(a_c)}{a_c} + \frac{1}{6} \frac{sen(2a_c)}{2a_c} \right] \\ & + U_c \cos(\varphi) U_w \left[\frac{19}{12} \frac{sen(a_c)}{a_c} + \frac{3}{2} r_w \frac{sen(2a_c)}{2a_c} \right] \Bigg\} \end{aligned} \tag{5.112}$$

$$\theta_{cw,mar} = \frac{1}{2}\frac{f_{cw}}{(s-1)gd_{50}}\left\{-[U_c\cos(\varphi)]^2 - \frac{U_w^2}{2}\left[1+r_w^2-\frac{13}{6}r_w\frac{sen(a_t)}{a_t}+\frac{1}{6}\frac{sen(2a_t)}{2a_t}\right] + U_c\cos(\varphi)U_w\left[\frac{19}{12}\frac{sen(a_t)}{a_t}-\frac{3}{2}r_w\frac{sen(2a_t)}{2a_t}\right]\right\} \quad (5.113)$$

com T_{wc} e T_{wt} dados por (5.114)

$$T_{wc} = \frac{T_w}{\pi}arccos\left(\frac{\sqrt{\Delta U}-1}{4r_w}\right) \text{ e } T_{wt} = T_w - T_{wc} \quad (5.114)$$

onde $\Delta U = 1-8(r_0-r_w)r_w$. Quando $r_w \le 0.25$, $T_{wc} = T_w$ se $r_0 \ge 1-r_w$ e $T_{wc} = 0$ se $r_0 \le -1-r_w$. Se $r_w > 0.25$, a teoria de Stokes de 2ª ordem produz uma "corcunda" devendo ser observado um valor mínimo, tornando-se necessárias algumas modificações para estes casos extremos, com

$$T_{wc} = \frac{T_w}{\pi}\left[\pi + arccos\left(\frac{\sqrt{\Delta U}-1}{4r_w}\right) - arccos\left(\frac{-\sqrt{\Delta U}-1}{4r_w}\right)\right] \quad (5.115)$$

- Abreu (2011)

Abreu (2011) calcula o caudal sólido transportado por arrastamento devido à ação de ondas através de (5.116)

$$q_{sa\_w}(t) = 12\sqrt{(s-)gd_{50}^3}\left[\theta_w(t)-\theta_{cr\_dec}\right]\sqrt{\theta_w(t)}\frac{u_*(t)}{|u_*(t)|} \quad (5.116)$$

com $\theta_w > \theta_{cr\_dec}$, sendo θ_{cr_dec} calculado pela expressão (5.28) e a velocidade de atrito $u_*(t)$ é dada por (5.117) (Nielsen, 1994)

$$u_*(t) = \sqrt{\frac{f_w}{2}}\left[cos(\varphi)u(t) + \frac{sen(\varphi)}{\omega}\frac{\partial u(t)}{\partial t}\right] \quad (5.117)$$

em que f_w é calculado por alguma das expressões (5.11) a (5.17) e $\omega = 2\pi/T$ é a frequência angular.

A partir da expressão (5.117) é calculada a tensão de atrito no fundo, $\tau(t)$, e o parâmetro de Shields, $\theta_w(t)$, dados por (5.118) e (5.119), respetivamente.

$$\tau(t) = \rho|u_*(t)|u_*(t) \quad (5.118)$$

$$\theta_w(t) = \frac{u_*^2(t)}{(s-1)gd_{50}} \quad (5.119)$$

• Abreu *et al.* (2013)

O caudal sólido transportado por arrastamento devido à ação de ondas é obtido pela expressão (5.116), sendo os valores da tensão de atrito no fundo, $\tau(t)$, e do parâmetro crítico de Shields, θ_{cr_dec}, calculados por (5.118) e (5.119), respetivamente; contudo, a velocidade de atrito $u_*(t)$ é agora dada por (5.120)

$$u_*(t) = \sqrt{\frac{f_w}{2}}\left\{cos(\varphi)u_\infty(t) + \frac{sen(\varphi)}{\omega}\left[\frac{\partial u_\infty(t)}{\partial t} - S(t,\phi,r)\right]\right\} \tag{5.120}$$

em que

$$u_\infty(t) = U_w f \frac{sen(\omega t) + \dfrac{r sen(\phi)}{1+f}}{1 - r\,cos(\omega t + \phi)} \tag{5.121}$$

onde $-1 < r < 1$ é um parâmetro que reflete o índice de não-linearidade (*skewness*) da onda ($r = 0$ para uma onda sinusoidal), ϕ é um parâmetro de forma da onda ($-\pi/2 \leq \phi \leq \pi/2$), e $f = \sqrt{1-r^2}$ é um fator que permite usar a amplitude da velocidade orbital, dada por $U_w = [max(u_\infty) - min(u_\infty)]/2$; a função $S(t,\phi,r)$ escreve-se

$$S(t,\phi,r) = \omega f U_w \frac{r[-(-1+f)cos(\phi) - 2r\,cos(\omega t) + (1+f)cos(2\omega t + \phi)]}{2(1+f)[-1 + r\,cos(\omega t + \phi)]^2} \tag{5.122}$$

• Ribberink *et al.* (2010), Van der A *et al.* (2013), Veen (2014)

Seja uma onda com a configuração representada na Figura 5.12

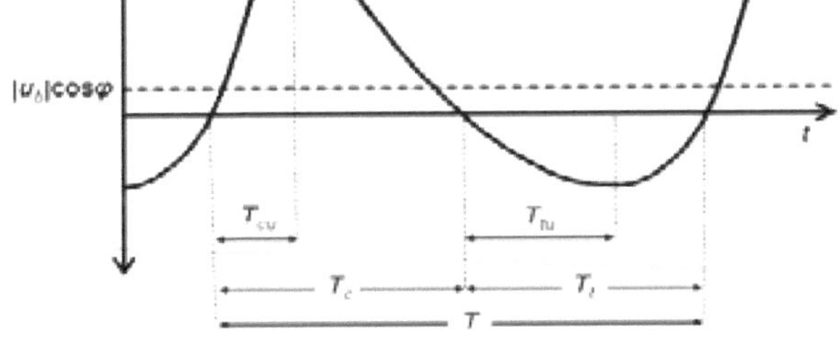

Figura 5.12 - Definição esquemática das séries temporais da velocidade na direção da onda (adaptada de Ribberink *et al.*, 2010).

Tendo presente a simbologia apresentada nesta figura, é proposta a seguinte expressão (5.123) para o cálculo do transporte por arrastamento devido à ação de ondas (Ribberink *et al.*, 2010; Van der A *et al.*, 2013; Veen, 2014)

$$\vec{q}_{sa\_w} = \sqrt{(s-1) g d_{50}^3} \times \frac{\sqrt{|\theta_c|} T_c \left(\Omega_{cc} + \frac{T_c}{2T_{cu}} \Omega_{tc} \right) \frac{\vec{\theta}_c}{|\theta_c|} + \sqrt{|\theta_t|} T_t \left(\Omega_{tt} + \frac{T_t}{2T_{tu}} \Omega_{ct} \right) \frac{\vec{\theta}_t}{|\theta_t|}}{T} \tag{5.123}$$

em que $\vec{q}_{sa\_w}$ é o volume de sedimentos transportado por unidade de tempo e por unidade de largura, θ é o parâmetro adimensional de Shields, com os índices c e t significando crista e cava, respetivamente, T é o período da onda, T_c é a duração do meio ciclo da crista, T_t é a duração do meio ciclo da cava, T_{cu} e T_{tu} são os períodos de aceleração do escoamento durante os meios ciclos da crista e da cava, respetivamente, Ω_{cc} e Ω_{tt} representam as cargas de sedimentos que são arrastados num meio ciclo e transportadas no meio ciclo da crista e no meio ciclo da cava, respetivamente, Ω_{tc} representa a carga de sedimentos que é arrastada pelo meio ciclo da cava e transportada durante o meio ciclo da crista, e Ω_{ct} é a carga de sedimentos que é arrastada no meio ciclo da crista e transportada durante o meio ciclo da cava.

A aplicação deste modelo no cálculo dos caudais efetivos de sedimentos transportados junto ao fundo requer basicamente três etapas. A primeira é a determinação das velocidades das partículas de água nos meios ciclos da crista e da cava e a velocidade orbital do ciclo completo, em segundo lugar é a determinação da tensão de atrito para cada meio ciclo e, finalmente, é o cálculo dos volumes de sedimentos arrastados nos meios ciclos por unidade de tempo e a partilha entre os meios ciclos.

A implementação do modelo começa por identificar os efeitos de atraso de fase devido à presença de rugas. Em especial durante a fase de aceleração, o escoamento na camada limite é muito turbulento, ocorrendo o contrário na fase de desaceleração, em que o escoamento é muito lento. Define-se o seguinte parâmetro P_i

$$P_i = \begin{cases} 9.3 \dfrac{h_r}{2(T_i - T_{iu}) W_{qi}}, & \text{se } h_r > 0 \text{ (rugas)} \\ 8.0 \dfrac{\delta_{si}}{2(T_i - T_{iu}) W_{qi}}, & \text{se } h_r = 0 \text{ (}\textit{sheetflow}\text{- fundo plano)} \end{cases} \tag{5.124}$$

em que $i = (c, t)$, h_r é a altura das rugas e δ_{si} é a espessura da camada limite em regime de *sheetflow* (fundo plano), calculada por (5.125)

$$\frac{\delta_{si}}{d_{50}} = \begin{cases} 25\hat{\theta}_i & \text{, se } d_{50} \leq 0.15 \text{ mm} \\ 25 - \dfrac{12(d_{50} - 0.15)}{0.05} & \text{, se } 0.15 < d_{50} < 0.20 \text{ mm} \\ 13\hat{\theta}_i & \text{, se } d_{50} \geq 0.20 \text{ mm} \end{cases} \tag{5.125}$$

onde $\hat{\theta}_i = \frac{\frac{1}{2} f_{w\delta_i} \hat{u}_i^2}{(s-1) g d_{50}}$ é o parâmetro de Shields, baseado na amplitude da velocidade $\hat{u}_i$, e

$f_{w\delta_i} = \alpha f_\delta + (1-\alpha) f_{wi}$, com $\alpha = \frac{u_\delta}{u_\delta + \hat{u}}$, $f_\delta = 2\left[\frac{0.40}{ln(30\delta / k_{s\delta})}\right]$ e $k_{s\delta} \approx d_{50}$, $i = (c, t)$.

O montante de sedimentos que é transportado num meio ciclo e a quantidade de sedimentos em suspensão que resta para ser transportada no meio ciclo seguinte são determinados pelo valor do parâmetro de atraso de fase para o meio ciclo, P_i, como se segue.

$$\Omega_{cc} = \begin{cases} \Omega_c \text{ , se } P_c \leq 1 \\ \frac{1}{P_c}\Omega_c \text{ , se } P_c > 1 \end{cases} \tag{5.126}$$

$$\Omega_{ct} = \begin{cases} 0 \quad \text{ , se } P_c \leq 1 \\ \left(1 - \frac{1}{P_c}\right)\Omega_c \text{ , se } P_c > 1 \end{cases} \tag{5.127}$$

$$\Omega_{tt} = \begin{cases} \Omega_t \text{ , se } P_t \leq 1 \\ \frac{1}{P_t}\Omega_t \text{ , se } P_t > 1 \end{cases} \tag{5.128}$$

$$\Omega_{tc} = \begin{cases} 0 \quad \text{ , se } P_t \leq 1 \\ \left(1 - \frac{1}{P_t}\right)\Omega_t \text{ , se } P_t > 1 \end{cases} \tag{5.129}$$

em que

$$\Omega_c = \begin{cases} 0 \quad \text{ , se } |\theta_c| \leq \theta_{cr} \\ m\left(|\theta_c| - \theta_{cr}\right)^n \text{ , se } |\theta_c| > \theta_{cr} \end{cases} \tag{5.130}$$

$$\Omega_t = \begin{cases} 0 \quad \text{ , se } |\theta_t| \leq \theta_{cr} \\ m\left(|\theta_t| - \theta_{cr}\right)^n \text{ , se } |\theta_t| > \theta_{cr} \end{cases} \tag{5.131}$$

em que $m = 9.41$ e $n = 1.20$ são coeficientes de calibração e o parâmetro crítico de Shields, θ_{cr}, é calculado por (5.49).

5.5 Formas sedimentares e evolução de fundos móveis

O transporte de sedimentos na zona costeira é determinado por diferentes processos hidrodinâmicos associados à ondulação e às correntes médias. O transporte de sedimentos ocorre fundamentalmente em dois modos: transversalmente, ou transporte transversal, sensivelmente perpendicular à linha de costa, e longitudinalmente, ou transporte longitudinal, globalmente paralelo à linha de costa.

O transporte de sedimentos transversal resulta da ação conjunta do movimento oscilatório da água associado à ondulação, cuja direção de propagação é, de um modo geral, perpendicular à costa, e das correntes médias fundamentalmente com a mesma direção.

O transporte longitudinal resulta da ação de correntes médias com direção basicamente paralela à linha de costa, associadas à propagação da onda de maré, à rebentação das ondas e ao movimento oscilatório da água junto ao fundo promovendo a contínua ressuspensão de sedimentos e os consequentes transportes deste material em suspensão e por arrastamento, junto ao fundo.

O transporte é determinado pelos processos que ocorrem na camada limite gerada pela interação do escoamento com o fundo, que pode ou não apresentar estruturas sedimentares (ondulações de maior ou menor dimensão, em particular rugas). A existirem, as ondulações geradas no fundo são um produto do transporte local de sedimentos, podendo então concluir-se que o processo de transporte sedimentar depende de três componentes que interagem entre si: as características dos sedimentos móveis, o forçador hidrodinâmico e as formas de fundo, que se inter-relacionam de forma complexa; a Figura 5.13 ilustra esta tríade.

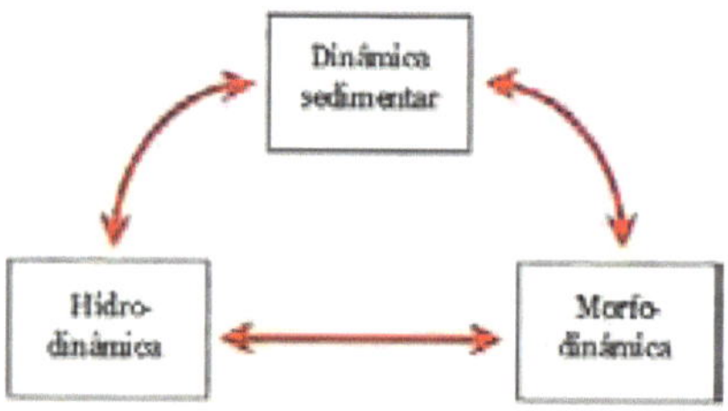

Figura 5.13 - Tríade sedimentar mostrando a interação entre o forçador hidrodinâmico, a morfodinâmica e a dinâmica sedimentar.

As formas no fundo, como se observam na Figura 5.14, modificam o escoamento e o transporte de sedimentos, em especial os sedimentos em suspensão, porque os vórtices induzidos e os declives do fundo geram velocidades verticais significativas. Estas velocidades colocam muitos grãos de areia em suspensão e alteram o perfil de equilíbrio da concentração de sedimentos.

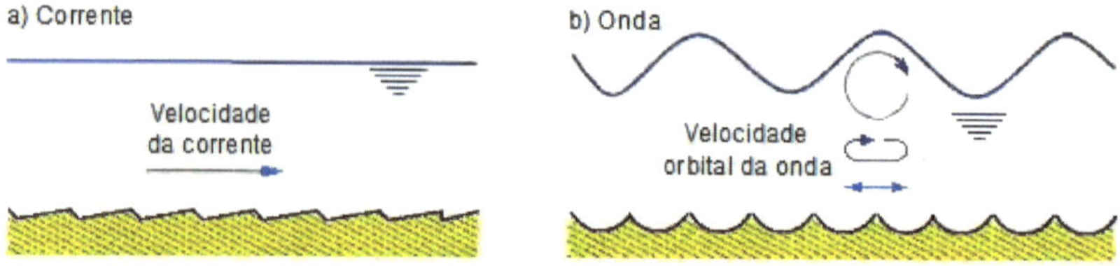

Figura 5.14 - Rugas geradas no fundo por a) corrente e b) ondas (adaptada de Camenen e Larson, 2007a).

Tipicamente, as rugas formadas por ação de ondas regulares têm comprimentos de onda, λ_r, da ordem de $1.33A$ para $\Psi < 20$, em que A é a semi-excursão da partícula de fluido induzida pela onda, ou amplitude orbital do fluido imediatamente acima da camada limite, e Ψ é o número de mobilidade; ainda para ondas regulares, Nielsen (1994) sugere (5.132)

$$\frac{\lambda_r}{A} = 2.2 - 0.345\,\Psi^{0.34}\ ,\ \text{com}\ 2 < \Psi < 230 \tag{5.132}$$

em que $\Psi = \dfrac{(A\omega)^2}{(s-1)gd_{50}} = \dfrac{(A2\pi/T)^2}{(s-1)gd_{50}}$ e $A = \dfrac{H}{2}\dfrac{1}{senh(2\pi h/L)}$ assumindo válida a teoria linear.

Para ondas irregulares, Nielsen (1994) e outros sugerem a igualdade (5.133)

$$\frac{\lambda_r}{A} = exp\left(\frac{693 - 0.57\,ln^8\,\Psi}{1000 + 0.75\,ln^7\,\Psi}\right) \tag{5.133}$$

Baseado em observações de campo, Nielsen (1994) propõe a seguinte expressão (5.134) para a declividade das rugas produzidas por ondas regulares, em que h_r é a altura das rugas

$$\frac{h_r}{\lambda_r} = \begin{cases} 0.275 - 0.022\sqrt{\Psi}\ , & \text{para}\ \Psi < 156 \\ 0 & ,\ \text{para}\ \Psi > 156 \end{cases} \tag{5.134}$$

e para ondas irregulares sugere (5.135)

$$\frac{h_r}{\lambda_r} = 21\,\Psi^{-1.85}\ ,\ \Psi > 10 \tag{5.135}$$

Para rugas geradas por correntes, Camenen e Larson (2007a) apresentam as seguintes expressões aproximadas (5.136) para o comprimento, λ_{rc}, e a altura, h_{rc}, das rugas em função da granulometria, d_{50}

$$\lambda_{rc} \approx 1000\,d_{50}\ ;\ h_{rc} \approx \lambda_{rc}/7 \tag{5.136}$$

Outras expressões para o cálculo da altura e do comprimento das rugas são apresentadas em Van der A *et al.* (2013); são as seguintes

$$\frac{h_r}{\hat{a}} = m_{h_r} n_{h_r}\left(0.275 - 0.022\hat{\psi}^{0.42}\right) \tag{5.137}$$

$$\frac{\lambda}{\hat{a}} = m_\lambda n_\lambda\left(1.97 - 0.44\hat{\psi}^{0.21}\right) \tag{5.138}$$

nas quais $\hat{a} = \hat{u}T/(2\pi)$, representando $\hat{u}$ a amplitude da velocidade orbital, e

$$m_{h_r} = \begin{cases} 0.55 & \text{, se } d_{50} \leq 0.22\,\text{mm} \\ 0.55 + \dfrac{0.45(d_{50} - 0.22)}{0.08} & \text{, se } 0.22 \leq d_{50} < 0.30\,\text{mm} \\ 1 & \text{, se } d_{50} \geq 0.30\,\text{mm} \end{cases} \quad (5.139)$$

$$m_{\lambda} = \begin{cases} 0.73 & \text{, se } d_{50} \leq 0.22\,\text{mm} \\ 0.73 + \dfrac{0.27(d_{50} - 0.22)}{0.08} & \text{, se } 0.22 \leq d_{50} < 0.30\,\text{mm} \\ 1 & \text{, se } d_{50} \geq 0.30\,\text{mm} \end{cases} \quad (5.140)$$

com $\hat{\psi} = max(\hat{\psi}_c, \hat{\psi}_t)$ para ondas regulares, enquanto o número máximo de mobilidade na crista ou na cava é definido como $\hat{\psi}_i = \hat{u}_i^2 / [(s-1)gd_{50}]$, e como $\hat{\psi} = \psi_{1/10} = \hat{u}_{1/10}^2 / [(s-1)gd_{50}]$ para ondas irregulares, sendo $\hat{u}_{1/10}$ a média de 1/10 das velocidades orbitais, ou $\hat{u}_{1/10} \approx 1.27\hat{u}$.

Para evitar descontinuidades nas previsões de transporte são introduzidos os parâmetros n_{h_r} e n_{λ}, dados por (5.141)

$$n_{h_r} = n_{\lambda} = \begin{cases} 1 & \text{, se } \hat{\psi} \leq 190 \\ \dfrac{1}{2}\left[1 + cos\left(\pi \dfrac{\hat{\psi} - 190}{50}\right)\right] & \text{, se } 190 < \hat{\psi} < 240 \\ 0 & \text{, se } \hat{\psi} \geq 240 \end{cases} \quad (5.141)$$

Para dunas, igualmente geradas por correntes, Camenen e Larson (2007a) propõem as expressões aproximadas (5.142), em função da altura do escoamento h

$$\lambda_d \approx 7h \; ; \; h_d \approx 0.07\lambda_d \quad (5.142)$$

Observando o perfil de uma praia na direção perpendicular à costa desde o ponto em que o efeito da ondulação se faz sentir no fundo, ou seja, desde a profundidade a partir da qual o perfil de praia sofre modificações significativas, ponto este designado por *profundidade de fecho*, até ao limite da praia, constatamos que existem estruturas sedimentares caracterizadas por diferentes formas e escalas espaciais. Sobre as estruturas de maior escala, como as barras litorais e as megarugas, a distribuição de sedimentos em suspensão está relacionada com a camada limite que se desenvolve junto ao fundo sob a ação do escoamento e cuja espessura é muito menor que a escala característica dessas formas.

Nestas condições, e no que diz respeito ao transporte de sedimentos, podemos considerar que o fundo se apresenta localmente como plano. Contudo, as barras litorais modificam o regime de ondulação através dos fenómenos da rebentação, refração e reflexão, pelo que têm importância no transporte sedimentar a uma escala espacial superior. As pequenas estruturas sedimentares, como as rugas, determinam a estrutura da camada limite e a intensidade da turbulência junto ao fundo, pelo que têm uma influência direta nos mecanismos de suspensão e de transporte de sedimentos (Silva *et al.*, 1999).

Como se verifica na Figura 5.15 (Ourmières, 2003), na presença de rugas observa-se um fenómeno de separação do escoamento, com início junto à crista da ruga e, no caso apresentado, formação de um vórtice que atinge a sua maior expressão sensivelmente na posição central, entre as duas cristas.

Os resultados numéricos apresentados nesta figura foram obtidos com um modelo 2DV de camada limite igualmente função das variáveis vorticidade (ω) e função de corrente (ψ), escritas em coordenadas ortogonais (ξ,η), usando a transformação dada por (5.143) - (5.144)

$$x = \xi - \frac{h_r}{2} e^{-k_r \eta} sen\left(k_r \xi\right) \tag{5.143}$$

$$z = \eta + \frac{h_r}{2} e^{-k_r \eta} cos\left(k_r \xi\right) \tag{5.144}$$

em que h_r é a altura da ruga e k_r é o número de onda da ruga, ambos adimensionais.

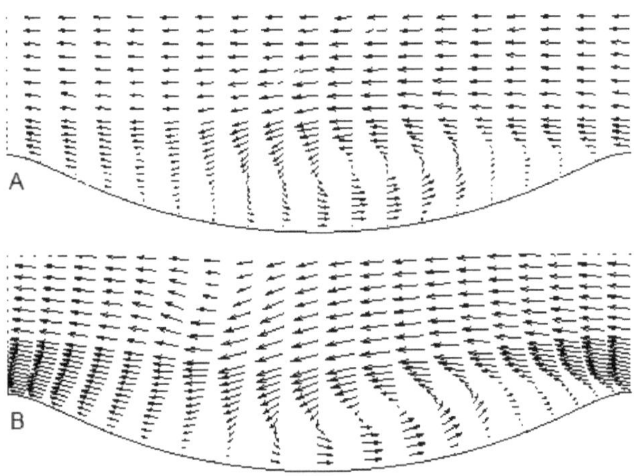

Figura 5.15 - Comparação de campos de velocidades entre duas cristas de uma ruga: A - Dados experimentais; B - Resultados numéricos (adaptada de Ourmières, 2003).

No domínio retangular, em termos das coordenadas (ξ,η), as equações para as variáveis ω e ψ escrevem-se (Ourmières, 2003)

$$\frac{\partial \omega}{\partial t} = \frac{R_\delta}{2J}\left(-\frac{\partial \psi}{\partial \eta}\frac{\partial \omega}{\partial \xi} + \frac{\partial \psi}{\partial \xi}\frac{\partial \omega}{\partial \eta}\right) + \frac{1}{2J}\left(\frac{\partial^2 \omega}{\partial \xi^2} + \frac{\partial^2 \omega}{\partial \eta^2}\right) \tag{5.145}$$

$$J\omega = -\frac{\partial^2 \psi}{\partial \xi^2} - \frac{\partial^2 \psi}{\partial \eta^2} \tag{5.146}$$

em que J é a transformação Jacobiana, a qual, atendendo às funções (5.143) e (5.144), é neste caso calculada por (5.147)

$$J = \frac{\partial(x,z)}{\partial(\xi,\eta)} = 1 + \frac{1}{4} h_r^2 k_r^2 e^{-2k_r\eta} - h_r k_r e^{-k_r\eta} \cos(k_r\xi) \tag{5.147}$$

Atendendo a que

$$\frac{\partial\xi}{\partial x} = \frac{\partial\eta}{\partial z} = \frac{1}{J}\frac{\partial x}{\partial\xi} = \frac{1}{J}\frac{\partial z}{\partial\eta} \tag{5.148}$$

$$\frac{\partial\xi}{\partial z} = -\frac{\partial\eta}{\partial x} = -\frac{1}{J}\frac{\partial x}{\partial\eta} = \frac{1}{J}\frac{\partial z}{\partial\xi} \tag{5.149}$$

as componentes da velocidade (u,v) são calculadas por (5.150) e (5.151)

$$u = \frac{\partial\psi}{\partial\xi}\frac{\partial\xi}{\partial z} + \frac{\partial\psi}{\partial\eta}\frac{\partial\eta}{\partial z} = \frac{1}{J}\left(\frac{\partial\psi}{\partial\xi}\frac{\partial z}{\partial\xi} + \frac{\partial\psi}{\partial\eta}\frac{\partial x}{\partial\xi}\right) \tag{5.150}$$

$$v = -\frac{\partial\psi}{\partial\eta}\frac{\partial\eta}{\partial x} - \frac{\partial\psi}{\partial\xi}\frac{\partial\xi}{\partial x} = \frac{1}{J}\left(\frac{\partial\psi}{\partial\eta}\frac{\partial z}{\partial\xi} - \frac{\partial\psi}{\partial\xi}\frac{\partial x}{\partial\xi}\right) \tag{5.151}$$

Tendo presente o sistema de coordenadas (5.143) e (5.144), os parâmetros $\frac{\partial x}{\partial\xi}$ e $\frac{\partial z}{\partial\xi}$ são dados por (5.152) e (5.153)

$$\frac{\partial x}{\partial\xi} = 1 - \frac{k_r h_r}{2} e^{-k_r\eta} \cos(k_r\xi) \tag{5.152}$$

$$\frac{\partial z}{\partial\xi} = -\frac{k_r h_r}{2} e^{-k_r\eta} sen(k_r\xi) \tag{5.153}$$

No essencial, as equações para as varáveis ω e ψ são resolvidas por um método de diferenças finitas, com diferenças centradas em espaço. Para a equação (5.145) obtém-se a seguinte equação na forma discreta (5.154)

$$\omega_{i,j}^{t+\Delta t} = \omega_{i,j}^{t} + \Delta t[A] \tag{5.154}$$

em que $[A]$ é a forma discreta de todos os termos do membro da direita da equação (5.145).
A forma discreta da equação de Poisson (5.146) escreve-se

$$J\omega_{i,j} = -\left(\frac{\psi_{i+1,j} - 2\psi_{i,j} + \psi_{i-1,j}}{(\Delta\xi)^2} + \frac{\psi_{i,j+1} - 2\psi_{i,j} + \psi_{i,j-1}}{(\Delta\eta)^2}\right) \tag{5.155}$$

Por conseguinte, trata-se de um modelo 2DV idêntico ao descrito no capítulo 2 e com a discretização das equações apresentada no **Anexo I**.

O comportamento de separação e consequente formação de um ou mais vórtices está associado a importantes transformações energéticas do escoamento e à ressuspensão de sedimentos na camada limite, como se observa nas imagens da Figura 5.15 e no resultado numérico apresentado na Figura 5.16. Estes resultados foram obtidos com o modelo 2DV de *Uma*-Equação, cuja formulação matemática é idêntica à apresentada no capítulo 2.

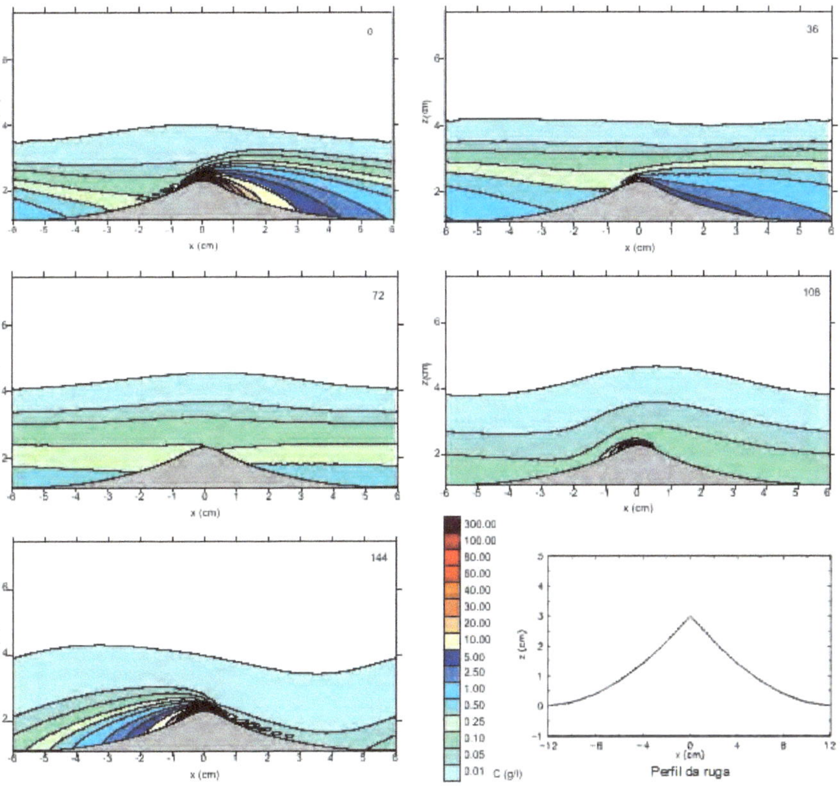

Figura 5.16 - Distribuição espacial da concentração de sedimentos calculada nas fases: 0°, 36°, 72°, 108° e 144°, e o perfil da ruga simulada (adaptada de Silva *et al.*, 1999).

Por conseguinte, a evolução do perfil de uma praia está fortemente dependente dos processos que ocorrem na camada limite de fundo, onde os fenómenos de interação entre o sedimento e o escoamento ocorrem na escala temporal da onda.

Um conhecimento profundo dos processos físicos que ocorrem numa camada limite de fundo gerada sob a ação de ondas, e/ou ondas e corrente, sobre um fundo com rugas, só é possível através de modelação física com recurso a instalações e a equipamento muito sofisticado e/ou a simulações numéricas recorrendo a modelos de camada limite turbulenta oscilatória.

5.6 Formulações matemática e numérica da equação de conservação dos sedimentos

As alterações morfodinâmicas produzidas no nível do fundo são regidas pela equação de conservação da massa de sedimentos, também conhecida por *equação de Exner*, a qual, a duas dimensões no plano horizontal (2DH), pode escrever-se na forma (5.156)

$$(1-p)\frac{\partial \xi}{\partial t}+\frac{\partial q_{sx}}{\partial x}+\frac{\partial q_{sy}}{\partial y}=0 \tag{5.156}$$

em que ξ representa cotas do fundo, q_{sx} e q_{sy} são caudais de sedimentos, segundo x e y, transportados por unidade de largura devidos à ação de escoamentos produzidos por uma corrente, por ondas ou por qualquer combinação de ondas e corrente, cujas formulações foram apresentadas na secção 5.4.

Em geral, as formulações deduzidas para o cálculo dos caudais sólidos são pontuais e não consideram explicitamente os efeitos das irregularidades, ou do declive do fundo. Uma das poucas exceções é a equação (5.72). Tendo presentes a generalidade das formulações deduzidas para o cálculo dos caudais sólidos transportados, o modelo de Bailard (1981) sugere o uso de uma formulação ligeiramente diferente para a equação de conservação da massa de sedimentos, escrevendo-se (5.157)

$$(1-p)\frac{\partial \xi}{\partial t}+\frac{\partial q'_{sx}}{\partial x}+\frac{\partial q'_{sy}}{\partial y}=0 \tag{5.157}$$

com

$$q'_{sx}=q_{sa}+q_{ss}-\left(\varepsilon'_a|q_{sa}|+\varepsilon'_s|q_{ss}|\right)\frac{\partial \xi}{\partial x} \tag{5.158}$$

$$q'_{sy}=q_{sa}+q_{ss}-\left(\varepsilon'_a|q_{sa}|+\varepsilon'_s|q_{ss}|\right)\frac{\partial \xi}{\partial y} \tag{5.159}$$

Nas equações (5.158) e (5.159), os últimos termos do 2º membro representam o efeito de declive do fundo. Substituindo estas equações em (5.157) resulta a equação (5.160)

$$\begin{aligned}(1-p)\frac{\partial \xi}{\partial t}&+\frac{\partial}{\partial x}\left[q_{sa}+q_{ss}-\left(\varepsilon'_a|q_{sa}|+\varepsilon'_s|q_{ss}|\right)\frac{\partial \xi}{\partial x}\right]\\&+\frac{\partial}{\partial y}\left[q_{sa}+q_{ss}-\left(\varepsilon'_a|q_{sa}|+\varepsilon'_s|q_{ss}|\right)\frac{\partial \xi}{\partial y}\right]=0\end{aligned} \tag{5.160}$$

Considerando a versão unidimensional da equação (5.72), seja segundo x, obtém-se (5.161) para um escoamento com velocidade u

$$\begin{aligned}\langle q_{st}\rangle = \frac{c_a}{g(s-1)}\Bigg[&\frac{\varepsilon_a}{tan\phi}\left(\langle |u|^2 u\rangle - \frac{tan\beta}{tan\phi}\langle |u|^3\rangle\right)\\ &+\frac{\varepsilon_s}{W_q}\left(\langle |u|^3 u\rangle - \frac{\varepsilon_s}{W_q} tan\beta\,\langle |u|^5\rangle\right)\Bigg]\end{aligned} \quad (5.161)$$

De acordo com a expressão (5.161), os caudais sólidos transportados por arrastamento $\langle q_{sa}\rangle$ e em suspensão $\langle q_{ss}\rangle$ escrevem-se

$$\begin{aligned}&\langle q_{sa}\rangle = \frac{c_a}{g(s-1)}\frac{\varepsilon_a}{tan\phi}\langle |u|^2 u\rangle\\ &\qquad \Rightarrow \langle q'_{sa}\rangle = \langle q_{sa}\rangle - \frac{1}{tan\phi}\langle |q_{sa}|\rangle tan\beta\end{aligned} \quad (5.162)$$

$$\begin{aligned}&\langle q_{ss}\rangle = \frac{c_a}{g(s-1)}\frac{\varepsilon_s}{W_q}\langle |u|^3 u\rangle\\ &\qquad \Rightarrow \langle q'_{ss}\rangle = \langle q_{ss}\rangle - \varepsilon_s\frac{|u|}{W_q}\langle |q_{ss}|\rangle tan\beta\end{aligned} \quad (5.163)$$

Dado que $q'_{sx} = \langle q'_{sa}\rangle + \langle q'_{ss}\rangle$ e $tan\,\beta = \dfrac{\partial\xi}{\partial x}$, com $\varepsilon'_a = \dfrac{1}{tan\phi}$ e $\varepsilon'_s = \varepsilon_s\dfrac{|u|}{W_q}$, adicionando as equações (5.162) e (5.163) reencontramos a expressão (5.158).

Por conseguinte, em alternativa à correção da tensão crítica determinada com fundo horizontal (θ_{cr}) para o início do movimento de sedimentos, de modo a ter em conta o declive do fundo, como traduzido por (5.28), este mesmo efeito poderá ser considerado na equação de conservação da massa de sedimentos com a formulação (5.160).

Diferentes esquemas poderão ser usados para discretizar a equação (5.157), sendo particularmente recomendado o esquema de Euler-WENO, apresentado no **Anexo III** para o caso unidimensional (1DH). O uso deste esquema para atualizar as cotas do fundo no instante $t + \Delta t$ conduz a (5.164)

$$\begin{aligned}&\frac{\xi^{n+1} - \xi^n}{\Delta t} + \frac{1}{1-p}\frac{\hat{q}'_{xi+1/2} - \hat{q}'_{xi-1/2}}{\Delta x}\\ &\qquad + \frac{1}{1-p}\frac{\hat{q}'_{yj+1/2} - \hat{q}'_{yj-1/2}}{\Delta y} = O(\Delta t, \Delta x^5, \Delta y^5)\end{aligned} \quad (5.164)$$

em que (i, j) são pontos da malha, $\hat{q}'_x$ e $\hat{q}'_y$ são as componentes x e y dos caudais de sedimentos transportados em conformidade com o esquema WENO em $(i \pm 1/2, j)$ e $(i, j \pm 1/2)$, respetivamente.

Este mesmo esquema permite obter uma precisão temporal mais elevada, da $O(\Delta t^2)$, recorrendo a três instantes temporais, em conformidade com os dois passos seguintes

- *Passo 1*

$$\begin{aligned}&\frac{\xi_{i,j}^{n+1/2}-\xi_{i,j}^{n}}{\Delta t/2}+\frac{1}{1-p}\frac{\hat{q}'_x\left(q'_{x0},\xi_i^n\right)_{i+1/2,j}^n-\hat{q}'_x\left(q'_{x0},\xi_i^n\right)_{i-1/2,j}^n}{\Delta x}\\&+\frac{1}{1-p}\frac{\hat{q}'_y\left(q'_{y0},\xi_i^n\right)_{i,j+1/2}^n-\hat{q}'_y\left(q'_{y0},\xi_i^n\right)_{i,j-1/2}^n}{\Delta y}\\&=O\left(\Delta t^2,\Delta x^5,\Delta y^5\right)\end{aligned}\tag{5.165}$$

- *Passo 2*

$$\begin{aligned}&\frac{\xi_{i,j}^{n+1}-\xi_{i,j}^{n}}{\Delta t}+\frac{1}{1-p}\frac{\hat{q}'_x\left(q'_{x0},\xi_i^{n+1/2}\right)_{i+1/2,j}^{n+1/2}-\hat{q}'_x\left(q'_{x0},\xi_i^{n+1/2}\right)_{i-1/2,j}^{n+1/2}}{\Delta x}\\&+\frac{1}{1-p}\frac{\hat{q}'_y\left(q'_{y0},\xi_i^{n+1/2}\right)_{i,j+1/2}^{n+1/2}-\hat{q}'_y\left(q'_{y0},\xi_i^{n+1/2}\right)_{i,j-1/2}^{n+1/2}}{\Delta y}\\&=O\left(\Delta t^2,\Delta x^5,\Delta y^5\right)\end{aligned}\tag{5.166}$$

A aplicação do esquema WENO-Euler junto às fronteiras obriga ao conhecimento de pontos exteriores ao domínio de cálculo. Assim, para um domínio retangular periódico de $M\times N$ pontos, segundo x e y, respetivamente, nos pontos $i=-2$, $i=-1$ e $i=0$ (à esquerda), ou $i=M+1$, $i=M+2$ e $i=M+3$ (à direita) deverão ser assumidas condições periódicas, isto é, considerando a entrada do escoamento no domínio segundo x, para os ponto à esquerda dever-se-ão considerar $q_{xM-2,j}$, $q_{xM-1,j}$ e $q_{xM,j}$ e, de igual modo, para os pontos à direita ter-se-ão $q_{x1,j}$, $q_{x2,j}$ e $q_{x3,j}$.

Para condições de entrada do escoamento segundo y, a metodologia é em tudo semelhante, considerando agora condições periódicas segundo y, para q_y (em $j=-2, j=-1$ e $j=0$, bem como em $j=N+1$, $j=N+2$, $j=N+3$).

Uma vez que são assumidas condições periódicas para o escoamento e, por conseguinte, para os caudais de sedimentos transportados, a batimetria com cotas ξ será igualmente periódica segundo a direção de propagação do escoamento.

5.7 Estrutura computacional e aplicação

5.7.1 Composição e funcionamento

Um modelo de simulação da morfodinâmica costeira é fundamentalmente constituído por três módulos: o módulo de simulação da hidrodinâmica (ondas e correntes); o módulo de cálculo dos caudais sólidos (arrastamento e suspensão), e o módulo de cálculo da evolução do fundo e atualização da batimetria. Os submodelos incluídos em cada módulo interagem sequencialmente, como mostrado na Figura 5.17 a) e b).

Esta figura distingue dois procedimentos distintos na forma de avaliar a hidrodinâmica. Em a) é usado um modelo de ondas, a que se segue o cálculo das tensões de radiação para, em seguida, serem introduzidas num modelo de correntes, considerando assim o efeito das ondas, ou seja *o excesso da quantidade de movimento devido às ondas*, nas componentes médias da velocidade do escoamento (U, V). Em b) é calculado o campo estacionário da velocidade (corrente), o qual é diretamente introduzido num modelo de ondas e assim obter as componentes finais da velocidade do escoamento resultantes da interação ondas-corrente.

Em qualquer dos casos, a hidrodinâmica é atualizada após cada conjunto de uma dezena ou mesmo muito mais períodos da onda, sendo esta opção função das alterações batimétricas. Como critério, poderá ser aceitável manter a mesma hidrodinâmica (ondas e corrente) enquanto as alterações locais da batimetria não ultrapassarem cerca de 1% da profundidade. Por conseguinte, a batimetria poderá ser sucessivamente atualizada durante um período de tempo suficientemente alargado, sem necessidade de atualizar a hidrodinâmica, e daí o subciclo interno mostrado na Figura 5.17.

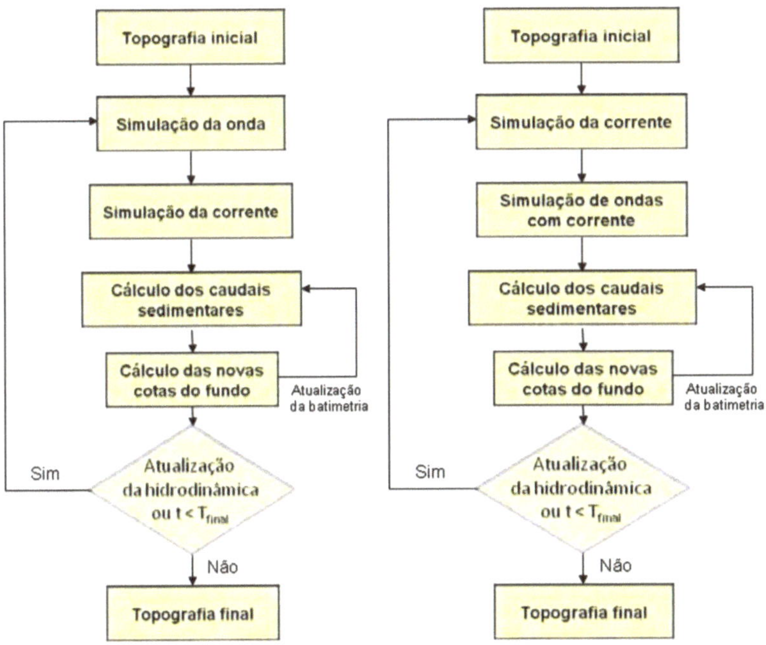

a) Ondas + campo médio com interação da onda. b) Campo estacionário + ondas com interação da corrente.

Figura 5.17 - Procedimento de modelação da morfodinâmica costeira.

O módulo da hidrodinâmica poderá compreender as soluções A e B que se seguem.

A - Ondas + campo da velocidade média (corrente) com interação da onda

- ***Modelos de ondas***

Modelo linear para grandes superfícies, em particular em condições de águas profundas e até águas intermédias, sendo frequente o uso de um modelo de ondas de pequena amplitude para declives suaves do tipo (5.167) (Antunes do Carmo e Seabra Santos, 2002)

$$\frac{\partial}{\partial x}\left(cc_g\frac{\partial\bar{\varsigma}}{\partial x}\right)+\frac{\partial}{\partial y}\left(c\,c_g\frac{\partial\bar{\varsigma}}{\partial y}\right)+\frac{c_g}{c}\omega^2\bar{\varsigma}+i\omega W\bar{\varsigma}=0 \tag{5.167}$$

em que $\bar{\varsigma}=\bar{\varsigma}(x,y)$ é uma função complexa incluindo tanto a amplitude como a fase de elevação da superfície livre, c e c_g são a celeridade de fase de Airy e a celeridade de grupo, e ω é a frequência angular da onda. W é o quociente entre a dissipação de energia por unidade de área e por unidade de tempo e a energia por unidade de área. A aproximação linear para o campo de velocidades escreve-se

$$u=-i\frac{g}{\omega}\frac{\partial\bar{\varsigma}}{\partial x}\;;\quad v=-i\frac{g}{\omega}\frac{\partial\bar{\varsigma}}{\partial y} \tag{5.168}$$

Modelo não-linear para águas pouco profundas, de que é exemplo um modelo do tipo Boussinesq estendido a condições de águas intermédias (5.169)

$$\begin{aligned}
&\frac{\partial h}{\partial t}+\frac{\partial(hu)}{\partial x}+\frac{\partial(hv)}{\partial y}=0\\[2ex]
&\frac{\partial u}{\partial t}+u\frac{\partial u}{\partial x}+v\frac{\partial u}{\partial y}+g\frac{\partial\varsigma}{\partial x}-\gamma\left[\frac{h_0^2}{3}\left(\frac{\partial^3u}{\partial x^2\partial t}+\frac{\partial^3v}{\partial x\partial y\partial t}\right)+h_0\frac{\partial\xi}{\partial x}\frac{\partial^2u}{\partial x\partial t}\right]\\
&\quad+\gamma\frac{h_0}{2}\left(\frac{\partial^2\xi}{\partial x^2}\frac{\partial u}{\partial t}+\frac{\partial\xi}{\partial y}\frac{\partial^2v}{\partial x\partial t}+\frac{\partial\xi}{\partial x}\frac{\partial^2v}{\partial y\partial t}+\frac{\partial^2\xi}{\partial x\partial y}\frac{\partial v}{\partial t}\right)\\
&\quad-\frac{\tau_{sx}}{\rho h}+\frac{\tau_{fx}}{\rho h}-R_{bx}=0\\[2ex]
&\frac{\partial v}{\partial t}+u\frac{\partial v}{\partial x}+v\frac{\partial v}{\partial y}+g\frac{\partial\varsigma}{\partial y}-\gamma\left[\frac{h_0^2}{3}\left(\frac{\partial^3u}{\partial x\partial y\partial t}+\frac{\partial^3v}{\partial y^2\partial t}\right)+h_0\frac{\partial\xi}{\partial y}\frac{\partial^2v}{\partial y\partial t}\right]\\
&\quad+\gamma\frac{h_0}{2}\left(\frac{\partial^2\xi}{\partial y^2}\frac{\partial v}{\partial t}+\frac{\partial\xi}{\partial y}\frac{\partial^2u}{\partial x\partial t}+\frac{\partial\xi}{\partial x}\frac{\partial^2u}{\partial y\partial t}+\frac{\partial^2\xi}{\partial x\partial y}\frac{\partial u}{\partial t}\right)\\
&\quad-\frac{\tau_{sy}}{\rho h}+\frac{\tau_{fy}}{\rho h}-R_{by}=0
\end{aligned} \tag{5.169}$$

em que τ_{sy} e τ_{fy} representam tensões de atrito na superfície livre (devido ao vento, por exemplo) e no fundo, os termos R_{bx} e R_{by} representam os efeitos de rebentação da onda, e γ é um parâmetro função da profundidade local e do comprimento de onda, com valor unitário para água pouco profunda ($h/L<0.05$).

Entre os modelos de ondas do mesmo tipo incluem-se o WACUP, e outros com melhores características dispersivas como o BOUSS-2D, o FUNWAVE e o COULWAVE. No capítulo 4, secção 4.8.2, foram apresentadas descrições relativamente detalhadas destes modelos, junto com exemplos de aplicação.

Uma vez calculado o campo de ondas, tem-se em conta *o excesso da quantidade de movimento devido às ondas* no modelo de simulação do campo estacionário (corrente) através das tensões de radiação S_{xx} e S_{yy}; as correspondentes formulações resultantes da teoria linear escrevem-se

$$S_{xx} = E\left[\frac{2kh}{senh(2kh)} + \frac{1}{2}\right] \tag{5.170}$$

$$S_{yy} = E\left[\frac{kh}{senh(2kh)}\right] \tag{5.171}$$

em que $E = (1/8)\rho g H^2$ é a energia da onda, sendo H a altura da onda e $k = 2\pi/L$ o número de onda.

No caso mais geral, para uma onda progressiva que se propaga com um ângulo α relativamente ao eixo x, e atendendo a que $n = c_g/c = 0.5\left[1 + 2kh/senh(2kh)\right]$, as tensões S_{xx} e S_{yy} são modificadas e têm as seguintes formas (5.172) e (5.173) (Dean e Dalrymple, 1984)

$$S_{xx} = E\left\{n\left[cos^2(\alpha)+1\right]-\frac{1}{2}\right\} \tag{5.172}$$

$$S_{yy} = E\left\{n\left[sen^2(\alpha)+1\right]-\frac{1}{2}\right\} \tag{5.173}$$

Neste caso há duas componentes adicionais S_{xy} e S_{yx}, que têm a seguinte forma (5.174)

$$S_{xy} = S_{yx} = \frac{E}{2} n\, sen(2\alpha) \tag{5.174}$$

- ***Modelo de campo médio da velocidade (corrente) com interação da onda*** (Antunes do Carmo e Seabra Santos, 2002)

$$\begin{aligned}
&\frac{\partial \varsigma}{\partial t} + \frac{\partial}{\partial x}(u_c h) + \frac{\partial}{\partial y}(v_c h) = 0 \\
&\frac{\partial u_c}{\partial t} + u_c \frac{\partial u_c}{\partial x} + v_c \frac{\partial u_c}{\partial y} + g\frac{\partial \varsigma}{\partial x} \\
&\qquad - \frac{\tau_{sx}}{\rho h} + \frac{\tau_{fx}}{\rho h} - f v_c = -\frac{1}{\rho h}\left(\frac{\partial S_{xx}}{\partial x} + \frac{\partial S_{yx}}{\partial y}\right)
\end{aligned} \tag{5.175}$$

$$\frac{\partial v_c}{\partial t}+u_c\frac{\partial v_c}{\partial x}+v_c\frac{\partial v_c}{\partial y}+g\frac{\partial \varsigma}{\partial y}$$

$$-\frac{\tau_{sy}}{\rho h}+\frac{\tau_{fy}}{\rho h}+fu_c=-\frac{1}{\rho h}\left(\frac{\partial S_{xy}}{\partial x}+\frac{\partial S_{yy}}{\partial y}\right)$$

B - Campo estacionário da velocidade + ondas com interação da corrente

- ***Modelo de campo médio da velocidade (corrente)***

$$\frac{\partial \varsigma}{\partial t}+\frac{\partial}{\partial x}(u_c h)+\frac{\partial}{\partial y}(v_c h)=0$$

$$\frac{\partial u_c}{\partial t}+u_c\frac{\partial u_c}{\partial x}+v_c\frac{\partial u_c}{\partial y}+g\frac{\partial \varsigma}{\partial x}-\frac{\tau_{sx}}{\rho h}+\frac{\tau_{fx}}{\rho h}-fv_c=0 \tag{5.176}$$

$$\frac{\partial v_c}{\partial t}+u_c\frac{\partial v_c}{\partial x}+v_c\frac{\partial v_c}{\partial y}+g\frac{\partial \varsigma}{\partial y}-\frac{\tau_{sy}}{\rho h}+\frac{\tau_{fy}}{\rho h}+fu_c=0$$

- ***Modelo de ondas com interação da corrente*** (Antunes do Carmo, 1995; Antunes do Carmo e Seabra Santos, 1996)

$$\frac{\partial h}{\partial t}+\frac{\partial (hU)}{\partial x}+\frac{\partial (hV)}{\partial y}=0$$

$$\begin{aligned}
&\frac{\partial U}{\partial t}+U\frac{\partial U}{\partial x}+V\frac{\partial U}{\partial y}+g\frac{\partial \varsigma}{\partial x}-\gamma\frac{(h_0-\xi)^2}{3}\left(\frac{\partial^3 U}{\partial x^2\partial t}+\frac{\partial^3 V}{\partial x\partial y\partial t}\right)\\
&-\gamma\frac{(h_0-\xi)^2}{3}\frac{\partial}{\partial x}\left[u_c\left(\frac{\partial^2 U}{\partial x^2}+\frac{\partial^2 V}{\partial x\partial y}\right)+v_c\left(\frac{\partial^2 U}{\partial x\partial y}+\frac{\partial^2 V}{\partial y^2}\right)\right]\\
&+\gamma(h_0-\xi)\frac{\partial}{\partial x}\left(\frac{1}{2}\frac{\partial^2 \xi}{\partial t^2}+u_c\frac{\partial^2 \xi}{\partial x\partial t}+v_c\frac{\partial^2 \xi}{\partial y\partial t}\right)\\
&-\frac{\tau_{sx}}{\rho h}+\frac{\tau_{fx}}{\rho h}-R_{bx}=0
\end{aligned} \tag{5.177}$$

$$\begin{aligned}
&\frac{\partial V}{\partial t}+U\frac{\partial V}{\partial x}+V\frac{\partial V}{\partial y}+g\frac{\partial \varsigma}{\partial y}-\gamma\frac{(h_0-\xi)^2}{3}\left(\frac{\partial^3 U}{\partial x\partial y\partial t}+\frac{\partial^3 V}{\partial y^2\partial t}\right)\\
&-\gamma\frac{(h_0-\xi)^2}{3}\frac{\partial}{\partial y}\left[u_c\left(\frac{\partial^2 U}{\partial x^2}+\frac{\partial^2 V}{\partial x\partial y}\right)+v_c\left(\frac{\partial^2 U}{\partial x\partial y}+\frac{\partial^2 V}{\partial y^2}\right)\right]\\
&+\gamma(h_0-\xi)\frac{\partial}{\partial y}\left(\frac{1}{2}\frac{\partial^2 \xi}{\partial t^2}+u_c\frac{\partial^2 \xi}{\partial x\partial t}+v_c\frac{\partial^2 \xi}{\partial y\partial t}\right)\\
&-\frac{\tau_{sy}}{\rho h}+\frac{\tau_{fy}}{\rho h}-R_{by}=0
\end{aligned}$$

em que $U = u_w + u_c$; $V = v_w + v_c$ e $h = h_0 - \xi + \varsigma$, com ξ e h_0 a representarem cotas do fundo e a profundidade da coluna de água em repouso relativamente a um referencial fixo. O parâmetro γ será função da profundidade local e do comprimento de onda, com valor unitário em condições de água pouco profunda ($h/L < 0.05$). Os termos R_{bx} e R_{by} traduzem os efeitos de rebentação da onda e são resolvidos como descrito no capítulo 4, secção 4.8.2 [equações (4.175) e (4.176)].

O módulo de cálculo dos caudais sólidos compreenderá formulações para o cálculo dos caudais sólidos transportados por arrastamento e em suspensão, considerando ambos os efeitos devidos a ondas e a correntes. As formulações apresentadas na secção 5.4 compreendem, no essencial, a totalidade dos fenómenos envolvidos, pelo que poderão ser adotadas observando cuidadosamente as condições de aplicação. O módulo de cálculo da evolução do fundo atualizará a batimetria resolvendo a equação (5.157), ou com a formulação (5.160), por um método numérico de que o esquema de Euler-WENO é uma boa opção.

São frequentemente adotadas malhas com diferente resolução nos cálculos hidrodinâmicos e na dinâmica sedimentar. A dimensão máxima dos elementos da malha dos cálculos hidrodinâmicos não deverá ser superior à semi-profundidade local e deverá ser função do comprimento de onda característico. Como norma, deve adotar-se uma densidade não inferior a cerca de 20 a 25 nós por comprimento de onda.

Relativamente às dimensões da malha de cálculo das variações batimétricas não é possível estabelecer regras tão precisas, embora se possam estabelecer relações com as dimensões das formas de fundo. Naturalmente que a adoção de malhas com diferente densidade e, por conseguinte, com nós não coincidentes, obrigará a um procedimento de interpolação eficiente sempre que há transferência de dados entre malhas.

5.7.2 Aplicação

O módulo de cálculo dos caudais sólidos e evolução do fundo móvel do modelo WACUP utiliza uma formulação de elementos finitos, idêntica à descrita para a fase líquida, para resolver a equação de conservação dos sedimentos (5.157). Para o cálculo dos caudais sólidos totais (arrastamento mais suspensão) é utilizada a formulação (5.72).

Resultados da aplicação do módulo de dinâmica sedimentar do modelo WACUP à análise do estudo da "Proteção do Forte do Bugio: Dinâmica dos sedimentos sob a ação conjunta das ondas e das correntes de maré" são apresentados e discutidos em Antunes do Carmo e Seabra Santos (2002). Para o efeito, foi utlizada uma malha M2 mais larga para a atualização das cotas do fundo, com cerca de um terço dos pontos da malha hidrodinâmica M1. A transferência de cotas para os pontos da malha M1 foi obtida com um modelo de interpolação bidimensional, baseado em áreas de influência definidas para todos os pontos da malha M1, com determinado raio e pesos inversamente proporcionais às distâncias dos pontos da malha M2 contidos na área de influência de cada ponto da malha M1.

> ***Análise do Caso 1***

Neste caso, os sedimentos foram caracterizados através dos diâmetros d_{50} = 2 mm e d_{90} = 3 mm. A Figura 5.18 mostra o resultado das variações do fundo para o **caso 1** obtido com o modelo WACUP após uma hora de temporal. A representação qualitativa da superfície do fundo corresponde a valores que variam entre um máximo de acreção, com cerca de 1 metro, e um máximo de erosão, igualmente com cerca de 1 metro.

Figura 5.18 - Representação da variação das cotas de fundo, correspondente à interação de uma onda proveniente de Sul, período de 12 segundos e altura de 3.5 m à entrada do domínio, com uma corrente de maré em situação de máxima enchente de maré viva, ao fim de 1 hora.

Deve notar-se que a zona mais instabilizada é justamente a cabeça do quebramar Sul, estabelecendo-se ao longo da praia um fosso e uma barra, ambos com orientação Sudeste-Noroeste. Esboça-se um segundo conjunto fosso/barra na parte mais afastada da praia e estabelecem-se zonas de intensa erosão e deposição a Sudeste da estrutura projetada.

> ***Análise do Caso 2***

Na análise do **caso 2** consideraram-se sedimentos bastante mais finos, com diâmetro mediano d_{50} = 0.4 mm e um d_{90} = 0.6 mm. Mantiveram-se as condições correspondentes a este caso (onda com período de 8 segundos e 0.8 m de altura à entrada do domínio, e máxima enchente de maré média) durante um período de 2 horas, sendo o cálculo das tensões de atrito regularmente atualizado, nos vários pontos da malha, em função das variações da profundidade.

A Figura 5.19 representa uma perspetiva da variação do nível do fundo após um tempo de simulação de 2 horas.

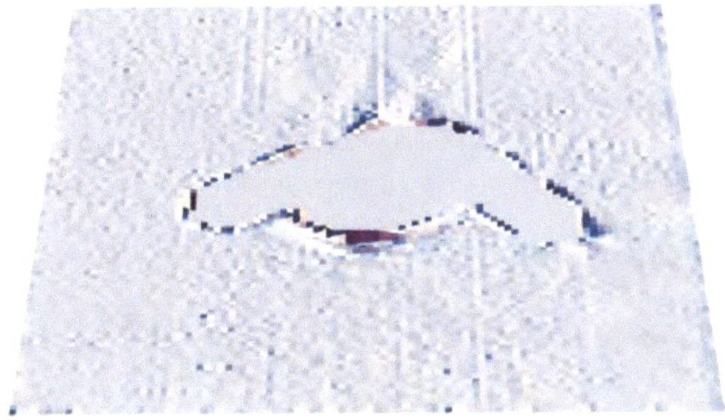

Figura 5.19 - Representação da variação das cotas de fundo, correspondente à interação de uma onda proveniente de Oeste, período de 8 segundos e altura de 0.8 m à entrada do domínio, com uma corrente de maré em situação de máxima enchente de maré média, ao fim de 2 horas (Antunes do Carmo e Seabra Santos, 1999).

Os resultados obtidos neste caso não ultrapassam a dezena de centímetros tanto em termos de erosão como de deposição, ou seja, situam-se na gama da imprecisão dos resultados numéricos que é possível obter no âmbito da morfodinâmica. Por conseguinte, parece apenas possível concluir que existirá uma fraca tendência de erosão junto à obra na zona de rebentação. Constata-se igualmente que a hidrodinâmica associada a este caso não garante uma alimentação natural da praia, o que só se verificaria se se registassem movimentos de areia bastante mais pronunciados.

➢ ***Solução proposta***

Os resultados obtidos permitem concluir que a agitação proveniente de Sudeste com características de temporal, associada a uma maré viva, provoca movimentos sedimentares importantes, sendo de salientar como zonas de maior instabilidade a cabeça do quebramar Sul, o extradorso do mesmo quebramar no extremo nascente da obra e a praia.

Nestas condições, o quebramar Sul não parece proteger suficientemente a praia da agitação de Sul. Por outro lado, sendo o ângulo de incidência muito aberto, a ocorrência de uma forte corrente longitudinal tenderá a produzir um importante movimento de sedimentos em direção ao Norte, com provável galgamento do quebramar Norte.

Os resultados obtidos revelam igualmente que a agitação normal não tem capacidade para uma alimentação natural da praia, a partir de uma profundidade de referência de cerca de 9 metros para a profundidade da base da praia artificial.

Nesta conformidade, foi sugerida uma solução alternativa baseada numa plataforma de dissipação à cota +2.0 ou +3.0 (ZH), com uma forma sensivelmente circular e com cerca de 80 m de raio, envolvendo o Forte nas direções mais expostas (Figura 5.20). A eficiência desta solução foi testada numericamente, parecendo revelar um bom desempenho como o atesta a representação tridimensional da superfície livre mostrada na Figura 5.21 (Antunes do Carmo e Seabra Santos, 1999), em situação *quase*-estacionária.

Figura 5.20 - Proteção do farol do Bugio situado na embocadura do estuário do rio Tejo. Plataforma de dissipação submersa.

Figura 5.21 - Proteção do farol do Bugio situado na embocadura do estuário do rio Tejo. Perspetiva da superfície livre de uma simulação numérica efetuada em situação *quase*-estacionária (Antunes do Carmo e Seabra Santos, 1999).

Como pode ser observado, a ação das ondas no Forte é drasticamente reduzida, em consequência da rebentação, refração e difração da onda na plataforma de dissipação submersa construída em torno do Forte.

6. Transporte Sedimentar Costeiro e Modelação Morfológica

6.1 Conceitos básicos

As alterações morfológicas em praias dependem da natureza do material da praia, dos processos hidrodinâmicos (ondas e marés), do perfil original e das condições de fronteira locais. Estas últimas relacionam-se com a existência de baías e cabos, pois controlam a ação da energia e produzem variações espaciais no declive da praia, no tamanho do grão e no transporte de sedimentos (Rey *et al.*, 2002).

A maioria das praias e plataformas são sustentadas por sequências sedimentares marinhas relativamente espessas. Em geral, os sedimentos mais grosseiros (areia e cascalho) encontram-se nas zonas de média praia e baixa praia, as lamas de origem fluvial ocorrem na plataforma, e as areias mistas e lamas estão presentes na zona de praia submersa (zona de transição para a plataforma). Os sedimentos do leito são geralmente orientados em direção ao mar conduzidos pelas correntes de fundo dirigidas para o largo (correntes de retorno e correntes induzidas por tempestades).

Os processos nas zonas de média praia, baixa praia e praia submersa podem ser caracterizados como se segue (Wright, 1995; Van Rijn, 1998)

» na média praia e baixa praia superior – zonas de espraio e espalho, ou *surf* (0/-8 m de profundidade) - são dominantes os processos orientados pelo vento e pelas ondas;

» na baixa praia inferior e praia submersa superior - zonas de espalho e rebentação (-8/-20 m de profundidade) - a ação do vento, os gradientes de densidade e o fluxo da maré são controlados pelo atrito de fundo; as correntes são geralmente paralelas à costa, com uma circulação secundária (em transetos normais à costa) sobreposta à corrente longitudinal principal durante tempestades, produzindo um tipo de movimento do fluido em espiral com o fluxo em direção à terra nas camadas superficiais e em direção ao mar nas camadas mais próximas do fundo;

» na praia submersa inferior – zona de empolamento e transição para a plataforma continental (-20/-50 m de profundidade) - as correntes são controladas por gradientes de pressão e forças originadas pelo vento em combinação com as forças de Coriolis (rotação de Ekman, fluxos geostróficos).

O fluido na praia submersa pode ser homogéneo (bem misturado) ou estratificado, com a densidade do fluido relativamente baixa na camada superficial (água quente menos salgada) e relativamente elevada na camada inferior (solução de água salina fria). Podem ocorrer gradientes de pressão relacionados com fortes distribuições horizontais da densidade em regiões próximas à foz dos rios.

A baixa praia (zonas de espraio e espalho) é dominada por processos devidos a ondas. A zona de rebentação pode ser vista como um subsistema da praia submersa. A zona de baixa praia influencia a zona de rebentação, proporcionando condições de fronteira, mas a zona de rebentação também afeta a zona de baixa praia gerando fortes correntes de retorno que transportam sedimentos para a praia submersa. Além disso, a zona de rebentação é uma fonte de energia livre de baixa frequência que se propaga pela zona de baixa praia. As zonas de baixa praia e praia submersa são afetadas por correntes de maré e geradas pelo vento, e por efeitos de Coriolis (Van Rijn, 2001).

Por definição, os sedimentos de uma praia são móveis sob a ação de ondas, marés, correntes e correntes induzidas por ondas. Como vimos nos capítulos precedentes, e em particular na zona costeira, os processos hidrodinâmicos ocorrem e interagem de forma complexa. Ainda mais complexo é o transporte de material ao longo da costa e em praias (sedimentos de diversas origens, com diferentes granulometrias, formas, densidades, etc.) causado por estes processos. No entanto, compreender como os sedimentos se movem e, em consequência, como as praias se desenvolvem, é muito importante para a gestão das zonas costeiras.

As partículas sedimentares são transportadas por tensões causadas pelo movimento do fluido. Estas tensões dão início ao movimento das partículas algures na zona costeira e mantêm-nas em movimento uma vez iniciado o processo de transporte. Para dar início ao transporte, as tensões do fluido têm que superar a inércia das partículas situadas no fundo.

As ondas ao moverem-se em direção à costa são modificadas por uma série de processos, como o empolamento, a refração, a reflexão, a difração e a rebentação. Estes processos hidrodinâmicos foram detalhadamente analisados no capítulo 3 e têm lugar a partir do momento em que as ondas começam a sentir o fundo, vindas do largo, e afetam a costa a partir da profundidade de fecho.

O consequente rearranjo espacial do movimento fluido é refletido no modo, na direção e na magnitude do transporte de sedimentos. Como mostra a Figura 6.1, as zonas de rebentação, de espalho (ou *surf*), e de espraiamento (ou *swash*), são particularmente afetadas (CIRIA, 1996).

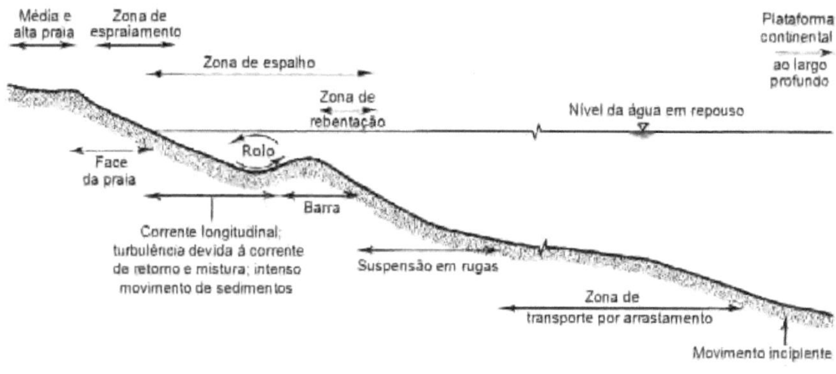

Figura 6.1 - Perfil típico de uma praia, com identificação das zonas onde ocorrem os distintos processos morfodinâmicos (adaptada de CIRIA, 1996).

Enquanto o transporte longitudinal é o principal mecanismo que conduz a mudanças na forma plana/longitudinal de uma praia, o transporte transversal é o meio pelo qual ocorrem mudanças no perfil da praia. O tempo de resposta das praias a variações no transporte transversal pode ser tão pequeno como um ciclo de maré (durante tempestades), ou tão grande quanto seis meses (variações sazonais). As previsões de resposta de uma praia face a diferentes condições hidrodinâmicas são muito importantes para projetistas/engenheiros e gestores costeiros (CIRIA, 1996).

Com se ilustra na Figura 6.2 a), tipicamente desenvolvem-se dois perfis distintos, designados por perfil de inverno e perfil de verão. O perfil de inverno (a tracejado) é comumente associado ao transporte em direção ao mar, formando os sedimentos assim transportados uma barra que se situa pouco abaixo da linha de água. Subsequentemente, em períodos da calmaria, esta barra migra em direção à terra reconstituindo o perfil de verão.

A uma escala muito mais curta, verificam-se alterações idênticas no perfil de uma praia com a ocorrência de tempestades, como mostra a Figura 6.2 b), embora em geral resulte uma configuração para o perfil e perdas de sedimentos para zonas profundas bem mais acentuadas.

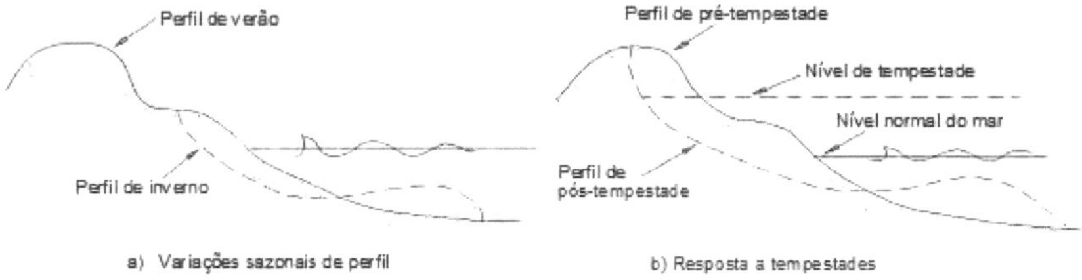

Figura 6.2 - Variações sazonais (longas, de ordem semestral) e curtas (ordem diária) do perfil de uma praia [adaptada de Dean *et al.* (2002), *in* Antunes do Carmo e Sancho (2007)].

As dunas são formadas por acumulação de areia levada pelo vento em direção a terra, sendo fundamentalmente transportada a partir das zonas de média e alta praia e da parte superior de entremarés. A Figura 6.3 representa as diferentes origens e os modos como as areias são transportadas e depositadas, ou perdidas.

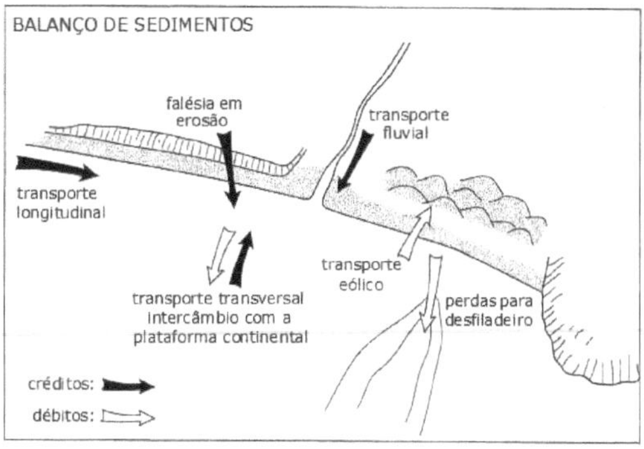

Figura 6.3 - Balanço de sedimentos na zona costeira. Diferentes origens e modos de transporte [adaptada de Komar (1988), *in* Antunes do Carmo e Sancho (2007)].

Para terem sucesso na interceção e retenção das areias, as dunas dependem da vegetação, especialmente de algumas espécies de plantas, com funções de redução da velocidade do vento junto à face da duna, permitindo a deposição, e de retenção da humidade, o que também limita o movimento dos grãos de areia. A Figura 6.4 mostra um sistema de dunas saudável localizado na parte central da costa Oeste portuguesa.

Figura 6.4 - Sistema de dunas saudável a Sul de Mira (adaptada de Lopes, 2003; Voorde *et al.*, 2009c).

As dunas localizadas nas zonas média e alta de uma praia arenosa são importantes para o desenvolvimento do perfil dessa praia. As dunas atuam como um reservatório de material, que está disponível durante as tempestades e permite, se necessário, que o perfil da praia se ajuste a um perfil mais plano; além disso, as dunas absorvem a energia das ondas incidentes (CIRIA, 1996).

6.2 Equilíbrio transversal

6.2.1 Declive da praia - efeitos das ondas e dos sedimentos

A praia é muitas vezes caracterizada pelo seu declive, o que está relacionado com a dimensão do grão. Granulometrias maiores geram praias mais íngremes. Kamphuis *et al.* (1986) mostram que o declive da praia na zona de rebentação (m_b) é uma função da relação H/d_n, que representa uma relação entre as forças atuantes devidas à onda e as forças resistentes da partícula, sendo dada por (6.1)

$$m_b = 1.8\left(\frac{d_{50}}{H_b}\right)^{1/2} \qquad (6.1)$$

Uma segunda expressão para o declive da praia na zona de rebentação é sugerida por Kamphuis (2002)

$$m_b = \frac{2}{3}\left(\mathrm{A_p}\right)^{3/2}\left(h_b\right)^{-1/2} \qquad (6.2)$$

em que $A_p = 20\,d_{50}^{0.63}$, com $0.10\times10^{-3} \le d_{50} \le 0.20\times10^{-3}\ m$, e h_b é a profundidade na rebentação.

Para o declive médio da praia, $\overline{m}$, Kamphuis (2002) sugere $\overline{m} = (A_p)^{3/2}/(h_c)^{1/2}$, em que h_c é a profundidade de fecho.

O estabelecimento de um declive de equilíbrio, nomeadamente para efeitos de alimentação artificial de uma praia, poderá ser obtido usando a seguinte expressão (6.3) sugerida por CIRIA (1996)

$$sen\beta = 0.206\left(\frac{H_s}{L_m}\right)^{-0.124}\left(\frac{d_{84}}{d_{16}}\right)^{-0.223}\left(\frac{H_s}{d_{50}}\right)^{-0.174} \qquad (6.3)$$

em que β é o ângulo entre a superfície média da praia e a horizontal, H_s é a altura significativa da onda na base da praia, H_s/L_m é a declividade da onda com período T_m e os diâmetros dos sedimentos (d_{16}, d_{50} e d_{84}) referem-se ao material de alimentação.

Na realidade, poder-se-á falar em declive natural dominante ou médio num período de tempo suficientemente longo, pois a variação natural da agitação incidente provoca um constante desequilíbrio da praia, designando-se então por equilíbrio dinâmico, cujos efeitos são função das características das ondas e dos sedimentos.

Para condições normais de agitação durante longos períodos, por conseguinte excluindo situações de tempestades com durações diárias, ou mesmo horárias, as características das ondas incidentes e o tipo de sedimentos dominante tenderão a estabelecer declives da praia como se segue

» Efeito da declividade das ondas (*H/L*)
- pequena declividade – praias muito inclinadas
- grande declividade – praias muito planas

» Efeito do tipo de sedimentos
- sedimentos grosseiros – praia inclinada
- sedimentos finos – praia plana

6.2.2 Perfil de equilíbrio - profundidade de fecho

Uma praia em equilíbrio é aquela cuja curvatura plana e o perfil transversal são ajustados pela ondulação incidente de tal forma que a energia incidente é a necessária para transportar os sedimentos chegados à praia, ou ainda, de forma equivalente, uma praia em equilíbrio é aquela para a qual a energia da ondulação incidente é dissipada com balanço nulo no transporte de sedimentos.

Existem na literatura várias funções de ajuste a perfis de equilíbrio. Dois dos modelos mais correntes têm as seguintes expressões (6.4) e (6.5)

» Dean (1977), $x = \left(\frac{h}{A_p}\right)^{3/2}$ ou $h = A_p x^{2/3}$, por conseguinte $h \propto x^{2/3}$ (6.4)

» Larson e Kraus (1989), $x = \frac{h}{m_0} + \left(\frac{h}{A_p}\right)^{3/2}$ (6.5)

em que x é a distância da linha de costa para barlamar, m_0 é o declive da berma da praia, h é a profundidade e A_p é um parâmetro de ajuste ($0.060 \leq A_p \leq 0.20\, m^{1/3}$), dado por (6.6)

$$A_p = 20\, d_{50}^{0.63},\ 0.10 \times 10^{-3} \leq d_{50} \leq 0.20 \times 10^{-3}\ \text{m} \qquad (6.6)$$

ou por (6.7), entre outros

$$A_p = (1.04 + 0.086\, ln\, d_{50})^2,\ 0.10 \times 10^{-3} \leq d_{50} \leq 1.0 \times 10^{-3}\ \text{m} \qquad (6.7)$$

Mais recentemente, Romanczyk *et al.* (2005) sugerem um perfil de equilíbrio (6.8) constituído por duas funções, como representado na Figura 6.5.

$$\begin{cases} f_1(x) = -A(x + x_s)^{\mu} & \text{, para } x \geq x_0 \\ f_2(x) = P + Q(x_0 - x) + R(x_0 - x)^2 & \text{, para } x < x_0 \end{cases} \qquad (6.8)$$

em que x_0 é tal que $h(x_0) = h_0 \approx H_b/0.78$, sendo H_b a altura da onda no ponto de rebentação; A, μ e x_s devem ser determinados a partir de um procedimento de ajuste com dados de campo, seja diretamente, ou indiretamente, relacionando A, μ e x_s com outras propriedades do domínio próximo; $P = -f_1(x_0) = -A(x_0 + x_s)^{\mu}$; $Q = f_1'(x_0) = \mu A(x_0 + x_s)^{\mu - 1}$, e R está relacionado com o declive médio da praia visível, devendo ser obtido por uma aproximação por mínimos quadrados utilizando dados topográficos disponíveis no domínio $x \geq x_0$.

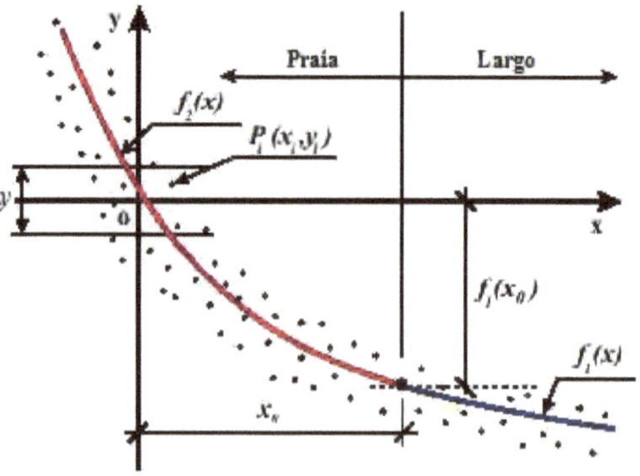

Figura 6.5 - Esquema do sistema de coordenadas (adaptada de Romanczyk *et al.*, 2005).

Em primeira aproximação, A será da ordem de 0.05 a 0.35, μ terá um valor aproximado a $2/3$, x_s situar-se-á no intervalo entre 0 e 45 m, e R estará contido entre 1.0×10^{-4} e $6.5 \times 10^{-4}\ m^{-1}$.

Ainda segundo Romanczyk *et al.* (2005), uma razoável aproximação para o perfil de equilíbrio poderá ser obtida reduzindo o número de parâmetros, como se segue

$$\begin{cases} f_1(x) = -Ax^{2/3} & \text{, para } x \geq x_0 \\ f_2(x) = -Ax_0^{2/3} + \frac{2}{3}Ax_0^{-2/3} + R(x_0 - x)^2 & \text{, para } x < x_0 \end{cases} \tag{6.9}$$

Um método proposto por Holman *et al.* (2014), e testado para a estimativa de perfis batimétricos de equilíbrio, permite a inclusão de barras de areia sobrepostas a fundos de forma côncava, sendo basicamente dado por (6.10)

$$h(x,t) = h_0(x) + h_{bar}(h_0,t) \tag{6.10}$$

em que $h_0(x)$ é a forma paramétrica do perfil, com forma côncava junto à costa e tendência assintótica para uma forma plana na fronteira de mar, e $h_{bar}(h_0,t)$ é uma forma paramétrica dependente da profundidade das barras naturais de areia, sendo dada por (6.11)

$$h_{bar}(h_0,t) = -S(h_0)R(t)cos[\theta(h_0) - \varphi(t)] \tag{6.11}$$

em que $S(h_0)$ e $R(t)$ representam a variabilidade espacial e temporal da envelope do perfil da barra de areia, podendo tomar-se em primeira aproximação $R(t) \approx 1$, e a função $h_{bar}(h_0,t)$ assume a forma de um cosseno; $\theta(h_0)$ é obtido a partir de $\theta(x) = \int_{x_{fmar}}^{x} (2\pi)/L(x)dx$ e $\varphi(t) = \theta(x_b)$ representando x_b a posição da barra.

Num sistema saudável, a ação normal da agitação mantém o sistema em equilíbrio dinâmico, com balanço sedimentar nulo num período de tempo característico, suficientemente alargado. Porém, como se documenta na Figura 6.6, a ação de uma tempestade provoca, em geral, um desequilíbrio com balanço sedimentar negativo, isto é, provoca um rebaixamento do perfil inicial da praia e um eventual recuo com possível abatimento da crista da duna que não são repostos, após a ocorrência da tempestade, com condições normais de agitação.

Embora os modelos apresentados sejam de uso frequente, justifica-se alguma discussão crítica em torno dos mesmos. Com efeito, na dedução e aplicação destes modelos, é assumido que, para uma determinada costa, é possível descrever o perfil de equilíbrio, definido como o perfil que a costa tomaria se o clima forçador (ondas, marés, etc.) fosse invariável num período de tempo suficientemente longo. Significa isso que, tendo sido identificada a “forma objetiva” do perfil, essa seria a forma que o perfil tomaria se tal fosse permitido pelas condições ambientais.

Outro parâmetro que terá de ser necessariamente conhecido para a definição de um perfil de equilíbrio é a escala de tempo característica do processo de transição necessário para o atingir. Se esse intervalo de tempo for extremamente curto, o sistema manter-se-á praticamente sempre em equilíbrio; se esse mesmo intervalo de tempo for extremamente longo, o equilíbrio jamais será atingido.

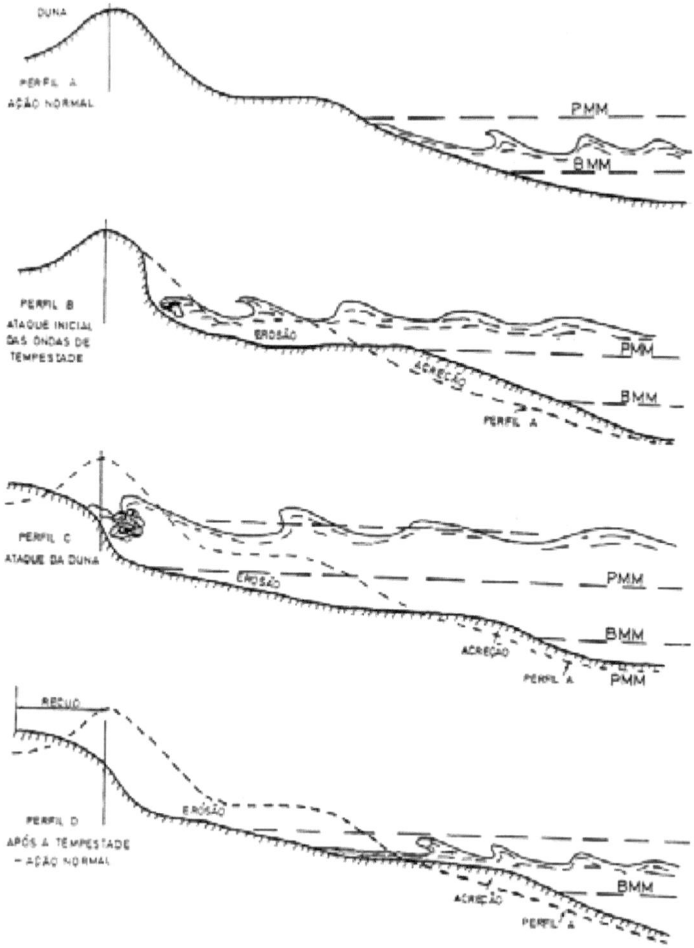

Figura 6.6 - Ocorrência de uma tempestade e efeitos sobre o perfil de uma praia e duna (adaptada de Antunes do Carmo e Sancho, 2007).

Por outro lado, esse intervalo de tempo parece ser variável ao longo do perfil da costa. Com efeito, uma tempestade considerável poderá ser suficiente para permitir que a parte superior do perfil se ajuste às condições de tempestade previstas, enquanto o balanço sedimentar inferior responde a escalas de tempo centenárias ou mesmo superiores.

Em geral, a escala de tempo indicará se é aceitável avançar com uma abordagem de equilíbrio, ou se deverá ser considerado um processo transitório.

Outro ponto de grande dificuldade, e de relevante importância para estes modelos, é a determinação da profundidade de fecho, isto é, a profundidade à qual o perfil deixa de responder. Com efeito, a transição abrupta entre o perfil superior de resposta muito rápida e o perfil inferior invariável (ou de resposta extremamente lenta) é ambíguo.

Poder-se-á assumir que existe algo como um estado de equilíbrio, mas parece ser igualmente evidente que o mesmo deverá ser definido e controlado por muitos mais fatores do que as poucas variáveis contidas nestes modelos.

A profundidade limite inferior, designada por profundidade de fecho, h_c, das flutuações do perfil de uma praia a longo termo depende das características locais de cada praia. Hallermeier (1978) propôs a seguinte expressão universal (6.12), baseada em dados de campo e de laboratório

$$h_c = 2.28\,H_e - 68.5\left(\frac{H_e^2}{gT_e^2}\right) \qquad (6.12)$$

em que H_e e T_e são a altura e o período de onda efetivos, que são excedidos em média somente 0.14% de vezes num ano, ou 12 horas por ano. O valor de H_e está relacionado com o valor da altura de onda média, H_m, e o desvio padrão, σ, através da relação $H_e = 2H_m + 5.6\sigma$.

Outra expressão desenvolvida para estimar a profundidade de fecho foi proposta por Birkemeier (1985). Este autor modificou a equação de Hallermeier com base num estudo realizado em Duck, North Carolina, e chegou à seguinte expressão (6.13) para a profundidade de fecho (Nicholls *et al,* 1998)

$$h_c = 1.75\,H_e - 57.9\left(\frac{H_e^2}{gT_e^2}\right) \qquad (6.13)$$

A equação de Birkemeier produz valores para a profundidade de fecho inferiores aos obtidos pela equação de Hallermeier, devido ao facto de serem mais baixos os coeficientes que afetam a altura da onda e a declividade da onda.

Uma expressão mais simples para a profundidade de fecho, sugerida por Hanson (1989) e utilizada no modelo computacional GENESIS (*GENEralized model for SImulating Shoreline change*), tem a seguinte forma (6.14)

$$h_c = 2H_{s,max} \qquad (6.14)$$

em que $H_{s,max}$ é a altura da onda significativa máxima anual do local em estudo.

6.2.3 Tipos de praia

As praias são frequentemente tipificadas em função do perfil que geram face à resposta aos agentes dinâmicos (correntes e ondas), recorrendo para o efeito a um parâmetro designado por parâmetro de Dean, dado por (6.15)

$$\Omega = \frac{H_b}{W_q T} \tag{6.15}$$

em que H_b é a altura da onda no ponto de rebentação, W_q é a velocidade de queda dos sedimentos e T é o período da onda. Consoante o valor deste parâmetro é inferior a 1, se situa entre 1 e 6, ou é superior a 6, assim se classificam as praias em *refletivas*, *intermédias* ou *dissipativas*, respetivamente. Em cada um dos casos, são de esperar os seguintes comportamentos

- *Praia refletiva,* $\Omega < 1$
  - » reflexão de ondas numa face de praia com elevado declive;
  - » rebentação de fundo;
  - » sem formação de barras de rebentação;
  - » sedimentos grosseiros;
  - » praia longitudinalmente uniforme, aparte "*beach cusps*";
  - » praia muito estável.
- *Praia intermédia,* $1 \leq \Omega \leq 6$
  - » comportamento dual-transitório, dissipativo / refletivo;
  - » é a transição de ondulação forte com mobilização de sedimentos na zona de rebentação para uma situação de ondulação fraca, com sedimentos mobilizados na face da praia.
- *Praia dissipativa,* $\Omega > 6$
  - » rebentação progressiva sobre uma extensa zona, e batimetria pouco inclinada;
  - » possível formação de sistemas barra-fossa;
  - » sedimentos finos;
  - » resposta da praia a ondas de tempestade persistentes
    - origina praias em erosão;
    - *armazena* os sedimentos potencialmente mais ativos a sotamar da barra.

O parâmetro de Dean, Ω, tem-se revelado bastante útil na caracterização do comportamento de praias, embora seja conveniente utilizar complementarmente outros parâmetros desenvolvidos com idênticos objetivos. Em particular, o parâmetro de largura da rebentação δ_r, dado por (6.16) (Guza e Inman, 1975)

$$\delta_r = \frac{2\pi^2 H_b}{gT^2 \tan^2 \beta} \tag{6.16}$$

Guza e Inman (1975) propuseram o parâmetro de largura da rebentação, δ_r, para estudar a formação de cúspides, comuns em praias refletivas, as quais têm uma estreita zona de rebentação. Posteriormente, este parâmetro tem sido utilizado para separar as praias basicamente em dois grupos: *refletiva*, para pequenos valores de δ_r ($\delta_r < 2.5$), e *dissipativa* para grandes valores de δ_r ($\delta_r > 20$).

Um terceiro parâmetro foi proposto por Sunamura (1988), escrevendo-se

$$K^* = \frac{\overline{H}_b^2}{g\overline{T}^2 d_{50}} \tag{6.17}$$

em que $\overline{H}_b^2$ é o quadrado da altura média diária das ondas na rebentação (m) e $\overline{T}$ é o período médio diário das ondas incidentes.

O parâmetro K^* foi desenvolvido para regiões de micromaré, dominadas por um regime de ondas de energia moderada a grande, com sedimentos variando entre areia fina a grossa, e onde o transporte transversal de sedimentos é predominante. Este modelo considera a existência de apenas um banco, o mais interno. Utilizando este parâmetro pode identificar-se o estado de erosão para valores de K^* superiores a 20 (praias dissipativas), estados intermédios para valores de K^* entre 5 e 20, e o estado extremo de acreção para valores de K^* entre 3.5 e 10 (praias refletivas).

6.3 Equilíbrio longitudinal

O transporte longitudinal de sedimentos causado pela incidência oblíqua de ondas e pelo gradiente de altura das ondas ao longo da praia é responsável pela modelação da forma da praia em planta, sendo que esta assume uma orientação dependente do ângulo de incidência das ondas mais efetivas, uma vez que uma praia tende a ser moldada transversalmente à direção de ataque destas ondas.

Como se verá mais adiante, expressão (6.22), a taxa de transporte é dada por $I_L = K \times E \times C_n sen\alpha cos\alpha$, em que K é um coeficiente empírico de proporcionalidade, com valores que poderão variar entre 0.2 e cerca de 1.6, dependendo da dimensão dos sedimentos, do declive da praia e das características da onda, sendo dado por (6.27). Para as análises qualitativas que se seguem o fator $K \times E \times C_n$ é considerado sensivelmente constante e, por conseguinte, a taxa de transporte é apenas função do ângulo α.

6.3.1 "Alinhamento do espraiamento" - praias encaixadas

Os sedimentos sofrem movimentos até ser atingida uma situação de equilíbrio, mas permanecem no interior do sistema (Figura 6.7).

1. Com a taxa de transporte I_L apenas função de α, resultam as seguintes evidências
   - α elevado $\Rightarrow$ maior transporte de sedimentos
   - α pequeno $\Rightarrow$ menor transporte de sedimentos
2. Os sedimentos são transportados das zonas com maior α para as zonas com menor α, sendo aí depositados.
3. Este processo continua até que se verifique $\alpha \approx 0$ em todos os pontos.
4. No equilíbrio $\Rightarrow$ transporte longitudinal nulo, a praia tende a alinhar-se paralelamente à direção das cristas (Figura 6.7).

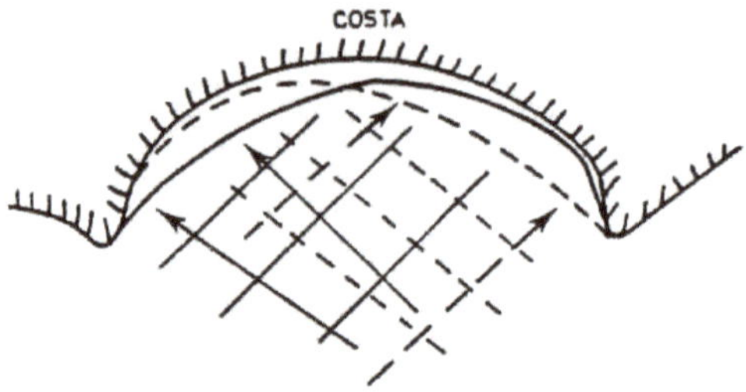

Figura 6.7 - Realinhamento da praia resultante da ação das ondas (adaptada de Antunes do Carmo e Sancho, 2007).

6.3.2 "Alinhamento da deriva" - praias abertas

Neste caso, os sedimentos entram e saem do sistema (Figura 6.8).

1. De igual modo, tal como anteriormente, tendo por base o potencial de transporte de sedimentos, com a taxa de transporte dada por $I_L = K\,EC_n sen\alpha cos\alpha$, resultam para esta análise idênticas conclusões, isto é
   - α elevado $\Rightarrow$ maior transporte de sedimentos
   - α pequeno $\Rightarrow$ menor transporte de sedimentos
2. Os sedimentos são transportados das zonas com maior α para as zonas com menor α e são aí depositados.
3. Este processo continuará até que α seja o menor possível em todos os pontos, mas com $\alpha \neq 0$.
4. No equilíbrio $\Rightarrow$ balanço (taxa líquida) de transporte longitudinal nulo, a praia tende a alinhar-se paralelamente à corrente longitudinal, mas não às cristas ($\alpha \neq 0$).

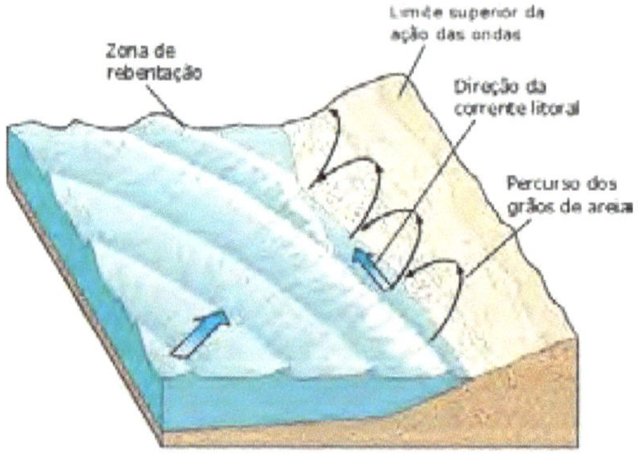

Figura 6.8 - Corrente litoral e direção do transporte longitudinal devido à rebentação das ondas (adaptada de Antunes do Carmo e Sancho, 2007).

6.3.3 Restingas

Tendo ainda presente o potencial de transporte de sedimentos, com $I_L = K\,EC_n sen\alpha cos\alpha$, e observando a Figura 6.9, a restinga tenderá a evoluir em conformidade com os seguintes resultados

1. Cristas das ondas paralelas à praia na ponta terrestre da restinga: $\alpha = 0 \Rightarrow I_L = 0$.
2. Ao curvar a linha de costa, α aumenta e logo aumenta o transporte de sedimentos.
3. Ao mesmo tempo, H diminui devido à refração $\Rightarrow I_L$ mantém-se constante durante boa parte da restinga.
4. Na ponta livre da restinga α é elevado, mas também a refração é ainda mais acentuada ($\Rightarrow \downarrow H \Rightarrow \downarrow I_L$).
5. O transporte de sedimentos diminui provocando o fim do crescimento da restinga.

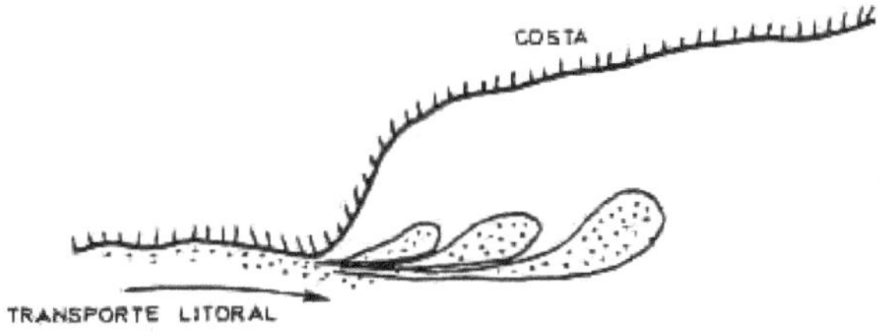

Figura 6.9 - Formação e crescimento de uma restinga (adaptada de Antunes do Carmo e Sancho, 2007).

Uma formação deste tipo ocorreu com a laguna de Aveiro, fundamentalmente devido a uma importante contribuição de sedimentos de origem fluvial entre os séculos X e XIX, como se documenta na Figura 6.10, com base em registos cartográficos (CCDRC, 2003).

O processo de formação da laguna de Aveiro está assim relacionado com a evolução do cordão litoral, formado através da deposição e acumulação de areias, o que em largos períodos de evolução dificultou a saída das águas do rio Vouga para o mar (Coelho, 2005).

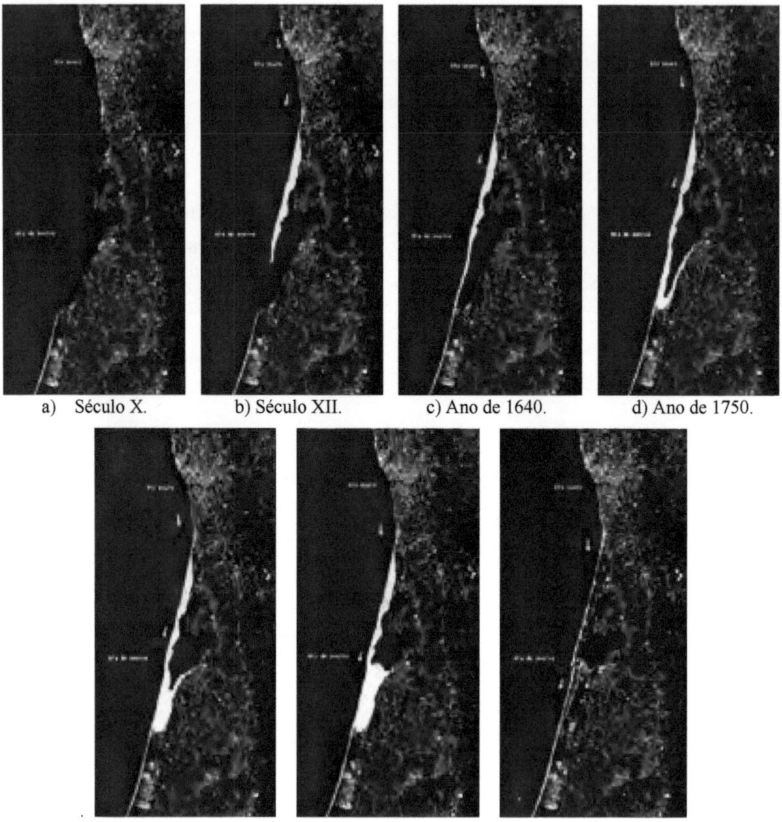

a) Século X. b) Século XII. c) Ano de 1640. d) Ano de 1750.

e) Ano de 1800. f) Ano de 1900. g) Atualidade.

Figura 6.10 – Diferentes épocas de formação e evolução da laguna de Aveiro (adaptada de CCDRC, 2003).

6.4 Transportes transversal e longitudinal de sedimentos

Haverá transporte transversal quando ocorrem mudanças no perfil transversal da praia. Se o perfil da praia estiver próximo do equilíbrio para as condições ambientais existentes os movimentos sedimentares serão reduzidos.

Em geral, assume-se que a taxa de transporte transversal é proporcional à diferença entre o perfil existente e o perfil de equilíbrio que se ajusta às novas condições ambientais. Tal significa que os movimentos transversais serão intensos imediatamente após mudanças significativas das condições ambientais, e será lento o consequente retorno às condições precedentes. Em consequência, a mudança no perfil da costa é rápida e o retomar (ou não) do perfil anterior ocorrerá muito mais lentamente.

Uma primeira aproximação para determinar as condições de onda que poderão produzir movimentos de sedimentos em direção ao mar/largo ou em direção à costa pode ser estimada por (6.18) (Kamphuis, 2002)

$$\frac{H_0}{W_q T} \approx 1 \tag{6.18}$$

em que H_0 é a altura da onda em condições de água profunda, W_q é a velocidade de queda dos grãos de areia e T é o período da onda. A igualdade (6.18) representa condições de equilíbrio.

Se a relação (6.18) exceder 1, os sedimentos terão tendência a movimentar-se em direção ao mar/largo (com formação de uma barra no perfil); pelo contrário, se for menor que 1, os sedimentos terão tendência a movimentar-se em direção à praia, produzindo uma berma. Para o cálculo dos volumes de sedimentos transportados por unidade de tempo são usadas as expressões apresentadas no capítulo 5, secção 5.4.

Para estimar o valor da velocidade da corrente longitudinal são de uso frequente as seguintes expressões (6.19) e (6.20), funções da altura H_{rms} e da altura significativa da onda H_s, respetivamente.

$$V_l = 0.58\sqrt{g H_{b.rms}}\, sen(2\alpha_b) \tag{6.19}$$

$$V_l = 0.49\sqrt{g H_{b.s}}\, sen(2\alpha_b) \tag{6.20}$$

É também de uso frequente a expressão apresentada em CERC (U.S. Army Corp of Engineers, 1984) para o cálculo da velocidade potencial da corrente litoral em função do declive da praia, m_b; tem a seguinte forma (6.21)

$$V_l = 20.7 m_b \sqrt{g H_b}\, sen(2\alpha_b) \tag{6.21}$$

Em primeira aproximação, a metodologia do CERC (*Coastal Engineering Research Center*), sugerida em CIRIA (1996) e Kamphuis (2002), pode ser utilizada para o cálculo do transporte longitudinal devido à rebentação das ondas que fazem um determinado ângulo com a praia, como mostrado na Figura 6.8.

A metodologia sugerida relaciona o potencial de transporte de sedimentos imersos, ou taxa de transporte, em peso, I, com o fluxo longitudinal de energia da onda, P_L

$$I = KP_L \tag{6.22}$$

em que K é um coeficiente empírico de proporcionalidade, habitualmente designado por coeficiente de transporte sedimentar, e

$$P_L = (Ec_g sen\alpha \cos\alpha)_b \tag{6.23}$$

referindo-se o subscrito b à rebentação.

A energia e a celeridade de grupo na zona de rebentação são dadas aproximadamente por (1.2) (capítulo 1) e (6.24), respetivamente.

$$E = \rho g H_b^2 / 8 \tag{1.2}$$

$$c_g = \sqrt{\left(g H_b / \gamma_{br}\right)} \tag{6.24}$$

em que ρ é a massa volúmica da água, g é a aceleração da gravidade, H_b e α_b são a altura da onda e o ângulo na rebentação, com $\gamma_{br} = H_b / h_b$. Por conseguinte, a equação (6.22) escreve-se

$$I = \frac{K}{16\sqrt{\gamma_{br}}} \rho g^{3/2} H_b^{5/2} sen(2\alpha_b) \tag{6.25}$$

Para obter o transporte sedimentar longitudinal em volume, Q_s, é usada a seguinte equação (6.26)

$$Q_s = \frac{I}{(s-1)\rho g a'} \tag{6.26}$$

em que $s = \rho_s / \rho \approx 2.65$ e $a' \approx 0.6$ é o quociente entre o volume sólido e o volume total de sedimentos.

O coeficiente de transporte sedimentar K é função da dimensão dos sedimentos, do declive da praia e das características da onda. Em primeira aproximação, poderá ser obtido a partir do gráfico da Figura 6.11.

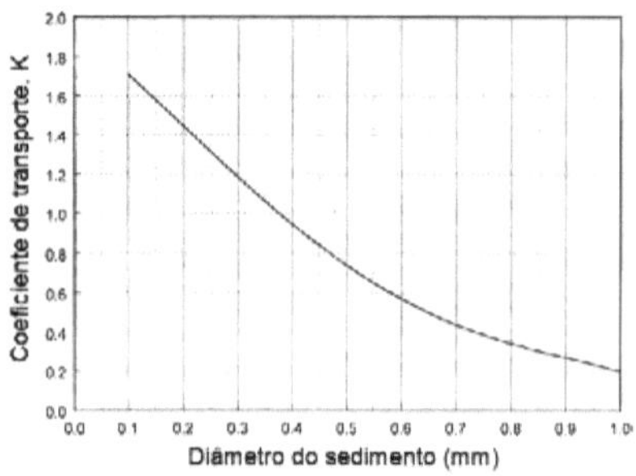

Figura 6.11 - Coeficiente de transporte sedimentar, K (adaptada de Antunes do Carmo e Sancho, 2007).

Uma expressão mais elaborada para a obtenção do coeficiente de transporte sedimentar K é sugerida por Komar (1998), baseada em observações laboratoriais realizadas por Kamphuis (1991); é dado por (6.27)

$$K \approx (m_b)^{0.75} \left(\frac{H_b}{L_0}\right)^{0.25} \left(\frac{H_b}{d_{50}}\right)^{-0.75} \left[sen(2\alpha_b)\right]^{-0.40} \tag{6.27}$$

em que m_b é o declive da praia na zona de rebentação, H_b é a altura da onda na rebentação, L_0 é o comprimento de onda ao largo, α_b é o ângulo da onda incidente na rebentação e d_{50} é o diâmetro mediano dos sedimentos.

De acordo com CIRIA (1996), o valor do coeficiente K poderá tomar-se igual a 0.77 usando na expressão (6.25) o valor H_{rms} da altura na rebentação H_b, ou a 0.32 se for usado o valor da altura significativa (H_s) no cálculo de H_b, seja H_{sb}. Tomando para K o valor de 0.32 e com $\rho_s = 2500$ kg/m^3, resulta para o caudal Q_s a expressão (6.28)

$$Q_s = 2.2 \times 10^6 \frac{H_{sb}^{5/2}}{\sqrt{\gamma_{br}}} sen\left(2\alpha_b\right) \text{ (m}^3\text{/ano)} \tag{6.28}$$

obtendo-se (6.29) com $\gamma_{br} \approx 0.56$

$$Q_s = 2.9 \times 10^6 H_{sb}^{5/2} sen\left(2\alpha_b\right) \text{ (m}^3\text{/ano)} \tag{6.29}$$

ou ainda (6.30)

$$Q_s = 330 H_{sb}^{5/2} sen\left(2\alpha_b\right) \text{ (m}^3\text{/hora)} \tag{6.30}$$

com H_{sb} em metros, ficando o caudal apenas função de H e de α.

Kamphuis (2002) sugere uma expressão que é função de H e α, mas é também função do período da onda (T), do declive médio da praia desde a linha de rebentação até à linha de costa (m_b) e da granulometria (D, com $D \approx d_{50}$), sendo dada por (6.31)

$$Q_s = 6.4 \times 10^4 \; H_{sb}^2 T_p^{1.5} m_b^{0.75} D^{-0.25} sen^{0.6}\left(2\alpha_b\right) \; (m^3/ano) \tag{6.31}$$

ou por (6.32)

$$Q_s = 7.3 \; H_{sb}^2 T_p^{1.5} m_b^{0.75} D^{-0.25} sen^{0.6}\left(2\alpha_b\right) \; (m^3/hora) \tag{6.32}$$

Uma formulação mais completa para o cálculo do transporte longitudinal é apresentada em Hanson (1989) e utilizada no modelo computacional GENESIS; tem a seguinte expressão (6.33)

$$Q_l = H_{sb}^2 c_{gb}\left[a_1 sen\left(2\alpha_b\right) - a_2 \cos\left(\alpha_b\right)\frac{\partial H_{sb}}{\partial x}\right] \tag{6.33}$$

onde os parâmetros adimensionais a_1 e a_2 são dados por (6.34) e (6.35), respetivamente

$$a_1 = \frac{k_1}{16(s-1)(1-p)(1.416)^{2.5}} \tag{6.34}$$

$$a_2 = \frac{k_2}{8(s-1)(1-p)\tan(\beta)(1.416)^{2.5}} \tag{6.35}$$

em que H_{sb} é a altura da onda significativa na zona de rebentação $[m]$, c_{gb} é a celeridade de grupo (igual à celeridade) na zona de rebentação $[m/s]$, α_b é o ângulo entre a crista da onda na rebentação e a linha de costa [°], $tan(\beta)$ é o declive do fundo [-], k_1 e k_2 são coeficientes empíricos de calibração do modelo [-].

A constante de valor 1.416, presente nos coeficientes a_1 e a_2, serve para converter os parâmetros k_1 e k_2, de modo a que estes deixem de estar ligados a valores de H_{rms} (raiz quadrada da altura média) e passem a ser referidos à altura de onda significativa.

Este modelo (6.33) acrescenta assim as influências do gradiente ou declividade da onda (segundo termo, função de $\frac{\partial H_{sb}}{\partial x}$) ao transporte litoral produzido pela rebentação, tal como obtido pela fórmula do CERC (U.S. Army Corp of Engineers, 2006). A formulação do GENESIS é retomada na secção 6.6, sendo aí desenvolvida mais detalhadamente e apresentada uma aplicação.

6.5 Modelação do transporte transversal

Os processos de erosão-acreção em sistemas de praia-duna ocorrem a escalas temporais muito diversas e com elevado grau de incerteza. A simulação matemática do fenómeno é bastante complexa, pois exige a resolução precisa dos processos hidrodinâmicos devidos a múltiplas ações (ondas, correntes e vento), de transporte sedimentar (com granulometrias e características geralmente muito variáveis), e de evolução dos fundos móveis, em simultâneo e ao longo das zonas de rebentação, espraiamento, topo de praia e duna, em domínios com uma configuração-tipo representada na Figura 6.12 (Oliveira, 2012).

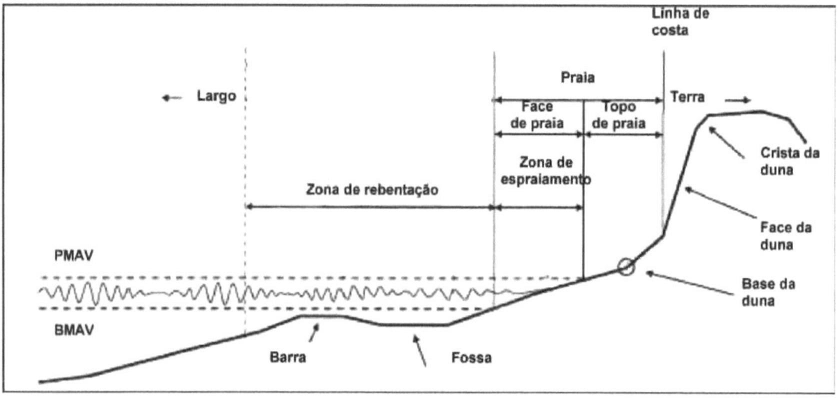

Figura 6.12 - Definição da zona de estudo na interface mar-terra [Oliveira (2012), adaptada de U.S. Army Corps of Engineers (1984)].

Apresenta-se em seguida uma breve resenha de aspetos relativos a alguns dos modelos mais desenvolvidos e aplicados na atualidade. Pretende-se assim dar uma panorâmica do estado da arte sobre as atuais potencialidades e limitações para descrever os fenómenos e projetar as ações a desenvolver para conter ou pelo menos mitigar os efeitos sobre a zona costeira de condições mais energéticos do mar.

Seja uma primeira referência a um sistema integrado de modelação (pacote de *software* LITPACK) desenvolvido pelo DHI, *Water & Environment*, para simular o transporte de sedimentos não-coesivos devido a ondas e correntes, processos de deriva litoral, evolução costeira e desenvolvimento do perfil de praias quase uniformes. Entre os diversos módulos contidos neste pacote contam-se o LITDRIFT, o LITLINE e o LITPROF.

O módulo LITDRIFT é basicamente um modelo determinístico que simula a distribuição transversal da altura de onda, o *setup* e a corrente longitudinal para um perfil costeiro arbitrário. Este módulo fornece uma descrição determinística detalhada da distribuição transversal do transporte de sedimentos longitudinais para uma batimetria arbitrária e para ambas as condições de ondas regulares e irregulares. A equação dinâmica de balanço é resolvida para fornecer a distribuição transversal da corrente de deriva litoral e do *setup*.

O LITLINE é um modelo determinístico que simula a resposta do litoral a gradientes de transporte longitudinal de sedimentos resultantes de alimentações naturais e artificiais, e uma ampla variedade de estruturas costeiras. Este modelo calcula a evolução do litoral através da resolução de uma equação de continuidade para os sedimentos na zona costeira, incluindo as influências de estruturas, fontes e sumidouros.

MT1 - Modelo **LITPROF**

O LITPROF é um modelo determinístico, bidimensional no plano vertical (2DV), que descreve as alterações ao perfil transversal resolvendo a equação de continuidade dos sedimentos junto ao fundo, com base nos valores dos caudais sedimentares calculados. Trata-se de um modelo constituído por vários submodelos para a análise dos processos costeiros, nomeadamente um modelo hidrodinâmico, um modelo de transporte de sedimentos e um modelo morfológico (de evolução do fundo móvel). Como é um modelo que resolve os processos no domínio temporal, considera os efeitos das alterações morfológicas no clima de agitação e no regime de transporte. Esta característica permite simular o desenvolvimento de um perfil resultante da ação de um campo de agitação incidente variável; contudo, não inclui os processos costeiros da zona de espraiamento.

O LITPROF baseia-se no pressuposto de que os gradientes longitudinais das condições hidrodinâmicas e sedimentares são insignificantes e que os contornos da profundidade são paralelos à linha de costa. Assim, a morfologia costeira é apenas descrita pelo perfil transversal da costa. Na fronteira marítima, a variação temporal das características da onda são especificadas em termos de altura, período e direção. As transformações da onda ao longo do perfil são calculadas incluindo os efeitos de empolamento, refração, atrito no fundo e rebentação.

A equação básica do modelo LITPROF descreve as alterações/variações no fundo pela seguinte equação de continuidade para os sedimentos (6.36)

$$\frac{\partial \xi}{\partial t} = -\frac{1}{1-p}\frac{\partial q_s}{\partial x} \tag{6.36}$$

Outros modelos, igualmente determinísticos, foram desenvolvidos e têm sido regularmente utilizados em diferentes zonas do globo, salientando-se o UNIBEST ("*UNIform BEach Sediment Transport*"), o CSHORE ("*Cross-SHORE*") e o XBeach ("*eXtreme Beach*").

MT2 - Modelo **UNIBEST**

O pacote UNIBEST inclui vários módulos para o cálculo do transporte de sedimentos transversalmente à costa e as correspondentes alterações no perfil transversal, para qualquer forma do perfil, sob a ação combinada de ondas, correntes longitudinais e vento, assumindo localmente o perfil uniforme na direção longitudinal (Stive, 1981; Corso, 2002).

Tal como no modelo LITPROF, uma vez calculados os caudais sedimentares ao longo do perfil, as alterações de fundo são obtidas por resolução da equação de balanço integrada na vertical (6.36).

O módulo de propagação da onda resolve a equação de balanço da energia (6.37)

$$\frac{\partial}{\partial t}\left(Ec_g \cos\theta\right) = -D_b - D_f \tag{6.37}$$

em que θ é o ângulo de incidência do campo de ondas, o termo D_b representa a dissipação de energia por rebentação da onda, D_f representa a dissipação de energia no fundo, c_g é a celeridade de grupo e E é a energia da onda, dada por $E = (1/8)\rho g H_{rms}^2$. O termo de dissipação de energia por rebentação da onda é calculado por (6.38)

$$D_b = \frac{1}{4}\rho g \varepsilon f_p H_{max}^2 f_b \tag{6.38}$$

em que ε é um coeficiente de dissipação, igual a 1 para um ressalto hidráulico completamente desenvolvido, $f_p = 1/T_p$ é a frequência de pico, f_b é a fração das ondas que rebentam e H_{max} é a altura a partir da qual a onda rebenta, sendo dada por (6.39)

$$H_{max} = \frac{0.88}{k} tanh\left(\frac{\gamma k h_b}{0.88}\right) \tag{6.39}$$

onde k é o número de onda local, h_b é a profundidade local e γ é um coeficiente de dissipação, dado por $\gamma = 0.5 + 0.4 tanh(33 H_{rms}/L_0)$.

O termo de dissipação de energia por atrito de fundo é calculado no UNIBEST por (6.40)

$$D_f = \frac{f_w \rho}{\sqrt{\pi}} u_{orb}^3 \tag{6.40}$$

em que f_w é o coeficiente de atrito devido à ação da onda e u_{orb} é a amplitude da velocidade orbital da onda, calculada com base na teoria linear e altura *rms* da onda.

Uma versão mais recente do UNIBEST, designada por UNIBEST-TC ("*TC: Time-dependent Cross-shore*") (Bosboom *et al.*, 1997), incorpora um modelo mais elaborado para o cálculo da dissipação de energia por rebentação da onda, sendo esta convertida em energia cinética turbulenta e posteriormente dissipada por produção de turbulência.

O UNIBEST inclui um módulo para o cálculo do *setup* médio, resolvendo a seguinte equação de balanço (6.41)

$$\frac{\partial \overline{\eta}}{\partial x} = -\frac{1}{\rho g h}\frac{\partial S_{xx}}{\partial x} \qquad (6.41)$$

em que $\overline{\eta}$ é o *setup* médio devido à onda, $h = \overline{\eta} - \xi_b$ é a profundidade local e S_{xx} é a tensão de radiação calculada transversalmente à costa, definida por (6.42)

$$S_{xx} = \left[\left(n + n\cos^2\theta - 0.5\right)E + 2E_b\cos^2\theta\right] \qquad (6.42)$$

onde $n = c_g/c$. O ângulo θ é definido como sendo o ângulo entre o eixo dos y (perpendicular à costa) e a direção de propagação da onda, sendo calculado pela lei de Snell $sen(\theta)/sen(\theta_0) = c/c_0$.

MT3 - Modelo **CSHORE**

Um modelo relativamente recente e com versões uni- e bidimensionais no plano horizontal é o CSHORE; este modelo considera o seguinte sistema de eixos e ângulos de incidência de ondas irregulares e vento numa praia (Figura 6.13)

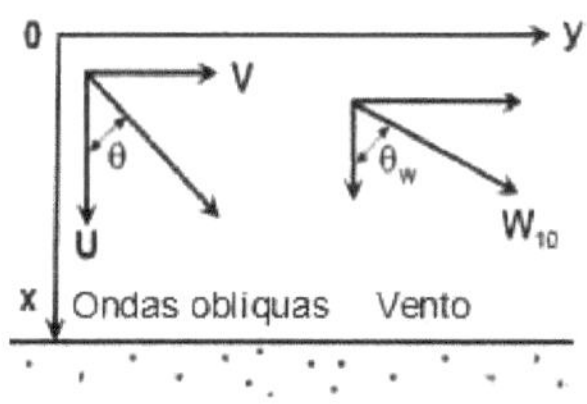

Figura 6.13 - CSHORE: Sistema de eixos coordenados e ângulos de incidência.

Trata-se de um modelo bidimensional no plano horizontal (2DH), que resolve o seguinte sistema de equações (6.43) para o cálculo dos caudais ou do campo médio de velocidades (Bradley e Nobuhisa, 2012)

$$\frac{\partial}{\partial x}(Q_x)+\frac{\partial}{\partial y}(Q_y)=0$$

$$\frac{\partial}{\partial x}\left(\frac{Q_x^2}{\bar{h}}\right)+\frac{\partial}{\partial y}\left(\frac{Q_xQ_y}{\bar{h}}\right)+g\bar{h}\frac{\partial\bar{\eta}}{\partial x}+\frac{\tau_{bx}}{\rho}=\tau_{wx}+\frac{\tau_{sx}}{\rho} \tag{6.43}$$

$$\frac{\partial}{\partial x}\left(\frac{Q_xQ_y}{\bar{h}}\right)+\frac{\partial}{\partial y}\left(\frac{Q_y^2}{\bar{h}}\right)+g\bar{h}\frac{\partial\bar{\eta}}{\partial y}+\frac{\tau_{by}}{\rho}=\tau_{wy}+\frac{\tau_{sy}}{\rho}$$

em que

$$\tau_{wx}=-\frac{\partial}{\partial x}\left(\frac{S_{xx}}{\rho}-\frac{Q_{wx}^2}{\bar{h}}\right)-\frac{\partial}{\partial y}\left(\frac{S_{xy}}{\rho}-\frac{Q_{wx}Q_{wy}}{\bar{h}}\right) \tag{6.44}$$

$$\tau_{wy}=-\frac{\partial}{\partial x}\left(\frac{S_{xy}}{\rho}-\frac{Q_{wx}Q_{wy}}{\bar{h}}\right)-\frac{\partial}{\partial y}\left(\frac{S_{yy}}{\rho}-\frac{Q_{wy}^2}{\bar{h}}\right) \tag{6.45}$$

$$S_{xx}=(nE+M_r)cos^2(\theta)+E\left(n-\frac{1}{2}\right) \tag{6.46}$$

$$S_{xy}=(nE+M_r)cos(\theta)sen(\theta) \tag{6.47}$$

$$S_{yy}=(nE+M_r)sen^2(\theta)+E\left(n-\frac{1}{2}\right) \tag{6.48}$$

$$M_r=\rho Cq_r \tag{6.49}$$

onde $\bar{h}=\bar{\eta}+S+\xi$, sendo $\bar{\eta}$ a altura média do *setup* acima do nível do mar e S é a altura da maré mais onda acima do nível de referência, $Q_x=\bar{h}\bar{U}+\left(g\sigma_\eta^2/c+q_r\right)cos(\theta)$, $Q_y=\bar{h}\bar{V}+\left(g\sigma_\eta^2/C+q_r\right)sen(\theta)$, em que q_r é o fluxo do volume do "*roller*" na frente da onda em rebentação e σ_η é o desvio padrão de elevação da superfície livre, τ_{bx} e τ_{by} são tensões de atrito, τ_{sx} e τ_{sy} são tensões devidas ao vento, e S_{xx}, S_{xy} e S_{yy} são tensões de radiação, incluindo o fluxo da quantidade de movimento M_r devido à propagação do "*roller*" com velocidade c. As alterações do perfil de praia são calculadas resolvendo a equação de continuidade ou de conservação do sedimento (6.50)

$$(1-p)\frac{\partial\xi}{\partial t}+\frac{\partial q_x}{\partial x}+\frac{\partial q_y}{\partial y}=0 \tag{6.50}$$

em que $q_y=q_{sy}+q_{by}$ é o caudal longitudinal total de sedimentos. Assumindo o perfil longitudinal uniforme, o terceiro termo da equação (6.50) será naturalmente nulo.

MT4 - Modelo **XBeach**

O modelo XBeach (*eXtreme Beach behaviour*) é um modelo determinístico, bidimensional no plano horizontal (2DH), constituído por vários submodelos para a análise dos processos costeiros de propagação de ondas infragravíticas e de grupos de ondas gravíticas, espraiamento, erosão e galgamento de dunas, avalanches, transporte sedimentar e evolução do fundo. O modelo XBeach tem a grande virtude de estar disponível à comunidade científica em https://publicwiki.deltares.nl/display/XBEACH/XBeach. Este modelo resolve a equação de ação da onda, dada por (6.51) (Oliveira, 2012)

$$\frac{\partial A}{\partial t}+\frac{\partial C_x A}{\partial x}+\frac{\partial C_y A}{\partial y}+\frac{\partial C_\theta A}{\partial \theta}=-\frac{D_w}{\sigma} \tag{6.51}$$

em que

$$A(x,y,t,\theta)=\frac{S_w(x,y,t,\theta)}{\sigma(x,y,t)} \tag{6.52}$$

$$C_x(x,y,t,\theta)=c_g\, cos(\theta)+u^L \tag{6.53}$$

$$C_y(x,y,t,\theta)=c_g sen(\theta)+v^L \tag{6.54}$$

$$\begin{aligned} C_\theta(x,y,t,\theta)=&\frac{\sigma}{senh(2kh)}\left[\frac{\partial h}{\partial x}sen(\theta)-\frac{\partial h}{\partial y}cos(\theta)\right]\\ &+cos(\theta)\left[sen(\theta)\frac{\partial u}{\partial x}-cos(\theta)\frac{\partial u}{\partial y}\right]+sen(\theta)\left[sen(\theta)\frac{\partial u}{\partial x}-cos(\theta)\frac{\partial u}{\partial y}\right]\end{aligned} \tag{6.55}$$

onde θ é o ângulo de incidência relativamente a eixo dos x, $A(x,y,t,\theta)$ é a ação da onda, $S_w(x,y,t,\theta)$ é a densidade de energia da onda em cada componente direcional, σ é a frequência intrínseca da onda obtida pela relação de dispersão linear, $C_x(x,y,t,\theta)$ e $C_y(x,y,t,\theta)$ são as velocidades de propagação da ação da onda nas direções x e y, respetivamente, c_g é a velocidade de grupo obtida pela teoria linear da onda, u^L e v^L são as velocidades Lagrangeanas médias em profundidade nas direções transversal e longitudinal, respetivamente, $C_\theta(x,y,t,\theta)$ é a velocidade de propagação no espaço θ, k é o número de onda, ω é a frequência absoluta da onda, e D_w é a energia dissipada devido à rebentação.

O termo de dissipação D_w é calculado por (6.56)

$$\overline{D}_w=\frac{\alpha}{\pi}Q_b\sigma E_w \tag{6.56}$$

em que

$$E_w(x,y,t)=\int_0^{2\pi}S_w(x,y,t,\theta)d\theta \tag{6.57}$$

$$Q_b = 1 - exp\left[-\left(H_{rms}/H_{max}\right)^n\right] \tag{6.58}$$

com $\alpha \cong O(1)$, $H_{rms} = \sqrt{8E_w/(\rho g)}$ é a onda quadrática média, $H_{max} = \gamma\, tanh(kh)/k$, ρ é a massa volúmica da água e γ é um índice de rebentação (parâmetro empírico). O modelo assume que a energia total dissipada, $\overline{D}_w$, é distribuída proporcionalmente pelas componentes direcionais; por conseguinte

$$D_w(x,y,t,\theta) = \frac{S_w(x,y,t,\theta)}{E_w(x,y,t)}\overline{D}_w(x,y,t) \tag{6.59}$$

Aas tensões de radiação são estimadas com base na teoria linear, donde

$$S_{xx,w}(x,y,t) = \int\left[\frac{c_g}{c}\left(1 + cos^2\theta - \frac{1}{2}\right)\right]S_w\, d\theta \tag{6.60}$$

$$S_{xy,w}(x,y,t) = S_{yx,w}(x,y,t) = \int sen(\theta)cos(\theta)\left(\frac{c_g}{c}S_w\right)d\theta \tag{6.61}$$

$$S_{yy,w}(x,y,t) = \int\left[\frac{c_g}{c}\left(1 + sen^2\theta - \frac{1}{2}\right)\right]S_w\, d\theta \tag{6.62}$$

A equação da energia turbulenta gerada pela rebentação na superfície é acoplada à equação da ação/energia da onda, na qual o termo de dissipação de energia na rebentação é usado como fonte para o cálculo da turbulência superficial. Tal como para a ação da onda, é considerada a distribuição direcional da turbulência superficial mas o espetro de frequência é representado por uma única frequência média (Oliveira, 2012).

A equação usada pelo XBeach para o cálculo da turbulência gerada à superfície escreve-se

$$\frac{\partial S_r}{\partial t} + \frac{\partial C_x S_r}{\partial x} + \frac{\partial C_y S_r}{\partial y} + \frac{\partial C_\theta S_r}{\partial \theta} = -D_r + D_w \tag{6.63}$$

em que $S_r(x,y,t,\theta)$ é a componente direcional da energia turbulenta à superfície, $C_x(x,y,t,\theta) = c\, cos(\theta) + u^L$ e $C_y(x,y,t,\theta) = c\, sen(\theta) + v^L$ são as velocidades de propagação da energia turbulenta superficial nas direções x e y, respetivamente, $C_\theta(x,y,t,\theta)$ é a velocidade de propagação no espaço θ, dada por (6.55), assumindo assim que as ondas e a turbulência superficial se propagam na mesma direção. É assumido que a energia dissipada à superfície, $\overline{D}_r$, é distribuída proporcionalmente pelas componentes direcionais, donde (6.64)

$$D_r(x,y,t,\theta) = \frac{S_r(x,y,t,\theta)}{E_r(x,y,t)}\overline{D}_r(x,y,t) \tag{6.64}$$

com $\overline{D}_r = 2g\beta_r E_r/c$, sendo a velocidade de fase, c, obtida pela teoria linear da onda.

A contribuição da turbulência superficial para as tensões de radiação, a adicionar às equações (6.60), (6.61) e (6.62), é dada por (6.65)

$$\begin{aligned} S_{xx,r}(x,y,t) &= \int cos^2(\theta) S_r \, d\theta \\ S_{xy,r}(x,y,t) = S_{yx,r}(x,y,t) &= \int sen(\theta) cos(\theta) S_r \, d\theta \\ S_{yy,r}(x,y,t) &= \int sen^2(\theta) S_r \, d\theta \end{aligned} \tag{6.65}$$

O campo da velocidade média do escoamento é formulado em termos da velocidade Lagrangeana (definida como a distância que uma partícula de água percorre num período da onda, dividida por esse período); as equações escrevem-se

$$\begin{aligned} &\frac{\partial \varsigma}{\partial t} + \frac{\partial (hu^L)}{\partial x} + \frac{\partial (hv^L)}{\partial y} = 0 \\ &\frac{\partial u^L}{\partial t} + u^L \frac{\partial u^L}{\partial x} + v^L \frac{\partial u^L}{\partial y} - fv^L - \nu_h \left(\frac{\partial^2 u^L}{\partial x^2} + \frac{\partial^2 u^L}{\partial y^2} \right) \\ &\quad = \frac{\tau_{sx}}{\rho h} - \frac{\tau_{bx}}{\rho h} - g \frac{\partial \varsigma}{\partial x} + \frac{F_x}{\rho h} \\ &\frac{\partial v^L}{\partial t} + u^L \frac{\partial v^L}{\partial x} + v^L \frac{\partial v^L}{\partial y} + fu^L - \nu_h \left(\frac{\partial^2 v^L}{\partial x^2} + \frac{\partial^2 v^L}{\partial y^2} \right) \\ &\quad = \frac{\tau_{sy}}{\rho h} - \frac{\tau_{by}}{\rho h} - g \frac{\partial \varsigma}{\partial y} + \frac{F_y}{\rho h} \end{aligned} \tag{6.66}$$

em que f é o parâmetro de Coriolis, ν_h é a viscosidade horizontal, τ_{sx} e τ_{sy} são as tensões devidas ao vento, τ_{bx} e τ_{by} são as tensões de atrito no fundo, e F_x e F_y são as tensões induzidas pelas ondas, ou componentes do tensor resultante das tensões de radiação. As componentes da velocidade (u^L, v^L) relacionam-se com as componentes da velocidade Euleriana por $u^L = u^E + u^S$ e $v^L = v^E + v^S$, sendo $u^S = \dfrac{E_w cos(\theta)}{\rho hc}$ e $v^S = \dfrac{E_w sen(\theta)}{\rho hc}$ as componentes de Stokes nas direções x e y, respetivamente.

A equação de advecção-difusão para o transporte da concentração de sedimentos é dada por (6.67)

$$\begin{aligned} &\frac{\partial (hC)}{\partial t} + \frac{\partial (hCu^E)}{\partial x} + \frac{\partial (hCv^E)}{\partial y} \\ &\quad + \frac{\partial}{\partial x}\left(D_h h \frac{\partial C}{\partial x} \right) + \frac{\partial}{\partial y}\left(D_h h \frac{\partial C}{\partial y} \right) = \frac{hC_{eq} - hC}{T_s} \end{aligned} \tag{6.67}$$

em que D_h é um coeficiente de difusão dos sedimentos, C_{eq} é a concentração de equilíbrio dos sedimentos e T_s é o tempo de mobilização dos sedimentos, definido por $T_s = max(0.05 h / W_q ; 0.2)$ s.

A equação de atualização das cotas do fundo escreve-se

$$\frac{\partial \xi}{\partial t}+\frac{f_{mor}}{(1-p)}\left(\frac{\partial q_{sx}}{\partial x}+\frac{\partial q_{sy}}{\partial y}\right)=0 \tag{6.68}$$

com os caudais sólidos q_{sx} e q_{sy} dados por (6.69) e (6.70)

$$q_{sx}(x,y,t)=\frac{\partial\left(hCu^{E}\right)}{\partial x}+\frac{\partial}{\partial x}\left(D_{h}h\frac{\partial C}{\partial x}\right) \tag{6.69}$$

$$q_{sy}(x,y,t)=\frac{\partial\left(hCv^{E}\right)}{\partial y}+\frac{\partial}{\partial y}\left(D_{h}h\frac{\partial C}{\partial y}\right) \tag{6.70}$$

Oliveira (2012) analisa o desempenho dos modelos LITPROF e XBeach por comparação com dados de laboratório. Os modelos são testados com os parâmetros por defeitos e com os parâmetros calibrados de modo a obter o melhor ajustamento possível aos dados de laboratório.

A Figura 6.14 compara os dados de laboratório com os resultados obtidos pelos dois modelos considerando diferentes valores dos parâmetros.

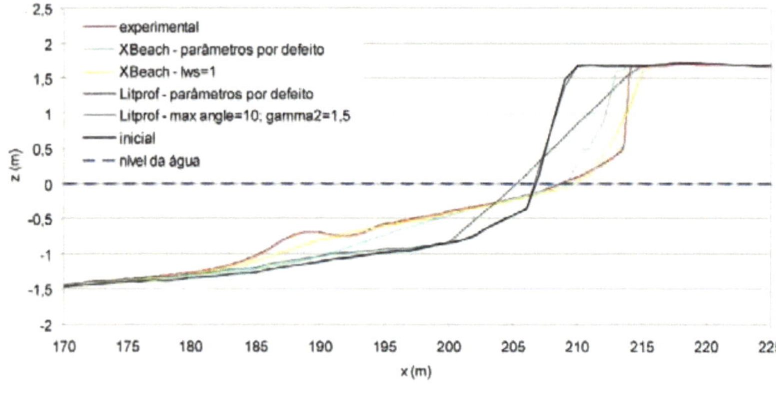

Figura 6.14 - Resultados dos modelos XBeach e LITPROF com parâmetros por defeitos e após calibração, à escala laboratorial (adaptada de Oliveira, 2012).

6.6 Modelação da morfologia costeira

Entre os vários modelos existentes para a modelação morfodinâmica costeira, nomeadamente a duas dimensões no plano horizontal (2DH) e a três dimensões (2.5D ou *quase*-3D), destacam-se

1 – Modelos 2DH

» MIKE 21 - calcula os caudais de sedimentos não-coesivos transportados por arrastamento e em suspensão numa malha retangular de diferenças finitas.

» DELFT2D - calcula os caudais de sedimentos não-coesivos transportados por arrastamento e em suspensão em malhas de coordenadas cartesianas ou curvilíneas de diferenças finitas.

» CCHE2D - calcula os caudais de sedimentos transportados por arrastamento e em suspensão numa malha de elementos finitos.

2 – Modelos 2.5D, ou *quase*-3D

» M-SHORECIRC - é uma extensão do modelo de circulação SHORECIRC (Svendsen *et al.*, 2001). Inclui um módulo de transporte de sedimentos para a estimativa dos caudais sólidos resultantes da ação de uma corrente, ou de escoamentos devidos a corrente e onda, e um módulo morfodinâmico para estimar as cotas do leito resultantes dos movimentos de sedimentos não-coesivos. O M-SHORECIRC é, assim, um modelo morfodinâmico baseado em processos, incluindo, por conseguinte, a interação entre as condições hidrodinâmicas, o transporte de sedimentos e a evolução do fundo móvel (Fachin e Sancho, 2004).

» NearCoM-TVD – usa um modelo híbrido de diferenças finitas e de volumes finitos incorporando um esquema TVD. Trata-se de uma extensão do modelo de circulação SHORECIRC e usa o modelo de ondas SWAN para a simulação de escoamentos devidos a correntes e ondas sobre batimetrias complexas. O módulo de transporte de sedimentos usa diferentes formulações para o cálculo dos caudais sólidos transportados e tem em conta os efeitos de enviesamento (*skewness*) e assimetria da onda (Chen *et al.*, 2014).

» RMA 10 - calcula os caudais de sedimentos coesivos transportados em suspensão numa malha de elementos finitos.

» ROMS - calcula os caudais de sedimentos não-coesivos transportados em suspensão numa malha de coordenadas ortogonais curvilíneas de diferenças finitas.

» MIKE 3 - calcula os caudais de sedimentos não-coesivos transportados por arrastamento e em suspensão numa malha ortogonal de diferenças finitas.

» DELFT3D - calcula os caudais de sedimentos não-coesivos transportados por arrastamento e em suspensão em malhas de coordenadas cartesianas ou curvilíneas de diferenças finitas.

» TELEMAC3D - calcula os caudais de sedimentos não-coesivos transportados por arrastamento e em suspensão numa malha de elementos finitos.

Deve admitir-se que os modelos ou módulos de transporte sedimentar incorporam algum grau de simplificação para serem computacionalmente viáveis. Com formulações muito simplificadas corre-se o risco de se obterem soluções insuficientemente confiáveis, enquanto um aumento da complexidade do modelo pode complicar a formulação do problema e incorrer em elevados custos de preparação de dados de entrada, calibração e validação. Por outro lado, as incertezas e erros associados aos dados de entrada também não permitem obter precisões comparáveis com os resultados hidrodinâmicos.

Os processos dinâmicos ocorrem em escalas de pequenos comprimentos, da ordem das formas de fundo e dos movimentos das partículas sedimentares. As escalas de referência dos tempos para estes processos podem variar de segundos a largos minutos.

Os modelos 3D (ou *quase*-3D) requerem informação detalhada e precisa do local de estudo, devendo ser usados para simular os escoamentos em menores escalas, quando se tornam necessários mapeamentos detalhados da microestrutura turbulenta. Contudo, para observações a longo prazo tornam-se pouco eficazes, pois requerem muitos recursos computacionais para tratar toda a informação.

Por conseguinte, o uso de modelos 3D (ou *quase*-3D) para simular os processos à escala de quilómetros na zona costeira pode não ser realista, pois é na atualidade um esforço computacional ainda muito pesado.

Por todas as razões apontadas, recorre-se com frequência a modelos simplificados, ditos de *N_Linhas* e de *Linha*. Os modelos de *N_Linhas*, ou de múltiplas linhas, pretendem representar alterações em mais do que uma curva batimétrica. Este tipo de modelos calcula em simultâneo a distribuição dos sedimentos e as alterações morfológicas na direção perpendicular à linha de costa (transporte transversal) e o transporte de sedimentos, bem como as alterações morfológicas, ao longo da costa (transporte longitudinal). Estes modelos são igualmente pesados a nível computacional, sobretudo para grandes escalas temporais e espaciais.

Os modelos de *Linha* são bastante menos exigentes em termos computacionais e particularmente indicados para a resolução de problemas diretamente relacionados com alterações na linha de costa, a escalas temporais de longo prazo (anuais, até mesmo uma ou mais dezenas de anos) e escalas espaciais da ordem das dezenas de quilómetros.

É neste contexto que têm grande aceitação os modelos de transporte transversal XBeach e LITPROF, atrás descritos, e são igualmente bem aceites e usados com frequência os modelos de transporte longitudinal ONELINE, de que são exemplos o modelo LITMOD, o LITLINE do *software package* LITPACK, e o GENESIS, que resumidamente se descrevem em seguida.

A hipótese base de um modelo de *Linha* assenta no princípio de que o perfil de uma praia em equilíbrio se mantém inalterado durante o período de simulação, podendo avançar ou recuar perpendicularmente à linha de costa, movendo-se paralelamente a si próprio, bastando apenas um ponto para localizar o perfil (Figura 6.15). Na realidade, o que é simulado é justamente o movimento do ponto da secção perpendicular que pertence à linha de costa simulada.

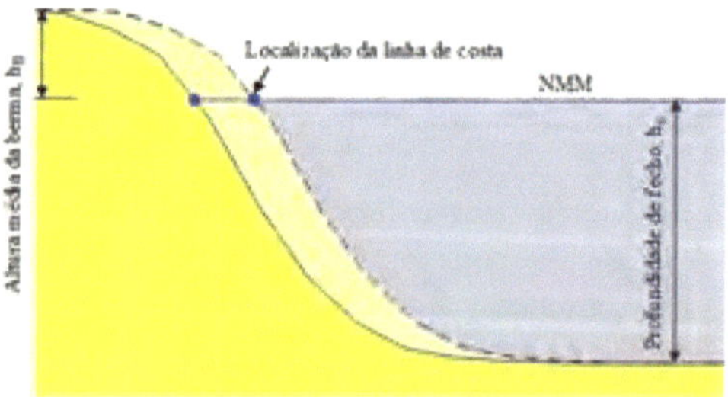

Figura 6.15 - Representação da movimentação da linha de costa em modelos de linha (adaptada de *www.coastalwiki.org*).

Este tipo de modelos reproduz o transporte causado pelas correntes que decorrem da rebentação, não tendo, assim, em conta o transporte produzido por correntes de maré, ventos ou outros agentes causadores de transporte de sedimentos.

As definições da altura média da berma (h_B) e da profundidade de fecho (h_c) são importantes para a definição dos limites do perfil que se move paralelamente à linha costa. A altura média da berma corresponde ao limite do lado de terra, enquanto a profundidade de fecho corresponde ao limite do lado mar, a partir do qual não há movimentações aluvionares.

O modelo de *Linha* parte do princípio de que o transporte de sedimentos é feito paralelamente à costa entre células de entrada e de saída, definidas no perfil da praia. Como se pode verificar através da Figura 6.16, os avanços e recuos da linha de costa são quantificados pelas grandezas Δx e Δy que representam as dimensões da célula envolvida. Nesta figura, D_B e D_C representam a altura média da berma e a profundidade de fecho, respetivamente, ou seja, $D_B = h_B$ e $D_C = h_c$ (Figura 6.15).

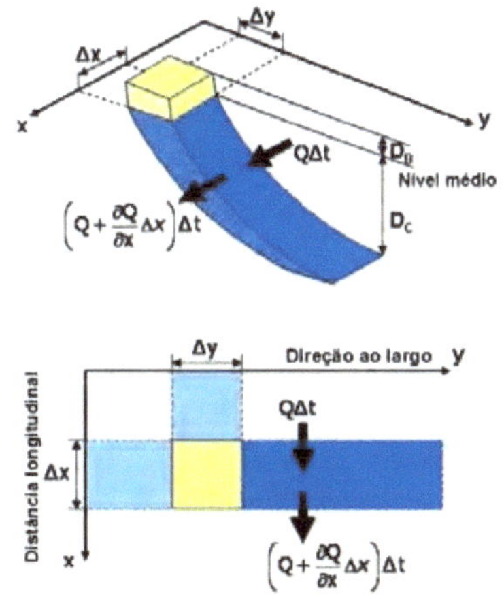

Figura 6.16 - Modelos de *Linha*: Esquema representativo do cálculo da evolução da linha de costa (adaptada de Hanson, 1991).

Um modelo de *Linha* baseia-se na equação de conservação dos sedimentos num volume de controlo e numa equação de transporte longitudinal dos sedimentos, podendo ser escrita da seguinte forma (6.71) (Hanson e Kraus, 1989)

$$\frac{\Delta y}{\Delta t} + \frac{1}{h_B + h_c}\left(\frac{\Delta Q_l}{\Delta x} \pm q_{se}\right) = 0 \qquad (6.71)$$

em que Δx é o intervalo longitudinal, Δy é o intervalo perpendicular, Q_l é o caudal transportado longitudinalmente e q_{se} é o caudal de sedimentos à entrada.

Uma breve referência para a equação de continuidade usada pelo LITLINE para a conservação dos sedimentos, a qual se escreve

$$\frac{\partial y_c}{\partial t} = -\frac{1}{h_{at}(x)}\frac{\partial Q_l(x)}{\partial x} + \frac{Q_{in}(x)}{h_{at}(x)\Delta x} \tag{6.72}$$

em que y_c representa a posição da linha de costa, $Q_l(x)$ representa os caudais de sedimentos transportados longitudinalmente expressos em volume, $h_{at}(x)$ representa a altura ativa dos perfis da secção transversal e $Q_{in}(x)$ são termos de fonte/sumidouro expressos em volume.

A equação (6.72) é resolvida usando o esquema implícito de diferenças finitas de Crank-Nicholson, fornecendo os seguintes resultados

- séries temporais da posição da linha de costa;
- profundidades ou cotas do fundo;
- volumes de sedimentos transportados por unidade de tempo;
- volumes acumulados.

Entre os modelos de *Linha* mais aplicados na costa portuguesa, e que por isso se passam a expor com mais detalhe, contam-se o LITMOD e o GENESIS.

ML1 - Modelo **LITMOD**

Como a grande maioria dos modelos de *Linha*, o LITMOD baseia-se em duas hipóteses fundamentais. A primeira admite que o perfil transversal da praia não se altera localmente durante os processos de erosão e acreção. É feita uma simulação dos recuos e avanços da linha de costa através de deslocamentos paralelos do perfil, ocorrendo esses deslocamentos desde a berma da praia até à cota limite de adaptação dos fundos a longo prazo. A segunda hipótese considera que o transporte sólido longitudinal é um fator determinante na evolução geral da costa (Vicente e Clímaco, 2003).

É um modelo aplicável à simulação da evolução de uma linha de costa, onde coexistam praias e trechos rochosos, em condições naturais ou com obras, e/ou intervenções de alimentação artificial. Permite a simulação de ganhos e perdas aluvionares provenientes de cursos de água que alimentam a costa, de erosões de falésias, de atividades de extração de areias, e ainda os efeitos de diversos tipos de obras que afetam o equilíbrio de uma costa, como molhes, esporões, defesas frontais e quebramares.

Como a generalidade dos modelos de *Linha*, a continuidade dos volumes sedimentares é representada pela seguinte equação (6.73) (com as notações apresentadas na Figura 6.16)

$$(NB + PM)\frac{\partial y}{\partial t}dx\,dt = -\left(\frac{\partial Q_{sl}}{\partial x} + q_{se}\right)dx\,dt \tag{6.73}$$

em que NB é o nível da berma, relativamente ao nível médio do mar (NMM), PM é a profundidade máxima de adaptação do perfil, y é a ordenada da linha de água, x é a abcissa da linha de água, t é o instante de cálculo, Q_{sl} é o caudal de sedimentos do litoral e q_{se} é o caudal sólido das fontes ou sumidouros, por unidade de comprimento da costa.

Para resolução da equação (6.73) é utilizado o método explícito de diferenças finitas, com diferenças regressivas, onde o alinhamento da linha de costa (linha de água) se subdivide em trechos com comprimento Δx, sendo $y(i)$ a ordenada central de cada célula. Na forma de diferenças finitas, com incrementos espacial Δx e temporal Δt, obtém-se (6.74)

$$\Delta y = \frac{(Q_{sl})_{i-1} - (Q_{sl})_i + (q_{se})_i \Delta x}{K_p} \qquad (6.74)$$

com $K_p = (NB + PM)\frac{\Delta x}{\Delta t}$. Os valores de caudal sólido são definidos à direita de cada trecho i, com uma média das alturas na rebentação, no meio desse trecho e no meio do trecho seguinte.

Um parâmetro condicionante no processo de cálculo é o valor do ângulo da onda na rebentação com a costa, $\alpha_b(i)$. Em relação ao ângulo que a costa faz com o eixo dos x, linha de base do modelo, este é definido pela seguinte equação (6.75)

$$\alpha_{cx}(i) = arctg\left(\frac{y_{i+1} - y_i}{\Delta x}\right) \qquad (6.75)$$

O ângulo da onda no ponto de rebentação com o eixo dos x no limite à direita do trecho i, $\alpha_{bx}(i)$, é obtido pela média dos correspondentes ângulos na rebentação no meio dos trechos i e $i+1$, que foram previamente calculados. O ângulo $\alpha_b(i)$ é em seguida obtido por subtração daqueles ângulos, donde

$$\alpha_b(i) = \alpha_{bx}(i) - \alpha_{cx}(i) \qquad (6.76)$$

A sequência de cálculo do modelo LITMOD é a seguinte (Vicente e Clímaco, 2003)

1. No instante $t = 0$, são dadas as condições iniciais da linha de água em todos os trechos, sendo estas traduzidas pelos valores de $y(i)$;
2. São fornecidos os caudais à esquerda do trecho inicial, Q_{sl0}, e à direita do último trecho, $Q_{sl}(n)$. São também fornecidos os caudais de alimentação, caso existam, $q_{se}(i)$. Em caso de extração ou retirada de um caudal de sedimentos $q_{se}(i)$ do trecho i, durante um intervalo de tempo Δt, o valor do caudal terá sinal negativo;
3. A altura da onda, $H_a(i)$, e o ângulo da crista da onda com o eixo dos x, $\alpha_a(i)$, são fornecidos numa batimétrica de aproximação. Estes valores são obtidos a partir da aplicação de um modelo de refração, ou de refração-difração, às características da onda ao largo (período, altura e rumo);
4. Aplicando um modelo de refração sobre uma batimetria paralela à linha de água, são calculados os correspondentes valores de $H_b(i)$ e $\alpha_{bx}(i)$ na rebentação;
5. São calculados os valores dos caudais $Q_{sl}(i)$ em todos os trechos;

6. Resolvendo a equação de continuidade, obtém-se a nova posição da linha de água, após cada intervalo de tempo Δt, a qual é definida pelos acréscimos das ordenadas Δy presentes na equação;
7. Este cálculo é repetido para todos os instantes correspondentes a sucessivos acréscimos de Δt até ao tempo final de simulação.

Na refração sobre batimétricas paralelas são utilizadas as expressões da teoria da onda de pequena amplitude (capítulo 3, secção 3.2). Exemplos de aplicação e validação do LITMOD são apresentados em Vicente e Clímaco (2003). A Figura 6.17 mostra uma comparação dos sucessivos perfis, de protótipo e simulados pelo LITMOD, de enchimento da praia da Figueira da Foz em consequência do prolongamento do molhe Norte do porto nos anos 60 do século passado.

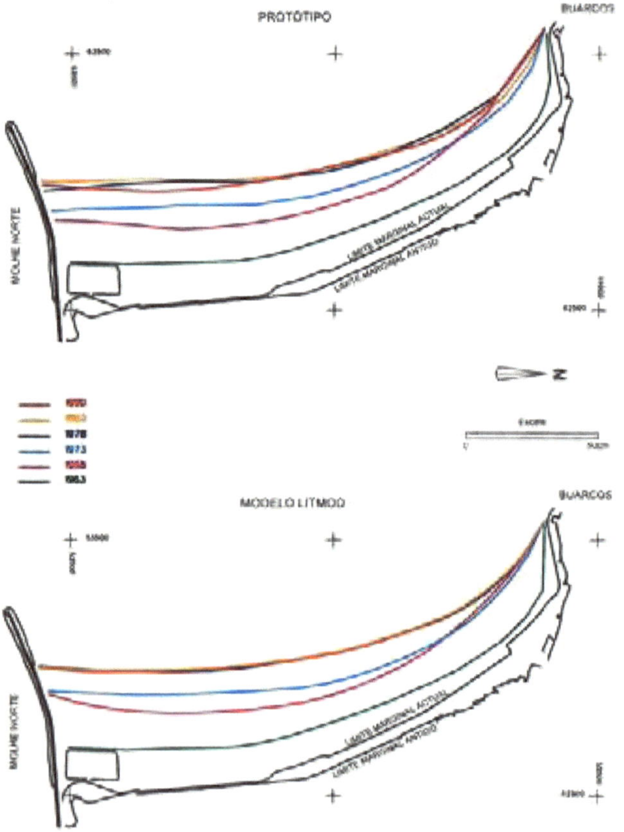

Figura 6.17 - Enchimento da praia da Figueira da Foz na sequência do prolongamento do molhe Norte do porto. Comparação de perfis de protótipo e simulados pelo LITMOD, após calibração (adaptada de Vicente e Clímaco, 2003).

ML2 - Modelo **GENESIS**

O GENESIS é apenas uma das componentes de modelação numérica incluídas no *software* CEDAS (*Coastal Engineering Design & Analysis System*), apresentando este *package* uma série de módulos de projeto que permitem analisar os diversos processos que ocorrem na zona costeira (Hanson, 1987; Hanson e Kraus, 1991).

De entre os modelos disponíveis, destaca-se a aplicação NEMOS (*Nearshore Evolution MOdeling System*), incluída no módulo *Beach*. Esta aplicação é útil para simular a evolução da linha de costa com a informação relativa à batimetria e à cartografia da zona de estudo, bem como às condições de agitação ao largo.

A ferramenta GRID GENERATOR da aplicação NEMOS permite importar informação do terreno a modelar (dados batimétricos e topográficos) e o estabelecimento de malhas de cálculo regulares para posterior utilização no modelo de propagação de ondas (STWAVE) e no modelo de simulação da evolução da linha de costa (GENESIS).

O modelo STWAVE (*Steady-State Spectral Wave Model*) utiliza uma malha quadrada de diferenças finitas para resolver uma equação de balanço espetral simplificada que simula a propagação do clima de agitação desde o largo (*offshore*) até profundidades próximas da costa (*nearshore*). A grelha funciona sobre um sistema de coordenadas locais e está orientada para a costa, sendo a sua origem fixada na fronteira ao largo. Este modelo inclui a simulação dos fenómenos de difração (simplificada), refração e empolamento das ondas por efeitos da batimetria e da interação com correntes, bem como a geração de ondulação por ação do vento.

O GENESIS (*GENEralized model for SImulating Shoreline change*) é o modelo responsável pelo cálculo da evolução da linha de costa, causada principalmente pela ação de ondas. O GENESIS pode ser considerado como sendo dois modelos num só, um que propaga as ondas desde a zona de rebentação até à linha de costa, e outro que é responsável pelo cálculo do transporte longitudinal de sedimentos e pela alteração da linha de costa. O volume de sedimentos em circulação é calculado em função da fórmula de CERC, mas com uma correção para o comportamento das ondas por difração na proximidade das estruturas (Sena, 2010).

O GENESIS utiliza a fórmula (6.33), aqui reproduzida

$$Q_l = H_{bs}^2 c_{gb}\left[a_1 sen(2\alpha_{bc}) - a_2 \cos(\alpha_{bc})\frac{\partial H_{bs}}{\partial x}\right] \tag{6.33}$$

com os parâmetros adimensionais a_1 e a_2 dados por (6.34) e (6.35), respetivamente.

Na fórmula (6.33), α_{bc} representa o ângulo entre a crista da onda na rebentação e a linha de costa, como mostrado na Figura 6.18. Esta figura representa um ângulo α_b de incidência positiva, sendo que um ângulo $\alpha_b = 0$ significa incidência normal da onda.

Figura 6.18 - Definição dos ângulos de rebentação da onda (adaptada de Hanson e Kraus, 1989).

O organograma representado na Figura 6.19 explica de forma sumária o processo de modelação através do NEMOS, identificando os módulos e as ligações entre eles (Sena, 2010).

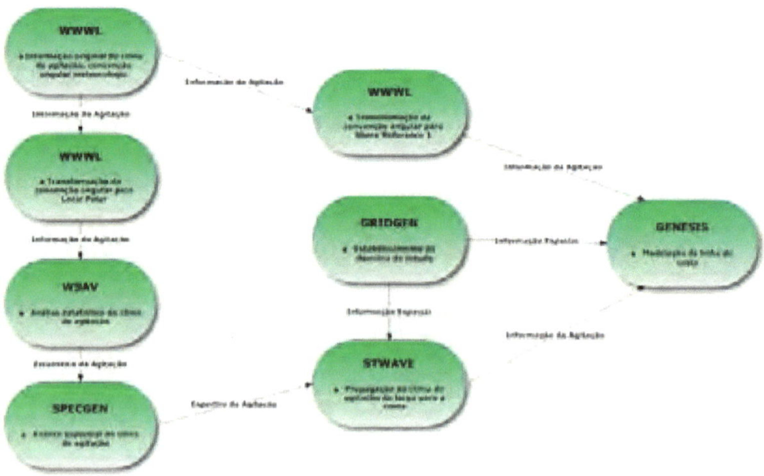

Figura 6.19 - Organograma representativo da modelação através do módulo NEMOS (adaptada de Sena, 2010).

Uma aplicação do GENESIS é descrita em Simões (2013) e Simões *et al.* (2013). Com esta aplicação pretendeu-se avaliar a viabilidade de quebramares destacados submersos, ou recifes artificiais multifuncionais, para manter condições de atratividade e sustentabilidade num trecho da zona costeira com cerca de 5600 m, em frente à praia da Vagueira.

A Figura 6.20 representa o trecho costeiro e os dois quebramares simulados (retilíneo e em V); a Figura 6.21 mostra os resultados correspondentes aos dois quebramares com diferente configuração (retilíneo – Teste1, em forma de V – Teste2) para as mesmas condições e com $K_1 = 0$ (Teste1 e Teste2) e $K_2 = 0.25$ (Teste1kT e Teste 2kT).

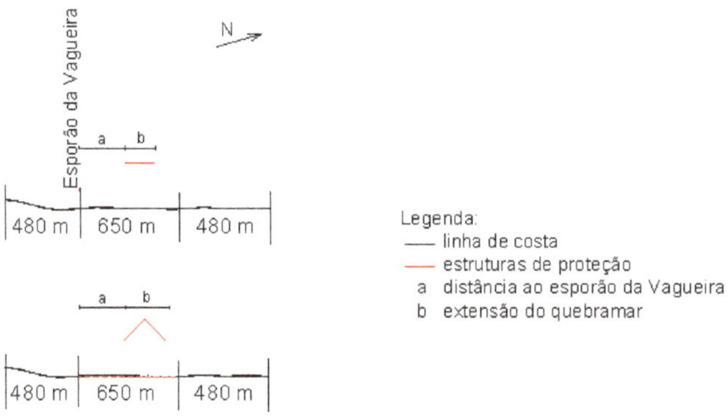

Figura 6.20 - Trecho costeiro em estudo. Situação inicial para os testes realizados (adaptada de Simões *et al*, 2013).

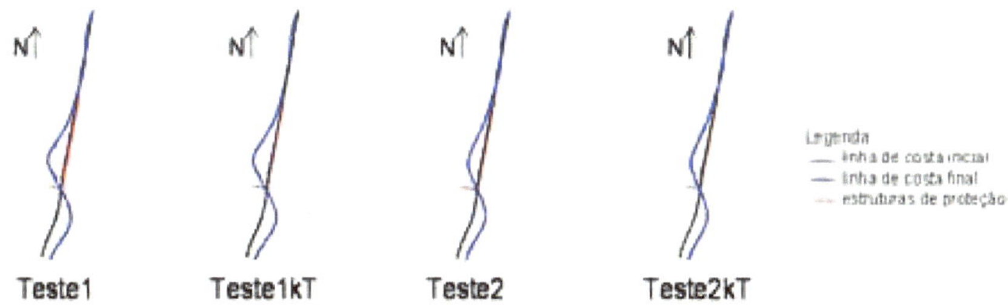

Figura 6.21 - Representação esquemática dos testes realizados: Teste1 (quebramar retilíneo) e Teste2 (quebramar em V), para as mesmas condições e com $K_1 = 0$ (Teste1 e Teste2) e $K_2 = 0.25$ (Teste 1kT e Teste 2kT) (adaptada de Simões *et al*, 2013).

Atendendo à escala reduzida, a Figura 6.21 não é suficientemente esclarecedora; contudo, os resultados obtidos com quebramares em forma de V não permitiram acumular um volume de sedimentos tão elevado na frente urbana como o conseguido com os quebramares retilíneos, mas em contrapartida permitiram reduzir significativamente as taxas de erosão a Sul do esporão da Vagueira. Esta mesma conclusão é extensiva a todas as simulações realizadas (Simões *et al.*, 2013).

7. Elementos de projeto

7.1 Considerações gerais

Na prática da Engenharia Costeira é frequente o recurso a metodologias simplificadas para a obtenção de estimativas ou resultados com suficiente qualidade, pelo menos numa perspetiva de estudo prévio. Constata-se frequentemente a inexistência de dados de projeto suficientemente representativos, ou a existência de um elevado grau de incerteza relativamente à qualidade desses mesmos dados.

É neste contexto que se apresentam em seguida metodologias simplificadas e formulações semi-empíricas úteis para (1) identificação de vulnerabilidades e riscos; (2) avaliação de espraiamentos e possíveis galgamentos de estruturas de proteção, e (3) avaliação e classificação do risco de erosão, incluindo uma metodologia para a elaboração de mapas de vulnerabilidades.

Completam este capítulo possíveis medidas complementares de proteções naturais, em particular de praias e dunas, em que se enquadram recifes artificiais com multifuncionalidades, nomeadamente com objetivos de (1) proteção costeira, ao provocarem a rebentação das ondas suficientemente ao largo; (2) geração de ondas com características para a prática de *surf*, tirando partido de processos de transformação da onda, como o empolamento e a refração, e (3) importante enriquecimento ambiental, ao promoverem a criação e realce de ecossistemas marinhos de grande valor.

7.2 Contribuição para a identificação de vulnerabilidades e riscos

7.2.1 Estimativa da posição da Linha de Costa após n anos (L_n)

Seja um trecho da zona costeira constituído por segmentos com características específicas. Para cada segmento, identifica-se a posição atual da Linha de Costa (L_0), bem como a variação ocorrida num determinado número de anos. Podem ser identificadas duas situações: a L_0 migrou em direção ao mar (costa com tendência de progradação/enchimento), ou a L_0 progrediu em direção à terra (costa em retração/erosão).

Igualmente para cada segmento, calcula-se a Taxa Anual de Migração em metros (*TAM*), dividindo o percurso/distância de movimentação da Linha de Costa entre dois períodos distintos pelo tempo decorrido, ou fazendo a média das Taxas Anuais de Migração obtidas para diversos períodos, eventualmente com diferentes valores parcelares.

Caso a Linha de Costa tenha, em média, migrado em direção ao mar (*TAM* positivo), assume-se em geral que essa tendência de progradação irá cessar e a migração da Linha de Costa estabilizar-se-á. Nesta situação adota-se para o período de *n* anos a mesma posição da Linha de Costa, ou seja, para daqui a *n* anos toma-se $L_n = L_0$.

Para uma costa em condição de retração, a projeção da linha de costa L_n é obtida assumindo que a *TAM* não se alterará; por conseguinte, a posição da Linha de Costa após *n* anos, L_n, pode ser determinada pela equação (7.1)

$$L_n = L_0 + TAM \times n \qquad (7.1)$$

É claro que ao assumir a mesma *TAM* futura, contabilizam-se os impactos gerados por processos erosivos decorrentes de tempestades a longo prazo, visto que a *TAM* atual já sofre essas influências, sendo, por conseguinte, função das mesmas. De igual modo, naquele cálculo são contabilizadas as atuais taxas de elevação do nível do mar, os atuais processos erosivos devidos a défice sedimentar, as atuais características da agitação marítima e, em particular, a ocorrência dos mesmos fenómenos extremos.

7.2.2 Ajuste da Linha de Costa L_n para uma elevação adicional no nível do mar

A subida do nível médio do mar na costa portuguesa registou um aumento em Lagos de 1.5 ± 0.2 mm/ano num período de 82 anos, e em Cascais um aumento de 1.3 ± 0.1 mm/ano num período de 118 anos (Santos *et al.*, 2001). Com base nos dados de 1920 a 2000, Antunes e Taborda (2009) registam uma tendência ascendente não muito diferente, com uma taxa média de 1.6 ± 0.13 mm/ano e um valor de 2.1 ± 0.10 mm/ano nas últimas duas décadas do século 20.

Assim, assumindo que este cenário se mantém até daqui a n anos o nível do mar estará então $0.21 \times n$ cm mais elevado (cerca de 10 cm em meados dos anos 60). Este valor já está contido no cálculo da linha L_n. Porém, para a região Norte de Espanha foi projetada uma subida do nível do mar de 48.7 cm (Chust *et al.*, 2010) e para a região Sudoeste de Inglaterra uma subida de 48 cm (Purvis *et al.*, 2008) até ao ano de 2100, considerando em ambos os casos projeções do IPCC. Dada a proximidade geográfica com estes países, e uma vez que Portugal tem registado idênticos aumentos do nível do mar, é muito provável que a costa portuguesa verifique evoluções semelhantes. Por conseguinte, são previstos piores cenários, podendo atingir valores na ordem dos $0.50 \times n$, ou seja, 25 cm após cerca de 50 anos (em meados dos anos 60).

Portanto, considerando um período de cerca de 50 anos ($n \approx 50$) há um possível impacto adicional de cerca de 20 cm na elevação do nível do mar na costa portuguesa.

A quantificação do risco adicional pode ser obtida usando a Regra de Bruun (Bruun, 1962), na qual a avaliação da retração horizontal adicional (R_a), proveniente de uma elevação adicional no nível médio do mar (seja E_a), pode ser expressa pela equação (7.2) (Ferreira *et al.*, 2006)

$$R_a = (E_a \times L')/(h_c + h_B) \qquad (7.2)$$

em que L' é a largura do perfil ativo (ou distância entre as fronteiras do perfil onde são medidas h_c e h_B), h_c é a profundidade de fecho e h_B é a altura média da berma. Com o valor de R_a, pode projetar-se a linha $L_{nc} = L_{50c}$, no caso vertente $n = 50$, relativa a retrações provocadas por uma elevação adicional do nível médio do mar usando a equação (7.3)

$$L_{nc} = L_{50c} = L_{50} + R_a \text{ (para } n = 50\text{)} \qquad (7.3)$$

7.2.3 Avaliação de impactos por tempestades extremas

Embora as estimativas acima (L_n e L_{nc}) contabilizem possíveis impactos de tempestades de longo prazo, devem ser contabilizados danos contíguos a tais eventos extremos e que acarretam alterações muitas vezes drásticas para a configuração da costa (Ferreira *et al.*, 2006). Portanto, deve ser considerada a ocorrência de uma tempestade extrema no período em análise (período de retorno de n anos). A retração estimada dessa tempestade deverá ser adicionada à Linha de Costa mais interior, pressupondo que a tempestade ocorrerá sobre essa mesma Linha de Costa.

Kriebel e Dean (1993) desenvolveram um modelo de convolução para estimar os impactos decorrentes de grandes tempestades. O modelo assume que a retração da face da praia não é apenas função das características da tempestade (ondas, sobrelevação do mar, duração do evento), mas também função da morfologia da praia. O perfil de praia indicará qual é o potencial máximo de retração possível (R_∞) decorrente de uma determinada sobrelevação do nível do mar.

O potencial máximo de retração (R_∞) pode ser obtido assumindo que o volume erodido na face da praia é idêntico ao depositado na parte submersa, segundo Bruun (1954), dado pela equação (7.4) (Freitas *et al.*, 2010)

$$R_\infty = \frac{S * x_b}{h_B + h_b - S/2} \tag{7.4}$$

em que S é a sobrelevação do nível médio do mar, $x_b = (h_b / A)^{3/2}$ é a distância da linha de rebentação da onda até à costa, h_B é a altura da berma, h_b é a profundidade no ponto de rebentação da onda, H_b é a altura da onda na rebentação e A é o parâmetro de sedimentação do grão (Dean, 1977).

No entanto, o potencial máximo de retração (R_∞) dificilmente será alcançado, pois a praia tem uma capacidade de resposta lenta à sobrelevação do mar - escala de tempo-resposta (T_s) que está principalmente ligada ao tamanho da onda de tempestade na costa e ao parâmetro de sedimentação do grão presente na praia, de acordo com a equação (7.5) (Freitas *et al.*, 2010).

$$T_s = \frac{320 \times H_b^{3/2}}{A^3 g^{1/2} \left(1 + \frac{h_b}{h_B} + \frac{m * x_b}{h_b}\right)} \tag{7.5}$$

em que g é a aceleração da gravidade (m/s²) e $m = tan\beta$ é o declive médio do perfil da praia.

A escala de tempo-resposta (T_s) de uma praia a um dado evento e a duração total (T_D) do evento determinarão, percentualmente, quanto será alcançado; essa será a retração estimada (R_t). A duração total (T_D) é o intervalo de tempo decorrido desde o início até ao final da sobrelevação do mar (S).

Para a sobrelevação pode ser considerada a elevação da maré meteorológica adicionada à sobrelevação do nível do mar provocada pela onda de tempestade em rebentação na zona de *surf* (*wave set-up*) (Freitas *et al.*, 2010). Os dois parâmetros T_s e T_D relacionam-se para gerar a taxa de retração adimensional devida a uma tempestade, θ, dada por (7.6)

$$\theta = 2\pi \frac{T_s}{T_D} \tag{7.6}$$

A partir de θ, Kriebel e Dean (1993) propuseram a equação (7.7) para estimar a retração provocada por uma tempestade (R_t), a qual reflete também a influência do processo de *set-up* na costa.

$$\frac{R(t)}{R_\infty}=\frac{1}{2}\left\{1-\frac{\theta^2}{1+\theta^2}exp\left(-\frac{2\sigma t}{\theta}\right)-\frac{1}{1+\theta}\left[cos(2\sigma t)+\beta sen(2\sigma t)\right]\right\} \tag{7.7}$$

em que $\sigma=\pi/T_D$.

A função (7.7) expressa a proporção de retração que $R(t)$ alcança a partir de R_∞, que é o potencial máximo de retração, e tudo em função de uma única variável, θ. Quando essa variável for igual a zero, ocorre a retração máxima; à medida que θ aumenta diminui a retração. O modelo possibilita ainda que R_∞ assuma valores consoante os diferentes tipos de perfil da praia.

Deve notar-se que a equação (7.4) se refere ao perfil denominado por "*square berm*", e caracteriza o potencial máximo erosivo de uma praia mais refletiva com pós-praia curta. Há outras expressões para R_∞, nomeadamente para praias mais dissipativas com pós-praia extensa, para praias com dunas e sem pós-praia, e ainda para praias com dunas e com pós-praia extensa (Kriebel e Dean, 1993).

Os resultados da aplicação deste modelo mostraram-se bastante coerentes para a costa dos Estados Unidos (Kriebel e Dean, 1993). É um dos modelos mais verificados na atualidade e alcançou igualmente bons resultados na costa portuguesa (Ferreira, 2005; Ferreira *et al.*, 2006). Assim, as retrações estimadas (R_t) por este modelo são adicionadas à linha L_{nc} obtendo-se L_{nt}, de acordo com a equação (7.8).

$$L_{nt}=L_{nc}+R_t \tag{7.8}$$

Para identificar as zonas costeiras sujeitas a inundação pode ser utilizada a equação (7.9), apresentada em Battjes (1971).

$$R_{mv}=\left(H_{SO}L'_0\right)^{0.5}tan\beta \tag{7.9}$$

em que H_{SO} e L'_0 correspondem à altura e ao comprimento de onda significativa em águas profundas, e $tan\beta$ é a declividade da face da praia, respetivamente. $L'_0=1.56T^2$, em que T é o período de pico associado à altura de onda significativa.

A equação (7.9) permite avaliar o "*run-up*" da onda - máxima excursão vertical da onda na face da praia (R_{mv}) - que adicionado à sobrelevação máxima da maré ("*storm surge*") mais a maré astronómica fornece os níveis máximos verticais que a tempestade pode atingir. Outras formulações correntemente utilizadas para o cálculo do "*run-up*" da onda são apresentadas na Tabela 7.1 (Neves *et al.*, 2013).

A comparação dos níveis máximos obtidos com as cotas altimétricas da linha L_{nT} sobre o terreno permite identificar as áreas costeiras com elevado potencial de inundação.

7.3 Avaliação do espraiamento e galgamento de estruturas de proteção

7.3.1 Espraiamento

Para o cálculo do espraiamento (*run-up*) e das respetivas cotas máximas de inundação têm sido propostas várias fórmulas, todas elas de caráter empírico, que dependem, na sua maioria, das condições de agitação marítima em águas profundas e do declive da face da praia. A Tabela 7.1 apresenta as fórmulas mais frequentemente utilizadas (Neves *et al.*, 2013).

Tabela 7.1 - Fórmulas para o cálculo do *run-up* (adaptada de Neves *et al.*, 2013).

Autor	Fórmula
Hunt (1959)	$R_{2\%} = tan\beta(H_0 L_{0s})^{1/2}$
	$R_{2\%} = 3H_0$
Holman (1986)	$R_{2\%} = H_0(0.83\xi_{0p} + 0.20)$
	$R_{2\%} = H_i(0.78\xi_s + 0.20)$
Nielsen e Hanslow (1991)	$R_{2\%} = L_{RU}[-ln(0.02)]^{1/2}$
	$L_{RU} = 0.6 tan\beta(H_{rms} L_{0s})^{1/2} \quad tan\beta \geq 0.1$
	$L_{RU} = 0.05(H_{rms} L_{0s})^{1/2} \quad tan\beta < 0.1$
Stockdon *et al.* (2006)	$R_{2\%} = 0.043(H_0 L_{0p})^{1/2} \quad \xi_{0p} < 0.3$
	$R_{2\%} = 1.1\{0.35 tan\beta(H_0 L_{0p})^{1/2} + [[H_0 L_{0p}(0.563(tan\beta)^{1/2} + 0.004)]^{1/2}]/2\} \quad \xi_{0p} > 0.3$
Teixeira (2009)	$R_{máx} = 0.80 H_0 + 0.62$
	$R_{máx} = 1.08 H_0 \xi_{0máx}$ (mais recente)
Ruggiero *et al.* (2001)	$R_{2\%} = 0.27(tan\beta\, H_0 L_{0p})^{1/2} \quad \xi_{0p} \geq 0.5$
	$R_{2\%} = 0.5H_0 - 0.22 \quad \xi_{0p} < 0.5$
Guza e Thornton (1982)	$R_{1/3} = 0.71H_0 + 0.035$

Em geral, as formulações apresentadas na Tabela 7.1 foram desenvolvidas com base em dados de campo (praias naturais). Nesta tabela, $R_{2\%}$ é o *run-up* excedido por 2% de todos os *run-up* registados, $R_{máx}$ é o *run-up* máximo e $R_{1/3}$ é o *run-up* significativo (média do terço mais alto dos *run-up*).

A maioria daquelas fórmulas tem em conta o número de Iribarren, ξ_0, apresentado no capítulo 3, equação (3.34), e que aqui se recorda

$$\xi_0 = tan\beta/(H_0/L_0)^{1/2} \tag{3.34}$$

em que $tan\beta$ é o declive do perfil da praia, H_0 é a altura significativa da onda ao largo, e L_0 é o comprimento de onda ao largo, dado por $L_0 = gT^2/(2\pi)$.

Em algumas das expressões constantes na Tabela 7.1, o comprimento de onda é obtido com base no período de pico da onda, T_p (L_{0p}), e noutras com base no período significativo da onda, T_s (L_{0s}).

Apenas na 2ª equação de Holman (1986) a altura de onda significativa é a altura da onda incidente na praia, H_i, e não ao largo. Na formulação de Nielsen e Hanslow (1991), H_{rms} representa a raiz quadrada da média das alturas de onda ao largo.

Uma vez que o *run-up* é uma variável estatística, para efeitos de galgamento do cordão dunar utiliza-se frequentemente a estimativa do *run-up* com probabilidade de excedência de 2% ($R_{2\%}$), ou seja, a estimativa correspondente ao nível que é excedido somente por 2% da série de ondas associadas a determinada altura significativa, assumindo uma distribuição de Rayleigh para os espraiamentos individuais (Sancho *et al.*, 2011).

Uma vez calculados os valores do *run-up* numa dada zona costeira, é necessário calcular as cotas de inundação, CI (referidas ao ZH). Assumindo que o cálculo das mesmas resulta apenas da soma das contribuições da maré astronómica, $M.A.$ (referente igualmente ao ZH), com a sobrelevação meteorológica, $S.M.$, e com o *run-up*, $R_{1\%}$ (em vez dos anteriores $R_{2\%}$), os valores das cotas de inundação (CI) serão obtidos pela equação (7.10) (Neves *et al.*, 2013)

$$CI = M.A. + S.M. + R_{1\%} \tag{7.10}$$

Dado que a inundação de uma zona costeira é um fenómeno complexo, a equação (7.10) representa uma forma simplificada do cálculo da cota máxima de inundação, assumindo que $R_{1\%}$ é uma boa estimativa de $R_{máx}$ (Neves *et al.*, 2013).

7.3.2 Galgamento

São várias as metodologias utilizadas para o cálculo do galgamento de uma estrutura: fórmulas empíricas, redes neuronais, modelos físicos ou modelos numéricos. Em qualquer delas, uma das grandezas pela qual os galgamentos são expressos é o caudal, sendo geralmente apresentado sob a forma de caudal médio galgado por unidade de comprimento de estrutura, q (m^3/s/m).

A metodologia de Mase *et al.* (2013), e seguida em Neves *et al.* (2013), utiliza fórmulas empíricas (baseadas em ensaios em modelo físico) que relacionam o *run-up* e o galgamento de estruturas localizadas junto ou acima da linha de costa. Na Tabela 7.2 estão representadas as formulações empíricas propostas por Mase *et al.* (2013) para o cálculo do *run-up* e posterior cálculo do caudal médio galgado. Estas formulações utilizam, em geral, as características das ondas em águas profundas (H_0, L_0) e as características da estrutura (a distância entre o nível médio da água e a cota de coroamento, R_c) como parâmetros de entrada. Nesta tabela, $R_{1/10}$ é *o run-up* correspondente à média do décimo mais alto dos *run-up*, $R_{máx\,(37\%,100)}$ é o *run-up* máximo não excedido em 37% dos casos em ensaios com 100 ondas e $R_{máx\,(99\%,100)}$ é o *run-up* máximo não excedido em 99% dos casos em ensaios com 100 ondas.

Tabela 7.2 - Fórmulas empíricas para o cálculo de *run-up*/galgamento (adaptada de Mase *et al.*, 2013; Neves *et al.*, 2013).

Run-up	$R_{2\%} = H_0 \left\{ 2.99 - 2.73\, exp\left[-0.57\left(tan\,\beta/\sqrt{H_0/L_0}\right)\right] \right\}$
	$R_{1/10} = H_0 \left\{ 2.72 - 2.56\, exp\left[-0.58\left(tan\,\beta/\sqrt{H_0/L_0}\right)\right] \right\}$
	$R_{1/3} = H_0 \left\{ 2.17 - 2.18 exp\left[-0.70\left(tan\,\beta/\sqrt{H_0/L_0}\right)\right] \right\}$
Galgamento	$q = \sqrt{gH_0^3}\left\{0.018\left(R_{máx}/H_0\right)^{3/2}\left[1-\left(R_c/H_0\right)/\left(R_{máx}/H_0\right)\right]^{3.20}\right\}$
	$q = \sqrt{gH_0^3}\left\{0.018\left(R_{máx}/H_0\right)^{3/2}\left[1-\left(R_c/H_0\right)/\left(R_{máx}/H_0\right)\right]^{6.24}\right\}$

Estas fórmulas foram deduzidas inicialmente para estruturas cujo declive era uniforme, o que não se passa na maioria das estruturas reais. Assim, para ultrapassar essa limitação, a metodologia adota um conceito de declive imaginário no cálculo do *run-up*/galgamento. Saville (1958) propôs pela primeira vez uma definição de declive imaginário: uma linha que une dois pontos, um no pé do talude onde se dá a rebentação das ondas, à profundidade h_b, e o outro no limite do *run-up* da onda.

Com base no trabalho de Mase *et al.* (2013), aplica-se o declive imaginário, tendo em consideração a configuração da secção transversal do perfil da praia em frente à estrutura, e do perfil da própria estrutura, como apresentado na Figura 7.1.

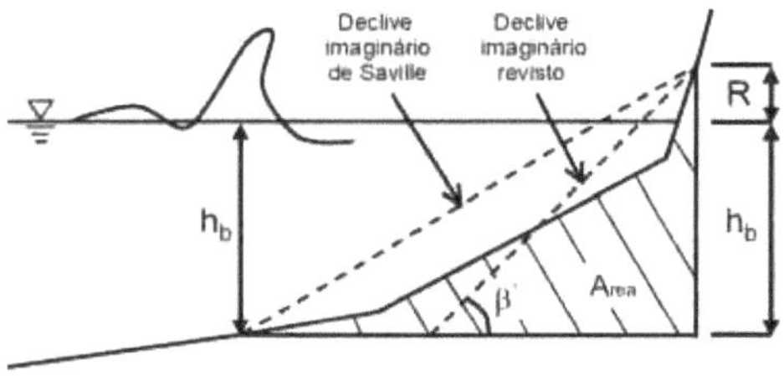

Figura 7.1 - Esquema exemplificativo do declive imaginário $cot\,\beta$' tendo em consideração a configuração da secção transversal do perfil da praia em frente à estrutura e do perfil da própria estrutura (adaptada de Mase *et al.*, 2013; Neves *et al.*, 2013).

O declive imaginário, $cot\beta'$, é obtido através de (7.11)

$$\frac{1}{tan\beta'} \approx cot\,\beta' = \frac{2A_{rea}}{(h_b + R)^2} \tag{7.11}$$

em que h_b é a profundidade no local de início da rebentação e R é o *run-up* calculado por cada uma das fórmulas apresentadas na Tabela 7.2; por conseguinte, trata-se de um processo iterativo.

7.4 Probabilidade de excedência e avaliação do risco

7.4.1 Probabilidade de excedência e período de retorno

Fenómenos como ventos, ondas regulares e tempestades são fatores fundamentais no comportamento das praias. Por conseguinte, os valores extremos destes fenómenos são os critérios de projeto essenciais no desenvolvimento e gestão de uma praia. No entanto, desconhecem-se frequentemente os valores máximos absolutos desses fenómenos (embora haja exceções, como quando a altura de onda é limitada pela profundidade).

Em circunstâncias tais que não há qualquer máximo realista, a solução é optar por valores extremos, que são muito raros. Segue-se, portanto, que existe uma probabilidade finita de as condições de projeto serem ultrapassadas durante a vida útil do sistema de gestão da praia.

Por conveniência, esta probabilidade de excedência é normalmente caracterizada pelo "período de retorno" (T_R). Um evento com um período de retorno de T_R anos é suscetível de ser excedido, em média, uma vez em T_R anos. O período de retorno mais adequado deve ser escolhido tendo em conta as consequências de excedência (por exemplo, galgamento e consequente inundação).

O período de retorno escolhido para os vários critérios de projeto não deve ser confundido com a tempo de vida útil. Por exemplo, se o período de retorno de qualquer evento extremo for definido como sendo o mesmo do tempo de vida útil, existe uma grande possibilidade (63%) de o evento extremo ser excedido antes do final da vida útil da obra, de acordo com as equações (7.12) e (7.13)

$$P = 1 - \left(1 - \frac{1}{T_R}\right)^{\Gamma} \tag{7.12}$$

ou

$$T_R = \frac{1}{1 - (1 - P)^{1/\Gamma}} \tag{7.13}$$

em que P é a probabilidade do evento extremo ser excedido durante a vida útil do projeto, T_R é o tempo de retorno necessário para que uma determinada probabilidade de ocorrência não seja excedida, e Γ é o tempo de vida do projeto.

A título de exemplo, seja a implementação de um esquema de proteção de um terreno agrícola contra inundações, com um tempo de vida útil $\Gamma = 50$ anos. Pode considerar-se que, atendendo à natureza do desenvolvimento que está a ser objeto de proteção, um galgamento com nível excessivo de água seria muito grave. Por conseguinte, admite-se que pode ser aceitável uma probabilidade de excedência não superior a 10% ($P = 0.10$) no tempo vida útil da proteção. Neste caso, o período de retorno adequado é obtido através de (7.13), donde

$$T_R = \frac{1}{1 - (1 - 0.10)^{1/50}} = 475 \text{ anos} \tag{7.14}$$

Por outro lado, se considerarmos um sistema de proteção com uma vida útil de $\Gamma = 50$ anos e uma onda de projeto com um período de retorno de $T_R = 100$ anos, a correspondente probabilidade de excedência deste sistema é dada por (7.12), obtendo-se (7.15)

$$P = 1 - \left(1 - \frac{1}{100}\right)^{50} = 0.39 \tag{7.15}$$

7.4.2 Avaliação do risco - mapeamentos

A avaliação de risco é o processo de analisar as probabilidades e consequências de um acidente, neste caso de galgamento de uma estrutura de defesa e consequente inundação da zona costeira, a fim de chegar a uma descrição mais detalhada do desempenho de um sistema. Uma avaliação de risco pode, portanto, ajudar a identificar riscos e mecanismos de falha que poderiam passar despercebidos.

A avaliação do risco de inundação e galgamento de estruturas é baseada na combinação entre os valores de probabilidade de ocorrência de um dado evento perigoso (por exemplo, inundação/galgamento pela ação de ondas) e os valores de consequências dessa ocorrência perigosa. Para simplificar a determinação do grau de risco, considera-se uma escala de grau de probabilidade, associada à probabilidade de ocorrência de um acontecimento perigoso, e uma escala de grau de consequências, associada aos prejuízos desse acontecimento, conforme a seguinte igualdade (7.16)

$$\textit{Grau de Risco} = \textit{Grau de probabilidade} \times \textit{Grau de consequências} \tag{7.16}$$

Por conseguinte, uma avaliação de risco está intimamente relacionado com uma análise de custo-benefício. Uma avaliação de risco compreende as seguintes etapas gerais:

1. Identificar os perigos, ou seja, as causas de um possível acidente.
2. Formular os mecanismos de acidente (galgamento e consequente inundação).
3. Calcular as probabilidades de acidente (galgamento e consequente inundação).
4. Quantificar as consequências.
5. Calcular o risco.

Na elaboração de um processo de avaliação de risco, as árvores de eventos ou árvores de perigos são muitas vezes úteis para identificar as ligações entre eventos contributivos ou causas. Uma vez concluída uma análise de risco, o risco total inerente a um esquema é a integração do risco sobre todos os perigos e todos os mecanismos de acidente, embora em geral um pequeno número de cada seja normalmente significativo o suficiente para justificar uma análise detalhada.

A metodologia seguida em Neves *et al.* (2013) calcula graus de probabilidade de ocorrência de inundação/galgamento e valores do caudal médio de galgamento admissível para pessoas e estruturas, bem como graus de consequências de uma ocorrência de inundação/galgamento que excedem os limiares pré-estabelecidos. O grau de risco é em seguida obtido através de uma matriz de cruzamento do grau atribuído à probabilidade de ocorrência de um evento adverso e do grau atribuído às consequências da ocorrência desse evento; finalmente, é construída uma última tabela com uma descrição de avaliação da aceitabilidade do grau de risco obtido.

Uma metodologia adequada para a avaliação e classificação do risco de erosão em grandes extensões da costa (ordens de dezenas de quilómetros) é usada e aplicada em Pereira e Coelho (2013). Embora igualmente baseada em parâmetros aos quais se atribuem vulnerabilidades, trata-se de uma metodologia algo diferente da sugerida em Neves *et al.* (2013) para a avaliação do risco de galgamento de estruturas de proteção e inundação.

Fundamentalmente, a metodologia usada em Pereira e Coelho (2013) avalia fatores relacionados com a vulnerabilidade e com o grau de exposição das zonas costeiras, conjugando ambos através de uma matriz, para obter uma classificação de risco. A metodologia usada não avalia probabilidades, mas define critérios simples para uma avaliação qualitativa do risco, tendo sido aplicada a uma área compreendida entre Espinho e Mira.

Como resultado de um trabalho realizado por Coelho *et al.*, (2007), apresenta-se na Figura 7.2 o mapa de vulnerabilidade global correspondente aos concelhos costeiros do distrito de Aveiro.

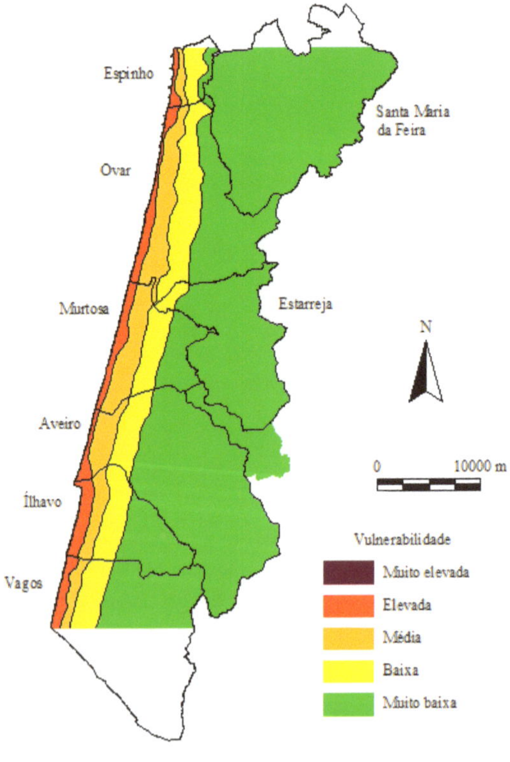

Figura 7.2 - Representação do mapa de vulnerabilidade global para o distrito de Aveiro (adaptada de Coelho *et al.*, 2007).

Para a representação deste mapa foi criada uma grelha de pontos, permitindo classificá-los relativamente aos parâmetros considerados de forma isolada, de que resultaram nove mapas elaborados relativamente a outros tantos parâmetros de vulnerabilidade para este distrito (distância à linha de costa, cota topográfica, geologia, geomorfologia, revestimento do solo, ações antropogénicas, máxima altura de onda significativa, máxima amplitude de maré e taxas médias de erosão/acreção).

Analisando a Figura 7.2 verifica-se que as faixas correspondentes aos vários graus de vulnerabilidade apresentam uma extensão relativamente uniforme, e uma gradual diminuição à medida que a distância à linha de costa aumenta. Verifica-se que a faixa de vulnerabilidade máxima abrange zonas costeiras correspondentes a zonas de praia. Apenas os concelhos de Espinho, Aveiro e parte da Murtosa não apresentam vulnerabilidades muito altas, relacionado com o facto de terem baixas classificações nos parâmetros de taxas de erosão e de ações antropogénicas (Coelho *et al.*, 2007).

A metodologia seguida por Pereira e Coelho (2013) inclui uma avaliação e classificação do risco. Como é tradicional, os autores criaram uma grelha de pontos sobre a área de estudo, neste caso distanciados entre si de 200 metros na direção paralela à linha de costa e 1000 metros na direção Norte-Sul, e com todos os parâmetros classificados de forma isolada, em cada célula.

Através de uma aplicação de fatores de ponderação aos parâmetros de vulnerabilidade e de critérios relativos ao grau de exposição, foram obtidas classificações de vulnerabilidade global e de exposição global para cada ponto da grelha. Em seguida, recorrendo a uma matriz de classificação de riscos, (Pereira e Coelho, 2013) cruzaram, para cada ponto da grelha, o valor da classificação de vulnerabilidade global e do grau de exposição global, obtendo assim o valor do risco e, em consequência, o respetivo mapa. Os resultados das classificações globais de vulnerabilidade, exposição e risco são apresentados na Figura 7.3 (Pereira e Coelho, 2013).

Uma metodologia idêntica foi usada por Gomes (2013) no trecho entre Mira e São Pedro de Moel, tendo usado os parâmetros de vulnerabilidade e os critérios para a classificação apresentados na Tabela 7.3. Esta tabela é uma peça fundamental, devendo o seu conteúdo resultar de um amplo consenso entre todos os participantes e interessados no âmbito do processo decisório.

Os resultados dos Índices de Vulnerabilidade para cada variável são apresentados num modelo de células de grade ao longo da linha de costa em estudo. Foram adotadas células de grade quadradas com dois quilómetros de lado. Em primeira análise, essas dimensões foram consideradas adequadas para a aplicação da metodologia usada no trecho da zona costeira em análise, com uma extensão de aproximadamente 100 km. Para cobrir toda a linha de costa neste trecho foram necessárias 52 células de grade, conforme está representado na Figura 7.4.

Foram elaborados 8 mapas, correspondentes às oito variáveis, com as 52 células de grade em cada mapa coloridas com as cores correspondentes às classificações apresentadas na Tabela 7.3, naturalmente consoante a vulnerabilidade da zona da célula relativamente à variável de estudo.

Figura 7.3 - Classificação de vulnerabilidade, exposição e risco, na área de estudo (adaptada de Pereira e Coelho, 2013).

Tabela 7.3 - Varáveis e Classificação das Vulnerabilidades (adaptada de Gomes, 2013).

		Vulnerabilidades				
	Variável	1 Muito baixo	2 Baixo	3 Moderado	4 Alto	5 Muito alto
Parâmetros estruturais	Geomorfologia	Montanhas	Arribas rochosas	Arribas erodíveis	Praias expostas	Dunas, restingas
	Geologia	Rochas magmáticas	Rochas metamórficas	Rochas sedimentares	Rochas não consolidadas de grandes dimensões	Rochas não consolidadas de pequenas dimensões
	Exposição litoral	-	-	NW	W	SW
	Cota topográfica	> 30	> 20 ≤ 30	> 10 ≤ 20	> 5 ≤ 10	≤ 5
	Erosão do litoral (m/ano)	> 0 (acreção)	> -1 ≤ 0	> -3 ≤ -1	> -5 ≤ -3	≤ -5 (erosão)
Parâmetros não estruturais	Aumento do nível do mar (mm/ano)	<0.0	0.0 - 0.9	1.0 - 2.0	2.1 - 3.0	> 3.0
	Altura média das ondas (m)	0.0 - 0.5	0.6 - 1.0	1.1 - 1.5	1.6 - 2.0	> 2.0
	Altura da maré (m)	≤ 1.0	> 1.0 ≤ 2.0	> 2.0 ≤ 3.0	> 3.0 ≤ 4.0	> 4.0

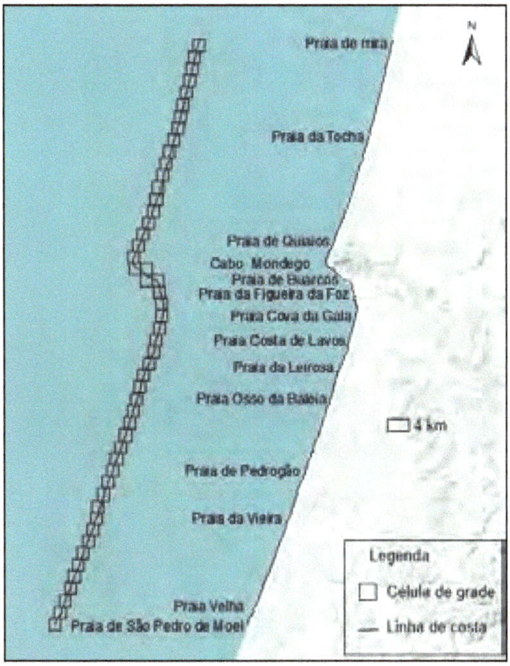

Figura 7.4 - Localização da área de estudo, incluindo as células de grade e a linha de costa (adaptada de Gomes, 2013).

Para o cálculo do Índice de Vulnerabilidade Costeira (*IVC*) existem diversas formulações, sendo sugerida, a título de exemplo, uma abordagem que tem sido frequentemente utilizada noutros países, consistindo na determinação da raiz quadrada do produto das variáveis ordenadas divididas pelo número de variáveis (Thieler e Hammar-Klose, 2000); por conseguinte, o *IVC* pode ser calculado por (7.17)

$$IVC = \sqrt{\frac{a \times b \times c \times d \times e \times f \times g \times h}{8}} \qquad (7.17)$$

Na fórmula (7.17) as letras do alfabeto, a a h, correspondem, e pela ordem indicada, às oito variáveis que constam na Tabela 7.3 e às quais são atribuídas classificações de risco.

Na Figura 7.5 são apresentadas as vulnerabilidades do trecho costeiro estudado, relativamente aos parâmetros físicos: geomorfologia e erosão do litoral. Pela simples observação dos mapas apresentados nesta figura, resulta claro que as situações de maior vulnerabilidade, já identificadas por Dias (2003) e Lopes (2003), têm vindo a agravar-se ano após ano, contendo alguns casos um elevado risco potencial.

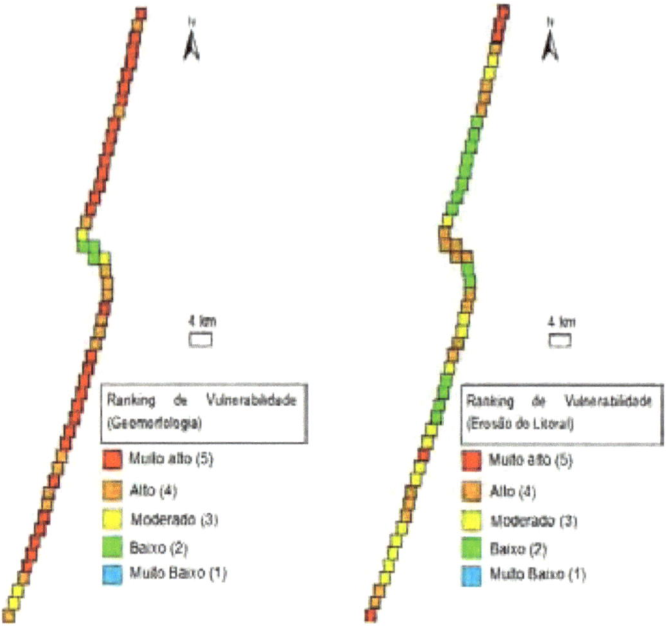

Figura 7.5 - Vulnerabilidade da linha de costa relativamente à geomorfologia (à esquerda) e à erosão do litoral (à direita) (adaptada de Gomes, 2013).

Uma vez identificadas as vulnerabilidades da linha de costa para todas as variáveis/parâmetros, procede-se em seguida ao cálculo do Índice global de Vulnerabilidade Costeira (*IVC*) para cada célula de grade aplicando a expressão (7.17).

Numerando as células de grade de 1 (Mira) a 52 (São Pedro de Moel), consequentemente numeradas de Norte para Sul por ordem crescente, resultam para cada célula os valores de *IVC* que se apresentam na Tabela 7.4.

Os valores resultantes do cálculo de *IVC* variaram entre 40.2 e 73.5 (Tabela 7.5). Para melhor perceção global das zonas mais vulneráveis, os valores dos Índices de Vulnerabilidade Costeira foram agregados em três grupos de risco de igual amplitude, sendo eles de risco moderado (40.2 a 51.3), risco elevado (51.4 a 62.4) e risco muito elevado (62.5 a 73.5), como apresentado na Tabela 7.5.

De uma forma relativamente simples e eficaz é assim possível identificar as regiões/locais com maior vulnerabilidade e que, por conseguinte, se encontram em maior risco. A Figura 7.6 representa o Mapa de vulnerabilidades da linha de costa no trecho compreendido entre Mira e São Pedro de Moel.

Tabela 7.4 - Valores do Índice de Vulnerabilidade Costeira (*IVC*) (adaptada de Gomes, 2013).

Nº da Célula de Grade	Índice de Vulnerabilidade Costeira (*IVC*)	Nº da Célula de Grade	Índice de Vulnerabilidade Costeira (*IVC*)
1	71.2	27	56.9
2	63.6	28	49.3
3	71.2	29	55.1
4	63.6	30	56.9
5	55.1	31	63.6
6	55.1	32	55.1
7	63.6	33	45.0
8	56.9	34	45.0
9	56.9	35	45.0
10	45.0	36	45.0
11	45.0	37	55.1
12	45.0	38	55.1
13	45.0	39	63.6
14	45.0	40	49.3
15	45.0	41	55.1
16	45.0	42	56.9
17	45.0	43	56.9
18	49.3	44	63.6
19	50.9	45	55.1
20	53.7	46	55.1
21	53.7	47	55.1
22	53.7	48	55.1
23	56.9	49	44.1
24	40.2	50	44.1
25	40.2	51	55.1
26	63.6	52	73.5

Tabela 7.5 - Classificação dos grupos de risco (adaptada de Gomes, 2013).

Cor	Tipo de risco	Valores de *IVC*
	Muito elevado	62.5 a 73.5
	Elevado	51.4 a 62.4
	Moderado	40.2 a 51.3

Da análise do mapa de *IVC*, verifica-se que cerca de 19% das zonas/locais estão numa situação de risco iminente (Mira, Tocha, Cova da Gala, Leirosa, Pedrogão, Vieira e São Pedro de Moel) e que 42% apresentam alguma vulnerabilidade mas não tão acentuada como os locais que estão a vermelho no mapa da Figura 7.6. As restantes zonas apresentam uma vulnerabilidade moderada (cerca de 39%).

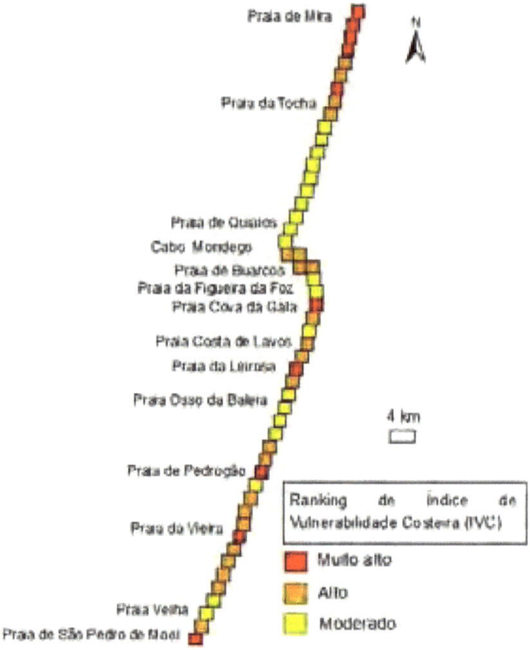

Figura 7.6 - Mapa de vulnerabilidades da linha de costa no trecho compreendido entre Mira e São Pedro de Moel (adaptada de Gomes, 2013).

Outras formulações para o cálculo do *IVC* podem ser encontradas em Özyurt e Ergin (2010) e Tibbetts e Proosdij (2013). Özyurt e Ergin (2010) consideram 12 parâmetros físicos e 7 parâmetros de influência humana para aumentar a qualidade da avaliação e assim garantir um Índice de Vulnerabilidade Costeira que permite mitigar as potenciais consequências de um acidente/desastre iminente. Foram considerados os seguintes parâmetros físicos:

» Subida do nível do mar;
» Geomorfologia;
» Inclinação da costa;
» Altura de onda significativa;
» Balanço sedimentar;
» Amplitude/altura de maré;
» Proximidade/largura da costa;
» Existência e tipo de aquífero;

» Condutividade hidráulica;
» Profundidade do nível freático acima do nível do mar;
» Descarga do caudal de um rio;
» Profundidadc da água a jusante,

e os seguintes parâmetros de influência humana:

» Redução do fornecimento sedimentar;
» Regulação do fluxo de um rio;
» Fachada alterada/modificada;
» Consumo de água subterrânea;
» Tipo de uso do solo;
» Degradação do proteção natural;
» Estruturas de proteção costeira.

Calcula-se, neste caso, um Índice ou Impacto Físico Costeiro ($IFC_{impacto}$), em que tanto os parâmetros físicos como os parâmetros de influência humana são classificados de 1 (vulnerabilidade muito baixa) a 5 (vulnerabilidade muito elevada), dependendo do potencial da sua magnitude para a contribuição de mudanças físicas na área de estudo (classificação semelhante à do estudo desenvolvido por Gomes, 2013). O $IVC_{impacto}$ é calculado da seguinte forma (7.18)

$$IFC_{impacto} = \frac{\left(0.5 \times \sum_{1}^{N} PF_n \times R_n\right) + \left(0.5 \times \sum_{1}^{M} PH_m \times R_m\right)}{IFC_{menor\ vulnerabilidade}} \quad (7.18)$$

em que

PF_n = parâmetro físico n;
PH_m = parâmetro de influência humana m;
R_n, R_m = peso atribuído ao parâmetro n, m;
N = número de parâmetros físicos;
M = número de parâmetros de influência humana;
$IFC_{menor\ vulnerabilidade}$ = menor vulnerabilidade calculada para um impacto físico particular.

O *IVC* é calculado de acordo com o grupo da região a que pertence, dependendo da existência dos impactos físicos calculados. Para cada grupo *n*, o IVC_n é dada pelo somatório das Vulnerabilidades dos Parâmetros de Impacto do grupo sobre o somatório dos Casos de Menor Vulnerabilidade do grupo, i.e.

$$IVC_n = \frac{\sum Vulnerabilidades\ dos\ Parâmetros\ de\ Impacto\ do\ grupo}{\sum Casos\ de\ Menor\ Vulnerabilidade\ do\ grupo} \quad (7.19)$$

Mais recentemente, Tibbetts e Proosdij (2013) apresentaram uma estrutura concetual para ilustrar as inter-relações existentes entre as condições de exposição (altura de onda, amplitude da maré), o estado biofísico (margem livre, exposição do litoral, largura da zona costeira, declividade da zona entre-marés - ou *intertidal*, erodibilidade observada, proteção da costa) e a condição de resiliência morfológica.

Para o efeito, Tibbetts e Proosdij recorrem a um conjunto de variáveis que agruparam em três condições, como mostrado na Figura 7.7. Esta metodologia usa um método baseado numa ordem de classificação de preferência do decisor para a atribuição de pesos às condições, ou conjuntos de variáveis (Figura 7.7). Uma vez identificado o peso de cada grupo de variáveis, ou condição, obtém-se a equação (7.20) para o cálculo do *RCVI - Relative Coastal Vulnerability Index*, com os correspondentes pesos c_1, c_2, e c_3

$$RCVI = Condição\ de\ exposição \times c_1 + Condição\ física \times c_2 + Condição\ de\ resiliência \times c_3 \quad (7.20)$$

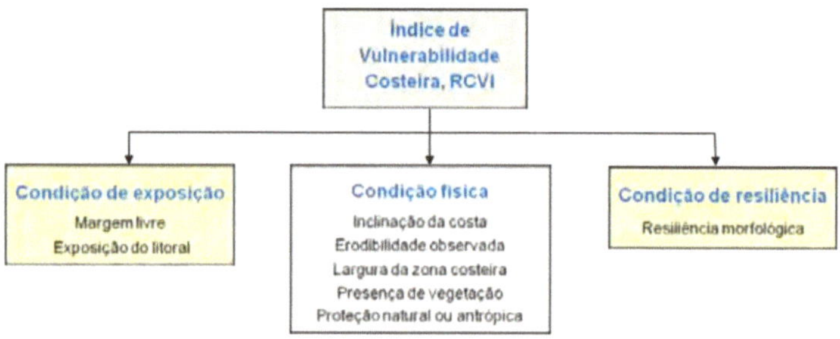

Figura 7.7 - Distribuição das variáveis em três '*condições*', as quais são usadas como variáveis de uma fórmula para o cálculo da vulnerabilidade costeira (adaptada de Tibbetts e Proosdij, 2013).

No caso da aplicação descrita em Tibbetts e Proosdij (2013), a condição de exposição é considerada a variável mais influente e, portanto, foi atribuído a esta variável o maior valor ponderado ($c_1 = 0.5$). A condição de exposição inclui a margem livre (altura da linha de costa acima do nível máximo da água - elevação física: máxima maré mais tempestade) e a exposição do litoral, ou seja, a forma como o litoral está exposto à energia das ondas, sendo determinada em função da direção do vento dominante, do *fetch* e da profundidade da água. À condição física foi atribuído o peso $c_2 = 0.33$ e à condição de resiliência o menor peso, $c_3 = 0.17$. A condição de resiliência representa a resiliência morfológica, ou seja, reflete a capacidade do litoral para enfrentar e recuperar da exposição a um evento perigoso no curto prazo.

7.5 Possíveis soluções complementares de proteções naturais, em particular de praias e dunas

Acompanhando a crescente preocupação de incorporar as questões ambientais nos projetos e obras de melhoria das características do litoral, em paralelo com funções de proteção, segurança, *surf* e outras práticas desportivas e balneares, sugerem-se apostas em obras (semi-)submersas, construídas com material geotêxtil, com as configurações apresentadas nas Figuras 7.8 (em perspetiva) e 7.9 (corte e planta).

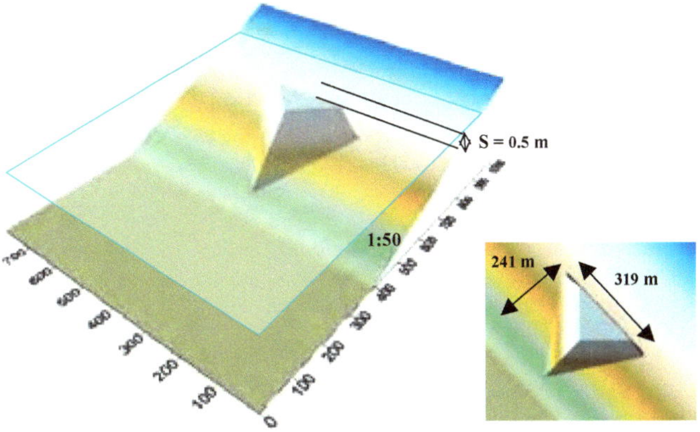

Figura 7.8 - Perspetiva esquemática de um recife artificial com multifuncionalidades (adaptada de Voorde *et al.*, 2009b; Mendonça *et al.*, 2009).

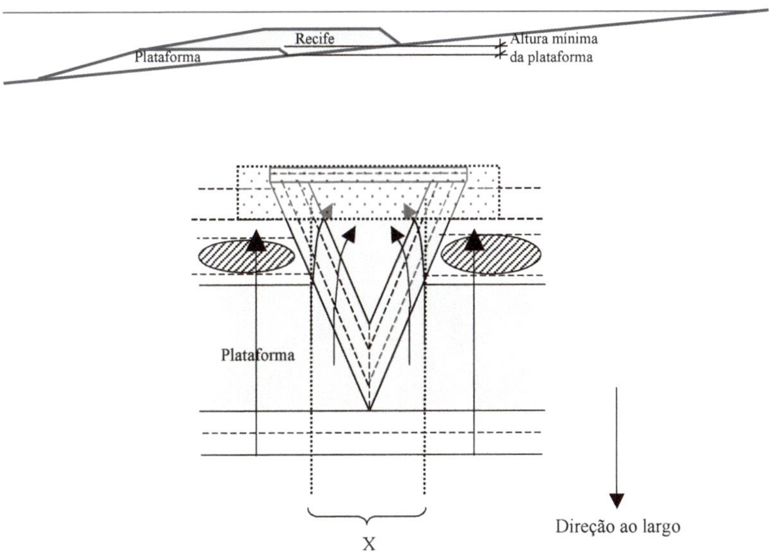

Figura 7.9 - Recife artificial com multifuncionalidades: corte longitudinal (acima), indicando a altura mínima dos geocontentores (tubos) utilizados na construção da plataforma, e planta da estrutura (adaptada de Voorde *et al.*, 2009c; Antunes do Carmo *et al.*, 2010).

Estas estruturas ou plataformas submersas (recifes artificiais) são em geral construídas por sobreposições de camadas devidamente orientadas, sendo cada camada constituída por 'tubos' de material geotêxtil envolvendo grandes volumes de areia (geocontentores), com algumas dezenas de metros de comprimento, tipicamente da ordem de 40 m a 80 m, ou mesmo mais, por cerca de 2 m a 4 m de diâmetro. Estes tubos poderão ser pré-fabricados e transportados para o local, sendo cheios com uma mistura de água e areia, através de bombeamento, nas proximidades do local onde é construído o recife; por conseguinte, com a areia existente no local, ou nas proximidades, sem intrusão de material estranho e com um significativo ganho em termos de custo e transporte do material (Antunes do Carmo *et al.*, 2009a).

Para enchimento dos tubos recorre-se em geral a um barco com dimensões e características do fundo adequadas. Com o barco devidamente posicionado e orientado sobre a plataforma em construção, o tubo é descarregado por efeito gravítico, indo ocupar naturalmente a sua posição previamente definida na estrutura do recife.

Deste modo, tubo a tubo, vai-se formando a estrutura do recife. Os tubos são colocados por camada, sendo instalados tantos tubos e sobrepostas tantas camadas quanto as necessidades até se atingirem a forma e as dimensões previstas.

Quando necessário, passados alguns anos (possivelmente uma ou mais décadas) após a instalação da estrutura inicial, por efeito de um possível assentamento dos tubos instalados ou para acompanhar a elevação do nível médio do mar bastará acrescentar mais uma camada, sem pôr minimamente em causa a estrutura e o investimento iniciais. O esquema da Figura 7.10 identifica as diversas valências associadas a uma estrutura deste tipo.

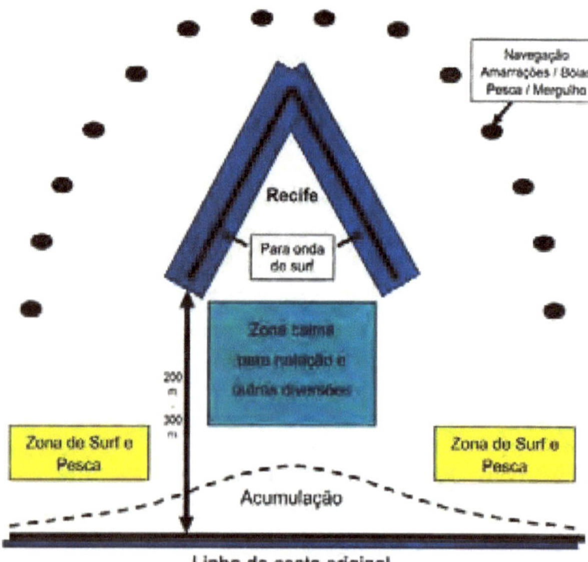

Figura 7.10 - Esquema da instalação de um recife artificial com incorporação de multifuncionalidades (adaptada de Antunes do Carmo *et al.*, 2009a).

A utilização de material geotêxtil envolvendo grandes volumes de areia, com formas normalmente cilíndricas (tubos), na construção de estruturas submersas deste tipo (com multifuncionalidades) apresenta diversas vantagens, sendo justo salientar

1. O material geotêxtil
   - É de custo acessível;
   - Tem elevada duração, mesmo em ambientes agressivos;
   - É fabricado e os tubos são preparados/construídos em ambiente controlado.
2. Os geocontentores
   - Permitem grande flexibilidade em tamanho e formas;
   - Garantem um elevado nível de segurança para os utilizadores, em particular para os praticantes de *surf*, comparativamente com outros materiais de construção.
3. As estruturas submersas
   - Têm um reduzido impacto ambiental tanto em fase de construção como de exploração;
   - Promovem a criação e realce de ecossistemas marinhos de grande valor (Figura 7.11);
   - Permitem construções com dimensões e alturas controladas, acompanhando a elevação do nível médio do mar.

Figura 7.11 - Aspeto do ecossistema desenvolvido quatro anos após a construção de um recife artificial na Austrália (na costa do ouro, próximo de Brisbane), usando material geotêxtil (adaptada de Jackson *et al.* 2004; Voorde *et al.*, 2007b; Antunes do Carmo *et al.*, 2009a).

Em primeira aproximação, os recifes artificiais multifuncionais deverão poder garantir os seguintes benefícios: (*i*) proteção de sistemas naturais com reduzido impacto visual; (*ii*) aumento da largura da praia adjacente ao recife; (*iii*) geração de ondas com características para a prática de *surf*; (*iv*) importante enriquecimento ambiental da zona costeira; (*v*) criação de áreas com interessantes características para diversão e práticas de mergulho e pesca, e (*vi*) benefícios económicos resultantes do aumento de fluxos turísticos.

O principal investimento a efetuar para a aplicação desta tecnologia em larga escala prende-se com a aquisição ou adaptação de um ou mais barcos com características e dimensões adequadas e devidamente equipados, nomeadamente com gruas, sistemas de bombeamento e outros equipamentos de menor custo. Um segundo nível de investimento prende-se com o fabrico ou aquisição do material geotêxtil, incluindo a preparação dos tubos por empresas especializadas.

Uma vez efetuados os investimentos iniciais, a construção de qualquer recife artificial com multifuncionalidades (proteção costeira com reduzido impacto ambiental, geração de ondas com características para a prática de *surf* e importante enriquecimento ambiental da zona costeira) importará em custos bastante mais reduzidos que os de qualquer estrutura tradicional exclusivamente com funções equivalentes de proteção.

Um breve resumo das características, volumes, custos e desempenho dos recifes artificiais multifuncionais instalados e em funcionamento até 2009 é apresentado em Antunes do Carmo *et al.* (2009a).

Tendo como objetivos fundamentalmente efeitos de proteção de sistemas naturais, como praias e dunas, é igualmente uma boa aposta a implementação de sistemas de geotubos funcionando como dissipadores de energia, provocando a rebentação das ondas suficientemente ao largo, como o representado na Figura 7.12.

Figura 7.12 - Exemplo de aplicação de geotubos como quebramar.

Em Koffler *et al.* (2008) são descritas várias aplicações de geossintéticos em sistemas fluviais e zonas costeiras, incluindo dispositivos e técnicas de instalação. Como principais conclusões destacam os benefícios económicos e ambientais, em particular a relação custo-benefício (transporte, instalação,...), a rapidez de construção e a durabilidade do material.

Bases para o dimensionamento de estruturas multifuncionais deste tipo são apresentadas em Voorde *et al.* (2009a,b), Antunes do Carmo *et al.* (2011a,b) e Mendonça *et al.* (2012b). Mais detalhadamente, e para uma variada gama de aplicações de material geotêxtil, sugere-se a consulta de Bezuijen e Vastenburg (2013). Em particular, são apresentadas naquela obra considerações sobre aspetos de projeto e construção de barreiras de proteção através de sacos (*geotextile bags*) ou de simples mantas de geotêxtil sobre as quais a areia é depositada e em seguida coberta com a mesma manta que dobra frontalmente (*geocontentores*). Em qualquer dos casos, são instaladas tantas camadas quantas as necessárias, ficando a barreira de proteção com a configuração mostrada na Figura 7.13.

Figura 7.13 - Instalação de geocontentores em barreiras de proteção de um sistema dunar.

Naquela publicação (Bezuijen e Vastenburg, 2013) são apresentados métodos e fórmulas para o cálculo destes elementos, nomeadamente da: *i*) resistência à tração; *ii)* estabilidade sob a ação de ondas, *iii*) estabilidade sob a ação de correntes longitudinais, *iv*) estabilidade quando sujeitos a galgamentos, e *v*) estabilidade em camadas, formando barreiras de proteção.

Para aplicações na forma de geotubos (*geotextile tubes*), como os já instalados e em funcionamento na Figura 7.12, ou ainda em fase de preparação e enchimento como mostra a Figura 7.14, são igualmente apresentados em Bezuijen e Vastenburg (2013) desenvolvimentos sobre procedimentos de instalação, aspetos de projeto, pormenores construtivos e métodos e fórmulas de cálculo da *i*) estabilidade sob a ação de ondas, e da *ii)* estabilidade por ação de correntes sobre a estrutura.

Figura 7.14 - Fases de preparação e enchimento de geotubos para aplicações longitudinalmente (uma ou duas linhas em paralelo), ou sobrepostos em camadas.

Para a proteção do emissário das águas residuais das fábricas de celulose e da povoação de Leirosa, foram aplicados geocontentores na face virada ao mar de parte do cordão dunar, numa extensão de 120 m, a que se seguiu uma segunda aplicação de geotubos. A Figura 7.15 mostra a povoação da Leirosa ao fundo e a zona intervencionada, em frente à câmara de carga do emissário. A Figura 7.16 mostra diferentes fases de execução da barreira frontal de proteção através de geocontentores. A Figura 7.17 mostra as fases de enchimento e colocação dos geotubos que foram aplicados ao longo de 5 camadas para proteção da base da barreira de geocontentores, que entretanto sofreu danos significativos fundamentalmente devido a deficiente implantação (pouco abaixo do nível médio do oceano na costa portuguesa, a aproximadamente +1.5 ZH) (Antunes do Carmo *et al.*, 2009b; Antunes do Carmo *et al.*, 2010).

Figura 7.15 - Perspetiva do cordão dunar da Leirosa, com a localidade ao fundo e a zona intervencionada para proteção da câmara de carga do emissário situada sensivelmente a meio do trecho (adaptada de Voorde *et al.*, 2007a,b; Antunes do Carmo *et al.*, 2009a).

a) 11 de fevereiro de 2005.

b) 24 de fevereiro de 2005.

Figura 7.16 - Diferentes fases de execução da barreira frontal de proteção do cordão dunar da Leirosa (adaptada de Antunes do Carmo *et al.*, 2009b; Antunes do Carmo *et al.*, 2010).

a) Fase de preparação e enchimento.

b) Instalação em camadas na base da barreira de proteção.

Figura 7.17 - Fases de enchimento e instalação dos tubos de geotêxtil que foram aplicados para proteção da base da barreira de proteção construída com geocontentores.

Uma aplicação de tubos de material geotêxtil na costa leste da Coreia é descrita em Oh e Shin (2006). Neste trabalho são descritos os vários aspetos relacionadas com a construção e instalação dos tubos de material geotêxtil num quebramar submerso para proteção da praia de Young-Jin.

Com base em resultados de testes de estabilidade e análises efetuadas em modelo hidráulico, Oh e Shin concluíram que a instalação de uma fiada constituída por dois tubos de geotêxtil (Figura 7.18), e com as cristas dos tubos situadas ao nível inferior da maré (por conseguinte, com profundidade de água nula acima da crista em baixa mar), é mais estável e eficaz para a absorção da energia das ondas do que outras configurações. Oh e Shin (2006) concluíram igualmente que a taxa de enchimento (da ordem de 80% a 90%) e a altura significativa das ondas são parâmetros condicionantes da estabilidade dos geotubos.

Resultou dos testes efetuados em modelo físico, para ambas as configurações (um ou dois geotubos), que com uma altura de água nula acima das cristas dos geotubos apenas valores da altura significativa superiores a 5.0 m provocariam instabilidades; no entanto, para alturas de água acima das cristas dos geotubos iguais às amplitudes das ondas incidentes, ambas as configurações se tornavam instáveis para valores da altura significativa da onda da ordem de 4.0 m. Em qualquer dos casos, a instalação de dois geotubos revelou-se bastante mais estável, sobretudo para alturas significativas de onda acima dos 4.5 m.

Complementarmente, foram realizadas análises de equilíbrio limite num domínio bidimensional (2DH) tendo os autores concluído que a instalação de um único tubo de geotêxtil na praia de Young-Jin seria instável para alturas de onda significativas superiores a 2.0 m.

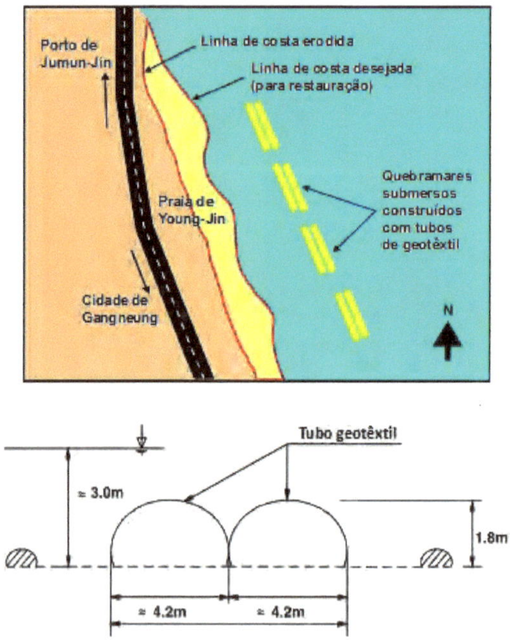

Figura 7.18 - Implantação e corte esquemático dos *geotubos* instalados na praia de Young-Jin, Coreia (adaptada de Oh e Shin, 2006).

A Figura 7.19 documenta as diferentes fases de construção de um quebramar submerso usando tubos de material geotêxtil, nomeadamente o equipamento necessário, o transporte para o local, a preparação e o enchimento dos geotubos (Oh e Shin, 2006).

a) Equipamento de dragagem.

b) Transporte do tubo de geotêxtil.

c) Colocação do tubo em posição.

d) Ligação do bico de injeção.

e) Verificação da tensão vertical.

f) Verificação da altura efetiva.

Figura 7.19 - Diferentes fases de construção de um quebramar submerso com tubos de material geotêxtil: transporte para o local, preparação e enchimento (adaptada de Oh e Shin, 2006).

Em resultados da monitorização efetuada um ano após a construção deste quebramar, concluem Oh e Shin (2006) que a linha de costa na praia de Young-Jin foi ampliada em cerca de 2.4-7.6 m em direção ao mar, e a areia foi gradualmente acumulando no fundo em torno das áreas abrangidas pelos tubos de geotêxtil, como se documenta na Figura 7.20 (Oh e Shin, 2006).

Figura 7.20 - Acumulação de areia na praia de Young-Jin, Coreia, em consequência da instalação de geotubos (adaptada de Oh e Shin, 2006).

Por fim, concluem os autores que "*enquanto a construção rápida é a vantagem mais evidente desta inovadora tecnologia de proteção da costa, o aspeto económico favorável não deve ser menosprezado*".

As vulnerabilidades já apontadas de vários trechos da costa portuguesa obrigarão a equacionar soluções deste tipo, em paralelo com outras de maior investimento, embora porventura necessárias, devendo ser adequadamente ponderadas, caso a caso, pois poderão traduzir-se em perdas muito significativas.

8. Gestão Participada: Integrar, Interagir e Informar

8.1 Enquadramento

Por fim, permitam-se-me algumas reflexões conjunturais.

A adaptação da sociedade para lidar com os perigos, e assim minimizar os riscos, pode ser conseguida por obras de engenharia, pelo comportamento humano ou por ações legais de emergência. As opções de engenharia incluem defesas costeiras melhoradas, reforço das existentes e novas construções. Mudanças no comportamento da sociedade podem ser induzidas por legislação ou pela via económica, por exemplo, a política de habitação costeira permanente pode ser desencorajada por acordo voluntário ou por ordenamento do território. Tal poderá ser feito para a minimização dos problemas de segurança, para a viabilização da economia ou ainda para assegurar sustentabilidade futura. Mesmo que tal não seja implementado pelas autoridades legais, isso mesmo poderá ser efetuado por companhias de seguros, por exemplo, de modo a que as construções se tornem insustentáveis.

Importa realçar que o ajustamento costeiro por efeitos de erosão apenas constitui um verdadeiro problema quando existe ocupação, pois as características naturais da costa em evolução permanecerão as mesmas ainda que em diferente posição.

A vulnerabilidade a um perigo, e, portanto, a quantidade de risco ou a perceção do risco e assim as eventuais consequências (mesmo ocorrendo desastre) relacionam-se com a natureza da área e com o grau de preparação da sociedade. Abordagens tecnológicas podem lidar com riscos costeiros e minimizar os efeitos acrescidos reduzindo a vulnerabilidade social.

Por exemplo, as defesas costeiras podem ser projetadas usando técnicas de engenharia ligeira (*soft*) ou mais pesada (*hard*) para minimizar ou até mesmo eliminar o risco e assim proteger as populações locais, embora seja claro que tal pode resultar caro.

Repercussões ambientais e económicas exigem abordagens de engenharia através de três tipos de intervenção: *i*) elevado impacto geoambiental (como barreiras e esporões perpendiculares à costa, construção de molhes para desvio da ação de ondas e correntes costeiras); *ii*) impacto geoambiental médio (como a alimentação artificial de praias com distribuições de sedimentos geralmente recolhidos no mar, devendo notar-se que intervenções deste tipo podem conduzir a descaracterização dos locais de deposição dos sedimentos e dos próprios locais de recolha), e *iii*) reduzido impacto geoambiental (como a construção de quebramares submersos (recifes artificiais), sistemas de barreiras artificiais, recriação e vegetação típica de armadilhas de sedimentos e dissipadores de energia).

Abordagens *pesadas* e *leves* de engenharia diferem nas suas diferentes consequências económicas e ambientais. A engenharia pesada/dura inclui paredões de betão e muitas vezes a fixação e, possivelmente, até mesmo o avanço do litoral, ignorando assim o funcionamento natural. Em contrapartida, a engenharia leve (*soft*), como a alimentação de praias, pode ser ambientalmente mais sustentável e conferir proteção inicial, mas, eventualmente, o procedimento terá que ser repetido regularmente, mantendo assim a linha da costa.

No entanto, cada vez mais soluções podem incluir o realinhamento e até mesmo o recuo da costa, a fim de produzir zonas húmidas, áreas de inundação controlada ou áreas de armazenamento de água que tanto poderão proteger como criar (e possivelmente substituir) valiosos *habitats* de zonas húmidas (Jacobs *et al.*, 2009; Temmerman *et al.*, 2013).

Outras medidas também podem incluir a proteção de áreas costeiras interiores cercando áreas húmidas, protegendo dunas costeiras, via áreas naturais protegidas, e procedendo a plantações para a formação de armadilhas de sedimentos ou recuperação de dunas degradadas.

As soluções tradicionais de engenharia pesada poderão ser opções a considerar, como a construção de quebramares usando blocos irregulares de grandes dimensões, tetrápodes e outros materiais irregulares para assegurar a dissipação da energia das ondas. Contudo, estas medidas poderão não ser eficientes devido aos elevados custos de manutenção e ao custo efetivo no combate à erosão em grandes escalas. Com efeito, poderão não ser sustentáveis e, em alguns casos, poderão mesmo acelerar a erosão, redirecionando a energia das ondas.

8.2 Os desígnios do mar português

"O mar deve tornar-se uma verdadeira prioridade da política nacional", defendeu o Presidente da República da altura no seu discurso de comemoração das cerimónias do 25 de abril de 2010. Considerava então que "abraçando um desígnio marítimo seremos mais fortes" e apontou as grandes áreas em que Portugal devia apostar, tendo identificado

» "Apostar mais no setor dos transportes marítimo e portos" já que, sublinhou, "70% da riqueza gerada no mundo transita por mar";

» Apostar no desenvolvimento de "fontes marinhas de energia";

» Apostar no desenvolvimento de "equipamentos para a exploração subaquática de alta tecnologia";

» Apostar no "desenvolvimento de produtos vivos do mar para a biotecnologia";

» Apostar na "reparação e construção navais";

» "Incentivar a prospeção e exploração da nossa plataforma continental", lembrando que "o projeto de levantamento se encontra em apreciação nas Nações Unidas";

» Apostar em "atividades marítimo-turísticas, a náutica de recreio, o turismo de cruzeiros", em atividades inspiradas "na combinação do mar com o nosso clima temperado"; e,

» "Fomentar a aquacultura e a manutenção de uma frota de pesca sustentável".

Depois de defender estas orientações, o Presidente da República concluiu: "Portugal e os Portugueses precisam de desígnios que lhes deem mais coesão, mais autoestima e mais propósito de existir. O mar é certamente um deles."

O mar foi também lembrado pelo mesmo Presidente da República nas cerimónias do 25 de abril de 2012, referindo então que "são inquestionáveis as potencialidades da economia do mar. Com uma Zona Económica Exclusiva de invulgar extensão, com uma linha de costa de 2900 quilómetros, com uma imensa e inexplorada plataforma continental, o país tem condições únicas para um aproveitamento sustentado dos recursos marinhos e para captar investimentos externos para esse projeto, que sempre entendi como um dos maiores desígnios nacionais."

Os anos passaram mas os desígnios mantêm-se intactos porque objetivamente ainda nada ocorreu, ainda nada foi implementado; na verdade, continuamos a ter as mesmas prioridades mas com meios e condições de implementação cada vez mais precários.

- *E o que dizer da zona costeira?*

A zona costeira de Portugal continental estende-se ao longo de cerca de 987 km. É aí que se concentra mais de dois terços da população nacional, responsável pela geração de aproximadamente 85% do produto interno bruto. É também onde se localizam as principais áreas urbanas e industriais, bem como as áreas de turismo intensivo, que alternam com áreas naturais, rurais e de pesca. A zona costeira assume, assim, um importante papel enquanto suporte de um conjunto de atividades económicas de diferentes setores, uns orientados para a valorização dos recursos do mar, outros retirando da proximidade do mar externalidades positivas que favorecem a sua localização.

Esta área, sendo sem dúvida uma considerável fonte de recursos e oportunidades, não deixa também de ser uma fonte de problemas e de riscos face às suas características geomorfológicas, elevado dinamismo da linha de costa, ocorrência de períodos de elevada agitação marítima e impactos das alterações climáticas.

A ocupação da zona costeira em Portugal, como na generalidade dos países com extensas costas banhadas pelos oceanos, é relativamente recente; com efeito

- Ainda no século XIX as zonas costeiras eram consideradas regiões inóspitas, desabrigadas e com poucos recursos.
- Eram regiões desabitadas ou habitadas por piratas e gente rude, sem escrúpulos; por conseguinte, eram consideradas perigosas e pouco atrativas.
- Foi já na primeira metade do século XX que esta visão começou a alterar-se profundamente, com idas (excursões) à praia para banhos de sol e mar, embora, numa primeira fase, exclusivamente com fins terapêuticos, frequentemente por prescrição médica.
- Foi apenas na segunda metade do século XX que se intensificou a procura das zonas costeiras com fins de lazer, turismo, pesca lúdica e práticas desportivas, dando-se início à construção de segundas habitações, seguidas de residências permanentes em grande escala, serviços, hotéis, casinos, apoios de praia, etc.
- Até à atualidade, segunda década do século XXI, a atratividade pelas zonas costeiras foi crescendo exponencialmente, ao ponto de as atividades (diretas e indiretas) aí desenvolvidas constituírem hoje significativas contribuições para o PIB da generalidade dos países com importantes zonas costeiras.
- Receia-se que, num futuro próximo, a implementação de infraestruturas para satisfazer a grande procura sazonal de muitas estâncias balneares da costa portuguesa possa conduzir a situações de difícil gestão, ou até mesmo geradoras de conflitos.

- É assim essencial corrigir as grandes assimetrias anuais, apostando num turismo mais seletivo, por oposição a um turismo de massas, e diversificando as ofertas turísticas, de modo a incentivar índices de procura idênticos ao longo de todo o ano, por oposição aos atuais três ou quatro meses.

Como sublinham Schmidt *et al.* (2011), reconhece-se na legislação recente um esforço de clarificação das competências atribuídas às várias instituições; contudo, continuam a existir sobreposições, zonas de penumbra e uma profunda descoordenação e falta de cooperação numa faixa em que se atropelam as competências cruzadas de mais de 3 dezenas de instituições da Administração Central e 62 municípios (CNADS, 2009).

Por ora, o que continua a verificar-se no litoral é o investimento de montantes crescentes despendidos pelo Governo central na manutenção e reconstrução de obras de proteção costeira, assim como em enchimentos artificiais, com recurso aos fundos comunitários. Referem ainda Schmidt *et al.* (2011), em 2010 o Governo previa investir cerca de 38 milhões de euros em intervenções de defesa costeira, o montante mais elevado da última década. Alguns desses investimentos, ao longo dos últimos anos, fizeram-se em três zonas (Vagueira, Costa da Caparica e Quarteira), os quais têm vários pontos em comum e todos eles continuam a manifestar as mesmas fragilidades física, social e administrativa.

Entretanto, ainda em 2013, surge a Estratégia Nacional para o Mar 2013 – 2020 (ENM2013-2020). Neste documento, o governo português reconhece que "o mar tem sido um elemento marcante na História de Portugal. A ligação de Portugal ao mar ganhou maior relevância durante a época dos Descobrimentos e marcou decisivamente o início do processo de globalização. As trocas comerciais, culturais, científicas e tecnológicas daí resultantes promoveram o grande desenvolvimento do nosso país e marcaram definitivamente os processos de transmissão de conhecimento e de interação entre os povos. Foi no quadro desse contexto histórico que se desenvolveu um país com um caráter fortemente marítimo, expresso em valores históricos e culturais que, no seu todo, nos definem e que sublinham uma relação fortemente afetiva dos portugueses com o mar".

Não deixa de ser 'irónico' que, com a execução da ENM2013-2020, Portugal queira voltar a assumir-se como um país marítimo por excelência, que vive com o mar, que traz o mar à Europa, e que volta a Europa para o mar, quando o que se assistiu nas últimas décadas foi a destruição e abandono de algum potencial instalado, a falta de investimentos em setores chave como um turismo de qualidade (por oposição ao turismo de massas), a indústria pesqueira, e a reparação, construção e manutenção de embarcações, entre outros. De tudo isso resultou a destruição de muito do setor produtivo e, provavelmente, o mais contributivo para o PIB e com maior potencial de crescimento em Portugal.

Relembrando agora que "Portugal é a face atlântica da Europa e a ligação europeia aos mares profundos", constata a ENM2013-2020 que Portugal "deve assumir a iniciativa, liderando os processos europeus e internacionais relativos à governação marítima, visando fomentar a economia, e valorizar e preservar aquele que é o seu maior património natural. Nesse sentido, é necessário recriar uma identidade marítima, moderna, que não renegue os valores tradicionais, mas que esteja virada para o futuro e potencie um novo espírito das descobertas, orientado para a criatividade na conceção, empreendedorismo na preparação e pro-atividade na ação, concretizando as oportunidades que o Mar-Portugal oferece".

Resulta ainda dos considerandos da ENM2013-2020 que "Portugal é um país imenso e um dos grandes países marítimos do mundo, com um acrescido potencial geoestratégico, geopolítico e económico". É um facto que a dimensão marítima do território português constitui um "eixo sem paralelo na ligação entre três continentes, nas direções Este-Oeste e Norte-Sul, e conferindo a Portugal um posicionamento geoestratégico ímpar e, consequentemente, reforçando em grande medida a sua capacidade de afirmação e intervenção internacional".

Contrariamente à tendência que reinou nas últimas décadas de proliferação de entidades com competência para a gestão do litoral, considera a ENM2013-2020, e bem, que "para aumentar a competitividade e o desenvolvimento do setor marítimo, há que eliminar sobreposições de competências e reduzir a burocracia, captando deste modo o investimento privado e evitando o seu estrangulamento".

Naturalmente que cabe ao Estado, através dos seus mecanismos de governação, adotar as medidas necessárias que garantam a simplificação administrativa, a celeridade dos processos, a transparência das decisões, a indispensável responsabilização das entidades envolvidas, e a monitorização e controlo da execução dos projetos de investimento.

É imperativo simplificar e acelerar os processos, garantir decisões absolutamente transparentes, responsabilizar as entidades envolvidas, promover os investimentos e controlar a execução dos projetos. É ainda essencial clarificar e adequar o quadro normativo, de modo que contribua, entre outros, para a necessária simplificação administrativa.

A ENM2013-2020 identifica ainda as grandes linhas do modelo nacional de desenvolvimento do mar, referindo que "cabe ao Governo da República, ..., definir uma estratégia que inclui todo o território nacional".

Em relação à formação e emprego, é reconhecido que "a manutenção e a valorização das qualificações profissionais das gerações atual e futuras são fundamentais para manter e fixar quadros especializados em toda a gama de atividades ligadas ao mar", apontando como linha estratégica a necessidade de "avaliar as oportunidades criadas pela ENM2013-2020 para os profissionais do futuro, atraindo os jovens para estes mercados de trabalho".

Naturalmente que se deseja e espera que este documento não seja mais um rol de 'boas intenções' como muitos outros que foram produzidos e 'engavetados'.

São pontos-chave num modelo de governança da zona costeira: (1) avaliar as propostas de usos e ocupação do território nos Instrumentos de Gestão Territorial, com incidência nas zonas críticas de risco na orla costeira, perspetivando opções de proteção, acomodação ou recuo; (2) efetuar, para todas as situações de risco, uma caracterização e avaliação ponderada do tipo de intervenção, atribuindo prioridades, identificando alternativas, avaliando custos, priorizando opções, e clarificando orientações; (3) divulgar e promover a informação e participação dos principais atores e da população em geral nos processos de decisão; (4) definir orientações para a elaboração dos POOC de nova geração; (5) promover a elaboração de cuidadas estimativas orçamentais para as ações propostas, e (6) proceder a avaliações e à divulgação dos impactos socioeconómicos das ações propostas.

8.3 Causas e consequências de desequilíbrios nos sistemas hídricos

A zona costeira é recetora, em geral através de estuários, dos benefícios resultantes de uma boa gestão das bacias hidrográficas, mas colhe também os frutos associados ou resultantes de uma gestão ineficiente. Em particular, a qualidade das águas afluentes, normalmente devido a usos não controlados da água e a rejeições de efluentes indevidamente tratados, e a extrações de sedimentos, ou retenção destes em estruturas implantadas no meio hídrico, são as causas mais evidentes que afetam os recursos, as atividades e os usos da zona costeira. A Figura 8.1 pretende sistematizar estes efeitos e, sobretudo, alertar para a necessidade de uma gestão conjunta/integrada das águas interiores e litorais.

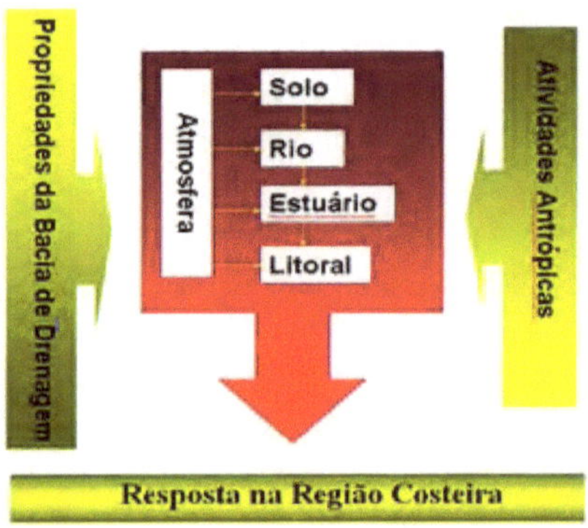

Figura 8.1 - Bacias hidrográficas *versus* zona costeira. Causas e efeitos para uma gestão integrada.

8.3.1 Os sistemas fluviais

Em todo o mundo, a morfologia dos sistemas fluviais tem vindo a ser dramaticamente alterada pela ação do Homem. Esta ação tem conduzido a alterações profundas nas características locais e ao longo de distâncias consideráveis de um curso de água, dependendo do grau de estabilidade deste, ou do equilíbrio pré-existente entre todas as variáveis dominantes.

A degradação dos solos, a alteração da estrutura e funcionalidade da paisagem, a extração de inertes, a construção de infraestruturas hidráulicas, as descargas de efluentes urbanos e industriais sem tratamento prévio, ou com um tratamento inadequado, e as atividades cinegéticas e piscícolas não controladas muito têm contribuído para a degradação da qualidade dos sistemas hídricos.

Em Portugal (que não é uma região do globo particularmente afetada por condições naturais adversas) foi-se estabelecendo ao longo de milhões de anos um *quase*-equilíbrio natural nos meios fluviais, em ambientes estuarinos e na orla costeira. Este equilíbrio, que no passado apenas foi perturbado pelo dinamismo próprio resultante do balanço entre as ações forçadoras, os processos sedimentares e a forma do leito aluvionar, só muito recentemente (à escala geológica) começou a ser quebrado por ações de origem antrópica, entendidas estas como as verdadeiras causas, diretas ou indiretas, que afetam e degradam aquele dinâmico equilíbrio natural (Antunes do Carmo, 2001).

Com efeito, importa notar que na costa portuguesa a construção de obras ditas de proteção costeira nem sempre constituiu uma necessidade natural; bem pelo contrário, muitas das atuais necessidades de proteção costeira resultaram exatamente em consequência de algumas destas obras entretanto construídas e com consequências e efeitos não raramente bastante nefastos.

Naturalmente que a estas obras dever-se-ão juntar muitas outras construídas em meios fluviais, e com efeitos fortemente desequilibradores e igualmente perniciosos do ponto de vista ambiental. Os permanentes défices de sedimentos que afluem à zona costeira portuguesa são disso a prova evidente. Todavia, parece ser pouco realista pensar-se que alguma vez ou de alguma forma será possível compensar estes desequilíbrios.

Sob pena de uma contínua e acelerada degradação global das características e condições ambientais, parece também claro que urge reequilibrar o sistema repondo os enormes volumes sedimentares em défice na zona costeira. Contudo, impõe-se a seguinte questão: como resolver um problema desta natureza, salvaguardando legítimos interesses de comunidades que evoluíram e têm necessidades que importa preservar e satisfazer?

Sejam quais forem os contornos de análise desta '*batalha*' que o Homem iniciou na sua tentativa de '*domesticar*' os regimes naturais, importa reconhecer que a mesma jamais terá fim. Poder-se-ão contemplar situações pontuais, todavia estas nada mais constituirão que simples desequilíbrios que a própria natureza se encarregará de reavaliar e ultrapassar com evidentes reflexos negativos mais ou menos localizados (Antunes do Carmo, 2001).

Resta-nos defender um processo de desenvolvimento alicerçado na relação pessoas-natureza, aliando as ações voltadas para o dinamismo económico com a melhoria da qualidade de vida das populações, a participação social nas decisões políticas, a preocupação com o futuro e a conservação do ambiente natural.

A necessidade de aproveitamento múltiplo e racional da água fundamenta-se na constatação de que este é um recurso natural e limitado. Contudo, a sua produtividade é afetada pela ação humana. Seja de forma positiva, com a utilização bem planeada e conduzida, seja de forma negativa, quando a utilização sem critérios do solo e demais recursos ambientais provoca a redução da disponibilidade e da qualidade das águas. Em consequência, é importante reconhecer e tratar os recursos hídricos como um ativo de capital natural a ser preservado. Por conseguinte, as tomadas de decisão sobre a utilização desses recursos devem ser alicerçadas em informações consistentes e bem fundamentadas.

Citando um Relatório da Comissão sobre a Visão da Água no Mundo (World Water Vision, 2000), identificam-se quatro pontos-chave que devem ser considerados na gestão integrada dos recursos hídricos. O primeiro refere-se à *abordagem holística*, com base na qual as decisões são tomadas de forma participativa, técnica e cientificamente bem informadas. O segundo diz respeito a *mudanças de orientação no desenvolvimento e aplicação de tecnologias*, de modo a atenderem a exigências de redução de desperdícios, maior sensibilidade com o meio ambiente e atenção à dimensão social do processo decisório. O terceiro postula que sejam levados em conta os *aspetos económicos, sociais, ambientais e políticos* nas inovações e mudanças institucionais e tecnológicas relativas à gestão das águas. O quarto ponto estabelece que promover mudanças, com a magnitude requerida por uma nova abordagem na gestão dos recursos hídricos, requer um *manancial de recursos financeiros* apropriadamente mobilizados, incluindo investimentos do sector privado e recursos da comunidade.

Tudo isso exige a concentração de esforços para a formação de uma consciência pública sobre a questão da água, o fortalecimento institucional de instâncias coletivas de gestão de bacias hidrográficas e organizações de utentes ao lado do investimento em desenvolvimento e transferência de conhecimentos e tecnologias voltadas para o melhor aproveitamento e conservação dos recursos ambientais.

Parece ser igualmente pouco realista pensar-se que será possível conter, ou sequer compensar, os desequilíbrios resultantes da construção de grandes empreendimentos hidráulicos no meio fluvial, de que as grandes barragens e as consequentes albufeiras são exemplo. Naturalmente que deverá em qualquer circunstância proceder-se a estudos de impacto ambiental, incluindo análises dos riscos associados tanto à presença da barragem como da albufeira, tanto em fase de construção como ao longo dos diferentes períodos de exploração, e até (*inclusive*) ao abandono do empreendimento.

Também as intervenções de extração de inertes no meio hídrico devem ser drasticamente reduzidas e fortemente controladas, recorrendo, nomeadamente, a análises frequentes e sistemáticas das tendências evolutivas dos fundos aluvionares e em extensões significativas, tanto para jusante como para montante das zonas de acumulação (porventura) indesejada. Acima de tudo, importa evitar uma contínua e acelerada degradação global das características e condições ambientais, reequilibrando o sistema fluvial com os volumes sedimentares em défice nos locais apropriados, ou seja, nas zonas onde tendencialmente se verificam condições de erosão.

A experiência acumulada avisa-nos que o Homem jamais terá sucesso em confronto com a natureza numa tentativa de '*domesticar*' os regimes naturais. Por conseguinte, importa reconhecer que a grande alteração comportamental que se impõe consiste em admitir que as extrações de inertes poderão constituir de facto um mal necessário (do ponto de vista económico e numa perspetiva de não devolução destes ao meio hídrico, entenda-se) e não uma benesse que se concede a alguns privados, servindo como moeda de troca para o equilíbrio das finanças de algumas instituições públicas.

8.3.2 Reflexos na zona costeira

As zonas costeiras são regiões de interface entre o continente e o mar dominadas por

1. processos originados nas bacias de drenagem dos rios afluentes;
2. processos oceanográficos e atmosféricos; e,
3. atividades antrópicas aos mais diferentes níveis e escalas.

Em termos globais, na atualidade, as zonas costeiras são

i) importantes zonas de produção de alimentos através da agropecuária, pesca e aquicultura;

ii) os principais destinos turísticos em todos os continentes;

iii) fontes significativas de recursos minerais, incluindo petróleo e gás natural;

iv) focos de desenvolvimento industrial e de transporte; e,

v) abundantes reservatórios de biodiversidade e ecossistemas, dos quais depende o funcionamento do planeta.

Contudo, também na atualidade

i) mais de 50% da população mundial vive a menos de 60 km do litoral, prevendo-se que, dentro de menos de duas décadas, essa percentagem atinja os 75% (em Portugal, vivem já mais de dois terços da sua população atual numa faixa de menos de 50 km);

ii) estas estreitas *faixas litorais* correspondem a apenas cerca de 10% do espaço habitável existente na Terra; e,

iii) cerca de dois terços das maiores cidades mundiais (com mais de 6 milhões de habitantes) localizam-se nestas *faixas costeiras*.

Todavia, ou em consequência, parece começar a assistir-se já hoje a alguma perda de atratividade (menor procura) das zonas costeiras, ou pelo menos a uma desaceleração do ritmo de procura, a que não serão alheios

- grandes concentrações de populações e serviços em zonas sensíveis ou de risco, conduzindo à artificialização de determinados trechos;
- insuficientes ou ineficientes serviços (camarários, segurança, saúde, restauração, bancos, lazer, convívio,...) para atender a situações de maior risco e procura - efeito de sazonalidade;
- escassez dos recursos hídricos (em quantidade e qualidade) em épocas de maior procura e consumo - efeito de sazonalidade;
- grande especialização de algumas atividades económicas, dirigidas para utentes muito específicos e em períodos do ano muito restritos;
- ordenamento dos espaços menos correto, inexistente ou muito permissivo, com ocupações desenfreadas/abusivas e não controladas;
- grande especulação, com custos não controlados e frequentemente incompatíveis com a qualidade dos serviços prestados;
- inúmeras situações de *stress/confusão* incompatíveis com o descanso e a recuperação física e mental que se procura; e,
- menor preocupação com os interesses e o bem-estar dos residentes ao longo das diferentes épocas do ano.

A resposta a situações de maior consumo dos recursos hídricos para além das disponibilidades sustentáveis é preocupante, pois tal poderá conduzir a situações de degradação irreversíveis. Particularmente preocupante é a contaminação das águas subterrâneas devido a excessos de captações em aquíferos litorais, conduzindo a rebaixamentos exagerados dos níveis freáticos e à salinização destas águas.

O impacto da intrusão salina nos aquíferos de água doce e a penetração de água salgada nos estuários serão substancialmente agravados com o aquecimento global e o consequente aumento do nível médio do mar.

Também as elevadas cargas poluentes rejeitadas diretamente para o mar sem qualquer tratamento, ou com um nível de tratamento inadequado, vão contaminando ou poluindo as águas com utilizações balneares e os recursos costeiros, com consideráveis impactos ambientais.

Com frequência, as alterações dos fatores ambientais dão origem a alterações qualitativas nos ecossistemas estabelecidos (e.g. composição específica, biodiversidade, etc.).

A sustentabilidade dos recursos hídricos nas zonas costeiras obrigará à implementação de soluções alternativas, que passarão necessariamente por reutilizações de águas para diversos fins, armazenamentos em reservatórios (provavelmente subterrâneos) e recargas dos aquíferos litorais, eventualmente por filtração de águas lançadas na superfície terrestre após tratamentos adequados.

Mas será necessário ir ainda mais longe, prevenindo e gerindo adequadamente situações de risco, escassez, excessos de consumo e causas de contaminação/poluição, em particular dos aquíferos litorais.

Há que evitar a VISÃO dos recursos hídricos na zona costeira apenas pelo seu uso, a exemplo do abastecimento humano, da irrigação, da indústria, do meio ambiente..., quase sempre competitivos entre si. É necessário promover a GESTÃO levando em conta a estreita relação entre o uso, a quantidade e a qualidade da água, o bem-estar das pessoas e o cuidado com a natureza.

Dada a sazonalidade dos grandes consumos nas zonas costeiras (turismo, serviços, piscinas, regas de jardins, campos de golfe,...), coincidente com os períodos de menor abundância (em países como Portugal), e as implicações que isso representa para a sustentabilidade dos recursos hídricos, importa desenvolver abordagens de risco e análises de custo/benefício, incluindo alternativas, restrições, eventuais compensações, ou até custos diferenciados (em função das utilizações).

Por outro lado, há que garantir e exercer a participação social, adotando mecanismos adequados para que

i) os incentivos à produção de alimentos através da agropecuária, pesca e aquicultura tenham eficácia;

ii) a gestão das águas nas zonas costeiras seja orientada por diretrizes e metas estabelecidas coletivamente; e que,

iii) os projetos e usos, alicerçados nas necessidades e prioridades dos utentes e das comunidades, sejam economicamente eficientes, socialmente eficazes e não causem danos ao meio ambiente.

8.4 Procedimentos de gestão colaborativa

Do ponto de vista processual, num passado não muito distante, a implementação de obras na zona costeira obedecia a um procedimento muito simples. Todas as intervenções na zona costeira eram focadas no projeto, sendo este integralmente gerido por um engenheiro. Como sublinhado em Kamphuis (2005), grande parte da engenharia usada nesses projetos era baseada na experiência que, em combinação com a prática da engenharia, constituía uma verdadeira regra de ouro. Nessa fase, a construção de obras na zona costeira obedecia a um procedimento muito simples, como apresentado na Figura 8.2. As obras costeiras eram contratadas e supervisionadas pelo dono do projeto, geralmente uma entidade governamental ou uma empresa de construção/negócios, o qual era também o único responsável pelas decisões sobre o projeto. A ciência costeira em causa era essencialmente física (hidrodinâmica - correntes, ondas, marés, etc.).

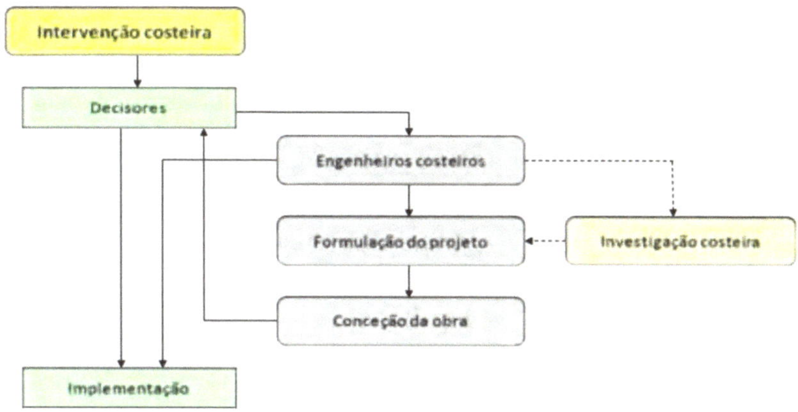

Figura 8.2 - Processo tradicional da tomada de decisão no âmbito de intervenções na zona costeira (adaptada de Kamphuis, 2005).

Entretanto, e em paralelo com a evolução dos meios informáticos, foi-se tornando possível o recurso a modelos matemáticos sucessivamente mais sofisticados para a resolução de problemas de crescente complexidade, permitindo generalizar as práticas essencialmente *ad hoc* de projetos de engenharia. As teorias hidrodinâmicas cientificamente desenvolvidas foram adotadas e adaptadas aos princípios básicos da física permitindo generalizar as práticas tradicionais.

Por outro lado, as preocupações deixaram de se limitar a questões de segurança: o estilo de vida e a qualidade de vida tornaram-se ingredientes essenciais. Outros aspetos do projeto tornaram-se igualmente importantes, como o impacto ambiental, a atratividade e a sustentabilidade.

Essas complexidades adicionais foram ainda agravadas por outras peças do *puzzle* que precisaram de ser integradas no projeto global, tais com a *não*-engenharia e a *não*-ciência. Estas incluem aspetos socioeconómicos e de qualidade de vida, envolvendo lazer, turismo, práticas desportivas, indústrias de pesca, qualidade da água, etc. Novas realidades sociológicas emergentes precisaram de ser atendidas, o mesmo sucedendo a vozes de atores e de grupos de interesse que passaram a ser ouvidos.

Uma síntese destas preocupações recentes tornou-se muito mais difícil de gerir, sendo esta nova realidade assente em premissas de valorização, aceitação social e sustentabilidade. As inter-relações mostradas na Figura 8.3 são reveladoras da complexidade atual inerente ao processo de gestão da zona costeira.

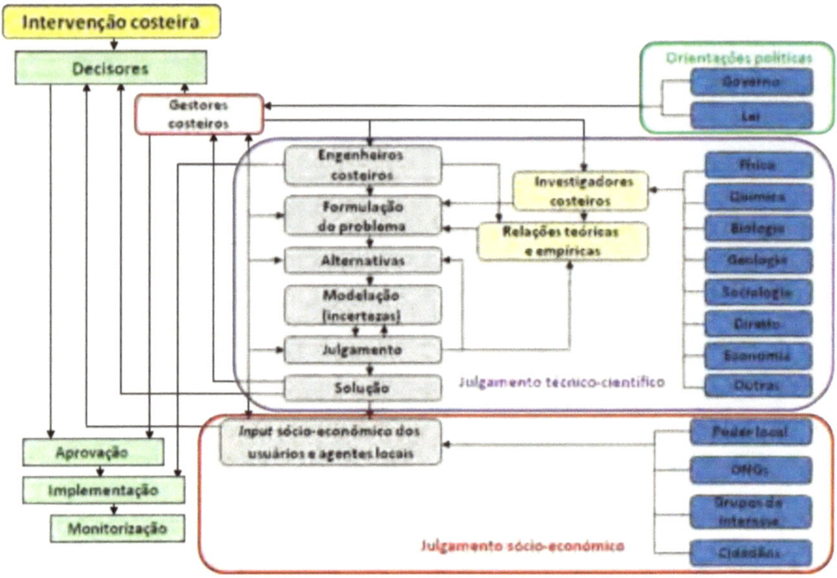

Figura 8.3 - Processo decisório contemporâneo (adaptada de Kamphuis, 2005).

É assim da maior importância a inclusão dos diferentes grupos disciplinares e de interesse, mas acresce igualmente refletir sobre o nível de participação dos agentes envolvidos. Como referem Guimarães *et al.* (2011), podem ser definidos sete níveis de participação: "*passiva*, em que os participantes são informados do que vai acontecer; *informativa*, em que são fornecidas respostas às perguntas dos participantes; *consultiva*, em que os participantes são consultados e as suas perspetivas são ouvidas; *por incentivos*, em que as pessoas participam contra incentivos; *funcional*, em que são formados grupos que pretendem atingir objetivos definidos; *interativa*, em que as pessoas participam em análises conjuntas para definir ações, e, finalmente, o nível de *participação mobilizadora*, em que as pessoas participam tomando iniciativas independentemente de instituições externas. Estes níveis de participação correspondem a diferentes níveis de interação e podem ser considerados como etapas distintas do processo de tomada de decisão".

Esta breve análise pretende evidenciar a necessidade de envolver um alargado número de atores e implementar procedimentos que conduzam a tomadas de decisão bem aceites e suficientemente credíveis no âmbito de uma avaliação de vulnerabilidades e riscos na zona costeira. Estudos desta natureza só terão sucesso se colherem o maior consenso possível, devendo ser úteis para o planeamento e gestão integrada da zona costeira e, em consequência, servir para a definição de prioridades de intervenção.

Neste âmbito, os processos de avaliação contemporâneos são baseados em índices de vulnerabilidade ou sensibilidade costeira, os quais são funções de diversas variáveis ou parâmetros físicos que requerem conhecimentos muito diversificados e com uma profundidade tal que extravasa em geral o puro domínio da engenharia.

Uma gestão verdadeiramente partilhada corresponderá a níveis de envolvimento com um elevado grau de interação; por conseguinte, é de incentivar um tipo de participação simultaneamente funcional, interativa e mobilizadora. Para o efeito, é essencial estabelecer relações de confiança que deverão ser alimentadas com diálogo e partilha de opiniões entre os diferentes grupos envolvidos no processo da tomada de decisão. É este procedimento relacional, fundamentalmente assente nas três dimensões: Integrar, Interagir e Informar, que se resume no esquema representado na Figura 8.4.

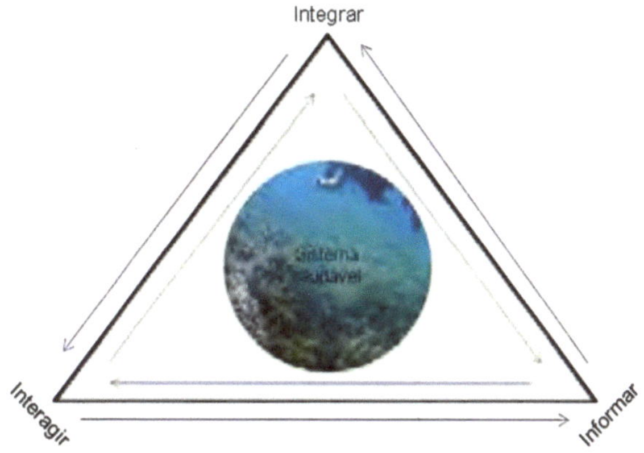

Figura 8.4 – Trinómio de dimensões a cultivar para o sucesso de uma intervenção na zona costeira.

As diversas fases de um processo desta natureza têm início com a identificação da necessidade de intervenção, passando pela definição de tipo e conceção do projeto, mantendo-se durante o período de implementação da obra e continuando com o acompanhamento da evolução e monitorização do comportamento estrutural em si e de todo o espaço envolvente.

Em todas as diferentes fases, os vários interessados deverão assim ser envolvidos e ouvidos no processo da tomada de decisão, devendo ser considerados como parte integrante das ações a desenvolver, de modo a que se mantenham informados, se sintam motivados e permaneçam ativos durante as diversas fases de definição, implementação e monitorização (Figura 8.4)

A criação e manutenção de um **sistema saudável** que comporte múltiplas valências exigem uma forte colaboração entre técnicos com diferentes formações, entidades públicas e privadas, poder local, residentes, ONGS, grupos de interesse e cidadãos em geral.

Para que tenham sucesso as decisões tomadas relativamente a um processo de intervenção na zona costeira é essencial estabelecer compromissos que resultem de um esforço de **integração** e envolvimento dos potenciais interessados, cultivando os sentidos de perda, oportunidade e pertença em prol do benefício coletivo, de uma permanente **interação**, de modo a estabelecer um quadro de cooperação recíproca entre todos os envolvidos, e a prestação de **informações** claras e transparentes sobre as possíveis opções, os benefícios esperados, os custos envolvidos e os riscos que comportam, de modo a que tanto os riscos como os custos sejam igualmente aceites, partilhados e assumidos.

8.5 Linhas de orientação estratégica

Embora a comunidade científica portuguesa conheça e domine relativamente bem a generalidade dos fenómenos e processos que ocorrem na costa portuguesa, o que *à priori* poderia significar uma boa gestão do nosso litoral, a verdade é que, como em geral acontece, a falta de interação entre as comunidades científica e gestora, por um lado, e a indisponibilidade de meios financeiros, por outro, não têm permitido alcançar níveis satisfatórios de qualidade.

Nesta conformidade, e tendo por base o conjunto de preocupações atrás apresentadas, enumeram-se grandes objetivos e propõem-se linhas de orientação que deverão ser prosseguidas numa perspetiva de uso e permanente preocupação de proteção, preservação e valorização desta frágil zona de interface terra-mar. Sublinham-se as seguintes recomendações para o desenvolvimento sustentável da zona costeira portuguesa (Antunes do Carmo e Marques, 2003)

- *Ordenamento dos usos e atividades económicas* – visando a utilização racional, numa perspetiva de ordenamento dos usos e atividades económicas específicas, de salvaguarda dos ecossistemas fundamentais e das zonas ecologicamente sensíveis, de preservação dos valores paisagísticos e de aproveitamento dos recursos hídricos e das espécies aquáticas associadas;
- *Investigação e monitorização* – visando a implementação de uma rede de monitorização desta zona, que permita a obtenção de conjuntos de séries temporais dos parâmetros hidrodinâmicos, sedimentares, biológicos e biogeoquímicos mensuráveis através de sensores, a sua divulgação através de bases de dados e utilização por todas as instituições de investigação, porventura mediante a celebração de protocolos de acesso. Adicionalmente, a utilização de indicadores de qualidade ecológica e o desenvolvimento de instrumentos adequados neles baseados será indispensável, paralelamente ao desenvolvimento de modelos, à integração da informação produzida, facilitando a sua compreensão e utilização;
- *Interação entre instituições gestoras e de investigação* – visando a difusão e utilização dos dados de campo adquiridos em atividades de gestão e de investigação, estabelecendo para o efeito uma forte interação entre as instituições responsáveis pela gestão destas zonas, as Universidades e os Institutos/Centros de investigação;
- *Formação de especialistas e agentes de decisão* – visando a divulgação das informações de base, os estudos e os trabalhos que possam contribuir para a formação de especialistas e para os processos de tomada de decisão na gestão integrada desta zona;
- *Cooperação e troca de experiências* – visando um conjunto de iniciativas e de ações que favoreçam a cooperação e a troca de experiências entre todas as entidades que direta ou indiretamente têm intervenções e usam ou prestam atividades na zona costeira.

Desenvolvem-se seguidamente cada um destes itens, apontando os procedimentos ou as medidas concretas de intervenção adequadas, tendo como principais objetivos: *i*) garantir bons índices de qualidade da água, compatíveis com a manutenção dos ecossistemas fundamentais e demais zonas sensíveis; *ii*) 'ajudar' a natureza a encontrar novas situações de equilíbrio dinâmico costeiro que, pelo menos, mantenham a extensão da costa arenosa existente e, se possível, a aumentem; *iii*) dotar o gestor da zona costeira de ferramentas e procedimentos adequados, que permitam fazer face a situações menos correntes ou excecionais, e *iv*) alertar, manter informados e procurar a colaboração de todos os utilizadores destas zonas sensíveis.

8.5.1 Ordenamento dos usos e atividades económicas

Em termos de ordenamento dos usos e atividades económicas, reveste-se de particular importância a intensificação das medidas de proteção das unidades de paisagem costeira, tanto terrestres como marinhas, de manifesto interesse geológico, ecológico e cultural, bem como a integração nos procedimentos de planeamento da consideração dos processos naturais fundamentais que ocorrem na zona costeira, por forma a suster a erosão e acautelar os efeitos da previsível subida do nível médio do mar.

Importa, por outro lado, para garantias de um desenvolvimento sustentável, intensificar as medidas de proteção e conservação do património geológico, ecológico e cultural da zona costeira, bem como restaurar eventuais ecossistemas degradados, para além da criação de uma rede de proteção especial das zonas marinhas, devidamente articulada com a restante rede de áreas protegidas.

Como medida de acompanhamento e análise permanente da evolução da linha de costa, da qualidade da água e das comunidades biológicas, face às medidas implementadas, importa desenvolver e implementar ações de monitorização.

Ainda numa perspetiva de desenvolvimento sustentável, dever-se-ão reavaliar e melhorar os diversos tipos de acessibilidades à zona costeira, promover a articulação das ações dos diversos atores económicos e sociais e desenvolver as atividades económicas garantindo a preservação dos recursos naturais.

8.5.2 Investigação e monitorização

A correta gestão da zona costeira exige um esforço de integração da componente de investigação científica interdisciplinar (ciências exatas e naturais, ciências económicas e sociais) coordenada com as componentes de monitorização. Cabe às Universidades, Institutos e Centros vocacionados o esforço de investigação teórica e aplicada, naturalmente apoiada em dados de campo obtidos através de redes de monitorização baseadas em sensores de acesso remoto para a medição de parâmetros hidrodinâmicos, sedimentares, biogeoquímicos e bioecológicos essenciais, e complementados com aquisições e análises em laboratórios devidamente equipados para o efeito.

Uma estratégia de funcionamento em rede permite manter em permanente contacto diferentes grupos de trabalho e a utilização de dados obtidos em diferentes instalações experimentais, com diferentes especificidades embora complementares, evitando deste modo a sobreposição de equipamentos e permitindo uma gestão mais equilibrada de recursos humanos.

Naturalmente que o livre acesso e a transferência de dados e indicadores do estado do ambiente costeiro obtidos por organismos da administração pública, ou por estes financiados, obriga a que todas as instituições envolvidas sejam dotadas dos meios adequados com vista ao desenvolvimento de programas de digitalização, validação e divulgação de dados integrados em bases a criar, nomeadamente na Internet. Tal implicará uma alteração substancial da atitude que tem prevalecido em Portugal, e não só, no tocante à partilha de dados, frequentemente encarada com desconfiança e reserva. Regras claras deveriam ser estabelecidas a este respeito por parte das instituições financiadoras de investigação.

Entre outros documentos de importância fundamental para o planeamento e gestão da zona costeira portuguesa, importa elaborar, reavaliar ou atualizar: *i*) um Plano de Cartografia Ambiental; *ii*) uma Carta Ecológica, que defina e integre as zonas de proteção desta faixa; *iii*) uma Carta ou Cartas de Risco do Litoral, e *iv*) um Atlas de Ondas, que identifique as características das ondas e as correspondentes fontes de energia.

8.5.3 Interação entre instituições gestoras e de investigação

Portugal possui uma extensa e muito diversificada zona costeira, essencialmente caracterizada por ambientes arenosos, com diversos tipos de praias (refletivas e dissipativas, expostas e encastradas), e ambientes rochosos (com arribas talhadas e formações muito variadas). Do ponto de vista hidrodinâmico, a nossa costa é caracterizada por troços de elevada a média energia (costas Oeste e Sul, respetivamente). Por conseguinte, Portugal possui condições e características ímpares para o desenvolvimento da investigação científica nos domínios da Hidráulica Marítima e da Engenharia Costeira.

Também do ponto de vista biológico, a zona costeira portuguesa constitui um sistema particularmente interessante para o desenvolvimento da investigação científica.

Todavia, apesar dos esforços e empenho da comunidade científica portuguesa, cujo mérito é reconhecido internacionalmente, em face do elevado nível dos trabalhos desenvolvidos e publicados, verifica-se que, com raras exceções, os estudos têm sido realizados de forma pouco consistente, não integrados e com um mínimo de interdisciplinaridade (Dias e Ferreira, 1997).

Em grande medida, esta situação resulta da falta de incentivos que decorrem do comportamento das instituições públicas com competências de gestão, ao alhearem-se de uma temática científica de fundamental importância para o país.

Se algo se tem feito nestes domínios em Portugal, nos últimos anos, tal deve-se, em grande medida, a financiamentos da União Europeia e, embora de forma por vezes pouco coordenada e nem sempre bem sucedida, ao ex-Instituto da Água (ex-INAG) e à atual APA-Agência Portuguesa do Ambiente, que têm desenvolvido esforços nesse sentido. Os financiamentos provenientes da Comissão Europeia são, necessariamente, condicionados a políticas e orientações emanadas do exterior, as quais, atendendo ao peso relativo de Portugal na UE, serão mesmo, porventura, pouco relevantes para a resolução dos principais problemas da nossa costa.

Importa pois concertar esforços entre todos os parceiros com intervenção direta nestes domínios para a definição das opções e a procura dos meios necessários à condução dos estudos inter e multidisciplinares aplicados a situações concretas da zona costeira portuguesa.

8.5.4 Formação de especialistas e agentes de decisão

Tendo como objetivos cativar e fazer interessar as comunidades, que vivem ou prestam serviços na zona costeira, pelos estudos, projetos ou intervenções em curso, as populações locais deverão ser auscultadas e sensibilizadas para a necessidade de determinadas ações como formas de preservar e valorizar o património existente.

No decurso das intervenções, e ainda nas fases de estudo e projeto, dever-se-á proporcionar a mais ampla divulgação da situação de referência, dos elementos recolhidos e dos pressupostos de base, prestando esclarecimentos à comunidade em geral e contribuindo para a formação de especialistas através da divulgação dos elementos de análise relevantes, das ações de acompanhamento e dos dados de monitorização, com relevância para os aspetos hidrodinâmicos, sedimentares e biogeoquímicos.

Para auxílio aos agentes de decisão, é fundamental uma mais estreita colaboração entre as instituições com capacidade científica e conhecimentos nesta matéria e as entidades gestoras, devendo estas ser apetrechadas com interlocutores válidos, de modo a que o mútuo entendimento faculte uma tomada de decisão cientificamente baseada.

8.5.5 Cooperação e troca de experiências

No essencial, recomenda-se transparência nas atividades de planeamento e gestão, facultando aos cidadãos os dados e os indicadores atualizados relativos à gestão da zona costeira. Para o efeito, é da maior relevância realizar campanhas de educação, sensibilização e informação sobre a zona costeira, os seus recursos e a sua gestão, dirigida aos vários grupos etários e socioprofissionais da sociedade.

Naturalmente que para isso é necessário criar mecanismos aos vários níveis das administrações central e local que facilitem a participação e a iniciativa dos cidadãos, das associações de defesa do ambiente e das organizações locais nos processos de planeamento e de tomada de decisão nas atividades de gestão integrada da zona costeira (CNADS, 2001).

Entre os instrumentos de gestão que assumem caráter de urgência, situa-se à cabeça um Plano de Ação Global para a zona costeira que identifique claramente (e com idêntico rigor ao longo de toda a costa) as situações de vulnerabilidade e risco existentes ou potenciais e os tipos de ações a desenvolver a curto, médio e longo prazo, incluindo uma programação dos investimentos. Complementarmente, deverão ser objeto de Planos de Alerta, Emergência e Evacuação as áreas de alguma vulnerabilidade (atual ou potencial).

O Plano de Ação a desenvolver deverá identificar objetivamente as respostas sociais para efeitos de proteção/preparação para um evento de alto risco *versus* recuperação após a ocorrência, as quais podem ser agrupadas em

» *mitigação* - retirada para local atualmente mais seguro, ajuda de emergência;

» *compensação* - a longo prazo para as pessoas afetadas;

» *proteção* - controlo ambiental, reforço de construções, defesas marítimas;

» *adaptação* - através da preparação da comunidade (proteção civil);

» *alerta* - avanços tecnológicos em sistema de previsão e alerta (onda de tempestade, tsunami, mancha poluente, entre outras ocorrências).

Entre os pontos-chave a ter presentes na elaboração de um Plano de Ação que se pretende inclusivo e participativo salientam-se

i) A Gestão Costeira Integrada só é eficaz se forem consideradas as questões ambientais, sociais e económicas, garantindo que as intervenções a executar são sustentáveis e fornecem a amenidade e as mais-valias adequadas aos residentes e usuários.

ii) A avaliação do risco de erosão costeira deve ser incorporada nos processos de tomada de decisão a nível local e a informação do risco para o público em geral deve ser completamente transparente.

iii) O impacto, os custos e o risco de erosão costeira induzida pelo Homem devem ser controlados através de uma melhor internalização dos problemas de erosão costeira no planeamento e nas decisões de investimento.

iv) A responsabilidade pública para o risco de erosão costeira deve ser limitada e uma parte adequada do risco deve ser transferida para os beneficiários diretos e investidores.

v) A gestão costeira deve afastar-se de soluções parciais, adotando uma abordagem planeada com base em princípios de responsabilidade, otimizando os custos de investimento em relação aos valores em risco, aumentando a aceitabilidade social das ações e mantendo opções abertas para o futuro.

vi) A gestão da zona costeira não poderá limitar-se a ocorrências com durações muito restritas. Deverá antes reconhecer os ambientes em mudança (social/física/económica) em conjunto com a evolução física da zona costeira.

vii) A gestão costeira é um processo evolutivo e adaptativo, ou seja, deve ser capaz de lidar não só com os problemas de hoje, mas também com outras questões, como imprevistos, que possam surgir no futuro.

viii) O planeamento e a gestão das zonas costeiras só serão eficazes se forem baseados nos ***princípios da prevenção e da precaução*** - tentando antecipar possíveis problemas e, havendo incerteza sobre o efeito de uma ação, errar pelo lado da segurança.

ANEXO I

Modelação da camada limite de fundo gerada por um escoamento oscilatório. Modelos 1DV de *Zero-*, *Uma-* e *Duas*-Equações do tipo K-L e 2DV de *Uma*-Equação

1 - Modelo de *Zero*-Equações

Atendendo ao termo quadrático da velocidade u_d, este termo deve ser linearizado em tempo usando a série de Taylor. Com $u_e = l_m \, \partial u_d / \partial z$, a seguinte forma da equação (2.50) para u_d mostra como a solução pode ser obtida

$$\frac{\partial u_d}{\partial t} = \frac{\partial}{\partial z}\left(|u_e| u_e\right) => \begin{cases} \frac{\partial}{\partial z}\left(u_e^2\right) & \text{se } u_e > 0 \\ -\frac{\partial}{\partial z}\left(u_e^2\right) & \text{se } u_e < 0 \end{cases} \tag{AI.1}$$

Considerando o caso $u_e > 0$, a forma discretizada daquela equação [$\frac{\partial u_d}{\partial t} = \frac{\partial}{\partial z}\left(u_e^2\right)$] escreve-se

$$\frac{u_{d,j}^{n+1} - u_{d,j}^{n}}{\Delta t} = \frac{\left(u_e^2\right)_{j+1/2}^{n+1} - \left(u_e^2\right)_{j-1/2}^{n+1}}{\Delta z_j} \tag{AI.2}$$

Nesta etapa é necessário linearizar os termos $\left(u_e^2\right)_{j+1/2}^{n+1}$ e $\left(u_e^2\right)_{j-1/2}^{n+1}$. Desenvolvendo $\left(u_e^2\right)_{j+1/2}^{n+1}$ em série de Taylor relativamente ao tempo obtemos (AI.3)

$$\left(u_e^2\right)_{j+1/2}^{n+1} = \left(u_e^2\right)_{j+1/2}^{n} + 2 \times \left(u_e\right)_{j+1/2}^{n} \times \left[\left(u_e\right)_{j+1/2}^{n+1} - \left(u_e\right)_{j+1/2}^{n}\right] \tag{AI.3}$$

Os termos $\left(u_e\right)_{j+1/2}^{n+1}$, $\left(u_e\right)_{j+1/2}^{n}$ e $\left(u_e^2\right)_{j+1/2}^{n+1}$ são discretizados como se segue

$$\left(u_e\right)_{j+1/2}^{n+1} = l_{j+1/2} \frac{\left(u_d\right)_{j+1}^{n+1} - \left(u_d\right)_{j}^{n+1}}{\Delta z_{j+1/2}} \tag{AI.4}$$

$$\left(u_e\right)_{j+1/2}^{n} = l_{j+1/2} \frac{\left(u_d\right)_{j+1}^{n} - \left(u_d\right)_{j}^{n}}{\Delta z_{j+1/2}} \tag{AI.5}$$

$$\left(u_e^2\right)_{j+1/2}^{n+1} = l_{j+1/2}^2 \left[\frac{\left(u_d\right)_{j+1}^{n+1} - \left(u_d\right)_{j}^{n+1}}{\Delta z_{j+1/2}}\right]^2 \tag{AI.6}$$

Substituindo os termos (AI.4), (AI.5) e (AI.6) na equação (AI.2) e combinando os dois casos de u_e obtém-se finalmente a seguinte equação discretizada (AI.7)

$$A_j u_{d\,j-1}^{n+1} + B_j u_{d\,j}^{n+1} + C_j u_{d\,j+1}^{n+1} = D_j \; ; \; 2 \le j \le J-1 \tag{AI.7}$$

em que os coeficientes A_j, B_j, C_j e D_j são

$$A_j = -2\frac{\Delta t}{\Delta z_j}\left(\frac{l_{m\,j-1/2}}{\Delta z_{j-1/2}}\right)^2 \times \left|\Delta u^n_{d\,j-1/2}\right| \tag{AI.8}$$

$$C_j = -2\frac{\Delta t}{\Delta z_j}\left(\frac{l_{m\,j+1/2}}{\Delta z_{j+1/2}}\right)^2 \times \left|\Delta u^n_{d\,j+1/2}\right| \tag{AI.9}$$

$$B_j = 1 - A_j - C_j \tag{AI.10}$$

$$D_j = u^n_{d\,j} - \frac{1}{2}A_j\Delta u^n_{d\,j-1/2} - \frac{1}{2}C_j\Delta u^n_{d\,j+1/2} \tag{AI.11}$$

com $\Delta u^n_{d\,j-1/2} = \Delta u^n_{d\,j} - \Delta u^n_{d\,j-1}$ e $\Delta u^n_{d\,j+1/2} = \Delta u^n_{d\,j+1} - \Delta u^n_{d\,j}$.

2 - Modelos 1DV de *Uma*- e *Duas*-Equações

As equações do sistema (2.56) a (2.60) e a equação (2.61) podem ser facilmente resolvidas através de uma abordagem numérica implícita de diferenças finitas, obtendo-se os valores das variáveis u, v, K, L, C, ν_t e γ_t correspondentes a cinco equações diferenciais, no espaço e no tempo, e a duas equações algébricas. A solução final para os perfis verticais das componentes horizontais da velocidade (u, v), da energia cinética turbulenta (K), da macro escala da turbulência (L), da concentração (C) e da viscosidade turbulenta (ν_t) é obtida iterativamente durante o período de tempo do sinal introduzido na fronteira superior da camada limite. Um fluxograma que traduz a solução numérica implementada é apresentado na Figura AI.1.

É utilizado um processo sequencial para resolver aquele sistema de equações, fazendo uso dos últimos valores aproximados das variáveis como solução intermédia para o processo de iteração seguinte. Começamos pelas duas primeiras equações, para as variáveis u e v

$$\frac{\partial u}{\partial t} = -\frac{1}{\rho_0}\frac{\partial P}{\partial x} + \frac{\partial}{\partial z}\left(\nu_t\frac{\partial u}{\partial z}\right) \tag{AI.12}$$

$$\frac{\partial v}{\partial t} = -\frac{1}{\rho_0}\frac{\partial P}{\partial y} + \frac{\partial}{\partial z}\left(\nu_t\frac{\partial v}{\partial z}\right) \tag{AI.13}$$

Considerando um esquema totalmente implícito, a integração de ambos os membros da equação (AI.12) num volume de controlo centrado em j, em conformidade com a malha vertical apresentada na Figura AI.2, entre os instantes t e $t+\Delta t$, conduz a (AI.14)

$$\int_{j-1/2}^{j+1/2}\int_t^{t+\Delta t}\frac{\partial u}{\partial t}\,dt\,dz = \int_{j-1/2}^{j+1/2}\int_t^{t+\Delta t} -\frac{1}{\rho}\frac{\partial P}{\partial x}\,dt\,dz + \int_{j-1/2}^{j+1/2}\int_t^{t+\Delta t}\frac{\partial}{\partial z}\left(\nu_t\frac{\partial u}{\partial z}\right)dt\,dz \tag{AI.14}$$

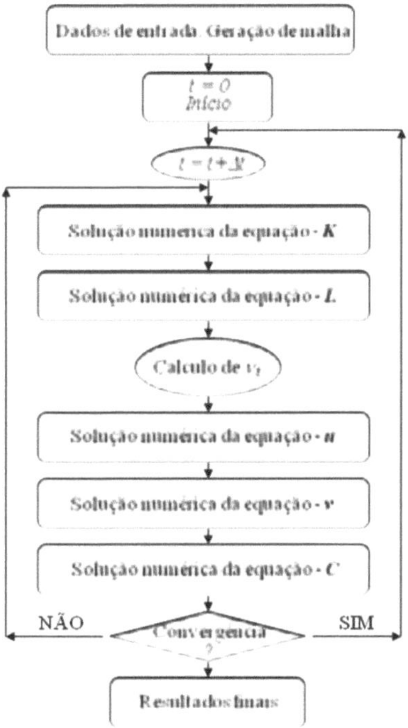

Figura AI.1 - Fluxograma para o modelo de camada limite 1DV de *Uma-* e *Duas*-Equações, do tipo $K-L$.

Por conseguinte,

$$\begin{aligned}\left(u_j^{n+1}-u_j^n\right)\Delta z_j &= -\frac{1}{\rho}\left[\left(\frac{\partial P}{\partial x}\right)^{n+1}-\left(\frac{\partial P}{\partial x}\right)^{n}\right]\Delta t\,\Delta z_j \\ &+\left[\frac{(\nu_t)_{j+1/2}^n}{\Delta z_{j+1/2}}\left(u_{j+1}-u_j\right)^{n+1}-\frac{(\nu_t)_{j-1/2}^n}{\Delta z_{j-1/2}}\left(u_j-u_{j-1}\right)^{n+1}\right]\Delta t\end{aligned} \tag{AI.15}$$

onde

$$\Delta z_{j-1/2}=z_j-z_{j-1}\ ;\ \Delta z_j=z_{j+1/2}-z_{j-1/2}\ ;\ \Delta z_{j+1/2}=z_{j+1}-z_j \tag{AI.16}$$

e

$$(\nu_t)_{j-1/2}^n=\left((\nu_t)_j^n+(\nu_t)_{j-1}^n\right)/2\ ;\ (\nu_t)_{j+1/2}^n=\left((\nu_t)_{j+1}^n+(\nu_t)_j^n\right)/2 \tag{AI.17}$$

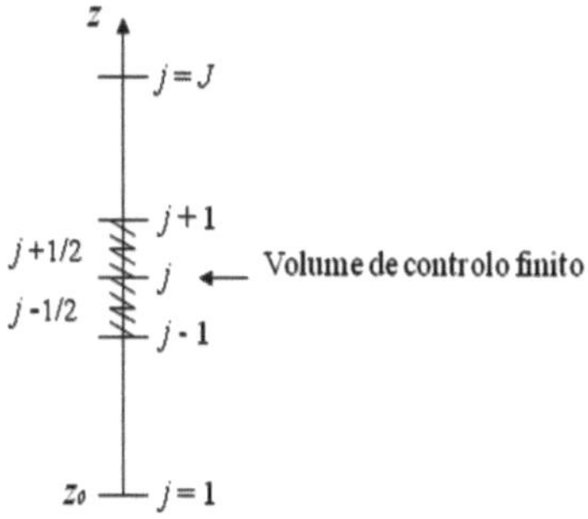

Figura AI.2 - Malha vertical para o modelo de camada limite 1DV de *Uma*- e *Duas*-Equações do tipo $K-L$.

A discretização efetuada para a variável u conduz a (AI.18)

$$A_j u_{j-1}^{n+1} + B_j u_j^{n+1} + C_j u_{j+1}^{n+1} = D_j \text{ ; } 2 \leq j \leq J-1 \tag{AI.18}$$

em que

$$A_j = -\frac{\Delta t \left(v_t\right)_{j-1/2}^n}{\Delta z_j \Delta z_{j-1/2}} \tag{AI.19}$$

$$B_j = 1 - A_j - C_j \tag{AI.20}$$

$$C_j = -\frac{\Delta t \left(v_t\right)_{j+1/2}^n}{\Delta z_j \Delta z_{j+1/2}} \tag{AI.21}$$

$$D_j = u_j^n - \frac{1}{\rho}\left[\left(\frac{\partial P}{\partial x}\right)^{n+1} - \left(\frac{\partial P}{\partial x}\right)^n\right]\Delta t \tag{AI.22}$$

Assumindo as hipóteses (2.48), as equações para u e v escrevem-se

$$\frac{\partial u}{\partial t} = \frac{\partial U}{\partial t} + \frac{\partial}{\partial z}\left(\nu_t \frac{\partial u}{\partial z}\right) \tag{AI.23}$$

$$\frac{\partial v}{\partial t} = \frac{\partial V}{\partial t} + \frac{\partial}{\partial z}\left(\nu_t \frac{\partial v}{\partial z}\right) \tag{AI.24}$$

e para D_j obtém-se $D_j = u_j^n + \left(U^{n+1} - U^n\right)_j$.

O mesmo procedimento é usado para resolver a equação (2.57), para a variável v.

Para a energia cinética turbulenta K, equação (2.58), faz-se notar que esta equação pode ser escrita com se segue

$$\frac{\partial K}{\partial t} = \nu_t \left[\left(\frac{\partial u}{\partial z} \right)^2 + \left(\frac{\partial v}{\partial z} \right)^2 \right] - \frac{\nu_t}{L^2} K + 1.20 \frac{\partial}{\partial z} \left(\nu_t \frac{\partial K}{\partial z} \right) + \frac{g}{\rho_0} \gamma_t \frac{\partial \rho}{\partial z} \qquad \text{(AI.25)}$$

cuja integração no volume de controlo centrado em j, entre os instantes t e $t + \Delta t$, conduz à seguinte forma discretizada (AI.26)

$$E_j K_{j-1}^{n+1} + F_j K_j^{n+1} + G_j K_{j+1}^{n+1} = H_j \ ; \ 2 \le j \le J-1 \qquad \text{(AI.26)}$$

em que

$$E_j = -1.20 \frac{\Delta t \left(\nu_t \right)_{j-1/2}^n}{\Delta z_j \Delta z_{j-1/2}} \qquad \text{(AI.27)}$$

$$G_j = -1.20 \frac{\Delta t \left(\nu_t \right)_{j+1/2}^n}{\Delta z_j \Delta z_{j+1/2}} \qquad \text{(AI.28)}$$

$$F_j = 1 - E_j - G_j + \Delta t \frac{\left(\nu_t \right)_j^n}{\left(L_j^n \right)^2} \qquad \text{(AI.29)}$$

$$H_j = K_j^n + \frac{\Delta t}{\left(2 \Delta z_j \right)^2} \left(\nu_t \right)_j^n \left[\left(\Delta u_j^n \right)^2 + \left(\Delta v_j^n \right)^2 \right] + \Delta t \frac{g}{\rho_0} \left(\gamma_t \right)_j^n \frac{\Delta \rho_j^n}{2 \Delta z_j} \qquad \text{(AI.30)}$$

com $\Delta u_j^n = u_{j+1}^n - u_{j-1}^n$, $\Delta v_j^n = v_{j+1}^n - v_{j-1}^n$ e $\Delta \rho_j^n = \rho_{j+1}^n - \rho_{j-1}^n$. Sendo aplicada a condição $\partial K / \partial z = 0$ em $j = 1$, a integração da equação K entre $j = 1$ e $j = 3/2$ conduz à seguinte forma discretizada (AI.31)

$$F_1 K_1^{n+1} + G_1 K_2^{n+1} = H_1 \qquad \text{(AI.31)}$$

em que

$$G_1 = -2.40 \frac{\Delta t \left(\nu_t \right)_{3/2}^n}{\left(\Delta z_{3/2} \right)^2} \qquad \text{(AI.32)}$$

$$F_j = 1 - G_1 + \Delta t \frac{\left(\nu_t \right)_1^n}{\left(L_1^n \right)^2} \qquad \text{(AI.33)}$$

$$H_1 = K_1^n + \frac{\Delta t}{\left(\Delta z_{3/2} \right)^2} \left(\nu_t \right)_1^n \left[\left(\Delta u_2^n \right)^2 + \left(\Delta v_2^n \right)^2 \right] + \Delta t \frac{g}{\rho_0} \left(\gamma_t \right)_1^n \frac{\Delta \rho_2^n}{\Delta z_{3/2}} \qquad \text{(AI.34)}$$

Em $j = J$ pode ser aplicada a condição $K = 0$ (onda pura) ou a condição $\partial K/\partial z = 0$ (combinação de onda e corrente); consoante se utilize uma ou outra condição assim teremos

• Considerando $K = 0$, a equação discretizada para K escreve-se

$$E_{J-1}K_{J-2}^{n+1} + F_{J-1}K_{J-1}^{n+1} = H_{J-1} \tag{AI.35}$$

• Considerando $\partial K/\partial z = 0$, obtém-se a seguinte forma discretizada para K

$$E_J K_{J-1}^{n+1} + F_J K_J^{n+1} = H_J \tag{AI.36}$$

em que

$$E_J = -2.40\frac{\Delta t\,(\nu_t)_{J-1/2}^n}{(\Delta z_{J-1/2})^2} \tag{AI.37}$$

$$F_J = 1 - E_J + \Delta t\frac{(\nu_t)_{J-1/2}^n}{(L_{J-1/2}^n)^2} \tag{AI.38}$$

$$H_J = K_J^n + \frac{\Delta t}{(\Delta z_{J-1/2})^2}(\nu_t)_J^n\left[(\Delta u_{J-1}^n)^2 + (\Delta v_{J-1}^n)^2\right] + \Delta t\frac{g}{\rho_0}(\gamma_t)_J^n\frac{\Delta\rho_{J-1}^n}{\Delta z_{J-1/2}} \tag{AI.39}$$

com $\Delta u_{J-1}^n = u_J^n - u_{J-1}^n$, $\Delta v_{J-1}^n = v_J^n - v_{J-1}^n$ e $\Delta\rho_{J-1}^n = \rho_J^n - \rho_{J-1}^n$.

A equação para a macro escala da turbulência L, equação (2.61), é reescrita na seguinte forma

$$\begin{aligned}\frac{\partial L}{\partial t} &= -0.175\frac{\nu_t}{K}\left[\left(\frac{\partial u}{\partial z}\right)^2 + \left(\frac{\partial v}{\partial z}\right)^2\right]L + 0.075\sqrt{2K} \\ &+ 1.20\frac{\partial}{\partial z}\left(\nu_t\frac{\partial L}{\partial z}\right) - \frac{0.375}{\sqrt{K}}\frac{4\,\partial\nu_t}{\partial z}\frac{\partial(\sqrt{K}L)}{\partial z} \\ &+ 0.80\frac{L}{2K}\frac{g}{\rho_0}\gamma_t\frac{\partial\rho}{\partial z}\end{aligned} \tag{AI.40}$$

onde o termo quadrático foi substituído pela condição $L = \frac{4}{\sqrt{2}}\frac{\nu_t}{\sqrt{K}}$. Integrando esta equação no volume de controlo entre $j-1/2$ e $j+1/2$ e no intervalo de tempo Δt resulta na seguinte forma discretizada (AI.41)

$$P_j L_{j-1}^{n+1} + Q_j L_j^{n+1} + R_j L_{j+1}^{n+1} = S_j \;;\; 2 \le j \le J-1 \tag{AI.41}$$

em que os coeficientes valem

$$P_j = -1.20\frac{\Delta t\left(v_t\right)_{j-1/2}^n}{\Delta z_j \Delta z_{j-1/2}} - 1.50\frac{\Delta t\left(\Delta v_t\right)_j^n}{\left(2\Delta z_j\right)^2}\frac{\sqrt{K_{j-1}^n}}{\sqrt{K_j^n}} \tag{AI.42}$$

$$R_j = -1.20\frac{\Delta t\left(v_t\right)_{j+1/2}^n}{\Delta z_j \Delta z_{j+1/2}} + 1.50\frac{\Delta t\left(\Delta v_t\right)_j^n}{\left(2\Delta z_j\right)^2}\frac{\sqrt{K_{j+1}^n}}{\sqrt{K_j^n}} \tag{AI.43}$$

$$\begin{aligned} Q_j &= 1 + 1.20\frac{\Delta t\left(v_t\right)_{j-1/2}^n}{\Delta z_j \Delta z_{j-1/2}} + 1.20\frac{\Delta t\left(v_t\right)_{j+1/2}^n}{\Delta z_j \Delta z_{j+1/2}} \\ &+ 0.175\frac{\Delta t}{\left(2\Delta z_j\right)^2}\frac{\left(\nu_t\right)_j^n}{K_j^n}\left[\left(\Delta u_j^n\right)^2 + \left(\Delta v_j^n\right)^2\right] \\ &- 0.40\frac{g}{\rho_0}\frac{\Delta t}{\left(2\Delta z_j\right)}\frac{\left(\gamma_t\right)_j^n}{K_j^n}\Delta\rho_j^n \end{aligned} \tag{AI.44}$$

$$S_j = L_j^n + 0.075\sqrt{2}\,\Delta t\sqrt{K_j^n} \tag{AI.45}$$

Com condições de fronteira do tipo $L = \alpha z$ são obtidas as seguintes formas discretizadas das equações

- Na fronteira inferior da camada limite, $j = 1$

$$Q_2 L_2^{n+1} + R_2 L_3^{n+1} = S_2 - P_2 L_1^{n+1} \tag{AI.46}$$

- Na fronteira superior da camada limite, $j = J$

$$P_{j-1} L_{j-2}^{n+1} + Q_{j-1} L_{j-1}^{n+1} = S_{j-1} + R_{j-1} L_j^{n+1} \tag{AI.47}$$

Integrando a equação L no meio volume de controlo entre $j = J - 1/2$ e $j = J$, com $\partial L/\partial z|_{z_b} = 0$ e no intervalo de tempo Δt, conduz à seguinte forma discretizada (AI.48)

$$P_J L_{J-1}^{n+1} + Q_J L_J^{n+1} = S_J \tag{AI.48}$$

em que

$$P_J = -2.40\frac{\Delta t\left(v_t\right)_{J-1/2}^n}{\left(\Delta z_{J-1/2}\right)^2} - 1.50\frac{\Delta t}{\left(\Delta z_{J-1/2}\right)^2}\left[\left(v_t\right)_J^n - \left(v_t\right)_{J-1/2}^n\right]\frac{\sqrt{K_{J-1}^n}}{\sqrt{K_J^n}} \tag{AI.49}$$

$$Q_j = 1 + 2.40\frac{\Delta t\,(v_t)^n_{j-1/2}}{\Delta z_j \Delta z_{j-1/2}} + 1.50\frac{\Delta t}{(\Delta z_{J-1/2})^2}\left[(v_t)^n_J - (v_t)^n_{J-1/2}\right]$$

$$+ 0.175\frac{\Delta t}{(\Delta z_{J-1/2})^2}\frac{(v_t)^n_J}{K^n_J}\left[(\Delta u^n_{J-1})^2 + (\Delta v^n_{J-1})^2\right] \quad \text{(AI.50)}$$

$$- 0.40\frac{g}{\rho_0}\frac{\Delta t}{(\Delta z_{J-1/2})}\frac{(\gamma_t)^n_J}{K^n_J}\Delta\rho^n_J$$

$$S_j = L^n_j + 0.075\sqrt{2}\,\Delta t\sqrt{K^n_j} \quad \text{(AI.51)}$$

A integração da equação C no meio volume de controlo entre $j = J - 1/2$ e $j = J$ no intervalo de tempo Δt conduz à seguinte forma discretizada (AI.52)

$$T_j C^{n+1}_{j-1} + U_j C^{n+1}_j + V_j C^{n+1}_{j+1} = X_j \; ; \; 2 \le j \le J - 1 \quad \text{(AI.52)}$$

em que

$$T_j = -\frac{\Delta t}{\Delta z_j \Delta z_{j-1/2}}(v_t)^n_{j-1/2} + w_s\frac{\Delta t}{2\Delta z_j} \quad \text{(AI.53)}$$

$$V_j = -\frac{\Delta t}{\Delta z_j \Delta z_{j+1/2}}(v_t)^n_{j+1/2} - w_s\frac{\Delta t}{2\Delta z_j} \quad \text{(AI.54)}$$

$$U_j = 1 - T_j - V_j \quad \text{(AI.55)}$$

$$X_j = C^n_j \quad \text{(AI.56)}$$

Nas fronteiras $j = j_b + 1 \ge 1$ pode ser especificada a condição $C = C_a$; a equação discretizada escreve-se

$$U_{j_b+1}C^{n+1}_{j_b+1} + V_{j_b+1}C^{n+1}_{j_b+2} = X_{j_b+1} - T_{j_b+1}C^{n+1}_a \quad \text{AI.57)}$$

Na fronteira $j = J$, com $C = 0$ obtemos

$$T_{J-1}C^{n+1}_{J-2} + U_{J-1}C^{n+1}_{J-1} = X_{J-1} \quad \text{(AI.58)}$$

Na fronteira $j = J$, se for imposta a condição $w_s C + \gamma_t \frac{\partial C}{\partial z} = 0$ obtemos (AI.59)

$$T_J C^{n+1}_{J-1} + U_J C^{n+1}_J = X_J \quad \text{(AI.59)}$$

em que

$$T_J = -2\frac{\Delta t}{(\Delta z_{J-1/2})^2}(v_t)^n_{J-1/2} + w_s\frac{\Delta t}{\Delta z_{J-1/2}} \quad \text{(AI.60)}$$

$$U_J = 2 - T_J + 2w_s \frac{\Delta t}{2\Delta z_{J-1/2}} \tag{AI.61}$$

$$X_j = C_J^n \tag{AI.62}$$

Durante as simulações, a velocidade de queda dos sedimentos pode ter um valor constante em toda a profundidade, ou depender do valor máximo da concentração a uma determinada profundidade, $C_s(z)$. É obtido um bom ajuste considerando $w_s = w_{si}(1 - C_s)^{\mu}$, onde w_{si} é a velocidade de sedimentação não perturbada e μ depende das dimensões dos sedimentos ($\mu = 5.50$ para pequenas partículas).

3 - Modelo 2DV de *Uma*-Equação

As equações (2.80) a (2.84) são facilmente resolvidas por métodos implícitos de diferenças finitas centrados no espaço e avançados no tempo. As equações (2.80) e (2.83), respetivamente para a vorticidade (ω) e para a energia cinética turbulenta (K), são resolvidas por um método Implícito de Direções Alternadas (ADI). A equação de Poisson (2.81), para a função de corrente ψ , é resolvida por um método de redução "*bloc-cyclic*" (Roache, 1976), o qual permite ganhos de tempo significativos quando comparado com o método iterativo de Gauss-Seidel (Huynh-Thanh e Temperville, 1991).

A solução final é obtida iterativamente durante o período de duração do sinal introduzido na fronteira superior da camada limite. Na Figura AI.3 é apresentado um fluxograma que traduz a solução numérica implementada.

Todas as equações são discretizadas por esquemas implícitos de diferenças finitas. Considerando uma variável genérica, Q, são aplicadas as seguintes aproximações (AI.63)

$$\begin{aligned}
\frac{\partial Q}{\partial t} &= \frac{Q_{i,j}^{n+1} - Q_{i,j}^{n}}{\Delta t} + O(\Delta t) \\
\frac{\partial Q}{\partial X} &= \frac{Q_{i+1,j} - Q_{i-1,j}}{2\Delta X_i} + O(\Delta X^2) \\
\frac{\partial Q}{\partial Z} &= \frac{Q_{i,j+1} - Q_{i,j-1}}{2\Delta Z_j} + O(\Delta Z^2) \\
\frac{\partial^2 Q}{\partial X^2} &= \frac{Q_{i+1,j} - 2Q_{i,j} + Q_{i-1,j}}{\Delta X_i^2} + O(\Delta X^2) \\
\frac{\partial^2 Q}{\partial Z^2} &= \frac{Q_{i,j+1}}{\Delta Z_j \Delta Z_{j+1/2}} - \frac{Q_{i,j}}{\Delta Z_{j+1/2}\Delta Z_{j-1/2}} + \frac{Q_{i,j-1}}{\Delta Z_j \Delta Z_{j-1/2}} + O(\Delta Z^2) \\
\frac{\partial^2 Q}{\partial X \partial Z} &= \frac{Q_{i+1,j+1} - Q_{i+1,j-1} - Q_{i-1,j+1} + Q_{i-1,j-1}}{4\Delta X_i \Delta Z_j} + O(\Delta X^2 + \Delta Z^2)
\end{aligned} \tag{AI.63}$$

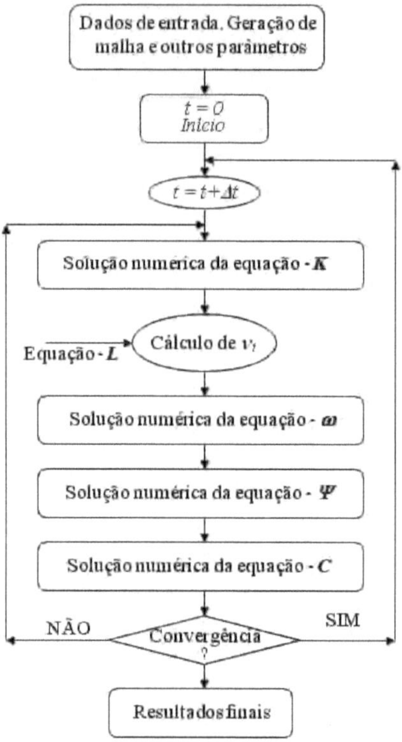

Figura AI.3 - Fluxograma para o modelo de camada limite 2DV de *Uma*-Equação, do tipo $K - L$.

Para resolução das equações para as variáveis K e ω é utilizado um esquema Implícito de Direções Alternadas (ADI). Para o primeiro meio passo de cálculo, $t + \Delta t/2$, obtém-se a seguinte forma discretizada da equação (2.83), variável K

$$A_{i,j} K_{i-1,j}^{n+1/2} + B_{i,j} K_{i,j}^{n+1/2} + C_{i,j} K_{i+1,j}^{n+1/2} = D_{i,j} \; ; \quad 2 \le j \le J-1, \; 2 \le i \le I \tag{AI.64}$$

em que

$$A_{i,j} = -\left\{ Max\left[0, \left(\frac{\partial \psi}{\partial Z}\right)_{i,j}^{n}\right] \frac{\Delta t}{2\,\Delta X} + 4c_1 \frac{\Delta t}{2\left(\Delta X^-\right)^2} \left(\overline{\nu_t}\right)_{i-1,j}^{n} \right\} \boldsymbol{J}_{i,j} \tag{AI.65}$$

$$C_{i,j} = -\left\{ Max\left[0, \left(-\frac{\partial \psi}{\partial Z}\right)_{i,j}^{n}\right] \frac{\Delta t}{2\,\Delta X} + 4c_1 \frac{\Delta t}{2\left(\Delta X^+\right)^2} \left(\overline{\nu_t}\right)_{i+1,j}^{n} \right\} \boldsymbol{J}_{i,j} \tag{AI.66}$$

$$B_{i,j} = 1.0 + 4c_2 \Delta t \frac{(\nu_t)^n_{i,j}}{2\,L^2_{i,j}}$$

$$+ \left\{ Max\left[0, \left(\frac{\partial\psi}{\partial Z}\right)^n_{i,j}\right] + Max\left[0, \left(-\frac{\partial\psi}{\partial Z}\right)^n_{i,j}\right]\right\} \frac{\Delta t}{2\,\Delta X} \boldsymbol{J}_{i,j} \tag{AI.67}$$

$$+ 4c_1 \left[(\overline{\nu_t})^n_{i-1,j} + (\overline{\nu_t})^n_{i+1,j}\right] \frac{\Delta t}{2\,(\Delta X)^2} \boldsymbol{J}_{i,j}$$

$$D_{i,j} = K^n_{i,j}$$

$$+ 4c_1 \left[\frac{\Delta t}{2\,(\Delta Z^+)^2} (\overline{\nu_t})^n_{i,j+1} \left(K^n_{i,j+1} - K^n_{i,j}\right) - \frac{\Delta t}{2\,(\Delta Z^-)^2} (\overline{\nu_t})^n_{i,j-1} \left(K^n_{i,j} - K^n_{i,j-1}\right)\right] \boldsymbol{J}_{i,j}$$

$$- \left\{\left[Max\left[0, \left(-\frac{\partial\psi}{\partial X}\right)^n_{i,j}\right] + Max\left[0, \left(\frac{\partial\psi}{\partial X}\right)^n_{i,j}\right]\right] K^n_{i,j} - Max\left[0, \left(\frac{\partial\psi}{\partial X}\right)^n_{i,j}\right] K^n_{i,j+1}\right. \tag{AI.68}$$

$$\left. - Max\left[0, \left(-\frac{\partial\psi}{\partial X}\right)^n_{i,j}\right] K^n_{i,j-1}\right\} \frac{\Delta t}{2\,\Delta Z} \boldsymbol{J}_{i,j} - \frac{\Delta t}{2} P_{i,j}$$

onde c_1 e c_2 são coeficientes e

$$\left(\frac{\partial\psi}{\partial Z}\right)^n_{i,j} = \frac{\psi^n_{i,j+1} - \psi^n_{i,j-1}}{2\,\Delta Z_j} \tag{AI.69}$$

$$\left(\frac{\partial\psi}{\partial X}\right)^n_{i,j} = \frac{\psi^n_{i+1,j} - \psi^n_{i-1,j}}{2\,\Delta X_i} \tag{AI.70}$$

Após o segundo meio passo de cálculo (instante $t + \Delta t$), obtém-se a seguinte forma discretizada

$$E_{i,j} K^{n+1}_{i-1,j} + F_{i,j} K^{n+1}_{i,j} + G_{i,j} K^{n+1}_{i+1,j} = H_{i,j}\ ;\quad 2 \le i \le I\,,\ 2 \le j \le J-1 \tag{AI.71}$$

em que

$$E_{i,j} = -\left\{ Max\left[0, \left(-\frac{\partial\psi}{\partial X}\right)^n_{i,j}\right] \frac{\Delta t}{2\,\Delta Z} + 4c_1 \frac{\Delta t}{2\,(\Delta Z^-)^2} (\overline{\nu_t})^n_{i,j-1}\right\} \boldsymbol{J}_{i,j} \tag{AI.72}$$

$$G_{i,j} = -\left\{ Max\left[0, \left(\frac{\partial\psi}{\partial X}\right)^n_{i,j}\right] \frac{\Delta t}{2\,\Delta Z} + 4c_1 \frac{\Delta t}{2\,(\Delta Z^+)^2} (\overline{\nu_t})^n_{i,j+1}\right\} \boldsymbol{J}_{i,j} \tag{AI.73}$$

$$F_{i,j} = 1.0 + 4c_2 \Delta t \frac{\left(v_t\right)_{i,j}^n}{2\, L_{i,j}^2}$$

$$+ \left\{ Max\left[0, \left(-\frac{\partial \psi}{\partial X}\right)_{i,j}^n\right] + Max\left[0, \left(\frac{\partial \psi}{\partial X}\right)_{i,j}^n\right] \right\} \frac{\Delta t}{2\, \Delta Z} \boldsymbol{J}_{i,j} \tag{AI.74}$$

$$+ 4c_1 \left[\left(\overline{v_t}\right)_{i,j+1}^n \frac{\Delta t}{2\left(\Delta Z^+\right)^2} + \left(\overline{v_t}\right)_{i,j-1}^n \frac{\Delta t}{2\left(\Delta Z^-\right)^2} \right] \boldsymbol{J}_{i,j}$$

$$H_{i,j} = K_{i,j}^n$$

$$+ 4c_1 \left[\frac{\Delta t}{2\left(\Delta X^+\right)^2} \left(\overline{v_t}\right)_{i+1,j}^n \left(K_{i+1,j}^n - K_{i,j}^n\right) - \frac{\Delta t}{2\left(\Delta X^-\right)^2} \left(\overline{v_t}\right)_{i-1,j}^n \left(K_{i,j}^n - K_{i-1,j}^n\right) \right] \boldsymbol{J}_{i,j}$$

$$- \left\{ \left[Max\left[0, \left(\frac{\partial \psi}{\partial Z}\right)_{i,j}^n\right] + Max\left[0, \left(-\frac{\partial \psi}{\partial Z}\right)_{i,j}^n\right] \right] K_{i,j}^n - Max\left[0, \left(-\frac{\partial \psi}{\partial Z}\right)_{i,j}^n\right] K_{i+1,j}^n \right. \tag{AI.75}$$

$$\left. - Max\left[0, \left(\frac{\partial \psi}{\partial Z}\right)_{i,j}^n\right] K_{i-1,j}^n \right\} \frac{\Delta t}{2\, \Delta X} \boldsymbol{J}_{i,j} - \frac{\Delta t}{2} P_{i,j}$$

A segunda equação diferencial a ser resolvida é (2.80), para a vorticidade ω

$$\frac{\partial \omega}{\partial t} - \boldsymbol{J} \frac{\partial(\psi, \omega)}{\partial(X, Z)} = \boldsymbol{J} \nabla^2 \left(v_t \omega\right) - \upsilon \tag{AI.76}$$

em que $\upsilon = 2\left(\frac{\partial^2 v_t}{\partial X^2} \frac{\partial^2 \psi}{\partial Z^2} - 2 \frac{\partial^2 v_t}{\partial X \partial Z} \frac{\partial^2 \psi}{\partial X \partial Z} + \frac{\partial^2 v_t}{\partial Z^2} \frac{\partial^2 \psi}{\partial X^2} \right)$ representa a produção de ω.

A forma discretizada desta equação para o primeiro meio passo de cálculo, $t + \Delta t/2$, escreve-se

$$A_{i,j} \xi_{i-1,j}^{n+1/2} + B_{i,j} \xi_{i,j}^{n+1/2} + C_{i,j} \xi_{i+1,j}^{n+1/2} = D_{i,j}\,; \quad 2 \le j \le J-1,\ 2 \le i \le I \tag{AI.77}$$

em que

$$A_{i,j} = -\left\{ \frac{\Delta t}{2\Delta X} Max\left[0, \left(\frac{\partial \psi}{\partial Z}\right)_{i,j}^n\right] + \frac{\Delta t}{2\left(\Delta X^-\right)^2} \left(\overline{v_t}\right)_{i-1,j}^n \right\} \boldsymbol{J}_{i,j} \tag{AI.78}$$

$$C_{i,j} = -\left[\frac{\Delta t}{2\Delta X} Max\left[0, \left(-\frac{\partial \psi}{\partial Z}\right)_{i,j}^n\right] + \frac{\Delta t}{2\left(\Delta X^+\right)^2} \left(\overline{v_t}\right)_{i+1,j}^n \right] \boldsymbol{J}_{i,j} \tag{AI.79}$$

$$B_{i,j} = 1.0 - A_{i,j} - C_{i,j} \tag{AI.80}$$

$$
\begin{aligned}
D_{i,j} = \xi_{i,j}^{n} - \frac{\Delta t}{2}\zeta_{i,j}^{n} + \Bigg\{ & \frac{\Delta t}{2\,\Delta Z_j\,\Delta Z_{j+1/2}}\left(\overline{\nu_t}\right)_{i,j+1}^{n}\xi_{i,j+1}^{n} \\
& - \frac{\Delta t}{\Delta Z_j\,\Delta Z_j}\left(\overline{\nu_t}\right)_{i,j}^{n}\xi_{i,j}^{n} + \frac{\Delta t}{2\,\Delta Z_{j-1/2}\,\Delta Z_j}\left(\overline{\nu_t}\right)_{i,j-1}^{n}\xi_{i,j-1}^{n} \\
& - \frac{\Delta t}{2\,\Delta Z_j}\left[Max\left[0,\left(-\frac{\partial\psi}{\partial X}\right)_{i,j}^{n}\right] + Max\left[0,\left(\frac{\partial\psi}{\partial X}\right)_{i,j}^{n}\right]\right]\xi_{i,j}^{n} \\
& + \frac{\Delta t}{2\,\Delta Z_j}\left[Max\left[0,\left(\frac{\partial\psi}{\partial X}\right)_{i,j}^{n}\right]\xi_{i,j+1}^{n} + Max\left[0,\left(-\frac{\partial\psi}{\partial X}\right)_{i,j}^{n}\right]\xi_{i,j-1}^{n}\right]\Bigg\}\boldsymbol{J}_{i,j}
\end{aligned}
\qquad \text{(AI.81)}
$$

Após o segundo meio passo de cálculo (instante $t + \Delta t$), obtém-se a seguinte forma discretizada

$$
E_{i,j}\xi_{i-1,j}^{n+1} + F_{i,j}\xi_{i,j}^{n+1} + G_{i,j}\xi_{i+1,j}^{n+1} = H_{i,j}\ ;\ \ 2 \le i \le I\,,\ 2 \le j \le J-1 \qquad \text{(AI.82)}
$$

em que

$$
E_{i,j} = -\left\{\frac{\Delta t}{2\,\Delta Z} Max\left[0,\left(-\frac{\partial\psi}{\partial X}\right)_{i,j}^{n}\right] + \frac{\Delta t}{2\left(\Delta Z^{-}\right)^{2}}\left(\overline{\nu_t}\right)_{i,j-1}^{n}\right\}\boldsymbol{J}_{i,j} \qquad \text{(AI.83)}
$$

$$
G_{i,j} = -\left[\frac{\Delta t}{2\Delta Z} Max\left[0,\left(\frac{\partial\psi}{\partial X}\right)_{i,j}^{n}\right] + \frac{\Delta t}{2\left(\Delta Z^{+}\right)^{2}}\left(\overline{\nu_t}\right)_{i,j+1}^{n}\right]\boldsymbol{J}_{i,j} \qquad \text{(AI.84)}
$$

$$
F_{i,j} = 1.0 - E_{i,j} - G_{i,j} \qquad \text{(AI.85)}
$$

$$
\begin{aligned}
H_{i,j} = \xi_{i,j}^{n} - \frac{\Delta t}{2}\zeta_{i,j}^{n} + \Bigg\{ & \frac{\Delta t}{2\left(\Delta X^{+}\right)^{2}}\left(\overline{\nu_t}\right)_{i+1,j}^{n}\xi_{i+1,j}^{n} \\
& - \frac{\Delta t}{\left(\Delta X\right)^{2}}\left(\overline{\nu_t}\right)_{i,j}^{n}\xi_{i,j}^{n} + \frac{\Delta t}{2\left(\Delta X^{-}\right)^{2}}\left(\overline{\nu_t}\right)_{i-1,j}^{n}\xi_{i-1,j}^{n} \\
& - \frac{\Delta t}{2\,\Delta X}\left[Max\left[0,\left(\frac{\partial\psi}{\partial Z}\right)_{i,j}^{n}\right] + Max\left[0,\left(-\frac{\partial\psi}{\partial Z}\right)_{i,j}^{n}\right]\right]\xi_{i,j}^{n} \\
& + \frac{\Delta t}{2\,\Delta X}\left[Max\left[0,\left(-\frac{\partial\psi}{\partial Z}\right)_{i,j}^{n}\right]\xi_{i+1,j}^{n} + Max\left[0,\left(\frac{\partial\psi}{\partial Z}\right)_{i,j}^{n}\right]\xi_{i-1,j}^{n}\right]\Bigg\}\boldsymbol{J}_{i,j}
\end{aligned}
\qquad \text{(AI.86)}
$$

Para resolver a equação de Poisson, função de corrente ψ, equação (2.81), é utilizado um procedimento clássico de Gauss-Seidel, obtendo-se (AI.87)

$$\psi_{i,j} = \frac{1}{2\left[\dfrac{1}{(\Delta X)^2} + \dfrac{1}{\Delta Z_{j+1/2}\,\Delta Z_{j-1/2}}\right]}$$

$$\times\left[\frac{\psi_{i-1,j}}{(\Delta X)^2} + \frac{\psi_{i+1,j}}{(\Delta X)^2} + \frac{\psi_{i,j+1}}{\Delta Z_j\,\Delta Z_{j+1/2}} + \frac{\psi_{i,j-1}}{\Delta Z_j\,\Delta Z_{j-1/2}} - \frac{\omega^n_{i,j}}{\boldsymbol{J}_{i,j}}\right] \tag{AI.87}$$

$$2 \leq i \leq I-1;\; 2 \leq j \leq J-1$$

Nas fronteiras $i = 1$ e $i = I$, o uso de uma condição periódica permite escrever (AI.88)

$$\psi_{1,j} = \frac{1}{2\left[\dfrac{1}{(\Delta X)^2} + \dfrac{1}{\Delta Z_{j+1/2}\,\Delta Z_{j-1/2}}\right]}$$

$$\times\left[\frac{\psi_{I-1,j}}{(\Delta X)^2} + \frac{\psi_{2,j}}{(\Delta X)^2} + \frac{\psi_{1,j+1}}{\Delta Z_j\,\Delta Z_{j+1/2}} + \frac{\psi_{1,j-1}}{\Delta Z_j\,\Delta Z_{j-1/2}} - \frac{\omega^n_{1,j}}{\boldsymbol{J}_{1,j}}\right] = \psi_{I,j} \tag{AI.88}$$

Uma vez calculadas as variáveis K, ω e ψ, são obtidos valores para as restantes variáveis, nomeadamente

- velocidades u e v

$$u = \frac{\partial\psi}{\partial z} = \frac{\partial\psi}{\partial X}\frac{\partial X}{\partial z} + \frac{\partial\psi}{\partial Z}\frac{\partial X}{\partial x} \tag{AI.89}$$

$$w = -\frac{\partial\psi}{\partial x} = -\frac{\partial\psi}{\partial X}\frac{\partial X}{\partial x} + \frac{\partial\psi}{\partial Z}\frac{\partial X}{\partial z} \tag{AI.90}$$

- tensões de Reynolds

$$\begin{aligned} -\overline{u'w'} &= \nu_t\left(\frac{\partial u}{\partial z} + \frac{\partial w}{\partial x}\right) \\ &= \nu_t\left\{\left(\frac{\partial^2\psi}{\partial Z^2} - \frac{\partial^2\psi}{\partial X^2}\right)\left[\left(\frac{\partial X}{\partial x}\right)^2 - \left(\frac{\partial X}{\partial z}\right)^2\right] + 4\frac{\partial^2\psi}{\partial X\partial Z}\frac{\partial X}{\partial x}\frac{\partial X}{\partial z}\right\} \end{aligned} \tag{AI.91}$$

- intensidades turbulentas

$$\begin{aligned} \sqrt{u'^2} &\equiv \left\{\frac{L^2}{2}\left[\left(\frac{\partial u}{\partial z}\right)^2 + \left(\frac{\partial w}{\partial x}\right)^2\right] + \frac{K}{2}\right\}^{1/2} \\ &= \left\{\frac{L^2}{2}\left[\left(\frac{\partial^2\psi}{\partial Z^2}\right)^2 + \left(\frac{\partial^2\psi}{\partial X^2}\right)^2 - K\right] + \frac{K}{2}\right\}^{1/2} \end{aligned} \tag{AI.92}$$

$$\sqrt{w'^2} \equiv (K/2)^{1/2} \qquad \text{(AI.93)}$$

- velocidades residuais

$$\bar{u} = \frac{1}{T}\int_0^T u\,dt \qquad \bar{w} = \frac{1}{T}\int_0^T w\,dt \qquad \text{(AI.94)}$$

A equação (2.84), para o cálculo da concentração de sedimentos, C, é discretizada pelo método dos volumes de controlo finitos, à semelhança das equações hidrodinâmicas do modelo. As equações de diferenças finitas resultantes são resolvidas implicitamente na direção vertical para cada ponto da malha horizontal, pelo que os gradientes horizontais da concentração são calculados explicitamente. Este procedimento poderá ser melhorado implementando um esquema iterativo em cada passo de tempo e considerando um esquema *upstream* nos termos convectivos.

A condição de fronteira para a concentração de sedimentos em suspensão na base da camada limite, $C(z_a,t)$, é imposta no nível de referência $Z_a = 2d_{50}$, respeitando a seguinte condição (AI.95)

$$C(z_a,t) = max[C_{a1}(t), C_{a2}(t)] \qquad \text{(AI.95)}$$

em que C_{a1} é calculado em função do parâmetro de Shields, ou seja, $C(z_a) = C_{a1}(\theta_c)$, com $\theta_c = \frac{\tau_c}{(\rho_s - \rho)gd_{50}}$, e C_{a2} resulta da resolução da equação (2.84) aplicando a condição de Newman no fundo, $\partial C/\partial z = 0$. No sistema de coordenadas $O(X,Z)$ esta condição escreve-se

$$\frac{\partial C}{\partial Z} = -\frac{\partial C}{\partial X}\frac{\partial X/\partial z}{\partial Z/\partial z} = 0 \qquad \text{(AI.96)}$$

ANEXO II

Elementos finitos – método dos resíduos pesados de Galerkin

O método dos elementos finitos dá uma solução aproximada por troços da solução. A premissa de base deste método é que o domínio da solução pode ser modelado analiticamente ou aproximadamente substituindo-o por um conjunto de elementos discretos. Uma vez que estes elementos podem ser definidos de variadas formas, é então possível que eles tenham geometrias bastante complexas.

No método dos elementos finitos, o domínio em estudo é dividido em elementos, expressando-se o campo da variável (temperatura, profundidade, velocidade, etc.) em termos de funções de aproximação em cada um dos elementos. As funções de aproximação, também designadas por funções de interpolação ou de forma, são definidas em termos da variável dependente em certos pontos designados por nós. Os valores que a variável toma nos nós e as funções de interpolação definem completamente o comportamento do campo da variável dentro dos elementos. Os valores da variável nos nós são as incógnitas do problema.

É óbvio que a natureza da solução e o grau de aproximação dependerão não só do tipo e dimensão dos elementos, mas também do tipo de funções de interpolação usadas. As funções de interpolação não podem ser quaisquer, pois terão de satisfazer certos requisitos de compatibilidade, sendo frequentemente escolhidas tendo em atenção a continuidade das funções ou das suas derivadas ao longo das fronteiras dos elementos.

Existe uma grande variedade de métodos e fórmulas para representar as propriedades dos elementos. De entre os vários processos disponíveis, um dos mais utilizados é o método dos resíduos pesados ou ponderados. Neste método, para além das funções de interpolação ou de forma (N_i, $i = 1,\ldots, n_e$, sendo n_e o número de nós do elemento), é necessário definir funções de peso (W_i, $i = 1,\ldots,n_e$); estas por sua vez podem coincidir com as funções de interpolação (Método de Galerkin) ou serem resultantes da combinação das funções de interpolação e das suas derivadas (Método de Petrov-Galerkin). O procedimento a adotar para a resolução de um problema num meio contínuo pelo método dos elementos finitos pode resumir-se basicamente nas seguintes etapas

i) Discretização do meio contínuo em elementos: segmentos (1D), superfícies (2D), ou espaços (3D);

ii) Seleção das funções de interpolação que irão representar a variação da variável, ou variáveis de campo em cada elemento;

iii) Determinação das propriedades dos elementos ou, alternativamente, obtenção da solução da equação ou equações para cada elemento usando, por exemplo, uma técnica de resíduos pesados;

iv) Ligação dos elementos de acordo com certas regras, por forma a obter um sistema de equações cuja solução represente o comportamento da variável ou variáveis de campo. A base desta ligação é a que um nó é partilhado pelos elementos que se reúnem nele, sendo o valor da variável ou variáveis nesse nó o mesmo para qualquer elemento que o partilhe;

v) Imposição das condições de fronteira no sistema de equações formado no passo anterior;

vi) Resolução do sistema de equações, usando técnicas diretas ou iterativas.

Seja uma equação gerada pelo operador diferencial $L(\psi)$

$$L(\psi)=f \tag{AII.1}$$

A formulação da técnica dos resíduos pesados consiste nos seguintes passos

i) Assumir a forma funcional da variável de campo (AII.2)

$$\hat{\psi}=\sum_{i=1}^{n_e} N_i\,\alpha_i \tag{AII.2}$$

em que os α_i são coeficientes indeterminados que podem ser constantes ou funções do tempo;

ii) Dado que a forma aproximada $\hat{\varphi}$ não satisfaz em geral a equação diferencial, a substituição de $\hat{\varphi}$ na equação (AII.1) gera o resíduo (AII.3)

$$R_e=L(\hat{\psi})-f \tag{AII.3}$$

A otimização na aproximação de $\hat{\psi}$ à solução exata ψ é obtida através da minimização do resíduo R_e. De acordo com a técnica dos resíduos pesados, esta minimização requere a ortogonalidade de R_e relativamente a uma série de funções, ditas funções de peso, vindo

$$\int_{\Delta^e}\left[L(\hat{\psi})-f\right]W_i\;d\Delta^e\;,\;i=1,\ldots n_e \tag{AII.4}$$

representando Δ^e a região de integração (elemento).

iii) A integração conduz-nos a n_e equações algébricas, habitualmente agrupadas num sistema de equações relativamente aos n_e valores desconhecidos α_i. A solução do sistema fornece os valores da função $\hat{\psi}$.

Funções de aproximação

Seja o elemento triangular com os lados lineares e um nó em cada ângulo. Em geral, a numeração dos nós é efetuada em sentido contrário ao do movimento dos ponteiros do relógio, sendo o primeiro nó (seja i) escolhido arbitrariamente. O polinómio de interpolação é neste caso dado por (AII.5)

$$\psi=\alpha_1+\alpha_2x+\alpha_3y \tag{AII.5}$$

sendo os coeficientes α_i determinados com base nas seguintes condições (AII.6) nos nós

$$
\begin{aligned}
\psi &= \varphi_i \text{ , para } x = x_i \text{ e } y = y_i \\
\psi &= \varphi_j \text{ , para } x = x_j \text{ e } y = y_j \\
\psi &= \varphi_k \text{ , para } x = x_k \text{ e } y = y_k
\end{aligned} \tag{AII.6}
$$

A substituição destas condições em (AII.5) conduz a (AII.7)

$$
\begin{aligned}
\psi_i &= \alpha_1 + \alpha_2 x_i + \alpha_3 y_i \\
\psi_j &= \alpha_1 + \alpha_2 x_j + \alpha_3 y_j \\
\psi_k &= \alpha_1 + \alpha_2 x_k + \alpha_3 y_k
\end{aligned} \tag{AII.7}
$$

cuja solução é (AII.8)

$$
\begin{aligned}
\alpha_1 &= \frac{1}{2A}\left[\left(x_j y_k - x_k y_j\right)\psi_i + \left(x_k y_i - x_i y_k\right)\psi_j + \left(x_i y_j - x_j y_i\right)\psi_k\right] \\
\alpha_2 &= \frac{1}{2A}\left[\left(y_j - y_k\right)\psi_i + \left(y_k - y_i\right)\psi_j + \left(y_i - y_j\right)\psi_k\right] \\
\alpha_3 &= \frac{1}{2A}\left[\left(x_k - x_j\right)\psi_i + \left(x_i - x_k\right)\psi_j + \left(x_j - x_i\right)\psi_k\right]
\end{aligned} \tag{AII.8}
$$

sendo A a área do triângulo, dada por (AII.9)

$$
A = \frac{1}{2}\begin{vmatrix} 1 & x_i & y_i \\ 1 & x_j & y_j \\ 1 & x_k & y_k \end{vmatrix} \tag{AII.9}
$$

A substituição de α_1, α_2 e α_3 em (AII.5) conduz à seguinte função de aproximação, $\hat{\psi}$

$$
\hat{\psi} = N_i \psi_i + N_j \psi_j + N_k \psi_k = \sum_{l=1}^{n_e} N_l \psi_l \text{ , com } n_e = 3 \tag{AII.10}
$$

em que

$$
\begin{aligned}
N_i &= \frac{1}{2A}\left(a_i + b_i x + c_i y\right), \text{ com } \begin{cases} a_i = x_j y_k - x_k y_j \\ b_i = y_j - y_k \\ c_i = x_k - x_j \end{cases} \\
N_j &= \frac{1}{2A}\left(a_j + b_j x + c_j y\right), \text{ com } \begin{cases} a_j = x_k y_i - x_i y_k \\ b_j = y_k - y_i \\ c_j = x_i - x_k \end{cases}
\end{aligned} \tag{AII.11}
$$

$$N_k = \frac{1}{2A}(a_k + b_k x + c_k y), \text{ com } \begin{cases} a_k = x_i y_j - x_j y_i \\ b_k = y_i - y_j \\ c_k = x_j - x_i \end{cases}$$

Como é fácil verificar, com $x = x_i$ e $y = y_i$ => $N_i = 1$, $N_j = 0$ e $N_k = 0$; de igual modo, nos nós (x_j, y_j) e (x_k, y_k) tem-se $N_i = 0$, $N_j = 1$ e $N_k = 0$ e $N_i = 0$, $N_j = 0$ e $N_k = 1$, respetivamente. Também facilmente se determinam as derivadas espaciais. Com efeito, segundo a direção x tem-se (AII.12)

$$\frac{\partial \hat{\psi}}{\partial x} = \frac{\partial N_i}{\partial x}\psi_i + \frac{\partial N_j}{\partial x}\psi_j + \frac{\partial N_k}{\partial x}\psi_k \qquad \text{(AII.12)}$$

com

$$\frac{\partial N_i}{\partial x} = \frac{b_i}{2A}; \ \frac{\partial N_j}{\partial x} = \frac{b_j}{2A} \ \text{e} \ \frac{\partial N_k}{\partial x} = \frac{b_k}{2A} \qquad \text{(AII.13)}$$

vindo para ambas as direções

$$\frac{\partial \hat{\psi}}{\partial x} = \frac{1}{2A}(b_i\psi_i + b_j\psi_j + b_k\psi_k) \ \text{e} \ \frac{\partial \hat{\psi}}{\partial y} = \frac{1}{2A}(c_i\psi_i + c_j\psi_j + c_k\psi_k) \qquad \text{(AII.14)}$$

Seja a *equação de Helmholtz* (AII.15)

$$\frac{\partial^2 \psi}{\partial x^2} + \frac{\partial^2 \psi}{\partial y^2} + k^2\psi = 0 \qquad \text{(AII.15)}$$

que se pretende resolver com condições de fronteira essenciais (Dirichlet) e naturais (Newman). Usando funções de peso, ou ponderação, W_i, iguais às funções de interpolação, N_i, a aplicação do método dos resíduos pesados de Galerkin para resolução daquela equação conduz à seguinte forma (AII.16)

$$\int_{\Omega^e} \left(\frac{\partial^2 \psi}{\partial x^2} + \frac{\partial^2 \psi}{\partial y^2} + k^2\psi \right) N_i \, d\Omega^e \cong 0 \qquad \text{(AII.16)}$$

O uso de funções de interpolação lineares, como é corrente, exige que a equação a resolver possua apenas derivadas de 1ª ordem, isto é, derivadas de ordem não superior à ordem das funções de interpolação. Nesta conformidade, temos necessidade de baixar a ordem das derivadas da equação (AII.16), o que se consegue recorrendo ao teorema de Green, ou integração por partes. Considerando em primeira aproximação k constante, obtém-se (AII.17)

$$\int_{\Omega^e}\left(\frac{\partial^2\psi}{\partial x^2}+\frac{\partial^2\psi}{\partial y^2}+k^2\psi\right)N_i\,d\Omega=\int_{\Omega^e}\frac{\partial^2\psi}{\partial x^2}N_i\,d\Omega+\int_{\Omega^e}\frac{\partial^2\psi}{\partial y^2}N_i\,d\Omega+\int_{\Omega^e}k^2\psi N_i\,d\Omega$$
$$=-\int_{\Omega^e}\left(\frac{\partial\psi}{\partial x}\frac{\partial N_i}{\partial x}+\frac{\partial\psi}{\partial y}\frac{\partial N_i}{\partial y}-k^2\psi N_i\right)d\Omega+\int_{S^e}\left(n_x\frac{\partial\psi}{\partial x}+n_y\frac{\partial\psi}{\partial y}\right)N_i\,dS \tag{AII.17}$$

em que n_x e n_y são os cossenos diretores da normal à superfície. Usando agora este resultado, e atendendo a que

$$q=\frac{\partial\psi}{\partial n}=n_x\frac{\partial\psi}{\partial x}+n_y\frac{\partial\psi}{\partial y}=\bar{q}\ ,\ \text{em } S \tag{AII.18}$$

a equação (AII.16) escreve-se

$$\int_{\Omega^e}\left(\frac{\partial\psi}{\partial x}\frac{\partial N_i}{\partial x}+\frac{\partial\psi}{\partial y}\frac{\partial N_i}{\partial y}-k^2\psi N_i\right)d\Omega-\int_{S^e}\bar{q}\,N_i\,dS\cong 0 \tag{AII.19}$$

Substituindo na equação (AII.19) os valores ψ, $\partial\psi/\partial x$ e $\partial\psi/\partial y$ pelas aproximações $\hat{\psi}=\sum_{j=1}^{3}N_j\psi_j$, $\frac{\partial\hat{\psi}}{\partial x}=\sum_{j=1}^{3}\frac{\partial N_j}{\partial x}\psi_j$ e $\frac{\partial\hat{\psi}}{\partial y}=\sum_{j=1}^{3}\frac{\partial N_j}{\partial y}\psi_j$, resultam as três equações seguintes

$$i=1:\ \int_{\Omega^e}\left[\left(\frac{\partial N_1}{\partial x}\psi_1+\frac{\partial N_2}{\partial x}\psi_2+\frac{\partial N_3}{\partial x}\psi_3\right)\frac{\partial N_1}{\partial x}+\left(\frac{\partial N_1}{\partial y}\psi_1+\frac{\partial N_2}{\partial y}\psi_2+\frac{\partial N_3}{\partial y}\psi_3\right)\frac{\partial N_1}{\partial y}\right]d\Omega$$
$$-\int_{\Omega^e}k^2(N_1\psi_1+N_2\psi_2+N_3\psi_3)N_1\,d\Omega-\int_{S^e}\bar{q}\,N_1\,dS\cong 0$$
$$i=2:\ \int_{\Omega^e}\left[\left(\frac{\partial N_1}{\partial x}\psi_1+\frac{\partial N_2}{\partial x}\psi_2+\frac{\partial N_3}{\partial x}\psi_3\right)\frac{\partial N_2}{\partial x}+\left(\frac{\partial N_1}{\partial y}\psi_1+\frac{\partial N_2}{\partial y}\psi_2+\frac{\partial N_3}{\partial y}\psi_3\right)\frac{\partial N_2}{\partial y}\right]d\Omega$$
$$-\int_{\Omega^e}k^2(N_1\psi_1+N_2\psi_2+N_3\psi_3)N_2\,d\Omega-\int_{S^e}\bar{q}\,N_2\,dS\cong 0$$
$$i=3:\ \int_{\Omega^e}\left[\left(\frac{\partial N_1}{\partial x}\psi_1+\frac{\partial N_2}{\partial x}\psi_2+\frac{\partial N_3}{\partial x}\psi_3\right)\frac{\partial N_3}{\partial x}+\left(\frac{\partial N_1}{\partial y}\psi_1+\frac{\partial N_2}{\partial y}\psi_2+\frac{\partial N_3}{\partial y}\psi_3\right)\frac{\partial N_3}{\partial y}\right]d\Omega$$
$$-\int_{\Omega^e}k^2(N_1\psi_1+N_2\psi_2+N_3\psi_3)N_3\,d\Omega-\int_{S^e}\bar{q}\,N_3\,dS\cong 0$$

(AII.20)

Substituindo os valores de N_i, $\partial N_i/\partial x$ e $\partial N_i/\partial y$, $i=1,\ldots,3$ nestas equações, com $\Omega^e=2A$, resultam (AII.21), (AII.22) e (AII.23)

$i = 1$:

$$\int_{\Omega^e} \left[\frac{1}{\Omega^e}(b_1\psi_1 + b_2\psi_2 + b_3\psi_3)\frac{b_1}{\Omega^e} + \frac{1}{\Omega^e}(c_1\psi_1 + c_2\psi_2 + c_3\psi_3)\frac{c_1}{\Omega^e} \right] d\Omega$$

$$- \int_{\Omega^e} \frac{k^2}{\Omega^e}\left[(a_1 + b_1x + c_1y)\psi_1 + (a_2 + b_2x + c_2y)\psi_2 + (a_3 + b_3x + c_3y)\psi_3\right]\frac{1}{\Omega^e}(a_1 + b_1x + c_1y)d\Omega$$

$$- \int_{S^e} \bar{q}\,\frac{1}{\Omega^e}(a_1 + b_1x + c_1y)\,dS \cong 0 \tag{AII.21}$$

$i = 2$:

$$\int_{\Omega^e} \left[\frac{1}{\Omega^e}(b_1\psi_1 + b_2\psi_2 + b_3\psi_3)\frac{b_2}{\Omega^e} + \frac{1}{\Omega^e}(c_1\psi_1 + c_2\psi_2 + c_3\psi_3)\frac{c_2}{\Omega^e} \right] d\Omega$$

$$- \int_{\Omega^e} \frac{k^2}{\Omega^e}\left[(a_1 + b_1x + c_1y)\psi_1 + (a_2 + b_2x + c_2y)\psi_2 + (a_3 + b_3x + c_3y)\psi_3\right]\frac{1}{\Omega^e}(a_2 + b_2x + c_2y)d\Omega$$

$$- \int_{S^e} \bar{q}\,\frac{1}{\Omega^e}(a_2 + b_2x + c_2y)\,dS \cong 0 \tag{AII.22}$$

$i = 3$:

$$\int_{\Omega^e} \left[\frac{1}{\Omega^e}(b_1\psi_1 + b_2\psi_2 + b_3\psi_3)\frac{b_3}{\Omega^e} + \frac{1}{\Omega^e}(c_1\psi_1 + c_2\psi_2 + c_3\psi_3)\frac{c_3}{\Omega^e} \right] d\Omega$$

$$- \int_{\Omega^e} \frac{k^2}{\Omega^e}\left[(a_1 + b_1x + c_1y)\psi_1 + (a_2 + b_2x + c_2y)\psi_2 + (a_3 + b_3x + c_3y)\psi_3\right]\frac{1}{\Omega^e}(a_3 + b_3x + c_3y)d\Omega$$

$$- \int_{S^e} \bar{q}\,\frac{1}{\Omega^e}(a_3 + b_3x + c_3y)\,dS \cong 0 \tag{AII.23}$$

donde, com $a'_k = \frac{a_k}{\Omega^e}$, $b'_k = \frac{b_k}{\Omega^e}$ e $c'_k = \frac{c_k}{\Omega^e}$, $k = 1,\ldots,3$, obtêm-se para a função integranda

$$\begin{aligned}
i = 1:\ & \left[b'^2_1 + c'^2_1 - k^2(a'_1 + b'_1\,x + c'_1\,y)^2\right]\psi_1 \\
& + \left[b'_1\,b'_2 + c'_1\,c'_2 - k^2(a'_2 + b'_2\,x + c'_2\,y)(a'_1 + b'_1\,x + c'_1\,y)\right]\psi_2 \\
& + \left[b'_1\,b'_3 + c'_1\,c'_3 - k^2(a'_3 + b'_3\,x + c'_3\,y)(a'_1 + b'_1\,x + c'_1\,y)\right]\psi_3 \\
i = 2:\ & \left[b'_1\,b'_2 + c'_1\,c'_2 - k^2(a'_1 + b'_1\,x + c'_1\,y)(a'_2 + b'_2\,x + c'_2\,y)\right]\psi_1 \\
& + \left[b'^2_2 + c'^2_2 - k^2(a'_2 + b'_2\,x + c'_2\,y)^2\right]\psi_2 \\
& + \left[b'_2\,b'_3 + c'_2\,c'_3 - k^2(a'_3 + b'_3\,x + c'_3\,y)(a'_2 + b'_2\,x + c'_2\,y)\right]\psi_3 \\
i = 3:\ & \left[b'_1\,b'_3 + c'_1\,c'_3 - k^2(a'_1 + b'_1\,x + c'_1\,y)(a'_3 + b'_3\,x + c'_3\,y)\right]\psi_1 \\
& + \left[b'_2\,b'_3 + c'_2\,c'_3 - k^2(a'_2 + b'_2\,x + c'_2\,y)(a'_3 + b'_3\,x + c'_3\,y)\right]\psi_2 \\
& + \left[b'^2_3 + c'^2_3 - k^2(a'_3 + b'_3\,x + c'_3\,y)^2\right]\psi_3
\end{aligned} \tag{AII.24}$$

Na forma matricial, as equações (AII.21), (AII.22) e (AII.23) podem escrever-se

$$\int_{\Omega^e} \begin{bmatrix} k'_{11} & k'_{12} & k'_{13} \\ k'_{21} & k'_{22} & k'_{23} \\ k'_{31} & k'_{32} & k'_{33} \end{bmatrix} \begin{Bmatrix} \psi_1 \\ \psi_2 \\ \psi_3 \end{Bmatrix} d\Omega - \int_{S^e} \bar{q} \begin{Bmatrix} a'_1 + b'_1 x + c'_1 y \\ a'_2 + b'_2 x + c'_2 y \\ a'_3 + b'_3 x + c'_3 y \end{Bmatrix} dS \cong 0 \qquad \text{(AII.25)}$$

com

$$\begin{aligned} k'_{11} &= b'^2_1 + c'^2_1 - k^2 (a'_1 + b'_1\, x + c'_1\, y)^2 \\ k'_{12} &= b'_1\, b'_2 + c'_1\, c'_2 - k^2 (a'_2 + b'_2\, x + c'_2\, y)(a'_1 + b'_1\, x + c'_1\, y) \\ k'_{13} &= b'_1\, b'_3 + c'_1\, c'_3 - k^2 (a'_3 + b'_3\, x + c'_3\, y)(a'_1 + b'_1\, x + c'_1\, y) \end{aligned}$$

$$\begin{aligned} k'_{21} &= b'_1\, b'_2 + c'_1\, c'_2 - k^2 (a'_1 + b'_1\, x + c'_1\, y)(a'_2 + b'_2\, x + c'_2\, y) \\ k'_{22} &= b'^2_2 + c'^2_2 - k^2 (a'_2 + b'_2\, x + c'_2\, y)^2 \\ k'_{23} &= b'_2\, b'_3 + c'_2\, c'_3 - k^2 (a'_3 + b'_3\, x + c'_3\, y)(a'_2 + b'_2\, x + c'_2\, y) \end{aligned}$$

$$\begin{aligned} k'_{31} &= b'_1\, b'_3 + c'_1\, c'_3 - k^2 (a'_1 + b'_1\, x + c'_1\, y)(a'_3 + b'_3\, x + c'_3\, y) \\ k'_{32} &= b'_2\, b'_3 + c'_2\, c'_3 - k^2 (a'_2 + b'_2\, x + c'_2\, y)(a'_3 + b'_3\, x + c'_3\, y) \\ k'_{33} &= b'^2_3 + c'^2_3 - k^2 (a'_3 + b'_3\, x + c'_3\, y)^2 \end{aligned}$$

De forma mais compacta escreve-se

$$\boldsymbol{K}^e \varphi^e - \boldsymbol{P}^e \cong \boldsymbol{0} \qquad \text{(AII.26)}$$

Uma vez que todos os coeficientes são constantes (dependem apenas das coordenadas dos nós), resulta (AII.27) para a matriz $\boldsymbol{K}^e$

$$\boldsymbol{K}^e = \Omega^e \begin{bmatrix} k'_{11} & k'_{12} & k'_{13} \\ k'_{21} & k'_{22} & k'_{23} \\ k'_{31} & k'_{32} & k'_{33} \end{bmatrix} \qquad \text{(AII.27)}$$

com o vetor ψ^e dado por $\psi^e = \begin{Bmatrix} \psi_1 \\ \psi_2 \\ \psi_3 \end{Bmatrix}$.

O vetor $\boldsymbol{P}^e$ representa a contribuição/influência das fronteiras isoladas, isto é, fronteiras não comuns a dois elementos. Supondo um valor constante de $\bar{q}$ segundo um lado *j*-*k* de um elemento triangular, os valores de $\boldsymbol{P}^e$ reduzem-se a (AII.28)

$$\int_{nó\,j}^{nó\,k} \bar{q}\, N_i \; dS \cong \frac{1}{2}\bar{q}\; l_{jk} \begin{Bmatrix} 0 \\ 1 \\ 1 \end{Bmatrix} \tag{AII.28}$$

ou seja, o valor de $\bar{q}$ corresponde à média dos nós j e k, sendo l_{jk} a distância entre estes nós. A fórmula (AII.28) é uma aproximação '*grosseira*' do integral, pois esta corresponde à utilização da regra dos trapézios, que apenas deve ser utilizada quando $\bar{q}$ é constante e ψ é linear. Em geral utilizam-se métodos numéricos mais precisos, como a fórmula de Simpson e a quadratura de Gauss-Legendre.

O procedimento descrito para o elemento triangular pode então resumir-se na seguinte forma geral (AII.29)

$$\begin{bmatrix} k_{11}^e & k_{12}^e & k_{13}^e \\ k_{21}^e & k_{22}^e & k_{23}^e \\ k_{31}^e & k_{32}^e & k_{33}^e \end{bmatrix} \begin{Bmatrix} \psi_1 \\ \psi_2 \\ \psi_3 \end{Bmatrix} - \begin{Bmatrix} p_1^e \\ p_2^e \\ p_3^e \end{Bmatrix} \cong \begin{Bmatrix} 0 \\ 0 \\ 0 \end{Bmatrix} \tag{AII.29}$$

Esta formulação é agora estendida a todo o domínio, somando de forma apropriada as contribuições de todos os elementos 2D da região R (M_e) e de todos os elementos 1D da fronteira S (M_s), de modo a obter (AII.30)

$$\sum_{e=1}^{M_e} \int_{A^e} \left(\frac{\partial \psi}{\partial x}\frac{\partial N_i}{\partial x} + \frac{\partial \psi}{\partial y}\frac{\partial N_i}{\partial y} \right) dA - \sum_{e=1}^{M_s} \int_{S^e} \bar{q}\; N_i \; dS \cong 0 \tag{AII.30}$$

Tal como para um elemento, podemos, de igual modo, escrever para todo o domínio

$$\boldsymbol{K}\,\varphi - \boldsymbol{P} \cong \boldsymbol{0} \quad \text{ou} \quad \boldsymbol{K}\,\varphi \cong \boldsymbol{P} \tag{AII.31}$$

ou ainda (AII.32)

$$\begin{bmatrix} k_{11} & k_{12} & \cdots & k_{1n} \\ k_{21} & k_{22} & \cdots & k_{2n} \\ \vdots & \vdots & \cdots & \vdots \\ k_{n1} & k_{n2} & \cdots & k_{nn} \end{bmatrix} \begin{Bmatrix} \psi_1 \\ \psi_2 \\ \vdots \\ \psi_n \end{Bmatrix} = \begin{Bmatrix} p_1 \\ p_2 \\ \vdots \\ p_n \end{Bmatrix} \tag{AII.32}$$

em que n representa o número de pontos nodais da malha de elementos finitos. A solução deste sistema de equações fornece os valores das incógnitas ψ_i. Pretendendo-se em seguida calcular o valor de φ em qualquer ponto do interior de um elemento, utiliza-se a equação (AII.33)

$$\psi = N_i\,\psi_i + N_j\,\psi_j + N_k\,\psi_k \tag{AII.33}$$

com os valores ψ_i, ψ_j e ψ_k conhecidos, respetivamente, nos nós i, j e k desse elemento.

Para ilustrar este procedimento (composição da matriz global), considere-se a malha com quatro elementos triangulares e seis pontos nodais representada na Figura AII.1.

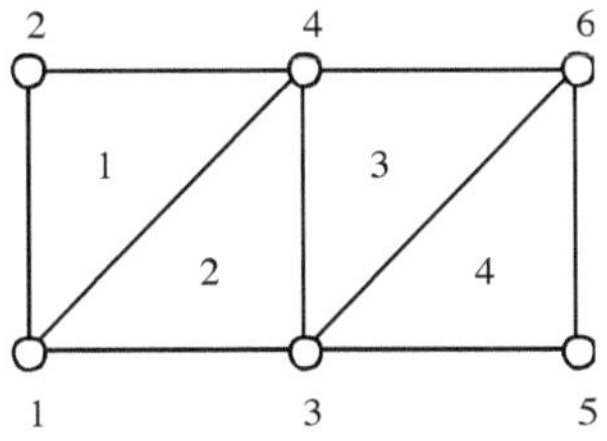

Figura AII.1 - Malha de elementos finitos.

As matrizes correspondentes a cada elemento escrevem-se

Elemento 1 ($e = 1$): $$\begin{bmatrix} k_{11}^1 & k_{14}^1 & k_{12}^1 \\ k_{41}^1 & k_{44}^1 & k_{42}^1 \\ k_{21}^1 & k_{24}^1 & k_{22}^1 \end{bmatrix} \begin{Bmatrix} \psi_1 \\ \psi_4 \\ \psi_2 \end{Bmatrix} \cong \begin{Bmatrix} p_1^1 \\ p_4^1 \\ p_2^1 \end{Bmatrix}$$

Elemento 2 ($e = 2$): $$\begin{bmatrix} k_{33}^2 & k_{34}^2 & k_{31}^2 \\ k_{43}^2 & k_{44}^2 & k_{41}^2 \\ k_{13}^2 & k_{14}^2 & k_{11}^2 \end{bmatrix} \begin{Bmatrix} \psi_3 \\ \psi_4 \\ \psi_1 \end{Bmatrix} \cong \begin{Bmatrix} p_3^2 \\ p_4^2 \\ p_1^2 \end{Bmatrix}$$

Elemento 3 ($e = 3$): $$\begin{bmatrix} k_{33}^3 & k_{36}^3 & k_{34}^3 \\ k_{63}^3 & k_{66}^3 & k_{64}^3 \\ k_{43}^3 & k_{46}^3 & k_{44}^3 \end{bmatrix} \begin{Bmatrix} \psi_3 \\ \psi_6 \\ \psi_4 \end{Bmatrix} \cong \begin{Bmatrix} p_3^3 \\ p_6^3 \\ p_4^3 \end{Bmatrix}$$

Elemento 4 ($e = 4$): $$\begin{bmatrix} k_{55}^4 & k_{56}^4 & k_{53}^4 \\ k_{65}^4 & k_{66}^4 & k_{63}^4 \\ k_{35}^4 & k_{36}^4 & k_{33}^4 \end{bmatrix} \begin{Bmatrix} \psi_5 \\ \psi_6 \\ \psi_3 \end{Bmatrix} \cong \begin{Bmatrix} p_5^4 \\ p_6^4 \\ p_3^4 \end{Bmatrix}$$

Adicionando agora a contribuição de todos os elementos resulta o sistema global (AII.34)

$$\begin{bmatrix} k_{11}^1 + k_{11}^2 & k_{12}^1 & k_{13}^2 & k_{14}^1 + k_{14}^2 & 0 & 0 \\ k_{21}^1 & k_{22}^1 & 0 & k_{24}^1 & 0 & 0 \\ k_{31}^2 & 0 & k_{33}^2 + k_{33}^3 + k_{33}^4 & k_{34}^2 + k_{34}^3 & k_{35}^4 & k_{36}^3 + k_{36}^4 \\ k_{41}^1 + k_{41}^2 & k_{42}^1 & k_{43}^2 + k_{43}^3 & k_{44}^1 + k_{44}^2 + k_{44}^3 & 0 & k_{46}^3 \\ 0 & 0 & k_{53}^4 & 0 & k_{55}^4 & k_{56}^4 \\ 0 & 0 & k_{63}^3 + k_{63}^4 & k_{64}^3 & k_{65}^4 & k_{66}^3 + k_{66}^4 \end{bmatrix} \begin{Bmatrix} \psi_1 \\ \psi_2 \\ \psi_3 \\ \psi_4 \\ \psi_5 \\ \psi_6 \end{Bmatrix} \cong \begin{Bmatrix} p_1^1 + p_1^2 \\ p_2^1 \\ p_3^2 + p_3^3 + p_3^4 \\ p_4^1 + p_4^2 + p_4^3 \\ p_5^4 \\ p_6^3 + p_6^4 \end{Bmatrix} \qquad \text{(AII.34)}$$

É fácil verificar que este sistema de equações é formado adicionando sucessivamente

i) à matriz $\boldsymbol{K} : \boldsymbol{k}_{jk}^i$ na linha $\boldsymbol{j}$ e coluna $\boldsymbol{k}$

ii) ao vetor $\boldsymbol{P} : \boldsymbol{p}_j^i$ na linha $\boldsymbol{j}$

Condições de fronteira

A introdução de uma condição de fronteira dita natural ou de Newman é do tipo (AII.18), e que aqui se reproduz

$$q = \frac{\partial \psi}{\partial n} = n_x \frac{\partial \psi}{\partial x} + n_y \frac{\partial \psi}{\partial y} = \bar{q} \qquad \text{(AII.18)}$$

sendo n_x e n_y os cossenos diretores da normal à superfície. Uma condição de fronteira deste tipo corresponde à consideração do integral de linha, que resulta da aplicação do teorema de Green para reduzir a ordem das derivadas, nos elementos com lados coincidentes com a fronteira do domínio; por conseguinte, esta condição não implica qualquer modificação no sistema de equações global, bastando resolver o integral de linha como descrito acima, aproximado por (AII.28).

Já uma condição do tipo Dirichlet ($\psi = \overline{\psi}$) pode ser introduzida no sistema final, depois de adicionadas as contribuições de todos os elementos e de todos os lados de fronteira com condições de Newman, fazendo igual a um o elemento da diagonal principal da correspondente linha da matriz, com todos os restantes elementos desta linha iguais a zero, e inserindo o valor imposto da variável na correspondente posição do vetor de termos independentes.

Suponham-se conhecidos no exemplo anterior os valores $\psi_1 = \overline{\psi}_1$ e $\psi_2 = \overline{\psi}_2$; o correspondente sistema de equações global toma a seguinte forma (AII.35)

$$\begin{bmatrix} 1 & 0 & 0 & 0 & 0 & 0 \\ 0 & 1 & 0 & 0 & 0 & 0 \\ k_{31}^2 & 0 & k_{33}^2 + k_{33}^3 + k_{33}^4 & k_{34}^2 + k_{34}^3 & k_{35}^4 & k_{36}^3 + k_{36}^4 \\ k_{41}^1 + k_{41}^2 & k_{42}^1 & k_{43}^2 + k_{43}^3 & k_{44}^1 + k_{44}^2 + k_{44}^3 & 0 & k_{46}^3 \\ 0 & 0 & k_{53}^4 & 0 & k_{55}^4 & k_{56}^4 \\ 0 & 0 & k_{63}^3 + k_{63}^4 & k_{64}^3 & k_{65}^4 & k_{66}^3 + k_{66}^4 \end{bmatrix} \begin{Bmatrix} \psi_1 \\ \psi_2 \\ \psi_3 \\ \psi_4 \\ \psi_5 \\ \psi_6 \end{Bmatrix} \cong \begin{Bmatrix} \overline{\psi}_1 \\ \overline{\psi}_2 \\ p_3^2 + p_3^3 + p_3^4 \\ p_4^1 + p_4^2 + p_4^3 \\ p_5^4 \\ p_6^3 + p_6^4 \end{Bmatrix} \qquad \text{(AII.35)}$$

Uma vez calculados os valores da função ψ, fisicamente designada por função de corrente, em todos os pontos do domínio, obtêm-se as velocidades do escoamento em cada elemento por $u = \partial\psi/\partial y$ e $v = -\partial\psi/\partial x$, bem como o correspondente módulo $|U| = \sqrt{u^2 + v^2}$.

Modelo computacional – linguagem FORTRAN

```
      Program Helmholtz

C     Solucao da equacao de Helmholtz - Programa principal
C     ------------------------------------------------------------------------
C     MNN = Numero maximo de NOS
C     MNE = Numero maximo de elementos
C     MNB = Numero maximo de NOS de fronteira
C     NRMX = Numero total de linhas da matriz
C     NCMX = Numero de colunas da matriz global ou
C            dimensao maxima da banda da matriz
C     NDF = Numero de graus de liberdade por NO
C     NNE = Numero de NOS por elemento
C     NDFEL = Numero total de graus de liberdade por elemento
C     ------------------------------------------------------------------------
C
      COMMON NN,NE,NLN,NBN,NDF,NNE,N,MS,IN,IO
      COMMON CK
      DIMENSION X(100),Y(100),KON(200),PROP(300),IB(60)
      DIMENSION TK(100,20),AL(100),RENO(200),ELST(3,3),V(20)
      CHARACTER*25 indata,outres
      LOGICAL existe

C     Inicializacao dos parametros do problema

      MNN = 100
      MNE = 100
      MNB = 60
      NRMX = 100
      NCMX = 20
      NDF = 1
      NNE = 3
      NDFEL = NDF*NNE
C
      outres = 'Helmholtz_dad_res.dat'
C
C     Atribuicao do numero IN ao ficheiro de dados (INDATA)
C     e do numero IO ao ficheiro de resultados (OUTRES)
C
      IN = 5
      IO = 6
      Write (*,99)
 99   Format(/' Ficheiro de dados (max. 25 carateres com extensao)? ',$)
      Read (*,100) indata
100   Format (A)
C     indata ='Input.dat'

      Inquire(file=indata,exist=existe)
      If(.not.existe) Then
        Stop ' Ficheiro de dados inexistente.'
      Endif
```

```
      Open(IN,file=indata,status='unknown')
      Open(IO,file=outres,status='unknown')
C
C     Entrada de dados
C
      Call INPUT (X,Y,KON,PROP,AL,IB,RENO)
C
C     Verificacao de limites
C
      If (MNN-NN) 1,2,2
    1 Write (IO,101)
  101 Format (/' **** Demasiados NOS **** '/)
      Goto 999
    2 If(MNE-NE) 3,4,4
    3 Write (IO,103)
  103 Format (/' **** Demasiados ELEMENTOS **** '/)
      Goto 999
    4 If(MNB-NBN) 5,6,6
    5 Write (IO,105)
  105 Format (/' **** Demasiados NOS DE FRONTEIRA **** '/)
      Goto 999
C
C     Composicao da matiz global para o problema
C
    6 Call ASSEM (X,Y,KON,PROP,TK,ELST,AL,NRMX,NCMX,NDFEL)
C
C     Verificacao de condicoes de erro
C
      If(MS) 7,7,8
    7 Write (IO,107)
  107 Format (/' **** Erros detetados na analise **** '/)
      Goto 999
C
C     Introducao das condicoes de fronteira
C
    8 Call BOUND (TK,AL,RENO,IB,NRMX,NCMX)
C
C     Resolucao do sistema de equacoes
C
      Call SLBSI (TK,AL,V,N,MS,NRMX,NCMX)
C
C     Verificaçao de condicoes de erro
C
      If (MS) 7,9,9
C
C     Calculo de resultados complementares
C
    9 Call RESUL (KON,PROP,RENO,X,Y,AL)
C
C     Resultados
C
      Call OUTPT (AL,RENO)
      Close (IN)
      Close (IO)
```

```
      Write (*,115)
 115  Format(//' ** Dados e resultados em: Helmholtz_dad_res.dat **'//)
C
 999  Call EXIT
      END


      Subroutine INPUT (X,Y,KON,PROP,AL,IB,RENO)

C     Solucao da equacao de Helmholtz - Subroutine Input
C     -----------------------------------------------------------------------
C     W = Vetor auxiliar temporario para armazenar os fluxos
C            nos lados dos elementos
C     IC = Matriz auxiliar temporaria para armazenar as
C            ligacoes de cada elemento
C
C     Leitura de parametros basicos
C
C     NN = Numero de NOS
C     NE = Numero de elementos
C     NBN = Numero de NOS de fronteira
C     -----------------------------------------------------------------------
C
      COMMON NN,NE,NLN,NBN,NDF,NNE,N,MS,IN,IO
      COMMON CK
      DIMENSION X(1),Y(1),KON(1),PROP(1),AL(1),IB(1),RENO(1),W(3),IC(3)

      Write (IO,20)
  20  Format (' ',72('*'))
      Read (IN,*) NN,NE,NBN
      Write (IO,21) NN,NE,NBN
  21  Format (/' INTERNAL DATA '//' Numero de nos                ',I5/
     *' Numero de elementos         ',I5/
     *' Numero de nos de fronteira  ',I5/
     *' Coordenadas dos nos'/4x,'Node',7x,'X',9x,'Y')
C
C     Leitura das coordenadas dos NOS, nos vetores X e Y
C
      Read (IN,*) (I,X(i),Y(i), i=1,NN)
      Write (IO,2) (I,X(i),Y(i), i=1,NN)
   2  Format (I10,1x,2F10.3)
C
C     Leitura das ligacoes dos elementos na matriz KON e dos
C     fluxos na fronteira em cada um dos lados dos elementos
C
      Write (IO,22)
  22  Format (/' Ligacoes dos elementos e fluxos'/4x,'Elemento',16x,
     *'Nos',14x,'QN1',7x,'QN2',7x,'QN3')
      Do 3 J = 1,NE
            Read (IN,*) I,IC(1),IC(2),IC(3),W(1),W(2),W(3)
            Write (IO,34) I,IC(1),IC(2),IC(3),W(1),W(2),W(3)
            N1 = NNE*(I-1)
```

```
            PROP(N1+1) = W(1)
            PROP(N1+2) = W(2)
            PROP(N1+3) = W(3)
            KON(N1+1) = IC(1)
            KON(N1+2) = IC(2)
  3         KON(N1+3) = IC(3)
 34     Format (4I10,1x,3F10.3)
C
C       Leitura do numero de onda, K = 2*PI/L
C
        Read (IN,*) CK
        Write (IO,41) CK
 41     Format (/' Numero de onda, K =',F6.3/)
C
        N = NN*NDF
        Do 5 I = 1,N
  5         AL(i) = 0.0
C
C       Calculo da largura da meia-banda da matriz
C
        Call BAND (NE,NDF,NNE,MS,IO,KON)
C
C       Leitura de dados em NOS de fronteira e
C       armazenamento de valores na matriz RENO
C
        Write (IO,24)
 24     Format (/' Dados de CONDICAO DE FRONTEIRA'/8x,'No',8x,
     *'Valores impostos')
        Do 7 I = 1,NBN
            Read (IN,*) j,RENO(j)
            Write (IO,9) j,RENO(j)
            IB(2*I-1) = J
  7         IB(2*I) = 0
  9     Format (I10,10x,F10.4)
C
        Return
        End


     Subroutine BAND (NE,NDF,NNE,MS,IO,KON)

C       Solucao da equacao de Helmholtz - Subroutine Band
C       ------------------------------------------------------------------
C       Calculo da meia-banda da matriz
C       ------------------------------------------------------------------
C
        DIMENSION KON(1)
C
        N1 = NNE - 1
        MS = 0
        Do 2 I = 1,NE
            L1 = NNE*(I-1)
            Do 2 J = 1,N1
```

```
                    L2 = L1 + J
                    J1 = J + 1
                    Do 2 K = J1,NNE
                            L3 = L1 + K
                            L = IAbs (KON(L2) - KON(L3))
                            If (MS-L) 1,2,2
  1                         MS = L
  2     Continue
        MS = NDF*(MS+1)
        Write (IO,3) MS
  3     Format (/' ---- Meia-banda da matriz igual a',I5' ----'/)
C
        Return
        End


      Subroutine ASSEM (X,Y,KON,PROP,TK,ELST,AL,NRMX,NCMX,NDFEL)

C       Solucao da equacao de Helmholtz - Subroutine Assem
C       -----------------------------------------------------------------------
C       Composição da matriz global para o problema
C       -----------------------------------------------------------------------
C
        COMMON NN,NE,NLN,NBN,NDF,NNE,N,MS,IN,IO
        DIMENSION X(1),Y(1),KON(1),TK(NRMX,NCMX),ELST(NDFEL,NDFEL)
        DIMENSION PROP(1),AL(1)
C
C       Colocacao da matriz a zeros
C
        Do 10 I = 1,N
                Do 10 J = 1,MS
  10                    TK(i,j) = 0.0
C
C       Composição do sistema de equacoes elemento por elemento
C
C       STIFF calcula os valores da matriz para o elemento corrente na matriz ELST
C       ELASS armazena a matriz do elemento na matriz do sistema global TK
C
        Do 20 NEL = 1,NE
                Call STIFF (NEL,X,Y,PROP,KON,ELST,AL,NDFEL)
  20            Call ELASS (NEL,KON,TK,ELST,NRMX,NCMX,NDFEL)
C
 999    Return
        End


      Subroutine STIFF (NEL,X,Y,PROP,KON,ELST,AL,NDFEL)

C       Solucao da equacao de Helmholtz - Subroutine Stiff
C       -----------------------------------------------------------------------
C       Calculo dos elementos da matriz
```

```
C
C        NEL = Numero do elemento corrente
C        N1,N2,N3 = Numeros do primeiro, segundo e terceiro
C                 NOS do elemento
C        D1,D2,D3 = Comprimentos do primeiro, segundo e
C                 terceiro lados de elemento
C        ----------------------------------------------------------------------
C
         COMMON NN,NE,NLN,NBN,NDF,NNE,N,MS,IN,IO
         COMMON CK
         DIMENSION X(1),Y(1),KON(1),PROP(1),ELST(NDFEL,NDFEL)
         DIMENSION AL(1),C1(3),C2(3),C3(3),XN(3),YN(3)

         L = NNE*(NEL-1)+1
         N1 = KON(L)
         N2 = KON(L+1)
         N3 = KON(L+2)
         D1 = Sqrt ((X(N2)-X(N1))**2 + (Y(N2)-Y(N1))**2)
         D2 = Sqrt ((X(N3)-X(N2))**2 + (Y(N3)-Y(N2))**2)
         D3 = Sqrt ((X(N1)-X(N3))**2 + (Y(N1)-Y(N3))**2)
C
C        Calculos da primeira linha (C1), segunda linha (C2)
C                 e terceira linha (C3) da matriz C
C
C        A = Area do elemento
C
         C1(1) = X(2)*Y(3) - X(3)*Y(2)
         C1(2) = X(3)*Y(1) - X(1)*Y(3)
         C1(3) = X(1)*Y(2) - X(2)*Y(1)
         C2(1) = Y(N2) - Y(N3)
         C2(2) = Y(N3) - Y(N1)
         C2(3) = Y(N1) - Y(N2)
         C3(1) = X(N3) - X(N2)
         C3(2) = X(N1) - X(N3)
         C3(3) = X(N2) - X(N1)
         A = (C2(1)*C3(2) - C2(2)*C3(1))/2.0
C
C        XC = Centro de gravidade do elemento
C
         XC = (X(N1) + X(N2) + X(N3))/3.0
         YC = (Y(N1) + Y(N2) + Y(N3))/3.0
         XN(1) = XC - X(N1)
         YN(1) = YC - Y(N1)
         XN(2) = XC - X(N2)
         YN(2) = YC - Y(N2)
         XN(3) = XC - X(N3)
         YN(3) = YC - Y(N3)

         Do 5 I = 1,3
                 C1(i) = CK*(C1(i) + C2(i)*XN(i) + C3(i)*YN(i))/2.0/A
                 C2(i) = C2(i)/2.0/A
   5             C3(i) = C3(i)/2.0/A
C
C        Verificacao de condicoes de erro
```

```
C
      If (A) 1,1,2
  1   Write (IO,101) NEL
 101  Format (/' **** Area do elemento nula ou negativa ',I5,' ****')
      MS = 0
      Goto 999
C
C     Calculo da matriz do elemento
C
  2   Do 10 I = 1,3
            Do 10 J = 1,3
 10               ELST(i,j) = A*(C2(i)*C2(j) + C3(i)*C3(j) - C1(i)*C1(j))
c 10               ELST(i,j) = A*(C2(i)*C2(j) + C3(i)*C3(j))
C
C     Calculo do vetor do elemento
C
      K = NNE*(NEL-1)
      D1 = D1*PROP(K+1)/2.0
      D2 = D2*PROP(K+2)/2.0
      D3 = D3*PROP(K+3)/2.0
      AL(N1) = AL(N1) + D1 + D3
      AL(N2) = AL(N2) + D1 + D2
      AL(N3) = AL(N3) + D2 + D3
C
 999  Return
      End


   Subroutine ELASS (NEL,KON,TM,ELMAT,NRMX,NCMX,NDFEL)

C     Solucao da equacao de Helmholtz - Subroutine Elass
C     ------------------------------------------------------------------------
C     Armazena os valores da matriz para o elemento NEL na
C           matriz global do problema
C
C     NEL = Numero do elemento corrente
C     N1 = Numero do NO inicial
C     N2 = Numero do NO final
C     ------------------------------------------------------------------------
C
      COMMON NN,NE,NLN,NBN,NDF,NNE,N,MS,IN,IO
      DIMENSION KON(1),TM(NRMX,NCMX),ELMAT(NDFEL,NDFEL)

      L1 = NNE*(NEL-1)
      Do 50 I = 1,NNE
            L2 = L1 + I
            N1 = KON(L2)
            I1 = NDF*(I-1)
            J1 = NDF*(N1-1)
            Do 50 J = I,NNE
                  L2 = L1 + J
                  N2 = KON(L2)
                  I2 = NDF*(J-1)
```

```
                    J2 = NDF*(N2-1)
                    Do 50 K = 1,NDF
                          K1 = 1
                          If (N1-N2) 20,10,30
C
  10                      KI = K
C
  20                      KR = J1 + K
                          IC = J2 - KR + 1
                          K1 = I1 + K
                          Goto 40
C
  30                      KR = J2 + K
                          IC = J1 - KR + 1
                          K2 = I2 + K
  40                      Do 50 L = KI,NDF
                                KC = IC + L
                                If (N1-N2) 45,45,46
  45                            K2 = I2 + L
                                Goto 50
  46                            K1 = I1 + L
  50                            TM(KR,KC) = TM(KR,KC) + ELMAT (K1,K2)
C
        Return
        End


     Subroutine BOUND (TK,AL,RENO,IB,NRMX,NCMX)

C       Solucao da equacao de Helmholtz - Subroutine Bound
C       ------------------------------------------------------------------------
C       Introducao das condicoes de fronteira
C
C       NO = Numero do NO de fronteira corrente
C       ------------------------------------------------------------------------
C
        COMMON NN,NE,NLN,NBN,NDF,NNE,N,MS,IN,IO
        DIMENSION AL(1),IB(1),RENO(1),TK(NRMX,NCMX)
C
        Do 100 L = 1,NBN
              L1 = (NDF+1)*(L-1)+1
              NO = IB(L1)
              K1 = NDF*(NO-1)
              Do 100 I = 1,NDF
                    L2 = L1 + I
                    If (IB(L2)) 100,10,100
C
  10                KR = K1 + I
                    Do 50 J = 2,MS
                          KV = KR + J - 1
                          If (N-KV) 30,20,20
C
  20                      AL(KV) = AL(KV) - TK(KR,J)*RENO(KR)
```

```
                              TK(KR,J) = 0.0
 30                           KV = KR - J + 1
                              If (KV) 50,50,40
C
 40                           AL(KV) = AL(KV) - TK(KV,J)*RENO(KR)
                              TK(KV,J) = 0.0
 50                     Continue
                        TK(KR,1) = 1.0
                        AL(KR) = RENO(KR)
100    Continue
C
       Return
       End


    Subroutine SLBSI (A,B,D,N,MS,NX,MX)

C      Solucao da equacao de Helmholtz - Subroutine Slbsi
C      ------------------------------------------------------------------------
C      Solucao de sistemas de equacoes lineares pelo metodo
C      de eliminacao de Gauss, para sistemas em banda simetrica
C
C      A = Matriz contendo a parte triangular superior, armazenada
C             de acordo com a simetria da matriz em banda.
C      B = Originalmente contem os coeficientes independentes.
C             Apos a solução contem os valores das incógnitas.
C
C      N = Numero de incognitas
C      MS = Meia-banda da matriz
C      NX = Numero de linhas de A
C      MX = Numero das colunas de A
C
C      D = Vetor auxiliar
C      ------------------------------------------------------------------------
C
       DIMENSION A(NX,MX),B(NX),D(MX)
C
       N1 = N - 1
       Do 100 K = 1,N1
             C = A(K,1)
             K1 = K + 1
             If (Abs(C)-0.000001) 1,1,3

  1          Write (*,20) K
             MS = 0
             Goto 300
C
C      Divisao dos elementos da linha pelo coeficiente diagonal
C
  3          NI = K1 + MS -2
             L = Min (NI,N)
             Do 11 J = 2,MS
 11                D(J) = A(K,J)
```

```
               Do 4 J = K1,L
                     K2 = J - K + 1
  4                  A(K,K2) = A(K,K2)/C
               B(K) = B(K)/C
C
C       Eliminacao da incognita X(K) da linha I
C
               Do 10 I = K1,L
                     K2 = I - K1 + 2
                     C = D(K2)
                     Do 5 J = I,L
                           K2 = J - I + 1
                           K3 = J - K + 1
  5                        A(I,K2) = A(I,K2) - C*A(K,K3)
  10                 B(I) = B(I) - C*B(K)
 100    Continue
  20    Format (/' ***** Singularidade na linha ',I5)
C
C       Calculo da ultima incognita
C
        If (Abs (A(N,1))-0.000001) 21,21,101
  21    Write (*,20) K
        MS = 0
        Goto 300
 101    B(N) = B(N)/A(N,1)
C
C       Processo de retro-substituicao para o calculo das restantes incognitas
C
        Do 200 I = 1,N1
               K = N - I
               K1 = K + 1
               NI = K1 + MS - 2
               L = Min (NI,N)
               Do 200 J = K1,L
                     K2 = J - K + 1
 200                 B(K) = B(K) - A(K,K2)*B(J)
C
 300    Return
        End


      Subroutine RESUL (KON,PROP,RENO,X,Y,AL)

C       Solucao da equacao de Helmholtz - Subroutine Resul
C       -------------------------------------------------------------------------
C       Resultados complementares
C
C       NEL =Numero do elemento corrente
C       N1,N2,N3 = Numero do primeiro, segundo e terceiro
C              NOS do elemento
C       -------------------------------------------------------------------------
C
        COMMON NN,NE,NLN,NBN,NDF,NNE,N,MS,IN,IO
```

```
      DIMENSION KON(1),PROP(1),RENO(1),X(1),Y(1),AL(1)
      DIMENSION C1(3),C2(3),C3(3)

      Do 100 NEL = 1,NE
            L = NNE*(NEL-1)+1
            N1 = KON(L)
            N2 = KON(L+1)
            N3 = KON(L+2)
C
C     Calculo da segunda linha (C2) e da terceira linha (C3) da matriz
C
C     A = Area do elemento
C
            C2(1) = Y(N2) - Y(N3)
            C2(2) = Y(N3) - Y(N1)
            C2(3) = Y(N1) - Y(N2)
            C3(1) = X(N3) - X(N2)
            C3(2) = X(N1) - X(N3)
            C3(3) = X(N2) - X(N1)
            A = (C2(1)*C3(2) - C2(2)*C3(1))
            Do 5 I = 1,3
                  C2(i) = C2(i)/A
  5               C3(i) = C3(i)/A
C
C     Calculo das derivadas da função potencial
C
            L = 2*(NEL-1)
            RENO(L+1) = AL(N1)*C2(1) + AL(N2)*C2(2) + AL(N3)*C2(3)
            RENO(L+2) = AL(N1)*C3(1) + AL(N2)*C3(2) + AL(N3)*C3(3)
100   Continue
C
      Return
      End



   Subroutine OUTPT (AL,RENO)

C     Solucao da equacao de Helmholtz - Subroutine Outpt
C     -----------------------------------------------------------------------
C     Escreve os valores da variavel nos pontos nodais
C     -----------------------------------------------------------------------
C
      COMMON NN,NE,NLN,NBN,NDF,NNE,N,MS,IN,IO
      DIMENSION AL(1),RENO(1)

      Write (IO,1)
  1   Format (//1x,72('*')//' RESULTADOS'//' Valores da variavel  '/8x,'No'
 *,7x,'Variavel')
      Write (IO,2) (I,AL(i),i=1,NN)
  2   Format (I10,F15.4)
C
C     Escrita das velocidades
C
```

```
      Write (IO,3)
  3   Format(//' Componentes U e V da velocidade e modulo da velocidade’
   * /4x,'Elemento',9x,'U',14x,'V',13x,'|U|')
C
      Do 4 I = 1,NE
            K = 2*(I-1)
            DN = Sqrt (RENO(K+1)**2 + RENO(K+2)**2)
  4         Write (IO,5) I,RENO(K+2),-RENO(K+1),DN
  5   Format (I10,3F15.4)
      Write (IO,6)
  6   Format (//1x,72('*'))
C
      Return
      End
```

ANEXO III

Exemplifica-se a aplicação do esquema WENO-Euler segundo *x*. Nesta direção, o esquema baseia-se na seguinte fórmula para calcular derivadas espaciais (Long *et al.*, 2008)

$$\frac{\partial Q}{\partial x} = \frac{\hat{Q}_{i+1/2} - \hat{Q}_{i-1/2}}{\Delta x} \tag{AIII.1}$$

na qual o fluxo da direita (em $i + 1/2$) se escreve

$$\hat{Q}_{i+1/2} = \hat{Q}^{-}_{i+1/2} + \hat{Q}^{+}_{i+1/2} \tag{AIII.2}$$

onde

$$\hat{Q}^{-}_{i+1/2} = \begin{cases} \omega_1 Q^1_{i+1/2} + \omega_2 Q^2_{i+1/2} + \omega_3 Q^3_{i+1/2}, \text{ if } C_{1+1/2} \geq 0 \\ 0, \text{ if } C_{i+1/2} < 0 \end{cases} \tag{AIII.3}$$

e

$$\hat{Q}^{+}_{i+1/2} = \begin{cases} \tilde{\omega}_1 \tilde{Q}^1_{i+1/2} + \tilde{\omega}_2 \tilde{Q}^2_{i+1/2} + \tilde{\omega}_3 \tilde{Q}^3_{i+1/2}, \text{ if } C_{1+1/2} < 0 \\ 0, \text{ if } C_{i+1/2} \geq 0 \end{cases} \tag{AIII.4}$$

em que

$$\begin{aligned} Q^1_{i+1/2} &= \frac{1}{3}Q_{i-2} - \frac{7}{6}Q_{i-1} + \frac{11}{6}Q_i \\ Q^2_{i+1/2} &= -\frac{1}{6}Q_{i-1} + \frac{5}{6}Q_i + \frac{1}{3}Q_{i+1} \\ Q^3_{i+1/2} &= \frac{1}{3}Q_i + \frac{5}{6}Q_{i+1} - \frac{1}{6}Q_{i+2} \end{aligned} \tag{AIII.5}$$

com

$$\begin{aligned} \omega_1 &= \frac{\alpha_1}{\alpha_1 + \alpha_2 + \alpha_3} \\ \omega_2 &= \frac{\alpha_2}{\alpha_1 + \alpha_2 + \alpha_3} \\ \omega_3 &= \frac{\alpha_3}{\alpha_1 + \alpha_2 + \alpha_3} \end{aligned} \tag{AIII.6}$$

e

$$\alpha_1 = \frac{0.1}{(S_1+\delta)^2}$$
$$\alpha_2 = \frac{0.6}{(S_2+\delta)^2} \quad \text{(AIII.7)}$$
$$\alpha_3 = \frac{0.3}{(S_3+\delta)^2}$$

sendo $\delta \leq 10^{-6}$ uma pequena quantidade para evitar a divisão por zero,

$$S_1 = \frac{13}{12}(Q_{i-2} - 2Q_{i-1} + Q_i)^2 + \frac{1}{4}(Q_{i-2} - 4Q_{i-1} + 3Q_i)^2$$
$$S_2 = \frac{13}{12}(Q_{i-1} - 2Q_i + Q_{i+1})^2 + \frac{1}{4}(Q_{i-1} - Q_{i+1})^2 \quad \text{(AIII.8)}$$
$$S_3 = \frac{13}{12}(Q_i - 2Q_{i+1} + Q_{i+2})^2 + \frac{1}{4}(3Q_i - 4Q_{i+1} + Q_{i+2})^2$$

$$\widetilde{Q}^1_{i+1/2} = -\frac{1}{6}Q_{i-1} + \frac{5}{6}Q_i + \frac{1}{3}Q_{i+1}$$
$$\widetilde{Q}^2_{i+1/2} = \frac{1}{3}Q_i + \frac{5}{6}Q_{i+1} - \frac{1}{6}Q_{i+2} \quad \text{(AIII.9)}$$
$$\widetilde{Q}^3_{i+1/2} = \frac{11}{6}Q_{i+1} - \frac{7}{6}Q_{i+2} + \frac{1}{3}Q_{i+3}$$

$$\widetilde{\omega}_1 = \frac{\widetilde{\alpha}_1}{\widetilde{\alpha}_1 + \widetilde{\alpha}_2 + \widetilde{\alpha}_3}$$
$$\widetilde{\omega}_2 = \frac{\widetilde{\alpha}_2}{\widetilde{\alpha}_1 + \widetilde{\alpha}_2 + \widetilde{\alpha}_3} \quad \text{(AIII.10)}$$
$$\widetilde{\omega}_3 = \frac{\widetilde{\alpha}_3}{\widetilde{\alpha}_1 + \widetilde{\alpha}_2 + \widetilde{\alpha}_3}$$

$$\widetilde{\alpha}_1 = \frac{0.3}{(\widetilde{S}_1+\delta)^2}$$
$$\widetilde{\alpha}_2 = \frac{0.6}{(\widetilde{S}_2+\delta)^2} \quad \text{(AIII.11)}$$
$$\widetilde{\alpha}_3 = \frac{0.1}{(\widetilde{S}_3+\delta)^2}$$

$$\widetilde{S}_1 = \frac{13}{12}(Q_{i-1} - 2Q_i + Q_{i+1})^2 + \frac{1}{4}(Q_{i-1} - 4Q_i + 3Q_{i+1})^2$$
$$\widetilde{S}_2 = \frac{13}{12}(Q_i - 2Q_{i+1} + Q_{i+2})^2 + \frac{1}{4}(Q_i - Q_{i+2})^2 \quad \text{(AIII.12)}$$
$$\widetilde{S}_3 = \frac{13}{12}(Q_{i+1} - 2Q_{i+2} + Q_{i+3})^2 + \frac{1}{4}(3Q_{i+1} - 4Q_{i+2} + Q_{i+3})^2$$

O fluxo da esquerda (em $i - 1/2$) escreve-se

$$\hat{Q}_{i-1/2} = \hat{Q}^{-}_{i-1/2} + \hat{Q}^{+}_{i-1/2} \qquad \text{(AIII.13)}$$

onde

$$\hat{Q}^{-}_{i-1/2} \text{ e } \hat{Q}^{+}_{i-1/2}$$

são calculados usando as equações acima simplesmente recuando i de um passo espacial.

Em seguida, é usado um esquema de Euler explícito para a discretização temporal e atualização de ξ (ξ^{n+1}), dado por (AIII.14)

$$(1-\lambda)B\frac{\xi^{n+1} - \xi^{n}}{\Delta t} + \frac{\hat{Q}_{i+1/2} - \hat{Q}_{i-1/2}}{\Delta x} = O\left(\Delta t, \Delta x^{5}\right) \qquad \text{(AIII.14)}$$

São ainda necessárias informações sobre o sinal da velocidade de propagação das formas de fundo, $C_{i+1/2}$, podendo usar-se o sinal do produto (AIII.15)

$$(Q_{i+1} - Q_{i})(\xi_{i+1} - \xi_{i}) \qquad \text{(AIII.15)}$$

De igual modo, para $C_{i-1/2}$ podemos usar o sinal de (AIII.16)

$$(Q_{i} - Q_{i-1})(\xi_{i} - \xi_{i-1}) \qquad \text{(AIII.16)}$$

Um procedimento idêntico é usado segundo a direção y, fazendo variar o índice j em moldes idênticos ao usado para o índice i.

Bibliografia

Abecasis F., Castanho J.P. e Carvalho J.R. (1957). A previsão das características das ondas do mar. Laboratório Nacional de Engenharia Civil, Lisboa.

Abreu T.A.M.A. (2011). Coastal sediment dynamics under asymmetric waves and currents: Measurements and simulations. Tese de doutoramento em Engenharia Civil, especialidade de Hidráulica, Recursos Hídricos e Ambiente. Universidade de Coimbra, Coimbra, 227p.

Abreu T., Michallet H., Silva, P.A., Sancho F., van der A D. e Ruessink B.G. (2013). Bed shear stress under skewed and asymmetric oscillatory flows. *Coastal Engineering*, 73, 1-10.

Ackers P. (1993). Sediment transport in open channels: Ackers and White update. Technical note. *Proceedings of the ICE - Water Maritime and Energy*, 101, 4, 01, 247-249.

Ackers P. e White W.R. (1973). Sediment transport – New approach and analysis. *J. Hydr. Division*, ASCE, 99, 11, 2041-2060.

Agnon Y., Madsen P.A. e Schaffer H. (1999). A new approach to high order Boussinesq models. *J. Fluid Mech.*, 399, 319-333.

Ahrens J.P. (2000). A fall-velocity equation. *Journal of Waterway, Port, Coastal, and Ocean Engineering*, 126, 2, 99-102.

Anonim_web, 2014. https://www.miracosta.edu/home/panderson/powerpoint//chapter09.ppt (acedido em 12 de setembro de 2015).

Antunes C. e Taborda R. (2009). Sea level rise at Cascais tide gauge: Data, analysis and results. *Journal of Coastal Research*, SI56, 218-222.

Antunes do Carmo J.S. (1995). Contribuição para o estudo dos processos morfodinâmicos em regiões costeiras e estuarinas. Tese de doutoramento em Engenharia Civil, especialidade de Hidráulica e Recursos Hídricos, Universidade de Coimbra, abril, 225p.

Antunes do Carmo J.S. (2000). *TSUNAMIS*: Geração e Riscos. Revista *Territorium*, Revista de Geografia Física Aplicada no Ordenamento do Território e Gestão de Riscos Naturais, Minerva Coimbra, 7, 15-24. ISBN 0872-8941.

Antunes do Carmo J.S. (2001). Consequências de intervenções não planeadas em meios hídricos. Proc. *V SILUSBA*, Aracaju - Brasil, 25-29 de novembro.

Antunes do Carmo J.S. (2009). Modelação em Hidráulica Fluvial e Ambiente, 430p., editado pela Imprensa da Universidade de Coimbra em setembro de 2004 (1ª edição) e em dezembro de 2009 (2ª edição), com 443p. ISBN 972-8704-28-3. Depósito Legal nº 218895/04.

Antunes do Carmo J.S. (2010). Wave-current interactions over bottom with appreciable variations in both space and time. *Advances in Engineering Software*, 41, 295-305.

Antunes do Carmo J.S. (2012). Turbulent Boundary Layer Models: Theory and Applications. Capítulo 10 do livro *Advanced Fluid Dynamics*, 205-238. Hyoung Woo Oh (editor), InTech - Open Access Publisher. ISBN 978-953-51-0270-0 (doi:10.5772/1520) (http://www.intechopen.com/books/advanced-fluid-dynamics).

Antunes do Carmo J.S. (2013a). Extended Serre equations for applications in intermediate water depths. *The Open Ocean Engineering Journal*, 6, 16-25 (doi: 10.2174/1874835X01306010016).

Antunes do Carmo J.S. (2013b). Boussinesq and Serre type models with improved linear dispersion characteristics: Applications. *Journal of Hydraulic Research*, 51, 6, 719-727 (doi: 10.1080/00221686.2013.814090).

Antunes do Carmo J.S. (2015a). Relevância dos efeitos não-lineares e dispersivos das ondas nos processos costeiros. *VIII Congresso sobre Planeamento e Gestão das Zonas Costeiras dos Países de Expressão Portuguesa*, Aveiro - Portugal, 14-16 de outubro.

Antunes do Carmo J.S. (2015b). Modeling of wave propagation from arbitrary depths to shallow waters: A review. Capítulo do livro *New Perspectives in Fluid Dynamics*. 23-66. Chaoqun Liu (editor), InTech - Open Access Publisher. ISBN 978-953-51-2228-9 (doi: 10.5772/59432).

Antunes do Carmo J.S. (2016). Nonlinear and dispersive wave effects in coastal processes. *Journal of Integrated Coastal Zone Management* (no prelo).

Antunes do Carmo J.S. e Costa M. (2000). Modelling of oil spill evolution in estuaries and coastal regions. Proc. *OIL SPILL'2000 Conference*, Las Palmas - Espanha, 20-22 de setembro. In (book) *Oil & Hydrocarbon Spills II, Modelling, Analysis and Control*, G.R. Rodríguez & C.A. Brebbia (Eds), 63-72, Water Studies, WIT*PRESS* 8. ISBN 1-85312-828-7.

Antunes do Carmo J.S. e Carreiras J.L. (2002). Hydrodynamics around coastal structures.Proc. *HYDROSOFT IX Conference*, Montreal - Canadá, 29-31 de maio. In (book) *Hydraulic Information Management*, C.A. Brebbia & W.R. Blain (Eds), 3-12, WIT*PRESS*. ISBN 1-85312-912-7.

Antunes do Carmo J. e Marques J.C. (2003). Proposta de princípios orientadores para o desenvolvimento sustentável da zona costeira Portuguesa. *II Congresso sobre Planejamento e Gestão das Zonas Costeiras dos Países de Expressão Portuguesa, IX Congresso da Associação Brasileira de Estudos do Quaternário e II Congresso do Quaternário dos Países de Língua Ibéricas*, Recife – Brasil, 12-19 de outubro.

Antunes do Carmo J.S., Neves M.G. e Voorde M.T. (2011a). Designing a multifunctional artificial reef: Studies on the influence of parameters with most influence in the vertical plane. *Journal of Coastal Conservation*, 15, 1, 99-112. Springer Netherlands (doi: 10.1007/s11852-010-0124-1).

Antunes do Carmo J.S., Pinho, J.L. e Vieira, J.P. (2005). Oil spills in coastal zones: Environmental impacts and practical mitigating solutions. Atas da conferência *Maritime Transportation and Exploitation of Ocean and Coastal Resources*, Lisboa, 26-30 de setembro, 1689-1696. In *IMAM - Maritime Transportation and Exploitation of Ocean and Coastal Resources*, Taylor & Francis (Eds) / BALKEMA. ISBN volume 2: 0 415 39374 4.

Antunes do Carmo J.S., Pinho J.L.S. e Vieira J.P. (2010). Oil spills in coastal zones: Predicting slick transport and weathering processes. *The Open Ocean Engineering Journal*, Bentham Science Publishers, USA, 3, 129-142 (doi: 10.2174/1874835X01003010129).

Antunes do Carmo J.S. e Sancho F. (2007). Apontamentos de *Sistemas Costeiros*, Unidade curricular da Licenciatura (pré-Bolonha) em Engenharia do Ambiente da FCTUC, Coimbra.

Antunes do Carmo J.S., Schreck Reis C. e Freitas H. (2009a). Novos conceitos de protecção e valorização da zona costeira. *3° Seminário Português sobre Geossintéticos*, Departamento de Engenharia Civil da FCTUC, Coimbra, 19-20 de novembro. Publicado em CD: 978-989-96466-0-5 e livro ISBN: 978-989-96466-1-2, 331-341.

Antunes do Carmo J.S., Schreck Reis C. e Freitas H. (2009b). Rehabilitation of a geotextile-reinforced sand dune. *Journal of Coastal Research*, CERF, SI 56, 282-286.

Antunes do Carmo J.S., Schreck Reis C. e Freitas H. (2010). Working with nature by protecting sand dunes: Lessons learned. *Journal of Coastal Research*, CERF, 26, 6, 1068-1078 (**doi:**10.2112/JCOASTRES-D-10-00022.1).

Antunes do Carmo J.S. e Seabra Santos F.J. (1996). On breaking waves and wave-current interaction in shallow water: A 2DH finite element model. *International Journal of Numerical Methods in Fluids*, 22, 5, 429-444 (doi: 10.1002/(SICI)1097-0363(19960315).

Antunes do Carmo J.S. e Seabra Santos F.J. (1999). Morphodynamic evolution processes in coastal and estuarine regions: A case study." Proc. *EPMESC VII*, Macau, 02-05 de agosto. In (book) *EPMESC VII - Education, Practice and Promotion of Computational Methods in Engineering using Small Computers*, João Bento, Arantes e Oliveira & Eduardo Pereira (Eds), 2, 1459-1468. ISBN 0080419127.

Antunes do Carmo J.S. e Seabra Santos F.J. (2002). Near-shore sediment dynamics computation under the combined effects of waves and currents. Journal of *Advances in Engineering Software*, Elsevier Science, 33, 1, 37-48.

Antunes do Carmo J.S., Seabra Santos F.J. e Almeida A.B. (1993a). Numerical solution of the generalized Serre equations with the MacCormack finite-difference scheme. *International Journal for Numerical Methods in Fluids*, 16, 725-738 (doi: 10.1002/fld.1650160805).

Antunes do Carmo J.S., Seabra Santos F.J. e Amada-Mendes P. (2002). Sudden bed changes and wave-current interactions in coastal regions. *Advances in Engineering Software*, 33, 97-107.

Antunes do Carmo J.S., Seabra Santos F.J. e Barthélemy E. (1993b). Surface waves propagation in shallow water: A finite element model. *International Journal for Numerical Methods in Fluids*, 16, 6, 447-459.

Antunes do Carmo J.S., Temperville A. e Seabra Santos F.J. (2003). Bottom friction and time-dependent shear stress for wave-current interaction." *Journal of Hydraulic Research*, IAHR, Taylor & Francis, 41, 1, 27-37.

Antunes do Carmo J.S., Voorde M.T. e Neves M.G. (2011b). Enhancing submerged coastal constructions by incorporating multifunctional purposes. *Journal of Coastal Conservation*, 15, 4, 531-546. Springer Netherland (doi: 10.1007/s11852-010-0141-0).

ASCE Task Committee on Sea-Level Rise and Its Effects on Bays and Estauries (1992). Effects of sea-level rise on bays and estuaries. *Journal ob Hydraulic Engineering*, 118, 1, 1–10.

Bachtiar H. (2014). Exploring the impact of sea level rise on tidal inlet morphodynamics by a process-based approach. Master Science thesis at the UNESCO-IHE Institute for Water Education, Delft, the Netherlands.

Bailard J.A. (1981). *J. Geophysical Res.*, 86, C11, 10938-10954.

Battjes J. (1971). Run-up distributions of waves breaking on slopes. *Journal of the Waterways, Harbors and Coastal Engineering Division*, 97, 91–114.

Beji S. e Nadaoka K. (1996). Formal derivation and numerical modelling of the improved Boussinesq equations for varying depth, *Ocean Engineering*, 23:691.

Benoit M., F. Marcos F. e Becq F. (1996). Development of a third-generation shallowwater wave model with unstructured spatial meshing. Proc. 25th Int. Conf. Coastal Engineering, ASCE, Orlando, 465-478.

Berkhoff J.C.W. (1972). Computation of combined refraction-diffraction. *Proc. 3th Int. Coastal Eng. Conf.*, Vancouver, 471-490.

Berkhoff J.C.W. e Booij N. e Radder A.C. (1982). Verification of numerical wave propagation models foe simple harmonic linear water waves. *Coastal Engineering*, 6, 255-279.

Berthet C. (1996). Ecoulements et Transports Littoraux Tridimensionnels: Applications Numériques. Ph.D. Thesis. Université Joseph Fourier, Grenoble, France.

Betâmio de Almeida A. (1987). Hidrodinâmica Básica. Apontamentos da unidade curricular do IV Curso de Mestrado em Hidráulica e Recursos Hídricos do Instituto Superior Técnico, Universidade de Lisboa, 1987-1988.

Bezuijen A. e Vastenburg E.W. (2013). Geosystems: Design rules and applications. CRC Press, Taylor & Francis Group, Balkema. ISBN: 978-0-415-62148-9.

Birkemeier W.A. (1985). Field data on seaward limit of profile change. *Journal of Waterway, Port, Coastal and Ocean Division,* ASCE, 3, 598-602.

Bogaard T. (2012). Modelling the anisotropy of turbulence with the SWASH model - heterogeneous roughness conditions in open channel flows. Msc. Thesis, Delft University of Technology, Civil Engineering & Geosciences.

Booij N. (1983). A note on accuracy of the mild-slope equation. *Coastal Engineering*, 7, 91-203.

Booij N., Ris R.C. e Holthuijsen L.H. (1999). A third-generation wave model for coastal regions, Part I, Model description and validation. *Journal of Geophysical Research*, 104, 7649-7666.

Borgman L.E. (1985). Directional spectrum estimation for the Sxy gauges, *in Tech. Rep., Coast. Eng. Res. Center*, Waterways Experiment Station, Vicksburg, Miss., 1-104.

Bosboom J., Aarninkhof S.G.J., Reniers A.J.H.M., Roelvink J.A. e Walstra D.J.R. (1997). UNIBEST-TC 2.0, Overview of model formulations. Report H2305. Delft Hydraulics, Delft, The Netherlands.

Boussinesq J. (1872). Théorie des ondes et des remous qui se propagent le long d'un canal rectangulaire horizontal, *J. Math. Pure et Appl.*, 2, 17, 55-108.

Boussinesq J. (1877). Essai sur la théorie des eaux courantes. Institute de France, Académie des Sciences, Memoires présentées para divers savants, 23, 1.

Bradley B.D. e Nobuhisa N. (2012). Cross-shore numerical model CSHORE for waves, currents, sediment transport and beach profile evolution. Great Lakes Coastal Flood Study, US Army Corps of Engineers, USA.

Bretschneider C.L. (1959). Wave variability and wave spectra for wind-generated gravity waves. Technical Memo No. 118, Beach Erosion Board, U.S. Army Corps of Engineers.

Bretschneider C.L. (1970). Forecasting relations for wave generation. Look Lab., Hawaii, I(3): 31-34.

Brown C.B. (1950). Sediment Transport, in Engineering Hydraulics, Ch. 12, Rouse, H. (ed.), Wiley.

Bruun P. (1954). Coast erosion and the development of beach profiles. Beach Erosion Board, Tech. Memo, Washington, D.C. 44.

Bruun P. (1962). Sea-level rise as a cause of shore erosion. *Journal of the Waterways and Harbors Division*, 88, 117–130.

Bryant D., Burke L., McManus J. e Spalding M. (1998). Reefs at Risk: A Map-based Indicator of Threats to the World's Coral Reefs. World Resources Institute, International Center for Living.

Camenen B. e Larson M. (2005). A general formula for non-cohesive bed load sediment transport. *Estuarine, Coastal and Shelf Science*, 63, 249-260.

Camenen B. e Larson M. (2006). A suspended load formula over rippled bed. *Proc. 30th Int. Conf. Coastal Eng.*, ASCE, San Diego, California, USA.

Camenen B. e Larson M. (2007a). A unified sediment transport formulation for coastal inlet application. Coastal Inlets Research Program, Final Report ERDC/ CHL CR-07-1, U.S. Army Corps of Engineers, Washington, DC.

Camenen B. e Larson M. (2007b). A total load formula for the nearshore. *Proceedings Coastal Sediments'07 Conference*, ASCE Press, Reston, VA, 56-67.

Camenen B. e Larson M. (2008). A general formula for noncohesive suspended sediment transport. *Journal of Coastal Research*, 24, 3, 615-627.

Cardoso A.H. (1998). Hidráulica Fluvial, Fundação Calouste Gulbenkian, Lisboa.

Carter R.W.G. (1993). Coastal environments. An introduction to the physical, ecological and cultural systems of coastlines. Academic Press Ld. ISBN 0-12-161855-2.

Carvalho R.F. (2002). Acções Hidrodinâmicas em Estruturas Hidráulicas: Modelação Computacional do Ressalto Hidráulico. Tese de Doutoramento, Departamento de Engenharia Civil, Faculdade de Ciências e Tecnologia da Universidade de Coimbra, maio.

Carvalho R.F. e Antunes do Carmo J.S. (2006). Numerical and experimental modelling of the generation and propagation of waves caused by landslides into reservoirs and their effects on dams. *Proc. RIVER FLOW 2006 IAHR Conference*, Lisboa (LNEC), 06-08 de Setembro. Taylor & Francis (Eds.)/ BALKEMA, 1, 483-492. ISBN 0-415-40810-5.

CCDRC (2003). Adaptação de informação contida em cartas topográficas de diferentes séculos sobre imagens do GoogleEarth. Documento pessoal. Cortesia da CCDR-Centro.

Cea L., Pena L., Puertas J., Vásquez-Cendón M.E. e Peña E. (2007). Application of several depth-averaged turbulence models to simulate flow in vertical slot fishways. *Journal of Hydraulic Engineering*, 133, 2, 160-172.

CEDRU (2011) - Centro de Estudos e Desenvolvimento Regional e Urbano, Lda. Documento pessoal.

CERC (1984). Shore Protection Manual. Department of Army, Coastal Engineering Research Center, Vickburg, Mississippi.

Charlier R.H. e Justus J.R. (1993). Ocean energetics: Environmental, economic and technological aspects of alternative power sources. Elsevier Oceanography Series, 56, ISBN 0-444-88248-0.

Chen J.-L., Shi F., Hsu T.-J- e Kirby J.T. (2014). NearCoM-TVD – A quasi-3D nearshore circulation and sediment transport model. *Coastal Engineering*, 91, 200-212.

Cheng N.S. (1997). Simplified settling velocity formula for sediment particle, *Journal of Hydraulic Engineering*, 123, 2, 149-152.

Chust G., Caballero A., Marcos M., Liria P., Hernández C. e Borja Á. (2010). Regional scenarios of sea level rise and impacts on Basque (Bay of Biscay) coastal habitats, throughout the 21st century. *Estuarine, Coastal and Shelf Science*, 87, 113-124.

Cienfuegos R., Barthélémy E. e Bonneton P. (2006). A fourth-order compact finite volume scheme for fully nonlinear and weakly dispersive Boussinesq-type equations. Part I: Model development and analysis. *Int. J. Numer. Meth. Fluids*, 51:1217-1253.

CIRIA (1996) (Simm J.D., Brampton A.H., Beech N.W. e Brooke J.S.). Beach management manual, Report 153, J. D. Simm (editor), ISBN 0-86017 4387.

CNADS - Conselho Nacional do Ambiente e Desenvolvimento Sustentável (2001). *Reflexão sobre o Desenvolvimento Sustentável das Zonas Costeiras*, Lisboa.

CNADS - Conselho Nacional do Ambiente e Desenvolvimento Sustentável (2009). *Parecer sobre o Documento Estratégia Nacional para a Gestão Integrada da Zona Costeira*, Lisboa.

Coelho C. (2005). Riscos de Exposição de Frentes Urbanas para Diferentes Intervenções de Defesa Costeira. Tese de Doutoramento, Departamento de Engenharia Civil da Universidade de Aveiro, Aveiro.

Coelho C., Granjo M. J. e Segurado-Silva C. (2007). Vulnerabilidades do distrito de Aveiro às acções energéticas do mar. *Revista Recursos Hídricos*, 28, 3, 45-53.

Corso D.D. (2002). Cross-shore profile development during storm conditions. M.Sc. thesis. University Politecnico di Milano, Environmental Engineering.

Dalrymple R.A. (1988). Model for refraction of water waves. *Journal of Waterway, Port, Coastal, and Ocean Engineering*, ASCE, 114, 4, 423-435.

Dalrymple R.A., Kirby J.T. (1991). REF/DIF 1. Version 2.3 Documentation Manual. Combined Refraction/Diffraction Model, CACR Report n.° 91-2, University of Delaware.

Darwish M.S. e Moukalled F. (1996). The Normalized Weighting Factor Method: A novel technique for accelerating the convergence of high-resolution convective schemes. *Numerical Heat Transfer*, Part B, 30:217-237.

Dean R.G. (1977). Equilibrium beach profiles: U.S. Atlantic and Gulf coasts. Ocean Engineering Report, Vol. 12. Department of Civil Engineering, University of Delaware, Newark, Delaware, USA, 12p.

Dean R.G. e Dalrymple R.A. (1984). Water wave mechanics for engineers and scientists. Prentice-Hall, Inc., Englewood Cliffs, New Jersey 07632. ISBN 0-13-946038-1.

Dean R.G., Kriebel D. e Walton T. (2002). Cross-shore sediment transport processes. Coastal Engineering Manual, Part III, Coastal sediment processes, chapter III-3, Engineer Manual 1110-2-1100, Walton T. (editor), US Army Corps of Engineers, Washington, DC, 79p.

Deltares (2011). Delft3D-FLOW: Simulation of multi-dimensional hydrodynamic flows and transport phenomena, including sediments, User Manual Hydro-Morphodynamics, 3.15, The Netherlands.

DHI (2013). Danish Hydraulic Institute. http://www.dhisoftware.com/ Accessed in February 2013.

Dias J.M.A. (2003). Portugal e o Mar: Importância da Oceanografia para Portugal. E-book, *in* http://w3.ualg.pt/~jdias/JAD/e_b_PortMar.html.

Dias J.A.D. (2014). Glossário das zonas costeiras, *in* http://www.aprh.pt/rgci/glossario/ sobreelevacaomar.html#

Dias J.M.A. e Ferreira Ó. (1997). Gestão costeira e conhecimento científico. Colectânea de Ideias sobre a Zona Costeira de Portugal. Associação Eurocoast-Portugal (Ed. G. Soares de Carvalho, F. Veloso Gomes e F. Taveira Pinto), 229-237.

Dibajnia M. e Watanabe A. (1992). Sheet flow under nonlinear waves and currents. In B.L. Edge (editor), *23rd International Conference on Coastal Engineering*, ASCE, Venice, Italy, 2015-2028.

Dibajnia M. e Watanabe A. (1998). Transport rate under irregular sheet flow conditions. *Coastal Engineering*, 35, 3, 167-183.

Domínguez J.M., Crespo A.J.C, A. Barreiro A. e Gómez-Gesteira M. (2010). Implementación (CPU.-GPU) del modelo SPH para la protección de costas. ACT 1, 109-123.

Donnell B.P. (2006). Users Guide to RMA2 Version 4.5. US Army Engineers Research and Development Center - Waterways Experimental Station, Coastal and Hydraulics Laboratory, USA.

Dubarbier B., Castelle B., Marieu V. e Ruessink G. (2015). Process-based modeling of cross-shore sandbar behavior. *Coastal Engineering*, 95, 35–50.

Eldeberky Y. (1996). Nonlinear transformation of wave spectra in the nearshore zone, *Ph.D. Thesis*, Delft University of Technology, Department of Civil Engineering, The Netherlands.

ENGIZC (2009). Resolução do Conselho de Ministros n.º 82/2009, Diário da República, 1.ª série, 174/2009.

ENM2013-2020 - Estratégia Nacional para o Mar 2013 - 2020. Resolução do Conselho de Ministros n.º 12/2014. Diário da República, 1.ª série, 30, 12 de fevereiro de 2014.

Fabião J., Rodrigues M., Jacob J., Cravo A., Cardeira S., Fortunato A., Azevedo A. e Bruneau N. (2014). A influência dos forçamentos na circulação e no transporte na ria Formosa. 12.º Congresso da Água / 16.º ENASB / XVI SILUBESA, Lisboa, 5-8 de março.

Fachin S. e Sancho F. (2004). Morphodynamic Instabilities in the Surf Zone. 29th International Conference on Coastal Engineering, ASCE, LNEC, Lisbon, 19 a 24 de Setembro.

Falkovich G. (2011). Fluid Mechanics (A short course for physicists). Cambridge University Press, ISBN 978-1-107-00575-4.

Fenton J.D. (1998). The cnoidal theory of water waves, chapter 2 of *Developments in Offshore Engineering*. Ed. J.B. Herbich, Gulf Publishing Company, Houston.

Ferreira O. (2005). Storm groups versus extreme single storms: predicted erosion and management consequences. *Journal of Coastal Research*, 42, 221-227.

Ferreira O., Garcia T., Matias A., Taborda R. e Alveirinho J.D. (2006). An integrated method for the determination of set-back lines for coastal erosion hazards on sandy shores. *Continental Shelf Research*, 26, 1030-1044.

Fortes C.J.E.M. (1993). Modelação matemática da refracção e difracção combinadas de ondas marítimas (análise pelo método dos elementos finitos). Dissertação de Mestrado em Engenharia Mecânica, perfil de Energia, Instituto Superior Técnico, Lisboa.

Fortes C.J.E.M. (2002). Transformações não lineares de ondas em zonas portuárias. Análise pelo método dos elementos finitos. Tese de doutoramento, Universidade Técnica de Lisboa / Instituto Superior Técnico, Lisboa, Portugal, 446p.

Fortes C.J.E.M., Fernandes J.L.M. e Santos M.A.V. (2004). Modelos de Elementos Finitos de Propagação de Ondas, DREAMS e EPE_CG. Aplicação à Marina do Lugar de Baixo. *Proc. Seminário e Workshop em Engenharia Oceânica*, 14 e 15 de maio, Rio Grande, Brasil.

Francisca M.F. (2007). Estudo numérico da propagação para águas rasas de ondas geradas por embarcações. Tese de doutoramento, Universidade Federal do Rio de Janeiro, Brasil.

Fredsøe J. e Deigaard R. (1995). Mechanics of Coastal Sediment Transport, Advanced Series on Ocean Engineering, 3, World Scientific Publishing, ISBN 981-02-0841-3 (pbk).

Freitas D., Araújo, R.S., Klein A.H.F. e Menezes J.T. (2010). Quantificação de perigos costeiros e projeção de linhas de costa futuras para a enseada de Itapocorói - SC. Braz. *J. Aquat. Sci. Technol.*, 14, 1, 39-49.

Garcia N., Lara J.L. e Losada I.J. (2004). 2-D Numerical analysis of nearfield flow at low-crested permeable breakwaters. *Coastal Engineering*, 51, 991-1020.

Gobbi M.F.G., Kirby J.T. e Wei G. (2000). A fully nonlinear Boussinesq model for surface waves. Part 2. Extension to *O(kh)4*. *Journal of Fluid Mechanics*, 405, 181-210.

Goda Y. (1985). Random seas and design of marine structures, 1ª edição, University of Tokyo Press.

Gomes T.F.M. (2013). Contribuição para o planeamento e gestão de um trecho da zona costeira portuguesa. Dissertação de Mestrado em Engenharia Civil, especialidade de Hidráulica, Recursos Hídricos e Ambiente, Universidade de Coimbra, Departamento de Engenharia Civil, Coimbra.

Grant W.D.e Madsen O.S. (1986). The continental-shelf bottom boundary layer. *Ann. Rev. Fluid Mech.*, 18, 265-305.

Green A.E. e Naghdi P.M. (1976). A derivation of equations for wave propagation in water of variable depth. *J. Fluid Mech.*, 78, 2, 237-246.

Guimarães M.H., Dentinho T. e Boski T. (2011). Aplicação da metodologia Q na promoção do diálogo entre agentes interessados na gestão da Baía da Praia da Vitória, Terceira, Açores. *VI Congresso sobre Planeamento e Gestão das Zonas Costeiras dos Países de Expressão Portuguesa*, Ilha da Boavista, Cabo Verde.

Guo J. (2002). Logarithmic matching and its application in computational hydraulics and sediment transport. *Journal of Hydraulic Research*, Vol. 40, No. 5, 555-565.

Guza R.T. e Inman D.L. (1975). Edge Waves and Beach Cusps. *Journal Geophysics Research*, 80, 21, 2997-3012.

Guza R.T. e Thornton E.B. (1982). Swash oscillations on a natural beach. *Journal of Geophysical Research*, 87 (C1), 483-491.

Hallermeier R.J. (1978). Uses for a calculated limit depth to beach erosion. Oceanographer, U.S. Army Coastal Engineering Research Center, Fort Belvoir, Virginia.

Hanson H. (1987). GENESIS – A generalized shoreline change numerical model for engineering use. Report No. 1007. Department of Water Resources Engineering, University of Lund, Lund, Sweden.

Hanson H. (1989). Genesis – A generalized Shoreline Change Numerical Model. Department of Water Resources Engineering, University of Lund, Lund, Sweden.

Hanson H. e Kraus N.C. (1989). GENESIS – Generalized model for simulating shoreline change. Technical Report CEC-89-19, Report 1 Technical Reference, US Army Corps of Engineers, 247p.

Hanson H. e Kraus N.C. (1991). GENESIS – Generalized model for simulating shoreline change. Vol. 2: Reference Manual and Users Guide, US Army Corps of Engineers, 431p.

Harlow F.H. e Welch J.E. (1965). A numerical calculation of time-dependent viscous incompressible flow. *The Physics of Fluids*, 8, 2182-2189.

Hartog C. (1994). Suffocation of a littoral Zostera bed by Enteromorpha radiata. *Aquatic Botany*, 47: 21-28.

Hasselmann K., Barnett T.P., Bouws E., Carlson H., Cartwright D.E., Enke K., Ewing J.A., Gienapp H., Hasselmann D.E., Kruseman P., Meerburg A., Muller P., Olbers D.J., Richter K., Sell W. e Walden H. (1973). Measurements of wind-wave growth and swell decay during the joint north sea wave project (JONSWAP). *Deut. Hydrog. Zeitschrift*, Supp. A8, 12.

Hinze J.O. (1975). Turbulence, 2ª edição, McGraw-Hill, New York.

Hirt C.W. e Sicilian J. (1985). A porosity technique for the definition of obstacles in rectangular cell meshes. *Fourth International Conference on Ship Hydrodynamics*, Washington DC, September 1985.

Hoefel F. e Elgar S. (2003). Wave-induced sediment transport and sandbar migration. *Science*, 299, 1885-1886.

Hoekstra P., Houwman K. e Ruessink B.G. (1999). The role and time scale of cross-shore sediment exchange for a barrier-island shoreface. Coastal Sediments, Long Island, USA, 519-534.

Holman R.A. (1986). Extreme value statistics for wave run-up on a natural beach. *Coastal Engineering*, 9, 527-544.

Holman R.A., Lalejini D.M., Edwards K. e Veeramony J. (2014). A parametric model for barred equilibrium beach profiles. *Coastal Engineering*, 90, 85-94, doi:10.1016/j.coastaleng.2014.03.005.

Holthuijsen L.H. (2007). *Waves in Oceanic and Coastal Waters*. Cambridge University Press, ISBN-13 978-0-511-27021-5 (eBook), ISBN-13 978-0-521-86028-4 (hardback).

Houghton J. (1997). *Global warming: the complete briefing*. Cambridge University Press, 251p.

Hsu T.H. (1984). Applied offshore structural engineering: Practical design methods, formulas, and data. Gulf Publishing Company, Houston. ISBN: 0872017508/9780872017504.

Hughes S.A. (1984). The TMA shallow-water spectrum description and applications. Tchnical Rept. CERC-84-7, Coast. Engrg. Res Center, Waterways Experiment Station, Vicksburg, Miss.

Hunt I.A. (1959). Design of seawalls and breakwaters. *Journal of Waterways and Harbours Division*, 85, 123-152.

Huynh-Thanh S. (1990). Modélisation de la couche limite turbulente oscillatoire générée par l'interaction houle-courant en zone côtière, Ph.D thesis, INP – Grenoble, France.

Huynh-Thanh S. e Temperville A. (1991). A numerical model of the rough turbulent boundary layer in combined wave and current interaction, *in* R.L. Soulsby and R. Betess (editores), *Sand Transport in Rivers, Estuaries and the Sea*, Balkema, Rotterdam, 93-100.

IBER (2010). Quick Start Guide IBER V1.0, Barcelona, 22p.

IPCC_Climate Change (2014). Synthesis report, edited by Pachauri R.K. Meyer L. *et al.*

Iwagaki Y. (1956). Hydrodynamical study on critical tractive force. *Transactions, JSCE*, 41.

Jackson L.A., Reichelt R.E., Restall S., Corbett B., Tomlinson R. e McGrath J. (2004). Marine ecosystem enhancement on a geotextile coastal protection reef – Narrowneck reef case study. *Proceedings of the 29th International Conference on Coastal Engineering (Lisbon, Portugal)*, 3940-3952.

Jacobs S., Beauchard O., Struyf E., Cox T., Maris T. e Meire P. (2009). Restoration of tidal freshwater vegetation using controlled reduced tide (CRT) along the Schelde Estuary (Belgium). *Estuarine, Coastal and Shelf Science*, 85, 3, 368–376.

Jilani A.N. e Hashemi S.U. (2013). Numerical investigations on bed load sediment transportation using SPH method. *Scientia Iranica*, 20, 2, 294–299.

Kamphuis J.W. (1975). Friction factor under oscillatory waves. *J. Waterway, Port, Coastal Oceam Engineering*, ASCE, 101, WW2, 135-144.

Kamphuis J.W. (1991). Alongshore Sediment Transport Rate. *Journal of Waterway, Port, Coastal, and Ocean Engineering*, 117, 6, 624-640.

Kamphuis J.W. (2002). Introduction to Coastal Engineering and Management. Advanced Series on Ocean Engineering, Vol. 16, World Scientific Publishing. ISBN 981-02-4417-7 (pbk), 437p.

Kamphuis J.W. (2005). Coastal Science, Engineering and Management. Canadian Coastal Conference.

Kamphuis J.W., Davies M.H., Nairn R.W. e Sayao O.J. (1986). Calculation of littoral sand transport rate. *Coastal Engineering*, 10, 1-21.

Kirby J.T. (1984). A note on linear surface wave-current interaction over slowly varying topography. *Journal of Geophys. Research*, 89, C, 745-747.

Kirby J.T. (1986a). Higher-order approximations in the parabolic equation method for water waves. *J. Geoph. Research*, 9, C1, 933-952

Kirby J.T. (1986b). Rational approximations in the parabolic equation method for water waves. *Coastal Engineering*, 10, 355-378.

Kirby J.T. e Dalrymple R.A. (1983). A parabolic equation for the combined refraction-diffraction of stokes waves by mildly varying topography. *Journal of Fluid Mechanics*, 136, 435-466.

Kirby J.T. e Dalrymple R.A. (1985). Modifications to a propagation model for the combined refraction-diffraction of Stokes waves; shallow water, large angle and breaking wave effects, Rep. UFL/COEL-85/001, Coastal and Oceanogr. Eng. Dep., Univ. of Fl., Gainesville, Fl.

Kirby J.T. e Dalrymple R.A. (1986a). An Approximate Model for Nonlinear Dispersion in Monochromatic Wave Propagation Models. *Coastal Engineering*, 9, 545-561.

Kirby J.T. e Dalrymple R.A. (1986b). Modeling Waves in Surfzones and Around Islands. *J. of Waterway, Port, Coastal and Ocean Eng.*, 112, 78-93.

Kirby J.T., Wei G., Chen Q., Kennedy A. e Dalrymple R.A. (1998). *FUNWAVE 1.0 Fully nonlinear Boussinesq wave model documentation and user's manual,* Research Report No. CACR-98-06, Center for Applied Coastal Research, Department of Civil Engineering, University of Delaware, Neward.

Kline S.J., Cantwell B.J. e Lilley G.M. (1982). The 1980-81 AFOSR-HTTM Stanford Conference on Complex Turbulent Flows: Comparison of Computation and Experiment", Vols. 1-3, Mech. Engineering Dept., Stanford Univ., Stanford, Calif.

Koffler A., Choura M., Bendriss A. e Zengerink E. (2008). Geosynthetics in protection against erosion for river and coastal banks and marine and hydraulic construction. *Journal of Coastal Conservation*, 12, 11-17.

Komar P.D. (1988). Environmental controls on littoral sand transport. *Proceedings of the 21st International Conference on Coastal Engineering*. ASCE, 1238-1252.

Komar P.D. (1998). Beach Processes and Sedimentation (2nd ed.). Upper Saddle River, Ed. Prentice-Hall, New Jersey.

Komar P.D. e Gaughan M.K. (1972). Airy wave theory and breaker height prediction. *Proc. 13th Coastal Engineering Conference*, Vancouver, 405-418.

Korteweg D.J. e De Vries G. (1895). On the change of form of long waves advancing in a rectangular canal, and on a new type of stationary waves. *Phil. Mag.*, 39/5, 422-443.

Kraus N. e Larson M. (2001). Mathematical model for rapid estimation of infilling and sand bypassing at inlet entrance channels, Technical Note CHETN-IV-35, Coastal and Hydraulics Laboratory, U.S. Army Corps of Engineers, Vicksburg, Mississipi, USA.

Kriebel D.L. e Dean R.G. (1993). Convolution method for time dependent beach-profile response. *Journal of Waterway, Port, Coastal, and Ocean Engineering*, 119, 204–226.

Kuriyama Y. (2012). Process-based one-dimensional model for cyclic longshore bar evolution. *Coastal Engineering*, 62, 48–61.

Lakhan V.C. e Trenhaile A.S. (1989). Applications in coastal modeling. Elsevier oceanography series 49. Windsor University, Windsor, Ont. N9B 3P4, Canadá. ISBN 0-444-87452-6.

Larson M. e Kraus N.C. (1989). SBEACH: Numerical model for simulating storm-induced beach change. Report 1, Empirical foundation and model development. Technical Report CERC-89-9, U.S. Army Engineer Waterways Experiment Station, Vicksburg, MS.

Lavery P.S., Lukatelich R.J. e McComb A.J. (1991). Changes in the biomass and species composition of Macroalgae in a eutrophic estuary. *Estuarine Coastal and Shelf Science*, 33, 1-22.

Lemos C.M. (1996). Higher- order schemes for free surface flows with arbitrary configurations. *International Journal for Numerical Methods in Fluids*, 23, 545-566.

Le Méhauté B. (1976). An introduction to hydrodynamics and water waves, Springer, ISBN 0387072322.

Lin P. (1998). Numerical modeling of breaking waves. PhD thesis. Cornell University.

Liu Z.B. e Sun Z.C. (2005). Two sets of higher-order Boussinesq-type equations for water waves. *Ocean Engineering*, 32, 1296-1310.

LNEC (1997). Relatório 292/96 – NPP/Net do LNEC, pessoal (não publicado).

Longuet-Higgins M.S. (1952). On the statistical distribution of the heights of sea waves. *J. Mar. Res.*, 11, 245-266.

Lopes A.M. (2003). O Litoral da Região Centro de Portugal: Um caso preocupante de risco e de perda de território. Direção Regional do Ambiente e do Ordenamento do Território-Centro.

Lopes A.M. (2010). Sistemas de informação aplicados à integração do conhecimento na gestão do litoral da Região Centro. Colóquio sobre "Gestão costeira: Vulnerabilidades e riscos na região centro", Universidade de Aveiro, 26 de novembro.

Luettich R.A. e Westerink J.J. (2004). Formulation and numerical implementation of the 2D/3D ADCIRC Finite Element Model Version 44.XX, 74p.

Luettich R.A., Westerink J.J. e Schefmer N.W. (1992). ADCIRC: An advanced three-dimensional circulation model for shelves, coasts, and estuaries. Report 1: Theory and methodology of ADCIRC- 2DDI and ADCIRC-3DL. Technical Report DRP-92-6, U.S. Army Engineer Waterways Experiment Station, Vicksburg, MS.

Lynett P.J. (2002). A multi-layer approach to modeling generation, propagation, and interaction of water waves. Ph.D. Thesis, Cornell University, August.

Lynett P. e Liu P.L.-F. (2002). Modeling Wave Generation, Evolution, and Interaction with Depth Integrated, Dispersive Wave Equations COULWAVE Code Manual Cornell University Long and Intermediate Wave Modeling Package.

Lynett P. e Liu P.L.-F., (2004). A two-layer approach to wave modelling. *Proc. R. Soc. Lond.* A 2004 460 (doi: 10.098/rspa.2004.1035).

Maciel G.F. e Nascimento M.F. (2002). Validação do modelo de Serre para descrever ondas de submersão geradas pela intrusão de massa sólida em meio líquido. *Revista Brasileira de Recursos Hídricos*, 7, 3, 25-32.

Madsen O. e Grant W. (1976). Sediment transport in the coastal environment. Tech. Rep. 209, M.I.T., Cambridge, Massachusetts, USA.

Madsen P.A. e Schaffer H.A. (1998). Higher order Boussinesq-type equations for surface gravity waves - Derivation and analysis. *Royal Society of London A*, 356, 1-60.

Madsen P.A. e Sørensen O.R. (1992). A New Form of the Boussineq Equations with Improved Linear Dispersion Characteristics: 2. A Slowly Varying Bathymetry. *Coastal Engineering*, 18:183.

Marques J.C., Pardal M.A., Nielsen S.N. e Jørgensen S.E. (1997). Analysis of the properties of exergy and biodiversity along an estuarine gradient of eutrophication. *Ecological Modelling*, 102, 155-167.

Martins F.A., Neves R.J. e Leitão P.C. (1998). A three-dimensional hydrodynamic model with generic vertical coordinate. *Hydroinformatics*, 98(2), 1403-1410.

Mase H., Tamada T., Yasuda T., Hedges T.S. e Reis M.T. (2013). Wave runup and overtoping at seawalls built on land an in very shallow water. *Journal of Waterway, Port, Coastal, and Ocean Engineering*, 139, 5, 346-357.

Massel S.R. (1989). Hydrodynamics of Coastal Zones, Elsevier Oceanography Series, 48, The Netherlands, ISBN 444-87375-9.

Mendonça M., Borrego M., Voorde M.T., Neves M.G. e Antunes do Carmo J.S. (2009). Ensaios bidimensionais da rebentação sobre um recife artificial. *6as Jornadas Portuguesas de Engenharia Costeira e Portuária*, Funchal - Madeira, 08-09 de outubro.

Mendonça A.M., Fortes C.J., Capitão R., Neves M.G., Antunes do Carmo J.S. e Moura T. (2012a). Hydrodynamics around an Artificial Surfing Reef at Leirosa, Portugal. *Journal of Waterway, Port, Coastal and Ocean Engineering*, ASCE, 138, 3, 226-235 (doi: 10.1061/(ASCE)WW.1943-5460.0000128).

Mendonça A.M., Fortes C.J., Capitão R., Neves M.G, Moura T. e Antunes do Carmo J.S. (2012b). Wave hydrodynamics around a multi-functional artificial reef at Leirosa. *Journal of Coastal Conservation*, Springer Netherlands, 16, 4, 543-553 (doi: 10.1007/s11852-012-0196-1).

Mellor G. (1998). Users Guide for a Three-Dimensional, Primitive Equation, Numerical Ocean Model. Princeton University, Princeton, USA.

Mesquita A.S.C. (2013). Turbulência e Rebentação: Interacção Onda-Quebramar Submerso, Tese de doutoramento, FEUP, Porto.

Meyer-Peter E. e Muller R. (1948). Formulas for bed-load transport, Rept 2nd Meeting Int. Assoc. Hydraul. Struct. Res., Stockholm, 39-64.

Myrhaug D., Holmedal L.E., Simons R.R. e MacIver R.D. (2001). Bottom friction in random waves plus current flow. *Coastal Engineering*, 43, 75-92.

Neves P., P. Poseiro P., Fortes C.J.E.M., Reis M.T., Capitão R., Antunes do Carmo J.S., Raposeiro P. e Ferreira J.C. (2013). Aplicação da metodologia de avaliação do risco de inundação/galgamento na praia de São João da Caparica. *8as Jornadas Portuguesas de Engenharia Costeira e Portuária*, AIPCN/PIANC, LNEC, Lisboa, 10-11 de outubro.

Nicholls R., Birkemeier W. e Lee G. (1998). Evaluation of depth of closure using data from Duck, NC, USA. *Marine Geology*, 148, 3-4, 179-201.

Nichols B.D. e Hirt C.W. (1975). Methods for calculating multi-dimensional, transient free-surfaces flows past bodies. *Proc. First Int. Conf. Num. Ship Hydrodynamics*, Gaithersburg, MD, October.

Nielsen P. (1994). Coastal Bottom Boundary Layers and Sediment Transport, World Scientific, Advanced Series on Ocean Engineering – volume 4. ISBN 981-02-0473-6 (pbk).

Nielsen P. e Hanslow D.J. (1991). Wave runup distributions on natural beaches. *Journal of Coastal Reasearch*, 7, 4, 1139-1152.

Nwogu O. (1993). Alternative form of Boussinesq equations for nearshore wave propagation, *J. Waterway, Port, Coastal, and Ocean Eng.*, 119, 618-638.

Nwogu O.G. (1996). Numerical prediction of breaking waves and currents with a Boussinesq model, Proc. *25th International Conference on Coastal Engineering*, ICCE'96, Orlando, FL.

Nwogu O.G. e Demirbilek Z. (2001). BOUSS-2D: A Boussinesq Wave Model for Coastal Regions and Harbors, Report 1 – Theoretical Background and User's Manual, ERDC/CHL TR-01-25. Coastal and Hydraulics Laboratory, US Corps of Engineers.

Oh Y.I. e Shin E.C. (2006). Using submerged geotextile tubes in the protection of the E. Korean shore. *Coastal Engineering*, 53, 879-895.

Oliveira F. (2012). Erosão de dunas com os modelos XBeach e Litprof. *Revista de Gestão Costeira Integrada*, 12, 2, 195-222.

Ouillon S. e Dartus D. (1997). Three-Dimensional Computation of Flow around Groyne. *Journal of Hydraulic Engineering*, 123, 11, 962-970.

Ourmières Y. (2003). Oscillatory wave-induced boundary layer flow over a rippled bed. PhD thesis, School of Civil Engineering and the Environment, University of Southampton, UK.

Özyurt G. e Ergin A. (2010). Improving coastal vulnerability assessments to sea-level rise: A new indicator-based methodology for decision makers. *Journal of Coastal Research*, 26, 2, 265-273, doi: 10.2112/08-1055.1.

Pelfrene J. (2011). Study of the SPH method for simulation of regular and breaking waves. Dissertação de Mestrado, Universidade de Gent, Bélgica.

Peregrine D.H. (1967). Long waves on a beach. *Journal of Fluid Mechanics*, 27, 4, 815-827.

Pereira A.I.S. (2008). Modelação da Agitação Marítima em Zonas Costeiras. Dissertação para a obtenção do Grau de Mestre em Engenharia e Arquitetura Naval, IST-UTL.

Pereira C. e Coelho C. (2013). Mapas de risco das zonas costeiras por efeito da ação energética do Mar. *Revista da Gestão Costeira Integrada*, 13, 1, 27-43.

Pierson W.J. e Moskowitz L. (1964). A proposed spectral form for fully developed wind seas based on the similarity theory of S.A. Kitaigorodskii. *Journal of Geophysical Research*, 69, 5181-5190.

Pinho J.L.S. (2000). Aplicação de modelação matemática ao estudo da hidrodinâmica e da qualidade da água em zonas costeiras. Tese de doutoramento, Universidade do Minho.

Pinho J.L.S., Antunes do Carmo J.S. e Vieira J.M.P. (2002). Numerical modelling of oil spills in coastal zones. A case study. Proc. *OIL SPILL'2002 Conference*, Rhodes – Grécia, 18-20 de setembro. In (book) *Oil & Hydrocarbon Spills III. Modelling, Analysis and Control*, C.A Brebbia (Ed), 35-45, Water Studies, WIT*PRESS* 11. ISBN 1-85312-922-4.

Pinho J.L.S., Antunes do Carmo J.S. e Vieira J.M.P. (2004). Mathematical modelling of oil spills in the Atlantic Iberian coastal waters. Proc. *4th International Conference on Hydrocarbon Spills, Medelling, Analysis & Control*, Alicante – Espanha, 28-30 de abril. In (book) *Coastal Environment V incorporating Oil Spill Studies*, Part 2, C.A. Brebbia, J.M. Saval Perez, L. Garcia Andion & Y. Villacampa (Eds), 337-347, WIT*PRESS*. ISBN 1-85312-710-8.

Pinho J.L.S., Vieira J.M.P. e Antunes do Carmo J.S. (2001a). Ambiente hidroinformático para o estudo de problemas de hidrodinâmica e da qualidade da água em zonas costeiras. Seminário sobre *A Hidroinformática em Portugal* - Lisboa, 15-16 de novembro.

Pinho J.L.S., Vieira J.M.P. e Antunes do Carmo J.S. (2001b). Hydrodynamics and water quality studies in Ria de Arosa applying mathematical modelling. Proc.

Oceans III Millennium, 1st International Congress on Marine Science and Technology, Pontevedra (Galiza) - Espanha, 24-27 de abril.

Prandtl L. (1925). Über die ausgebildete Turbulenz, Z. Angew. *Math. Mech.*, vol. 5, 136-139.

Purvis M. J., Bates P. D. e Hayes C. M. (2008). A probabilistic methodology to estimate future coastal flood risk due to sea level rise. *Coastal Engineering*, 55, 1062-1073.

Ramos F.S. (1997). Uma estratégia de intervenção na linha de costa. Colectânea de Ideias sobre a Zona Costeira de Portugal. Associação Eurocoast-Portugal (Ed. G. Soares de Carvalho, F. Veloso Gomes e F. Taveira Pinto), 151-161.

Reid R.O. (1990). Water level changes. Handbook of coastal and ocean engineering, Edited by J.B. Herbich. Gulf Publishing Co., Houston, Texas.

Rey S., Alejo I., Alcántara-Carrió J. e Vilas F. (2002). Influence of Boundary Conditions on Morphodynamics and Sedimentology of Patos Beach (Ría de Vigo, Nw of Spain), Littoral 2002, The Changing Coast. EUROCOAST / EUCC, Porto, Ed. EUROCOAST - Portugal. ISBN 972-8558-09-0.

Ribberink J.S. (1998). Bed-load transport for steady flows and unsteady oscillatory flows. *Coastal Engineering*, 34, 1, 59-82.

Ribberink J. S., van der A D.A. e Buijsrogge R.H. (2010). SANTOSS transport model – A new formula for sand transport under waves and currents. Report SANTOSS_UT_IR3, Enschede, The Netherlands, University of Twente.

Rider W.J. e Kothe D.B. (1998). Reconstructing Volume Tracking. *Journal of Computational Physics*, 141, 112-152.

Roache P.J. (1976). Computational Fluid Dynamics. Eds. Hermosa Publishers, New Mexico.

Rodi W. (1980). Turbulence models and their applications in hydraulics - A state-of-the-art review, The Netherlands International Association of Hydraulic Research, Delft, The Netherlands.

Rodi W. (1984). Turbulent models and their applications in hydraulics – A state of the art review, 2nd Edition, Bookfield Publishing, 1-36.

Rogers W., Hwang P. e Wang D. (2002). Investigation of wave growth and decay in the SWAN model: three regional-scale applications. *J. Phys.Oceanogr.*, 33, 366-389.

Romanczyk W., Boczar-Karakiewicz B. e Bona J.L. (2005). Extended equilibrium beach profiles. *Coastal Engineering*, 52, 727-744.

Ruggiero P., Komar P.D., McDougal W.G., Marra J.J. e Beach R.A. (2001). Wave runup, extreme water levels and the erosion of properties backing beaches. *Journal of Coastal Research*, 17, 407-419.

Sancho F., Oliveira F.S.B. e Freire P. (2011). Níveis máximos do espraiamento no litoral da Ria Formosa. *7as Jornadas Portuguesas de Engenharia Costeira e Portuária*, Porto, 6 e 7 de outubro, 12p.

Santos L.I.V., Antunes do Carmo J.S. e Pinho J.L.S. (2012a). Influência da variação do nível médio das águas do mar no estuário do rio Mondego, Portugal. Revista *Recursos Hídricos*, 33, 1, 05-15 (doi: 10.5894/rh33n1-1). ISSN 0870-1741.

Santos L.I.V., Antunes do Carmo J.S. e Pinho J.L.S. (2012b). Efeitos hidrodinâmicos resultantes do prolongamento do molhe norte do porto da Figueira da Foz. *7° Simpósio sobre a Margem Ibérica Atlântica* - MIA12, 16-20 de dezembro.

Santos F.D., Forbes K. e Moita R. (2001). Mudança Climática em Portugal: *Cenários, Impactes e Medidas de mitigação – SIAM, Sumário executivo e conclusões*, Gravida, Lisboa.

Sato S., Mimura N. e Watanabe A. (1984). Oscilatory boundary layer flow over rippled beds. Proc 19th *Conf. Coastal Engineering*, 2293-2309.

Saville J.T. (1958). Run-up on composite slopes. *Proc. 6th Int. Conf. Coastal Eng.* Gainesville, Florida, ASCE, 691-699.

Schmidt L., Duarte Santos F., Prista P., Saraiva T. e Gomes C. (2011). Alterações climáticas e mudança social. Processos de Adaptação em Zonas Costeiras Vulneráveis, VI Congresso das Zonas Costeiras, Cabo Verde.

Seabra Santos F.J. (1985). Contribution a l'ètude des ondes de gravité bidimensionnelles en eau peu profonde. Tese de doutoramento, Université Scientifique et Médicale et Institut National Polytechnique de Grenoble.

Seabra Santos F.J. (1989). As aproximações de Wu e de Green & Naghdi no quadro geral da teoria da água pouco profunda. *4° Simpósio Luso-Brasileiro de Hidráulica e Recursos Hídricos* (4° SILUSB), 209-220, Lisboa, 14-16 de junho.

Seabra Santos F.J., Renouard P. e Temperville A.M. (1988). Etude théorique et expérimentale des domaines de validité des théories d'évolution des ondes en eau peu profonde. *Annales Geophysicae*, 6, 6, 671-680.

Seabra Santos F.J., Antunes do Carmo J.S. e Avilez-Valente P. (1997). Proteção do Forte do Bugio: Dinâmica dos sedimentos em redor do Forte do Bugio sob a ação conjunta das ondas e das correntes de maré. Relatório efetuado para o LNEC – Laboratório Nacional de Engenharia Civil. IMAR – Instituto do Mar, Pólo de Coimbra, 47p.

Sena M.V. (2010). Modelação de Evolução da Linha de Costa Influência do Uso de Séries Sintéticas de Agitação. Dissertação de Mestrado em Engenharia Civil, Universidade de Lisboa, IST, 160p.

Serre F. (1953). Contribution à l'étude des écoulements permanents et variables dans les canaux. *La Houille Blanche*, 8, 374-388 & 830-872.

Shan Wang, C. Guedes Soares C.G. (2014). Numerical study on the water impact of 3D bodies by an explicit finite element method. Ocean Engineering 01/2014, 78, 73-88.

She K., Trim L. e Pope D. (2005). Fall velocities of natural sediment particles. A simple mathematical presentation of the fall velocity law. *Journal of Hydraulic Research*, 43, 2, 189-195.

Silva P.M.C.A. (2001). Contribuição para o estudo da dinâmica sedimentar em regiões costeiras. Tese de doutoramento, Universidade de Aveiro, Portugal.

Silva P.A., Antunes do Carmo J.S., Temperville A. e Seabra Santos F.J. (2000). Cross-shore beach profile predicted by two sand transport models. Proc. *HYDROSOFT'2000 Conference*, Lisboa - Portugal, 12-14 de junho. In (book) *Hydraulic Engineering Software VIII*, W.R. Blain & C.A. Brebbia (Eds), 207-215, Water Studies, WIT*PRESS* 7. ISBN 1-85312-814-7.

Silva D.M.F., Fortes C.J., Reis T.M., Antunes do Carmo J.S., Simões A. e Rodrigues C. (2012). Avaliação do galgamento de estruturas portuárias: Porto de Ponta Delgada. *Revista Recursos Hídricos*, 33, 2, 37-51 (doi: 10.5894/rh33n2-3). ISSN 0870-1741.

Silva P.A., Seabra Santos F.J. e Antunes do Carmo J.S. (1999). Modelação da camada limite gerada sobre formas de fundo. Proc. *IV SILUSBA*, Coimbra - Portugal, 24-26 de maio.

Silva P.A., Temperville A. e Seabra Santos F. (2006). Sand transport under combined current and wave conditions: a semi-implicit, practical model. *Coastal Engineering*, 53, 11, 897-913.

Simões S.C.S. (2013). Associação de quebramares submersos com diferentes configurações: Análises de eficiência. Dissertação de Mestrado em Engenharia do Ambiente, Universidade de Coimbra.

Simões S.C.S., Pereira C.A., Coelho C.D.B. e Antunes do Carmo J.S. (2013). Quebramares destacados: Análises comparativas de eficiências de proteção na praia da Vagueira. *Revista Recursos Hídricos*, 34, 2, 25-40 (doi:10.5894/rh34n2-3).

Sleath J.F.A. (1984). *Sea bed Mechanics*. Eds. Wiley-Interscience.

Slingerland R., Harbaugh J.W. e Furlong K.P. (1994). Simulating Clastic Sedimentary Basins, PTR Prentice Hall, Englewood Clifs, New Jersey, Sedimentary Geology Series. ISBN 0-13-814054-5.

Soulsby R.L. (1997). Dynamics of marine sands. A manual for practical applications. H.R. Wallingford, UK: Thomas Telford Ltd.

Soulsby R.L. e Clarke S. (2005). Bed shear-stresses under combined waves and currents on smooth and rough beds. Report No. TR 137 of the project "Estuary processes research project (Est Proc)/Defra FD1905".

Soulsby R. e Whitehouse R. (1997). Threshold of sediment motion in coastal environment." *Proc. Pacific Coasts and Ports'97 Conference*, University of Canterbury, Christchurch, New Zealand, 149-154.

Stive M.J.F. (1981). A model for sediment cross-shore transport. *Proc. 20th International Conference on Coastal Engineering*, Taipei, Taiwan. Rapp.WL 388.

Stockdon H.F., Holman R.A., Howd P.A. e Sallenger Jr.A.H. (2006). Empirical parameterization of setup, swash, and runup. *Coastal Engineering*, 53, 7, 573-588.

Sunamura T. (1988). Beach Morphologies and their change. *In* Horikawa K. (ed.) "*Nearshore Dynarnics and Coastal Processes*", University of Tokyo Press, 136-166.

Svendsen I.A., Haas K. e Zhao Q. (2001). Quasi-3D Nearshore Circulation Model SHORECIRC, Version 1.3.6. Center for Applied Coastal Research, University of Delaware.

SWAN Team (2006). SWAN technical documentation, SWAN cycle III version 40.51. Faculty of Civil Engineering and Geosciences of Delft University of Technology, Netherlands.

SWAN Team (2010). SWAN: Scientific and Technical Documentation – SWAN Cycle III version 40.85. Faculty of Civil Engineering and Geosciences of Delft University of Technology, Netherlands.

Swart D.H. (1974). Offshore sediment transport and equilibrium beach profiles. Delft Hydraulics Laboratory Publication 131, Delft Hydraulics, The Netherlands.

SWASH team (2012). SWASH user manual. http://swash.sourgeforge.net.

Tanaka H. e Thu A. (1994). Full-range equation of friction coefficient and phase difference in a wave-current boundary layer. Coastal Engineering, 22, 237–254, http://dx.doi.org/10.1016/0378-3839(94)90038-8.

Taveira-Pinto F.A. (2001). Análise das oscilações e dos campos de velocidades nas proximidades de quebramares submersos sob a acção da agitação marítima, Volume 1. Tese de doutoramento em Engenharia Civil, FEUP, Porto, 316p.

Teixeira S.B. (2009). Demarcação do leito e da margem das águas do mar no litoral sul do Algarve. Administração da Região Hidrográfica do Algarve, Faro, 207p.

Temmerman S., Meire P., BoumaT.J., Herman P.M.J., Ysebaert T. e De Vriend H.J. (2013). Ecosystem-based coastal defence in the face of global change. *Nature* 504:79-83, doi:10.1038/nature12859.

Temperville A.M. e Huynh Thanh S. (1990). Modelisation de la couche limite turbulente oscillatoire generée par l'interaction houle-courant en zone cotière. Rapport de recherche concernant la modelisation en domaine littoral et cotier, Institut de Mécanique de Grenoble.

Thieler E.R. e Hammar-Klose E.S. (1999). National Assessment of Coastal Vulnerability to Sea Level Rise: preliminary results for the US. Atlanta coast USGS, 99 – 593. http://pubs.usgs.gov/of/1999/of99-593/index.html.

Thurman H.V. e Trujillo A.P. (1999). Essentials of Oceanography, 6th Edition, Prentice-Hall, Inc., ISBN 0-13-727348-7.

Tibbetts R.T. e Proosdij D.V. (2013). Development of a relative coastal vulnerability index in a macro-tidal environment for climate change adaptation. *Journal of Coastal Conservation*, 17, 775-797, doi: 10.1007/s11852-013-0277-9.

Tolman H.L. (1991). A third-generation model for wind waves on slowly varying, unsteady and inhomogeneous depths and currents. *Journal of Physical Oceanography*, 21, 6, 782-797.

Tolman H.L. (1999). User manual and system documentation of WAVEWATCH III, Version 1.18. Tech. Note 166, NOAA/NWS/NCEP/OMB.

Tolman H.L. (2002). User manual and system documentation of WAVEWATCH-III version 2.22. Environmental Modeling Center, Marine Modeling and Analysis Branch, USA.

Torrey M., Cloutman L.D., Mjolsness R.C. e Hirt C.W. (1985). NASA-VOF2D: computer Program for Incompressible Flows with Free Surfaces, *LANL*, Rep: LA-10612-MS.

Tran-Thu T. (1995). Modélisation numérique de l'interaction houle-courant-sédiment. Ph.D thesis, Université Joseph Fourier – Grenoble, France.

Tran-Thu T. e Temperville A. (1994). Numerical model of sediment transport in the wave-current interaction, *in* Modelling of Coastal and Estuarine Processes, Eds. F. Seabra Santos e A. Temperville, 271-281. ISBN 0870-5011.

U.S. Army Corps of Engineers (1984). Shore Protection Manual. Department of the Army. Waterways Experiment Station, Corps of Engineers. Coastal Engineering Research Center. DOI: OL3001149M.

U.S. Army Corp of Engineers (2006). Costal Engineer Manual, CEM, Part III, Chapter 2: Longshore Sediment Transport.

Van der A D.A., Ribberink J.S., van der Werb J.J., O'Donoghue T., Buijsrogge R.H. e Kranenburg W.M. (2013). Practical sand transport formula for non-breaking waves and currents. *Coastal Engineering*, 76, 26-42.

Van Rijn L.C. (1998). Principles of coastal morphology. Aqua publications, Amsterdam.

Van Rijn L.C. (2001). Sand transport and morphology of offshore sand mining pits/ areas (EVK3-2001-00053 SAND PIT EU project).

Van Rijn L.C. (2008). Unified view of sediment transport by currents and waves. I: Initiation of motion, bed roughness, and bed-load transport. *Journal of Hydraulic Engineering*, ASCE, 133, 6, 649-667.

Vasco J.R.G, Maciel G.F. e Minussi C.R. (2011). Uma Introdução às Técnicas Lagrangeanas: Uma Aplicação do Método SPH a Problemas de Engenharia. *RBRH — Revista Brasileira de Recursos Hídricos*, 16, 1, 67-82.

Vasco J.R.G., Maciel G.F. e Minussi C.R. (2013). Geração de ondas solitárias com o método SPH. *XX Proc. Simpósio Brasileiro de Recursos Hídricos*, Bento Gonçalves/ RS, Brasil, 17-22 de novembro.

Veen R. (2014). The implementation and testing of the SANTOSS sand transport model in Delft3D. Relatório do projeto 1204017-000, Deltares, Universidade de Twente, 82p.

Veloso-Gomes F. (1996). Intervenções e estruturas de proteção costeira. Laboratório de Hidráulica da FEUP, Porto.

Veloso-Gomes F. e Taveiro-Pinto F. (1997). A opção "protecção" para a costa oeste portuguesa. Colectânea de Ideias sobre a Zona Costeira de Portugal. Associação Eurocoast-Portugal (Ed. G. Soares de Carvalho, F. Veloso Gomes e F. Taveira Pinto), 163-186.

Vicente C.M. e Clímaco M. (2003). Evolução de linhas de costa - Desenvolvimento e aplicação de um modelo numérico. Laboratório Nacional de Engenharia Civil.

Voorde M., Antunes do Carmo J.S. e Neves M.G. (2007a). Modelação numérica do escoamento em torno de um recife artificial para protecção costeira e prática de *surf*. *Proceedings do IV Congresso sobre Planeamento e Gestão das Zonas Costeiras dos Países de Expressão Portuguesa*, Funchal – Madeira, 17-19 de Outubro.

Voorde M.T., Antunes do Carmo J.S. e Neves M.G. (2007b). Numerical simulations for the design of a multi-functional artificial reef for Leirosa coast, Portugal. *International Journal of Ecodynamics*, WIT*PRESS*, Vol. 2, No. 2, 124-132 (doi: 10.2495/ECO-V2-N2-1-9).

Voorde M.T., Antunes do Carmo J.S. e Neves M.G. (2009a). Designing a preliminary multifunctional artificial reef to protect the Portuguese coast. *Journal of Coastal Research*, 25, 1, 69–79.

Voorde M.T., Antunes do Carmo J.S., Neves M.G. e Mendonça A. (2009b). Experimental study of multi-functional artificial reef parameters. Proc. *International Conference on Coastal Processes*, La Valetta, Malta, 14-16 de setembro. *In* (book) Coastal Processes, C.A. Brebbia, G. Benassai & G.R. Rodriguez (Eds), WIT *Transactions on Ecology and the Environment*, 126, 139-147, WIT*PRESS*. ISBN 978-1-84564-200-6.

Voorde M.T., Antunes do Carmo J.S., Neves M.G. e Mendonça A. (2009c). Multi-Functional Artificial Reefs for Coastal Protection. *In*: *Agricultural Runoff, Coastal Engineering and Flooding*. Ch. A. Hudspeth and T. E. Reeve (editores), 153-210. ISBN 978-1-60741-097-3

WAMDI Group (1988). The WAM model - A third generation ocean prediction model. *Journal of Physical Oceanography, 18*, 1775-1810.

Wang S. e Soares C.G., 2014. Numerical study on the water impact of 3D bodies by an explicit finite element method. *Ocean Engineering*, 78, 1, 73-88.

Weggel J.R. (1972). Maximum breaker height. *Journal of the Waterways, Harbors and Coastal Engineering Division*. American Society of Civil Engineers, 98, WW4, 529-548.

Wei G. e Kirby J.T. (1995). A time-dependent numerical code for extended Boussinesq equations. *Journal of Waterway, Port, Coastal, and Ocean Engineering*, 121, 251-261.

Wei G., Kirby J.T., Grilli S.T. e Subramanya R. (1995). A fully nonlinear Boussinesq model for surface waves. Part I. Highly nonlinear unsteady waves. *Journal of Fluid Mechanics*, 294, 71-92.

White F.M. (1991). Viscous Fluid Flow, McGraw-Hill, Inc. ISBN 0-07-100995-7.

Wiegel R.L. (1960). A presentation of cnoidal wave theory for practical applications. *Journal of Fluid Mechanics*, 7, 273-286.

Wiegel R.L. (1964). Oceanographical Engineering. Prentice-Hall, Inc., Englewood Cliffs, New Jersey 07632.

Wilcox D.C. (2008). Formulation of the $K-\omega$ Turbulence Model Revisited. *AIAA Journal*, 46, 11, 2823-2838.

Wright L.D. (1995). Morphodynamivs of inner of continental shelves. CRC Press, Boca Raton, USA.

World Water Vision / Commission Report (2000). A water secure world: vision for water, life and the environment. Paris: UNESCO.

Yalin M.S. (1963). An expression for bed-load transportation, Proc. ASCE, 89, 221-250.

Zanganeh M., Yeganeh-Bakhtiary A. e Wahab A.K.A. (2012). Lagrangian coupling two-phase flow model to simulate current-induced scour beneath marine pipelines. *Applied Ocean Research*, 38, 64-73.

Zhang J. (2013). SELFE theory manual. http://ccrm.vims.edu/yinglong/wiki_ files/combined_theory_manual.pdf).

Zhang Y. (2005). CCHE2D-GUI – Graphical User Interface for the CCHE2D Model User's Manual - Version 2.2. Technical Report No. NCCHE-TR-2005-03. National Center for Computational Hydroscience and Engineering, University of Mississippi.

Zhang Y. e Baptista A.M. (2008). SELFE: A semi-implicit Eulerian-Lagrangian finite-element model for cross-scale ocean circulation. *Ocean Modelling*, 21, 3-4, 71-96.

Zhiyao S., Tingting W., Fumin X. e Ruijie L. (2008). A simple formula for predicting settling velocity of sediment perticles. *Water Science and Engineering*, 1, 1, 37-43.

Zou S. (2007). Coastal sediment transport simulated by Smoothed Particle Hydrodynamics. Tese de doutoramento, Universidade de *Johns Hopkins*, Baltimore, Maryland.

www.ingramcontent.com/pod-product-compliance
Lightning Source LLC
LaVergne TN
LVHW052012300926
849160LV00001B/1
* 9 7 8 9 8 9 2 6 1 1 5 2 5 *